기출파

가출문제만 분석하고 파악해도 반드시 합격한다!

피복아크용접기능사 필기

이산화탄소가스아크용접기능사/가스텅스텐아크용접기능사 포함

㈜에듀웨이 R&D 연구소 지음

에듀웨이출판사 카페 닉네임 기입란

EDUWAY
에듀웨이

a qualifying examination professional publishers

기출문제만

분석하고

파악해도

반드시 합격한다!

건설, 토목, 기계제조, 금속제품, 조선, 자동차 등 다양한 분야에서 용접의 활용은 매우 광범위해지고 있습니다. 수작업으로 이뤄지는 설치 및 유지보수작업은 물론 최근 기술개발을 통한 고용착 및 고속 용접기법이 개발되고 있어 현장적용능력을 갖춘 숙련기능인력에 대한 수요가 예상됩니다.

이 책은 피복아크용접기능사, 이산화탄소가스아크용접, 가스텅스텐아크용접 시험에 대비하여 최신 KS기준 및 개정법령을 반영하고 최근의 출제기준 및 기출문제를 완벽 분석하여 수험생들이 쉽게 합격할 수 있도록 만들었습니다.

【이 책의 특징】

1. 최근 10년간의 기출문제를 분석하여 핵심이론을 재구성하였습니다.
2. 핵심이론을 공부하고 바로 기출문제를 풀며 실력을 향상시키도록 구성하였습니다.
3. 섹션 도입부에 최근 출제유형에 따른 출제 포인트를 마련하여 수험생들에게 학습 방향을 제시하여 효율적인 학습이 가능하게 하였습니다.
4. 문제 상단에 해당 문제의 출제년도를 표기하여 해당 문제의 중요도 또는 출제빈도를 나타냈습니다.
5. 이론 및 출제문제와 연계된 이미지를 함께 수록하여 독자여러분의 이해를 돕고자 하였습니다.
6. 모의고사 및 최신경향 문제를 통해 수험생 스스로 최종 자가진단을 할 수 있게 하였습니다.
7. 최신 KS기준 및 개정법을 반영하였습니다.

이 책으로 공부하신 여러분 모두에게 합격의 영광이 있기를 기원하며 책을 출판하는 데 있어 도와주신 ㈜에듀웨이 임직원, 편집 담당자, 디자인 실장님에게 지면을 빌어 감사드립니다.

㈜에듀웨이 R&D연구소(기계부문) 드림

출제

Examination Question's Standard

기준표

- **시 행 처** | 한국산업인력공단
- **자격종목** | 피복아크 · 이산화탄소가스아크 · 가스텅스텐아크 용접 기능사
- **직무내용** | 용접 도면을 해독하여 용접절차 사양서를 이해하고 용접재료를 준비하여 작업환경 확인, 안전보호구 준비, 용접장치와 특성 이해, 용접기 설치 및 점검관리하기, 용접 준비 및 본 용접하기, 용접부 검사, 작업장 정리하기 등의 용접 관련 직무이다.
- **필기검정방법** | 객관식(전과목 혼합, 60문항)
- **필기과목명** | 아크용접, 용접안전, 용접재료, 도면해독, 가스절단, 기타용접
- **시험시간 및 합격기준** | 1시간 (100점 만점으로 하여 60점 이상)

주요항목	세부항목	세세항목	
1 아크용접 장비 준비 및 정리 정돈	1. 용접장비 설치, 용접설비 점검, 환기장치 설치	1. 용접 및 산업용 전류, 전압	2. 용접기 설치 주의사항
		3. 용접기 운전 및 유지보수 주의사항 · 안전수칙	
		4. 용접기 각 부 명칭과 기능	5. 전격방지기
		6. 용접봉 건조기	7. 용접 포지셔너
		8. 환기장치, 용접용 유해가스	9. 피복아크용접설비
		10. 피복아크용접봉, 용접와이어	11. 피복아크용접기법
2 아크용접 가용접작업	1. 용접개요 및 가용접작업	1. 용접의 원리	2. 용접의 장 · 단점
		3. 용접의 종류 및 용도	4. 측정기의 측정원리 및 측정방법
		5. 가용접 주의사항	
3 아크용접 작업	1. 용접조건 설정, 직선비드 및 위빙 용접	1. 용접기 및 피복아크용접기기	2. 아래보기, 수직, 수평, 위보기 용접
		3. T형 필릿 및 모서리용접	
4 수동 · 반자동 가스절단	1. 수동 · 반자동 절단 및 용접	1. 가스 및 불꽃	2. 가스용접 설비 및 기구
		3. 산소, 아세틸렌용접 및 절단기법	4. 가스절단 장치 및 방법
		5. 플라스마, 레이저 절단	6. 특수가스절단 및 아크절단
		7. 스카핑 및 가우징	
5 아크용접 및 기타용접	1. 맞대기(아래보기, 수직, 수평, 위보기)용접, T형 필릿 및 모서리용접	1. 서브머지드아크용접	
		2. 가스텅스텐아크용접, 가스금속아크용접	
		3. CO_2가스 아크용접	
		4. 플럭스코어드아크용접	
		5. 플라스마아크용접	
		6. 일렉트로슬래그용접, 테르밋용접	
		7. 전자빔용접	
		8. 레이저용접	
		9. 저항용접	
		10. 기타용접	

주요항목	세부항목	세세항목	
6 용접부 검사	1. 파괴, 비파괴 및 기타검사(시험)	1. 인장시험 3. 충격시험 5. 방사선투과시험 7. 자분탐상시험 및 침투탐상시험 8. 현미경조직시험 및 기타시험	2. 굽힘시험 4. 경도시험 6. 초음파탐상시험
7 용접 결함부 보수용접 작업	1. 용접 시공 및 보수	1. 용접 시공계획 3. 본 용접 4. 열영향부 조직의 특징과 기계적 성질 5. 용접 전·후처리(예열, 후열 등) 6. 용접결함, 변형 및 방지대책	2. 용접 준비
8 안전관리 및 정리정돈	1. 작업 및 용접안전	1. 작업안전, 용접 안전관리 및 위생 2. 용접 화재방지 3. 산업안전보건법령 4. 작업안전 수행 및 응급처치 기술 5. 물질안전보건자료	
9 용접재료준비	1. 금속의 특성과 상태도	1. 금속의 특성과 결정 구조 2. 금속의 변태와 상태도 및 기계적 성질	
	2. 금속재료의 성질과 시험	1. 금속의 소성 변형과 가공 2. 금속재료의 일반적 성질 3. 금속재료의 시험과 검사	
	3. 철강재료	1. 순철과 탄소강 3. 합금강 5. 기타재료	2 열처리 종류 4. 주철과 주강
	4. 비철 금속재료	1. 구리와 그 합금 2. 알루미늄과 경금속 합금 3. 니켈, 코발트, 고용융점 금속과 그 합금 4. 아연, 납, 주석, 저용융점 금속과 그 합금 5. 귀금속, 희토류 금속과 그 밖의 금속	
	5. 신소재 및 그 밖의 합금	1. 고강도 재료 3. 신에너지 재료	2. 기능성 재료
10 용접도면해독	1. 용접절차사양서 및 도면해독(제도통칙 등)	1. 일반사항 (양식, 척도, 문자 등) 2. 선의 종류 및 도형의 표시법 3. 투상법 및 도형의 표시방법 4. 치수의 표시방법 5. 부품번호, 도면의 변경 등 6. 체결용 기계요소 표시방법 7. 재료기호 8. 용접기호 9. 투상도면해독 10. 용접도면 11. 용접기호 관련 한국산업규격(KS)	

필기응시절차

Accept Application - Objective Test Process

01
시험일정
확인

기능사검정 시행일정은 큐넷 홈페이지를 참고하거나 에듀웨이 카페에 공지합니다.

> 원서접수기간, 필기시험일 등.. 큐넷 홈페이지에서 해당 종목의 시험일정을 확인합니다.

02
원서접수

1 큐넷 홈페이지(www.q-net.or.kr)에서 상단 오른쪽에 로그인 을 클릭합니다.

2 '로그인 대화상자가 나타나면 아이디/비밀번호를 입력 합니다.

※ 회원가입 : 만약 q-net에 가입되지 않았으면 회원가입을 합니다.
(이때 반명함판 크기의 사진(200kb 미만)을 반드시 등록합니다.)

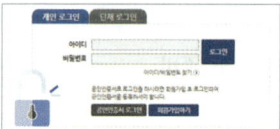

3 원서접수를 클릭하면 [자격선택] 창이 나타납니다. 접수하기 를 클릭합니다.

※ 원서접수기간이 아닌 기간에 원서접수를 하면 현재 접수중인 시험이 없습니다. 이라고 나타납니다.

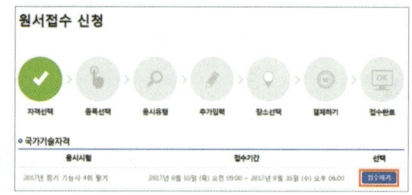

4 [종목선택] 창이 나타나면 응시종목을 [가스텅스텐아크 용접기능사]로 선택하고 [다음] 버튼을 클릭합니다. 간단한 설문 창이 나타나고 다음을 클릭하면 [응시유형] 창에서 [장애여부]를 선택하고 [다음] 버튼을 클릭합니다.

> 원서접수는 가급적 스마트폰보다 PC에서 접수하시기 바랍니다.

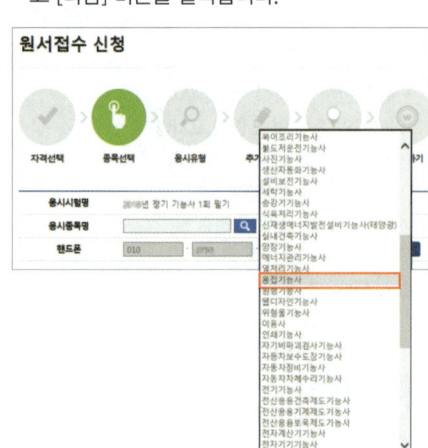

> 기능사시험은 1년에 4번 시험볼 수 있어요. 그리고 필기 합격 후 2년 동안 필기시험 면제가 됩니다.

⑤ [장소선택] 창에서 원하는 지역, 시/군구/구를 선택하고 조회 🔍 를 클릭합니다. 그리고 시험일자, 입실시간, 시험장소, 그리고 접수가능인원을 확인한 후 선택 을 클릭합니다. 결제하기 전에 마지막으로 다시 한 번 종목, 시험일자, 입실시간, 시험장소를 꼼꼼히 확인한 후 접수하기 를 클릭합니다.

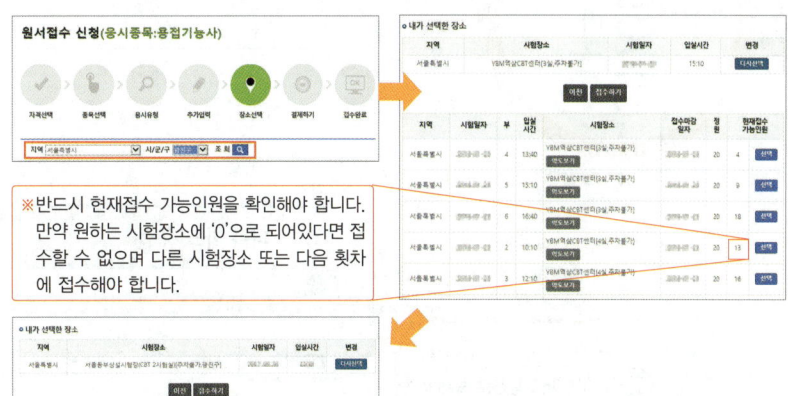

※ 반드시 현재접수 가능인원을 확인해야 합니다. 만약 원하는 시험장소에 '0'으로 되어있다면 접수할 수 없으며 다른 시험장소 또는 다음 횟차에 접수해야 합니다.

⑥ [결제하기] 창에서 검정수수료를 확인한 후 원하는 결제수단을 선택하고 결제를 진행합니다. (필기 : 14,500원 / 실기 : 40,000원)

마지막 수험표 확인은 필수!

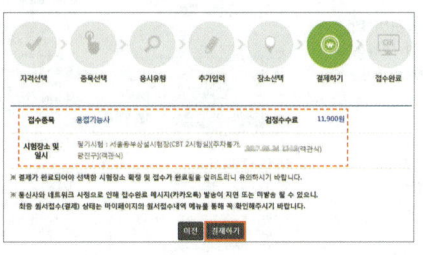 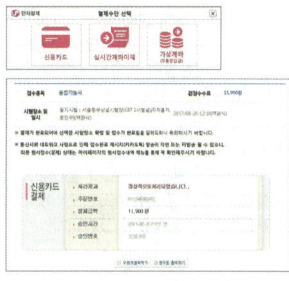

03 필기시험 응시

필기시험 당일 유의사항

1 신분증은 **반드시 지참**해야 하며, 필기구도 지참합니다(선택).
2 대부분의 시험장에 주차장 시설이 없으므로 가급적 대중교통을 이용합니다.
3 고사장에 시험 20분 전부터 입실이 가능합니다(지각 시 시험응시 불가).
4 CBT 방식(컴퓨터 시험 – 마우스로 정답을 클릭)으로 시행합니다.
5 공학용 계산기 지참 시 감독관이 리셋 후 사용 가능합니다.
6 문제풀이용 연습지는 해당 시험장에서 제공하므로 시험 전 감독관에 요청합니다.
(연습지는 시험 종료 후 가지고 나갈 수 없습니다)

04 합격자발표 및 실기시험 접수

· 합격자 발표 : 합격 여부는 필기시험 후 바로 알 수 있으며 큐넷 홈페이지의 '합격자발표 조회하기'에서 조회 가능
· 실기시험 접수 : 필기시험 합격자에 한하여 실기시험 접수기간에 Q-net 홈페이지에서 접수

※ 기타 사항은 큐넷 홈페이지(**www.q-net.or.kr**)를 방문하거나 또는 전화 **1644-8000**에 문의하시기 바랍니다.

이 책의 구성과 특징

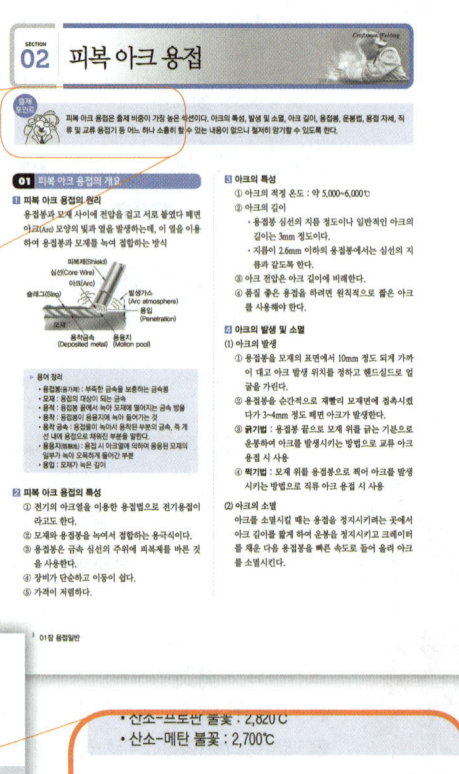

출제포인트

각 섹션별로 기출문제를 분석·흐름을 파악하여 학습 방향을 제시하고, 중점적으로 학습해야 할 내용을 기술하여 수험생들이 학습의 강약을 조절할 수 있도록 하였습니다.

핵심이론요약

10년간 기출문제를 분석하여 쓸데없는 이론은 과감히 삭제, 시험에 출제되는 부분만 중점으로 정리하여 필요 이상의 책 분량을 줄였습니다.

이해를 돕기 위한 삽화

이론과 연계된 그림을 삽입하여 이해도를 높였습니다.

기출문제

섹션 마지막에 이론과 연계된 10년간 기출문제를 수록하여 최근 출제유형을 파악할 수 있도록 하였습니다. 문제 상단에는 해당 문제의 출제년도를 표기하여 최근 출제 유형 및 빈도를 가늠할 수 있도록 하였습니다.

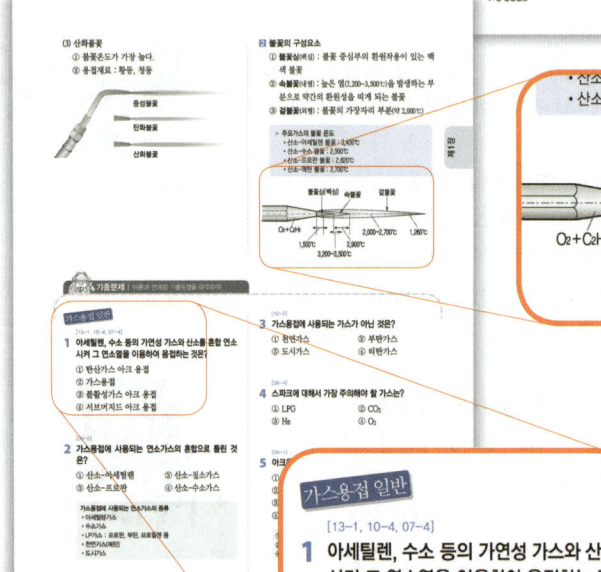

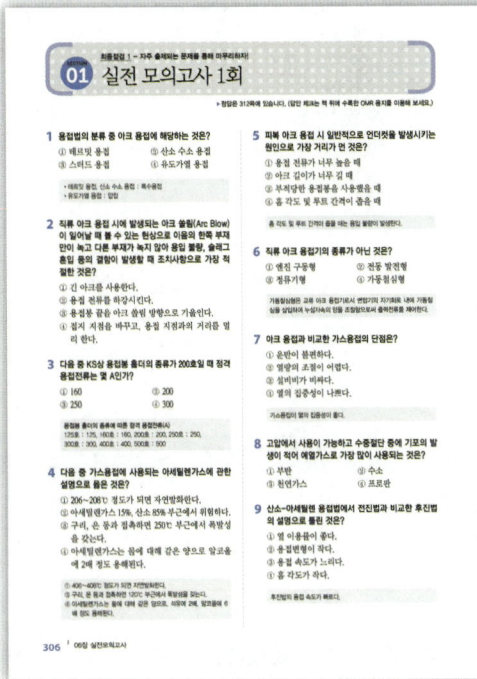

모의고사

시험에 자주 출제되었거나 출제될 가능성이 높은 문제를 따로 엄선하여 모의고사 3회분으로 수록하여 수험생 스스로 실력을 테스트할 수 있도록 모의고사를 마지막 장에 구성하였습니다.

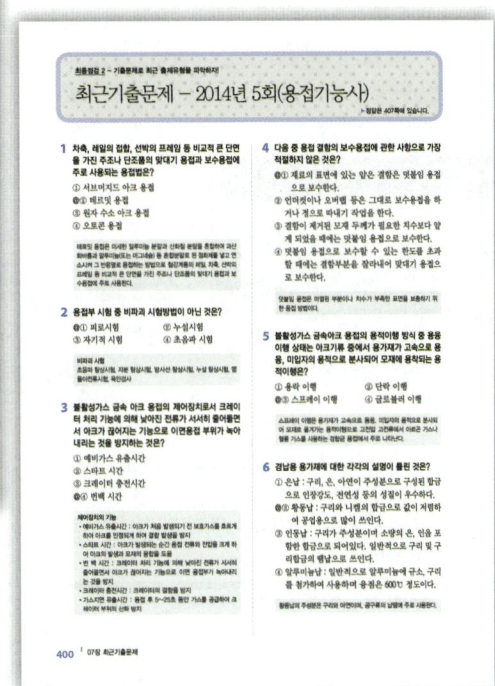

최근기출문제

최근 2년간 기출문제를 수록하고, 자세한 해설도 첨부하였습니다. 특히 2016년 출제문제를 수록하여 최근 출제 경향을 파악할 수 있도록 하였습니다.

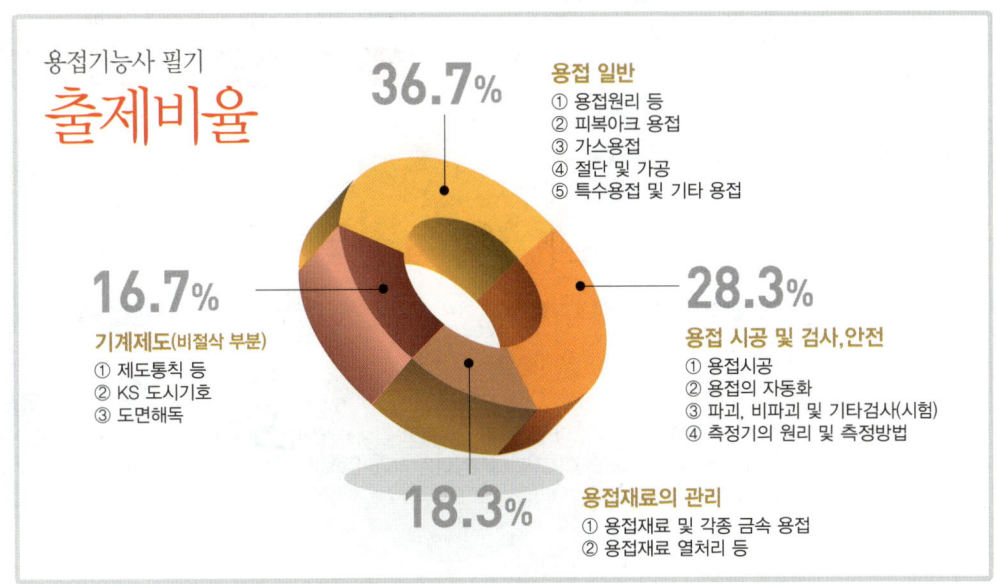

용접기능사 필기
출제비율

36.7%

용접 일반
① 용접원리 등
② 피복아크 용접
③ 가스용접
④ 절단 및 가공
⑤ 특수용접 및 기타 용접

16.7%

기계제도(비절삭 부분)
① 제도통칙 등
② KS 도시기호
③ 도면해독

28.3%

용접 시공 및 검사, 안전
① 용접시공
② 용접의 자동화
③ 파괴, 비파괴 및 기타검사(시험)
④ 측정기의 원리 및 측정방법

18.3%

용접재료의 관리
① 용접재료 및 각종 금속 용접
② 용접재료 열처리 등

CBT 수검요령
computer-based testing

수시로 현재 [안 푼 문제 수]와 [남은 시간]를 확인하여 시간 분배합니다. 또한 답안 제출 전에 [수험번호], [수험자명], [안 푼 문제 수]를 다시 한번 더 확인합니다.

글자 크기 및 화면 배치 조정
시험을 보기 편한 글자 크기로 변경할 수 있으며, 한 화면에 문제 배열 방식을 2문제/2단/1문제로 조정할 수 있습니다.

정답 체크
문제의 번호에 정답을 클릭하거나 [답안 표기란]의 각 문제 번호에 정답을 클릭합니다.

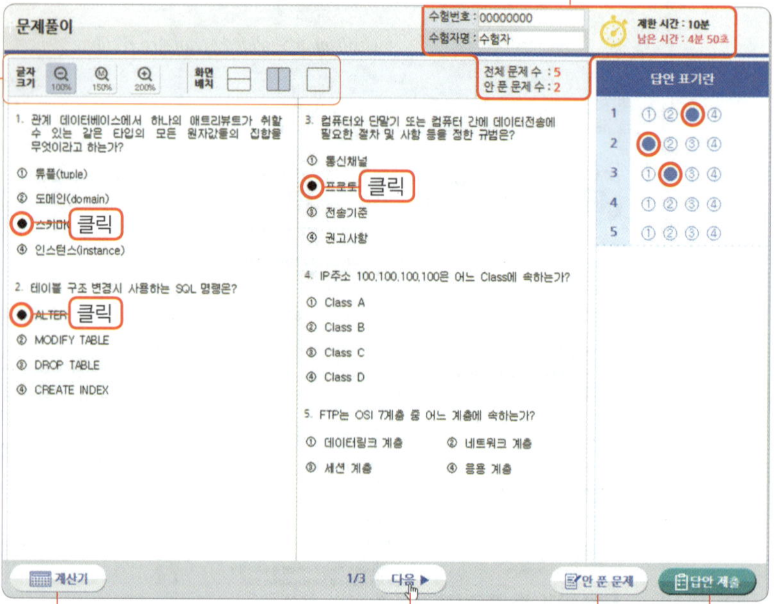

문제풀이

수험번호 : 00000000
수험자명 : 수험자
제한 시간 : 10분
남은 시간 : 4분 50초

글자 크기 100% 150% 200% 화면 배치

전체 문제 수 : 5
안 푼 문제 수 : 2

1. 관계 데이터베이스에서 하나의 애트리뷰트가 취할 수 있는 같은 타입의 모든 원자값들의 집합을 무엇이라고 하는가?
   ① 튜플(tuple)
   ② 도메인(domain)
   ③ 스키마 **클릭**
   ④ 인스턴스(Instance)

2. 테이블 구조 변경시 사용하는 SQL 명령문은?
   ① ALTER **클릭**
   ② MODIFY TABLE
   ③ DROP TABLE
   ④ CREATE INDEX

3. 컴퓨터와 단말기 또는 컴퓨터 간에 데이터전송에 필요한 절차 및 사항 등을 정한 규범은?
   ① 통신채널
   ② 프로토콜 **클릭**
   ③ 전송기준
   ④ 권고사항

4. IP주소 100.100.100.100은 어느 Class에 속하는가?
   ① Class A
   ② Class B
   ③ Class C
   ④ Class D

5. FTP는 OSI 7계층 중 어느 계층에 속하는가?
   ① 데이터링크 계층   ② 네트워크 계층
   ③ 세션 계층   ④ 응용 계층

답안 표기란

1	① ② ● ④
2	● ② ③ ④
3	① ② ● ④
4	① ② ③ ④
5	① ② ③ ④

계산기   1/3 다음 ▶   안 푼 문제   답안 제출

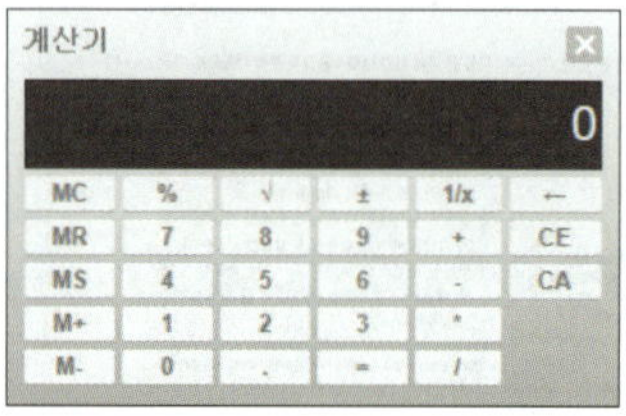

계산기

				0
MC	%	√	±	1/x	←
MR	7	8	9	+	CE
MS	4	5	6	-	CA
M+	1	2	3	*	
M-	0	.	=	/	

만약 계산이 필요한 문제가 나올 경우 계산기 를 눌러 손쉽게 계산할 수 있습니다.

현재 화면의 문제의 정답을 표기한 후 다른 문제를 풀려면 화면 아래의 다음 ▶ 을 누릅니다.

문제를 모두 푼 후 만약 상단의 [안 푼 문제 수]를 확인하고 만약 풀지 않은 문제가 있다면 안 푼 문제 를 누릅니다. 그러면 풀지 않은 문제번호가 나타납니다. 문제번호를 누르면 해당 화면으로 이동됩니다.

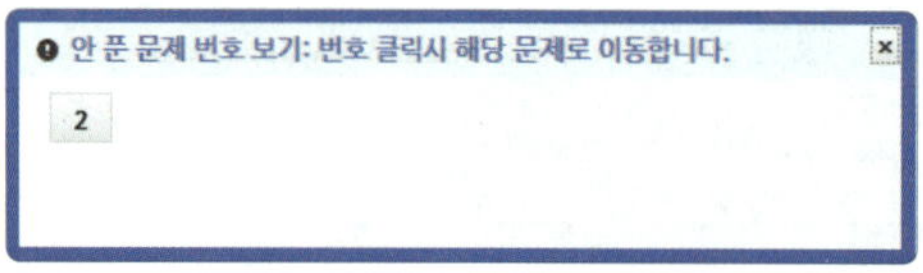

⑨ 안 푼 문제 번호 보기: 번호 클릭시 해당 문제로 이동합니다.
2

답안을 제출하면 바로 합격여부가 확인됩니다.

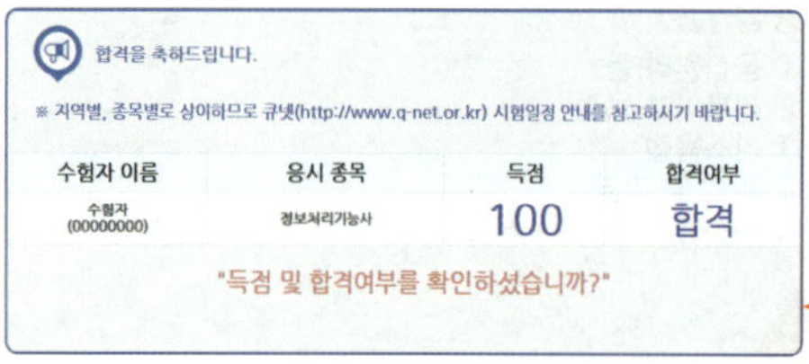

⑨ 합격을 축하드립니다.
※ 지역별, 종목별로 상이하므로 큐넷(http://www.q-net.or.kr) 시험일정 안내를 참고하시기 바랍니다.

수험자 이름	응시 종목	득점	합격여부
수험자 (00000000)	정보처리기능사	100	합격

"득점 및 합격여부를 확인하셨습니까?"

문제를 모두 푼 후 답안 제출 을 클릭합니다. 만약 실수로 답안을 모두 체크하지 않고 제출할 수 있으므로 2회에 걸쳐 주의 화면이 나타납니다. 이상이 없다면 예 버튼을 누릅니다.

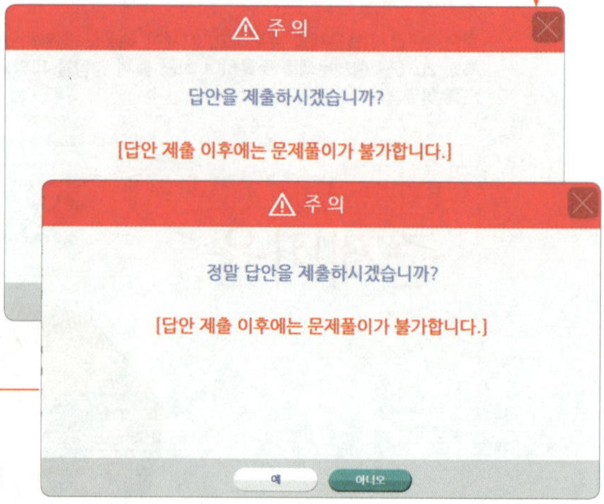

⚠ 주 의
답안을 제출하시겠습니까?
[답안 제출 이후에는 문제풀이가 불가합니다.]

⚠ 주 의
정말 답안을 제출하시겠습니까?
[답안 제출 이후에는 문제풀이가 불가합니다.]

예   아니오

※ 다음 그림은 산업인력공단에서 제공한 자격검정 CBT 웹 체험 서비스 안내의 화면으로 실제 시험화면과 다를 수 있습니다.

자격검정 CBT 웹 체험 서비스 안내
스마트폰의 인터넷 어플에서 검색사이트(네이버, 다음 등)를 입력하고 검색창 옆에 📷(또는 🎤)을 클릭하고 QR 바코드 아이콘(▣)을 선택합니다. 그러면 QR코드 인식창이 나타나며, 스마트폰 화면 정중앙에 좌측의 QR 바코드를 맞추면 해당 페이지로 자동으로 이동합니다.

Con
tents

Craftsman Shielded Metal Arc Welding

Giboonpa - Craftsman Welding

Chapter
01

용접 일반

용접 일반

용접의 장단점과 분류에 대해서는 꾸준하게 출제되고 있다. 특히 융접과 압접의 종류는 반드시 구분할 수 있도록 한다. 아울러 저항용접의 겹치기 용접과 맞대기 용접도 구분하도록 한다.

01 용접의 개요

1 용접의 정의
같은 종류 또는 다른 종류의 금속재료에 열과 압력을 가하여 고체 사이에 직접 결합이 되도록 접합시키는 방법

2 용접의 원리
금속과 금속을 서로 충분히 접근시키면 금속원자 간에 인력이 작용하여 스스로 결합하게 되는데, 금속 표면의 산화 피막과 요철로 인해 서로 접근하기 어려워 열원을 이용하여 서로 접합하게 함

※금속 간의 원자가 접합되는 인력 범위 : 10^{-8}cm

3 용접의 용도
교량, 건축, 조선, 항공기, 철도, 컨테이너, 농기구, 보일러, 주방용품, 전자제품 등

4 용접의 장점
① 재료의 두께에 관계없이 거의 무제한으로 접합할 수 있다.
② 이음의 효율이 높고, 기밀·수밀·유밀성이 우수하다.
③ 재료가 절감되고 작업공정 단축으로 경제적이다.
④ 중량이 경감된다.
⑤ 이음의 구조가 간단하다.
⑥ 이음 작업 시 소음이 적다.
⑦ 작업의 자동화가 용이하다.
⑧ 보수와 수리가 용이하다.

5 용접의 단점
① 잔류 응력이 발생할 수 있다.
② 열에 의한 변형과 수축이 발생할 수 있다.
③ 작업자의 능력에 따라 품질이 좌우된다.
④ 저온취성이 생길 우려가 많다.

⑤ 용접부의 품질 검사가 곤란하다.
⑥ 응력이 집중되거나 노치부에 균열이 생기기 쉽다.

02 용접의 분류

금속과 금속을 이어서 하나로 만드는 방법을 접합법이라고 하며, 이 접합법은 기계적 접합법과 야금적 접합법으로 분류할 수 있다.
• 기계적 접합법 : 볼트, 너트, 리벳, 코터, 확관법 등
• 야금적 접합법 : 융접, 압접, 납땜

1 융접
접합하고자 하는 두 금속 모재의 접합부를 가열하여 용융시키고 여기에 용가재를 융합시켜 접합하는 방법

2 압접
접합하고자 하는 두 금속의 접합부를 적당한 온도로 가열 또는 냉각한 상태에서 기계적 압력을 가하여 접합하는 방법

3 납땜
접합하고자 하는 금속보다 더 낮은 융점의 금속 또는 합금을 녹인 상태에서 흡인력을 이용하여 접합하는 방법

▶ 용어 정리
• SMAW (Shielded Metal Arc Welding) – 피복 아크 용접
• GMAW (Gas Metal Arc Welding) – MIG 용접, MAG 용접, CO_2 용접
• GTAW (Gas Tungsten Arc Welding) – TIG 용접

용접법의 분류

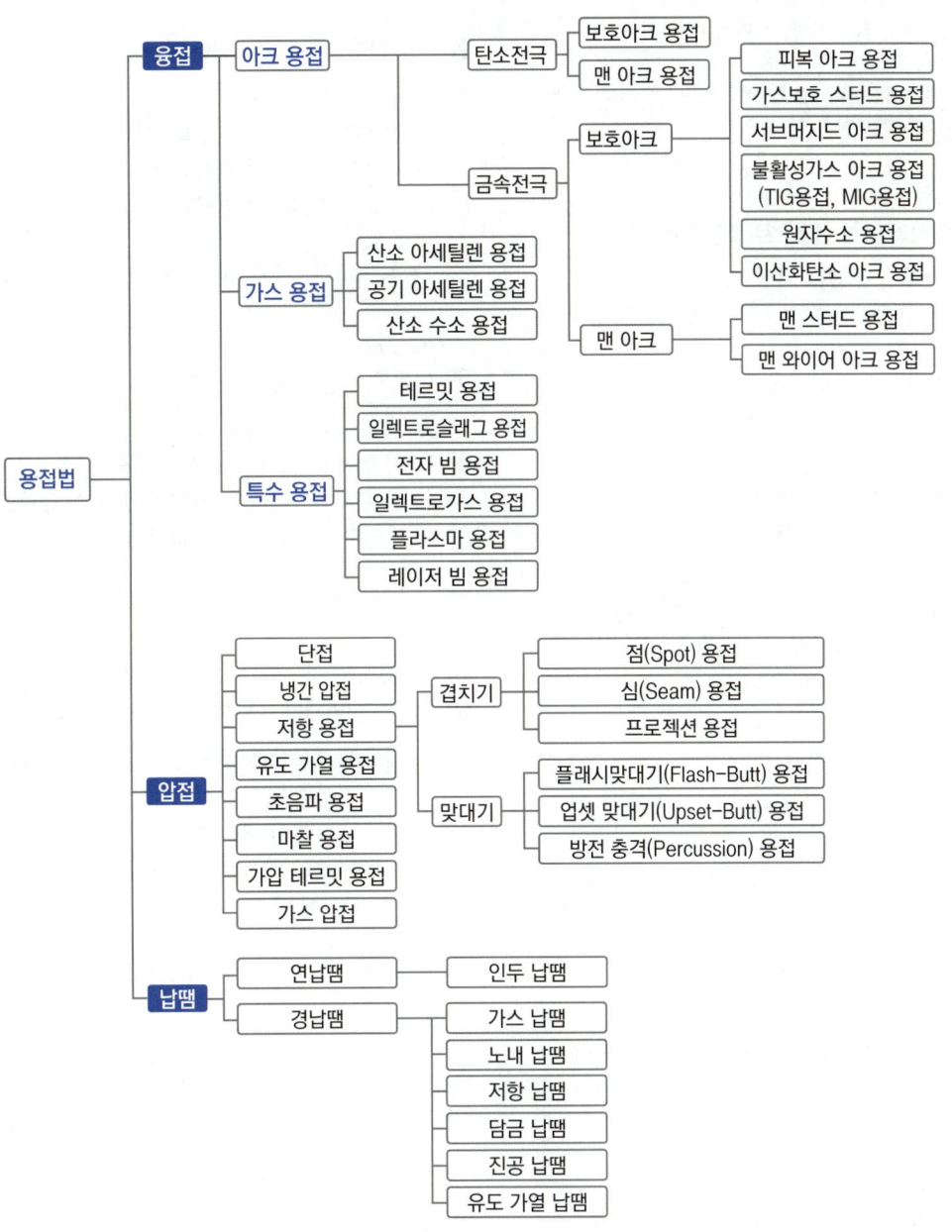

[07-1]
1 용접은 여러 가지 용도로 다양하게 이용이 되고 있다. 다음 중 용접의 용도만으로 묶어진 것은?

① 교량, 항공기, 컨테이너, 농기구
② 철탑, 배관, 조선, 시멘트관 접합
③ 농기구, 교량, 자동차, 시멘트관 접합
④ 철탑, 건물, 철도차량, 시멘트관 접합

> 용접의 용도 : 교량, 건축, 조선, 항공기, 철도, 컨테이너, 농기구, 보일러, 주방용품, 전자제품 등

[10-5, 04-4]
2 용접의 장점에 대한 설명으로 틀린 것은?

① 이음의 효율이 높고 기밀, 수밀이 우수하다.
② 두께에 관계없이 거의 무제한으로 접합할 수 있다.
③ 응력이 분산되어 노치부에 균열이 생기지 않는다.
④ 재료가 절감되고 작업공정 단축으로 경제적이다.

> 용접은 응력이 집중되거나 노치부에 균열이 생기기 쉬운 단점이 있다.

[05-4]
3 용접의 장점을 설명한 것 중 틀린 것은?

① 용접부의 품질검사가 용이하다.
② 작업공정이 단축되며 경제적이다.
③ 중량이 경감된다.
④ 이음 구조가 간단하다.

> 용접부의 품질검사가 곤란하다.

[11-5]
4 용접의 장점 중 맞는 것은?

① 저온 취성이 생길 우려가 많다.
② 재질의 변형 및 잔류 응력이 존재한다.
③ 용접사의 기량에 따라 용접 결과가 좌우된다.
④ 기밀, 수밀, 유밀성이 우수하다.

[11-4]
5 다음 중 용접의 장점에 대한 설명으로 옳은 것은?

① 기밀, 수밀, 유밀성이 좋지 않다.
② 두께에 제한이 없다.
③ 작업이 비교적 복잡하다.

④ 보수와 수리가 곤란하다.

> ① 기밀, 수밀, 유밀성이 우수하다.
> ③ 작업공정이 단축되어 경제적이다.
> ④ 보수와 수리가 용이하다.

[04-1]
6 용접법의 일반적인 장점이 아닌 것은?

① 작업공정이 단축된다.
② 완전한 기밀과 수밀성을 얻을 수 있다.
③ 작업의 자동화가 용이하다.
④ 강도가 증가되고 변형이 없다.

> 열에 의한 변형과 수축이 발생할 수 있다.

[12-5, 04-2]
7 다음 중 용접의 단점과 가장 거리가 먼 것은?

① 잔류 응력이 발생할 수 있다.
② 이종(異種)재료의 접합이 불가능하다.
③ 열에 의한 변형과 수축이 발생할 수 있다.
④ 작업자의 능력에 따라 품질이 좌우된다.

> 이종재료의 접합이 가능하다.

[09-5, 07-2]
8 용접의 일반적인 특징을 설명한 것 중 틀린 것은?

① 제품의 성능과 수명이 향상되며 이종 재료도 용접이 가능하다.
② 재료의 두께에 제한이 없다.
③ 보수와 수리가 어렵고 제작비가 많이 든다.
④ 작업공정이 단축되며 경제적이다.

> ③ 보수와 수리가 쉽고 제작비가 적게 든다.

[11-1]
9 용접이 주조에 비하여 우수한 점이 아닌 것은?

① 보수가 용이하다.
② 이음의 강도가 작다.
③ 이종 재질을 조합시킬 수 있다.
④ 복잡한 형상의 제품도 제작이 가능하다.

> ② 용접은 이음의 강도가 크다.

[07-4]

10 다음 중 야금학적 접합법이 아닌 것은?

① 확관법   ② 융접

③ 압접   ④ 납땜

> 야금적 접합법 : 융접, 압접, 납땜

[05-2]

11 용접법의 분류에서 융접에 속하지 않는 것은?

① 가스용접   ② 초음파 용접

③ 피복 아크 용접   ④ 탄산가스 아크 용접

> 초음파 용접은 압접에 해당한다.

[11-2]

12 용접법의 분류 중에서 융접에 속하는 것은?

① 테르밋 용접   ② 초음파 용접

③ 플래시 용접   ④ 심용접

[06-1]

13 융접에 해당하는 것은?

① 초음파 용접   ② 연납땜

③ 업셋맞대기 용접   ④ 일렉트로 슬래그 용접

> 초음파 용접과 업셋맞대기 용접은 압접에 해당한다.

[12-5]

14 다음 중 용접법에 있어 융접에 해당하는 것은?

① 테르밋 용접   ② 저항 용접

③ 심용접   ④ 유도가열 용접

[10-4]

15 용접법의 분류 중 아크 용접에 해당하는 것은?

① 테르밋 용접   ② 산소 수소 용접

③ 스터드 용접   ④ 유도가열 용접

[11-5]

16 용접법 중 융접법에 속하지 않는 것은?

① 스터드 용접   ② 산소 아세틸렌 용접

③ 일렉트로 슬래그 용접   ④ 초음파 용접

[08-1]

17 용접법을 크게 융접, 압접, 납땜으로 분류할 때, 압접에 해당되는 것은?

① 전자빔 용접

② 초음파 용접

③ 원자 수소 용접

④ 일렉트로 슬래그 용접

[05-1]

18 압접의 종류가 아닌 것은?

① 저항 용접

② 초음파 용접

③ 일렉트로 슬래그 용접

④ 가압 테르밋 용접

> 일렉트로 슬래그 용접은 융접에 해당한다.

[08-2]

19 용접을 크게 분류할 때 압접에 해당되지 않는 것은?

① 저항 용접   ② 초음파 용접

③ 마찰 용접   ④ 전자빔 용접

> 전자빔 용접은 융접에 해당한다.

[06-4]

20 용접법의 분류에서 압접에 해당되는 것은?

① 유도가열 용접

② 전자빔 용접

③ 일렉트로 슬래그 용접

④ MIG 용접

[07-2]

21 다음 용접법의 분류 중 압접에 해당하는 것은?

① 테르밋 용접   ② 전자빔 용접

③ 유도가열 용접   ④ 탄산가스 아크 용접

[10-2]

22 용접법의 분류에서 압접에 해당하는 것은?

① 유도가열 용접

② 전자빔 용접

③ 일렉트로 슬래그 용접

④ MIG 용접

정답   10 ①   11 ②   12 ①   13 ④   14 ①   15 ③   16 ④   17 ②   18 ③   19 ④   20 ①   21 ③   22 ①

피복 아크 용접

출제 포인트

피복 아크 용접은 출제 비중이 가장 높은 섹션이다. 아크의 특성, 발생 및 소멸, 아크 길이, 용접봉, 운봉법, 용접 자세, 직류 및 교류 용접기 등 어느 하나 소홀히 할 수 있는 내용이 없으니 철저히 암기할 수 있도록 한다.

01 피복 아크 용접의 개요

1 피복 아크 용접의 원리

용접봉과 모재 사이에 전압을 걸고 서로 붙였다 떼면 아크(Arc) 모양의 빛과 열을 발생하는데, 이 열을 이용하여 용접봉과 모재를 녹여 접합하는 방식

피복제(Shield)
심선(Core Wire)
아크(Arc)
슬래그(Slag)
발생가스
(Arc atmosphere)
용입
(Penetration)
모재
용착금속
(Deposited metal)
용융지
(Molton pool)

▶ 용어 정리
- **용접봉**(용가제) : 부족한 금속을 보충하는 금속봉
- **모재** : 용접의 대상이 되는 금속
- **용적** : 용접봉 끝에서 녹아 모재에 떨어지는 금속 방울
- **용착** : 용접봉이 용융지에 녹아 들어가는 것
- **용착 금속** : 용접물이 녹아서 용착된 부분의 금속, 즉 개선 내에 용접으로 채워진 부분을 말한다.
- **용융지**(熔融池) : 용접 시 아크열에 의하여 용융된 모재의 일부가 녹아 오목하게 들어간 부분
- **용입** : 모재가 녹은 깊이

2 피복 아크 용접의 특성

① 전기의 아크열을 이용한 용접법으로 전기용접이라고도 한다.
② 모재와 용접봉을 녹여서 접합하는 용극식이다.
③ 용접봉은 금속 심선의 주위에 피복제를 바른 것을 사용한다.
④ 장비가 단순하고 이동이 쉽다.
⑤ 가격이 저렴하다.

3 아크의 특성

① 아크의 적정 온도 : 약 5,000~6,000℃
② 아크의 길이
  - 용접봉 심선의 지름 정도나 일반적인 아크의 길이는 3mm 정도이다.
  - 지름이 2.6mm 이하의 용접봉에서는 심선의 지름과 같도록 한다.
③ 아크 전압은 아크 길이에 비례한다.
④ 품질 좋은 용접을 하려면 원칙적으로 짧은 아크를 사용해야 한다.

4 아크의 발생 및 소멸

(1) 아크의 발생

① 용접봉을 모재의 표면에서 10mm 정도 되게 가까이 대고 아크 발생 위치를 정하고 핸드실드로 얼굴을 가린다.
② 용접봉을 순간적으로 재빨리 모재면에 접촉시켰다가 3~4mm 정도 떼면 아크가 발생한다.
③ **긁기법** : 용접봉 끝으로 모재 위를 긁는 기분으로 운봉하여 아크를 발생시키는 방법으로 교류 아크 용접 시 사용
④ **찍기법** : 모재 위를 용접봉으로 찍어 아크를 발생시키는 방법으로 직류 아크 용접 시 사용

(2) 아크의 소멸

아크를 소멸시킬 때는 용접을 정지시키려는 곳에서 아크 길이를 짧게 하여 운봉을 정지시키고 크레이터를 채운 다음 용접봉을 빠른 속도로 들어 올려 아크를 소멸시킨다.

5 아크 길이

(1) 아크 길이가 길 때 나타나는 현상

① 아크가 불안정하다.

② 용융금속이 산화 및 질화되기 쉽다.

③ 용입이 나빠진다.

④ 열의 집중 불량, 용입 불량의 우려가 있다.

⑤ 기공, 균열의 원인이 된다.

⑥ 스패터가 심해진다.

(2) 아크 길이가 짧을 때 나타나는 현상

① 용입이 불량해진다.

② 아크의 지속이 어려워 잘 끊어진다.

6 아크 쏠림(자기 쏠림, 자기 불림)

① 직류 아크 용접 중 아크가 전류의 자기작용에 의해서 용접봉 방향에서 한쪽으로 쏠리는 현상

② 이음의 한쪽 부재만이 녹고 다른 부재가 녹지 않아 용입 불량, 슬래그 혼입 등의 결함이 발생

③ 아크 쏠림 방지 대책

• 용접봉 끝을 아크쏠림 반대방향으로 기울인다.

• 직류 대신 교류 전원을 사용한다.

• 아크의 길이를 짧게 유지한다.

• 긴 용접에는 후진법(후퇴 용접법)으로 용착한다.

• 접지점을 용접부에서 멀리한다.

• 보조판(엔드 탭)을 사용한다.

02 용접봉

1 용접봉의 구성

용접봉이란 두 모재 사이의 빈틈을 메우기 위해 사용하는 금속봉으로 심선과 피복제로 구성되어 있다.

(1) 심선(Core Wire)

① 주로 저탄소 림드강이 사용된다.

② 연강용 피복 아크 용접봉 심선의 화학성분

종류		1종	2종
기호		SWR 11	SWR 21
화학 성분	탄소	0.09 이하	0.10~0.15
	규소	0.03 이하	동일
	망간	0.35~0.65	동일
	인	0.020 이하	동일
	황	0.023 이하	0.020 이하
	구리	0.020 이하	0.020 이하

(2) 피복제

① **피복제의 역할**

• 아크의 안정화

• 전기 절연작용

• 슬래그 제거를 쉽게 하고 파형이 고운 비드(Bead)를 만듦

• 용융금속의 용적(Globule)을 미세화하고 용착효율을 높임

• 중성 또는 환원성 분위기로 용착금속 보호

• 용착금속에 필요한 합금 원소를 첨가

• 용착금속의 탈산 정련작용

• 용착금속의 냉각속도 지연(급랭 방지)

• 스패터의 발생을 적게 한다.

• 모재 표면의 산화물 제거 및 양호한 용접부를 만듦

• 용융점이 낮은 슬래그를 만들어 용융부의 표면을 덮어 산화·질화 방지

② **피복제의 종류**

피복제	종류
아크 안정제	산화티탄, 석회석, 규산칼륨, 규산나트륨, 탄산나트륨 등
가스 발생제	전분, 석회석, 셀룰로오스, 탄산바륨, 톱밥 등
슬래그 생성제	마그네사이트, 일미나이트, 석회석 등
탈산제	규소철, 망간철, 티탄철, 페로실리콘, 소맥분, 톱밥 등
고착제 환원가스 발생제	규산나트륨, 규산칼륨, 아교, 카세인 등
합금첨가제	페로망간, 페로실리콘, 페로크롬, 페로바나듐, 니켈, 구리 등

2 용접부 보호방식에 의한 용접봉의 분류

피복 아크 용접봉의 피복제가 연소한 후 생성된 물질이 용접부를 보호하는 형식에 따라 다음과 같이 분류한다.

(1) 가스 발생식

① 일산화탄소, 수소, 탄산가스 등 환원가스나 불활성 가스에 의해 용접부를 보호하는 형식

② 아크가 매우 안정된다.

③ 용접 속도가 빠르고 작업 능률이 높다.

④ 슬래그의 제거가 쉽다.

⑤ 아크 전압이 높아지거나 언더컷을 일으키기 쉽다.

⑥ 비드의 파형이 나쁘게 될 수 있다.

(2) 슬래그 생성식

① 액체의 용제 또는 슬래그로 용착 금속을 보호하는 형식

② 산화, 질화를 방지하고 탈산 정련 작용을 돕는다.

③ 용접 중 슬래그 혼입의 우려가 있다.

(3) 반가스 발생식

가스 발생식과 슬래그 발생식을 혼합하여 사용

③ 용접봉 취급 시 주의사항

① 보관 시 진동이 없고 건조한 장소에 보관한다.

② 습기가 있는 용접봉으로 용접할 경우 용접부에 기포, 균열, 피트가 생기기 쉽다.

③ 보통 용접봉은 70~100℃에서 30~60분, 저수소계는 300~350℃에서 1~2시간 건조 후 사용한다.

④ 사용 중에 피복제가 떨어지는 일이 없도록 통에 넣어 운반, 사용한다.

⑤ 하중을 받지 않는 상태에서 지면보다 높은 곳에 보관한다.

④ 용접봉 선택 시 고려사항

① 모재와 용접부의 기계적 · 물리적 · 화학적 성질

② 용접자세

③ 제품의 형상

④ 사용 용접기기

⑤ 경제성

⑥ 아크의 안정성 등

▶ 피복 아크 용접봉은 사용하기 전에 편심상태를 확인한 후 사용하여야 하는데, 이때 편심률은 3% 이내가 적당하다.

⑤ 용접봉의 기호 붙이는 방법

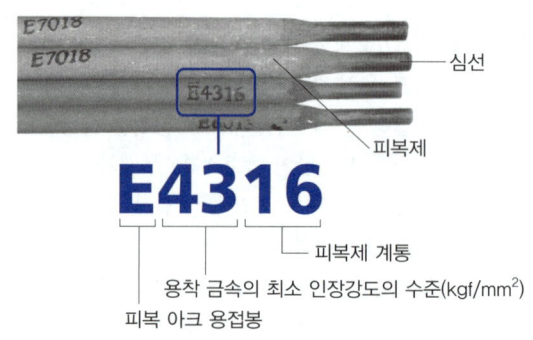

E4316

- 피복 아크 용접봉
- 용착 금속의 최소 인장강도의 수준(kgf/mm²)
- 피복제 계통

심선

피복제

⑥ 연강용 피복 아크 용접봉의 규격 (KS D 7004)

종류	피복제 계통	용접 자세	전류의 종류	용착 금속의 기계적 성질			
				인장 강도 $N/mm^2(kg/mm^2)$	항복점 또는 0.2% 내력 $N/mm^2(kg/mm^2)$	연신율 %	샤르피 흡수에너지 J
E 4301	일루미나이트계	F,V,O,H	AC 또는 DC(±)	420(43) 이상	345(35) 이상	22 이상	47 이상
E 4303	라임티타니아계	F,V,O,H	AC 또는 DC(±)	420(43) 이상	345(35) 이상	22 이상	27 이상
E 4311	고셀룰로오스계	F,V,O,H	AC 또는 DC(±)	420(43) 이상	345(35) 이상	22 이상	27 이상
E 4313	고산화티탄계	F,V,O,H	AC 또는 DC(-)	420(43) 이상	345(35) 이상	17 이상	-
E 4316	저수소계	F,V,O,H	AC 또는 DC(+)	420(43) 이상	345(35) 이상	25 이상	47 이상
E 4324	철분산화티탄계	F,H	AC 또는 DC(±)	420(43) 이상	345(35) 이상	17 이상	-
E 4326	철분저수소계	F,H	AC 또는 DC(+)	420(43) 이상	345(35) 이상	25 이상	47 이상
E 4327	철분산화철계	F,H	F에서는 AC 또는 C(±) H에서는 AC 또는DC(-)	420(43) 이상	345(35) 이상	25 이상	27 이상
E 4340	특수계	F,V,O,H 또는 어느 자세	AC 또는 DC(±)	420(43) 이상	345(35) 이상	22 이상	27 이상

※ F : 아래보기자세, V : 수직자세, O : 위보기자세, H : 수평자세 또는 수평필릿용접

　V, O는 심선의 지름 5.0mm를 초과하는 것에는 적용하지 않는다.

　AC : 교류, DC(±) : 직류(봉 플러스 및 봉 마이너스), DC(-) : 직류(봉 마이너스), DC(+) : 봉 플러스)

(1) E4311 - 고셀룰로오스계 용접봉

① 셀룰로오스 20~30% 정도 포함
② 가스 실드에 의한 아크 분위기가 환원성이므로 용착 금속의 기계적 성질이 양호하다.
③ 박판용접에 사용된다.
④ 수직 상진·하진 및 위보기 자세 용접에서 우수한 작업성을 나타낸다.
⑤ 슬래그가 적어 좁은 홈의 용접이 좋다.
⑥ 비드표면이 거칠고 스패터가 많다.
⑦ 기공이 생길 염려가 있다.
⑧ 슬래그 실드계 용접봉에 비해 용접전류를 10~15% 낮게 사용한다.
⑨ 사용 전 70~100℃에서 30분~1시간 정도 건조 후 사용한다.

(2) E4301 - 일루미나이트계 용접봉

① 일루미나이트(FeOTiO₂) 30% 이상 포함
② 용접성이 우수하여 일반 구조물의 중요 강도 부재용접에 사용
③ 기계적 성질 양호

(3) E4303 - 라임 티타니아계 용접봉

① 산화티탄 약 30% 이상 포함
② 전 자세 용접이 가능
③ 기계적 성질 우수

(4) E4313 - 고산화 티탄계 용접봉

① 산화티탄 약 35% 포함
② 용접 외관과 작업성 우수
③ 용입이 비교적 얕아서 얇은 판의 용접에 적당
④ 기계적 성질이 다른 용접봉에 비하여 약함
⑤ 용접 중 고온 균열을 일으키기 쉬움

(5) E4316 - 저수소계 용접봉

① 주성분 : 석회석
② 용접봉의 내균열성 우수
③ 수소 함유량이 극히 적음
④ 아크의 길이가 짧고 끊어지기 쉬워 아크가 불안정
⑤ 연성과 인성이 좋아서 고압용기, 후판 중구조물 용접에 사용
⑥ 슬래그의 유동성이 불량
⑦ 균열을 일으키기 쉬운 강재에 적당
⑧ 300~350℃에서 1~2시간 건조 후 사용

(6) E4324 - 철분 산화티탄계 용접봉

① 고산화 티탄계 용접봉의 피복제에 약 50%의 철분 첨가
② 작업하기 쉽고 용착속도가 커서 작업 능률 향상
③ 아래보기 및 수평 필릿 자세에 한정

(7) E4326 - 철분 저수소계 용접봉

① 저수소계 용접봉의 피복제에 30~50% 철분 첨가
② 용착 속도가 크고 작업 능률 향상
③ 아래보기 및 수평 필릿 용접에 적합

(8) E4327 - 철분 산화철계 용접봉

① 산화철에 30~45%의 철분 첨가
② 중력식 아크 용접에 많이 사용
③ 아래보기 수평 필릿 용접에 적합하다.

▶ 용접봉의 표준치수(mm)
1.6, 2.0, 2.6, 3.2, 4.0, 4.2, 4.5, 5.0, 5.5, 6.0, 6.4, 7.0, 8.0

7 고장력강용 피복 아크 용접봉

(1) 규격(KS D 7006)

용접봉 종류	피복제 계통	용접 자세	전류의 종류
E 5001	일루미나이트계	F, V, O, H	AC 또는 DC(±)
E 5003	라임티타니아계	F, V, O, H	AC 또는 DC(±)
E 5016 E 5316 E 5816 E 6216 E 7016 E 7616 E 8016	저수소계	F, V, O, H	AC 또는 DC(+)
E 5026 E 5326 E 5826 E 6226	철분 저수소계	F, H	AC 또는 DC(+)
E 5000 E 5300	특수계	F, V, O, H 또는 다른 어떤 자세	AC 또는 DC(±)

(2) 특징

① 인장강도가 높다(50kgf/mm² 이상).
② 재료의 취급이 간단하고 가공이 용이하다.
③ 동일한 강도에서 판 두께를 얇게 할 수 있다.

④ 소요 강재의 중량을 경감시킨다.

⑤ 기초공사가 간단하다.

8 용융속도

① 단위 시간당 소비되는 용접봉의 길이 또는 무게

② 지름이 달라도 종류가 같은 용접봉인 경우에는 심선의 용융 속도는 전류에 비례한다.

> **용융속도 = 아크전류 × 용접봉 쪽 전압강하**

03 운봉법(運棒法)

1 직선 비드

① 용접봉을 용접선에 따라 직선으로 움직이며 작업

② **용접봉의 각도** : 용접 진행 방향으로 70~80°, 좌우에 대해서는 모재에 90°가 되도록 한다.

③ 주로 박판 용접 및 용접의 이면 비드 형성에 사용

④ **비드 폭** : 용접봉 직경의 2배

2 위빙(weaving) 비드

① **용접봉의 각도** : 직선 비드와 동일

② 용접봉 끝을 용접선의 좌우로 운동시키면서 진행

③ **비드 폭** : 심선 지름의 2~3배

④ **위빙 피치** : 5~6mm

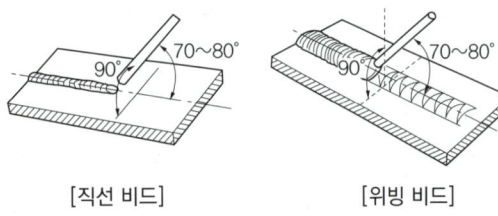

[직선 비드]　　　　　　[위빙 비드]

04 용적이행

1 정의

용융금속이 용접봉에서 모재로 옮겨가는 상태

2 종류

① **글로뷸러형** : 용융금속이 모재로 옮겨가는 상태에서 비교적 큰 용적이 단락되지 않고 옮겨가는 형식

② **단락형** : 용적이 용융지에 접촉하면서 옮겨가는 방식

③ **스프레이형** : 미세한 용적이 스프레이처럼 날리면서 옮겨가는 방식

05 용접 자세

1 아래보기 자세(Flat Position ; F)

① 용접선이 거의 수평인 이음을 위쪽에서 용접하는 자세

② 일반적으로 가장 많은 전류를 사용

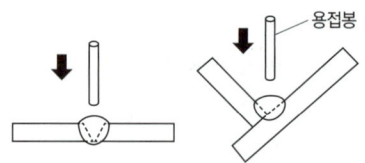

2 수평 자세(Horizontal Position ; H)

용접선이 거의 수평인 이음을 앞쪽 또는 옆쪽에서 용접하는 자세

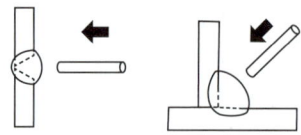

3 수직 자세(Vertical Position, 직립 자세 ; V)

용접선이 거의 연직인 이음을 옆에서 용접하는 자세

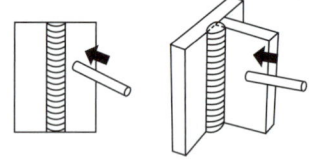

4 위보기 자세(Overhead Position ; O)

용접선이 거의 수평인 이음을 아래쪽에서 용접하는 자세

06 아크 용접기

1 아크 용접 회로의 구성

용접기, 전극 케이블, 용접봉 홀더, 용접봉, 모재, 접지케이블

2 아크 용접기의 특성

① **수하 특성** : 부하 전류가 증가함에 따라 단자 전압이 낮아진다. (피복 아크 용접기, 서브머지드 아크 용접기 등의 교류 용접기) → 아크의 안정

② **정전류 특성** : 아크의 길이에 따라 전압이 변하더라도 아크 전류는 거의 변하지 않는다. (수동용접기)

③ **정전압 특성** : 부하 전류가 변하더라도 단자 전압이 거의 변하지 않는다. (자동 용접 또는 반자동 용접)

④ **아크 길이 자기제어 특성** : 아크 전류가 일정할 때 아크 전압이 높아지면 용접봉의 용융속도가 늦어지고, 아크전압이 낮아지면 용융속도는 빨라진다.

⑤ **상승 특성** : 전류가 증가함에 따라 전압이 높아진다. (자동 용접 또는 반자동 용접)

3 용접 기구

(1) 용접용 홀더

① 개요
- 아크 용접에서 용접봉 끝을 꽉 물고 전류를 흐르게 하여 아크열을 발생하게 하는 기구
- 홀더 자신은 전기저항과 용접봉을 고정시키는 조(jaw) 부분의 접촉점에 의한 발열이 되지 않아야 한다.

② 형식
- A형 : 용접봉을 집는 부분을 제외하고는 모두 절연되어 있어 안전 홀더라고 함
- B형 : 손잡이 부분만 절연되고 나머지 부분은 노출된 것

③ 종류

종류	정격 용접 전류(A)	홀더로 잡을 수 있는 용접봉 지름 (mm)	접속할 수 있는 최대 홀더용 케이블의 도체 공칭단면적(mm²)
125호	125	1.6~3.2	22
160호	160	3.2~4.0	(30)
200호	200	3.2~5.0	38
250호	250	4.0~6.0	(50)
300호	300	4.0~6.0	(50)
400호	400	5.0~8.0	60
500호	500	6.4~(10.0)	(80)

※ ( ) 안의 수치는 KS D 7004(연강용 피복 아크 용접봉) 및 KS C 3321(용접봉 케이블)에 규정되어 있지 않음

(2) 차광유리

① 용접 작업 시 발생하는 유해광선을 차단하기 위해 사용되며, 용접의 종류에 따라 적당한 차광도 번호를 사용한다.

② 피복 아크 용접 : 10~11
   MIG 용접 : 12~13
   가스용접 : 4~6

③ **용접 종류에 따른 차광도 번호**

용접 종류	용접 전류(A)	용접봉 지름 (mm)	차광도 번호
금속 아크	30 이하	0.8~1.2	6
	30~45	1.0~1.6	7
	45~75	1.2~2.0	8
헬리 아크	75~130	1.6~2.6	9
금속 아크	100~200	2.6~3.2	10
	150~250	3.2~4.0	11
	200~300	4.8~6.4	12
	300~400	4.4~9.0	13
탄소 아크	400 이상	9.0~9.6	14

(3) 퓨즈

> **퓨즈 용량 = 1차입력(kVA) / 전원전압(200V)**

(4) 기타 용접기구

① **접지 클램프** : 모재와 용접기를 케이블로 연결할 때 모재에 접속하는 용접기구

② **커넥터** : 케이블을 접속하는 기구

③ **안전 보호 기구** : 앞치마, 핸드실드, 헬멧, 장갑, 팔 덮개, 발커버, 차광유리 등

④ **케이블 접속기구** : 케이블 커넥터, 케이블 러그, 케이블 조인트

⑤ **용접봉 건조기**
- 높은 절연 내압으로 안정성이 탁월하다.
- 우수한 단열재를 사용하여 보온 건조효과가 좋다.
- 안정된 온도를 유지한다.
- 습기제거가 뛰어나야 한다.

07 피복 아크(Shielded Metal-Arc) 용접기의 종류

1 직류 아크 용접기와 교류 아크 용접기의 비교

구분	직류 용접기	교류 용접기
구조	복잡	간단
아크의 안정성	우수	약간 불안정
역률	양호	불량
극성의 변화	가능	불가능
무부하 전압	낮다(최대 60V)	높다(80~100V)
감전(전격)의 위험	적음	많음
고장률	많음	적음
비용	고비용	저비용
아크 쏠림 방지	불가능	가능

2 직류 아크 용접기

(1) 종류 및 특성

종류	특성
발전기형 (엔진 구동형, 전동 발전형)	• 구동부와 발전기부로 되어 있다. • 보수와 점검이 어렵다. • 가격이 비싸다. • 교류전원이 없는 옥외 장소에 적합하다. (엔진 구동형)
정류기형	• 교류를 정류하므로 완전한 직류를 얻을 수 없다. • 취급이 간단하다. • 보수와 점검이 쉽다. • 가격이 싸다.

(2) 정극성과 역극성의 비교

구분	정극성(DCSP)	역극성(DCRP)
연결 방법	모재 : 양극(+) 용접봉 : 음극(−)	용접봉 : 양극(+) 모재 : 음극(−)
열분배율	모재 70%, 용접봉 30%	용접봉 70%, 모재 30%
용융속도	모재의 용융속도가 빠름	용접봉의 용융속도가 빠름
비드 폭	좁음	넓음
모재의 용입	깊다(용입의 깊이 : 정극성 〉 교류 〉 역극성)	얕다
용도	일반적으로 많이 사용하며 주로 후판의 용접에 사용	박판, 합금강, 비철금속의 용접에 사용

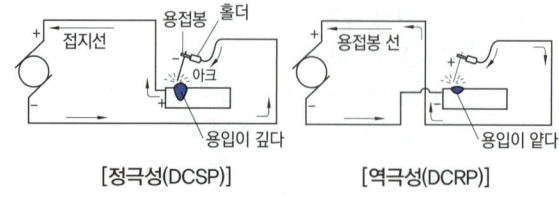

[정극성(DCSP)] [역극성(DCRP)]

3 교류 아크 용접기

(1) 가동철심형(Magnetic Shunt Reactor)
① 변압기의 자기회로 내에 가동철심을 삽입하여 누설자속의 양을 조절함으로써 출력전류 제어
② 큰 전류는 2차 코일의 탭을 전환하여 조절하고, 미세한 조정은 가동철심으로 조절
③ 가동 부분의 마멸로 인해 철심의 진동이 생기는데, 이 진동으로 소음이 발생할 수 있다.
④ 교류 아크 용접기 중 현재 가장 많이 사용된다.

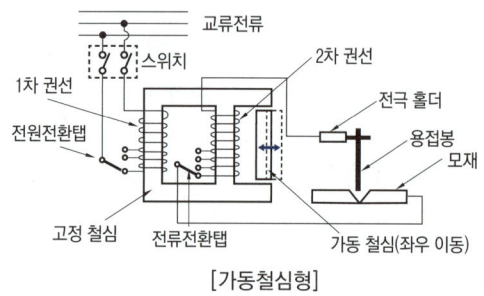

[가동철심형]

(2) 가동코일형(Moving Coil)
① 1차 코일과 2차 코일이 같은 철심에 감겨져 있고 2차 코일을 고정시키고 1차 코일을 이동시켜 두 코일 간의 거리를 변화시킴으로써 전류 조정
② 아크가 안정적이며 소음이 거의 없다.
③ 가격이 비싸다.

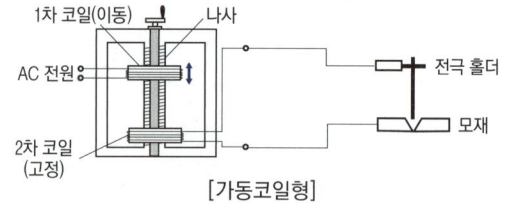

[가동코일형]

(3) 탭전환형(Tapped Reactor)
① 2차측의 탭을 사용하여 코일의 감긴 수에 따라 전류 조정
② 무부하 전압이 높아 전격 위험이 크다.

③ 넓은 범위의 전류 조정이 어렵다.

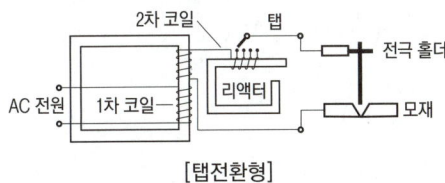

[탭전환형]

(4) 가포화 리액터형(Saturation Reactor)

① 직류 여자전류에 의한 가변저항의 변화를 이용하여 용접 전류를 조정한다.

② 전류 조정을 전기적으로 하므로 소음이 거의 없다.

③ 조작이 간단하고 원격 제어가 된다.

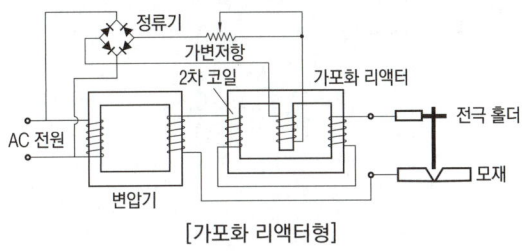

[가포화 리액터형]

(5) 교류 아크 용접기의 부속장치

① **전격방지장치** : 무부하 전압이 85~90V로 비교적 높은 교류 아크 용접기에 감전의 위험으로부터 보호하기 위해 사용되는 장치

• 전격방지기의 2차 무부하 전압 : 20~30V

• 작업자를 감전 재해로부터 보호하기 위한 장치

• 아크의 단락과 동시에 자동으로 릴레이가 차단

② **핫 스타트 장치** : 아크 발생 초기에 용접봉과 모재가 냉각되어 있어 입열이 부족하면 아크가 불안정하기 때문에 아크 초기에만 용접 전류를 크게 해주는 장치

• 기공(Blow Hole)을 방지한다.

• 비드 모양을 개선한다.

• 아크의 발생을 쉽게 한다.

• 아크 발생 초기의 용입을 양호하게 한다.

③ **고주파 발생장치** : 안정한 아크를 얻기 위하여 상용 주파의 아크전류에 고전압의 고주파를 중첩시키는 방법으로 아크 발생과 용접작업을 쉽게 할 수 있도록 하는 장치

④ **원격제어장치** : 원격으로 전류를 조절하는 장치

• 교류 아크 용접기 : 소형 전동기 사용

• 직류 아크 용접기 : 가변 저항기 사용

※정격 2차전류의 조정 범위 : 정격전류의 20~110%

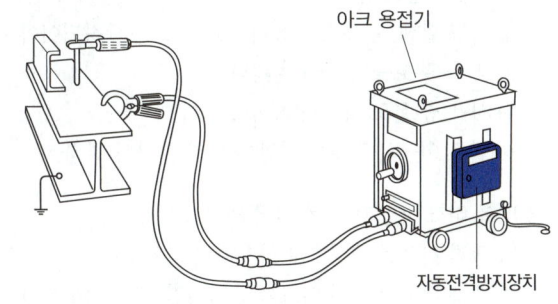

(6) 교류 아크 용접기의 규격

종류	정격 출력 전류 (A)	정격 사용률(%)	정격 부하전압 (V)	최고 무부하 전압(V)	출력 전류 A		사용 가능한 피복아크 용접봉의 지름(mm)
					최대값	최소값	
AWL-130	130	30	25.2	80 이하	정격 출력전류의 100% 이상 110% 이하	40 이하	2.0~3.2
AWL-150	150		26.0			45 이하	2.0~4.0
AWL-180	180		27.2			55 이하	2.6~4.0
AWL-250	250		30.0			75 이하	3.2~5.0
AW-200	200	40	28	85 이하		정격 출력 전류의 20% 이하	2.0~4.0
AW-300	300		32				2.6~6.0
AW-400	400		36				3.2~8.0
AW-500	500	60	40	95 이하			4.0~8.0

※AW, AWL : 교류 아크 용접기 • AW, AWL 다음의 숫자 : 정격 출력 전류

4 용접기의 사용률, 역률 및 효율

(1) 사용률
용접기 전체의 사용 시간에서 아크가 발생하는 시간에 대한 비율

- 사용률 = $\dfrac{\text{아크 발생시간}}{\text{아크 발생시간} + \text{정지시간}} \times 100\%$

- 허용사용률 = $\dfrac{(\text{정격2차전류})^2}{(\text{실제의 용접전류})^2} \times \text{정격사용률}$

(2) 역률
전원 입력에 대한 아크 입력과 2차측의 내부 손실과의 합의 비율

- 역률 = $\dfrac{\text{소비 전력[kW]}}{\text{전원 입력[kVA]}} \times 100\% = \dfrac{\text{아크 전압[V]} \times \text{아크 전류[A]} + \text{내부손실}}{\text{무부하전압[V]} \times \text{아크 전류[A]}} \times 100\%$

(3) 효율

- 효율 = $\dfrac{\text{아크 출력[kW]}}{\text{전원 입력[kW]}} \times 100\% = \dfrac{\text{아크 전압[V]} \times \text{아크 전류[A]}}{\text{아크 전압[V]} \times \text{아크 전류[A]} + \text{내부손실}} \times 100\%$

5 아크 용접기의 구비조건
① 구조 및 취급이 간단해야 한다.
② 전류조정이 용이하고 일정하게 전류가 흘러야 한다.
③ 아크 발생 및 유지가 용이하고 아크가 안정되어야 한다.
④ 역률 및 효율이 좋아야 한다.
⑤ 사용 중 온도 상승이 작아야 한다.
⑥ 필요 이상의 무부하 전압이 높지 않아야 한다.

6 피복 아크 용접기 사용 시 주의사항
① 정격 사용률 이상으로 사용하면 과열되어 소손이 생기므로 사용률을 준수한다.
② 탭 전환은 반드시 아크를 중지시킨 후에 시행한다.
③ 정격 위험을 방지하기 위해 용접기 케이스를 반드시 어스(접지)를 시켜야 한다.
④ 1차측 탭은 1차측의 전류 및 전압 변동을 조절하는 것이므로 2차측의 무부하 전압을 높이거나 용접전류를 높이는 데 사용해서는 안 된다.
⑤ 2차측 단자의 한쪽과 용접기 케이스는 반드시 접지를 확실히 해야 한다.

08 T형 필릿 및 모서리용접

1 T형 필릿용접
① 맞대기 용접에 비해 높은 전류를 사용한다.
② 준비 작업이 쉽고 용접에 의한 변형과 잔류응력이 적으며, 조립이 쉬워 경제적이다.
③ 가능한 한 아래보기 자세로 안정된 자세로 작업하는 것이 좋다.
④ 아크 길이는 짧게 유지하는 것이 좋다.
⑤ 용접 결함이 생기기 쉽다.

2 모서리 용접
① 모재의 끝부분을 서로 어떠한 각도로 맞대서 그 모서리를 용접하는 작업
② 사각형의 재료를 육면체로 제작할 때 주로 사용

아크용접의 개요

[10-2]

1 피복 금속 아크 용접에 대한 설명으로 잘못된 것은?

① 전기의 아크열을 이용한 용접법이다.
② 모재와 용접봉을 녹여서 접합하는 비용극식이다.
③ 보통 전기용접이라고 한다.
④ 용접봉은 금속 심선의 주위에 피복제를 바른 것을 사용한다.

> 피복 금속 아크 용접은 용극식이다.

[05-1]

2 피복 아크 용접에서 용접봉과 모재 사이에 전원을 걸고 용접봉 끝을 모재에 살짝 접촉시켰다가 떼면 청백색의 강한 빛을 내며 큰 전류가 흐르게 되는데 이것을 무슨 현상이라고 하는가?

① 아크현상   ② 정전기현상
③ 스패터현상   ④ 전해현상

[10-1]

3 용극식 용접법으로 용접봉과 모재 사이에 발생하는 아크의 열을 이용하여 용접하는 것은?

① 피복 아크 용접   ② 플라스마 아크 용접
③ 테르밋 용접   ④ 이산화탄소 아크 용접

[11-1]

4 피복 아크 용접에서 발생하는 아크의 온도 범위로 가장 적당한 것은?

① 약 1,000~2,000℃   ② 약 2,000~3,000℃
③ 약 5,000~6,000℃   ④ 약 8,000~9,000℃

[07-4]

5 아크의 길이가 너무 길 때 발생하는 현상이 아닌 것은?

① 용융금속이 산화 및 질화되기 쉽다.
② 용입이 나빠진다.
③ 아크가 불안정하다.
④ 열량이 대단히 작아진다.

> 아크의 길이가 길어지면 열량이 많아진다.

[09-5]

6 피복 아크 용접에서 아크의 발생 및 소멸 등에 관한 설명으로 틀린 것은?

① 용접봉 끝으로 모재 위를 긁는 기분으로 운봉하여 아크를 발생시키는 방법이 긁기법이다.
② 용접봉을 모재의 표면에서 10mm 정도 되게 가까이 대고 아크발생 위치를 정하고 핸드실드로 얼굴을 가린다.
③ 아크를 소멸시킬 때에는 용접을 정지시키려는 곳에서 아크 길이를 길게 하여 운봉을 정지시킨 후 한다.
④ 용접봉을 순간적으로 재빨리 모재면에 접촉시켰다가 3~4mm 정도 떼면 아크가 발생한다.

> 아크를 소멸시킬 때에는 용접을 정지시키려는 곳에서 아크 길이를 짧게 하여 운봉을 정지시킨 후 한다.

[04-1]

7 피복 아크 용접봉에서 아크 길이 및 아크 전압을 설명한 것 중 맞지 않는 것은?

① 아크 길이가 너무 길면 아크가 불안정하다.
② 양호한 용접을 하려면 짧은 아크를 사용한다.
③ 아크 전압은 아크 길이에 반비례한다.
④ 아크 길이가 적당할 때, 정상적인 작은 입자의 스패터가 생긴다.

> ③ 아크 전압은 아크 길이에 비례한다.

[04-4]

8 피복 아크 용접의 용접 조건에 관한 설명으로 옳은 것은?

① 아크 기둥 전압은 아크 길이에 거의 정비례하여 증가한다.
② 아크 길이가 짧아지면, 발열량은 증가한다.
③ 차가운 모재를 예열하기 위해 짧은 아크를 이용한다.
④ 아크 길이가 길어질수록 아크는 안정된다.

> ② 아크 길이가 짧아지면, 발열량은 감소한다.
> ③ 차가운 모재를 예열하기 위해 긴 아크를 이용한다.
> ④ 아크 길이가 짧을수록 아크는 안정된다.

정답 [개요] 1 ② 2 ① 3 ① 4 ③ 5 ④ 6 ③ 7 ③ 8 ①

[10-1, 09-2]

9 피복 아크 용접 작업에서 아크 길이 및 아크 전압에 관한 설명으로 틀린 것은?

① 품질 좋은 용접을 하려면 원칙적으로 짧은 아크를 사용해야 한다.
② 아크 길이가 너무 길면 아크가 불안정하고, 용융 금속이 산화 및 질화되기 어렵다.
③ 아크 길이가 보통 용접봉 심선의 지름 정도이나 일반적인 아크의 길이는 3mm 정도이다.
④ 아크 전압은 아크 길이에 비례한다.

> 아크 길이가 너무 길면 용융금속이 산화 및 질화되기 쉽다.

[08-1]

10 피복 아크 용접에서 아크 길이에 대한 설명이다. 옳지 않은 것은?

① 아크 전압은 아크 길이에 비례한다.
② 일반적으로 아크 길이는 보통 심선의 지름의 2배 정도인 6~8mm 정도이다.
③ 아크 길이가 너무 길면 아크가 불안정하고 용입 불량의 원인이 된다.
④ 양호한 용접을 하려면 가능한 한 짧은 아크(short arc)를 사용하여야 한다.

[12-1, 10-2]

11 지름이 3.0mm의 용접봉에서 아크의 길이는 몇 mm로 하는 것이 가장 적당한가?

① 3.0　　　　② 6.0
③ 9.0　　　　④ 12.0

[12-4, 11-1, 유사문제 13-2, 06-2, 05-1, 04-1]

12 아크가 용접봉 방향에서 한쪽으로 쏠리는 현상인 아크 쏠림에 대한 방지대책으로 맞는 것은?

① 직류용접기를 사용한다.
② 접지점을 용접부에서 가까이 한다.
③ 용접봉 끝을 아크쏠림 반대방향으로 기울인다.
④ 아크 길이를 길게 한다.

> **아크 쏠림 방지대책**
> • 용접봉 끝을 아크쏠림 반대방향으로 기울인다.
> • 직류 대신 교류 전원을 사용한다.
> • 아크의 길이를 짧게 유지한다.
> • 긴 용접에는 후진법(후퇴 용접법)으로 용착한다.
> • 접지점을 용접부에서 멀리한다.
> • 보조판(엔드탭)을 사용한다.

[13-1]

13 다음 중 자기 불림(magnetic blow)은 어느 용접에서 생기는가?

① 가스 용접
② 교류 아크 용접
③ 일렉트로 슬래그 용접
④ 직류 아크 용접

[07-4, 유사문제 05-4]

14 아크 쏠림을 방지하는 방법 중 맞는 것은?

① 직류 전원을 사용한다.
② 용접봉의 끝을 아크 쏠림 반대 방향으로 기울인다.
③ 아크 길이를 길게 유지한다.
④ 긴 용접에는 전진법으로 용착한다.

> ① 교류 전원을 사용한다.
> ③ 아크 길이를 짧게 유지한다.
> ④ 긴 용접에는 후퇴법으로 용착한다.

[12-5]

15 직류 아크 용접 시에 발생되는 아크 쏠림(Arc Blow)이 일어날 때 볼 수 있는 현상으로 이음의 한쪽 부재만이 녹고 다른 부재가 녹지 않아 용입 불량, 슬래그 혼입 등의 결함이 발생할 때 조치사항으로 가장 적절한 것은?

① 긴 아크를 사용한다.
② 용접 전류를 하강시킨다.
③ 용접봉 끝을 아크 쏠림 방향으로 기울인다.
④ 접지 지점을 바꾸고, 용접 지점과의 거리를 멀리 한다.

[10-5]

16 피복 아크 용접에서 아크 쏠림 현상에 대한 설명으로 틀린 것은?

① 직류를 사용할 경우 발생한다.
② 교류를 사용할 경우 발생한다.
③ 용접봉에 아크가 한쪽으로 쏠리는 현상이다.
④ 짧은 아크를 사용하면 아크 쏠림 현상을 방지할 수 있다

> 직류 대신 교류 전원을 사용함으로써 아크 쏠림 현상을 방지할 수 있다.

정답 ▶ 9 ②　**10** ②　**11** ①　**12** ③　**13** ④　**14** ②　**15** ④　**16** ②

[10-4]

1 연강용 피복 아크 용접봉의 심선에 대한 설명으로 옳지 않은 것은?

① 주로 저탄소 림드강이 사용된다.
② 탄소 함량이 많은 것으로 사용한다.
③ 황(S)이나 인(P) 등의 불순물을 적게 함유한다.
④ 규소(Si)의 양을 적게 하여 제조한다.

> 연강용 피복 아크 용접봉의 심선은 용접 금속의 균열을 방지하기 위해 탄소 함량이 적은 것을 사용한다.

[10-4, 유사문제 12-5, 12-4, 12-1, 10-5, 10-4, 10-2, 09-1, 08-2, 08-1, 07-4, 07-2, 07-1, 06-2, 04-4]

2 피복 아크 용접봉에서 피복제의 주된 역할이 아닌 것은?

① 전기 절연작용을 한다.
② 아크를 안정시킨다.
③ 용착금속에 필요한 합금 원소를 첨가한다.
④ 잔류 응력을 제거한다.

> **피복제의 역할**
> • 아크를 안정시킨다.
> • 중성 또는 환원성 분위기로 용착금속을 보호한다.
> • 스패터(spatter)의 발생을 적게 한다.
> • 용착금속의 탈산(산소 제거) 정련작용을 한다.
> • 용착금속에 적당한 합금 원소를 첨가한다.
> • 용착금속의 냉각속도를 느리게 한다.
> • 슬래그 제거를 쉽게 하고 파형이 고운 비드를 만든다.
> • 용융금속의 용적(globule)을 미세화하고 용착효율을 놓인다.
> • 용융점이 낮은 슬래그를 만들어 용융부의 표면을 덮어 산화 및 질화를 방지한다.
> • 전기 절연 작용을 한다.

[11-1]

3 피복 아크 용접봉에서 피복제의 주된 역할이 아닌 것은?

① 용융금속의 용적을 미세화하여 용착효율을 높인다.
② 용착금속의 응고와 냉각속도를 빠르게 한다.
③ 스패터의 발생을 적게 하고 전기 절연작용을 한다.
④ 용착금속에 적당한 합금원소를 첨가한다.

[12-4]

4 다음 중 피복 아크 용접봉의 피복제 역할에 관한 설명으로 틀린 것은?

① 아크를 안정시킨다.
② 용착 금속의 냉각속도를 느리게 한다.
③ 용융금속의 용적을 미세화하고 용착효율을 높인다.
④ 용융점이 높은 적당한 점성의 무거운 슬래그를 만든다.

[10-4]

5 교류 아크 용접기를 사용할 때 피복 용접봉을 사용하는 이유로 가장 적합한 것은?

① 전력 소비량을 절약하기 위하여
② 용착금속의 질을 양호하게 하기 위하여
③ 용접시간을 단축하기 위하여
④ 단락전류를 갖게 하여 용접기의 수명을 길게 하기 위하여

[13-2, 09-2]

6 피복 아크 용접봉의 피복 배합제 중 아크 안정제가 아닌 것은?

① 알루미늄　　　　　② 석회석
③ 산화티탄　　　　　④ 규산나트륨

> **아크 안정제**
> 산화티탄, 석회석, 규산칼륨, 규산나트륨, 탄산나트륨 등

[04-4]

7 피복 배합제의 성질 중 아크를 안정시켜주는 것은?

① 탄산나트륨(Na_2CO_3)　　② 붕산(H_3BO_3)
③ 마그네슘(Mg)　　　　　④ 구리(Cu)

[11-2, 04-1]

8 다음 피복 배합제 중 탈산제의 역할을 하지 않는 것은?

① 규소철(Fe-Si)　　　② 석회석($CaCO_3$)
③ 망간철(Fe-Mn)　　　④ 티탄철(Fe-Ti)

> **탈산제** : 규소철, 망간철, 티탄철, 페로실리콘, 소맥분, 톱밥 등

정답 **[용접봉]** 1② 2④ 3② 4④ 5② 6① 7① 8②

[13-1, 유사문제 09-4, 05-2]

9 피복 아크 용접봉의 피복제에 들어가는 탈산제에 모두 해당되는 것은?

① 페로실리콘, 산화니켈, 소맥분
② 페로티탄, 크롬, 규사
③ 페로실리콘, 소맥분, 목재 톱밥
④ 알루미늄, 구리, 물유리

[08-5, 07-2]

10 피복금속 아크 용접에서 아크 안정제에 속하는 피복제는?

① 산화티탄
② 탄산마그네슘
③ 페로망간
④ 알루미늄

[12-2]

11 피복 아크 용접봉의 피복 배합제 성분 중 고착제에 해당하는 것은?

① 산화티탄
② 규소철
③ 망간
④ 규산나트륨

고착제 : 규산나트륨, 규산칼륨, 아교, 카세인 등

[13-2]

12 피복 아크 용접봉의 피복제에 합금제로 첨가되는 것은?

① 규산칼륨
② 페로망간
③ 이산화망간
④ 붕사

합금첨가제
페로망간, 페로실리콘, 페로크롬, 페로바나듐, 니켈, 구리 등

[15-2, 13-1, 12-2, 06-1, 04-1]

13 피복 아크 용접봉의 피복제가 연소한 후 생성된 물질이 용접부를 보호하는 방식에 따라 분류했을 때 이에 속하지 않는 것은?

① 스패터 발생식
② 가스 발생식
③ 슬래그 생성식
④ 반가스 발생식

용접부 보호방식에 의한 용접봉의 분류
• 가스 발생식 : 일산화탄소, 수소, 탄산가스 등 환원가스나 불활성 가스에 의해 용착 금속을 보호하는 형식
• 슬래그 생성식 : 액체의 용제 또는 슬래그로 용착 금속을 보호하는 형식
• 반가스 발생식 : 가스 발생식과 슬래그 발생식을 혼합하여 사용

[10-2, 05-4]

14 연강용 피복 아크 용접봉 심선의 성분 중 고온균열을 일으키는 성분은?

① 황
② 인
③ 망간
④ 규소

[11-1]

15 연강용 피복 아크 용접봉 심선의 화학성분 중 강의 성질을 좋게 하고, 균열이 생기는 것을 방지하는 것은?

① 탄소
② 망간
③ 인
④ 황

[11-1, 유사문제 13-1, 11-4, 10-1, 09-5, 06-4]

16 피복 아크 용접봉의 용접부 보호방식에 의한 분류에 속하지 않는 것은?

① 슬래그 생성식
② 가스 발생식
③ 아크 발생식
④ 반가스 발생식

[11-2]

17 가스 발생식 용접봉의 특징 설명 중 틀린 것은?

① 전자세 용접이 불가능하다.
② 슬래그의 제거가 손쉽다.
③ 아크가 매우 안정된다.
④ 슬래그 생성식에 비해 용접속도가 빠르다.

가스 발생식 용접봉은 전자세 용접에 적당하다.

[13-1]

18 피복 아크 용접에서 용접봉을 선택할 때 고려할 사항이 아닌 것은?

① 모재와 용접부의 기계적 성질
② 모재와 용접부의 물리적, 화학적 성질
③ 경제성 고려
④ 용접기의 종류와 예열 방법

용접봉 선택 시 고려사항
• 모재와 용접부의 기계적 · 물리적 · 화학적 성질
• 용접자세   • 제품의 형상
• 사용 용접기기   • 경제성
• 아크의 안정성 등

[13-1]

19 용접봉을 선택할 때 모재의 재질, 제품의 형상, 사용 용접기기, 용접자세 등 사용 목적에 따른 고려사항으로 가장 먼 것은?

① 용접성   ② 작업성
③ 경제성   ④ 환경성

[09-2]

20 피복 아크 용접봉 취급 시 주의사항으로 잘못된 것은?

① 보관 시 진동이 없고 건조한 장소에 보관한다.
② 보통 용접봉은 70~100℃에서 30~60분 건조 후 사용한다.
③ 사용 중에 피복제가 떨어지는 일이 없도록 통에 넣어 운반 사용한다.
④ 하중을 받지 않는 상태에서 지면보다 낮은 곳에 보관한다.

> 피복 아크 용접봉은 하중을 받지 않는 상태에서 지면보다 높은 곳에 보관한다.

[07-1]

21 피복제에 습기가 있는 용접봉으로 용접하였을 때 직접적으로 나타나는 현상이 아닌 것은?

① 용접부에 기포가 생기기 쉽다.
② 용접부에 균열이 생기기 쉽다.
③ 용락이 생기기 쉽다.
④ 용접부에 피트가 생기기 쉽다.

[11-2]

22 용접봉의 보관 및 취급상의 주의사항으로 틀린 것은?

① 용접작업자는 용접전류, 용접자세 및 건조 등 용접봉 사용조건에 대한 제조자의 지시에 따라야 한다.
② 보통 용접봉은 70~100℃에서 30~60분 정도 건조시켜야 한다.
③ 저수소계 용접봉은 300~350℃에서 1~2시간 정도 건조시켜야 한다.
④ 낮은 곳에 보관한다.

[04-2]

23 피복 용접봉의 내균열성이 좋은 정도는?

① 피복제의 염기성이 높을수록 양호하다.
② 피복제의 산성이 높을수록 양호하다.
③ 피복제의 산성이 낮을수록 양호하다.
④ 피복제의 염기성이 낮을수록 양호하다.

[07-4, 유사문제 13-2, 12-4, 08-1]

24 보기와 같이 연강용 피복 아크 용접봉을 표시하였다. 설명으로 틀린 것은?

> **(보기) E 4 3 1 6**

① E : 피복 아크 용접봉
② 43 : 용착 금속의 최저 인장강도
③ 16 : 피복제의 계통 표시
④ E4316 : 일루미나이트계

> ④ E4316 : 저수소계

[12-5, 11-4, 08-5]

25 다음 중 연강용 피복 아크 용접봉의 종류에 있어 E4313에 해당하는 피복제 계통은?

① 저수소계   ② 일루미나이트계
③ 고셀룰로오스계   ④ 고산화티탄계

[07-2]

26 연강용 아크 용접봉과 피복제 계통이 잘못 짝지어진 것은?

① E4316 - 저수소계
② E4311 - 고셀룰로오스계
③ E4327 - 철분저수소계
④ E4303 - 라임티타니아계

> E4327 - 철분산화철계

[12-4, 11-4, 09-5, 04-1]

27 연강용 피복 아크 용접봉의 종류 중 피복제의 계통은 산화티탄계로, 피복제 중에서 산화티탄(TiO_2)이 약 35% 정도 포함되어 있으며, 일반 경구조물의 용접에 많이 사용되는 용접봉의 기호는?

① E4301   ② E4303
③ E4313   ④ E4316

정답 ▶ **19** ④   **20** ④   **21** ③   **22** ④   **23** ①   **24** ④   **25** ④   **26** ③   **27** ③

[11-5, 10-4, 06-2]

28 용접봉의 피복제 중에 산화티탄을 약 35% 정도 포함한 용접봉으로서 일반 경구조물의 용접에 많이 사용되는 용접봉은?

① 저수소계
② 일루미나이트계
③ 고산화티탄계
④ 철분산화철계

[12-4]

29 다음 중 피복제가 습기를 흡수하기 쉽기 때문에 사용하기 전에 300~350℃로 1~2시간 정도 건조해서 사용해야 하는 용접봉은?

① E4301
② E4311
③ E4316
④ E4340

[11-5]

30 피복제 중에 석회석이나 형석을 주성분으로 한 피복제를 사용한 것으로서 용착 금속 중의 수소량이 다른 용접봉에 비해서 1/10 정도로 적은 용접봉은?

① E4301
② E4311
③ E4316
④ E4327

[12-1]

31 다음 중 고셀룰로오스계 연강용 피복 아크 용접봉에 관한 설명으로 틀린 것은?

① 슬래그가 적어 좁은 홈의 용접이 좋다.
② 가스 실드에 의한 아크 분위기가 환원성이므로 용착 금속의 기계적 성질이 양호하다.
③ 수직 상진·하진 및 위보기 자세 용접에서 우수한 작업성을 나타낸다.
④ 사용전류는 슬래그 실드계 용접봉에 비해 10~15% 높게 사용한다.

> 슬래그 실드계 용접봉에 비해 용접전류를 10~15% 낮게 사용한다.

[11-4]

32 고셀룰로오스계 용접봉에 대한 설명으로 틀린 것은?

① 비드표면이 거칠고 스패터가 많은 것이 결점이다.
② 피복제 중 셀룰로오스가 20~30% 정도 포함되어 있다.
③ 고셀룰로오스계는 E4311로 표시한다.
④ 슬래그 생성계에 비해 용접전류를 10~15% 높게 사용한다.

[11-1, 유사문제 10-5, 04-2]

33 연강용 피복 아크 용접봉에서 피복제 계통과 용접봉의 종류가 잘못 연결된 것은?

① 저수소계 : E4316
② 일루미나이트계 : E4301
③ 라임티타니아계 : E4303
④ 고셀룰로오스계 : E4313

> 고셀룰로오스계 : E4311

[10-1]

34 저수소계 피복 용접봉(E4316)의 피복제의 주성분으로 맞는 것은?

① 석회석
② 산화티탄
③ 일루미나이트
④ 셀룰로오스

[09-4]

35 용접봉의 내균열성이 가장 좋은 것은?

① 셀룰로오스계
② 티탄계
③ 일루미나이트계
④ 저수소계

[06-2]

36 피복 아크 용접봉의 특징 중 틀린 것은?

① E4311 : 가스실드식 용접봉으로 박판용접에 사용된다.
② E4301 : 용접성이 우수하여 일반 구조물의 중요 강도 부재용접에 사용된다.
③ E4313 : 용입이 깊어서 고장력강 및 중량물 용접에 사용된다.
④ E4316 : 연성과 인성이 좋아서 고압용기, 후판 중 구조물 용접에 사용된다.

> 고산화 티탄계 용접봉(E4313)은 용입이 비교적 얕아서 얇은 판의 용접에 적당하다.

[10-1]

37 연강용 피복 아크 용접봉 중 아래보기와 수평 필릿 자세에 한정되는 용접봉의 종류는?

① E4324
② E4316
③ E4303
④ E4301

> 철분 산화티탄계 용접봉은 아래보기 및 수평 필릿 자세에 한정되어 있다.

[12-2]

38 피복 아크 용접봉은 염기도(basicity)가 높을수록 내균열성은 좋으나 작업성이 저하되는데 다음 중 염기도 크기를 순서대로 올바르게 나열한 것은?

① E4311 〈 E4301 〈 E4316

② E4316 〈 E4301 〈 E4311

③ E4301 〈 E4316 〈 E4311

④ E4316 〈 E4311 〈 E4301

[06-2]

39 KS규격에서 연강용 피복 아크 용접봉의 표준치수가 아닌 것은?

① ϕ2.6mm ② ϕ3.2mm

③ ϕ4.0mm ④ ϕ5.2mm

> 연강용 피복 아크 용접봉의 표준치수(mm)
> 1.6, 2.0, 2.6, 3.2, 4.0, 4.2, 4.5, 5.0, 5.5, 6.0, 6.4, 7.0, 8.0

[10-4]

40 KS에서 용접봉의 종류를 분류할 때 고려하지 않는 것은?

① 피복제 계통 ② 전류의 종류

③ 용접자세 ④ 용접사 기량

[04-1]

41 고장력강용 피복 아크 용접봉에서 철분 저수소계 피복제 계통은 다음 중 어느 것인가?

① 5826 ② 5316

③ 5003 ④ 5001

> 철분 저수소계 피복제 계통
> E 5026, E 5326, E 5826, E 6226

[08-2]

42 고장력강용 피복 아크 용접봉의 특징에 대한 설명으로 틀린 것은?

① 인장강도가 50kgf/mm^2 이상이다.

② 재료 취급 및 가공이 어렵다.

③ 동일한 강도에서 판 두께를 얇게 할 수 있다.

④ 소요 강재의 중량을 경감시킨다.

> 고장력강용 피복 아크 용접봉은 재료의 취급이 간단하고 가공이 용이하다.

[11-2, 10-1, 07-2]

43 피복 아크 용접을 할 때 용융속도를 결정하는 것으로 맞는 것은?

① 용융속도 = 아크전류×용접봉 쪽 전압강하

② 용융속도 = 아크전압×용접봉 쪽 전압강하

③ 용융속도 = 아크전류×용접봉 지름

④ 용융속도 = 아크전류×아크전압

[08-5]

44 일반 피복금속 아크 용접에서 용접봉의 용융 속도와 관계가 있는 것은?

① 용접 속도 ② 아크 길이

③ 아크 전류 ④ 용접봉 길이

> 용융속도는 전류에 비례하며, 아크의 전압과는 관계가 없다.
> 용융속도 = 아크전류×용접봉 쪽 전압강하

[08-2]

45 피복 아크 용접에서 용접봉의 용융속도와 관련이 가장 큰 것은?

① 아크 전압 ② 용접봉 지름

③ 용접기의 종류 ④ 용접봉 쪽 전압강하

[12-5]

46 다음 중 피복 아크 용접에 용접봉의 용융속도에 관한 설명으로 틀린 것은?

① 용융속도는 아크 전류와 용접봉 쪽 전압 강하의 곱으로 나타낸다.

② 용융속도는 아크 전압과 용접봉의 지름과 관련이 깊다.

③ 단위 시간당 소비되는 용접봉의 길이 또는 무게를 말한다.

④ 지름이 달라도 종류가 같은 용접봉인 경우에는 심선의 용융 속도는 전류에 비례한다.

> 용융속도는 아크의 전압과는 관련이 없다.

[13-1]

47 용접봉에서 모재로 용융금속이 옮겨가는 상태를 용적이행이라 한다. 다음 중 용적이행이 아닌 것은?

① 단락형 ② 스프레이형

③ 글로뷸러형 ④ 불림이행형

정답 38 ① 39 ④ 40 ④ 41 ① 42 ② 43 ① 44 ③ 45 ④ 46 ② 47 ④

[13-2, 유사문제 15-2, 12-5, 12-1, 11-4, 06-2]

48 용접봉에서 모재로 용융금속이 옮겨가는 용적이행 상태가 아닌 것은?

① 단락형　　　　　② 스프레이형
③ 탭전환형　　　　④ 글로뷸러형

> **용적이행의 종류**
> • 글로뷸러형 : 용융금속이 모재로 옮겨가는 상태에서 비교적 큰 용적이 단락되지 않고 옮겨가는 형식
> • 단락형 : 용적이 용융지에 접촉하면서 옮겨가는 방식
> • 스프레이형 : 미세한 용적이 스프레이처럼 날리면서 옮겨가는 방식

[12-1]

49 피복 아크 용접봉에서 모재로 용융금속이 옮겨가는 상태에서 비교적 큰 용적이 단락되지 않고 옮겨가는 형식은?

① 단락형　　　　　② 스프레이형
③ 글로뷸러형　　　④ 슬래그형

[10-2]

50 피복 금속 아크 용접에서 "모재의 일부가 녹은 쇳물 부분"을 의미하는 것은?

① 슬래그　　　　　② 용융지
③ 용입부　　　　　④ 용착부

[06-2]

51 피복 아크 용접에서 용착을 가장 옳게 설명한 것은?

① 모재가 녹는 시간
② 용접봉이 녹는 시간
③ 용접봉이 용융지에 녹아 들어가는 것
④ 모재가 용융지에 녹아 들어가는 것

아크 용접기

[11-5, 11-2, 08-2]

1 아크 전류가 일정할 때 아크 전압이 높아지면 용접봉의 용융속도가 늦어지고, 아크전압이 낮아지면 용융속도는 빨라지는 특성은?

① 절연회복 특성
② 정전압 특성
③ 정전류 특성
④ 아크 길이 자기제어 특성

[12-2]

2 직류아크 용접기로 두께가 15mm이고, 길이가 5m인 고장력 강판을 용접하는 도중에 아크가 용접봉 방향에서 한쪽으로 쏠리었다. 다음 중 이러한 현상을 방지하는 방법으로 틀린 것은?

① 이음의 처음과 끝에 엔드 탭을 이용할 것
② 용량이 더 큰 직류용접기로 교체할 것
③ 용접부가 긴 경우에는 후퇴 용접법으로 할 것
④ 용접봉 끝을 아크쏠림 반대 방향으로 기울일 것

> 직류 대신 교류 전원을 사용한다.

[14-5, 12-1, 09-4, 06-4, 05-2]

3 피복 아크 용접기에 필요한 조건으로 부하전류가 증가하면 단자전압이 저하하는 특성은?

① 정전압 특성　　　② 정전류 특성
③ 상승 특성　　　　④ 수하 특성

[12-5]

4 다음 중 용접기의 특성에 있어 수하 특성의 역할로 가장 적합한 것은?

① 열량의 증가　　　② 아크의 안정
③ 아크전압의 상승　④ 저항의 감소

[07-4]

5 수동 아크 용접기가 갖추어야 할 용접기 특성은?

① 수하 특성과 상승 특성
② 정전류 특성과 상승 특성
③ 정전류 특성과 정전압 특성
④ 수하 특성과 정전류 특성

[12-4]

6 다음 중 아크 용접기의 특성에 관한 설명으로 옳은 것은?

① 부하 전류가 증가하면 단자전압이 증가하는 특성을 수하 특성이라 한다.
② 수하 특성 중에도 전원 특성 곡선에 있어서 작동점 부근의 경사가 완만한 것을 정전류 특성이라 한다.
③ 부하 전류가 증가할 때 단자 전압이 감소하는 특성을 상승 특성이라 한다.
④ 상승 특성은 직류 용접기에서 사용되는 것으로

아크의 자기제어 능력이 있다는 점에서 정전압 특성과 같다.

아크 용접기의 특성
① 수하 특성 : 부하전류가 증가함에 따라 단자전압이 낮아지는 특성
② 정전류 특성 : 아크의 길이에 따라 전압이 변하더라도 아크 전류는 거의 변하지 않는 특성
③ 정전압 특성 : 전류가 변하더라도 전압이 거의 변하지 않는 특성
④ 아크 길이 자기제어 특성 : 아크 전류가 일정할 때 아크 전압이 높아지면 용접봉의 용융속도가 늦어지고, 아크전압이 낮아지면 용융속도는 빨라지는 특성
⑤ 상승 특성 : 전류가 증가함에 따라 전압이 높아지는 특성

[12-2]

7 다음 중 아크 길이에 따라 전압이 변동하여도 아크 전류는 거의 변하지 않는 특성은?

① 정전류 특성
② 아크의 부특성
③ 정격사용률 특성
④ 개로전압 특성

[09-5]

8 전류가 증가하여도 전압이 일정하게 되는 특성으로 이산화탄소 아크 용접장치 등의 아크 발생에 필요한 용접기의 외부 특성은?

① 상승 특성
② 정전류특성
③ 정전압 특성
④ 부저항 특성

[09-5]

9 피복 아크 용접회로의 구성요소로 맞지 않는 것은?

① 용접기
② 전극 케이블
③ 용접봉 홀더
④ 콘덴싱 유닛

아크 용접 회로의 구성
용접기, 전극 케이블, 용접봉 홀더, 용접봉, 모재, 접지케이블

[10-4]

10 용접홀더 종류 중 용접봉을 집는 부분을 제외하고는 모두 절연되어 있어 안전홀더라고도 하는 것은?

① A형
② B형
③ C형
④ D형

용접용 홀더의 형식
• A형 : 용접봉을 집는 부분을 제외하고는 모두 절연되어 있어 안전 홀더라고 함
• B형 : 손잡이 부분만 절연되고 나머지 부분은 노출된 것

[11-1]

11 홀더로 잡을 수 있는 용접봉 지름(mm)이 5.0~8.0일 경우 사용하는 용접봉 홀더의 종류로 맞는 것은?

① 125호
② 160호
③ 300호
④ 400호

[12-4, 08-2, 04-1]

12 다음 중 KS상 용접봉 홀더의 종류가 200호일 때 정격 용접전류는 몇 A인가?

① 160
② 200
③ 250
④ 300

[12-2]

13 다음 중 용접용 홀더의 종류에 속하지 않는 것은?

① 125호
② 160호
③ 400호
④ 600호

용접용 홀더의 종류
125호, 160호, 200호, 250호, 300호, 400호, 500호

[08-2, 04-1]

14 용접봉 홀더가 KS 규격으로 200호일 때, 용접기의 정격 전류로 맞는 것은?

① 100A
② 200A
③ 400A
④ 800A

[11-4]

15 피복 아크 용접용 기구 중 홀더(holder)에 관한 설명 중 옳지 않은 것은?

① 용접봉을 고정하고 용접전류를 용접케이블을 통하여 용접봉 쪽으로 전달하는 기구이다.
② 홀더 자신은 전기저항과 용접봉을 고정시키는 조(jaw) 부분의 접촉점에 의한 발열이 되지 않아야 한다.
③ 홀더가 400호라면 정격 2차 전류가 400[A]임을 의미한다.
④ 손잡이 이외의 부분까지 절연체로 감싸서 전격의 위험을 줄이고 온도 상승에도 견딜 수 있는 일명 안전홀더 즉 B형을 선택하여 사용한다.

용접봉을 집는 부분을 제외하고 모두 절연되어 있는 안전홀더는 A형이다.

[12-4]
16 다음 중 모재와 용접기를 케이블로 연결할 때 모재에 접속하는 것은?

① 용접 홀더
② 케이블 커넥터
③ 접지 클램프
④ 케이블 러그

[07-1]
17 피복 아크 용접용 기구가 아닌 것은?

① 용접 홀더
② 토치 라이터
③ 케이블 커넥터
④ 접지 클램프

[12-4]
18 다음 중 용접용 케이블을 접속하는 데 사용되는 것이 아닌 것은?

① 케이블 러그(cable lug)
② 케이블 조인트(cable joint)
③ 용접 고정구(welding fixture)
④ 케이블 커넥터(cable connector)

> 케이블 접속기구 : 케이블 커넥터, 케이블 러그, 케이블 조인트

[10-1]
19 피복 아크 용접에서 차광도의 번호로 많이 사용하는 것은?

① 4~5
② 7~8
③ 10~11
④ 13~15

피복 아크 용접기의 종류

[10-1, 유사문제 13-2, 08-2, 04-1]
1 교류 아크 용접기에 비해 직류 아크 용접기에 관한 설명으로 올바른 것은?

① 구조가 간단하다.
② 아크의 안전성이 떨어진다.
③ 감전의 위험이 많다.
④ 극성의 변화가 가능하다.

> **직류 아크 용접기의 특징**
> • 구조 복잡　　　　• 아크의 안전성 우수
> • 감전(전격)의 위험이 적다.　• 고장이 많다.
> • 비피복 용접봉 사용이 가능하다.
> • 역률이 매우 양호하다.

[10-2, 유사문제 05-2, 04-2]
2 직류 아크 용접기와 비교한 교류 아크 용접기의 특징을 올바르게 나타낸 것은?

① 아크의 안정성이 약간 떨어진다.
② 값이 비싸고 취급이 어렵다.
③ 고장이 많아 보수가 어렵다.
④ 무부하 전압이 낮아 전격의 위험이 적다.

> **교류 아크 용접기의 특징**
> • 아크의 불안정　　• 값이 싸고 취급이 쉽다.
> • 고장률이 적다.　　• 아크쏠림 방지 가능
> • 역률이 불량
> • 무부하 전압이 80~100V로 높아 전격의 위험이 많다.

[10-4, 유사문제 11-5]
3 다음 중 직류 아크 용접기는?

① 탭전환형
② 정류기형
③ 가동코일형
④ 가동철심형

> 직류 아크 용접기에는 엔진 구동형, 전동 발전형, 정류기형 아크 용접기가 있다.

[10-4]
4 직류 아크 용접기의 종류별 특징 중 올바르게 설명된 것은?

① 전동 발전형 용접기는 완전한 직류를 얻을 수 없다.
② 전동 발전형 용접기는 구동부와 발전기부로 되어 있고 보수와 점검이 어렵다.
③ 정류기형 용접기는 보수와 점검이 어렵다.
④ 정류기형 용접기는 교류를 정류하므로 완전한 직류를 얻을 수 있다.

> ① 전동 발전형 용접기는 완전한 직류를 얻을 수 있다.
> ③ 정류기형 용접기는 보수와 점검이 쉽다.
> ④ 정류기형 용접기는 교류를 정류하므로 완전한 직류를 얻을 수 없다.

[10-1]
5 교류전원이 없는 옥외 장소에서 사용하는 데 가장 적합한 직류 아크 용접기는?

① 전류기형
② 가동철심형
③ 엔진구동형
④ 전동발전형

[11-2, 유사문제 13-2, 05-1]

6 다음 중 교류 아크 용접기에 포함되지 않는 것은?

① 가동철심형　　　　② 가동코일형
③ 정류기형　　　　　④ 가포화 리액터형

> 정류기형은 직류 아크 용접기에 해당한다.

[11-4]

7 아크 용접기의 코일이 1차 코일과 2차 코일이 같은 철심에 감겨져 있고 대개 2차 코일은 고정하고 1차 코일을 이동하여 두 코일 간의 거리를 조절하여 전류를 조정하는 용접기는?

① 가동철심형　　　　② 가동코일형
③ 탭전환형　　　　　④ 가포화 리액터형

[12-4, 유사문제 13-1, 11-5]

8 다음 중 가동철심형 교류 아크 용접기의 특성으로 틀린 것은?

① 광범위한 전류 조정이 쉽다.
② 미세한 전류 조정이 가능하다.
③ 가동 부분의 마멸로 철심의 진동이 생긴다.
④ 가동 철심으로 누설 자속을 가감하여 전류를 조정한다.

> **가동철심형 교류 아크 용접기의 특성**
> • 광범위한 전류 조정은 어려움
> • 교류 아크 용접기 중 현재 가장 많이 사용
> • 용접 작업 중 가동 철심의 진동으로 소음 발생
> • 가동 철심을 움직여 누설 자속을 변동시켜 미세한 전류 조정

[11-4]

9 무부하 전압이 높아 전격위험이 크고 코일의 감긴 수에 따라 전류를 조정하는 교류용접기의 종류로 맞는 것은?

① 탭전환형　　　　　② 가동코일형
③ 가동철심형　　　　④ 가포화 리액터형

[09-4, 유사문제 13-1, 06-1]

10 용접 전류의 조정을 직류 여자전류로 조정하고 또한 원격 조정이 가능한 교류 아크 용접기는?

① 탭전환형　　　　　② 가동철심형
③ 가동코일형　　　　④ 가포화 리액터형

> **가포화 리액터형 교류 아크 용접기의 특성**
> ② 조작이 간단하고 원격 제어가 된다.
> ③ 가변 저항의 변화로 용접 전류를 조정한다.
> ④ 전기적 전류 조정으로 소음이 거의 없다.

[12-1]

11 다음 중 교류 아크 용접기의 종류별 특성으로 가변저항의 변화를 이용하여 용접 전류를 조정하는 형식은?

① 탭전환형　　　　　② 가동코일형
③ 가동철심형　　　　④ 가포화 리액터형

> • 탭전환형 : 2차측의 탭을 사용하여 코일의 감긴 수에 따라 전류 조정
> • 가동코일형 : 1차 코일과 2차 코일이 같은 철심에 감겨져 있고 2차 코일을 고정시키고 1차 코일을 이동시켜 두 코일 간의 거리를 변화시킴으로써 전류 조정
> • 가동철심형 : 변압기의 자기회로 내에 가동철심을 삽입하여 누설 자속의 양을 조절함으로써 출력전류 제어

[11-5]

12 가포화 리액터형 교류 아크 용접기의 설명으로 잘못된 것은?

① 미세한 전류 조정이 가능하여 가장 많이 사용된다.
② 조작이 간단하고 원격 제어가 된다.
③ 가변 저항의 변화로 용접 전류를 조절한다.
④ 전기적 전류 조정으로 소음이 거의 없다.

> 현재 가장 많이 사용되는 교류 아크 용접기는 가동철심형이다.

[11-1, 10-5, 10-4, 08-5]

13 아크용접기의 구비조건에 대한 설명으로 틀린 것은?

① 구조 및 취급이 간단해야 한다.
② 전류조정이 용이하고 일정하게 전류가 흘러야 한다.
③ 아크 발생 및 유지가 용이하고 아크가 안정되어야 한다.
④ 사용 중에 온도 상승이 커야 한다.

> • 사용 중에 온도 상승이 작아야 한다.
> • 아크 용접기는 역률 및 효율이 좋아야 한다.

[13-2, 05-4]

14 교류 아크 용접기에서 교류 변압기의 2차 코일에 전압이 발생하는 원리는 무슨 작용인가?

① 저항유도작용
② 전자유도작용
③ 전압유도작용
④ 전류유도작용

[13-2]

15 다음 중 직류 정극성을 나타내는 기호는?

① DCSP
② DCCP
③ DCRP
④ DCOP

- 직류 정극성 : DCSP • 직류 역극성 : DCRP

[10-4]

16 직류 아크 용접의 정극성에 대한 결선상태가 맞는 것은?

① 용접봉(-), 모재(+)
② 용접봉(+), 모재(-)
③ 용접봉(-), 모재(-)
④ 용접봉(+), 모재(+)

- 직류 정극성 : 용접봉(-), 모재(+)
- 직류 역극성 : 용접봉(+), 모재(-)

[13-2, 07-4]

17 피복 아크 용접에서 직류 정극성(DCSP)을 사용하는 경우 모재와 용접봉의 열 분배율은?

① 모재 70%, 용접봉 30%
② 모재 30%, 용접봉 70%
③ 모재 60%, 용접봉 40%
④ 모재 40%, 용접봉 60%

[12-5]

18 다음 중 아크 용접 시 사용 전류의 종류에 관한 설명으로 틀린 것은?

① 정극성(DCSP)은 모재 측을 양(+)극으로 한다.
② 교류(AC)는 직류 정극성과 직류 역극성의 중간 상태이다.
③ 역극성(DCRP)은 용접봉을 양(+)극으로 하며, 모재의 용입이 깊다.
④ 정극성(DCSP)은 용접봉을 음(-)극으로 하며, 비드의 폭이 좁은 특징을 나타낸다.

역극성(DCRP)은 용접봉을 양(+)극으로 하며, 모재의 용입이 얕다.

[12-1, 12-5, 09-1]

19 다음 중 용접봉을 용접기의 음극(-)에, 모재를 양(+)극에 연결한 경우를 무슨 극성이라고 하는가?

① 직류 역극성
② 교류 정극성
③ 직류 정극성
④ 교류 역극성

[07-1, 유사문제 12-2, 08-1, 06-1, 04-2]

20 피복 아크 용접에서 직류 정극성의 성질로서 옳은 것은?

① 용접봉의 용융속도가 빠르므로 모재의 용입이 깊게 된다.
② 용접봉의 용융속도가 빠르므로 모재의 용입이 얕게 된다.
③ 모재 쪽의 용융속도가 빠르므로 모재의 용입이 깊게 된다.
④ 모재 쪽의 용융속도가 빠르므로 모재의 용입이 얕게 된다.

직류 정극성의 특징
- 열분배율이 모재가 70%, 용접봉이 30%
- 모재의 용융속도가 빠르다.
- 비드 폭이 좁다.
- 모재의 용입이 깊다.
- 용접봉의 용융이 느리다.
- 일반적으로 많이 사용된다.

[11-05, 유사문제 10-2, 08-2]

21 다음 중 직류 정극성의 특징이 아닌 것은?

① 모재의 용입이 깊다.
② 비드 폭이 좁다.
③ 주로 박판에 사용된다.
④ 용접봉의 용융이 느리다.

직류 정극성은 주로 후판의 용접에 사용되고, 직류 역극성은 주로 박판의 용접에 사용된다.

[10-1]

22 피복 아크 용접에서 직류 역극성으로 용접하였을 때 나타나는 현상에 대한 설명으로 가장 적합한 것은?

① 용접봉의 용융속도는 늦고 모재의 용입은 직류 정극성보다 깊어진다.
② 용접봉의 용융속도는 빠르고 모재의 용입은 직류 정극성보다 얕아진다.
③ 용접봉의 용융속도는 극성에 관계없으며 모재의 용입만 직류 정극성보다 얕아진다.

정답 ▶ **14** ② **15** ① **16** ① **17** ① **18** ③ **19** ③ **20** ③ **21** ③ **22** ②

④ 용접봉의 용융속도와 모재의 용입은 극성에 관계없이 전류의 세기에 따라 변한다.

[09-2, 유사문제 13-2, 13-1, 11-2, 10-2, 07-2]

23 피복 아크 용접에서 직류 역극성(DCRP) 용접의 특징으로 옳은 것은?

① 모재의 용입이 깊다.
② 비드 폭이 좁다.
③ 봉의 용융이 느리다.
④ 박판, 주철, 고탄소강의 용접 등에 쓰인다.

> **직류 역극성(DCRP) 용접의 특징**
> • 용접봉에 양극(+)을, 모재에 음극(-)을 연결한다.
> • 모재의 용입이 얕다.
> • 비드의 폭이 넓다.
> • 용접봉의 용융속도가 빠르다.
> • 박판, 주철, 고탄소강, 합금강, 비철금속의 용접에 사용한다.

[09-4]

24 직류 아크 용접의 정극성과 역극성의 특징에 대한 설명으로 맞는 것은?

① 정극성은 용접봉의 용융이 느리고 모재의 용입이 깊다.
② 역극성은 용접봉의 용융이 빠르고 모재의 용입이 깊다.
③ 모재에 음극(-), 용접봉에 양극(+)을 연결하는 것을 정극성이라 한다.
④ 역극성은 일반적으로 비드 폭이 좁고 두꺼운 모재의 용접에 적당하다.

> ② 역극성은 용접봉의 용융이 빠르고 모재의 용입이 얕다.
> ③ 모재에 음극(-), 용접봉에 양극(+)을 연결하는 것을 역극성이라 한다.
> ④ 역극성은 일반적으로 비드 폭이 넓고 얇은 모재의 용접에 적당하다.

[10-5]

25 직류 및 교류 아크 용접에서 용입의 깊이를 바른 순서로 나타낸 것은?

① 직류 정극성 > 교류 > 직류 역극성
② 직류 역극성 > 교류 > 직류 정극성
③ 직류 정극성 > 직류 역극성 > 교류
④ 직류 역극성 > 직류 정극성 > 교류

> 모재의 용입은 정극성이 깊고 역극성이 낮다.

[11-4]

26 직류 아크 용접의 설명 중 올바른 것은?

① 용접봉을 양극, 모재를 음극에 연결하는 경우를 정극성이라고 한다.
② 역극성은 용입이 깊다.
③ 역극성은 두꺼운 판의 용접에 적합하다.
④ 정극성은 용접 비드의 폭이 좁다.

> ① 용접봉을 양극, 모재를 음극에 연결하는 경우를 역극성이라 한다.
> ② 역극성은 모재의 용입이 얕다.
> ③ 역극성은 얇은 판의 용접에 적합하다.

[10-1]

27 교류 아크 용접기의 원격제어장치에 대한 설명으로 맞는 것은?

① 전류를 조절한다.
② 2차 무부하 전압을 조절한다.
③ 전압을 조절한다.
④ 전압과 전류를 조절한다.

> 교류 아크 용접기의 원격제어장치란 원격으로 전류를 조절하는 장치를 말한다.

[10-2]

28 무부하 전압이 85~90V로 비교적 높은 교류 아크 용접기에 감전 재해의 위험으로부터 보호하기 위해 사용되는 장치는?

① 고주파 발생장치
② 원격제어장치
③ 전격방지장치
④ 핫 스타트 장치

[09-5]

29 전기용접 작업 시 전격에 관한 주의사항으로 틀린 것은?

① 무부하 전압이 필요 이상으로 높은 용접기를 사용하지 않는다.
② 전격을 받은 사람을 발견했을 때는 즉시 스위치를 꺼야 한다.
③ 작업 종료 시 또는 장시간 작업을 중지할 때는 반드시 용접기의 스위치를 끄도록 한다.
④ 낮은 전압에서는 주의하지 않아도 되며, 습기 찬 구두는 착용해도 된다.

정답 23 ④ 24 ① 25 ① 26 ④ 27 ① 28 ③ 29 ④

[12-4, 04-2]

30 다음 중 아크 용접기에 전격방지기를 설치하는 가장 큰 이유로 옳은 것은?

① 용접기의 효율을 높이기 위하여
② 용접기의 역률을 높이기 위하여
③ 작업자를 감전 재해로부터 보호하기 위하여
④ 용접기의 연속 사용 시 과열을 방지하기 위하여

[10-4]

31 아크 용접 시 전격을 예방하는 방법으로 틀린 것은?

① 전격방지기를 부착한다.
② 용접홀더에 맨손으로 용접봉을 갈아 끼운다.
③ 용접기 내부에 함부로 손을 대지 않는다.
④ 절연성이 좋은 장갑을 사용한다.

[06-1]

32 교류 용접기에서 무부하 전압이 높기 때문에 감전의 위험이 있어 용접사를 보호하기 위하여 설치한 장치는?

① 초음파 장치   ② 전격방지장치
③ 고주파 장치   ④ 가동철심 장치

[11-2, 08-5]

33 교류 아크 용접기는 무부하 전압이 높아 전격의 위험이 있으므로 안전을 위하여 전격방지기를 설치한다. 이때 전격방지기의 2차 무부하 전압은 몇 V 범위로 유지하는 것이 적당한가?

① 80~90V 이하   ② 60~70V 이하
③ 40~50V 이하   ④ 20~30V 이하

[12-2]

34 다음 중 핫 스타트(hot start) 장치의 사용 시 장점으로 볼 수 없는 것은?

① 기공(blow hole)을 방지한다.
② 비드 모양을 개선한다.
③ 아크 발생은 어렵지만 용착금속 성질은 양호해진다.
④ 아크 발생 초기의 용입을 양호하게 한다.

> 핫 스타트 장치는 아크의 발생을 쉽게 한다.

[12-5, 11-4, 09-4, 07-4, 06-1, 04-2]

35 아크 발생 초기에 용접봉과 모재가 냉각되어 있어 입열이 부족하면 아크가 불안정하기 때문에 아크 초기에만 용접 전류를 크게 해주는 장치는?

① 전격방지장치   ② 원격제어장치
③ 핫 스타트 장치   ④ 고주파 발생장치

[09-5]

36 교류피복 아크 용접기에서 아크 발생 초기에 용접 전류를 강하게 흘려보내는 장치를 무엇이라고 하는가?

① 원격제어장치   ② 핫 스타트 장치
③ 전격방지기   ④ 고주파 발생장치

[09-2]

37 교류 아크 용접기에서 안정한 아크를 얻기 위하여 상용 주파의 아크전류에 고전압의 고주파를 중첩시키는 방법으로 아크발생과 용접작업을 쉽게 할 수 있도록 하는 부속장치는?

① 전격방지장치   ② 고주파 발생장치
③ 원격제어장치   ④ 핫 스타트 장치

[11-2]

38 아크 용접기의 사용률에서 아크 시간과 휴식 시간을 합한 전체 시간은 몇 분을 기준으로 하는가?

① 60분   ② 30분
③ 10분   ④ 5분

[12-2]

39 다음 중 교류 아크 용접기의 종류에 있어 AWL-130의 정격 사용률(%)로 옳은 것은?

① 20%   ② 30%
③ 40%   ④ 60%

종류	정격 출력전류(A)	정격 사용률(%)	정격 부하전압(V)
AWL-130	130		25.2
AWL-150	150		26.0
AWL-180	180	30	27.2
AWL-250	250		30.0
AW-200	200		28
AW-300	300	40	32
AW-400	400		36
AW-500	500	60	40

정답 30 ③ 31 ② 32 ② 33 ④ 34 ③ 35 ③ 36 ② 37 ② 38 ③ 39 ②

40 [12-1]
교류 아크 용접기 종류 중 AW-500의 정격 부하전압은 몇 V인가?

① 28V　　　　　　② 32V
③ 36V　　　　　　④ 40V

41 [12-2, 07-1]
다음 중 교류 아크 용접기의 네임 플레이트(name plate)에 사용률이 40%로 나타나 있다면 그 의미로 가장 적절한 것은?

① 용접작업 준비시간이 전체시간의 40% 정도이다.
② 용접 시 아크 발생시간이 전체의 40% 정도이다.
③ 용접기가 쉬는 시간의 전체의 40% 정도이다.
④ 용접 시의 아크를 발생시키지 않고 쉬는 시간이 전체의 40% 정도이다.

42 [05-2]
사용률이 40%인 교류 아크 용접기를 사용하여 정격 전류로 4분 용접하였다면 휴식시간은 얼마인가?

① 2분　　　　　　② 4분
③ 6분　　　　　　④ 8분

- 사용률 $= \dfrac{\text{아크 발생시간}}{\text{아크 발생시간 + 정지시간}} \times 100\%$

  $40 = \dfrac{4}{4+x} \times 100\% \quad x = 6$

43 [12-5, 10-4]
AW-250, 무부하전압 80V, 아크전압 20V인 교류 용접기를 사용할 때 역률과 효율은 각각 약 얼마인가?(단, 내부손실은 4kW이다)

① 역률 45%, 효율 56%　　② 역률 48%, 효율 69%
③ 역률 54%, 효율 80%　　④ 역률 69%, 효율 72%

- 역률 $= \dfrac{\text{아크 전압[V]} \times \text{아크 전류[A] + 내부손실}}{\text{무부하전압[V]} \times \text{아크 전류[A]}} \times 100\%$

  $= \dfrac{20[V] \times 250[A] + 4,000[VA]}{80[V] \times 250[A]} \times 100\% = 45\%$

- 효율 $= \dfrac{\text{아크 전압[V]} \times \text{아크 전류[A]}}{\text{아크 전압[V]} \times \text{아크 전류[A] + 내부손실}} \times 100\%$

  $= \dfrac{20[V] \times 250[A]}{20[V] \times 250[A] + 4,000[VA]} \times 100\% = 55.5\%$

  ※4kW = 4,000VA

44 [12-4]
AW-300, 무부하 전압 80V, 아크 전압 20V인 교류 용접기를 사용할 때, 다음 중 역률과 효율을 올바르게 구한 것은?(단, 내부손실을 4kw라 한다)

① 역률 : 80.0%, 효율 : 20.6%
② 역률 : 20.6%, 효율 : 80.0%
③ 역률 : 60.0%, 효율 : 41.7%
④ 역률 : 41.7%, 효율 : 60.0%

- 역률 $= \dfrac{\text{아크 전압[V]} \times \text{아크 전류[A] + 내부손실}}{\text{무부하전압[V]} \times \text{아크 전류[A]}} \times 100\%$

  $= \dfrac{20[V] \times 300[A] + 4,000VA}{80[V] \times 300[A]} \times 100\% \fallingdotseq 41.7\%$

- 효율 $= \dfrac{\text{아크 전압[V]} \times \text{아크 전류[A]}}{\text{아크 전압[V]} \times \text{아크 전류[A] + 내부손실}} \times 100\%$

  $= \dfrac{20[V] \times 300[A]}{20[V] \times 300[A] + 4,000VA} \times 100\% = 60\%$

45 [12-1]
AW300인 교류 아크 용접기로 쉬지 않고 계속적으로 용접작업을 진행할 수 있는 용접전류는 약 몇 암페어[A] 이하인가?(단, 이때 허용사용률은 100%이며, 이 용접기의 정격 사용률은 40%이다)

① 138A 이하　　　　② 154A 이하
③ 189A 이하　　　　④ 226A 이하

- 허용사용률 $= \dfrac{(\text{정격2차전류})^2}{(\text{실제의 용접전류})^2} \times \text{정격사용률}$

※실제의 용접전류 $= \sqrt{\dfrac{\text{정격2차전류}^2}{\text{허용사용률}} \times \text{정격사용률}}$

  $= \sqrt{\dfrac{300^2}{100}} \times 40 = 189.7$

정답 ▶ 40 ④　41 ②　42 ③　43 ①　44 ④　45 ③

이 섹션에서는 산소와 아세틸렌가스의 성질 및 취급 시 주의사항의 출제비중이 높으므로 구분해서 외울 수 있도록 한다.
토치, 용접봉 및 용제, 불꽃에 대해서도 꾸준하게 출제되고 있으니 전반적으로 학습할 수 있도록 한다.

01 가스용접 일반

1 개요

① 아세틸렌, 수소 등의 가연성 가스와 산소를 혼합
연소시켜 그 연소열을 이용하여 용접
② 가스용접에 사용되는 연소가스의 종류
- 아세틸렌가스
- 수소가스
- LP가스 : 프로판, 부탄, 프로필렌 등
- 천연가스(메탄)
- 도시가스

2 가스용접의 장단점

(1) 장점
① 응용범위가 넓다.
② 전원 설비가 없는 곳에서도 쉽게 설치할 수 있다.
③ 아크 용접에 비해 유해 광선의 발생이 적다.
④ 박판 용접에 효과적이다.
⑤ 가열 시 열량 조절이 비교적 자유롭다.
⑥ 설비비가 싸고 용접기의 운반이 편리하다.

(2) 단점
① 열효율이 낮다.
② 용접속도가 느리다.
③ 열의 집중성이 나쁘다.
④ 폭발할 위험이 있다.
⑤ 가열시간이 오래 걸린다.

3 가스용접 작업 시 주의사항

① 반드시 보호안경을 착용한다.
② 불필요한 긴 호스를 사용하지 말아야 한다.
③ 용기 가까운 곳에서는 인화물질의 사용을 금한다.

02 산소 - 아세틸렌 가스

1 산소

(1) 산소의 성질
① 무색, 무취, 무미의 기체로 공기보다 무겁다.
② 액체 산소는 보통 연한 청색을 띤다.
③ 대기 중의 공기 속에 약 21% 함유되어 있다.
④ 다른 물질의 연소를 돕는 조연성 기체이다.
⑤ 금, 백금, 수은 등을 제외한 모든 원소와 화합 시
산화물을 만든다.
⑥ 아세틸렌과 혼합 연소시켜 용접, 가스절단에 사
용한다.
⑦ 물의 전기 분해로도 제조 가능하다.

(2) 산소 용기의 취급 시 주의사항
① 운반 중에 충격을 주지 말 것
② 산소용기의 운반 시 밸브를 닫고 캡을 씌워서 이
동할 것
③ 가연성 물질이 있는 곳에 용기를 보관하지 말 것
④ 그늘진 곳을 피하여 직사광선이 들지 않는 곳에
보관할 것
⑤ 저장소에는 화기를 가까이 하지 말고 통풍이 잘
되게 할 것
⑥ 저장 또는 사용 중에는 반드시 용기를 세워 둘 것
⑦ 가스 용기는 뉘어두거나 굴리는 등 충돌, 충격을
주지 말 것
⑧ 사용 전에는 누설 여부를 확인할 것
⑨ 산소 누설시험에는 비눗물을 사용할 것
⑩ 산소병 내에 다른 가스를 혼합하지 말 것
⑪ 기름이 묻은 손이나 장갑을 착용하고 취급하지
말 것

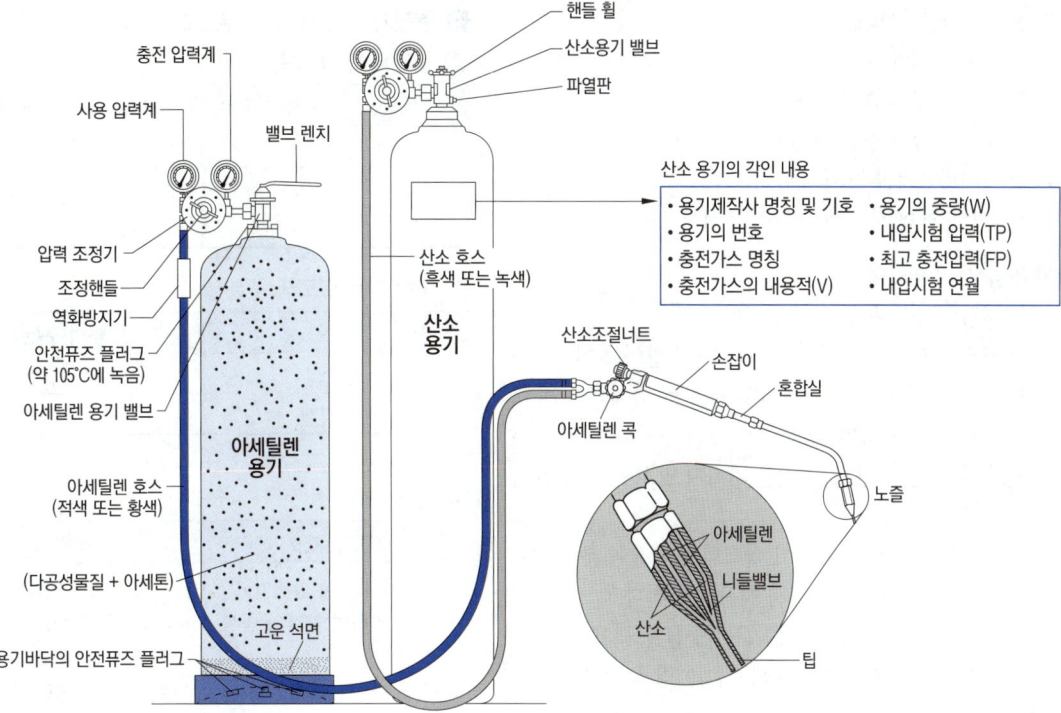

충전 압력계
사용 압력계
밸브 렌치
핸들 휠
산소용기 밸브
파열판

산소 용기의 각인 내용
- 용기제작사 명칭 및 기호 · 용기의 중량(W)
- 용기의 번호 · 내압시험 압력(TP)
- 충전가스 명칭 · 최고 충전압력(FP)
- 충전가스의 내용적(V) · 내압시험 연월

압력 조정기
조정핸들
역화방지기
안전퓨즈 플러그
(약 105℃에 녹음)
아세틸렌 용기 밸브

산소
용기

산소 호스
(흑색 또는 녹색)

산소조절너트
손잡이
혼합실

아세틸렌 콕

아세틸렌
용기

아세틸렌 호스
(적색 또는 황색)

(다공성물질 + 아세톤)

고운 석면

용기바닥의 안전퓨즈 플러그

아세틸렌
니들밸브
산소
팁
노즐

⑫ 용기의 밸브가 얼었을 경우 따뜻한 물로 녹일 것
⑬ 산소밸브를 천천히 개폐할 것

(3) 산소 용기의 각인 내용 : 그림 참고

2 아세틸렌 가스

(1) 성질
① 비중은 0.906으로 공기보다 가볍다.
② 순수한 아세틸렌 가스는 무색, 무취의 기체이다.
③ 물에는 같은 양, 석유에 2배, 벤젠에 4배, 알코올에 6배, 아세톤에 25배가 용해된다.
④ 1기압 15℃에서 1리터의 무게는 보통 1.175g이다.
⑤ 보통 아세틸렌가스에는 불순물이 포함되어 있어 불쾌한 악취가 발생한다.
⑥ **연소 과정에 포함되는 원소** : 수소, 탄소, 산소
⑦ **완전연소 시 생성물질** : 이산화탄소, 물

(2) 위험성
① **자연 발화 온도** : 406~408℃
② **폭발 가능 온도** : 505~515℃
③ 산소 없이 780℃ 이상에서 폭발 가능
④ 산소와 혼합하면 폭발성이 증가된다.
⑤ 아세틸렌 15%, 산소 85%에서 폭발 위험이 가장 크다.

⑥ 아세틸렌 발생기에서 1.5기압 이상의 가스를 발생하면 위험하다.
⑦ 구리, 은 등과 접촉하면 120℃ 부근에서 폭발성을 갖는다.
⑧ 매우 불안전한 기체이므로 공기 중에서 폭발 위험성이 매우 크다.
⑨ 산소와 적당하게 혼합하여 연소시키면 3,000~3,500℃의 높은 열을 낸다.

(3) 용접용 가연성 가스의 구비조건
① 연소온도가 높을 것
② 불꽃의 온도가 높을 것
③ 용융금속과 화학반응을 일으키지 않을 것
④ 발열량이 클 것
⑤ 연소속도가 빠를 것

3 용해 아세틸렌

(1) 개요
발생기에서 발생한 아세틸렌은 불순물이 많을 뿐만 아니라 취급 시 위험하므로 청정기를 통과시켜 불순물을 제거한 다음 용기에 충진하여 사용하게 되는데, 아스텔렌을 가스체로 충진하면 충격이나 열에 의한 폭발의 위험이 있으므로 아세톤에 용해시켜 용기 속에 채우게 된다.

(2) 용해 아세틸렌의 장점

① 운반이 쉽다.
② 발생기 및 부속장치가 필요 없다.
③ 순도가 높고 좋은 용접을 할 수 있다.
④ 아세틸렌의 손실이 대단히 적다.
⑤ 아세틸렌과 산소의 혼합비 조절이 쉽다.

(3) 취급 시 주의사항

① 저장 장소는 통풍이 양호해야 한다.
② 저장 장소에는 화기를 가까이 하지 말아야 한다.
③ 운반 시 용기의 온도는 40℃ 이하로 유지하며 반드시 캡을 씌워야 한다.
④ 용기는 전락, 전도, 충격을 가하지 말고 신중히 취급해야 한다.
⑤ 옆으로 눕히면 아세톤이 아세틸렌과 같이 분출하게 되므로 반드시 세워서 사용해야 한다.
⑥ 아세틸렌가스의 누설 시험은 비눗물로 해야 한다.
⑦ 저장실의 전기스위치, 전등 등은 방폭 구조여야 한다.
⑧ 화기에 가깝거나 온도가 높은 곳에 설치해서는 안 된다.
⑨ 아세틸렌 충전구가 동결 시는 35℃ 이하의 온수로 녹여야 한다.
⑩ 용기 밸브를 열 때는 전용 핸들로 1/4~1/2 정도만 회전시키고 핸들은 밸브에 끼워놓은 상태에서 작업한다.
⑪ 가스 사용 후에는 반드시 약간의 잔압 $0.1kgf/cm^2$을 남겨 두어야 한다.
⑫ 용기는 진동이나 충격을 가하지 말고 신중히 취급해야 한다.
⑬ 가스 사용을 중지할 때는 토치 밸브뿐만 아니라 용기 밸브도 닫아야 한다.

(4) 용해 아세틸렌가스의 양 구하는 공식

용해 아세틸렌 1kg이 기화할 때 15℃, 1기압에서의 아세틸렌 용적이 905L이므로 다음 식을 통해 구할 수 있다.

> **아세틸렌의 양(C) = 905(A−B)**
> (A: 병 전체의 무게(kg), B : 사용 후의 무게(kg))

4 충전가스 용기 및 고무호스의 도색 구분

(1) 용기의 도색 구분

가스	도색의 구분	가스	도색의 구분
산소	녹색	프로판, 아르곤	회색
아세틸렌	황색	탄산가스	청색
암모니아	백색	수소	주황색

(2) 고무호스의 도색 구분

가스	도색의 구분
산소	흑색, 녹색
아세틸렌	적색, 황색

5 기타 가스

프로판가스	수소가스
• 상온에서 기체 상태이고 무색, 투명하며 약간의 냄새가 난다. • 쉽게 기화하며 발열량이 높다. • 액화가 용이하여 용기에 충전이 쉽고 수송이 편리 • 폭발한계가 좁아 안전도가 높고 관리가 쉽다. • 산소-프로판가스 용접 시 혼합비는 4.5 : 1이다.	• 무색, 무미, 무취의 기체 • 공업적으로는 물의 전기분해에 의해서 제조 • 수중절단의 연료 가스로도 사용된다. • 고압에서 사용이 가능하고 수중절단 중에 기포의 발생이 적어 예열가스로 많이 사용된다. • 0℃ 1기압에서 1리터의 무게가 0.0899g으로 가장 가벼운 물질이다.

03 가스용접의 장치 및 기구

1 토치

(1) 주요 구조
손잡이, 혼합실, 팁, 가스도관, 산소조정밸브, 콕

(2) 종류
① **저압식 토치**
- 불변압식(독일식) : 절단팁은 이심형
- 가변압식(프랑스식) : 절단팁은 동심형
- 아세틸렌 사용압력 : $0.07kgf/cm^2$ 이하

② **중압식 토치**
- 아세틸렌 사용압력 : $0.07~1.3kgf/cm^2$

③ **고압식 토치**
- 아세틸렌 사용압력 : $1.3kgf/cm^2$ 이상

(3) 팁의 능력

① **프랑스식**(가변압식)
- 표준불꽃으로 용접 시 매시간당 아세틸렌가스의 소비량을 리터로 표시한 것
- 팁 번호 100 : 1시간 동안의 가스 소비량이 100L
- 팁 번호 200 : 1시간 동안의 가스 소비량이 200L

② **독일식**(불변압식)
- 팁이 용접할 수 있는 판의 두께
- 팁 번호 1 : 1mm의 용접에 적당한 팁
- 팁 번호 2 : 2mm의 용접에 적당한 팁

(4) 팁의 재료

구리의 함유량 62.8% 이하의 합금 또는 10%의 아연을 함유한 황동

(5) 토치 취급 시 주의사항

① 토치를 망치나 갈고리 대용으로 사용하지 말 것
② 팁 과열 시 아세틸렌 밸브를 잠그고 산소만 약간 나오게 하여 물에 담가 냉각시킨다.
③ 팁 및 토치를 작업장 바닥이나 흙속에 함부로 방치하지 말 것
④ 팁을 바꿔 끼울 때는 반드시 양쪽 밸브를 모두 닫은 후에 할 것
⑤ 작업 중 역류, 역화, 인화에 항상 주의할 것
⑥ 토치의 팁이 막혔을 때는 팁 클리너를 사용하여 구멍을 청소할 것

▶ 용어 정리
- **역류** : 토치 내부의 청소가 불량할 때 내부 기관이 막혀 고압의 산소가 밖으로 배출되지 못하고 압력이 낮은 아세틸렌 쪽으로 흐르는 현상
- **역화** : 토치의 팁 끝이 모재에 닿아 순간적으로 팁 끝이 막히거나 팁의 과열 또는 가스의 압력이 적당하지 않을 때 팁 속에서 폭발음이 나면서 불꽃이 꺼졌다가 다시 나타나는 현상
- **인화** : 팁 끝이 순간적으로 막혔을 경우 가스의 분출이 나빠지고 불꽃이 가스 혼합실까지 도달하면서 토치를 달구는 현상

2 압력조정기

(1) 산소 압력 : $3\sim4kg/cm^2$ 이하

(2) 취급 시 주의사항
① 압력조정기 설치 시에는 압력조정기 설치구에 있는 먼지를 불어내고 설치할 것
② 압력조정기 설치구 나사부나 조정기의 각 부에 기름이나 그리스를 바르지 않을 것
③ 설치 후 반드시 가스의 누설이 없는지 비눗물로 점검할 것
④ 취급 시 기름 묻은 장갑 등을 사용하지 말 것
⑤ 압력조정기를 견고하게 설치한 다음 감압밸브를 풀고 용기의 밸브를 천천히 연다.
⑥ 압력 지시계가 잘 보이도록 수직으로 설치하여 유리가 파손되지 않도록 할 것

(3) 압력조정기가 갖추어야 할 조건

① 조정 압력과 사용 압력의 차이가 작을 것
② 동작이 예민하고 빙결(氷結)되지 않을 것
③ 가스의 방출량이 많더라도 흐르는 양이 안정될 것
④ 용기 내의 가스량 변화에 따라 조정 압력이 변하지 않을 것

(4) 압력 전달 순서

부르동관 → 링크 → 섹터기어 → 피니언 → 눈금판

▶ 용접 작업 후 처리
- 토치의 아세틸렌 밸브와 산소 밸브를 잠근 후 용기의 고압 밸브를 잠근다.
- 토치의 아세틸렌 밸브를 열어 압력조정기, 호스, 토치 내의 잔류가스를 방출시키고 밸브를 잠근다.
- 아세틸렌 압력조정기의 지침이 $0kg/cm^2$이 된 것을 확인하고 조정나사를 푼다.
- 산소 압력조정기의 지침이 $0kg/cm^2$이 된 것을 확인하고 조정나사를 푼다.

04 용접봉 및 용제

1 용접봉

(1) 용접봉의 조건

① 모재와 같은 재질일 것
② 모재에 충분한 강도를 줄 수 있을 것
③ 불순물이 포함되어 있지 않을 것
④ 용융온도가 모재와 동일할 것
⑤ 기계적 성질에 나쁜 영향을 주지 않을 것

(2) 용접봉의 종류 및 채색 표시

종류	채색	종류	채색
GA46	적색	GB46	백색
GA43	청색	GB43	흑색
GA35	황색	GB35	자색
		GB32	녹색

▶ GA43
　G : 가스용접봉
　A : 용착금속의 연신율 구분
　43 : 용착금속의 최소 인장강도 수준

▶ 시험편의 용어
　• P : 용접 후 열처리를 한 것
　• A : 용접한 그대로
　• SR : 625±25℃에서 응력제거 풀림을 한 시편
　• NSR : 용접한 그대로의 응력제거를 하지 않은 것

(3) 용접봉의 화학성분(단위 : %)

P	S	Cu
0.040 이하	0.040 이하	0.30 이하

(4) 연강용 가스 용접봉의 치수

지름(mm)	1.0, 1.6, 2.0, 2.6, 3.2, 4.0. 5.0, 6.0
길이(mm)	1,000

(5) 가스용접봉 선택 공식

$$D = \frac{T}{2} + 1 \quad \text{(D : 용접봉 지름(mm), T : 판 두께(mm))}$$

❷ 용제

(1) 사용 목적

① 용접 중 금속의 산화물과 비금속 개재물을 용해하여 용착금속의 성질을 양호하게 하기 위해 사용
② 용융온도가 낮은 슬래그를 생성하여 용융금속의 표면에 떠올라 용착금속의 성질을 양호하게 한다.
③ 용융금속의 산화·질화를 감소하게 한다.
④ 청정작용으로 용착을 돕는다.
⑤ 용제의 융점은 모재의 융점보다 낮은 것이 좋다.
⑥ 연강에는 용제를 일반적으로 사용하지 않는다.

(2) 금속별 사용 용제

금속	용제
연강	사용하지 않는다.
반경강	중탄산소다, 탄산소다
주철	중탄산나트륨(70%), 탄산나트륨(15%), 붕사(15%)
구리합금	붕사(75%), 염화리튬(25%)
알루미늄	염화칼륨(45%), 염화나트륨(30%), 염화리튬(15%), 플루오르화칼륨(7%), 황산칼륨(3%)

05 용접 방법

❶ 전진법과 후진법의 비교

구분	전진법	후진법
토치의 이동 방향	오른쪽 → 왼쪽	왼쪽 → 오른쪽
용접 속도	느리다	빠르다
열 이용률	나쁘다	좋다
용접모재 두께	얇다	두껍다
비드 모양	보기 좋다	매끈하지 못하다
홈 각도	크다(80°)	작다(60°)
용접 변형	크다	적다
냉각 속도	급랭	서랭
용착금속의 조직	거칠다	미세하다
산화 정도	심하다	약하다

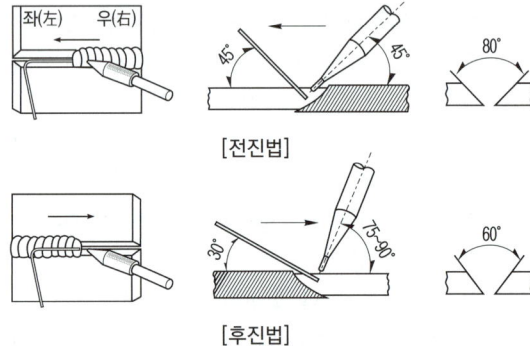

[전진법]

[후진법]

06 산소-아세틸렌 불꽃

❶ 불꽃의 종류

(1) 탄화불꽃

① 속불꽃과 겉불꽃 사이에 밝은 백색의 제3불꽃이 있다.
② 아세틸렌 과잉불꽃으로 아세틸렌 페더라고도 한다.
③ 산화작용이 일어나지 않는다.
④ 산화방지가 필요한 금속의 용접에 사용된다.
⑤ 금속표면에 침탄 작용을 일으키기 쉽다.
⑥ 용접재료 : 스테인리스, 스텔라이트, 모넬메탈 등

(2) 중성불꽃

① 표준불꽃이다.
② 산소와 아세틸렌을 1:1로 혼합하여 연소시킬 때 생성되는 불꽃
③ 용접재료 : 연강, 주철, 구리, 알루미늄, 아연, 납

(3) 산화불꽃

① 불꽃온도가 가장 높다.

② 용접재료 : 황동, 청동

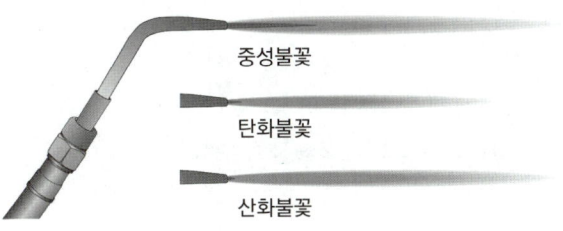

중성불꽃

탄화불꽃

산화불꽃

2 불꽃의 구성요소

① **불꽃심**(백심) : 불꽃 중심부의 환원작용이 있는 백색 불꽃

② **속불꽃**(내염) : 높은 열(3,200~3,500℃)을 발생하는 부분으로 약간의 환원성을 띄게 되는 불꽃

③ **겉불꽃**(외형) : 불꽃의 가장자리 부분(약 2,000℃)

▶ 주요가스의 불꽃 온도
- 산소-아세틸렌 불꽃 : 3,430℃
- 산소-수소 불꽃 : 2,900℃
- 산소-프로판 불꽃 : 2,820℃
- 산소-메탄 불꽃 : 2,700℃

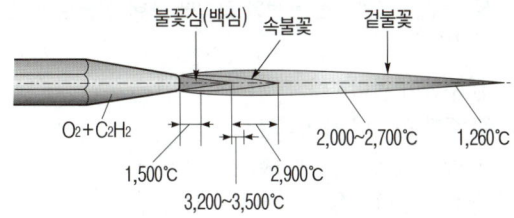

불꽃심(백심)　속불꽃　겉불꽃

$O_2 + C_2H_2$

1,500℃　2,900℃　2,000~2,700℃　1,260℃

3,200~3,500℃

 기출문제 | 이론과 연계된 기출유형을 파악하자!

가스용접 일반

[13-1, 10-4, 07-4]

1 아세틸렌, 수소 등의 가연성 가스와 산소를 혼합 연소시켜 그 연소열을 이용하여 용접하는 것은?

① 탄산가스 아크 용접

② 가스용접

③ 불활성가스 아크 용접

④ 서브머지드 아크 용접

[09-2]

2 가스용접에 사용되는 연소가스의 혼합으로 틀린 것은?

① 산소-아세틸렌　　② 산소-질소가스

③ 산소-프로판　　　④ 산소-수소가스

가스용접에 사용되는 연소가스의 종류
- 아세틸렌가스
- 수소가스
- LP가스 : 프로판, 부탄, 프로필렌 등
- 천연가스(메탄)
- 도시가스

[10-2]

3 가스용접에 사용되는 가스가 아닌 것은?

① 천연가스　　　　② 부탄가스

③ 도시가스　　　　④ 티탄가스

[06-4]

4 스파크에 대해서 가장 주의해야 할 가스는?

① LPG　　　　　　② CO_2

③ He　　　　　　　④ O_2

[04-1]

5 아크용접에 비교한 가스용접의 특징으로 맞는 것은?

① 열효율이 높다.

② 용접속도가 빠르다.

③ 응용범위가 넓다.

④ 유해광선의 발생이 많다.

① 열효율이 낮다.
② 용접속도가 느리다.
④ 아크 용접에 비해 유해광선의 발생이 적다.

정답 [가스용접 일반] 1 ②　2 ②　3 ④　4 ①　5 ③

[11-2]

6 가스용접의 특징에 대한 설명으로 틀린 것은?

① 가열 시 열량 조절이 비교적 자유롭다.
② 피복 금속 아크 용접에 비해 후판 용접에 적당하다.
③ 전원 설비가 없는 곳에서도 쉽게 설치할 수 있다.
④ 피복 금속 아크 용접에 비해 유해광선의 발생이 비교적 적다.

> 가스용접은 박판 용접에 적당하다.

[11-4, 유사문제 11-1, 10-1, 09-4, 06-1]

7 산소-아세틸렌가스 용접의 장점에 대한 설명으로 틀린 것은?

① 운반이 편리하다.
② 후판 용접이 용이하다.
③ 아크 용접에 비해 유해광선이 적다.
④ 전원 설비가 없는 곳에서도 쉽게 설치할 수 있다.

> **산소-아세틸렌가스 용접의 장점**
> • 용접기의 운반이 비교적 자유롭다.
> • 가열 시 열량 조절이 쉽다.
> • 전원설비가 없는 곳에서도 쉽게 설치할 수 있다.
> • 피복 아크 용접보다 유해광선의 발생이 적다.

[08-2, 유사문제 12-4, 06-2]

8 산소-아세틸렌가스 용접의 단점이 아닌 것은?

① 열효율이 낮다.
② 폭발할 위험이 있다.
③ 가열시간이 오래 걸린다.
④ 가스불꽃의 조절이 어렵다.

> **산소-아세틸렌가스 용접의 단점**
> • 열효율이 낮다.
> • 폭발할 위험이 있다.
> • 가열시간이 오래 걸린다.
> • 열 집중력이 좋지 못하다.

[11-1, 09-4]

9 가스용접 작업 시 주의사항으로 틀린 것은?

① 반드시 보호안경을 착용한다.
② 산소호스와 아세틸렌호스는 색깔 구분 없이 사용한다.
③ 불필요한 긴 호스를 사용하지 말아야 한다.
④ 용기 가까운 곳에서는 인화물질의 사용을 금한다.

산소 - 아세틸렌 가스

[10-4, 08-2]

1 산소는 대기 중의 공기 속에 약 몇 % 함유되어 있는가?

① 11   ② 21
③ 31   ④ 41

> 질소(78%), 산소(21%), 이산화탄소 아르곤 등 기타(약 1%)

[11-2]

2 산소에 대한 설명으로 틀린 것은?

① 무색, 무취, 무미이다.
② 물의 전기 분해로도 제조한다.
③ 가연성 가스이다.
④ 액체 산소는 보통 연한 청색을 띤다.

[09-5]

3 다음 중 조연성 가스는?

① 수소   ② 프로판
③ 산소   ④ 메탄

[09-1, 유사문제 12-5, 09-2, 07-2, 06-4]

4 가스용접에서 주로 사용되는 산소의 성질에 대해 설명한 것 중 옳은 것은?

① 다른 원소와 화합 시 산화물 생성을 방지한다.
② 다른 물질의 연소를 도와주는 조연성 기체이다.
③ 유색, 유취, 유미의 기체이다.
④ 공기보다 가볍다.

> 산소는 무색, 무취, 무미의 기체로 공기보다 무거우며, 금, 백금, 수은 등을 제외한 모든 원소와 화합 시 산화물을 만든다.

[13-1, 12-5, 10-4, 08-2, 08-5, 05-2, 유사문제 10-4]

5 산소용기 취급 시 주의사항으로 틀린 것은?

① 저장소에는 화기를 가까이 하지 말고 통풍이 잘되어야 한다.
② 저장 또는 사용 중에는 반드시 용기를 세워 두어야 한다.
③ 가스용기 사용 시 가스가 잘 발생되도록 직사광선을 받도록 한다.
④ 가스 용기는 뉘어두거나 굴리는 등 충돌, 충격을 주지 말아야 한다.

정답 6② 7② 8④ 9② [산소-아세틸렌 가스] 1② 2③ 3③ 4② 5③

[11-2, 07-1, 07-2, 05-1, 유사문제 06-4]

6 가스용접에서 산소용기 취급에 대한 설명이 잘못된 것은?

① 산소용기 밸브, 조정기 등은 기름천으로 잘 닦는다.
② 산소 용기 운반 시에는 충격을 주어서는 안 된다.
③ 산소 밸브의 개폐는 천천히 해야 한다.
④ 가스 누설의 점검은 비눗물로 한다.

> 산소 용기 취급 시 기름이 묻지 않도록 주의한다.

[12-1, 10-4, 유사문제 12-1, 05-2]

7 다음 중 산소 및 아세틸렌 용기의 취급방법으로 적절하지 않은 것은?

① 산소용기 밸브, 조정기, 도관, 취부구는 반드시 기름이 묻은 천으로 깨끗이 닦아야 한다.
② 산소용기의 운반 시는 충격을 주어서는 안 된다.
③ 산소용기 내에 다른 가스를 혼합하면 안 되며, 산소 용기는 직사광선을 피해야 한다.
④ 아세틸렌 용기는 세워서 사용하며 병에 충격을 주어서는 안 된다.

> 기름이 묻은 천은 화재의 위험이 있다. 또한 가스 용기는 눕히거나 굴리는 등 충돌, 충격을 주지 말아야 한다.

[13-2, 10-1, 유사문제 12-2, 07-4]

8 산소 용기의 윗부분에 각인되어 있지 않은 것은?

① 용기의 중량   ② 최저 충전압력
③ 내압시험 압력   ④ 충전가스의 내용적

> **산소 용기의 각인 내용**
> • 용기제작사 명칭 및 기호   • 용기의 중량(W)
> • 용기의 번호   • 내압시험 압력(TP)
> • 충전가스 명칭   • 최고 충전압력(FP)
> • 충전가스의 내용적(V)   • 내압시험 연월

[07-2, 유사문제 12-4]

9 산소 용기에 각인되어 있는 사항의 설명으로 틀린 것은?

① TP : 내압시험압력   ② FP : 최고충전압력
③ V : 내용적   ④ W : 제조번호

> W : 용기의 중량

[04-2, 유사문제 12-1, 05-1]

10 아세틸렌가스에 대한 설명 중 옳지 않은 것은?

① 아세틸렌가스는 수소와 탄소가 화합된 매우 안정한 기체이다.
② 보통 아세틸렌가스는 불순물이 포함되어 있기 때문에 매우 불쾌한 악취가 발생한다.
③ 아세틸렌가스의 비중은 0.91 정도로서 공기보다 가볍다.
④ 아세틸렌가스는 여러 가지 액체에 잘 용해된다.

> **아세틸렌가스의 성질**
> • 가스용접용 연료 가스이며, 카바이드로부터 제조된다.
> • 물에는 같은 양, 석유에 2배, 벤젠에 4배, 알코올에 6배, 아세톤에 25배가 용해된다.
> • 비중은 0.906으로 공기보다 가볍다.
> • 순수한 아세틸렌 가스는 무색, 무취의 기체이다.
> • 자연발화 및 폭발의 위험이 있는 기체이다.
> • 산소와 적당히 혼합하여 연소시키면 3,000~3,500℃의 높은 열을 낸다.

[04-4, 유사문제 11-5]

11 가스용접에 이용되는 아세틸렌가스에 대한 다음 설명 중 옳은 것은?

① 아세틸렌가스의 자연 폭발 온도는 406~408℃이다.
② 아세틸렌가스는 공기 중에 3~4% 정도 포함될 때 가장 위험하다.
③ 아세틸렌가스 1리터의 무게는 1기압 15℃에서 1.176g이다.
④ 아세틸렌 발생기에서 1.2기압 이하의 가스를 발생시켜서는 안 된다.

> ① 아세틸렌가스의 자연 발화 온도는 406~408℃이다.
> ② 아세틸렌 15%, 산소 85%에서 폭발 위험이 가장 크다.
> ④ 아세틸렌 발생기에서 1.5기압 이상의 가스를 발생시켜서는 안 된다.

[11-01, 05-01]

12 아세틸렌(C_2H_2)의 성질로 맞지 않는 것은?

① 매우 불안전한 기체이므로 공기 중에서 폭발 위험성이 매우 크다.
② 비중이 1.906으로 공기보다 무겁다.
③ 순수한 것은 무색, 무취의 기체이다.
④ 구리, 은, 수은과 접촉하면 폭발성 화합물을 만든다.

> 아세틸렌의 비중은 0.906으로 공기보다 가볍다.

정답   6 ①   7 ①   8 ②   9 ④   10 ①   11 ③   12 ②

[12-4]

13 다음 중 가스용접에 사용되는 아세틸렌가스에 관한 설명으로 옳은 것은?

① 206~208℃ 정도가 되면 자연발화한다.
② 아세틸렌가스 15%, 산소 85% 부근에서 위험하다.
③ 구리, 은 등과 접촉하면 250℃ 부근에서 폭발성을 갖는다.
④ 아세틸렌가스는 물에 대해 같은 양으로 알코올에 2배 정도 용해된다.

> ① 406~408℃ 정도가 되면 자연발화한다.
> ③ 구리, 은 등과 접촉하면 120℃ 부근에서 폭발성을 갖는다.
> ④ 아세틸렌가스는 물에 대해 같은 양으로, 석유에 2배, 알코올에 6배 정도 용해된다.

[12-2]

14 다음 중 가스용접 및 절단용 아세틸렌가스가 갖추어야 할 성질로 틀린 것은?

① 연소속도가 늦어야 한다.
② 연소 발열량이 커야 한다.
③ 불꽃의 온도가 높아야 한다.
④ 용융금속과 화학반응이 일어나지 않아야 한다.

[12-1, 10-2]

15 아세틸렌은 각종 액체에 잘 용해되는데 벤젠에서는 몇 배의 아세틸렌가스를 용해하는가?

① 4   ② 14
③ 6   ④ 25

[14-5, 10-1, 유사문제 12-4, 06-4]

16 아세틸렌은 각종 액체에 잘 용해된다. 그러면 1기압 아세톤 2ℓ에는 몇 ℓ의 아세틸렌이 용해되는가?

① 2   ② 10
③ 25   ④ 50

> 아세틸렌은 아세톤에는 25배가 용해되므로
> 2리터 × 25배 = 50리터

[13-2]

17 아세틸렌가스의 자연발화온도는 몇 ℃ 정도인가?

① 250~300℃   ② 300~397℃
③ 406~408℃   ④ 700~705℃

[06-1]

18 아세틸렌가스 1리터의 무게는 1기압 15℃에서 보통 몇 g인가?

① 0.15   ② 1.175
③ 3.176   ④ 5.15

[11-2]

19 다음 가스 중에서 발열량이 큰 것에서 작은 것의 순서로 배열된 것은?

① 아세틸렌 〉 프로판 〉 수소 〉 메탄
② 프로판 〉 아세틸렌 〉 메탄 〉 수소
③ 프로판 〉 메탄 〉 수소 〉 아세틸렌
④ 아세틸렌 〉 수소 〉 메탄 〉 프로판

[10-4]

20 가스용접에 사용되는 기체의 폭발한계가 가장 큰 것은?

① 수소   ② 메탄
③ 프로판   ④ 아세틸렌

폭발한계			
수소	메탄	프로판	아세틸렌
4~75%	5~15%	2.1~9.5%	2.5~100%

[11-5, 09-4]

21 아세틸렌(acetylene)이 연소하는 과정에 포함되지 않는 원소는?

① 유황(S)   ② 수소(H)
③ 탄소(C)   ④ 산소(O)

[11-4]

22 아세틸렌가스와 접촉하여도 폭발성 화합물을 생성하지 않는 것은?

① Fe   ② Cu
③ Ag   ④ Hg

[11-4]

23 아세틸렌가스가 산소와 반응하여 완전연소 할 때 생성되는 물질은?

① CO, H_2O ② CO_2, H_2O
③ CO, H_2 ④ CO_2, H_2

24 가연성 가스가 가져야 할 성질 중 맞지 않는 것은?

[10-2, 10-4, 08-1, 04-4]

① 불꽃의 온도가 높을 것
② 용융금속과 화학반응을 일으키지 않을 것
③ 연소속도가 느릴 것
④ 발열량이 클 것

가연성 가스는 연소속도가 빨라야 한다.

[07-2]
25 용해 아세틸렌의 장점 중 틀린 것은?

① 운반이 쉽고, 발생기 및 부속장치가 필요 없다.
② 용기를 뉘어서 사용해도 된다.
③ 순도가 높고 좋은 용접을 할 수 있다.
④ 아세틸렌의 손실이 대단히 적다.

용기를 똑바로 세워서 사용해야 한다.

[06-4, 유사문제 10-1, 05-1]
26 다음 용해 아세틸렌 취급 시 주의사항으로 잘못 설명된 것은?

① 저장 장소는 통풍이 잘되어야 한다.
② 용기 밸브를 열 때는 전용 핸들로 1/4~1/2 회전만 시킨다.
③ 가스 사용 후에는 반드시 약간의 잔압 0.1kgf/cm^2을 남겨 두어야 한다.
④ 용기는 40℃ 이상에서 보관한다.

운반 시 용기의 온도는 40℃ 이하로 유지하고, 반드시 캡을 씌워야 하며 용기는 아세톤의 유출을 방지하기 위해 세워서 보관한다.

[05-1]
27 용해 아세틸렌 용기 취급 시 주의사항이다. 틀린 것은?

① 옆으로 눕히면 아세톤이 아세틸렌과 같이 분출하게 되므로 반드시 세워서 사용해야 한다.
② 아세틸렌가스의 누설 시험은 비눗물로 해야 한다.
③ 용기 밸브를 열 때에는 핸들을 1~2회전 정도 돌리고, 밸브에 핸들을 빼 놓은 상태로 사용한다.
④ 저장실의 전기스위치, 전등 등은 방폭 구조여야 한다.

용기 밸브를 열 때는 전용 핸들로 1/4~1/2 회전만 시킨다.

[13-1]
28 아세틸렌가스가 충격, 진동 등에 의해 분해 폭발하는 압력용 15℃에서 몇 kgf/cm^2 이상인가?

① 2.0kgf/cm^2　　② 1kgf/cm^2
③ 0.5kgf/cm^2　　④ 0.1kgf/cm^2

아세틸렌가스는 1.5기압 이상에서는 충격, 가열 등의 자극에 의해 폭발하고, 2기압 이상에서는 분해폭발을 한다.

[12-2]
29 다음 중 아세틸렌 용기와 호스의 연결부에 불이 붙었을 때 가장 우선적으로 해야 할 조치는?

① 용기의 밸브를 잠근다.
② 용기를 옥외로 운반한다.
③ 용기와 연결된 호스를 분리한다.
④ 용기 내의 잔류가스를 신속하게 방출시킨다.

[11-01, 09-04, 06-04, 06-02]
30 A는 병 전체 무게(빈병의 무게+아세틸렌가스의 무게)이고, B는 빈병의 무게이며, 또한 15℃ 1기압에서의 아세틸렌가스 용적을 905리터라고 할 때, 용해 아세틸렌가스의 양 C(리터)를 계산하는 식은?

① C = 905(B-A)　　② C = 905 + (B-A)
③ C = 905(A-B)　　④ C = 905 + (A-B)

[12-5, 12-4, 10-1, 유사문제 12-4, 07-1]
31 15℃, 1kgf/cm^2 하에서 사용 전 용해 아세틸렌 병의 무게가 50kgf이고, 사용 후 무게가 45kgf일 때 사용한 아세틸렌의 양은 약 몇 L 인가?

① 2,715　　② 3,178
③ 3,620　　④ 4,525

15℃, 1기압에서의 아세틸렌 용적 : 905L
아세틸렌의 양(C) = 905(A-B) = 905×5 = 4,525L
(A : 병 전체의 무게, B : 사용 후의 무게)

[14-4, 11-5, 04-2]
32 35℃에서 150kgf/cm^2으로 압축하여 내부 용적 45.7리터의 산소 용기에 충전하였을 때 용기 속의 산소량은 몇 리터인가?

① 6,855　　② 5,250
③ 6,105　　④ 7,005

산소량 = 내용적×고압게이지의 눈금
= 150×45.7 = 6,855L

정답 **24** ③　**25** ②　**26** ④　**27** ③　**28** ①　**29** ①　**30** ③　**31** ④　**32** ①

[10-5, 유사문제 11-4, 10-2, 05-1, 04-1]

33 산소병 내용적이 40.7L인 용기에 100kgf/cm² 충전되어 있다면 프랑스식 팁 100번을 사용하여 표준불꽃으로 약 몇 시간까지 용접이 가능한가?

① 약 16시간   ② 약 22시간

③ 약 31시간   ④ 약 40시간

> 산소량 = 내용적×고압게이지의 눈금
> = 40.7×100 = 4,070L
> 프랑스식 팁 100번은 1시간 동안의 가스 소비량이 100L를 의미하므로 4,070÷100 = 40.7시간

[10-4, 05-4]

34 내용적 40리터, 충전압력이 150kgf/cm²인 산소용기의 압력이 100kgf/cm²까지 내려갔다면 소비한 산소의 양은 몇 ℓ 인가?

① 2,000   ② 3,000

③ 4,000   ④ 5,000

> 총 산소량 = 충전압력×내부용적 = (150-100)×40 = 2,000 ℓ

[11-2, 10-1]

35 내용적 33.7 ℓ 의 산소병에 150kgf/cm²의 압력이 게이지에 표시되었다면 산소병에 들어 있는 산소량은 몇 ℓ 인가?

① 3,400   ② 5,055

③ 4,700   ④ 4,800

> 산소 총 가스량 = 내용적×충전압력 = 33.7×150 = 5,055 ℓ

[05-4]

36 용해 아세틸렌의 양을 측정하는 방법은?

① 기압에 의해 측정한다.

② 아세톤이 녹는 양에 의해서 측정한다.

③ 무게에 의하여 측정한다.

④ 사용시간에 의하여 측정한다.

[11-1]

37 액체 이산화탄소 25kg 용기는 대기 중에서 가스량이 대략 12,700L이다. 20L/min의 유량으로 연속 사용할 경우 사용 가능한 시간(hour)은 약 얼마인가?

① 60시간   ② 6시간

③ 10시간   ④ 1시간

> (12,700L÷20L/min)×1/60min ≒ 10시간

[11-5, 유사문제 13-1, 09-5, 08-1]

38 가스용접에서 충전가스의 용기도색으로 틀린 것은?

① 산소 - 녹색   ② 프로판 - 회색

③ 탄산가스 - 백색   ④ 아세틸렌 - 황색

용기의 도색 구분

가스	도색의 구분	가스	도색의 구분
산소	녹색	프로판, 아르곤	회색
아세틸렌	황색	탄산가스	청색
암모니아	백색	수소	주황색

[13-2, 10-4]

39 충전가스 용기 중 암모니아 가스 용기의 도색은?

① 회색   ② 청색

③ 녹색   ④ 백색

[11-1, 07-1]

40 다음 중 아르곤 용기를 나타내는 색깔은?

① 황색   ② 녹색

③ 회색   ④ 흰색

[10-4, 09-1]

41 가스용접에서 산소용 고무호스의 사용 색은?

① 노랑   ② 흑색

③ 흰색   ④ 적색

> **고무호스의 도색 구분**
> 산소 : 흑색, 녹색   아세틸렌 : 적색, 황색

[12-2]

42 다음 중 가스용접에 사용되는 아세틸렌용 용기와 고무호스의 색깔이 올바르게 연결된 것은?

① 용기-녹색, 호스-흑색

② 용기-회색, 호스-적색

③ 용기-황색, 호스-적색

④ 용기-백색, 호스-청색

[09-4]

43 프로판가스가 완전연소 하였을 때 맞는 설명은?

① 완전 연소하면 이산화탄소로 된다.

② 완전 연소하면 이산화탄소와 물이 된다.

③ 완전 연소하면 일산화탄소와 물이 된다.

④ 완전 연소하면 수소가 된다.

정답 33 ④ 34 ① 35 ② 36 ③ 37 ③ 38 ③ 39 ④ 40 ③ 41 ② 42 ③ 43 ②

[08-2]

44 다음 중 산소-프로판 가스 용접 시 산소 : 프로판 가스의 혼합비는?

① 1 : 1   ② 2 : 1
③ 2.5 : 1   ④ 4.5 : 1

[11-1, 유사문제 11-4, 07-4]

45 프로판(C_3H_8)의 성질을 설명한 것으로 틀린 것은?

① 상온에서는 기체 상태이다.
② 쉽게 기화하며 발열량이 높다.
③ 액화하기 쉽고 용기에 넣어 수송이 편리하다.
④ 온도 변화에 따른 팽창률이 작다

> 프로판은 온도 변화에 따른 팽창률이 크다.

[05-2]

46 가스용접에 쓰이는 수소가스에 관한 설명으로 틀린 것은?

① 부탄가스라고도 한다.
② 수중절단의 연료 가스로도 사용된다.
③ 무색, 무미, 무취의 기체이다.
④ 공업적으로는 물의 전기분해에 의해서 제조한다.

[13-1, 10-4]

47 고압에서 사용이 가능하고 수중절단 중에 기포의 발생이 적어 예열가스로 가장 많이 사용되는 것은?

① 부탄   ② 수소
③ 천연가스   ④ 프로판

[13-2, 05-2]

48 가스의 혼합비(가연성 가스 : 산소)가 최적의 상태일 때 가연성 가스의 소모량이 1이면 산소의 소모량이 가장 적은 가스는?

① 메탄   ② 프로판
③ 수소   ④ 아세틸렌

[07-2]

49 가스용접에 사용되는 연료가스와 화학식이 잘못 연결된 것은?

① 아세틸렌 - C_2H_2 ② 프로판 - C_3H_8
③ 메탄 - C_4H_{10} ④ 수소 - H_2

> 메탄 - CH_4

[05-4]

50 가스용접에서 가연성 가스로 사용하지 않는 것은?

① 아세틸렌 가스   ② 프로판(LPG) 가스
③ 수소 가스   ④ 산소 가스

[10-4]

51 부탄의 화학 기호로 맞는 것은?

① C_4H_{10} ② C_3H_8
③ C_5H_{12} ④ C_2H_5

[10-2]

52 폭발 위험성이 가장 큰 산소와 아세틸렌의 혼합비 (%)는?(단, 산소 : 아세틸렌)

① 40 : 60   ② 15 : 85
③ 60 : 40   ④ 85 : 15

> 아세틸렌 15%, 산소 85%에서 폭발 위험이 가장 크다.

[12-5, 05-4]

53 다음 중 저압식 토치의 아세틸렌 사용압력은 발생기식의 경우 몇 kgf/cm^2 이하의 압력으로 사용하여야 하는가?

① 0.07   ② 0.17
③ 0.3   ④ 0.4

> **아세틸렌 사용압력**
> • 저압식 : $0.07kgf/cm^2$ 이하
> • 중압식 : $0.07{\sim}1.3kgf/cm^2$
> • 고압식 : $1.3kgf/cm^2$ 이상

[06-4]

54 고압식 토치는 아세틸렌 가스의 사용압력이 몇 kgf/cm^2 이상인가?

① 0.07   ② 1
③ 1.3   ④ 2

가스용접의 장치 및 기구

[04-1]

1 가스용접 토치를 크게 3부분으로 나눌 때, 이에 해당되지 않는 것은?

① 손잡이   ② 혼합실
③ 코일스프링   ④ 팁

정답 **44** ④ **45** ④ **46** ① **47** ② **48** ③ **49** ③ **50** ④ **51** ① **52** ④ **53** ① **54** ③ [가스용접의 장치 및 기구] **1** ③

[13-1, 유사문제 05-2]

2 가스용접 토치의 취급상 주의사항이 아닌 것은?

① 팁 및 토치를 작업장 바닥 등에 방치하지 않는다.
② 역화방지기는 반드시 제거한 후 토치를 점화한다.
③ 팁을 바꿔 끼울 때는 반드시 양쪽 밸브를 모두 닫은 다음에 행한다.
④ 토치를 망치 등 다른 용도로 사용해서는 안 된다.

> 토치를 점화하기 전 반드시 역화방지기를 설치하여야 한다.

[11-4]

3 가스용접 토치의 취급상 주의사항으로 틀린 것은?

① 토치를 작업장 바닥이나 흙속에 방치하지 않는다.
② 팁을 바꿔 끼울 때는 반드시 양쪽밸브를 모두 열고 난 다음 행한다.
③ 토치를 망치 등 다른 용도로 사용해서는 안 된다.
④ 작업 중 발생하기 쉬운 역류, 역화, 인화에 항상 주의하여야 한다.

> 팁을 바꿔 끼울 때는 반드시 양쪽 밸브를 모두 닫은 다음에 행한다.

[11-5, 10-2]

4 가스용접에서 가변압식 팁의 능력을 표시하는 것은?

① 표준불꽃으로 용접 시 매시간당 아세틸렌가스의 소비량을 리터로 표시한 것
② 표준불꽃으로 용접 시 매시간당 산소의 소비량을 리터로 표시한 것
③ 산화불꽃으로 용접 시 매시간당 아세틸렌가스의 소비량을 리터로 표시한 것
④ 산화불꽃으로 용접 시 매시간당 산소의 소비량을 리터로 표시한 것

[11-1, 09-5]

5 가스용접용 토치의 팁 중 표준불꽃으로 1시간 용접 시 아세틸렌 소모량이 100L인 것은?

① 고압식 200번 팁
② 중압식 200번 팁
③ 가변압식 100번 팁
④ 불변압식 120번 팁

> **팁의 능력**
> • 프랑스식(가변압식) : 표준불꽃으로 용접 시 매시간당 아세틸렌가스의 소비량을 리터로 표시한 것으로 팁 번호가 100인 것은 1시간 동안의 가스 소비량이 100L를 의미한다.
> • 독일식(불변압식) : 팁이 용접할 수 있는 판의 두께

[11-5, 06-1]

6 가스용접 시 토치의 팁이 막혔을 때 조치 방법으로 가장 올바른 것은?

① 팁 클리너를 사용한다.
② 내화 벽돌 위에 가볍게 문지른다.
③ 철판 위에 가볍게 문지른다.
④ 줄칼로 부착물을 제거한다.

[11-1, 09-2, 유사문제 04-2]

7 표준불꽃에서 프랑스식 가스용접 토치의 용량은?

① 1시간에 소비하는 아세틸렌가스의 양
② 1분에 소비하는 아세틸렌가스의 양
③ 1시간에 소비하는 산소가스의 양
④ 1분에 소비하는 산소가스의 양

[13-2, 유사문제 12-1, 10-4, 09-1, 07-4]

8 가변압식 토치의 팁 번호 400번을 사용하여 표준불꽃으로 2시간 동안 용접할 때 아세틸렌가스의 소비량은 몇 ℓ 인가?

① 400
② 800
③ 1,600
④ 2,400

> 가변압식 토치의 팁 번호 400번인 경우 1시간 동안의 아세틸렌가스의 소비량은 400리터이며, 2시간 동안의 아세틸렌가스의 소비량은 800리터이다.

[10-1]

9 산소-아세틸렌 용접에서 표준불꽃으로 연강판 두께 2.0mm를 60분간 용접하였더니 200리터의 아세틸렌가스가 소비되었다면, 가장 적당한 가변압식 팁의 번호는?

① 100번
② 200번
③ 300번
④ 400번

> 1시간에 200L의 아세틸렌가스를 소비하였으므로 팁의 번호는 200번이다.

[04-2]

10 내용적 40리터의 산소 용기에 100kgf/cm²의 산소가 들어 있다면 가변압식 팁 200번으로 중성불꽃을 사용하여 용접할 때 몇 시간 사용할 수 있는가?

① 20시간
② 15시간
③ 10시간
④ 8시간

정답 ▶ 2 ② 3 ② 4 ① 5 ③ 6 ① 7 ① 8 ② 9 ② 10 ①

산소용기의 총가스량 = 내용적×기압

사용 가능한 시간 = $\dfrac{\text{산소용기의 총가스량}}{\text{시간당 소비량}}$

산소용기의 총가스량 = 40L×100kgf/cm² = 4,000L

※ 4,000/200 = 20시간

[12-5]

11 다음 중 가스절단 토치 형식에 있어 절단 팁이 동심형에 해당하는 것은?

① 영국식   ② 미국식

③ 독일식   ④ 프랑스식

가스절단 토치의 형식
• 독일식 : 절단 팁이 이심형인 것
• 프랑스식 : 절단 팁이 동심형인 것

[12-1]

12 가스용접에서 팁의 재료로 가장 적당한 것은?

① 고탄소강   ② 고속도강

③ 스테인리스강   ④ 동합금

팁의 재료로는 구리의 함유량 62.8% 이하의 합금 또는 10%의 아연을 함유한 황동을 사용한다.

[04-1]

13 가스 압력조정기 취급 시 주의사항에 대한 설명 으로 틀린 것은?

① 압력조정기 설치구에 있는 먼지를 불어내고 설치할 것

② 조정기를 견고히 설치한 다음, 조정 핸들을 조이고 밸브를 조용히 열 것

③ 설치 후 반드시 비눗물로 점검할 것

④ 취급 시 기름 묻은 장갑 등을 사용하지 말 것

압력조정기를 견고하게 설치한 다음 감압밸브를 풀고 용기의 밸브를 천천히 연다.

[10-5]

14 가스용접에서 압력조정기의 압력 전달순서가 올바르게 된 것은?

① 부르동관 → 링크 → 섹터기어 → 피니언

② 부르동관 → 피니언 → 링크 → 섹터기어

③ 부르동관 → 링크 → 피니언 → 섹터기어

④ 부르동관 → 피니언 → 섹터기어 → 링크

[13-1, 10-4, 09-1]

15 가스용접 작업에서 보통 작업을 할 때 압력조정기의 산소 압력은 몇 kg/cm² 이하이어야 하는가?

① 6~7   ② 3~4

③ 1~2   ④ 0.1~0.3

[12-2, 09-4]

16 다음 중 가스 용접기의 압력조정기가 갖추어야 할 점으로 틀린 것은?

① 조정 압력과 사용 압력이 차이가 작을 것

② 동작이 예민하고 빙결(氷結)되지 않을 것

③ 가스의 방출량이 많더라도 흐르는 양이 안정될 것

④ 조정 압력이 용기 내의 가스량 변화에 따라 유동성이 있을 것

용기 내의 가스량 변화에 따라 조정 압력이 변하지 않아야 한다.

[11-4]

17 산소-아세틸렌가스를 이용하여 용접할 때 사용하는 산소 압력조정기의 취급에 관한 설명 중 틀린 것은?

① 산소 용기에 산소 압력조정기를 설치할 때 압력조정기 설치구에 있는 먼지를 털어내고 연결한다.

② 산소 압력조정기 설치구 나사부나 조정기의 각 부에 그리스를 발라 잘 조립되도록 한다.

③ 산소 압력조정기를 견고하게 설치한 후 가스 누설 여부를 비눗물로 점검한다.

④ 산소 압력조정기의 압력 지시계가 잘 보이도록 설치하여 유리가 파손되지 않도록 주의한다.

압력조정기 설치구 나사부나 조정기의 각 부에 기름이나 그리스를 발라서는 안 된다.

[11-2, 09-4]

18 가스용접 작업에서 양호한 용접부를 얻기 위해 갖추어야 할 조건과 가장 거리가 먼 것은?

① 기름, 녹 등을 용접 전에 제거하여 결함을 방지한다.

② 모재의 표면이 균일하면 과열의 흔적은 있어도 된다.

③ 용착 금속의 용입 상태가 균일해야 한다.

④ 용접부에 첨가된 금속의 성질이 양호해야 한다.

정답   **11** ④   **12** ④   **13** ②   **14** ①   **15** ②   **16** ④   **17** ②   **18** ②

[12-1, 11-2, 08-2]

1 가스 용접봉을 선택할 때의 조건으로 틀린 것은?

① 모재와 같은 재질일 것
② 불순물이 포함되어 있지 않을 것
③ 용융 온도가 모재보다 낮을 것
④ 기계적 성질에 나쁜 영향을 주지 않을 것

> 가스 용접봉의 용융온도는 모재와 동일해야 한다.

[12-4, 10-1, 유사문제 10-2]

2 다음 중 가스 용접봉을 선택할 때 고려할 사항과 가장 거리가 먼 것은?

① 가능한 한 모재와 같은 재질이어야 하며 모재에 충분한 강도를 줄 수 있을 것
② 기계적 성질에 나쁜 영향을 주지 않아야 하며 용융 온도가 모재와 동일할 것
③ 용접봉의 재질 중에는 불순물을 포함하고 있지 않을 것
④ 강도를 증가시키기 위하여 탄소함유량이 풍부한 고탄소강을 사용할 것

> 용접봉은 유해성분이 적은 저탄소강을 사용한다.

[13-1]

3 연강용 가스 용접봉의 성분 중 강의 강도를 증가시키나, 연신율, 굽힘성 등을 감소시키는 것은?

① 규소(Si)
② 인(P)
③ 탄소(C)
④ 유황(S)

[10-5]

4 KS에서 연강용 가스 용접봉의 용착금속의 기계적 성질에서 시험편의 처리에 사용한 기호 중 "용접 후 열처리를 한 것"을 나타내는 기호는?

① P
② A
③ GA
④ GP

[11-5, 05-4]

5 연강용 가스 용접봉에서 "625±25℃에서 1시간 동안 응력을 제거했다"는 영문자 표시에 해당되는 것은?

① NSR
② GB
③ SR
④ GA

[07-4]

6 가스 용접봉의 채색 표시로 틀린 것은?

① GA 46 - 적색
② GA 43 - 청색
③ GB 35 - 자색
④ GB 46 - 녹색

> GB 46 - 백색

[12-2, 11-1, 11-2, 09-2, 유사문제 09-4, 08-5]

7 연강용 가스 용접봉의 종류 GA43에서 43이 의미하는 것은?

① 용착 금속의 연신율 구분
② 용착 금속의 최소 인장 강도 수준
③ 용착 금속의 탄소 함유량
④ 가스 용접봉

[12-2, 유사문제 10-4]

8 다음 중 연강용 가스 용접봉의 길이 치수로 옳은 것은?

① 500mm
② 700mm
③ 800mm
④ 1,000mm

[12-5]

9 다음 중 KS상 연강용 가스 용접봉의 표준치수가 아닌 것은?

① 1.0
② 2.0
③ 3.0
④ 4.0

> 연강용 가스 용접봉의 표준치수
> 1.0, 1.6, 2.0, 2.6, 3.2, 4.0, 5.0, 6.0mm

[06-4]

10 가스용접에서 용제(flux)를 사용하는 이유는?

① 산화작용 및 질화작용을 도와 용착금속의 조직을 미세화하기 위해
② 모재의 용융온도를 낮게 하여 가스 소비량을 적게 하기 위해
③ 용접봉의 용융속도를 느리게 하여 용접봉 소모를 적게 하기 위해
④ 용접 중 금속의 산화물과 비금속 개재물을 용해하여 용착금속의 성질을 양호하게 하기 위해

정답 [용접봉 및 용제] 1 ③ 2 ④ 3 ③ 4 ① 5 ③ 6 ④ 7 ② 8 ④ 9 ③ 10 ④

[12-5, 유사문제 12-4, 09-5]
11 가스용접용 용제(Flux)에 대한 설명으로 옳은 것은?

① 용제는 용융 온도가 높은 슬래그를 생성한다.

② 용제의 융점은 모재의 융점보다 높은 것이 좋다.

③ 용착금속의 표면에 떠올라 용착금속의 성질을 불량하게 한다.

④ 용제는 용접 중에 생기는 금속의 산화물 또는 비금속 개재물을 용해한다.

> ① 용제는 용융 온도가 낮은 슬래그를 생성한다.
> ② 용제의 융점은 모재의 융점보다 낮은 것이 좋다.
> ③ 용착금속의 표면에 떠올라 용착금속의 성질을 양호하게 한다.

[11-4]
12 가스용접 시 사용하는 용제에 대한 설명으로 틀린 것은?

① 용제의 융점은 모재의 융점보다 낮은 것이 좋다.

② 용제는 용융금속의 표면에 떠올라 용착금속의 성질을 양호하게 한다.

③ 용제는 용접 중에 생기는 금속의 산화물 또는 비금속 개재물을 용해하여 용융 온도가 높은 슬래그를 만든다.

④ 연강에는 용제를 일반적으로 사용하지 않는다.

> 용제는 용접 중에 생기는 금속의 산화물 또는 비금속 개재물을 용해하여 용융 온도가 낮은 슬래그를 만든다.

[04-2]
13 가스용접에서 용제(flux)를 사용하는 목적과 방법을 설명한 것 중 틀린 것은?

① 용접 중에 생성된 산화물과 유해물을 용융시켜 슬래그로 만든다.

② 분말 용제를 알코올에 개어 용접 전에 용접봉이나 용접홈에 발라서 사용한다.

③ 연강을 용접할 경우에는 용제를 사용해야 한다.

④ 용제에는 건조한 분말이나 페이스트(paste)가 있으며, 용접봉 표면에 피복한 것도 있다.

> 연강에는 용제를 일반적으로 사용하지 않는다.

[11-2]
14 가스용접 시 사용하는 용제에 대한 설명으로 틀린 것은?

① 용제는 용접 중에 생기는 금속의 산화물을 용해한다.

② 용제는 용접 중에 생기는 비금속 개재물을 용해한다.

③ 용제의 융점은 모재의 융점보다 높은 것이 좋다.

④ 용제는 건조한 분말, 페이스트 또는 용접부 표면을 피복한 것도 있다.

> 용제의 융점은 모재의 융점보다 낮은 것이 좋다.

[12-1, 10-2]
15 다음 중 가스용접에서 용제를 사용하는 주된 이유로 적합하지 않은 것은?

① 재료표면의 산화물을 제거한다.

② 용융금속의 산화·질화를 감소하게 한다.

③ 청정작용으로 용착을 돕는다.

④ 용접봉의 심선의 유해성분을 제거한다.

[10-1]
16 가스용접에서 일반적으로 용제를 사용하지 않는 용접 금속은?

① 구리 합금   ② 주철

③ 알루미늄   ④ 연강

[13-2, 09-2, 08-1, 07-1]
17 가스용접으로 연강용접 시 사용하는 용제는?

① 염화리튬   ② 붕사

③ 염화나트륨   ④ 사용하지 않는다.

> 연강에는 용제를 일반적으로 사용하지 않는다.

[08-2]
18 가스용접에서 붕사 75%에 염화나트륨 25%가 혼합된 용제는 어떤 금속용접에 적합한가?

① 연강   ② 주철

③ 알루미늄   ④ 구리 합금

금속별 사용 용제	
금속	**용제**
연강	사용하지 않는다.
반경강	중탄산소다, 탄산소다
주철	중탄산나트륨(70%), 탄산나트륨(15%), 붕사(15%)
구리합금	붕사(75%), 염화리튬(25%)
알루미늄	염화칼륨(45%), 염화나트륨(30%), 염화리튬(15%), 플루오르화칼륨(7%), 황산칼륨(3%)

[10-1]

19 각종 금속의 가스용접 시 사용하는 용제들 중 주철 용접에 사용하는 용제들만 짝지어진 것은?

① 붕사-염화리튬

② 탄산나트륨-붕사-중탄산나트륨

③ 염화리튬-중탄산나트륨

④ 규산칼륨-붕사-중탄산나트륨

[12-2, 11-2]

20 산소-아세틸렌가스 용접할 때 가스 용접봉 지름을 결정을 하려고 하는데, 일반적으로 모재의 두께가 1mm 이상일 때 다음 중 가스 용접봉의 지름을 결정하는 식은? (단, D는 가스용접봉의 지름[mm], T는 판두께[mm]를 의미한다)

① $D = \frac{T}{5}+4$ ② $D = \frac{T}{4}+3$

③ $D = \frac{T}{3}+2$ ④ $D = \frac{T}{2}+1$

[25-1, 11-5, 11-4, 유사문제 13-2, 13-1, 12-1, 11-1, 10-4, 10-1, 09-5, 06-4, 05-4, 05-2, 05-1]

21 가스용접에서 모재의 두께가 6mm일 때 사용되는 용접봉의 직경을 계산식에 의해 구하면 얼마인가?

① 1mm   ② 4mm

③ 7mm   ④ 9mm

$$D = \frac{T}{2}+1 = \frac{6}{2}+1 = 4 \text{ (D : 용접봉 지름(mm), T : 판 두께(mm))}$$

[14-5, 11-1]

22 일반적으로 가스 용접봉이 지름이 2.6mm일 때 강판의 두께는 몇 mm 정도가 가장 적당한가?(단 계산식으로 구한다)

① 1.6mm   ② 3.2mm

③ 4.5mm   ④ 6.0mm

용접 방법

[10-1]

1 가스용접에서 전진법과 비교한 후진법의 특징에 대한 설명으로 옳은 것은?

① 용접속도가 느리다.

② 홈 각도가 크다.

③ 용접가능 판 두께가 두껍다.

④ 용접변형이 크다.

전진법과 후진법의 비교		
구분	전진법	후진법
토치의 이동 방향	오른쪽 → 왼쪽	왼쪽 → 오른쪽
용접 속도	느리다	빠르다
열 이용률	나쁘다	좋다
모재 두께	얇다	두껍다
비드 모양	보기 좋다	매끈하지 못하다
홈 각도	크다(80°)	작다(60°)
용접 변형	크다	적다
산화 정도	심하다	약하다

[11-4]

2 가스 용접에서 전진법과 비교한 후진법의 설명으로 맞는 것은?

① 열 이용률이 나쁘다.

② 용접속도가 느리다.

③ 용접변형이 크다.

④ 두꺼운 판의 용접에 적합하다.

산소-아세틸렌 불꽃

[11-2, 09-2]

1 산소-아세틸렌 불꽃의 종류가 아닌 것은?

① 중성불꽃   ② 탄화불꽃

③ 질화불꽃   ④ 산화불꽃

[12-2]

2 가스용접에서 산화방지가 필요한 금속의 용접, 즉 스테인리스, 스텔라이트 등의 용접에 사용되며 금속표면에 침탄 작용을 일으키기 쉬운 불꽃의 종류로 적당한 것은?

① 산화불꽃   ② 중성불꽃

③ 탄화불꽃   ④ 역화불꽃

[13-2, 10-5]

3 가스용접에서 탄화불꽃의 설명과 관련이 가장 적은 것은?

① 속불꽃과 겉불꽃 사이에 밝은 백색의 제3불꽃이 있다.

② 산화작용이 일어나지 않는다.

③ 아세틸렌 과잉불꽃이다.

④ 표준불꽃이다.

정답 ▶ **19** ② **20** ④ **21** ② **22** ② [용접 방법] **1** ③ **2** ④ [산소-아세틸렌 불꽃] **1** ③ **2** ③ **3** ④

> 표준불꽃은 산소와 아세틸렌을 1:1로 혼합하여 연소시킬 때 생성되는 불꽃인 중성불꽃이다.

[12-4, 11-1, 09-5]
4 산소-아세틸렌의 불꽃에서 속불꽃과 겉불꽃 사이에 백색의 제3의 불꽃 즉 아세틸렌 페더라고도 하는 불꽃의 가장 올바른 명칭은?

① 탄화불꽃   ② 중성불꽃
③ 산화불꽃   ④ 백색불꽃

[05-1]
5 산소와 아세틸렌을 1:1로 혼합하여 연소시킬 때 생성되는 불꽃이 아닌 것은?

① 불꽃심   ② 속불꽃
③ 겉불꽃   ④ 산화불꽃

[12-2]
6 다음 중 표준불꽃(산소와 아세틸렌 1:1 혼합)의 구성요소를 표현한 것으로 틀린 것은?

① 불꽃심   ② 속불꽃
③ 겉불꽃   ④ 환원불꽃

[11-5]
7 가스불꽃의 구성에서 높은 열(3,200~3,500℃)을 발생하는 부분으로 약간의 환원성을 띠게 되는 불꽃은?

① 겉불꽃   ② 불꽃심(백심)
③ 속불꽃(내염)   ④ 겉불꽃 주변

[12-5, 06-2]
8 다음 중 가스용접에서 산화불꽃으로 용접할 경우 가장 적합한 용접 재료는?

① 황동
② 모넬메탈
③ 알루미늄
④ 스테인리스

> 가스용접에서 산화불꽃으로 용접할 경우 황동과 청동이 가장 적합하다.

[12-1, 08-5, 04-1]
9 청색의 겉불꽃에 둘러싸인 무광의 불꽃이므로 육안으로는 불꽃조절이 어렵고, 납땜이나 수중 절단의 예열 불꽃으로 사용되는 것은?

① 천연가스 불꽃   ② 산소 – 수소 불꽃
③ 도시가스 불꽃   ④ 산소 – 아세틸렌 불꽃

[13-1, 09-5, 05-2, 유사문제 10-1]
10 혼합가스 연소에서 불꽃 온도가 가장 높은 것은?

① 산소-수소 불꽃   ② 산소-프로판 불꽃
③ 산소-아세틸렌 불꽃   ④ 산소-부탄 불꽃

> • 산소-수소 불꽃 : 2,900℃
> • 산소-프로판 불꽃 : 2,820℃
> • 산소-아세틸렌 불꽃 : 3,430℃

[07-4]
11 산소와 아세틸렌가스의 불꽃의 종류가 아닌 것은?

① 탄화불꽃   ② 산화 불꽃
③ 혼합불꽃   ④ 중성불꽃

[11-5, 10-1]
12 산소-아세틸렌가스 불꽃의 종류 중 불꽃 온도가 가장 높은 것은?

① 탄화불꽃   ② 중성불꽃
③ 산화불꽃   ④ 아세틸렌불꽃

[07-2]
13 가스용접의 불꽃 온도 중 가장 낮은 것은?

① 산소-아세틸렌 용접   ② 산소-프로판 용접
③ 산소-수소 용접   ④ 산소-메탄 용접

불꽃 온도

산소-아세틸렌	산소-프로판	산소-수소	산소-메탄
3,430℃	2,820℃	2,900℃	2,700℃

절단 및 가공

절단의 분류

01 가스절단 장치 및 방법

1 가스절단

(1) 개요

산소와 금속과의 산화반응을 이용하여 금속을 절단하는 방법

(2) 가스절단의 원리

① 절단 부위를 적당한 온도까지 예열시킨 후 순수한 산소를 강하게 불어주면 예열된 부위가 격렬하게 연소되면서 산화철이 생성된다.

② 이때 생성된 산화철은 모재보다 용융점이 낮으므로 연소열에 의해 용융되며 동시에 산소 분류에 의해 절단된다.

(3) 가스절단의 조건

① 금속산화물의 용융온도가 모재의 용융온도보다 낮을 것

② 금속산화물의 유동성이 좋아 모재로부터 용이하게 분리시킬 수 있을 것

③ 모재 중 불연성 물질이 적을 것

④ 산화반응이 격렬하고 다량의 열을 발생할 것

(4) 금속별 가스절단의 용이성

① 가스절단이 용이한 금속 : 순철, 연강, 주강 등

② 알루미늄, 구리, 아연, 주석, 납, 황동, 청동 등은 가스절단이 되지 않는다.

③ 주철은 포함된 흑연이 철의 연속적인 연소를 방해하므로 가스절단이 잘되지 않는다.

④ 스테인리스강은 산화물이 모재보다 고용융점이기 때문에 가스절단이 곤란하다.

(5) 가스 절단장치의 구성

① 절단토치와 팁

② 산소 및 연소가스용 호스

③ 압력조정기

④ 가스용기

② 절단 토치 및 팁

(1) 저압식 토치

구분	동심형	이심형
형식	프랑스식	독일식
원리	혼합가스를 이중으로 된 동심원의 구멍에서 분출시키는 형태	절단산소와 혼합가스를 각각 다른 팁에서 분출시키는 형태
특징	전후, 좌우 직선 및 곡선 절단을 자유롭게 할 수 있다.	예열팁 방향만 절단 가능, 직선 절단에 능률적이며 절단면이 아름답다.

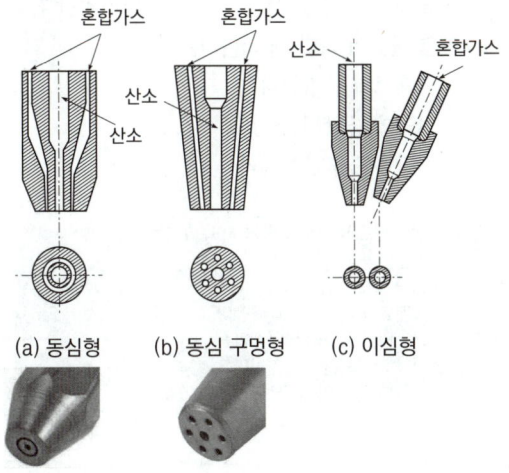

(a) 동심형 (b) 동심 구멍형 (c) 이심형

(2) 중압식 토치

구분	팁 혼합형	토치 혼합형
특징	• 예열 산소와 아세틸렌의 혼합이 팁에서 이루어지는 것 • 세 개의 통로(절단용 산소, 예열용 산소, 아세틸렌 통로)가 있어 3단 토치라 하며, 역화 시 팁만 손상되고 토치 손상이 없다.	용접 토치처럼 예열 산소와 아세틸렌이 혼합실에서 이루어지는 것

▶ 압력에 의한 아세틸렌 가스발생기의 분류
  • 저압식 : 0.07kgf/cm² 미만
  • 중압식 : 0.07~1.3kgf/cm²
  • 고압식 : 1.3kgf/cm² 이상

(3) 토치 취급 시 주의사항

① 가스가 분출되는 상태로 토치를 방치하지 말 것
② 점화가 불량할 때에는 고장을 수리 점검한 후 사용할 것

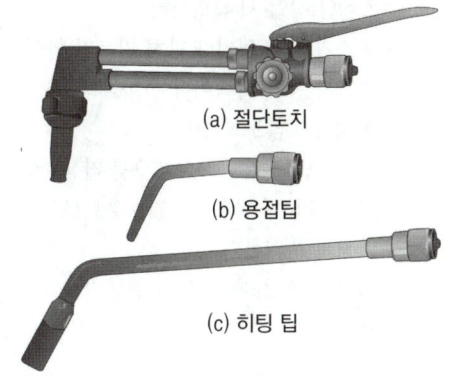

(a) 절단토치
(b) 용접팁
(c) 히팅 팁

③ 조정용 나사를 너무 세게 조이지 말 것
④ 토치를 함부로 분해하지 말 것
⑤ 팁을 교체할 때는 반드시 양쪽 밸브를 잠글 것
⑥ 팁을 끼울 때는 가스가 새지 않도록 단단히 죄어 끼울 것
⑦ 토치에 기름을 바르지 말 것
⑧ 팁을 모래나 먼지 위에 두지 말 것

③ 가스절단 방법

(1) 가스절단 작업

① 팁 끝과 강판 사이의 거리 : 백심에서 1.5~2.0mm
② 백심과 모재 사이의 거리 : 1.5~2.5mm
③ 팁의 각도 : 전후좌우 90°
④ 예열온도 : 800~900℃
⑤ 직선 절단 시 ㄱ형강이나 안내 평판으로 가이드를 만들어 사용하면 정확한 절단이 가능
⑥ **양호한 절단면을 얻기 위한 조건**
  • 절단면이 깨끗할 것
  • 절단면 표면의 각이 예리할 것
  • 경제적인 절단이 이루어질 것
  • 드래그가 일정하고 작을 것
  • 드래그의 홈이 깊을 것
  • 슬래그 이탈이 양호할 것(이탈성이 좋을 것)
⑦ **절단면의 윗모서리가 녹아 둥글게 되는 현상의 원인**
  • 팁과 강판 사이의 거리가 가까울 때
  • 예열불꽃이 너무 강할 때
  • 절단속도가 느릴 때
  ※ 절단속도가 빠르면 도중에 절단이 중단된다.

⑧ 가스절단 작업 시 유의사항
- 호스가 꼬여 있거나 막혀 있는지 확인한다.
- 호스가 용융 금속이나 산화물의 비산으로 인해 손상되지 않도록 한다.
- 가스절단에 알맞은 보호구를 착용한다.
- 절단부가 예리하고 날카로우므로 상처를 입지 않도록 주의한다.
- 절단 진행 중에 시선은 절단면을 떠나지 않도록 한다.

(2) 가스절단에 영향을 미치는 요소
① 산소의 압력
② 팁의 크기, 모양, 거리 및 각도
③ 절단 속도
④ 절단재의 재질 및 표면상태
⑤ 사용 가스 및 산소의 순도
⑥ 예열불꽃의 세기 등

(3) 절단 속도
① 모재의 온도가 높을수록 빠르다.
② 산소의 압력이 높을수록, 소비량이 많을수록 빠르다.
③ 산소의 순도(99% 이상)가 높을수록 빠르다.

> ▶ 다이버전트형 팁
> 고속분출을 얻는 데 적합하고 산소의 소비량이 같을 때 보통의 팁에 비하여 절단 속도를 20~25% 증가시킬 수 있는 절단 팁

(4) 드래그
① 가스 절단면에 있어서 절단 기류의 입구점과 출구점 사이의 수평거리
② 드래그의 길이에 영향을 주는 요인 : 절단 속도, 산소 소비량
③ 드래그 라인 : 절단면에 나타나는 일정한 간격의 곡선
④ 드래그 제거 : 산소 압력을 높이면서 절단 속도를 느리게 하면 제거 가능
⑤ 표준 드래그 길이 : 모재 두께의 약 20% 이내(1/5)

판 두께[mm]	12.7	25.4	51	51~152
드래그 길이[mm]	2.4	5.2	5.6	6.4

(5) 예열 불꽃
① 예열 불꽃의 역할
- 절단 산소의 운동량 유지
- 절단 산소의 순도 저하 방지
- 절단 개시 발화점 온도 가열
- 절단재의 표면스케일 등을 박리시켜 산소의 반응을 용이하게 함
② 예열 불꽃이 강할 때 나타나는 현상
- 절단면이 거칠어진다.
- 모서리가 용융되어 둥글게 된다.
- 슬래그 중의 철 성분의 박리가 어려워진다.
③ 예열 불꽃이 약할 때 나타나는 현상
- 드래그가 증가한다.
- 절단이 중단되기 쉽다.
- 절단속도가 늦어진다.

> ▶ 절단용 산소에 불순물 증가 시 나타나는 현상
> - 절단면이 거칠어진다.
> - 절단 속도가 늦어진다.
> - 슬래그의 이탈성이 나빠진다.
> - 산소의 소비량이 많아진다.
> - 절단 개시시간이 길어진다.
> - 절단 홈의 폭이 넓어진다.

(6) 변형 방지법
① 적당한 지그를 사용하여 절단재의 이동을 구속한다.
② 여러 개의 토치를 이용하여 평행 절단한다.
③ 절단에 의하여 변형되기 쉬운 부분을 최후까지 남겨놓고 냉각하면서 절단한다.

4 산소-프로판 가스 절단
① 혼합 비율 : 4.5(산소) : 1(프로판가스)
② 아세틸렌 가스와 프로판 가스의 비교

아세틸렌 가스	프로판 가스
• 점화가 쉽다.	• 절단면 윗모서리가 잘 녹지 않는다.
• 중성불꽃을 만들기 쉽다	• 슬래그 제거가 쉽다.
• 절단 개시까지의 시간이 빠르다.	• 절단면이 미세하고 깨끗하다.
• 강판의 표면에 미치는 영향이 적다.	• 후판 절단 및 포갬 절단 시 아세틸렌보다 절단속도가 빠르다.
• 박판 절단 시 프로판보다 절단 속도가 빠르다.	

5 특수 가스 절단

(1) 가스 가우징

① 용접홈을 가공하기 위하여, 슬로우 다이버전트 (slow divergent)로 깊은 홈을 파내는 가공법

② 용접부의 뒷면을 따내거나 용접부의 결함, 가접의 제거, 홈 가공 등에 사용된다.

③ 팁은 슬로우 다이버전트로 설계되어 있다.

④ 가우징 진행 중 팁은 모재에 닿지 않도록 한다.

⑤ 홈의 깊이에 대한 나비의 비 - 1 : (2~3)

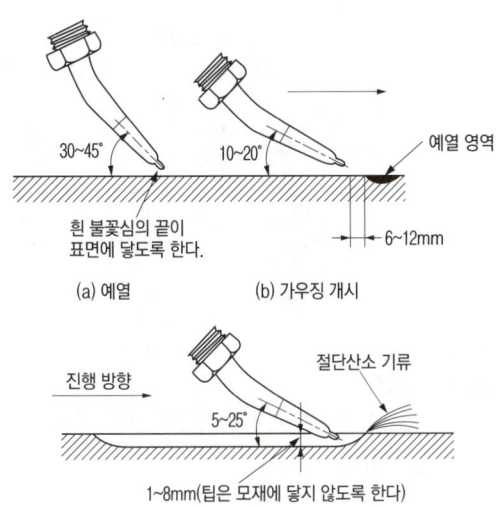

30~45°
흰 불꽃심의 끝이 표면에 닿도록 한다.
(a) 예열

10~20°
예열 영역
6~12mm
(b) 가우징 개시

진행 방향
절단산소 기류
5~25°
1~8mm(팁은 모재에 닿지 않도록 한다)
(c) 가우징 진행중

(2) 스카핑(Scarfing)

① 강재 표면의 홈이나 개재물, 탈탄층 등을 제거하기 위하여 가능한 한 얇게 타원형 모양으로 표면을 깎아 내는 가공법

② 수동용 토치는 서서 작업할 수 있도록 긴 것이 많다.

③ 토치는 가우징 토치에 비해 능력이 큰 것이 사용

④ 예열면이 점화온도에 도달하여 표면의 불순물이 떨어져 깨끗한 금속면이 나타날 때까지 가열한다.

⑤ 스카핑 속도

분류	스카핑 속도
냉간재	5~7m/min
열간재	20m/min

(3) 수중 절단

① 침몰선의 해체나 교량의 개조 등에 사용

② 연료 : 수소(주로 사용), 아세틸렌, 벤젠, 프로판 등

③ 예열 가스의 양 : 공기 중에서의 4~8배

④ 절단 산소의 압력 : 1.5~2배

⑤ 작업 시 물의 깊이 : 45m

⑥ 작업 요령

• 절단 토치의 밸브를 자유롭게 열고 닫을 수 있도록 가볍게 한다.

• 토치의 진행 속도가 늦으면 절단면 윗모서리가 녹아서 둥글게 되므로 적당한 속도로 진행한다.

• 토치가 과열되었을 때는 아세틸렌가스를 멈추고 산소가스만을 분출시킨 상태로 물에 냉각시켜서 사용한다.

• 절단 시 필요한 경우에는 지그나 가이드를 이용한다.

(4) 분말 절단

① 철분 또는 용제를 연속적으로 절단용 산소에 공급하여 그 산화열 또는 용제의 화학작용을 이용하여 절단하는 방법

② 가스절단이 용이하지 않은 주철이나 비철금속 또는 크롬을 10% 이상 함유한 강에 사용

→산소의 이동 또는 절단에 사용되는 긴 관

(5) 산소창 절단

① 절단 작업 시 토치의 팁 대신 가늘고 긴 강관에 산소를 보내어 그 강관이 산화 연소할 때의 반응열로 절단하는 방법

② 두꺼운 강판, 강괴, 주강의 슬래그 덩어리, 암석의 천공 등의 절단에 이용

③ 창의 안지름 3.2~6mm, 길이 1.5~3m

02 아크 절단

1 아크 에어 가우징

(1) 특징

① 가스 가우징이나 치핑에 비해 2~3배 작업 능률이 좋다.

② 전원은 직류 역극성을 사용한다.

③ 용접 현장에서 결함부 제거, 용접 홈의 준비 및 가공 등에 이용된다.

④ 활용범위가 넓어 스테인리스강, 동합금, 알루미늄에도 적용

⑤ 모재에 나쁜 영향을 주지 않는다.

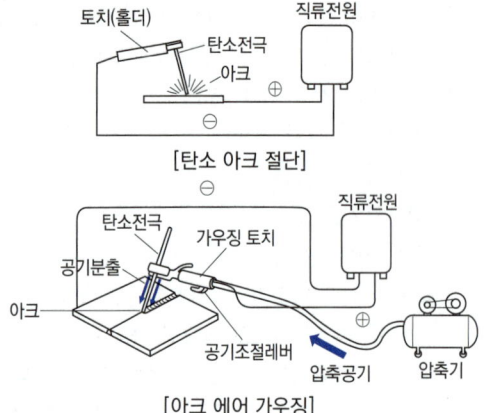

[탄소 아크 절단]

[아크 에어 가우징]

⑥ 작업 방법이 비교적 용이하다.

⑦ 소음이 적고, 경비가 적게 든다.

⑧ 용접 결함으로 균열이 발생할 수 있다.

⑨ 탄소 아크 절단에 압축 공기를 병용한 방법

⑩ 압축 공기의 압력 : 5~7kgf/cm²

⑪ 압축공기가 없을 경우 긴급 시 용기에 압축된 질소나 아르곤 가스를 사용한다.

(2) 아크 에어 가우징 장치

① 가우징 토치

② 용접기(전원)

③ 압축기(콤프레셔)

④ 공기조절레버 등

② 플라스마 아크 절단

① 일반 아크보다 높은 온도의 플라스마 불꽃의 제트를 사용

② 아크의 온도 : 10,000~30,000℃

③ 알루미늄 등의 경금속에 아르곤과 수소의 혼합가스를 사용하여 절단

④ 스테인리스강, 연강에는 아르곤과 수소 또는 질소와 수소의 혼합가스 사용

⑤ 아크 단면은 가늘게 되고 전류 밀도도 증가하여 온도가 상승하는 열적 핀치 효과 이용

⑥ 절단 장치의 전원에는 직류가 사용되지만 아크 전압이 높아지면 무부하 전압도 높은 것이 필요하다.

⑦ 경금속, 철강, 주철, 구리 합금 등의 금속재료와 콘크리트, 내화물 등의 비금속 재료의 절단까지 가능

③ 금속 아크 절단

① 탄소 전극봉 대신 절단 전용의 특수 피복을 입힌 피복봉을 사용하여 절단하는 방법

② 전원은 직류 정극성을 사용한다.

③ 절단면은 가스 절단면에 비하여 거칠다.

④ 담금질 경화성이 강한 재료의 절단부는 기계 가공이 곤란하다.

⑤ 피복제는 발열량이 많고 산화성이 풍부하다.

⑥ 심선 및 피복제의 용융물은 유동성이 우수하다.

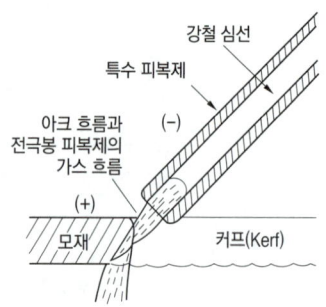

④ TIG 절단

① 텅스텐 전극과 모재 사이에 아크를 발생시켜 모재를 용융하여 절단하는 방법

② 아크 냉각용 가스에는 주로 아르곤-수소의 혼합가스가 사용된다.

③ 알루미늄, 마그네슘, 구리 및 구리 합금, 스테인리스강 등의 금속재료의 절단에만 이용되며 비금속 절단에는 사용하지 않는다.

④ 전원은 직류 정극성을 사용한다.

⑤ 절단면이 매끈하고 열효율이 좋으며 능률이 대단히 높다.

⑤ 산소 아크 절단

① 속이 빈 피복 용접봉과 모재 사이에 아크를 발생시키고 중심에서 산소를 분출시키면서 절단하는 방법

② 전원 : 직류 정극성

③ 철강 구조물 해체 작업에 이용

④ 가스절단에 비해 절단속도가 빠르다.

⑤ 가스절단에 비해 절단면이 거칠다.

6 포갬 절단

① 6mm 이하의 비교적 얇은 판을 작업 능률을 높이기 위하여 여러 장 겹쳐 놓고 한 번에 절단하는 방법

② 산소-아세틸렌 불꽃보다 산소-프로판 불꽃이 적합하다.

③ 판과 판 사이의 틈새 : 0.08mm 이하

④ 절단 시 판과 판 사이에는 산화물이나 불순물을 깨끗이 제거하여야 한다.

▶ 전원 연결에 따른 절단 방식 구분

구분	직류 정극성(DCSP)	직류 역극성(DCRP)
연결 방법	모재(+), 용접봉(−)	모재(−), 용접봉(+)
종류	탄소 아크 절단 산소 아크 절단 금속 아크 절단	불활성가스 금속 아크 절단, 아크 에어 가우징, 박판, 주강, 고탄소강, 합금강, 비철 금속 등

기출문제 | 이론과 연계된 기출유형을 파악하자!

절단의 분류

[11-4]

1 가스가공의 분류에 해당되지 않는 것은?

① 가우징   ② 스카핑

③ 천공   ④ 용제절단

> 용제절단은 분말절단에 속하며, 가스가공에는 가우징, 스카핑, 천공, 선삭이 있다.

[13-1, 유사문제 11-4, 11-2]

2 아크절단법이 아닌 것은?

① 아크 에어 가우징   ② 금속 아크 절단

③ 스카핑   ④ 플라스마 제트 절단

> 스카핑은 가스절단법에 속한다.

[09-1, 07-1]

3 아크 절단의 종류에 해당하는 것은?

① 철분 절단   ② 수중 절단

③ 스카핑   ④ 아크 에어 가우징

[12-5]

4 다음 중 절단 작업과 관계가 가장 적은 것은?

① 산소창 절단   ② 아크 에어 가우징

③ 크레이터   ④ 분말 절단

> 크레이터 : 아크 용접의 비드 끝에서 오목하게 파진 곳

[10-1]

5 특수 절단 및 가스 가공 방법이 아닌 것은?

① 수중 절단   ② 스카핑

③ 치핑   ④ 가스 가우징

가스절단

[09-5]

1 다음 중 가스절단이 가장 용이한 금속은?

① 주철   ② 저합금강

③ 알루미늄   ④ 아연

> 가스절단은 산소와 금속과의 산화반응을 이용하여 금속을 절단하는 방법으로 순철, 연강, 주강 등의 금속이 작업하기가 용이하다.

[11-5]

2 가스절단에 대한 설명으로 옳지 않은 것은?

① 주철은 포함된 흑연이 산화반응을 방해하므로 가스절단이 잘된다.

② 하나의 드래그라인의 시작점에서 끝점까지의 거리를 드래그 길이라 한다.

③ 표준 드래그의 길이는 보통 판 두께의 20% 정도이다.

④ 산소의 순도(99% 이상)가 높으면 절단속도가 빠르다.

> 주철은 포함된 흑연이 철의 연속적인 연소를 방해하므로 가스절단이 잘되지 않는다.

[07-2]

3 스테인리스(Stainless)강의 가스절단이 곤란한 가장 큰 이유는?

① 산화물이 모재보다 고용융점이기 때문에
② 탄소 함량의 영향을 많이 받기 때문에
③ 적열 상태가 되지 않기 때문에
④ 내부식성이 강하기 때문에

스테인리스강은 산화물이 모재보다 고용융점이기 때문에 가스절단이 곤란하고, 주철은 포함된 흑연이 철의 연속적인 연소를 방해하므로 가스절단이 잘 되지 않는다.

[10-2, 08-1, 05-2]

4 가스절단 토치 형식 중 절단 팁이 동심형에 해당하는 형식은?

① 영국식　　　　② 미국식
③ 독일식　　　　④ 프랑스식

• 동심형 – 프랑스식　• 이심형 – 독일식

[12-2, 10-5]

5 다음 중 수동가스절단기에서 저압식 절단토치는 아세틸렌 가스 압력이 보통 몇 kgf/cm² 이하에서 사용되는가?

① 0.07　　　　② 0.40
③ 0.70　　　　④ 1.40

압력에 의한 아세틸렌 가스발생기의 분류
• 저압식 : 0.07kgf/cm² 미만
• 중압식 : 0.07~1.3kgf/cm²
• 고압식 : 1.3kgf/cm² 이상

[08-5, 04-2]

6 가스절단기 및 토치의 취급상 주의사항으로 틀린 것은?

① 가스가 분출되는 상태로 토치를 방치하지 않는다.
② 토치의 작동이 불량할 때는 분해하여 기름을 발라야 한다.
③ 점화가 불량할 때에는 고장을 수리 점검한 후 사용한다.
④ 조정용 나사를 너무 세게 조이지 않는다.

토치는 조심해서 다루어야 하고 함부로 분해해서는 안 되며, 기름을 발라서도 안 된다.

[13-1]

7 가스절단에서 전후, 좌우 및 직선 절단을 자유롭게 할 수 있는 팁은?

① 이심형　　　　② 동심형
③ 곡선형　　　　④ 회전형

동심형은 혼합가스를 이중으로 된 동심원의 구멍에서 분출시키는 형태로 전후, 좌우 및 직선 절단을 자유롭게 할 수 있다.

[08-5, 07-1, 04-4]

8 가스절단 장치에 관한 설명으로 틀린 것은?

① 프랑스식 절단 토치의 팁은 동심형이다.
② 중압식 절단 토치는 아세틸렌가스 압력이 보통 0.07kgf/cm² 이하에서 사용된다.
③ 독일식 절단 토치의 팁은 이심형이다.
④ 산소나 아세틸렌 용기 내의 압력이 고압이므로 그 조정을 위해 압력 조정기가 필요하다.

중압식 절단 토치는 아세틸렌가스 압력이 보통 0.07~1.3kgf/cm²에서 사용된다.

[11-5, 09-4, 07-2, 04-4, 유사문제 12-5]

9 가스절단에서 양호한 가스 절단면을 얻기 위한 조건으로 틀린 것은?

① 절단면이 깨끗할 것
② 드래그가 가능한 한 작을 것
③ 절단면 표면의 각이 예리할 것
④ 슬래그의 이탈성이 나쁠 것

• 드래그가 가능한 한 작을 것
• 절단면이 충분히 평활(깨끗)할 것
• 슬래그의 이탈성이 양호할 것

[13-2]

10 수동 가스절단 시 일반적으로 팁 끝과 강판 사이의 거리는 백심에서 몇 mm 정도 유지시키는가?

① 0.1~0.5　　　　② 1.5~2.0
③ 3.0~3.5　　　　④ 5.0~7.0

[13-1, 06-1]

11 강재를 가스절단 시 예열온도로 가장 적합한 것은?

① 300~450℃　　　　② 450~700℃
③ 800~900℃　　　　④ 1,000~1,300℃

[10-4]

12 다음 중 가스절단 장치의 구성이 아닌 것은?

① 절단토치와 팁
② 산소 및 연소가스용 호스
③ 압력조정기 및 가스병
④ 핸드 실드

[05-4, 04-1]

13 수동 가스절단은 강재의 절단부분을 가스불꽃으로 미리 예열하고, 팁의 중심에서 고압의 산소를 불어내어 절단한다. 이때 예열온도는 다음 중 약 몇 °C인가?

① 600
② 900
③ 1,200
④ 1,500

[12-2, 10-1]

14 다음 중 가스절단 작업 시 주의하여야 할 사항으로 틀린 것은?

① 호스가 꼬여 있는지 확인한다.
② 가스절단에 알맞은 보호구를 착용한다.
③ 절단 진행 중 시선은 주위의 먼 부분을 향한다.
④ 절단부는 예리하고 날카로우므로 주의해야 한다.

절단 진행 중에 시선은 절단면을 떠나지 않도록 한다.

[09-2]

15 가스절단 작업 시 주의사항이 아닌 것은?

① 절단 진행 중에 시선은 절단면을 떠나서는 안 된다.
② 가스 호스가 용융 금속이나 산화물의 비산으로 인해 손상되지 않도록 한다.
③ 가스 호스가 꼬여 있거나 막혀 있는지를 확인한다.
④ 가스 누설의 점검은 수시로 해야 하며 간단히 라이터로 할 수 있다.

[10-1]

16 가스절단 작업에서 절단 속도에 영향을 주는 요인과 가장 관계가 먼 것은?

① 모재의 온도
② 산소의 압력
③ 아세틸렌 압력
④ 산소의 순도

[11-2]

17 가스절단에 영향을 주는 요소가 아닌 것은?

① 산소의 압력
② 팁의 크기와 모양
③ 절단재의 재질
④ 호스의 굵기

[05-1]

18 가스절단 작업 중 절단면의 윗모서리가 녹아 둥글게 되는 현상이 생기는 원인과 거리가 먼 것은?

① 팁과 강판 사이의 거리가 가까울 때
② 절단가스의 순도가 높을 때
③ 예열불꽃이 너무 강할 때
④ 절단속도가 느릴 때

절단가스의 순도가 높아야 효율적인 절단을 할 수 있다.

[08-5]

19 고속분출을 얻는 데 적합하고 보통의 팁에 비하여 산소의 소비량이 같을 때 절단 속도를 20~25% 증가시킬 수 있는 절단 팁은?

① 다이버젼트형 팁
② 직선형 팁
③ 산소-LP용 팁
④ 보통형 팁

[13-2]

20 가스절단에서 절단 속도에 영향을 미치는 요소가 아닌 것은?

① 예열 불꽃의 세기
② 팁과 모재의 간격
③ 역화방지기의 설치 유무
④ 모재의 재질과 두께

[11-5]

21 가스절단에서 절단 속도에 대한 설명이 아닌 것은?

① 절단 속도는 모재의 온도가 높을수록 고속절단이 가능하다.
② 절단 속도는 절단산소의 압력이 낮고 산소 소비량이 적을수록 정비례하여 증가한다.
③ 산소 절단할 때의 절단 속도는 절단 산소의 분출 상태와 속도에 따라 좌우된다.
④ 산소의 순도(99% 이상)가 높으면 절단 속도가 빠르다.

절단 속도는 절단산소의 압력이 높고 산소 소비량이 많을수록 정비례하여 증가한다.

정답 12 ④ 13 ② 14 ③ 15 ④ 16 ③ 17 ④ 18 ② 19 ① 20 ③ 21 ②

[10-2]
22 가스 절단면에 있어서 절단 기류의 입구점과 출구점 사이의 수평거리를 무엇이라고 하는가?

① 드래그   ② 절단깊이
③ 절단거리   ④ 너깃

[11-1]
23 가스절단에서 드래그에 대한 설명으로 틀린 것은?

① 절단면에 일정한 간격의 곡선이 진행 방향으로 나타나 있는 것을 드래그 라인이라 한다.
② 드래그 길이는 절단 속도, 산소 소비량 등에 의해 변화한다.
③ 표준 드래그 길이는 보통 판 두께의 50% 정도이다.
④ 하나의 드래그라인의 시작점에서 끝점까지의 수평거리를 드래그 또는 드래그 길이라 한다.

표준 드래그 길이는 보통 판 두께의 약 20%이다.

[10-4]
24 가스절단에서 드래그 라인을 가장 잘 설명한 것은?

① 예열온도가 낮아서 나타나는 직선
② 절단토치가 이동한 경로
③ 산소의 압력이 높아 나타나는 선
④ 절단면에 나타나는 일정한 간격의 곡선

[13-2, 11-1, 10-2]
25 가스절단 작업 시의 표준 드래그 길이는 일반적으로 모재 두께의 몇 % 정도인가?

① 5   ② 10
③ 20   ④ 30

[11-2]
26 가스절단의 예열 불꽃의 역할에 대한 설명으로 틀린 것은?

① 절단 산소 운동량 유지
② 절단 산소 순도 저하 방지
③ 절단 개시 발화점 온도 가열
④ 절단재의 표면 스케일 등의 박리성 저하

절단재의 표면 스케일 등을 박리시켜 산소의 반응을 용이하게 한다.

[10-5, 09-1]
27 가스 절단면의 표준 드래그의 길이는 얼마 정도로 하는가?

① 판 두께의 1/2   ② 판 두께의 1/3
③ 판 두께의 1/5   ④ 판 두께의 1/7

[12-5]
28 다음 중 연강판 두께가 25.4mm일 때 표준 드래그 길이로 가장 적합한 것은?

① 2.4mm   ② 5.2mm
③ 10.2mm   ④ 25.4mm

표준 드래그 길이는 모재 두께의 약 20%이다.

[15-2, 12-1]
29 다음 중 두께 20mm인 강판을 가스절단하였을 때 드래그(drag)의 길이가 5mm였다면 드래그 양은 몇 %인가?

① 4.0%   ② 20%
③ 25%   ④ 100%

$$드래그 양(\%) = \frac{드래그\ 길이}{판두께} \times 100 = \frac{5}{20} \times 100 = 25\%$$

[12-4, 12-5, 11-4 10-5, 유사문제 11-2]
30 다음 중 가스절단 시 예열 불꽃이 강할 때 생기는 현상이 아닌 것은?

① 드래그가 증가한다.
② 절단면이 거칠어진다.
③ 모서리가 용융되어 둥글게 된다.
④ 슬래그 중의 철 성분의 박리가 어려워진다.

예열 불꽃이 약할 때 드래그가 증가한다.

[11-4, 유사문제 08-2]
31 가스절단에서 예열 불꽃이 약할 때 나타나는 현상이 아닌 것은?

① 드래그가 증가한다.
② 절단이 중단되기 쉽다.
③ 절단속도가 늦어진다.
④ 슬래그 중의 철 성분의 박리가 어려워진다.

예열 불꽃이 강할 때 슬래그 중의 철 성분의 박리가 어려워진다.

[12-1, 10-4]

32 가스절단에서 절단용 산소에 불순물이 증가되면 발생되는 결과가 아닌 것은?

① 절단면이 거칠어진다.
② 절단 속도가 빨라진다.
③ 슬래그 이탈성이 나빠진다.
④ 산소의 소비량이 많아진다.

절단용 산소에 불순물이 증가하면 절단 속도가 늦어진다.

[10-1, 08-1]

33 가스절단에서 절단용 산소 중에 불순물이 증가하면 나타나는 결과가 아닌 것은?

① 절단면이 거칠어진다.
② 절단속도가 늦어진다.
③ 슬래그의 이탈성이 나빠진다.
④ 산소의 소비량이 적어진다.

절단용 산소에 불순물이 증가하면 산소의 소비량이 많아진다.

[13-1]

34 가스절단에 따른 변형을 최소화할 수 있는 방법이 아닌 것은?

① 적당한 지그를 사용하여 절단재의 이동을 구속한다.
② 절단에 의하여 변형되기 쉬운 부분을 최후까지 남겨놓고 냉각하면서 절단한다.
③ 여러 개의 토치를 이용하여 평행 절단한다.
④ 가스절단 직후 절단물 전체를 650℃로 가열한 후 즉시 수랭한다.

[07-1]

35 산소-아세틸렌가스절단과 비교한 산소-프로판 가스절단의 특징이 아닌 것은?

① 절단면 윗모서리가 잘 녹지 않는다.
② 슬래그 제거가 쉽다.
③ 포갬 절단 시에는 아세틸렌보다 절단속도가 느리다.
④ 후판 절단 시에는 아세틸렌보다 절단속도가 빠르다.

포갬 절단 시에는 아세틸렌보다 절단속도가 빠르다.

[12-4, 11-1]

36 다음 중 산소-프로판가스절단에서 혼합비의 비율로 가장 적절한 것은?(단, 표시는 산소 : 프로판으로 나타낸다)

① 2 : 1   ② 3 : 1
③ 4.5 : 1   ④ 9 : 1

[09-2, 05-2]

37 U형, H형의 용접홈을 가공하기 위하여 슬로우 다이버전트로 설계된 팁을 사용하여 깊은 홈을 파내는 가공법은?

① 치핑   ② 슬래그 절단
③ 가스 가우징   ④ 아크 에어 가우징

[12-1, 11-1]

38 다음 중 토치를 이용하여 용접부의 뒷면을 따내거나 강재의 표면 결함을 제거하며 U형, H형의 용접 홈을 가공하기 위하여 깊은 홈을 파내는 가공법은?

① 산소창 절단   ② 가스 가우징
③ 분말 절단   ④ 스카핑

[11-2]

39 가스 가우징에 대한 설명으로 가장 올바른 것은?

① 강재 표면에 홈이나 개재물, 탈탄층 등을 제거하기 위해 표면을 얇게 깎아내는 것
② 용접 부분의 뒷면을 따내든지, H형 등의 용접 홈을 가공하기 위한 가공법
③ 침몰선의 해체나 교량의 개조, 항만의 방파제 공사 등에 사용하는 가공법
④ 비교적 얇은 판을 작업 능률을 높이기 위하여 여러 장을 겹쳐놓고 한 번에 절단하는 가공법

[08-2, 유사문제 04-1]

40 가스 가우징에 대한 설명 중 틀린 것은?

① 용접부의 결함, 가접의 제거, 홈가공 등에 사용된다.
② 스카핑에 비하여 나비가 큰 홈을 가공한다.
③ 팁은 슬로우 다이버전트로 설계되어 있다.
④ 가우징 진행 중 팁은 모재에 닿지 않도록 한다.

가스 가우징은 깊은 홈을 파내는 가공법이다.

정답 ▶ 32 ②   33 ④   34 ④   35 ③   36 ③   37 ③   38 ②   39 ②   40 ②

41 가스 가우징에 의한 홈 가공을 할 때 가장 적당한 홈의 깊이에 대한 나비의 비는 얼마인가?

① 1 : (2~3) ② 1 : (5~7)
③ (2~3) : 1 ④ (5~7) : 1

[12-1]

42 다음 그림은 가스절단의 종류 중 어떤 작업을 하는 모양을 나타낸 것인가?

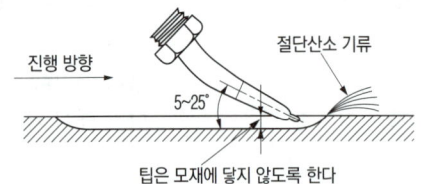

진행 방향 절단산소 기류
5~25°
팁은 모재에 닿지 않도록 한다

① 산소창 절단 ② 포갬 절단
③ 가스 가우징 ④ 분말 절단

[12-4]

43 다음 중 스카핑(scarfing)에 관한 설명으로 옳은 것은?

① 용접 결함부의 제거, 용접 홈의 준비 및 절단, 구멍 뚫기 등을 통틀어 말한다.
② 침몰선의 해체나 교량의 개조, 항만과 방파제 공사 등에 주로 사용된다.
③ 용접 부분의 뒷면 또는 U형, H형의 용접 홈을 가공하기 위해 둥근 홈을 파는 데 사용되는 공구이다.
④ 강재 표면의 홈이나 개재물, 탈탄층 등을 제거하기 위하여 가능한 한 얇게 표면을 깎아 내는 가공법이다.

[11-5]

44 강괴, 강편, 슬래그, 기타 표면의 균열이나 주름, 주조, 결함, 탈탄층 등의 표면결함을 얇게 불꽃가공에 의해서 제거하는 가스 가공법은?

① 스카핑
② 가스 가우징
③ 아크 에어 가우징
④ 플라스마 제트 가공

[09-5]

45 스카핑(Scarfing)에 대한 설명 중 옳지 않은 것은?

① 수동용 토치는 서서 작업할 수 있도록 긴 것이 많다
② 토치는 가우징 토치에 비해 능력이 큰 것이 사용된다.
③ 되도록 좁게 가열해야 첫 부분이 깊게 파지는 것을 방지할 수 있다.
④ 예열면이 점화온도에 도달하여 표면의 불순물이 떨어져 깨끗한 금속면이 나타날 때까지 가열한다.

> 스카핑은 강재 표면의 홈이나 개재물, 탈탄층 등을 제거하기 위하여 가능한 한 얇고 넓게 깎는 가공법이다.

[11-4, 10-4, 09-1, 07-2, 05-2]

46 가스 가공에서 강제 표면의 홈, 탈탄층 등의 결함을 제거하기 위해 얇게 그리고 타원형 모양으로 표면을 깎아내는 가공법은?

① 가스 가우징 ② 분말절단
③ 산소창 절단 ④ 스카핑

[12-2, 09-2, 07-1]

47 다음 중 수중 절단 시 고압에서 사용이 가능하고 기포 발생이 적어 가장 널리 사용되는 연료가스는?

① 수소 ② 질소
③ 부탄 ④ 벤젠

> 수중 절단에는 수소가 널리 사용되며, 아세틸렌, 벤젠, 프로판 등도 사용된다.

[10-4, 09-4, 08-1, 07-4]

48 수중 가스절단에서 주로 사용하는 가스는?

① 아세틸렌 가스 ② 도시 가스
③ 프로판 가스 ④ 수소 가스

[12-2]

49 다음 중 수중 절단에 가장 적합한 가스로 짝지어진 것은?

① 산소-수소 가스
② 산소-이산화탄소 가스
③ 산소-암모니아 가스
④ 산소-헬륨 가스

[12-5]

50 다음 중 수중 절단 시 토치를 수중에 넣기 전에 보조팁에 점화를 하기 위해 가장 적합한 연료가스는?

① 질소　　　　　② 아세톤
③ 수소　　　　　④ 이산화탄소

[06-1]

51 청색의 겉불꽃에 둘러싸인 무광의 불꽃이므로 육안으로는 불꽃 조절이 어렵고, 납땜이나 수중 절단의 예열 불꽃으로 사용되는 것은?

① 산소-수소 가스 불꽃
② 산소-아세틸렌가스 불꽃
③ 도시가스 불꽃
④ 천연가스 불꽃

[06-4]

52 수중 절단 작업을 할 때에는 예열 가스의 양을 공기 중에서 몇 배로 하는가?

① 0.5~1배　　　　② 1.5~2배
③ 4~8배　　　　　④ 8~16배

> 수중 절단 작업 시 예열 가스의 양은 공기 중에서의 4~8배로 하며, 절단 산소의 압력은 1.5~2배로 한다.

[05-4]

53 수중 절단(underwater cutting) 작업 시 절단 산소의 압력은 공기 중에서의 몇 배 정도로 하는가?

① 1.5~2배　　　　② 3~4배
③ 4~8배　　　　　④ 8~10배

[04-2]

54 일반적으로 수중에서 절단 작업을 할 때 다음 중 물의 깊이가 몇 미터 정도까지 가능한가?

① 60　　② 100　　③ 40　　④ 80

[13-2, 10-2, 08-5]

55 주철이나 비철금속은 가스절단이 용이하지 않으므로 철분 또는 용제를 연속적으로 절단용 산소에 공급하여 그 산화열 또는 용제의 화학작용을 이용한 절단 방법은?

① 분말절단　　　　② 산소창절단
③ 탄소아크절단　　④ 스카핑

[11-1]

56 수동 절단 작업 요령을 틀리게 설명한 것은?

① 절단 토치의 밸브를 자유롭게 열고 닫을 수 있도록 가볍게 한다.
② 토치의 진행 속도가 늦으면 절단면 윗모서리가 녹아서 둥글게 되므로 적당한 속도로 진행한다.
③ 토치가 과열되었을 때는 아세틸렌 밸브를 열고 물에 냉각시켜서 사용한다.
④ 절단 시 필요한 경우 지그나 가이드를 이용하는 것이 좋다.

> 토치가 과열되었을 때는 아세틸렌가스를 멈추고 산소가스만을 분출시킨 상태로 물에 냉각시켜서 사용한다.

[06-1]

57 크롬을 몇 % 이상 함유한 강이 되면 가스절단이 곤란하여 분말 절단을 하는가?

① 1% 이상　　　　② 3% 이상
③ 5% 이상　　　　④ 10% 이상

[07-1]

58 강괴 절단 시 가장 적당한 방법은?

① 분말 절단법　　　② 탄소 아크 절단법
③ 산소창 절단법　　④ 겹치기 절단법

[13-2]

59 다음 절단법 중에서 두꺼운 판, 주강의 슬래그 덩어리, 암석의 천공 등의 절단에 이용되는 절단법은?

① 산소창 절단　　　② 수중 절단
③ 분말 절단　　　　④ 포갬 절단

[10-5]

60 산소창 절단 방법으로 절단할 수 없는 것은?

① 알루미늄 판　　　② 암석의 천공
③ 두꺼운 강판의 절단　④ 강괴의 절단

> 산소창 절단은 두꺼운 강판, 강괴, 주강의 슬래그 덩어리, 암석의 천공 등의 절단에 사용된다.

정답 50 ③　51 ①　52 ③　53 ①　54 ③　55 ①　56 ③　57 ④　58 ③　59 ①　60 ①

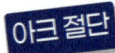

아크 절단

[10-1]
1 아크 에어 가우징의 작업 능률은 치핑이나 그라인딩 또는 가스 가우징보다 몇 배 정도 높은가?

① 10~12배   ② 8~9배
③ 5~6배   ④ 2~3배

[11-2]
2 아크 에어 가우징에 대한 설명으로 틀린 것은?

① 가스 가우징에 비해 2~3배 작업 능률이 좋다.
② 용접 현장에서 결함부 제거, 용접 홈의 준비 및 가공 등에 이용된다.
③ 탄소강 등 철제품에만 사용한다.
④ 탄소 아크 절단에 압축 공기를 같이 사용하는 방법이다.

> 아크 에어 가우징은 활용범위가 넓어 철뿐만 아니라 스테인리스강, 동합금, 알루미늄에도 적용한다.

[10-2, 06-4, 유사문제 09-2, 05-2]
3 아크 에어 가우징은 가스 가우징이나 치핑에 비하여 여러 가지 특징이 있다. 그 설명으로 틀린 것은?

① 작업능률이 높다.
② 모재에 악영향을 주지 않는다.
③ 작업방법이 비교적 용이하다.
④ 소음이 크고 응용 범위가 좁다.

> **아크 에어 가우징의 특징**
> • 탄소 아크 절단에 압축 공기(6~7kgf/cm² 정도 적당)를 같이 사용
> • 작업 방법이 비교적 용이하고 소음이 적다.
> • 가스 가우징이나 치핑에 비해 2~3배 작업 능률이 좋다.
> • 보수용접 시 균열이나 결함부 제거, 용접 홈의 준비 및 가공 등에 이용
> • 활용범위가 넓어 스테인리스강, 동합금, 알루미늄에도 적용

[12-1, 유사문제 07-2]
4 아크 에어 가우징 작업에서 탄소강과 스테인리스강에 가장 우수한 작업효과를 나타내는 전원은?

① 교류(AC)
② 직류 정극성(DCSP)
③ 직류 역극성(DCRP)
④ 교류, 직류 모두 동일

[06-1]
5 가스 가우징과 비교한 아크 에어 가우징의 특징에 대한 설명으로 잘못된 것은?

① 작업능률이 2~3배 높다.
② 모재에 나쁜 영향을 주지 않는다.
③ 경비는 저렴하나, 용접결함 특히 균열 발견이 어렵다.
④ 소음이 적고, 철·비철 금속 어느 경우도 사용이 가능하다.

> 아크 에어 가우징은 경비가 적게 들며, 용접 결함으로 균열이 발생할 수 있다.

[11-4, 06-4]
6 알루미늄을 가공하기 위하여 아크 에어 가우징 작업을 할 때의 전원 특성으로 가장 적당한 것은?

① DCRP(직류 역극성)   ② DCSP(직류 정극성)
③ ACRP(교류 역극성)   ④ ACSP(교류 정극성)

[10-4]
7 아크 에어 가우징(Arc air gouging) 작업 시 압축 공기의 압력은 어느 정도가 옳은가?

① 3~4kgf/cm²   ② 5~7kgf/cm²
③ 8~10kgf/cm²   ④ 11~13kgf/cm²

[11-5]
8 탄소 아크 절단에 압축공기를 병용한 방법으로 용융부에 전극홀더의 구멍에서 탄소전극봉에 나란히 분출하는 고속의 공기를 불어내어 홈을 파는 방법을 무엇이라 하는가?

① 탄소아크절단(carbon arc cetting)
② 아크 에어 가우징(arc air gouging)
③ 금속아크절단(metal arc cutting)
④ 분말절단(power cutting)

[10-2]
9 아크 에어 가우징에 사용되는 압축 공기에 대한 설명으로 올바른 것은?

① 압축 공기의 압력은 2~3[kgf/cm²] 정도가 좋다.
② 압축 공기 분사는 항상 봉의 바로 앞에서 이루어져야 효과적이다.
③ 약간의 압력 변동에도 작업에 영향을 미치므로 주의한다.

④ 압축공기가 없을 경우 긴급 시에는 용기에 압축된 질소나 아르곤 가스를 사용한다.

[04-4]
10 아크 에어 가우징 작업에서 5~7kgf/cm² 정도의 압력을 가진 압축공기를 사용하여야 좋은데, 압축공기가 없을 경우 긴급으로 어느 가스를 사용하는 것이 좋은가?

① 아르곤(Ar)　　　　② 프로판(C₃H₈)
③ 아세틸렌(C₂H₂)　　④ 메탄(CH₄)

[10-1, 08-1]
11 탄소 아크 절단에 압축 공기를 병용한 방법은?

① 산소창 절단　　　　② 아크 에어 가우징
③ 스카핑　　　　　　④ 플라스마 절단

[12-2]
12 다음 중 아크 에어 가우징 장치에 해당하지 않는 것은?

① 가우징 토치　　　　② 용접기(전원)
③ 텅스텐 전극　　　　④ 압축공기(콤프레셔)

[10-2]
13 플라스마 제트 절단에서 주로 이용하는 효과는?

① 열적 핀치 효과　　　② 열적 불림 효과
③ 열적 담금 효과　　　④ 열적 뜨임 효과

[13-2]
14 알루미늄 등의 경금속에 아르곤과 수소의 혼합가스를 사용하여 절단하는 방식인 것은?

① 분말절단　　　　　② 산소 아크 절단
③ 플라스마 절단　　　④ 수중절단

[25년, 12-5]
15 다음 중 플라스마 제트 절단에 관한 설명으로 틀린 것은?

① 플라스마 제트 절단은 플라스마 제트 에너지를 이용한 절단법의 일종이다.
② 절단하려는 재료에 전기적 접촉이 이루어지므로 비금속 재료의 절단에는 적합하지 않다.

③ 절단 장치의 전원에는 직류가 사용되지만 아크 전압이 높아지면 무부하 전압도 높은 것이 필요하다.
④ 작동 가스로는 알루미늄 등의 경금속에 대해서는 아르곤과 수소의 혼합가스가 사용된다.

> 플라스마 제트 절단은 경금속, 철강, 주철, 구리합금 등의 금속재료와 콘크리트, 내화물 등의 비금속 재료의 절단까지 가능하다.

[06-2]
16 10,000~30,000℃의 높은 열에너지를 열원으로 아르곤과 수소, 질소와 수소, 공기 등을 작동 가스로 사용하여 경금속, 철강, 주철, 구리합금 등의 금속재료와 콘크리트, 내화물 등의 비금속 재료의 절단까지 가능한 것은?

① 플라스마 아크 절단
② 아크 에어 가우징
③ 금속 아크 절단
④ 불활성가스 아크 절단

[10-1]
17 탄소 전극봉 대신 절단 전용의 특수 피복을 입힌 피복봉을 사용하여 절단하는 방법은?

① 금속 분말 절단　　　② 금속 아크 절단
③ 전자빔 절단　　　　④ 플라스마 절단

[12-2, 09-1, 07-4]
18 아크 절단법 중 텅스텐 전극과 모재 사이에 아크를 발생시켜 모재를 용융하여 절단하는 방법으로 알루미늄, 마그네슘, 구리 및 구리 합금, 스테인리스강 등의 금속재료의 절단에만 이용되는 것은?

① 티그 절단　　　　　② 미그 절단
③ 플라스마 절단　　　④ 금속아크 절단

[11-5]
19 텅스텐 아크 절단은 특수한 TIG 절단 토치를 사용한 절단법이다. 주로 사용되는 작동 가스는?

① Ar + C₂H₂　　　　② Ar + H₂
③ Ar + O₂　　　　　④ Ar + CO₂

> 아크 냉각용 가스에는 주로 아르곤-수소의 혼합 가스가 사용된다.

[12-4]

20 다음 중 금속 아크 절단법에 관한 설명으로 틀린 것은?

① 전원은 직류 정극성이 적합하다.
② 피복제는 발열량이 적고 탄화성이 풍부하다.
③ 절단면은 가스 절단면에 비하여 거칠다.
④ 담금질 경화성이 강한 재료의 절단부는 기계 가공이 곤란하다.

피복제는 발열량이 많고 산화성이 풍부하다.

[25년, 11-1]

21 TIG 절단에 관한 설명 중 잘못된 것은?

① 아크 냉각용 가스에는 주로 아르곤-수소의 혼합 가스가 사용된다.
② 텅스텐 전극과 모재 사이에 아크를 발생시켜 모재를 용융하여 절단하는 방법이다.
③ 알루미늄, 마그네슘, 구리 및 구리 합금, 스테인리스강 등의 절단은 곤란하다.
④ 전원은 직류 정극성을 사용한다.

TIG 절단은 알루미늄, 마그네슘, 구리와 구리 합금, 스테인리스강 등 비철금속의 절단에 이용된다.

[08-2]

22 TIG 절단에 관한 설명 중 틀린 것은?

① 알루미늄, 마그네슘, 구리와 구리합금, 스테인리스강 등 비철금속의 절단에 이용된다.
② 절단면이 매끈하고 열효율이 좋으며 능률이 대단히 높다.
③ 전원은 직류 역극성을 사용한다.
④ 아크 냉각용 가스에는 아르곤과 수소의 혼합가스를 사용한다.

TIG 절단은 직류 정극성 전원을 사용한다.

[12-5]

23 다음 중 텅스텐 아크 절단이 곤란한 금속은?

① 경합금   ② 동합금
③ 비철금속   ④ 비금속

텅스텐 아크 절단은 알루미늄, 마그네슘, 구리 및 구리합금, 스테인리스강 등의 금속재료의 절단에만 이용되며 비금속 절단에는 사용하지 않는다.

[13-2]

24 중공의 피복 용접봉과 모재 사이에 아크를 발생시키고 중심에서 산소를 분출시키면서 절단하는 방법은?

① 아크 에어 가우징(arc air gouging)
② 금속 아크 절단(metal arc cutting)
③ 탄소 아크 절단(carbon arc cutting)
④ 산소 아크 절단(oxygen arc cutting)

[12-1]

25 다음 중 속이 빈 피복 봉을 사용하며 절단 속도가 빨라 철강구조물 해제, 특히 수중 해체 작업에 이용되는 절단 방법은?

① 산소 아크 절단
② 금속 아크 절단
③ 탄소 아크 절단
④ 플라스마 아크 절단

[12-5]

26 다음 중 포갬 절단(stack cutting)에 관한 설명으로 틀린 것은?

① 예열 불꽃으로 산소-아세틸렌 불꽃보다 산소-프로판 불꽃이 적합하다.
② 절단 시 판과 판 사이에는 산화물이나 불순물을 깨끗이 제거하여야 한다.
③ 판과 판 사이의 틈새는 0.1mm 이상으로 포개어 압착시킨 후 절단하여야 한다.
④ 6mm 이하의 비교적 얇은 판을 작업 능률을 높이기 위하여 여러 장 겹쳐 놓고 한 번에 절단하는 방법을 말한다.

판과 판 사이의 틈새는 0.08mm 이하로 포개어 압착시킨 후 절단하여야 한다.

[09-4]

27 절단법 중에서 직류 역극성을 사용하여 주로 절단하는 방법은?

① 불활성가스 금속 아크 절단
② 탄소 아크 절단
③ 산소 아크 절단
④ 금속 아크 절단

28 다음 중 절단에 관한 설명으로 옳은 것은?

① 수중 절단은 침몰선의 해체나 교량의 개조 등에 사용되며 연료 가스로는 헬륨을 가장 많이 사용한다.

② 탄소 전극봉 대신 절단 전용의 피복을 입힌 피복봉을 사용하여 절단하는 방법을 금속 아크 절단이라 한다.

③ 산소 아크 절단은 속이 꽉 찬 피복 용접봉과 모재 사이에 아크를 발생시키는 가스절단법이다.

④ 아크 에어 가우징은 중공의 탄소 또는 흑연 전극에 압축공기를 병용한 아크 절단법이다.

> ① 수중 절단의 연료 가스로는 수소를 가장 많이 사용한다.
> ③ 산소 아크 절단은 속이 빈 피복 용접봉과 모재 사이에 아크를 발생시키는 가스 절단법이다.
> ④ 아크 에어 가우징은 탄소 아크 절단에 압축공기를 병용한 아크 절단법이다.

29 탄소 아크 절단에 주로 사용되는 용접 전원은?

① 직류 정극성

② 직류 역극성

③ 용극성

④ 교류 역극성

30 판 두께가 20mm인 스테인리스강을 220A 전류와 2.5kgf/cm²의 산소 압력으로 산소아크를 절단하고자 할 때 다음 중 가장 알맞은 절단 속도는?

① 85mm/min

② 120mm/min

③ 150mm/min

④ 200mm/min

각종 금속의 산소아크 절단 조건

모재	판두께 (mm)	전류	산소압력 (kg/cm²)	절단속도 (mm/min)	산소 소비량 (m³/hr)
주철	25	–	–	95	–
스테인레스강	20	220	2.5	200	24
알루미늄	25	260	2.5	–	15
구리	25	600	3.5	150	72

특수용접 및 기타 용접

Craftsman Welding

출제 포인트

이 섹션에서는 서브머지드 아크 용접, 불활성가스 아크 용접, 이산화탄소가스 아크 용접의 비중이 상당히 높은 편이지만, 최근에는 기존에 출제되지 않았던 용접 방법에 대해서도 출제되고 있으니 기본적인 내용은 알아두도록 한다.

01 서브머지드 아크 용접

1 개요

① 잠호용접, 유니언 멜트 용접, 불가시 아크 용접, 링컨용접이라고도 한다.
② 모재의 이음 표면에 미세한 입상 모양의 용제를 공급하고 용제 속에 연속적으로 전극 와이어를 송급하여 모재 및 전극 와이어를 용융시켜 용접부를 대기로부터 보호하면서 용접

2 특징

① 아크가 용제 속에 잠겨 있어 밖에서는 보이지 않는다.
② 개선각을 작게 하여 용접 패스 수를 줄일 수 있다.
③ 용입이 크므로 용접 홈의 정밀도가 좋아야 한다.
④ 용제에 의한 야금작용으로 용접금속의 품질을 양호하게 할 수 있다.
⑤ 용접 중에 대기와의 차폐가 확실하여 대기 중의 산소, 질소 등의 해를 받는 일이 적다.
⑥ 용제의 단열 작용으로 용입을 크게 할 수 있고 높은 전류 밀도로 용접할 수 있다.
⑦ **아크 발생** : 심선과 모재 사이에 스틸 울(Steel wool)을 끼워서 통전하거나 고주파를 띄워서 발생
⑧ **작업 능률** : 피복 아크 용접에 비해 판 두께 12mm에서 2~3배, 25mm에서 5~6배, 50mm에서 8~12배

> ▶ **이음 가공 및 맞춤**
> ㉠ 홈각도 : ±5° 허용
> ㉡ 루트 간격
>   • 받침쇠를 사용하지 않을 경우 : 0.8mm 이하
>   • 0.8mm 이상이면 누설방지 비드를 쌓거나 받침쇠를 사용한다.
> ㉢ 루트면의 길이 : 7~16mm, ±1mm 허용

3 장·단점

(1) 장점

① 일반적으로 비드 외관이 아름답다
② 용융속도와 용착속도가 빠르며 용입이 깊다.
③ 용착금속의 기계적 성질이 우수하다.
④ 유해광선이나 퓸(fume) 등이 적게 발생돼 작업환경이 깨끗하다.
⑤ 콘택트 팁에서 통전되므로 와이어 중에 저항열이 적게 발생되어 고전류 사용이 가능하다.
⑥ 작업 시 바람의 영향을 별로 받지 않는다.

(2) 단점

① 설비비가 많이 든다.
② 용접선이 짧거나 복잡한 경우 비능률적이다.
③ 루트 간격이 너무 크면 용락될 위험이 있다.
④ 용접 중에 아크가 안 보이므로 용접부의 확인이 곤란하다.
⑤ 수평 및 아래보기 자세에 한정되어 있다.

4 용접 조건

① 용접전류가 증가하면 와이어의 용융량과 용입이 크게 증가한다.
② 아크 전압이 증가하면 아크 길이가 길어지고 동시에 비드폭이 넓어지면서 평평한 비드가 형성된다.
③ 용접 속도가 증가하면 입열량이 감소하여 비드폭과 용입이 감소한다.
④ 와이어 돌출길이를 길게 하면 와이어의 저항열이 많이 발생하게 된다.

⑤ 용접용 재료

(1) 용제

① 용제의 역할

- 아크 안정 및 용접부 보호
- 용착금속의 재질 개선 및 능률적인 용접작업
- 용입을 용이하게 함
- 열에너지 발산 방지

② 용제의 종류

구분	특징
용융형 용제	• 화학적 균일성이 양호 • 흡수성이 거의 없으므로 재건조가 불필요 • 고속 용접성이 양호 • 가는 입자일수록 고전류 사용 • 가는 입자의 용제를 사용하면 비드 폭이 넓어지고, 용입이 얕음 • 거친 입자의 용제에 높은 전류를 사용하면 비드가 거칠어 기공, 언더컷 등 발생
소결형 용제	• 스테인리스강 용접, 덧살 붙임 용접, 조선의 대판계(大板繼) 용접을 할 때 사용 • 흡습성이 높아 사용 전에 150~300℃에서 1시간 정도 재건조해서 사용 • 큰 전류에서도 안정된 용접이 가능 • 고온 소결형 용제와 저온 소결형 용제로 구분 • 합금 원소의 첨가가 용이하다. • 기계적 강도 및 인성이 양호하다.

(2) 와이어 : 구리로 도금하는 이유

① 콘택트 팁과의 전기적 접촉을 좋게 하기 위해
② 와이어에 녹이 발생하는 것을 방지하기 위해
③ 전류의 통전 효과를 높이기 위해

⑥ 용접장치 구성요소

① 용접헤드 : 용제 호퍼, 와이어 송급장치, 접촉 팁
② 와이어 송급장치 : 롤러의 회전을 이용해 접촉 팁을 통해 와이어를 송급하며, 모재와 와이어 끝 사이에 아크를 발생시킨다.
③ 용제 호퍼 : 용제를 공급하는 장치
④ 전압제어장치
⑤ 용접전원
- 교류 : 설비비가 적게 들고 자기 불림이 없어 유리하지만 초기 아크발생이 곤란하다.
- 직류 : 신속한 아크 발생 요구 시, 박판 용접 시
⑥ 주행 대차 : 용접헤드를 싣고 가이드 레일 위를 용접선에 평행하게 이동시킨다.
⑦ 가이드레일

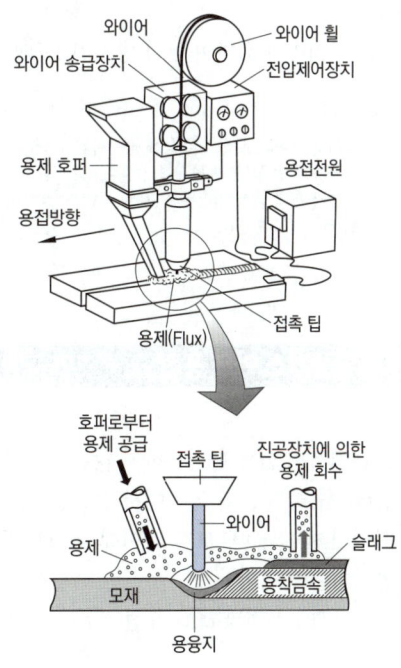

▶ 다전극 방식에 의한 용접기의 분류
- 텐덤식 : 용입이 깊고 비드의 폭이 좁다.
- 횡병렬식 : 용입이 얕고 비드의 폭이 넓다.
  (2개의 전원을 공동 전원에 연결)
- 횡직렬식 : 용입이 얕고 비드의 폭이 넓다.
  (2개의 전원을 독립 전원에 연결)

⑦ 용접 결함의 발생 원인

(1) 기공

① 용제의 건조가 불량할 때
② 용접속도가 너무 빠를 때
③ 용제 중에 불순물이 혼입되었을 때
④ 용제의 산포량이 너무 많거나 너무 적을 때

(2) 슬래그 섞임

① 아크의 전압이 높을 때
② 용접속도가 느릴 때
③ 모재에 경사가 질 때
④ 슬래그가 잔류할 때

(3) 균열

① 루트 간격이 클 때
② 와이어 중 탄소와 황이 많을 때
③ 1층의 비드가 약할 때
④ 급랭에 의해 열영향부가 경화될 때

(4) 용락

용락을 방지하기 위하여 누설 방지 비드 배치

> ▶ 엔드 탭
> • 용접의 시점과 끝점의 결함을 방지하기 위해 붙이는 작은 판으로 용접 후에 제거한다.
> • 모재와 홈의 형상이나 두께, 재질 등이 동일한 규격으로 부착하여야 한다.

02 불활성가스 아크 용접

1 개요

① 고온에서도 금속과 반응하지 않는 아르곤(Ar), 헬륨(he) 등 불활성 가스 속에서 텅스텐 전극봉 또는 와이어(전극심봉)와 모재 사이에 아크를 발생시켜 용접하는 방법이다.

② 종류 : TIG 용접과 MIG 용접

2 특징

① 헬륨과 아르곤가스를 주로 사용한다.

② 알루미늄이나 스테인리스강, 구리와 그 합금의 용접에 가장 많이 사용한다.

③ 아크가 안정되고 스패터가 적다.

④ 열 집중성이 좋아 고능률적이다.

⑤ 피복제나 용제가 필요 없다.

⑥ 용접 후 슬래그 또는 잔류 용제를 제거하기 위한 처리가 필요 없다.

⑦ 산화하기 쉬운 금속의 용접이 용이하다.

⑧ 용접부의 강도, 연성, 내열성이 뛰어나다.

⑨ 전자세 용접이 가능하다.

> ▶ MAG 용접
> • 보호가스를 아르곤가스와 CO_2 가스 또는 산소를 소량 혼합하여 용접하는 방식
> • 박판용접, 저합금강, 고장력강에 주로 사용

3 TIG 용접(불활성가스 텅스텐 아크 용접)

(1) 개요

① 텅스텐 전극봉을 사용하여 아크를 발생시키고, 용접봉을 아크로 녹이면서 용접하는 방법

② 이명 : 헬리아크, 헬리웰드, 아르곤 아크 용접

③ 종류 : 전극 높이 고정형, 아크길이 자동 제어형, 와이어 자동 송급형

(2) 특징

① 텅스텐을 전극으로 사용한다.

② 아르곤 분위기에서 한다.

③ 교류나 직류전원을 사용할 수 있다.

④ 직류 역극성을 사용하면 산화막을 제거하는 청정작용이 있다.

⑤ 알루미늄과 마그네슘의 용접에 적합하다.

⑥ 텅스텐을 소모하지 않아 비용극식이라고 한다.

⑦ 불활성 가스와 TIG 용접기의 가격이 비싸 운영비와 설치비가 많이 소요된다.

⑧ 바람의 영향으로 용접부 보호 작용이 방해가 되므로 방풍대책이 필요하다.

⑨ 주로 박판 용접에 적용하며, 후판 용접에서는 다른 아크 용접에 비해 능률이 떨어진다.

(3) TIG 용접의 극성

① 직류 정극성, 직류 역극성 및 교류의 비교

극성 구분	직류 정극성 (DCSP)	교류 (AC)	직류 역극성 (DCRP)
열의 집중	용접봉 : 30% 모재 : 70%	용접봉 : 50% 모재 : 50%	용접봉 : 70% 모재 : 30%
결선상태	모재 : 양극(+) 홀더 : 음극(-)	-	모재 : 음극(-) 전극 : 양극(+)
용입	깊다	중간	얕다
비드 폭	좁다	중간	넓다
전극 소모	적다	중간	많다 (정극성의 4배)
전극의 굵기	없다	중간	굵다
청정작용	없다	있다	있다
용접 재료	청정작용이 필요 없는 금속	청정작용이 필요한 금속	청정작용이 가장 잘 발생하는 재료
전극 선단 의 가공	각도를 20~50° 로 가공	전극 선단을 둥글게 가공하여 가스이온을 용접 표면에 넓게 청정할 수 있게 함	

*청정작용 : 이온가스가 모재 표면의 녹, 이물질, 산화막 등을 제거하는 작용으로 아르곤 가스에서만 발생

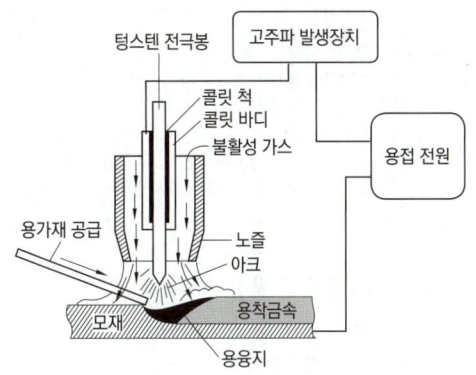

텅스텐 전극봉
고주파 발생장치
콜릿 척
콜릿 바디
불활성 가스
용접 전원
용가재 공급
노즐
아크
모재
용착금속
용융지

② **고주파 교류**(ACHF)
- 고주파 전원을 사용하므로 모재에 접촉시키지 않아도 아크가 발생한다(아크 발생이 쉽다).
- 긴 아크 유지가 용이하다.
- 직류 정극성에 비해 사용 전류의 범위가 크다.
- 알루미늄·마그네슘 용접에 적합하다.

(4) 전극봉
① 종류 및 특징

종류	특징
순 텅스텐	• 가격이 싸고 낮은 전류에 적합 • 용접 중 모재나 용접봉과 접촉되었을 경우 오염되기 쉽다. • 식별색 : 녹색 • 용도 : 알루미늄 • 사용 전원 : 교류
토륨-텅스텐	• 직류 정극성에는 좋지만 교류에는 좋지 않다. • 토륨 함유량 : 1~2% • 낮은 전류에서 아크 발생이 용이하다. • 전자 방사 능력이 뛰어나다. • 식별색 : 황색(토륨 1%), 적색(토륨 2%) • 용도 : 강, 스테인리스강, 동합금
산화란탄-텅스텐	• 내소모성이 우수하여 장시간의 연속 용접에서 아크의 안정성을 요구하는 자동용접에 주로 사용 • 용도 : 철, 스테인리스강, 알루미늄 등
지르코늄-텅스텐	• 순 텅스텐 전극봉보다 수명이 길고 교류용접에 효과적이다. • 알루미늄 용접에 우수하다.

② **전극의 조건**
- 고용융점의 금속
- 전자방출이 잘되는 금속
- 열전도성이 좋은 금속
- 전기 저항률이 적은 금속

③ 전극봉 고정장치 : 콜릿 척

④ 전극봉의 돌출길이 : 가스노즐의 끝에서부터 3~6mm

⑤ **전류 전달능력에 영향을 미치는 요인**
- 사용전원의 극성
- 전극봉의 돌출길이
- 전극봉 홀더의 냉각효과

(5) 기타 TIG 용접 주요 내용
① **토치의 종류**

분류 기준	종류
형태	T형 토치, 직선형 토치, 플렉시블형 토치
냉각 방법	공랭식(200A 이하), 수랭식(200A 이상)
용접 장치	수동식, 자동식, 반자동식

② 가스노즐
- 크기 : 분출 구멍의 크기에 의해 정해짐
- 크기 종류 : 4, 5, 6.5, 7.5, 8.5, 9, 10, 11, 12, 13mm

③ 방풍막 : 아크 부근의 풍속이 0.5m/s 이상일 경우 설치

④ **박판 용접 시 뒷받침의 사용 목적**
- 용착금속의 용락을 방지한다.
- 용착금속 내에 기공의 생성을 방지한다.
- 산화에 의해 외관이 거칠어지는 것을 방지한다.

⑤ TIG 용접기 토치의 구성 요소 : 토치 바디, 노즐, 콜릿 척, 콜릿 바디, 캡, 보호가스 호스, 전원 케이블과 수랭식의 경우 냉각수 공급호스 등

(6) 펄스 TIG 용접기
① 종류 : 저주파 펄스용접기(0.5~10Hz), 고주파 펄스용접기(10~25Hz)
② 직류용접기에 펄스 발생회로를 추가
③ 전극봉의 소모가 적어 수명이 길다.
④ 20A 이하의 저전류에서 아크 발생이 안정적
⑤ 0.5mm 이하의 박판 용접에도 가능

⑥ 좁은 홈의 용접에서 아크의 교란이 없어 안정된 상태의 용융지가 형성

⑦ 용접부 결함의 종류 : 균열, 기공, 비금속 개재물

4 MIG 용접(불활성가스 금속 아크 용접)

(1) MIG 용접의 특징

① 불활성가스를 이용한 용가재인 전극 와이어를 송급장치에 의해 연속적으로 보내어 아크를 발생시키는 소모식 또는 용극식 용접 방식

② 대체로 모든 금속의 용접이 가능하고 용접 속도가 빠르다.

③ 스패터 및 합금성분의 손실이 적다.

④ 용착금속의 품질이 높다.

⑤ 수동 피복 아크 용접에 비해 용착효율이 높아(98%) 고능률적이다.

⑥ 아크의 자기제어 특성이 있다.

⑦ 청정작용에 의해 산화막이 강한 금속도 쉽게 용접할 수 있다.

⑧ 아크가 극히 안정되고 스패터가 적다.

⑨ 전자세 용접이 가능하고 열의 집중이 좋다.

⑩ 정전압 특성, 상승특성이 있는 직류용접기이다.

⑪ 반자동 또는 전자동 용접기로 속도가 빠르다.

⑫ 전류밀도가 TIG 용접의 약 2배, 아크 용접의 약 6~8배 높아 용융속도가 빠르다.

⑬ 3mm 이상의 후판 용접에 능률적이다.

⑭ 직류 역극성 사용 시 청정작용이 있어 알루미늄, 마그네슘 용접이 가능하다.

⑮ 바람의 영향을 받기 쉬우므로 방풍 대책이 필요하다.

⑯ CO_2 용접에 비해 스패터 발생이 적어 비교적 아름답고 깨끗한 비드를 얻을 수 있다.

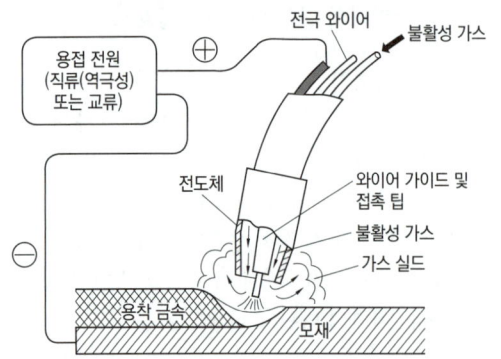

▶ 용어 정리
- 박판 : 강판의 두께가 3mm 이하인 것
- 후판 : 강판의 두께가 3mm 이상인 것
- 아크의 자기제어 특성 : 와이어 속도가 급격하게 감소하면 아크 전압이 높아져서 전극의 용융 속도가 감소하므로 아크 길이가 짧아져 다시 원래의 길이로 돌아오는 특성

(2) 전자동 MIG 용접의 장점

① 우수한 품질의 용접이 얻어진다.

② 생산단가를 최소화 할 수 있다.

③ 용착 효율이 높아 능률이 매우 좋다.

④ 용접속도가 빠르다.

⑤ 용접사의 기량과 상관없이 숙달이 쉬운 편이다.

(3) 제어장치

① 종류
- 보호가스 제어
- 용접 전류 제어
- 냉각수 순환 제어

② 제어장치의 기능
- 예비가스 유출시간 : 아크가 처음 발생되기 전 보호가스를 흐르게 하여 아크를 안정되게 하여 결함 발생을 방지
- 스타트 시간 : 아크가 발생되는 순간 용접 전류와 전압을 크게 하여 아크의 발생과 모재의 융합을 도움
- 번 백 시간 : 크레이터 처리 기능에 의해 낮아진 전류가 서서히 줄어들면서 아크가 끊어지는 기능으로 이면 용접부가 녹아내리는 것을 방지
- 크레이터 충전시간 : 크레이터의 결함을 방지
- 가스지연 유출시간 : 용접 후 5~25초 동안 가스를 공급하여 크레이터 부위의 산화 방지

(4) 와이어 송급방식

① 푸시 방식 : 반자동으로 와이어를 모재로 밀어주는 방식

② 풀 방식 : 전자동으로 와이어를 모재쪽에서 잡아당기는 방식

③ 푸시 풀 방식 : 와이어 릴과 토치 측의 양측에 송급장치를 부착하는 방식

④ 더블 푸시 방식 : 푸시 방식의 송급장치와 토치의 중간에 보조 푸시 전동기를 부착하는 방식

▶ 와이어 지름 : 1.0 ~ 2.4mm

(5) 토치
① 커브형 토치 : 공랭식, 단단한 와이어 사용
② 피스톨형 토치 : 수랭식, 연한 비철금속 와이어 사용

▶ 토치의 부품
- 팁 : 전류를 통전시키는 역할
- 인슐레이터 : 노즐과 토치 몸체 사이에서 통전을 막아 절연시키는 역할
- 노즐 : 가스를 분출하는 역할

(6) 용적이행의 형태
① **단락 이행**
저전류 CO_2 용접에서 솔리드 와이어를 사용할 때 발생하며 박판 용접에 용이
② **입상 이행**
와이어보다 큰 용적으로 용융되어 이행하며 주로 CO_2 가스를 사용할 때 나타나는 용적이행
③ **스프레이 이행**
- 용가재가 고속으로 용융, 미입자의 용적으로 분사되어 모재로 옮겨가는 용적이행으로 가장 많이 사용되는 방식
- 고전압 고전류에서 아르곤 가스나 헬륨 가스를 사용하는 경합금 용접에서 주로 나타난다.
- 직류 역극성일 때 스패터가 적고 용입이 깊게 되며, 용적 이행이 완전한 스프레이 이행이 된다.

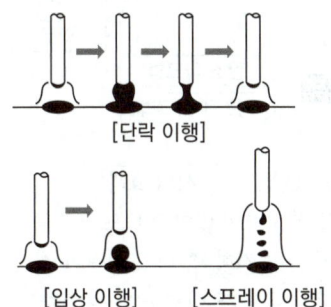

[단락 이행]

[입상 이행]　　[스프레이 이행]

④ **펄스 이행** : 얇은 판의 용접에 이용

(7) 보호가스의 종류
아르곤, 헬륨, 아르곤-헬륨, 아르곤-산소, 아르곤-탄산가스, 아르곤-헬륨-탄산가스

(8) 용융속도
① 가는 와이어일수록 용융속도가 빠르다.
② 전류가 높아지면 용융속도가 증가한다.
③ 아크 전압이 높아지면 용융속도가 감소한다.
④ 탄소강의 경우 산소를 1% 혼합하면 용융속도가 증가한다.

(9) 아크의 자기제어 특성
아크 전류가 일정할 때 아크 전압이 높아지면 전극의 용융속도가 감소하므로 아크 길이가 짧아져 다시 원래의 길이로 돌아오거나, 아크 전압이 작아지면 전극의 용융 속도가 빨라지는 특성

03 이산화탄소가스 아크 용접

1 개요
MIG 용접 장치에서 불활성 가스 대신 가격이 저렴한 이산화탄소를 사용하는 소모식(용극식) 용접 방법으로 주로 철강 구조물의 고속 용접에 적용된다.

2 특징
① 아르곤 가스에 비하여 가스의 가격이 저렴하다.
② 용착금속의 기계적, 야금적 성질이 우수하다.
③ 자동, 반자동의 고속 용접이 가능하다.
④ 용접 입열이 커서 용융 속도가 빠르다.
⑤ 가시 아크이므로 용융지의 상태를 보면서 용접할 수 있어 시공이 편리하며, 용접 진행의 양(良)·부(不) 판단이 가능하다.
⑥ 전류 밀도가 높아 용입이 깊고 용접속도를 빠르게 할 수 있다.
⑦ 피복 아크 용접처럼 피복 아크 용접봉을 갈아 끼우는 시간이 필요 없으므로 용접 작업시간을 길게 할 수 있다.
⑧ 용제를 사용하지 않아 슬래그 혼입이 없다.
⑨ 모든 용접 자세로 용접이 가능하다.
⑩ 산화나 질화가 되지 않는 양호한 용착 금속을 얻을 수 있다.
⑪ 연강의 용접에 주로 사용된다.
⑫ 풍속이 2m/s 이상일 경우 방풍장치가 필요하다.
⑬ 일반적으로 직류 정전압 특성이나 상승 특성의 용접전원이 사용된다.

3 용접의 조건

(1) 용접 전류

① 용접 전류는 용입을 결정하는 중요한 요인이다.

② 와이어 용융속도는 아크 전류에 거의 정비례하며 증가하며, 아크 전압과는 관계가 없다.

③ 전류를 높게 하면 와이어의 용융속도가 빨라지고 용착률과 용입이 증가한다. 전류를 너무 높게 하면 비드의 외관이 나빠진다.

④ 전류가 낮아지면 와이어 용융속도는 느려진다.

⑤ 와이어 용융속도는 와이어의 지름과는 관계가 없다.

(2) 아크 전압

① 아크 전압은 비드의 형상을 결정하는 중요한 요인이다.

② 아크 전압이 높으면 비드가 넓어지고 납작해지며, 지나치게 높으면 기포가 발생한다.

③ 아크 전압이 낮으면 비드가 좁아지고 볼록해진다.

(3) 용접 속도

① 용접 속도가 빠르면 모재의 입열이 감소되어 용입이 얕아지고 비드 폭이 좁아진다.

② 용접 속도가 늦으면 아크 밑으로 용융금속이 흘러들어 용입이 얕아지고 비드 폭이 넓어진다.

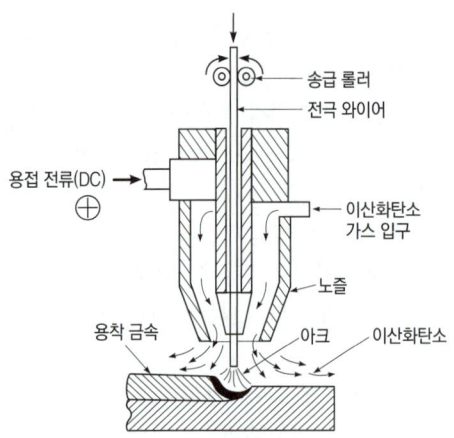

(4) 와이어 돌출길이

① 와이어 돌출길이가 길수록 : 와이어의 예열이 많아지고 용접전류가 낮아짐, 전기저항열 증가, 용착속도 증가, 용착효율 향상, 보호효과가 나빠짐

② 와이어 돌출길이가 짧아질수록 : 가스보호에는 좋지만 스패터 부착이 많아지고 작업성이 떨어짐

4 보호가스의 압력 및 유량

① 보호가스 조정기의 압력 : $2{\sim}3kg/cm^2$

② 가스유량
• 저전류 영역 : $10{\sim}15\,\ell/min$
• 고전류 영역 : $20{\sim}25\,\ell/min$

5 용극 방식에 의한 분류

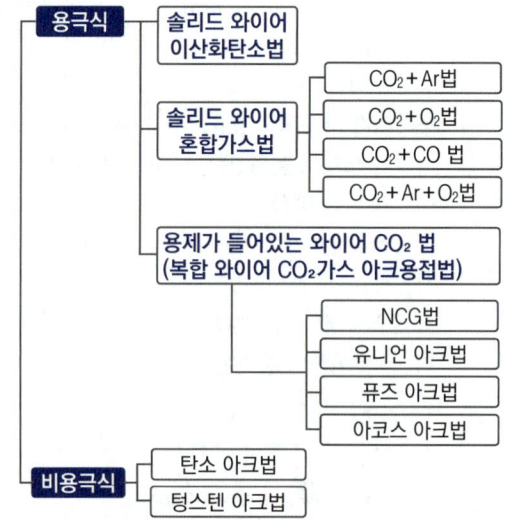

(1) $CO_2 + Ar + O_2$법 사용 시의 효과

① 슬래그 생성량이 많아져 비드 표면을 균일하게 덮어 급랭을 방지하며, 비드 외관이 개선된다.

② 용융지의 온도가 상승하며, 용입량도 다소 증대된다.

③ 비금속 개재물의 응집으로 용착강이 청결해진다.

④ 아크가 안정되어 스패터가 감소한다.

⑤ 용착효율이 양호하다(아르곤이 80%일 때 용착효율이 가장 좋다).

⑥ 박판의 용접조건 범위가 넓어진다.

⑦ 비드의 외관이 좋아진다.

⑧ 아르곤의 혼합비를 올리면 스프레이 이행이 나타난다.

(2) 복합 와이어 CO_2가스 아크 용접법의 특징

① 용제에 탈산제, 아크 안정제 등 합금원소 첨가

② 비드의 외관이 아름답다.

③ 아크가 안정된다.

④ 양호한 용착금속을 얻을 수 있다.

⑤ 스패터의 발생이 적다.

⑥ 슬래그 제거가 쉽다.

⑦ 용착효율이 낮고 홈 발생이 많은 단점이 있음

(3) 탄산가스 아크용접 솔리드와이어 용접봉 기호

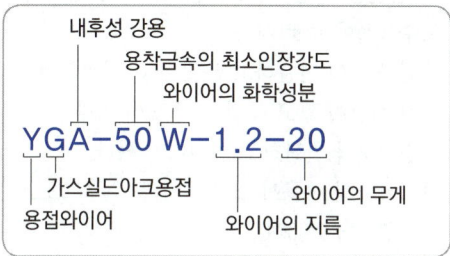

6 용접 결함

(1) 기공의 발생 원인

① CO_2 가스 유량이 부족할 경우

② CO_2 가스에 공기가 혼입되어 있을 경우

③ 노즐과 모재 간의 거리가 지나치게 길 경우

④ 바람에 의해 CO_2 가스가 날리는 경우

⑤ 가스노즐에 스패터가 부착되어 있을 경우

⑥ 모재가 오염되거나 녹, 페인트가 있을 경우

▶ 다공성 : 질소, 수소, 일산화탄소 등에 의한 기공

(2) 자기쏠림

① 원인 : 용접봉, 아크, 모재를 흐르는 전류에 의해 발생한 자력선의 작용으로 아크가 똑바로 향하지 않고, 한쪽으로 치우치는 현상

② **방지대책**

• 어스의 위치를 변경한다.

• 용접부의 틈을 적게 한다.

• 엔드 탭을 부착한다.

• 용적 이행 상태에 따라 와이어를 사용한다.

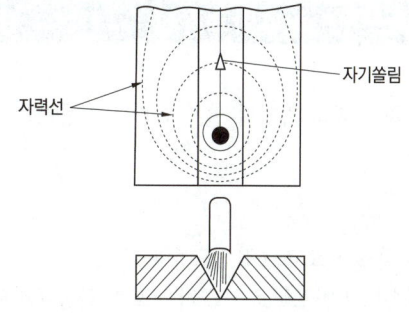

(3) 와이어가 팁에 용착되는 현상

① **원인**

• 팁과 모재 사이의 거리가 짧을 경우

• 아크 스타트의 방식이 나쁠 경우

• 팁이 불량할 경우

• 와이어 선단부에 용적이 붙어 있을 경우

② **방지대책**

• 팁과 모재 사이의 거리를 와이어의 지름에 맞게 조절

• 와이어를 모재에서 떼놓고 아크 스타트

• 와이어에 대한 팁의 크기가 맞는 것을 사용

• 와이어의 선단에 용적이 붙어 있을 때는 와이어 선단을 절단

> **아크 전압 산출 공식**
> • 박판 = $0.04 \times I + 15.5 \pm 1.5$
> • 후판 = $0.04 \times I + 20 \pm 2.0$

7 이산화탄소의 성질

① 무색 · 무취의 기체로 공기보다 무겁다(비중 : 1.53).

② 상온에서도 쉽게 액화한다(물에 잘 녹는다).

③ 공기 중에 농도가 높아지면 눈, 코, 입에 자극을 느끼게 된다.

④ 아르곤 가스와 혼합하여 사용할 경우 용융금속의 이행이 스프레이 이행으로 변한다.

⑤ 충진된 액체 상태의 가스가 용기로부터 기화되어 빠른 속도로 배출 시 팽창에 의해 온도가 낮아진다.

⑥ **인체에 미치는 영향**

• 3~4% : 두통 및 뇌빈혈을 일으킨다.

• 15% 이상 : 위험 상태에 빠진다.

• 30% : 치사량

04 플라스마(Plasma) 아크 용접

1 원리
열적 핀치 효과와 자기적 핀치 효과를 이용하는 용접 방법

2 특징
① 전류 밀도가 크고 용접속도가 빠르다.
② 용접속도가 빠르므로 가스의 보호가 불충분하다.
③ 용접부의 금속·기계적 성질이 좋고 변형이 적다.
④ 1층으로 용접할 수 있으므로 능률적이다.
⑤ 용입이 깊고 비드폭이 좁다.
⑥ 수소, 아르곤, 헬륨 가스 사용(수소는 티탄, 지르코늄 등의 활성금속의 용접에는 불가능)
⑦ 무부하 전압이 일반 아크 용접기의 2~5배 정도 높다.
⑧ 설비비가 많이 든다.

> ▶ 용어 정리
> • 자기적 핀치 효과 : 고전류가 되면 방전전류에 의하여 자장과 전류의 작용으로 아크의 단면이 수축되고, 그 결과 아크 단면이 수축하여 가늘게 되고 전류밀도가 증가하는 성질
> • 열적 핀치 효과 : 열손실을 최소화하기 위해 단면이 수축되고 전류밀도가 증가하는 성질

3 용도
티탄, 구리, 니켈 합금, 탄소강, 스테인리스강 등

4 아크의 종류
① **비이행형 아크** : 텅스텐 전극과 구속 노즐 사이에 방전을 일으키고 노즐을 통해 아크를 발생
② **이행형 아크** : 비소모성 전극봉과 모재 사이의 전기 방전을 용접 열원으로 사용

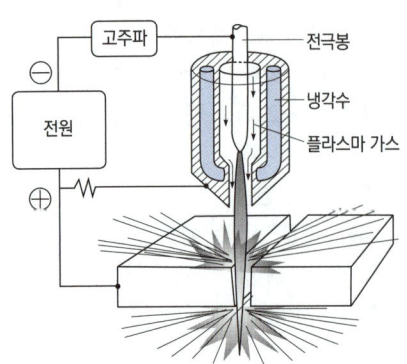

05 테르밋(Thermit) 용접

1 원리
① 미세한 알루미늄 분말과 산화철 분말을 혼합하여 과산화바륨과 알루미늄(또는 마그네슘) 등 혼합분말로 된 점화제를 넣고 연소시켜 그 반응열로 용접하는 방법
② 금속산화물이 알루미늄에 의하여 산소를 빼앗기는 반응에 의해 생성되는 열을 이용하여 금속을 접합하는 용접 방법

2 특징
① 용접봉에 전력이 필요 없다.
② 철강계통의 레일, 차축, 선박의 프레임 등 비교적 큰 단면을 가진 주조나 단조품의 맞대기 용접과 보수용접에 주로 사용
③ 용접 작업이 단순하고 용접 결과 재현성이 높다.
④ 용접 시간이 짧고 용접 후 변형이 적다.
⑤ 용접기구가 간단하고 설비비가 싸다.
⑥ 작업장소의 이동이 쉽다.
⑦ 반응열 : 약 2,800℃
⑧ 알루미늄 분말과 산화철 분말의 중량비 : 3~4 : 1

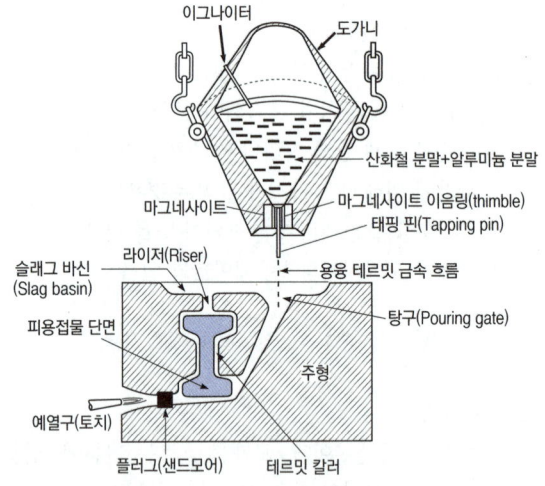

06 스터드(Stud) 용접

1 원리
볼트나 환봉을 피스톤형의 홀더에 끼우고 모재와 볼트 사이에 순간적으로 아크를 발생시켜 용접

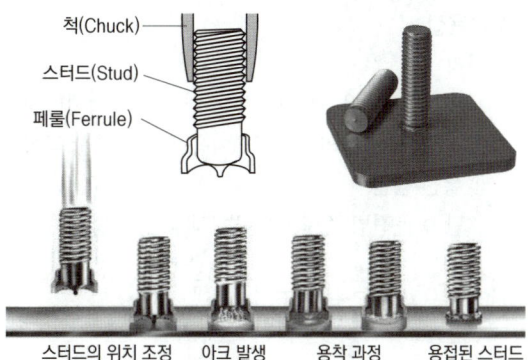

척(Chuck)
스터드(Stud)
페룰(Ferrule)

스터드의 위치 조정　아크 발생　용착 과정　용접된 스터드

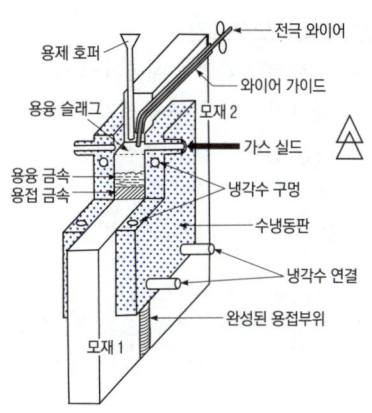

전극 와이어
용제 호퍼
용융 슬래그
와이어 가이드
모재 2
가스 실드
용융 금속
용접 금속
냉각수 구멍
수냉동판
냉각수 연결
완성된 용접부위
모재 1

2 특징

① 아크를 보호하고 집중시키기 위하여 도기로 만든 페룰이라는 기구를 사용하여 용접

② 아크열을 이용하여 자동적으로 단시간에 용접부를 가열 용융해서 용접하므로 변형이 극히 적다.

③ 용접 후 냉각속도가 비교적 빠르므로 모재의 성분이 어느 것이든지 용착 금속부가 경화되는 경우가 있다.

④ 통전시간이나 용접 전류가 알맞지 않고 모재에 대한 스터드의 압력이 불충분할 때에는 외관상으로는 큰 지장이 없으나, 양호한 용접결과를 얻을 수는 없다.

⑤ 철강재료 외에 구리, 황동, 알루미늄, 스테인리스강에도 적용된다.

3 페룰(Ferrule)의 정의 및 역할

① 모재와 접촉하는 부분에 홈이 패여 있어 내부에서 발생하는 열과 가스를 방출할 수 있도록 한 장치

② 용융금속의 유출 방지

③ 용융금속의 산화 방지

④ 용착부의 오염 방지

⑤ 용접사의 눈을 아크로부터 보호

07 일렉트로 슬래그(Electro Slag) 용접

1 원리

수냉동판을 용접부의 양면에 부착하고 용융된 슬래그 속에서 전극와이어를 연속적으로 송급하여 용융 슬래그 내를 흐르는 저항열에 의하여 전극와이어 및 모재를 용융 접합시키는 용접법

2 특징

① 아크를 발생시키지 않고 와이어와 용융 슬래그 모재 내에 흐르는 전기 저항열을 이용하여 연속적으로 상진하면서 용접하는 방법

② 용접능률과 용접품질이 우수하므로 선박, 보일러 등 두꺼운 판의 용접에 적합

③ 최소한의 변형으로 최단시간에 용접이 가능

④ 수직 상진으로 단층 용접을 하는 방식

⑤ 용융 금속의 용착량이 100%가 되는 용접 방법

⑥ 작업 진행상황을 육안으로 확인할 수 없다.

⑦ 다전극을 이용하면 능률을 높일 수 있다.

⑧ 용접 전원 : 정전압형의 교류가 적합

⑨ 용제의 주성분 : 산화규소, 산화망간, 산화알루미늄

⑩ 안내 레일형 일렉트로 슬래그 용접장치의 주요 구성 : 안내레일, 제어상자, 냉각장치, 냉각수, 수냉동판

08 프로젝션(Projection) 용접

1 원리

제품의 한쪽 또는 양쪽에 돌기를 만들어 이 부분에 용접 전류를 집중시켜 압접하는 방법

2 특징

① 두께, 열전도율, 열 용량이 서로 다른 판재의 용접이 가능

② 전극의 수명이 길고, 효율적인 작업이 가능하다.

③ 용접 속도가 빠르며, 신뢰도가 높다.

④ 설비가 비싸다.

3 프로젝션 용접의 요구조건

① 상대 판이 충분히 가열될 때까지 녹지 않을 것
② 성형 시 일부에 전단 부분이 생기지 않을 것
③ 성형에 의한 변형이 없고 용접 후 양면의 밀착이 양호할 것
④ 전류가 통하기 전의 가압력에 견딜 수 있을 것

> ▶ 이음 형상에 따른 저항용접의 분류
> • 맞대기 용접 : 업셋 용접, 플래시 용접, 퍼커션 용접
> • 겹치기 용접 : 점용접, 심용접, 프로젝션 용접

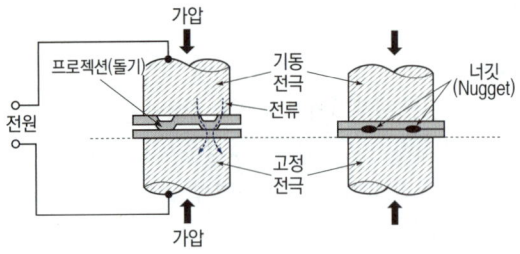

09 점용접과 심용접

1 점용접

(1) 원리

재료를 2개의 전극 사이에 끼워놓고 전류를 통하면 접촉면의 전기 저항열에 의해 발열하게 되는데, 이 열을 이용하여 접합부를 가열한 후 가압하여 융합하는 방법

(2) 점용접의 3대 요소

가압력, 전류의 세기, 통전시간

(3) 종류

① **단극식 점용접** : 1쌍의 전극으로 1개의 점 용접부를 만드는 용접법
② **다전극 점용접** : 2개 이상의 전극으로 2개 이상의 점 용접부를 만들며 용접 속도를 향상시키며, 용접 변형을 방지하는 효과가 있다.
③ **직렬식 점용접** : 1개의 전류 회로에 2개 이상의 용접점을 만드는 방법으로 전류 손실이 많아 전류를 증가시켜야 한다.
④ **맥동 점용접** : 모재의 두께가 다른 경우 전극의 과열을 막기 위해 전류를 단속하여 용접하는 방식
⑤ **인터랙 점용접** : 용접 전류가 피용접물의 일부를 통해 다른 곳으로 전달하는 방식

2 심용접

(1) 원리

① 기밀, 수밀을 필요로 하는 탱크의 용접이나 배관용 탄소 강관의 관 제작 이음용접에 가장 적합
② **통전 방법**

단속 통전법, 연속 통전법, 맥동 통전법

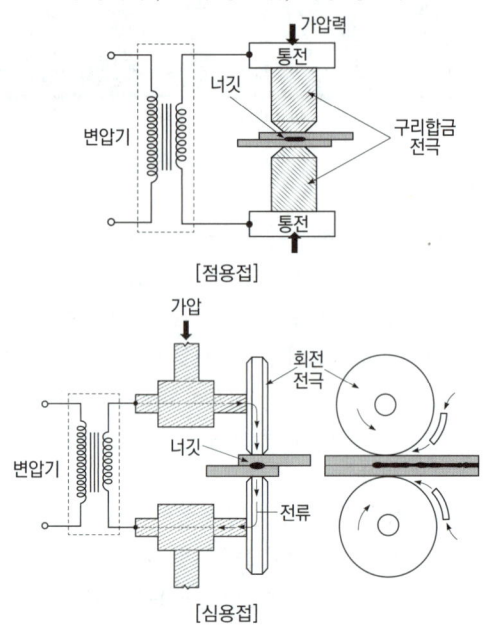

10 납땜법

1 정의

모재를 용융하지 않고 모재보다는 낮은 융점을 가지는 금속의 첨가제를 용융시켜 접합하는 방법

2 납땜의 구분

① 경납 : 용융점이 450℃ 이상
② 연납 : 용융점이 450℃ 이하

3 납땜법의 종류

① **저항 납땜** : 이음부에 납땜재와 용제를 발라 저항열을 이용하여 가열하는 방법
② **가스 납땜** : 기체나 액체 연료를 토치나 버너로 연소시켜 그 불꽃을 이용하는 방법
③ **노내 납땜** : 노속에서 가열하여 납땜하는 방법
④ **유도가열 납땜** : 고주파 전류를 통해서 물체의 표면에 생기는 유도 전류로부터 발생하는 열을 이용하는 방법

⑤ **담금 납땜** : 용해된 땜납 속에 접합할 금속을 담가 납땜하는 방법

⑥ **인두 납땜** : 인두를 사용하며 연납땜에 사용

▶ 납땜의 가열원
코크스, 가스, 저항열, 고주파 전류 등

4 경납땜

(1) 경납땜의 구비조건

① 기계적, 물리적, 화학적 성질이 좋을 것
② 모재와의 전위차가 가능한 한 적을 것
③ 용융온도가 모재보다 낮을 것
④ 모재와 친화력이 있을 것

(2) 종류

① **구리납** : 구리와 아연을 주성분으로 한 합금이며 철강이나 비철금속의 납땜에 사용
② **황동납** : 구리와 아연 50~70%를 주성분으로 하며, 동, 동합금과 일부 철강 등의 납땜에 사용
③ **인동납** : 구리에 소량의 은과 인을 함유한 납으로 동이나 동합금의 납땜에 사용
④ **은납** : 은, 구리, 아연을 주성분으로 한 합금이며, 유동성이 좋고 강도 및 연신율이 우수하여 구리, 구리합금, 철강, 스테인리스강 납땜에 사용
⑤ **알루미늄납** : 알루미늄에 규소, 구리를 첨가한 것으로 모재와 융점의 차이가 적으므로 작업 시 온도 관리에 주의해야 하고, 고력 알루미늄 합금에 사용
⑥ **내열 합금용 납** : 니켈-크롬납, 은-망간납, 구리-금납 등의 종류가 있다.

(3) 용제 : 붕사, 붕산, 붕산염, 알칼리

▶ 납땜 용제의 구비조건
• 모재나 땜납에 대한 부식작용이 최소한일 것
• 용제의 유효온도 범위와 납땜 온도가 일치할 것
• 땜납의 표면장력을 맞추어서 모재와의 친화도를 높일 것
• 슬래그 제거가 용이할 것
• 산화피막 등의 불순물을 제거하고 유동성이 좋을 것

5 연납땜

① 연납땜의 종류
• 주석-납 • 납-카드뮴납 • 납-은납
② **용제** : 염화아연, 염산, 염화암모늄, 인산, 수지

---

11 기타 용접

1 전자빔(Electron Beam) 용접

(1) 원리

고진공 속에서 음극으로부터 방출되는 전자를 고속으로 가속시켜 충돌에너지를 이용하는 용접 방법

(2) 특징

① 고진공 속에서 용접을 하므로 대기와 반응하기 쉬운 활성 재료도 용이하게 용접된다.
② 용접을 정밀하고 정확하게 할 수 있다.
③ 에너지 집중이 가능하여 고속으로 용접이 된다.
④ 가공재나 열처리에 대하여 소재의 성질을 저하시키지 않고 용접할 수 있다.
⑤ 용입이 깊어 다층용접도 단층용접으로 완성할 수 있다.
⑥ 유해가스에 의한 오염이 적고 높은 순도의 용접이 가능하다.
⑦ 텅스텐, 몰리브덴 같은 대기에서 반응하기 쉬운 금속도 용이하게 용접할 수 있다.
⑧ 10^{-4}~10^{-6}mmHg 정도의 높은 진공실 속에서 음극으로부터 방출된 전자를 고전압으로 가속시켜 용접을 한다.
⑨ 성분 변화에 의하여 용접부의 기계적 성질이나 내식성의 저하를 가져올 수 있다.
⑩ 용접부의 열 영향부가 작고 설비비가 많이 든다.
⑪ 박판 용접뿐만 아니라 후판 용접까지 가능하다.

2 레이저 용접

(1) 원리

유도방사에 의한 광의 증폭을 이용하여 용융하는 용접 방법

(2) 특징

① 원자와 분자의 유도방사현상을 이용한 빛에너지를 이용하여 모재의 열 변형이 거의 없다.
② 미세하고 정밀한 용접을 비접촉식 용접방식으로 할 수 있다.
③ 이종 금속의 용접이 가능하다.

3 마찰용접

(1) 원리

2개의 모재에 압력을 가해 접촉시킨 다음 접촉면에 상대운동을 시켜 접촉면에서 발생하는 마찰열을 이용하여 이를 압접하는 용접법

(2) 특징

① 용접부의 불순물이 마찰 중에 밀려 나가기 때문에 접합강도가 크다.
② 용접작업이 시간이 짧아 작업 능률이 높다.
③ 이종금속의 접합이 가능하다.
④ 작업자의 숙련이 필요하지 않다.
⑤ 피용접물의 형상치수, 길이, 무게의 제한을 받는다.
⑥ 열 영향부가 좁고 이음 성능이 좋다.
⑦ 강-동, 강-알루미늄, 강-플라스틱, 동-알루미늄 등 이종금속의 용접이 가능하다.
⑧ 치수의 정밀도가 높고, 재료가 절약된다.

4 논 가스(Non-Gas) 아크 용접

(1) 원리

보호가스의 공급 없이 와이어 자체에서 발생한 가스에 의해 아크 분위기를 보호하는 용접 방법

(2) 특징

① 용접장치가 간단하며 운반이 편리하다.
② 가스를 사용하지 않으므로 바람이 있는 옥외에서도 작업이 가능하다.
③ 피복 가스 용접봉의 저수소계와 같이 수소의 발생이 적다.

5 초음파 용접

(1) 원리

기계적인 진동이 모재의 용점 이하에서도 용접부가 두 소재 표면 사이에서 형성되도록 하는 용접 방법

(2) 특징

① 용접 열원에서 기계적 에너지를 사용
② 주어지는 압력이 작으므로 용접물의 변형이 작다.
③ 표면 처리가 간단하고 압연한 그대로의 재료도 용접이 가능하다.
④ 극히 얇은 판도 쉽게 용접이 된다.
⑤ 판의 두께에 따라 용접 강도의 변화가 크다.
⑥ 18kHz 이상의 주파수를 주어 마찰열로 압접

6 전기 가스아크 용접

(1) 원리

이산화탄소 가스를 실드가스로 사용하여 이산화탄소 가스 분위기에서 아크를 발생시키고 그 아크열로 용접하는 방법

(2) 특징

① 판 두께가 두꺼울수록 경제적이다.
② 판 두께에 관계없이 단층으로 상진 용접한다.
③ 용접장치가 간단하고, 취급이 쉬우며, 고도의 숙련을 요하지 않는다.
④ 용접 작업 시 바람의 영향을 많이 받는다.

7 퍼커션 용접

(1) 원리

용접에 필요한 전기에너지를 콘덴서에 저장한 상태에서 짧은 시간 동안 전력을 방전시켜, 접합부에 국부적으로 높은 열을 만들어 용접하는 방법

(2) 특징

① 전기 저항 용접법 중 극히 짧은 지름의 용접물을 접합하는 데 사용
② 축전된 직류를 전원으로 사용하며, 충돌용접이라고도 한다.

8 플러그 용접

(1) 원리

접합하고자 하는 두 부재의 한쪽에 구멍을 뚫어 그 부분을 표면까지 꽉 채워 용접하고 다른 부재를 접합하는 용접 방법

(2) 특징

전단강도 : 인장강도의 60~70%

9 원자 수소 아크 용접

(1) 원리

수소 가스 분위기에서 2개의 텅스텐 전극 사이에 아크를 발생시키고 홀더 노즐에서 수소가스 유출 시 발생되는 열로 용접하는 방법

(2) 특징

① 용융온도가 높은 금속 또는 비금속 재료의 용접에 사용된다.
② 고도의 기밀 또는 유밀을 필요로 하는 용접에 사용된다.

서브머지드 아크 용접

[12-1, 07-4, 05-1]

1 다음 중 일명 유니언 멜트 용접법이라고도 불리며 아크가 용제 속에 잠겨 있어 밖에서는 보이지 않는 용접법은?

① 이산화탄소 아크 용접
② 일렉트로 슬래그 용접
③ 서브머지드 아크 용접
④ 불활성가스 텅스텐 아크 용접

[11-5, 07-2, 유사문제 11-4, 10-4, 10-2, 10-1, 08-5]

2 서브머지드 아크 용접의 특징이 아닌 것은?

① 콘택트 팁에서 통전되므로 와이어 중에 저항열이 적게 발생되어 고전류 사용이 가능하다.
② 아크가 보이지 않으므로 용접부의 적부를 확인하기가 곤란하다.
③ 용접길이가 짧을 때 능률적이며 수평 및 위보기 자세 용접에 주로 이용된다.
④ 일반적으로 비드 외관이 아름답다.

> **서브머지드 아크 용접의 특징**
> • 콘택트 팁에서 통전되므로 와이어 중에 저항열이 적게 발생되어 고전류 밀도로 용접 가능
> • 기계적 성질(강도, 연신율, 충격치 등)이 우수
> • 용융속도가 빨라 고능률 용접이 가능하다.
> • 개선각을 작게 하여 용접 패스 수를 줄일 수 있다.
> • 용제에 의한 야금작용으로 용접금속의 품질을 양호하게 할 수 있다.
> • 대기와의 차폐가 확실하여 산소, 질소의 해가 적음
> • 루트 간격이 너무 크면 용락될 위험이 있다.
> • 비드 외관이 아름다움
> • 용접설비비가 고가이다.
> • 아크가 안 보이므로 육안으로 용접진행상태의 확인이 곤란
> • 용접선이 짧거나 복잡한 경우 비능률적
> • 수평 및 아래보기 자세에 한정

[12-4]

3 다음 중 서브머지드 아크 용접의 장점에 해당되지 않는 것은?

① 용입이 깊다.
② 비드 외관이 아름답다
③ 용융속도 및 용착속도가 빠르다.
④ 개선각을 크게 하여 용접 패스 수를 줄일 수 있다.

[10-4]

4 서브머지드 아크 용접에 관한 설명으로 틀린 것은?

① 용제에 의한 야금작용으로 용접금속의 품질을 양호하게 할 수 있다.
② 용접 중에 대기와의 차폐가 확실하여 대기 중이 산소 질소 등의 해를 받는 일이 적다.
③ 용제의 단열 작용으로 용입을 크게 할 수 있고 높은 전류 밀도로 용접할 수 있다.
④ 특수한 장치를 사용하지 않더라도 전자세 용접이 가능하며, 이음가공의 정도가 엄격하다.

> 서브머지드 아크 용접은 수평 및 아래보기 자세에 한정되어 있다.

[10-1]

5 서브머지드 아크 용접의 용접 조건을 설명한 것 중 맞지 않는 것은?

① 용접전류를 크게 증가시키면 와이어의 용융량과 용입이 크게 증가한다.
② 아크 전압이 증가하면 아크 길이가 길어지고 동시에 비드폭이 넓어지면서 평평한 비드가 형성된다.
③ 용착량과 비드 폭은 용접속도의 증가에 거의 비례하여 증가하고 용입도 증가한다.
④ 와이어 돌출길이를 길게 하면 와이어의 저항열이 많이 발생하게 된다.

> 용접 속도가 증가하면 비드폭과 용입이 감소한다.

[11-1, 09-1, 05-2]

6 서브머지드 아크 용접 시 받침쇠를 사용하지 않을 경우 루트 간격을 몇 mm 이하로 하여야 하는가?

① 0.2   ② 0.4
③ 0.6   ④ 0.8

[06-1]

7 서브머지드 아크 용접에 사용되는 용접용 용제 중 용융형 용제에 대한 설명으로 맞는 것은?

① 큰 입열 용접성이 양호하다.
② 고속 용접성이 양호하다.
③ 저수소, 저산소화가 된다.
④ 합금원소의 첨가가 용이하다.

정답 ▶ [서브머지드 아크 용접] 1 ③   2 ③   3 ④   4 ④   5 ③   6 ④   7 ②

[12-2]

8 다음 중 서브머지드 아크 용접에서 용제의 역할과 가장 거리가 먼 것은?

① 아크 안정
② 용락 방지
③ 용접부의 보호
④ 용착금속의 재질 개선

용제의 역할
• 아크 안정   • 용접부 보호
• 용착금속의 재질 개선   • 능률적인 용접작업
• 용입을 용이하게 함   • 열에너지 발산 방지

[09-4]

9 서브머지드 아크 용접의 용접용 용제에 속하지 않는 것은?

① 고온 소결형 용제
② 저온 소결형 용제
③ 용융형 용제
④ 스프레이형 용제

[13-1, 10-2]

10 서브머지드 아크 용접의 용제 중 흡습성이 높아 보통 사용 전에 150~300℃에서 1시간 정도 재건조해서 사용하는 것은?

① 용제형
② 혼성형
③ 용융형
④ 소결형

소결형 용제는 흡습성이 높아 사용 전에 150~300℃에서 1시간 정도 재건조해서 사용한다.

[13-1]

11 서브머지드 아크 용접의 용융형 용제에서 입도에 대한 설명으로 틀린 것은?

① 용제의 입도는 발생 가스의 방출상태에는 영향을 미치나, 용제의 용융성과 비드형상에는 영향을 미치지 않는다.
② 가는 입자일수록 높은 전류를 사용해야 한다.
③ 거친 입자의 용제에 높은 전류를 사용하면 비드가 거칠어 기공, 언더컷 등이 발생한다.
④ 가는 입자의 용제를 사용하면 비드 폭이 넓어지고, 용입이 얕아진다.

용융형 용제의 입도는 용제의 용융성과 비드형상에도 영향을 미친다.

[11-2]

12 서브머지드 아크 용접기로 스테인리스강 용접, 덧살 붙임 용접, 조선의 대판계(大板繼) 용접할 때 사용하는 용접용 용제(flux)는?

① 용융형 용제
② 혼성형 용제
③ 소결형 용제
④ 혼합형 용제

큰 전류에서도 안정된 용접이 가능한 소결형 용제는 스테인리스강 용접, 덧살 붙임 용접, 조선의 대판계(大板繼) 용접을 할 때 사용된다.

[14-2, 유사문제 12-1]

13 서브머지드 아크 용접에 사용되는 용접용 용제 중 용융형 용제에 대한 설명으로 옳은 것은?

① 화학적 균일성이 양호하다.
② 미용융 용제는 다시 사용이 불가능하다.
③ 흡습성이 있어 재건조가 필요하다.
④ 용융 시 분해되거나 산화되는 원소를 첨가할 수 있다.

② 미용융 용제는 새로운 용제와 혼합해서 중요하지 않은 부분의 용접에 사용된다.
③ 흡습성이 거의 없으므로 재건조가 불필요하다.
④ 용융 시 분해되거나 산화되는 원소를 첨가할 수 없다.

[12-2, 08-2]

14 다음 중 서브머지드 아크 용접에서 용접헤드에 속하지 않는 것은?

① 용제 호퍼
② 와이어 송급장치
③ 불활성가스 공급장치
④ 제어장치 콘택트 팁

용접헤드 : 용제 호퍼, 와이어 송급장치, 콘택트 팁

[12-4, 유사문제 10-4, 08-1]

15 다음 중 서브머지드 아크 용접에서 기공의 발생 원인과 가장 거리가 먼 것은?

① 용제의 건조불량
② 용접속도의 과대
③ 용접부의 구속이 심할 때
④ 용제 중에 불순물의 혼입

기공의 발생 원인
• 용제의 건조가 불량할 때
• 용접속도가 너무 빠를 때
• 용제 중에 불순물이 혼입되었을 때
• 용제의 산포량이 너무 많거나 너무 적을 때

16 서브머지드 아크용접 장치의 구성 부분이 아닌 것은?

[10-4]

① 수냉동판　　　② 콘택트 팁
③ 주행대차　　　④ 가이드 레일

수냉동판은 일렉트로 슬래그 용접에 사용되는 장치이다.

17 서브머지드 아크 용접기에서 다전극 방식에 의한 분류에 속하지 않는 것은?

[08-5]

① 푸시 풀식　　　② 텐덤식
③ 횡병렬식　　　④ 횡직렬식

다전극 방식에 의한 용접기의 분류
• 텐덤식 : 용입이 깊고 비드의 폭이 좁다.
• 횡병렬식 : 용입이 얕고 비드의 폭이 넓다(2개의 전원을 공동 전원에 연결).
• 횡직렬식 : 용입이 얕고 비드의 폭이 넓다(2개의 전원을 독립 전원에 연결).

18 서브머지드 아크 용접에서 누설방지 비드를 배치하는 이유로 맞는 것은?

[11-1]

① 용접 공정수를 줄이기 위하여
② 크랙을 방지하기 위하여
③ 용접변형을 방지하기 위하여
④ 용락을 방지하기 위하여

19 서브머지드 아크 용접에서 용접의 시점과 끝점의 결함을 방지하기 위해 모재와 홈의 형상이나 두께, 재질 등이 동일한 것을 붙이는데 이를 무엇이라 하는가?

[12-5, 10-2]

① 시험편　　　② 백킹제
③ 엔드 탭　　　④ 마그네틱

20 서브머지드 아크 용접의 현상 조립용 간이 백킹법 중 철분 충진제의 사용 목적으로 틀린 것은?

[11-4]

① 홈의 정밀도를 보충해 준다.
② 양호한 이면 비드를 형성시킨다.
③ 슬래그와 용융금속의 선행을 방지한다.
④ 아크를 안정시키고 용착량을 적게 한다.

21 서브머지드 아크 용접에 대한 설명으로 틀린 것은?

[11-2]

① 용접장치로는 송급장치, 전압제어장치, 접촉팁, 이동대차 등으로 구성되어 있다.
② 용제의 종류에는 용융형 용제, 고온 소결형 용제, 저온 소결형 용제가 있다.
③ 시공을 할 때는 루트 간격을 0.8mm 이상으로 한다.
④ 엔드 탭의 부착은 모재와 홈의 형상이나 두께, 재질 등이 동일한 규격으로 부착하여야 한다.

루트 간격은 0.8mm 이하로 하고, 0.8mm 이상이면 누설방지 비드를 쌓거나 받침쇠를 사용한다.

22 서브머지드 아크 용접기로 아크를 발생할 때 모재와 용접 와이어 사이에 놓고 통전시켜주는 재료는?

[09-5]

① 용제　　　② 스틸 울
③ 탄소봉　　　④ 엔드 탭

불활성가스 아크 용접

1 알루미늄이나 스테인리스강, 구리와 그 합금의 용접에 가장 많이 사용되는 용접법은?

[09-5]

① 산소-아세틸렌 용접
② 탄산가스 아크 용접
③ 테르밋 용접
④ 불활성가스 아크 용접

2 다음 중 불활성가스 아크 용접의 장점이 아닌 것은?

[12-2]

① 아크가 안정되고 스패터가 적다.
② 열 집중성이 좋아 고능률적이다.
③ 피복제나 용제가 필요 없다.
④ 청정작용이 없어 산화막이 약한 금속의 용접이 가능하다.

불활성가스 아크 용접은 직류 역극성을 사용하면 산화막을 제거하는 청정작용이 있다.

3 구리 합금, 알루미늄 합금에 우수한 용접 결과를 얻을 수 있는 용접법은?

① 피복 금속 아크 용접
② 서브머지드 아크 용접
③ 탄산가스 아크 용접
④ 불활성가스 아크 용접

[10-1, 10-2, 05-4]

4 불활성가스 텅스텐 아크 용접에 주로 사용되는 가스는?

① He, Ar
② Ne, Lo
③ Rn, Lu
④ CO, Xe

[12-5, 12-4]

5 다음 중 TIG 용접 시 주로 사용되는 가스는?

① CO_2
② H_2
③ O_2
④ Ar

[11-5]

6 가스 메탈 아크 용접(GMAW)에서 보호 가스를 아르곤(Ar)가스와 CO_2 가스 또는 산소(O_2)를 소량 혼합하여 용접하는 방식을 무엇이라 하는가?

① MIG 용접
② FCA 용접
③ TIG 용접
④ MAG 용접

[12-2]

7 다음 중 자동 불활성가스 텅스텐 아크 용접의 종류에 해당하지 않는 것은?

① 단전극 TIG 용접형
② 전극 높이 고정형
③ 아크길이 자동 제어형
④ 와이어 자동 송급형

[10-2]

8 불활성가스 텅스텐 아크 용접을 설명한 것 중 틀린 것은?

① 직류 역극성에서는 청정작용이 있다.
② 알루미늄과 마그네슘의 용접에 적합하다.
③ 텅스텐을 소모하지 않아 비용극식이라고 한다.
④ 잠호 용접법이라고도 한다.

> 서브머지드 아크 용접을 잠호용접이라고도 한다.

[10-1]

9 TIG 용접법에 대한 설명으로 틀린 것은?

① 금속 심선을 전극으로 사용한다.
② 텅스텐을 전극으로 사용한다.
③ 아르곤 분위기에서 한다.
④ 교류나 직류전원을 사용할 수 있다.

[11-5]

10 TIG 용접의 단점에 해당되지 않는 것은?

① 불활성가스와 TIG 용접기의 가격이 비싸 운영비와 설치비가 많이 소요된다.
② 바람의 영향으로 용접부 보호 작용이 방해가 되므로 방풍대책이 필요하다.
③ 후판 용접에서는 다른 아크 용접에 비해 능률이 떨어진다.
④ 모든 용접 자세가 불가능하며 박판 용접에 비효율적이다.

> TIG 용접은 전자세 용접이 가능하며, 주로 박판 용접에 적용한다.

[12-2]

11 다음 중 TIG 용접기로 알루미늄을 용접할 때 직류 역극성을 사용하는 가장 중요한 이유는?

① 전극이 심하게 가열되지 않으므로 전극의 소모가 적기 때문이다.
② 산화막을 제거하는 청정작용이 이루어지기 때문이다.
③ 비드 폭이 좁고, 모재의 용입이 깊어지기 때문이다.
④ 전자가 모재에 강하게 충돌하므로 깊은 용입을 얻을 수 있기 때문이다.

> TIG 용접은 직류 역극성을 사용할 때 산화막을 제거하는 청정작용이 가장 잘 발생한다.

[08-1]

12 TIG 용접에서 청정작용이 가장 잘 발생하는 재료를 용접하는 용접전원은?

① 직류 역극성일 때
② 직류 정극성일 때
③ 교류 정극성일 때
④ 극성에 관계없음

[09-4]

13 불활성가스 텅스텐 아크 용접에서 직류전원을 역극성으로 접속하여 사용할 때의 특성으로 틀린 것은?

① 아르곤가스 사용 시 청정효과가 있다.
② 정극성에 비해 비드 폭이 넓다.
③ 정극성에 비해 용입이 깊다.
④ 알루미늄 용접 시 용제 없이 용접이 가능하다.

> 직류 역극성은 정극성에 비해 용입이 얕다.

[13-2]

14 알루미늄을 TIG 용접법으로 접합하고자 할 경우 필요한 전원과 극성으로 가장 적합한 것은?

① 직류 정극성   ② 직류 역극성
③ 교류 저주파   ④ 교류 고주파

[11-2]

15 알루미늄을 TIG 용접할 때 가장 적합한 전류는?

① AC   ② ACHF
③ DCRP   ④ SCSP

[11-1, 09-2]

16 TIG 용접에서 모재가 (-)이고 전극이 (+)인 극성은?

① 정극성   ② 역극성
③ 반극성   ④ 양극성

[25년, 10-1]

17 TIG 용접에서 교류(AC), 직류 정극성(DCSP), 직류 역극성(DCRP)의 용입 깊이를 비교한 것 중 옳은 것은?

① DCSP 〈 AC 〈 DCRP
② AC 〈 DCSP 〈 DCRP
③ AC 〈 DCRP 〈 DCSP
④ DCRP 〈 AC 〈 DCSP

[09-5]

18 불활성가스 텅스텐 아크 용접에서 중간 형태의 용입과 비드폭을 얻을 수 있으며 청정효과가 있어 알루미늄이나 마그네슘 등의 용접에 사용되는 전원은?

① 직류 정극성   ② 직류 역극성
③ 고주파 교류   ④ 교류 전원

> 고주파 교류는 고주파 전원을 사용하므로 모재에 접촉시키지 않아도 아크가 발생하며, 청정효과가 있어 알루미늄이나 마그네슘 등의 용접에 사용된다.

[12-4, 유사문제 08-5]

19 다음 중 TIG 용접에 있어 직류 정극성에 관한 설명으로 틀린 것은?

① 용입이 깊고, 비드 폭은 좁다.
② 극성의 기호를 DCSP로 나타낸다.
③ 산화피막을 제거하는 청정 작용이 있다.
④ 모재에는 양(+)극을, 홀더(토치)에는 음(-)극을 연결한다.

> 청정작용의 효과는 직류 역극성에서 나타난다.

[11-2]

20 TIG 용접으로 스테인리스강을 용접하려고 한다. 가장 적합한 전원 극성으로 맞는 것은?

① 교류 전원   ② 직류 역극성
③ 직류 정극성   ④ 고주파 교류 전원

> 직류 정극성은 청정작용이 필요 없는 금속이나 스테인리스강의 용접에 적합하다.

[13-1]

21 TIG 용접에서 고주파 교류(ACHF)의 특성을 잘못 설명한 것은?

① 고주파 전원을 사용하므로 모재에 접촉시키지 않아도 아크가 발생한다.
② 긴 아크 유지가 용이하다.
③ 전극의 수명이 짧다.
④ 동일한 전극봉에서 직류 정극성(DCSP)에 비해 고주파 교류(ACHF)가 사용 전류 범위가 크다.

> 고주파 교류는 모재에 접촉시키지 않아도 아크가 발생하므로 전극의 수명이 길다.

[12-1, 10-5, 07-1, 04-4]

22 불활성가스 아크 용접에서 TIG 용접의 전극봉은?

① 니켈   ② 탄소강
③ 텅스텐   ④ 저합금강

> 불활성가스 아크 용접은 텅스텐을 전극으로 사용한다.

정답 ▶ **13** ③ **14** ④ **15** ② **16** ② **17** ④ **18** ③ **19** ③ **20** ③ **21** ③ **22** ③

23 [09-2] TIG 용접에서 아크 발생이 용이하며 전극의 소모가 적어 직류 정극성에는 좋으나 교류에는 좋지 않은 것으로 주로 강, 스테인리스강, 동합금 용접에 사용되는 전극봉은?

① 토륨 텅스텐 전극봉
② 순 텅스텐 전극봉
③ 니켈 텅스텐 전극봉
④ 지르코늄 텅스텐 전극봉

24 [12-5, 07-4, 05-1] 불활성가스 텅스텐 아크(TIG) 용접의 직류 정극성(DCSP)에는 좋으나 교류에는 좋지 않고 주로 강, 스테인리스강, 동합금 용접에 사용되는 토륨-텅스텐 전극봉의 토륨 함유량은 몇 %인가?

① 0.15~0.5   ② 1~2
③ 3~4   ④ 5~6

25 [11-1, 07-4] TIG 용접의 전극봉에서 전극의 조건으로 잘못된 것은?

① 고용융점의 금속
② 전자 방출이 잘되는 금속
③ 전기 저항률이 높은 금속
④ 열전도성이 좋은 금속

TIG 용접에서는 전극봉의 전기 저항률이 적어야 한다.

26 [13-2] TIG 용접용 텅스텐 전극봉의 전류 전달능력에 영향을 미치는 요인이 아닌 것은?

① 사용전원 극성
② 전극봉의 돌출길이
③ 용접기 종류
④ 전극봉 홀더 냉각효과

27 [06-4] 전극봉을 직접 용가재로 사용하지 않는 것은?

① CO_2 가스 아크 용접   ② TIG 용접
③ 서브머지드 아크 용접   ④ 피복 아크 용접

TIG 용접은 텅스텐을 전극으로 하여 용가봉을 옆쪽에서 공급하여 용착시켜 전극이 소모되지 않는다.

28 [10-2] 다음 중 소모식 전극을 사용하는 방법이 아닌 것은?

① TIG 용접
② 피복 아크 용접
③ 탄산가스 아크 용접
④ 서브머지드 아크 용접

29 [10-2] 티그(TIG) 용접에서 텅스텐 전극봉의 고정을 위한 장치는?

① 콜릿 척   ② 와이어 릴
③ 프레임   ④ 가스 세이버

30 [13-2] TIG 용접에서 사용되는 텅스텐 전극에 관한 설명으로 옳은 것은?

① 토륨을 1~2% 함유한 텅스텐 전극은 순 텅스텐 전극에 비해 전자 방사 능력이 떨어진다.
② 토륨을 1~2% 함유한 텅스텐 전극은 저전류에서도 아크 발생이 용이하다.
③ 직류 역극성은 직류 정극성에 비해 전극의 소모가 적다.
④ 순 텅스텐 전극은 온도가 높으므로 용접 중 모재나 용접봉과 접촉되었을 경우에도 오염되지 않는다.

① 토륨을 1~2% 함유한 텅스텐 전극은 순 텅스텐 전극에 비해 전자 방사 능력이 뛰어나다.
③ 직류 역극성은 직류 정극성에 비해 전극의 소모가 4배 정도 많다.
④ 순 텅스텐 전극은 용접 중 모재나 용접봉과 접촉되었을 경우 오염되기 쉽다.

31 [11-5] TIG 용접에서 아크 발생이 용이하며 전극의 소모가 적어 직류 정극성에는 좋으나 교류에는 좋지 않은 것으로 주로 강, 스테인리스강, 동합금 용접에 사용되는 전극봉은?

① 토륨 텅스텐 전극봉
② 순 텅스텐 전극봉
③ 니켈 텅스텐 전극봉
④ 지르코늄 텅스텐 전극봉

토륨-텅스텐 전극봉은 토륨 함유량이 1~2%의 전극봉을 사용하며 낮은 전류에서 아크 발생이 용이하고 전자 방사 능력이 뛰어나다.

[06-4]

32 TIG 용접에서 텅스텐 전극봉은 가스노즐의 끝에서부터 몇 mm 정도 돌출시키는가?

① 1~2 　　　　　　② 3~6
③ 7~9 　　　　　　④ 10~12

[11-2, 09-1, 06-4]

33 TIG 용접에서 직류 정극성으로 용접할 때 전극 선단의 각도가 가장 적합한 것은?

① 5°~10° 　　　　② 10°~20°
③ 20°~50° 　　　　④ 60°~70°

[11-4]

34 TIG 용접에서 전극봉의 어느 한쪽의 끝부분에 식별용 색을 칠하여야 한다. 순 텅스텐 전극봉의 색은?

① 황색 　　　　　　② 적색
③ 녹색 　　　　　　④ 회색

> **전극봉의 식별색**
> • 순 텅스텐 : 녹색　• 토륨–텅스텐 : 황색, 적색

[13-2]

35 다음 중 불활성가스 텅스텐 아크 용접에 사용되는 전극봉이 아닌 것은?

① 티타늄 전극봉
② 순 텅스텐 전극봉
③ 토륨 텅스텐 전극봉
④ 산화란탄 텅스텐 전극봉

> **TIG 용접 전극봉**
> 순 텅스텐, 토륨–텅스텐, 산화란탄–텅스텐, 지르코늄–텅스텐

[12-1, 10-1, 유사문제 06-4]

36 다음 중 펄스 TIG 용접기의 특징에 관한 설명으로 틀린 것은?

① 저주파 펄스용접기와 고주파 펄스용접기가 있다.
② 직류용접기에 펄스 발생 회로를 추가한다.
③ 전극봉의 소모가 많아 수명이 짧다.
④ 20A 이하의 저전류에서 아크의 발생이 안정하다.

> 펄스 TIG 용접기는 전극봉의 소모가 적어 수명이 길다.

[12-2, 10-4, 08-1]

37 TIG 용접 토치의 형태에 따른 종류가 아닌 것은?

① T형 토치 　　　　② Y형 토치
③ 직선형 토치 　　　④ 플렉시블형 토치

> **형태에 따른 토치의 종류**
> T형 토치, 직선형 토치, 플렉시블형 토치

[11-1, 08-2]

38 TIG 용접에서 가스노즐의 크기는 가스분출 구멍의 크기로 정해지는데 보통 몇 mm의 크기가 주로 사용되는가?

① 1~3 　　　　　　② 4~13
③ 14~20 　　　　　④ 21~2 7

[12-4]

39 TIG 용접 작업에서 아크 부근의 풍속이 일반적으로 몇 m/s 이상이면 보호가스 작용이 흩어지므로 방풍막을 설치하는가?

① 0.05 　　　　　　② 0.1
③ 0.3 　　　　　　④ 0.5

[11-4]

40 스테인리스강을 TIG 용접 시 보호가스 유량에 관한 사항 중 옳은 것은?

① 용접 시 아크 보호능력을 최대한으로 하기 위하여 가능한 한 가스 유량을 크게 하는 것이 좋다.
② 낮은 유속에서도 우수한 보호작용을 하고 박판용접에서 용락의 가능성이 적으며, 안정적인 아크를 얻을 수 있는 헬륨(He)을 사용하는 것이 좋다.
③ 가스 유량이 과다하게 유출되는 경우에는 가스 흐름이 난류현상이 생겨 아크가 불안정해지고 용접 금속의 품질이 나빠진다.
④ 양호한 용접 품질을 얻기 위해 79.5% 정도의 순도를 가진 보호가스를 사용하면 된다.

> ① 용접 시 아크 보호능력을 최대한으로 하기 위하여 가능한 한 가스 유량을 작게 하는 것이 좋다.
> ② 낮은 유속에서도 우수한 보호작용을 하고 박판용접에서 용락의 가능성이 적으며, 안정적인 아크를 얻을 수 있는 가스는 아르곤이다.
> ④ 양호한 용접 품질을 얻기 위해 99.9% 순도를 가진 보호가스를 사용한다.

정답 32 ② 　33 ③ 　34 ③ 　35 ① 　36 ③ 　37 ② 　38 ② 　39 ④ 　40 ③

41 다음 중 TIG 용접에서 박판용접 시 뒷받침의 사용 목적으로 적절하지 않은 것은?

① 용착금속의 손실을 방지한다.
② 용착금속의 용락을 방지한다.
③ 용착금속 내에 기공의 생성을 방지한다.
④ 산화에 의해 외관이 거칠어지는 것을 방지한다.

42 다음 중 TIG 용접에서 나타나는 용접부의 결함으로 볼 수 없는 것은?

① 균열(crack)
② 기공(porosity)
③ 슬래그 혼입(slag inclusion)
④ 비금속 개재물(nonmetallic inclusion)

43 불활성가스를 이용한 용가재인 전극 와이어를 송급장치에 의해 연속적으로 보내어 아크를 발생시키는 소모식 또는 용극식 용접 방식을 무엇이라 하는가?

① TIG 용접
② MIG 용접
③ CO_2 용접
④ MAG 용접

44 MIG 용접의 기본적인 특징이 아닌 것은?

① 아크가 안정되므로 박판(3mm 이하) 용접에 적합하다.
② TIG 용접에 비해 전류밀도가 높다.
③ 피복 아크 용접에 비해 용착효율이 높다.
④ 바람의 영향을 받기 쉬우므로 방풍 대책이 필요하다.

> **MIG 용접의 특징**
> • 대체로 모든 금속의 용접이 가능
> • 용접속도 빠름
> • 용착금속의 품질이 높음
> • 아크 자기제어 특성
> • 정전압 특성, 상승 특성이 있는 직류용접기
> • 반자동 또는 전자동 용접기로 속도가 빠름
> • 3mm 이상의 후판 용접에 적합
> • 피복아크용접에 비해 용착효율이 높아 고능률적
> • TIG 용접에 비해 전류밀도가 높아 용융속도가 빠름
> • CO_2 용접에 비해 스패터 발생이 적어 비교적 아름답고 깨끗한 비드를 얻음
> • 용제가 필요 없으며, 용접 후 슬래그 또는 잔류용제를 제거 처리 필요 없음

45 MIG 용접의 특징에 대한 설명으로 틀린 것은?

① 용접 속도가 빠르다.
② 아크 자기제어 특성이 있다.
③ 전류밀도가 높아 3mm 이상의 판 용접에 적당하다.
④ 직류 정극성 이용 시 청정작용으로 알루미늄이나 마그네슘 용접이 가능하다.

> MIG 용접은 직류 역극성 사용 시 청정작용이 있어 알루미늄이나 마그네슘 용접이 가능하다.

46 불활성가스 금속 아크(MIG) 용접의 특징에 대한 설명으로 옳은 것은?

① 바람의 영향을 받지 않아 방풍대책이 필요 없다.
② 피복 금속 아크 용접에 비해 용착 효율이 높아 고능률적이다.
③ 각종 금속 용접이 불가능하다.
④ TIG 용접에 비해 전류밀도가 낮아 용접속도가 느리다.

> ① 바람의 영향을 받기 쉬우므로 방풍 대책이 필요하다.
> ③ MIG 용접은 대체로 모든 금속의 용접이 가능하고 용접 속도가 빠르다.
> ④ 전류밀도가 TIG 용접의 약 2배, 아크 용접의 약 6~8배 높아 용융속도가 빠르다.

47 불활성가스 금속 아크 용접의 특성에 대한 설명으로 틀린 것은?

① 아크의 자기제어 특성이 있다.
② 일반적으로 전원은 직류 역극성이 이용된다.
③ MIG 용접은 전극이 녹은 용극식 아크 용접이다.
④ 일반적으로 굵은 와이어일수록 용융속도가 빠르다.

> 일반적으로 가는 와이어일수록 용융속도가 빠르다.

48 MIG 용접용의 전류밀도는 TIG 용접의 약 몇 배 정도인가?

① 2
② 4
③ 6
④ 8

> MIG 용접은 전류밀도가 TIG 용접의 약 2배, 아크 용접의 약 6~8배 높아 용융속도가 빠르다.

[12-5]

49 다음 중 MIG 용접에 있어 와이어 속도가 급격하게 감소하면 아크 전압이 높아져서 전극의 용융 속도가 감소하므로 아크 길이가 짧아져 다시 원래의 길이로 돌아오는 특성은?

① 부저항 특성　　　② 자기제어 특성
③ 수하 특성　　　　④ 정전류 특성

[12-4]

50 다음 중 용접 작업에서 전류밀도가 가장 높은 용접은?

① 피복금속 아크 용접
② 산소-아세틸렌 용접
③ 불활성가스 금속 아크 용접
④ 불활성가스 텅스텐 아크 용접

[11-2]

51 전자동 MIG 용접과 반자동 용접을 비교했을 때 전자동 MIG 용접의 장점으로 틀린 것은?

① 우수한 품질의 용접이 얻어진다.
② 생산단가를 최소화 할 수 있다.
③ 용착 효율이 낮아 능률이 매우 좋다.
④ 용접속도가 빠르다.

> 전자동 MIG용접은 용착 효율이 높아 능률이 매우 좋다.

[12-1, 08-1]

52 미그(MIG) 용접 제어장치의 기능으로 아크가 처음 발생되기 전 보호가스를 흐르게 하여 아크를 안정되게 하여 결함 발생을 방지하기 위한 것은?

① 스타트 시간　　　② 가스지연 유출시간
③ 번 백 시간　　　　④ 예비가스 유출시간

> **제어장치의 기능**
> • 예비가스 유출시간 : 아크가 처음 발생되기 전 보호가스를 흐르게 하여 아크를 안정되게 하여 결함 발생을 방지
> • 스타트 시간 : 아크가 발생되는 순간 용접 전류와 전압을 크게 하여 아크의 발생과 모재의 융합을 도움
> • 번 백 시간 : 크레이터 처리 기능에 의해 낮아진 전류가 서서히 줄어들면서 아크가 끊어지는 기능으로 이면 용접부가 녹아내리는 것을 방지
> • 크레이터 충전시간 : 크레이터의 결함을 방지
> • 가스지연 유출시간 : 용접 후 5~25초 동안 가스를 공급하여 크레이터 부위의 산화 방지

[12-2]

53 다음 중 불활성가스 금속 아크 용접 장치에 있어 제어장치의 기능과 가장 거리가 먼 것은?

① 예비가스 유출시간(preflow time)
② 크레이터 충전시간(crate fill time)
③ 가스지연 유출시간(post flow time)
④ 스파크 시간(spark time)

[12-4]

54 다음 중 MIG 용접 시 크레이터 처리 기능에 의해 낮아진 전류가 서서히 줄어들면서 아크가 끊어지는 기능으로 이면 용접부가 녹아내리는 것을 방지하는 기능과 가장 관련이 깊은 것은?

① 스타트 시간(start time)
② 번 백 시간(burn back time)
③ 슬로우 다운 시간(slow down time)
④ 크레이터 충전시간(crate fill time)

[13-2]

55 MIG 용접에서 와이어 송급방식이 아닌 것은?

① 푸시 방식　　　　② 풀 방식
③ 푸시 풀 방식　　　④ 포터블 방식

> **와이어 송급방식**
> • 푸시 방식 : 반자동으로 와이어를 모재로 밀어주는 방식
> • 풀 방식 : 전자동으로 와이어를 모재쪽으로 잡아당기는 방식
> • 푸시 풀 방식 : 와이어 릴과 토치 측의 양측에 송급장치를 부착하는 방식
> • 더블 푸시 방식 : 푸시 방식의 송급장치와 토치의 중간에 보조 푸시 전동기를 부착하는 방식

[09-2]

56 MIG 용접의 와이어 송급방식 중 와이어 릴과 토치 측의 양측에 송급장치를 부착하는 방식을 무엇이라 하는가?

① 푸시 방식　　　　② 풀 방식
③ 푸시-풀 방식　　　④ 더블푸시 방식

[12-1, 11-4, 유사문제 11-5, 07-1, 04-4]

57 MIG 용접에서 사용되는 와이어 송급장치의 종류가 아닌 것은?

① 푸시(push) 방식　　② 풀(pull) 방식
③ 펄스(pulse) 방식　　④ 푸시풀(push-pull) 방식

정답 　49 ②　50 ③　51 ③　52 ④　53 ④　54 ②　55 ④　56 ③　57 ③

[11-5]
58 불활성가스 금속 아크(MIG)용접에서 사용되는 와이어로 적절한 지름은?

① ∅1.0~2.4mm ② ∅5.0~7.0mm

③ ∅3.0~5.0mm ④ ∅4.0~6.4mm

[14-5, 13-1]
59 MIG 용접에서 토치의 종류와 특성에 대한 연결이 잘못된 것은?

① 커브형 토치 – 공랭식 토치 사용

② 거브형 토치 – 단단한 와이어 사용

③ 피스톨형 토치 – 낮은 전류 사용

④ 피스톨형 토치 – 수랭식 사용

> 피스톨형 토치는 수랭식의 연한 비철금속 와이어를 사용하며, 높은 전류를 사용한다.

[10-2]
60 불활성가스 금속 아크 용접의 용접토치 구성 부품 중 노즐과 토치 몸체 사이에서 통전을 막아 절연시키는 역할을 하는 것은?

① 가스 분출기(gas diffuser)

② 인슐레이터(insulator)

③ 팁(tip)

④ 플렉시블 콘딧(flexible conduit)

[11-5]
61 불활성가스 금속 아크 용접에서 용적이행 형태의 종류에 속하지 않는 것은?

① 단락 이행 ② 입상 이행

③ 슬래그 이행 ④ 스프레이 이행

[10-5]
62 불활성가스 금속 아크 용접의 용적이행 방식 중 용융이행 상태는 아크 기류 중에서 용가재가 고속으로 용융, 미입자의 용적으로 분사되어 모재에 용착되는 용적이행은?

① 용락 이행 ② 단락 이행

③ 스프레이 이행 ④ 글로뷸러 이행

[09-5]
63 MIG 용접의 용적이행 형태에 대한 설명 중 맞는 것은?

① 용적이행에는 단락 이행, 스프레이 이행, 입상 이행이 있으며, 가장 많이 사용되는 것은 입상 이행이다.

② 스프레이 이행은 저전압 저전류에서 Ar가스를 사용하는 경합금 용접에서 주로 나타난다.

③ 입상 이행은 와이어보다 큰 용적으로 용융되어 이행하며 주로 CO_2 가스를 사용할 때 나타난다.

④ 직류 정극성일 때 스패터가 적고 용입이 깊게 되며, 용적 이행이 완전한 스프레이 이행이 된다.

> ① 용적이행에는 단락 이행, 스프레이 이행, 입상 이행이 있으며, 가장 많이 사용되는 것은 스프레이 이행이다.
> ② 스프레이 이행은 고전압 고전류에서 아르곤 가스나 헬륨 가스를 사용하는 경합금 용접에서 주로 나타난다.
> ④ 직류 역극성일 때 스패터가 적고 용입이 깊게 되며, 용적 이행이 완전한 스프레이 이행이 된다.

[13-1, 10-4]
64 MIG 용접에 사용되는 보호가스로 적합하지 않은 것은?

① 순수 아르곤 가스 ② 아르곤-산소 가스

③ 아르곤-헬륨 가스 ④ 아르곤-수소 가스

> **보호가스의 종류**
> 아르곤, 헬륨, 아르곤-헬륨, 아르곤-산소, 아르곤-탄산가스, 아르곤-헬륨-탄산가스

[09-1, 05-2]
65 불활성가스 금속 아크(MIG) 용접에서 주로 사용되는 가스는?

① CO ② Ar

③ O_2 ④ H

[12-5, 05-4]
66 다음 중 일반적으로 MIG 용접에 주로 사용되는 전원은?

① 교류 역극성 ② 직류 역극성

③ 교류 정극성 ④ 직류 정극성

정답 58 ① 59 ③ 60 ② 61 ③ 62 ③ 63 ③ 64 ④ 65 ② 66 ②

이산화탄소 아크 용접

[08-1, 06-4, 04-4, 유사문제 12-2, 12-1, 11-5, 11-4, 11-1, 10-2, 06-2]

1 탄산가스 아크 용접의 특징에 대한 설명으로 틀린 것은?

① 용착금속의 기계적 성질이 우수하다.
② 가시 아크이므로 시공이 편리하다.
③ 아르곤 가스에 비하여 가스 가격이 저렴하다.
④ 용입이 얕고 전류밀도가 매우 낮다.

> **탄산가스 아크 용접의 특징**
> • MIG 용접 장치에 불활성가스 대신 이산화탄소를 이용한 소모식 (용극식) 용접
> • 전원은 정전압특성이나 상승특성을 이용한 직류 또는 교류 사용
> • 용착금속의 기계적, 야금적 성질 우수
> • 가시 아크이므로 시공 편리
> • 용극식 용접 방법으로 전류 밀도가 높아 용입이 깊다.
> • 아르곤 가스에 비하여 가스 가격이 저렴
> • 전류 밀도가 높아 용입이 깊고 용접속도를 빠르게 할 수 있다.
> • 자동, 반자동의 고속 용접이 가능
> • 용접 입열이 커서 용융 속도가 빠르다.
> • 모든 용접 자세로 용접이 가능
> • 용접선이 구부러지거나 짧으면 비능률적이다.

[11-1, 유사문제 12-1]

2 CO_2 가스 아크 용접의 특징을 설명한 것으로 틀린 것은?

① 전류밀도가 높아 용입이 깊고 용접속도를 빠르게 할 수 있다.
② 박판(0.8mm)용접은 단락이행 용접법에 의해 가능하며, 전자세 용접도 가능하다.
③ 적용 재질은 거의 모든 재질이 가능하며, 이종(異種) 재질의 용접이 가능하다.
④ 가시 아크이므로 용융지의 상태를 보면서 용접할 수 있어 용접진행의 양(良)·부(不) 판단이 가능하다.

> 알루미늄, 마그네슘, 티타늄 등은 표면에 산화막이 형성되어 용착을 방해하기 때문에 이산화탄소가스 아크 용접에는 사용하지 않는다.

[10-1]

3 CO_2 가스 아크 용접할 때 전원특성과 아크 안정 제어에 대한 설명 중 틀린 것은?

① CO_2 가스 아크 용접기는 일반적으로 직류 정전압 특성이나 상승 특성의 용접전원이 사용된다.
② 정전압 특성은 용접전류가 증가할 때마다 다소 높아지는 특성을 말한다.

③ 정전압 특성 전원과 와이어의 송급 방식의 결합에서는 아크의 길이 변동에 따라 전류가 대폭 증가 또는 감소하여도 아크 길이를 일정하게 유지시키는 것을 "전원의 자기제어 특성에 의한 아크 길이 제어"라 한다.
④ 전원의 자기제어 특성에 의한 아크 길이 제어 특성은 솔리드 와이어나 직경이 작은 복합와이어 등을 사용하는 CO_2 가스 아크 용접기의 적합한 특성이다.

> 정전압 특성은 용접전류가 증가할 때마다 전압이 일정하게 되는 특성을 말한다.

[12-2]

4 전류가 증가하여 전압이 일정하게 되는 특성으로 이산화탄소 아크 용접장치 등의 아크 발생에 필요한 용접기의 외부 특성은?

① 상승 특성   ② 정전류 특성
③ 정전압 특성   ④ 부저항 특성

[12-5, 11-5]

5 다음 중 CO_2 가스 아크 용접의 장점으로 틀린 것은?

① 용착 금속의 기계적 성질이 우수하다.
② 슬래그 혼입이 없고, 용접 후 처리가 간단하다.
③ 전류밀도가 높아 용입이 깊고 용접 속도가 빠르다.
④ 풍속 2m/s 이상의 바람에도 영향을 받지 않는다.

> 풍속이 2m/s 이상일 경우 방풍장치가 필요하다.

[12-2, 10-4, 10-5]

6 탄산가스 아크 용접법으로 주로 용접하는 금속은?

① 연강   ② 구리와 동합금
③ 스테인리스강   ④ 알루미늄

[08-1]

7 이산화탄소 아크 용접에서 용접전류는 용입을 결정하는 가장 큰 요인이다. 아크전압은 무엇을 결정하는 가장 중요한 요인인가?

① 용착금속량   ② 비드형상
③ 용입   ④ 용접결함

> 용접전류는 용입을 결정하는 중요한 요인이며, 아크전압은 비드의 형상을 결정하는 중요한 요인이다.

정답 [이산화탄소 아크 용접] 1 ④ 2 ③ 3 ② 4 ③ 5 ④ 6 ① 7 ②

[12-2, 06-4, 유사문제 11-2]

8 반자동 용접(CO_2 용접)에서 용접전류와 전압을 높일 때의 특성에 대한 설명으로 옳은 것은?

① 용접전류가 높아지면 용착률과 용입이 감소한다.
② 아크전압이 높아지면 비드가 좁아진다.
③ 용접전류가 높아지면 와이어의 용융속도가 느려진다.
④ 아크전압이 지나치게 높아지면 기포가 발생한다.

① 용접전류가 높아지면 와이어의 녹아내림이 빠르고 용착률과 용입이 증가한다.
② 아크 전압이 높아지면 비드가 넓어지고 납작해지며, 지나치게 높아지면 기포가 발생한다.
③ 용접전류가 높아지면 와이어의 용융속도가 빨라진다.

[11-4, 10-2]

9 CO_2 가스 아크 용접에 대한 설명으로 틀린 것은?

① 전류를 높게 하면 와이어의 녹아내림이 빠르고 용착률과 용입이 증가한다.
② 아크 전압을 높이면 비드가 넓어지고 납작해지며, 지나치게 아크 전압을 높이면 기포가 발생한다.
③ 아크 전압이 너무 낮으면 볼록하고 넓은 비드를 형성하며, 와이어가 잘 녹는다.
④ 용접 속도가 빠르면 모재의 입열이 감소되어 용입이 얇아지고 비드 폭이 좁아진다.

아크 전압이 너무 낮으면 볼록하고 좁은 비드를 형성한다.

[11-2, 10-4, 09-4]

10 이산화탄소 가스 아크 용접에서 아크 전압이 높을 때의 비드 형상으로 맞는 것은?

① 비드가 넓어지고 납작해진다.
② 비드가 좁아지고 납작해진다.
③ 비드가 넓어지고 볼록해진다.
④ 비드가 좁아지고 볼록해진다.

아크 전압이 높으면 비드가 넓어지고 납작해지며, 반대로 아크 전압이 낮으면 비드가 좁아지고 볼록해진다.

[11-5, 10-4]

11 이산화탄소 가스 아크 용접에서 용착속도에 따른 내용 중 틀린 것은?

① 와이어 용융속도는 아크전류에 거의 정비례하며 증가한다.

② 용접속도가 빠르면 모재의 입열이 감소한다.
③ 용착률은 일반적으로 아크전압이 높은 쪽이 좋다.
④ 와이어 용융속도는 와이어의 지름과는 거의 관계가 없다.

용착률은 용접전류와 관계있으며, 용접전류가 높아지면 용착률과 용입이 증가한다.

[10-4, 09-2]

12 이산화탄소 아크 용접의 시공법에 대한 설명으로 맞는 것은?

① 와이어의 돌출길이가 길수록 비드가 아름답다.
② 와이어의 용융속도는 아크전류에 정비례하여 증가한다.
③ 와이어의 돌출길이가 길수록 늦게 용융된다.
④ 와이어의 돌출길이가 길수록 아크가 안정된다.

와이어의 돌출길이가 길수록 용융속도가 증가하며, 용입 및 비드 폭이 감소한다.

[12-4]

13 와이어 돌출길이는 콘택트 팁(Contact tip) 선단으로부터 와이어 선단부분까지의 길이를 의미하는데 와이어를 이용한 용접법에서는 용접결과에 미치는 영향으로 매우 중요한 인자이다. 다음 중 CO_2 용접에서 와이어 돌출길이(Wire extend length)가 길어질 경우의 설명으로 틀린 것은?

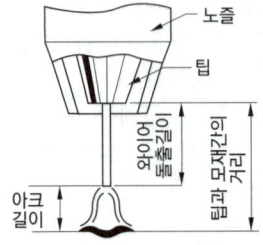

① 전기저항열이 증가한다.
② 용착속도가 커진다.
③ 보호효과가 나빠진다.
④ 용착효율이 작아진다.

와이어 돌출길이가 길어질수록 용착효율이 좋아진다.

정답 ▶ 8 ④ 9 ③ 10 ① 11 ③ 12 ② 13 ④

[14-5, 10-2, 10-5]

14 CO_2 가스 아크 용접 시 저전류 영역에서 가스유량은 약 몇 ℓ/min 정도가 가장 적당한가?

① 1~5 ② 6~10
③ 10~15 ④ 16~20

> 이산화탄소 가스 아크 용접 시 가스유량
> • 저전류 영역 : 10~15 ℓ/min
> • 고전류 영역 : 20~25 ℓ/min

[13-2, 08-5]

15 CO_2 가스 아크용접을 보호가스와 용극가스에 의해 분류했을 때 용극식의 솔리드 와이어 혼합 가스법에 속하는 것은?

① CO_2 + C법 ② CO_2+CO+Ar법
③ CO_2+CO+O_2법 ④ CO_2+Ar법

> 용극식 솔리드 와이어 혼합가스법
> • CO_2+ Ar법 • CO_2+O_2법
> • CO_2+CO법 • CO_2+Ar+O_2법

[12-5]

16 CO_2 가스 아크 용접에서 솔리드 와이어(Solid wire) 혼합가스법에 해당되지 않는 것은?

① CO_2+O_2 법 ② CO_2+CO 법
③ CO+C_2H_2 법 ④ CO_2+Ar+CO_2 법

[13-1]

17 CO_2 가스 아크 용접 시 보호가스로 CO_2+Ar+O_2를 사용할 때의 좋은 효과로 볼 수 없는 것은?

① 슬래그 생성량이 많아져 비드 표면을 균일하게 덮어 급랭을 방지하며, 비드 외관이 개선된다.
② 용융지의 온도가 상승하며, 용입량도 다소 증대된다.
③ 비금속 개재물의 응집으로 용착강이 청결해진다.
④ 스패터가 많아지며, 용착강의 환원반응을 활발하게 한다.

> 혼합가스를 사용하면 스패터가 감소한다.

[10-4, 09-2]

18 이산화탄소 아크 용접에서 아르곤과 이산화탄소를 혼합한 보호가스를 사용할 경우의 설명으로 가장 거리가 먼 것은?

① 스패터의 발생량이 적다.

② 용착효율이 양호하다.
③ 박판의 용접조건 범위가 좁아진다.
④ 혼합비는 아르곤이 80%일 때 용착효율이 가장 좋다.

> 박판의 용접조건 범위가 넓어진다.

[11-2]

19 탄산가스를 이용한 용극식 용접에서 용융강 중의 산화철(FeO)을 감소시켜 기포를 방지하기 위해 와이어에 첨가하는 원소는?

① C, Na ② Si, Mn
③ Mg, Ca ④ S, P

> 탈산제인 Mn과 Si를 와이어에 첨가하면 산화철을 감소시켜 일산화탄소 기포를 방지할 수 있다.

[13-2, 10-2]

20 탄산가스 아크 용접의 종류에 해당되지 않는 것은?

① NCG법
② 테르밋 아크법
③ 유니언 아크법
④ 퓨즈 아크법

> 용극식 복합와이어 CO_2가스 아크용접법의 종류에는 NCG법, 유니언 아크법, 퓨즈 아크법, 아코스 아크법이 있다.

[13-1]

21 CO_2 가스 아크 용접에서 용제가 들어있는 와이어 CO_2 법의 종류에 속하지 않는 것은?

① 솔리드 아크법
② 유니언 아크법
③ 퓨즈 아크법
④ 아코스 아크법

> 용제가 들어있는 와이어 CO_2 법의 종류에는 NCG법, 유니언 아크법, 퓨즈 아크법, 아코스 아크법이 있다.

[12-1, 08-2]

22 다음 중 복합 와이어 CO_2 가스 아크용접법이 아닌 것은?

① 아코스 아크법 ② 유니언 아크법
③ NCG법 ④ SYG법

정답 ▶ **14** ③ **15** ④ **16** ③ **17** ④ **18** ③ **19** ② **20** ② **21** ① **22** ④

[10-4]

23 이산화탄소 아크 용접에 사용되는 와이어에 대한 설명으로 틀린 것은?

① 용접용 와이어에는 솔리드와이어와 복합와이어가 있다.

② 솔리드와이어는 실체(나체)와이어라고도 한다.

③ 복합와이어는 비드의 외관이 아름답다.

④ 복합와이어는 용제에 탈산제, 아크 안정제 등 합금원소가 포함되지 않은 것이다.

> 복합와이어는 용제에 탈산제, 아크 안정제 등 합금원소가 포함된 것이다.

[11-4, 유사문제 12-4]

24 CO_2 가스 아크 용접에서 솔리드 와이어에 비교한 복합 와이어의 특징을 설명한 것으로 틀린 것은?

① 양호한 용착금속을 얻을 수 있다.

② 스패터가 많다.

③ 아크가 안정된다.

④ 비드 외관이 깨끗하며 아름답다.

> 복합 와이어는 스패터의 발생이 적다.

[12-5, 08-5]

25 CO_2 가스 아크 용접용 와이어 중 탈산제, 아크 안정제 등 합금원소가 포함되어 있어 양호한 용착금속을 얻을 수 있으며, 아크도 안정되어 스패터가 적고 비드의 외관이 깨끗하게 되는 것은?

① 혼합 솔리드 와이어

② 복합 와이어

③ 솔리드 와이어

④ 특수 와이어

[04-2]

26 이산화탄소 아크 용접 토치 취급 시 주의사항 중 틀린 것은?

① 와이어 굵기에 적합한 팁을 끼운다.

② 팁구멍의 마모상태를 점검한다.

③ 토치 케이블은 가능한 한 곡선으로 사용한다.

④ 노즐에 부착된 스패터를 제거한다.

> 토치 케이블은 가능하면 곧게 펼친 상태에서 사용한다.

[11-1]

27 CO_2 가스 아크 용접용 토치의 구조에 속하지 않는 것은?

① 스프링 라이너

② 가스 디퓨즈

③ 가스 캡

④ 노즐

[13-1]

28 다음 그림은 탄산가스 아크 용접(CO_2 gas arc welding)에서 용접토치의 팁과 모재 부분을 나타낸 것이다. d 부분의 명칭을 올바르게 설명한 것은?

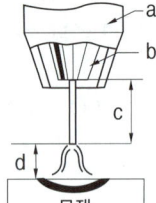

① 팁과 모재간 거리

② 가스 노즐과 팁간 거리

③ 와이어 돌출 길이

④ 아크 길이

> a – 노즐, b – 팁, c – 와이어 돌출 길이

[13-2]

29 CO_2 가스 아크 편면용접에서 이면 비드의 형성은 물론 뒷면 가우징 및 뒷면 용접을 생략할 수 있고 모재의 중량에 따른 뒤엎기(turn over) 작업을 생략할 수 있도록 홈 용접부 이면에 부착하는 것은?

① 포지셔너

② 스캘럽

③ 엔드 탭

④ 뒷댐재

[11-5]

30 반자동 CO_2 가스 아크 편면(one side)용접 시 뒷댐 재료로 가장 많이 사용되는 것은?

① 세라믹 제품

② CO_2 가스

③ 테프론 테이프

④ 알루미늄 판재

> 용접부의 이면에 뒷댐재를 부착하여 이면 비드의 형성은 물론 뒷면 가우징 및 뒷면 용접을 생략할 수 있고 모재의 중량에 따른 뒤엎기 (turn over) 작업을 생략할 수 있어 작업 시간을 단축할 수 있는데, 뒷댐 재료로는 세라믹 제품이 많이 사용된다.

[09-5, 유사문제 10-1]

31 CO_2 가스 아크 용접에서 기공 발생의 원인이 아닌 것은?

① CO_2 가스 유량이 부족하다.

② 노즐과 모재 간 거리가 지나치게 길다.

③ 바람에 의해 CO_2 가스가 날린다.

④ 엔드 탭(end tap)을 부착하여 고전류를 사용한다.

정답 ▶ **23** ④ **24** ② **25** ② **26** ③ **27** ③ **28** ④ **29** ④ **30** ① **31** ④

기공의 발생 원인
- CO_2 가스 유량이 부족할 경우
- CO_2 가스에 공기가 혼입되어 있을 경우
- 노즐과 모재 간의 거리가 지나치게 길 경우
- 바람에 의해 CO_2 가스가 날리는 경우
- 가스노즐에 스패터가 부착되어 있을 경우
- 모재가 오염되거나 녹, 페인트가 있을 경우

[12-4]
32 다음 중 CO_2 가스 아크 용접의 자기쏠림 현상을 방지하는 대책으로 틀린 것은?

① 가스 유량을 조절한다.
② 어스의 위치를 변경한다.
③ 용접부의 틈을 적게 한다.
④ 엔드 탭을 부착한다.

자기쏠림 방지대책
- 어스의 위치를 변경한다.
- 용접부의 틈을 적게 한다.
- 엔드 탭을 부착한다.
- 용적 이행 상태에 따라 와이어를 사용한다.

[25년, 13-5, 10-1]
33 CO_2 가스 아크 용접 결함에 있어서 다공성이란 무엇을 의미하는가?

① 질소, 수소, 일산화탄소 등에 의한 기공을 말한다.
② 와이어 선단부에 용적이 붙어 있는 것을 말한다.
③ 스패터가 발생하여 비드의 외관에 붙어 있는 것을 말한다.
④ 노즐과 모재 간 거리가 지나치게 작아서 와이어 송급불량을 의미한다.

[10-2]
34 CO_2 용접 중 와이어가 팁에 용착될 때의 방지대책으로 틀린 것은?

① 팁과 모재 사이의 거리는 와이어의 지름에 관계없이 짧게만 사용한다.
② 와이어를 모재에서 떼놓고 아크 스타트를 한다.
③ 와이어에 대한 팁의 크기가 맞는 것을 사용한다.
④ 와이어의 선단에 용적이 붙어 있을 때는 와이어 선단을 절단한다.

팁과 모재 사이의 거리는 와이어의 지름에 따라 결정되며, 거리가 짧을 경우 용착현상이 나타난다.

[09-4, 06-4]
35 이산화탄소 아크 용접의 저전류 영역(약 200A 미만)에서 팁과 모재 간의 거리는 약 몇 mm 정도가 가장 적합한가?

① 5~10　　　　② 10~15
③ 15~20　　　　④ 20~25

[11-4, 05-2]
36 CO_2 가스 아크 용접의 보호가스 설비에서 히터장치가 필요한 가장 중요한 이유는?

① 액체가스가 기체로 변하면서 열을 흡수하기 때문에 조정기의 동결을 막기 위하여
② 기체가스를 냉각하여 아크의 안정을 위하여
③ 기체가스를 냉각하여 아크의 안정을 위하여
④ 용접부의 다공성을 방지하기 위하여 가스를 예열하여 산화를 방지하기 위하여

[08-2]
37 이산화탄소 아크 용접 시 후판의 아크전압 산출 공식은?

① $V_0 = 0.04 \times I + 20 \pm 2.0$
② $V_0 = 0.05 \times I + 30 \pm 3.0$
③ $V_0 = 0.06 \times I + 40 \pm 4.0$
④ $V_0 = 0.07 \times I + 50 \pm 5.0$

[12-4, 10-1]
38 두께가 3.2mm인 박판을 CO_2 가스 아크 용접법으로 맞대기 용접을 하고자 한다. 용접전류 100A를 사용할 때, 이에 가장 적합한 아크 전압[V]의 조정 범위는?

① 10~13V　　　　② 18~21V
③ 23~26V　　　　④ 28~31V

아크 전압 산출 공식
- 박판 = $0.04 \times I + 15.5 \pm 1.5$
- 후판 = $0.04 \times I + 20 \pm 2.0$

[09-1, 유사문제 11-1]
39 이산화탄소의 성질이 아닌 것은?

① 색, 냄새가 없다.
② 대기 중에서 기체로 존재한다.
③ 상온에서도 쉽게 액화한다.
④ 공기보다 가볍다.

정답 ▶ 32 ① 33 ① 34 ① 35 ② 36 ① 37 ① 38 ② 39 ④

[12-5]

40 다음 중 CO_2 가스 아크 용접에 사용되는 CO_2에 관한 설명으로 틀린 것은?

① 대기 중에서 기체로 존재하며, 공기보다 가볍다.
② 아르곤 가스와 혼합하여 사용할 경우 용융금속의 이행이 스프레이 이행으로 변한다.
③ 공기 중에 농도가 높아지면 눈, 코, 입에 자극을 느끼게 된다.
④ 충진된 액체 상태의 가스가 용기로부터 기화되어 빠른 속도로 배출 시 팽창에 의해 온도가 낮아진다.

> 이산화탄소는 공기보다 무겁다.

[12-1, 10-5, 09-4]

41 다음 중 CO_2 가스 아크 용접 시 작업장의 이산화탄소 체적 농도가 3~4%일 때 인체에 일어나는 현상으로 가장 적절한 것은?

① 두통 및 뇌빈혈을 일으킨다.
② 위험상태가 된다.
③ 치사량이 된다.
④ 아무렇지도 않다.

> **인체에 미치는 이산화탄소의 영향**
> • 3~4% : 두통 및 뇌빈혈   • 15% 이상 : 위험 상태
> • 30% : 치사량

[13-2, 11-2, 10-4]

42 CO_2 가스 아크 용접 시 작업장의 CO_2 가스가 몇 % 이상이면 인체에 위험한 상태가 되는가?

① 1%   ② 4%   ③ 10%   ④ 15%

[07-4]

43 CO_2 아크용접의 솔리드와이어 용접봉에 대한 설명으로 YGA-50W-1.2-20에서 "50"이 뜻하는 것은?

① 용접봉의 무게
② 용착금속의 최소 인장강도
③ 용접와이어
④ 가스실드 아크용접

> Y : 용접와이어   W : 와이어의 화학성분
> G : 가스실드 아크용접   1.2 : 와이어의 지름
> A : 내후성 강용   20 : 와이어 무게
> 50 : 용착금속의 최소 인장강도

플라스마 아크 용접

[12-5, 08-2, 05-1]

1 다음 중 열적 핀치 효과와 자기적 핀치 효과를 이용하는 용접은?

① 초음파 용접   ② 고주파 용접
③ 레이저 용접   ④ 플라스마 아크 용접

> • 자기적 핀치 효과 : 고전류가 되면 방전전류에 의하여 자장과 전류의 작용으로 아크의 단면이 수축되고, 결과 아크 단면이 수축하여 가늘게 되고 전류밀도가 증가하는 성질
> • 열적 핀치 효과 : 열손실을 최소화하기 위해 단면이 수축되고 전류밀도가 증가하는 성질

[11-2]

2 아크 플라스마는 고전류가 되면 방전전류에 의하여 자장과 전류의 작용으로 아크의 단면이 수축되고, 결과 아크 단면이 수축하여 가늘게 되고 전류밀도가 증가한다. 이와 같은 성질을 무엇이라고 하는가?

① 열적 핀치효과   ② 자기적 핀치효과
③ 플라스마 핀치효과   ④ 동적 핀치효과

[05-4]

3 플라스마 제트 절단에서 열적 핀치 효과란?

① 아크 단면은 크게 되고 전류 밀도는 증가하여 온도가 상승함
② 아크 단면은 가늘게 되고 전류 밀도도 증가하여 온도가 상승함
③ 아크 단면은 변화 없고 전류 밀도도 변화 없이 온도가 상승함
④ 아크 단면은 크게 되고 전류 밀도는 낮아지면서 온도가 상승함

[13-2, 10-1, 10-5]

4 플라스마 아크 용접장치에서 아크 플라스마의 냉각가스로 쓰이는 것은?

① 아르곤과 수소의 혼합가스
② 아르곤과 산소의 혼합가스
③ 아르곤과 메탄의 혼합가스
④ 아르곤과 프로판의 혼합가스

> 플라스마 아크 용접에는 수소, 아르곤, 헬륨 가스가 사용된다.

정답 ▶ 40 ① 41 ① 42 ④ 43 ② [플라스마 아크 용접] 1 ④ 2 ② 3 ② 4 ①

[12-2]

5 다음 중 플라스마(plasma) 아크 용접의 특징으로 볼 수 없는 것은?

① 용접속도가 빠르므로 가스의 보호가 불충분하다.
② 용접부의 금속학적, 기계적 성질이 좋으며 변형도 적다.
③ 무부하 전압이 일반 아크 용접기의 2~5배 정도 높다.
④ 핀치 효과에 의해 전류 밀도가 작아지므로 용입이 얇고 비드폭이 넓어진다.

> 플라스마 아크 용접은 용입이 깊고 비드폭이 좁다.

[09-2, 유사문제 13-1]

6 플라스마 아크 용접의 장점이 아닌 것은?

① 핀치효과에 의해 전류밀도가 작고 용입이 얇다.
② 용접부의 기계적 성질이 좋으며 용접변형이 적다.
③ 1층으로 용접할 수 있으므로 능률적이다.
④ 비드폭이 좁고 용접속도가 빠르다.

> 플라스마 아크 용접은 전류밀도가 크고 용입이 깊다.

[10-4, 05-4]

7 플라스마 아크에 사용되는 가스가 아닌 것은?

① 암모니아   ② 수소
③ 아르곤   ④ 헬륨

[12-4]

8 다음 중 플라스마 아크 용접에 적합한 모재로 짝지어진 것이 아닌 것은?

① 텅스텐 – 백금   ② 티탄 – 니켈 합금
③ 티탄 – 구리   ④ 스테인리스강 – 탄소강

> 플라스마 아크 용접은 티탄, 구리, 니켈합금, 탄소강, 스테인리스강 등의 용접에 사용된다.

[11-1]

9 플라스마 아크 용접에서 매우 적은 양의 수소(H_2)를 혼입하여도 용접부가 약화될 위험성이 있는 재질은?

① 티탄   ② 연강
③ 니켈합금   ④ 알루미늄

> 티탄, 지르코늄 등의 활성금속의 용접에는 수소를 혼입하면 안 된다.

[12-1]

10 플라스마 아크 용접에서 아크의 종류가 아닌 것은?

① 관통형 아크   ② 반이행형 아크
③ 이행형 아크   ④ 비이행형 아크

> **아크의 종류**
> • 비이행형 아크 : 텅스텐 전극과 구속 노즐 사이에 방전을 일으키고 노즐을 통해 아크를 발생
> • 이행형 아크 : 비소모성 전극봉과 모재 사이의 전기 방전을 용접 열원으로 사용

[09-4]

11 플라스마 아크 용접의 아크 종류 중 텅스텐 전극과 구속 노즐 사이에서 아크를 발생시키는 것은?

① 이행형(transferred) 아크
② 비이행형(non transferred) 아크
③ 반이행형(semi transferred) 아크
④ 펄스(pulse) 아크

테르밋 용접

[13-1, 유사문제 12-1]

1 미세한 알루미늄 분말과 산화철 분말을 혼합하여 과산화바륨과 알루미늄 등 혼합분말로 된 점화제를 넣고 연소시켜 그 반응열로 용접하는 것은?

① 테르밋 용접   ② 전자빔 용접
③ 불활성가스 아크 용접   ④ 원자 수소 용접

[12-5]

2 다음 중 산화철 분말과 알루미늄 분말을 혼합한 배합제에 점화하면 반응열이 약 2,800℃에 달하며, 주로 레일이음에 사용되는 용접법은?

① 스폿 용접   ② 테르밋 용접
③ 심용접   ④ 일렉트로 가스 용접

[14-4, 09-4, 07-2]

3 금속산화물이 알루미늄에 의하여 산소를 빼앗기는 반응에 의해 생성되는 열을 이용하여 금속을 접합하는 용접 방법은?

① 일렉트로 슬래그 용접
② 테르밋 용접
③ 불활성가스 금속 아크 용접
④ 저항 용접

정답 **5** ④ **6** ① **7** ① **8** ① **9** ① **10** ① **11** ② **[테르밋 용접] 1** ① **2** ② **3** ②

[13-1, 10-1, 유사문제 13-2]

4 테르밋 용접의 특징에 대한 설명으로 틀린 것은?

① 용접 작업이 단순하고 용접 결과의 재현성이 높다.
② 용접시간이 짧고 용접 후 변형이 적다.
③ 전기가 필요하고 설비비가 비싸다.
④ 용접기구가 간단하고 작업장소의 이동이 쉽다.

> 테르밋 용접은 금속산화물이 알루미늄에 의하여 산소를 빼앗기는 반
> 응에 의해 생성되는 열을 이용하여 금속을 접합하는 용접 방법으로
> 용접봉에 전력이 필요 없으며 설비비가 싸다.

[12-4, 11-4, 10-1]

5 다음 중 테르밋 용접의 특징에 관한 설명으로 틀린 것은?

① 전기가 필요 없다.
② 용접 작업이 단순하다.
③ 용접 시간이 길고, 용접 후 변형이 크다.
④ 용접기구가 간단하고, 작업장소의 이동이 쉽다.

> 테르밋 용접은 용접 시간이 짧고 용접 후 변형이 적다.

[11-4]

6 테르밋 용접에서 미세한 알루미늄 분말과 산화철 분말의 중량비로 가장 올바른 것은?

① 1~2 : 1
② 3~4 : 1
③ 5~6 : 1
④ 7~8 : 1

[11-1]

7 다음 중 테르밋제의 점화제가 아닌 것은?

① 과산화바륨
② 망간
③ 알루미늄
④ 마그네슘

> 테르밋 용접은 미세한 알루미늄 분말과 산화철 분말을 혼합하여 과
> 산화바륨과 알루미늄(또는 마그네슘) 등 혼합분말로 된 점화제를 넣
> 고 연소시켜 그 반응열로 용접하는 방법이다.

[12-1, 유사문제 11-2]

8 주로 레일의 접합, 차축, 선박의 프레임 등 비교적 큰 단면을 가진 주조나 단조품의 맞대기 용접과 보수용접에 주로 사용되며, 용접작업이 단순하고, 용접 결과의 재현성이 높지만 용접비용이 비싼 용접법은?

① 가스 용접
② 테르밋 용접
③ 플래시 버트 용접
④ 프로젝션 용접

스터드 용접

[10-4, 유사문제 10-1, 06-1]

1 볼트나 환봉 등을 직접 강판이나 형강에 용접하는 방법으로 볼트나 환봉을 피스톤형의 홀더에 끼우고 모재와 볼트 사이에 순간적으로 아크를 발생시켜 용접하는 방법은?

① 테르밋 용접
② 스터드 용접
③ 서브머지드 아크 용접
④ 불활성가스 용접

[06-1]

2 볼트나 환봉을 피스톤의 홀더에 끼우고 모재와 볼트 사이에 0.1~2초 정도의 아크를 발생시켜 용접하는 것은?

① 피복 아크 용접
② 스터드 용접
③ 테르밋 용접
④ 전자빔 용접

[13-2, 09-5, 07-4, 04-4, 유사문제 12-2]

3 아크를 보호하고 집중시키기 위하여 내열성의 도기로 만든 페룰(ferrule)이라는 기구를 사용하는 용접은?

① 스터드 용접
② 테르밋 용접
③ 전자빔 용접
④ 플라스마 용접

> 페룰은 모재와 접촉하는 부분에 홈이 패여 있어 내부에서 발생하는
> 열과 가스를 방출할 수 있도록 한 장치이다. 페룰의 역할은 용융금속
> 의 유출 방지, 용융금속의 산화 방지, 용착부의 오염 방지, 용접사의
> 눈을 아크로부터 보호하는 것이다.

[12-5, 10-2, 유사문제 11-4, 09-1]

4 다음 중 스터드 용접에서 페룰의 역할이 아닌 것은?

① 아크열을 발산한다.
② 용착부의 오염을 방지한다.
③ 용융금속의 유출을 막아준다.
④ 용융금속의 산화를 방지한다.

[10-4]

5 용접 방법을 올바르게 설명한 것은?

① 스터드 용접 : 볼트나 환봉 등을 직접 강판이나 형강에 용접하는 방법으로 용접법에 해당된다.
② 서브머지드 아크 용접 : 일명 잠호용접이라고도 부르며 상품명으로 유니언 아크 용접이 있다.
③ 불활성가스 아크 용접 : TIG, MIG가 있으며 보호가스로는 Ar, O_2 가스를 사용한다.

④ 이산화탄소 아크 용접 : 이산화탄소 가스를 이용한 용극식 용접 방법이며, 비가시 아크이다.

> ② 서브머지드 아크 용접은 일명 잠호용접이라고도 부르며 상품명으로 유니언 멜트 용접이 있다.
> ③ 불활성가스 아크 용접에는 TIG, MIG가 있으며 보호가스로는 아르곤과 헬륨 가스를 사용한다.
> ④ 이산화탄소 아크 용접은 불활성가스 대신 이산화탄소 가스를 이용한 용극식 용접 방법이며, 가시 아크이다.

[05-4]

6 스터드 용접의 특징이 아닌 것은?

① 아크열을 이용하여 자동적으로 단시간에 용접부를 가열 용융해서 용접하므로 변형이 극히 적다.
② 용접 후 냉각속도가 비교적 빠르므로 모재의 성분이 어느 것이든지 용착 금속부가 경화되는 경우가 있다.
③ 통전시간이나 용접전류가 알맞지 않고 모재에 대한 스터드의 압력이 불충분해도 용접결과는 양호하나 외관은 거칠다.
④ 철강재료 외에 구리, 황동, 알루미늄, 스테인리스강에도 적용된다.

> 통전시간이나 용접 전류가 알맞지 않고 모재에 대한 스터드의 압력이 불충분할 때에는 외관상으로는 큰 지장이 없으나, 양호한 용접결과를 얻을 수는 없다.

일렉트로 슬래그 용접

[10-2, 유사문제 11-5]

1 수냉동판을 용접부의 양면에 부착하고 용융된 슬래그 속에서 전극와이어를 연속적으로 송급하여 용융슬래그 내를 흐르는 저항 열에 의하여 전극와이어 및 모재를 용융 접합시키는 용접법은?

① 초음파 용접
② 플라스마 제트 용접
③ 일렉트로 가스 용접
④ 일렉트로 슬래그 용접

[13-2, 11-2, 08-1, 04-2]

2 아크를 발생시키지 않고 와이어와 용융 슬래그 모재 내에 흐르는 전기 저항열에 의하여 용접하는 방법은?

① TIG 용접
② MIG 용접
③ 일렉트로 슬래그 용접
④ 이산화탄소 아크 용접

[11-1, 유사문제 10-4]

3 선박, 보일러 등 두꺼운 판의 용접 시 용융 슬래그와 와이어의 저항열을 이용, 연속적으로 공급하면서 용접하는 방법으로 맞는 것은?

① 테르밋 용접
② 일렉트로 슬래그 용접
③ 넌실드 아크 용접
④ 서브머지드 아크 용접

[09-1]

4 일렉트로 슬래그 용접법에 사용되는 용제(flux)의 주성분이 아닌 것은?

① 산화규소 ② 산화망간
③ 산화알루미늄 ④ 산화티탄

[10-4]

5 일렉트로 슬래그 용접의 장점이 아닌 것은?

① 용접능률과 용접품질이 우수하므로 후판용접 등에 적당하다.
② 용접 진행 중 용접부를 직접 관찰할 수 있다.
③ 최소한의 변형과 최단시간의 용접법이다.
④ 다전극을 이용하면 더욱 능률을 높일 수 있다.

> 일렉트로 슬래그 용접은 아크를 발생시키지 않고 용융슬래그 내를 흐르는 저항열을 이용하기 때문에 작업 진행상황을 육안으로 확인할 수 없다.

[12-2]

6 다음 일렉트로 슬래그 용접에 관한 설명으로 틀린 것은?

① 수직 상진으로 단층 용접을 하는 방식이다.
② 용접 전원으로는 정전압형의 교류가 적합하다.
③ 용융 금속의 용착량이 100%가 되는 용접 방법이다.
④ 높은 아크열을 이용하여 효율적으로 용접하는 방식이다.

> 일렉트로 슬래그 용접은 아크를 발생하지 않고 전기 저항열을 이용하여 용접하는 방법이다.

[10-4]

7 다음 중 가장 두꺼운 판을 용접할 수 있는 용접법은?

① 불활성가스 아크 용접
② 산소-아세틸렌 용접
③ 일렉트로 슬래그 용접
④ 이산화탄소 아크 용접

> 일렉트로 슬래그 용접은 용접능률과 용접품질이 우수하므로 선박, 보일러 등 두꺼운 판의 용접에 적합하다.

[12-2]

8 다음 중 안내 레일형 일렉트로 슬래그 용접장치의 주요 구성에 해당하지 않는 것은?

① 안내레일　　　　② 제어상자
③ 냉각장치　　　　④ 와이어 절단장치

> 안내 레일형 일렉트로 슬래그 용접장치의 주요 구성 : 안내레일, 제어상자, 냉각장치, 냉각수, 수냉동판

[12-5]

9 다음 중 안내 레일형 일렉트로 슬래그 용접에 필요한 장치로 옳은 것은?

① 송급장치, 콘택트 팁　　② 콘택트 팁, 주행대차
③ 가이드레일, 주행대차　　④ 냉각수 및 수냉동판

프로젝션 용접

[04-1]

1 제품의 한쪽 또는 양쪽에 돌기를 만들어 이 부분에 용접 전류를 집중시켜 압접하는 방법은?

① 프로젝션 용접　　② 점용접
③ 전자빔 용접　　　④ 심용접

[10-2]

2 프로젝션 용접의 용접 요구조건에 대한 설명으로 틀린 것은?

① 전류가 통한 후에 가압력에 견딜 수 있을 것
② 상대 판이 충분히 가열될 때까지 녹지 않을 것
③ 성형 시 일부에 전단 부분이 생기지 않을 것
④ 성형에 의한 변형이 없고 용접 후 양면의 밀착이 양호할 것

> 전류가 통하기 전의 가압력에 견딜 수 있을 것

[13-2]

3 이음형상에 따라 저항용접을 분류할 때 맞대기 용접에 속하는 것은?

① 업셋 용접　　　　② 스폿 용접
③ 심용접　　　　　④ 프로젝션 용접

> 맞대기 저항용접 : 업셋 용접, 플래시 용접, 퍼커션 용접

[12-2]

4 다음 중 이음 형상에 따른 저항 용접의 분류에 있어 겹치기 저항 용접에 해당하지 않는 것은?

① 점용접　　　　　② 퍼커션 용접
③ 심용접　　　　　④ 프로젝션 용접

> 겹치기 저항용접 : 점용접, 심용접, 프로젝션 용접

[10-5]

5 전기저항 용접이 아닌 것은?

① TIG 용접　　　　② 점용접
③ 프로젝션 용접　　④ 플래시 용접

[09-5]

6 전기 저항용접에 속하지 않는 것은?

① 테르밋 용접　　　② 점용접
③ 프로젝션 용접　　④ 심용접

점용접과 심용접

[25년, 11-4, 10-4, 09-2]

1 점용접의 3대 요소가 아닌 것은?

① 전극모양　　　　② 통전시간
③ 가압력　　　　　④ 전류세기

[13-1, 유사문제 10-4, 08-5]

2 점용접법의 종류가 아닌 것은?

① 맥동 점용접　　　② 인터랙 점용접
③ 직렬식 점용접　　④ 병렬식 점용접

> **점용접의 종류**
> 맥동 점용접, 인터랙 점용접, 직렬식 점용접, 단극식 점용접, 다전극식 점용접

[12-1, 07-4]

3 다음 중 기밀, 수밀을 필요로 하는 탱크의 용접이나 배관용 탄소 강관의 관 제작 이음용접에 가장 적합한 접합법은?

① 심용접　　　　　　　② 스폿 용접
③ 업셋 용접　　　　　　④ 플래시 용접

[11-1]

4 원판상의 롤러 전극 사이에 용접할 2장의 판을 두고 가압 통전해 전극을 회전시키면서 연속적으로 용접하는 것은?

① 퍼커션 용접　　　　　② 프로젝션
③ 심용접　　　　　　　④ 업셋 용접

[11-1, 05-2]

5 심(seam) 용접법에서 용접 전류의 통전 방법이 아닌 것은?

① 직병렬 통전법　　　　② 단속 통전법
③ 연속 통전법　　　　　④ 맥동 통전법

납땜법

[11-1, 07-4, 유사문제 07-1]

1 모재를 용융하지 않고 모재보다는 낮은 융점을 가지는 금속의 첨가제를 용융시켜 접합하는 방법은?

① 융접　　　　　　　　② 압접
③ 납땜　　　　　　　　④ 단접

[04-4, 유사문제 13-1]

2 납땜법의 종류가 아닌 것은?

① 인두 납땜　　　　　　② 가스 납땜
③ 초경 납땜　　　　　　④ 노내 납땜

> **납땜법의 종류**
> • 저항 납땜 : 이음부에 납땜재와 용제를 발라 저항열을 이용하여 가열하는 방법
> • 가스 납땜 : 기체나 액체 연료를 토치나 버너로 연소시켜 그 불꽃을 이용하는 방법
> • 노내 납땜 : 노 속에서 가열하여 납땜하는 방법
> • 유도가열 납땜 : 고주파 전류를 통해서 물체의 표면에 생기는 유도 전류로부터 발생하는 열을 이용하는 방법
> • 담금 납땜 : 용해된 땜납 속에 접합할 금속을 담가 납땜하는 방법
> • 인두 납땜 : 인두를 사용해서 하는 방법으로 연납땜에 사용

[05-1]

3 연납과 경납의 구분온도는?

① 300℃　　　　　　　② 350℃
③ 400℃　　　　　　　④ 450℃

> **납땜의 구분**
> • 경납 : 용융점이 450℃ 이상　• 연납 : 용융점이 450℃ 이하

[09-2, 04-2]

4 이음부에 납땜재와 용제를 발라 저항열을 이용하여 가열하는 방법으로 스폿 용접이 곤란한 금속의 납땜이나 작은 이종금속의 납땜에 적당한 방법은?

① 담금 납땜　　　　　　② 저항 납땜
③ 노내 납땜　　　　　　④ 유도 가열 납땜

[07-2]

5 전기 저항열을 이용한 방법은?

① 가스 납땜　　　　　　② 유도가열 납땜
③ 노내 납땜　　　　　　④ 저항 납땜

[09-1]

6 기체나 액체 연료를 토치나 버너로 연소시켜 그 불꽃을 이용하여 납땜하는 것은?

① 유도가열납땜　　　　② 담금납땜
③ 가스납땜　　　　　　④ 저항납땜

[05-4, 04-2]

7 다음 경납땜에서 갖추어야 할 조건 중 틀린 것은?

① 모재와 친화력이 없어야 된다.
② 기계적, 물리적, 화학적 성질이 좋아야 한다.
③ 모재와의 전위차가 가능한 한 적어야 한다.
④ 용융온도가 모재보다 낮아야 한다.

> 경납땜은 모재와의 친화력이 있어야 한다.

[04-4]

8 다음 경납 중 내열 합금용 납땜재인 것은?

① 구리 - 금납　　　　　② 황동납
③ 인동납　　　　　　　④ 은납

> 내열 합금용 납땜재에는 니켈-크롬납, 은-망간납, 구리-금납 등의 종류가 있다.

정답 ▶ 3 ① 　4 ③ 　5 ① **[납땜법]** 1 ③ 　2 ③ 　3 ④ 　4 ② 　5 ④ 　6 ③ 　7 ① 　8 ①

[04-1]

9 구리와 아연을 주성분으로 한 합금이며 철강이나 비철금속의 납땜에 사용되는 것은?

① 구리납　　　　　② 인동납
③ 은납　　　　　　④ 주석납

[09-5]

10 경납땜에 사용하는 용제로 맞는 것은?

① 염화아연　　　　② 붕산염
③ 염화암모늄　　　④ 염산

> 경납땜의 용제로 붕사, 붕산, 붕산염, 알칼리 등을 사용한다.

[08-2]

11 납땜에서 경납용 용제가 아닌 것은?

① 붕사　　　　　　② 붕산
③ 염산　　　　　　④ 알칼리

> 염산은 연납땜의 용제로 사용된다.

[05-1, 유사문제 04-2]

12 납땜법에서 경납용 용제(Flux)에 해당되는 것은?

① 붕산　　　　　　② 인산
③ 염화아연　　　　④ 염화암모늄

[11-5]

13 납땜의 용제가 갖추어야 할 조건을 잘못 표현한 것은?

① 청정한 금속면의 산화를 촉진시킬 것
② 모재나 땜납에 대한 부식작용이 최소한일 것
③ 용제의 유효온도 범위와 납땜 온도가 일치할 것
④ 땜납의 표면장력을 맞추어서 모재와의 친화도를 높일 것

> 납땜의 용제는 금속면의 산화를 방지할 수 있어야 한다.

[11-4]

14 다음 중 연납땜의 종류에 해당되지 않는 것은?

① 주석-납　　　　② 납-카드뮴납
③ 납-은납　　　　④ 인-망간납

[05-2]

15 다음 중 연납땜의 성분을 나타내는 것은?

① Sn + Pb　　　　② Zn + Pb
③ Cu + Pb　　　　④ Al + Pb

[13-2, 04-2, 유사문제 10-5, 10-2]

16 연납땜에 가장 많이 사용되는 용가재는?

① 주석 납　　　　② 인동 납
③ 양은 납　　　　④ 황동 납

[08-5]

17 연납땜의 대표적인 것으로 흡착작용은 무엇의 함유량에 의해 좌우되는가?

① 주석　　　　　　② 아연
③ 송진　　　　　　④ 붕사

[10-2, 유사문제 10-4]

18 연납용 용제로만 구성되어 있는 것은?

① 붕사, 붕산, 염화아연
② 염화아연, 염산, 연화암모늄
③ 불화물, 알칼리, 염산
④ 붕산염, 염화암모늄, 붕사

> 연납땜의 용제로는 염화아연, 염산, 염화암모늄, 인산, 수지 등이 사용된다.

[10-4]

19 납땜의 연납용 용제로 맞는 것은?

① NaCl(염화나트륨)　　　② NH_4Cl(염화암모늄)
③ Cu_2O(산화제일동)　　④ H_3BO_3(붕산)

기타 용접

[09-5]

1 텅스텐, 몰리브덴 같은 대기에서 반응하기 쉬운 금속도 용이하게 용접할 수 있으며 고진공 속에서 음극으로부터 방출되는 전자를 고속으로 가속시켜 충돌에너지를 이용하는 용접방법은?

① 레이저 용접　　　② 전자빔 용접
③ 테르밋 용접　　　④ 일렉트로 슬래그 용접

정답 ▶ 9 ① 10 ② 11 ③ 12 ① 13 ① 14 ④ 15 ① 16 ① 17 ① 18 ② 19 ② [기타 용접] 1 ②

[12-2]

2 다음 중 높은 진공 속에서 충격열을 이용하여 용융하는 용접법은?

① 펄스 용접 ② 퍼커션 용접
③ 전자빔 용접 ④ 고주파 용접

[11-4]

3 전자 렌즈에 의해 에너지를 집중시킬 수 있고 고용융재료의 용접이 가능한 용접법은?

① 레이저 용접 ② 그래비티 용접
③ 전자빔 용접 ④ 초음파 용접

[10-2]

4 전자빔 용접의 특징으로 틀린 것은?

① 정밀 용접이 가능하다.
② 용입이 깊어 다층용접도 단층용접으로 완성할 수 있다.
③ 유해가스에 의한 오염이 적고 높은 순도의 용접이 가능하다.
④ 용접부의 열 영향부가 크고 설비비가 적게 든다.

전자 빔 용접은 용접부의 열 영향부가 작고 설비비가 많이 든다.

[12-4]

5 다음 중 전자빔 용접에 관한 설명으로 틀린 것은?

① 박판 용접을 주로 하며, 용입이 낮아 후판 용접에는 적용이 어렵다.
② 성분 변화에 의하여 용접부의 기계적 성질이나 내식성의 저하를 가져올 수 있다.
③ 가공재나 열처리에 대하여 소재의 성질을 저하시키지 않고 용접할 수 있다.
④ $10^{-4} \sim 10^{-6}$ mmHg 정도의 높은 진공실 속에서 음극으로부터 방출된 전자를 고전압으로 가속시켜 용접을 한다.

전자 빔 용접은 박판 용접뿐 아니라 후판 용접까지 가능하다.

[11-5]

6 다음 중 전자빔 용접의 장점과 거리가 먼 것은?

① 고진공 속에서 용접을 하므로 대기와 반응되기 쉬운 활성 재료도 용이하게 용접된다.
② 두꺼운 판의 용접이 불가능하다.

③ 용접을 정밀하고 정확하게 할 수 있다.
④ 에너지 집중이 가능하기 때문에 고속으로 용접이 된다.

전자빔 용접은 박판 용접뿐 아니라 후판 용접까지 가능하다.

[10-5, 유사문제 11-5]

7 원자와 분자의 유도방사현상을 이용한 빛에너지를 이용하여 모재의 열 변형이 거의 없고 이종금속의 용접이 가능하며, 미세하고 정밀한 용접을 비접촉식 용접 방식으로 할 수 있는 용접법은?

① 전자빔 용접법 ② 플라스마 용접법
③ 레이저 용접법 ④ 초음파 용접법

[12-5]

8 다음 중 유도방사에 의한 광의 증폭을 이용하여 용융하는 용접법은?

① 스터드 용접 ② 맥동 용접
③ 레이저 용접 ④ 서브머지드 아크 용접

[08-5]

9 파장이 같은 빛을 렌즈로 집광하면 매우 작은 점으로 집중이 가능하고 높은 에너지로 집속하면 높은 열을 얻을 수 있다. 이것을 열원으로 하여 용접하는 방법은?

① 레이저 용접
② 일렉트로 슬래그 용접
③ 테르밋 용접
④ 플라스마 아크 용접

[10-4]

10 2개의 모재에 압력을 가해 접촉시킨 다음 접촉면에 상대운동을 시켜 접촉면에서 발생하는 열을 이용하여 이를 압접하는 용접법을 무엇이라 하는가?

① 초음파 용접 ② 냉간압접
③ 마찰용접 ④ 아크용접

[13-1, 10-2]

11 보호가스의 공급 없이 와이어 자체에서 발생한 가스에 의해 아크 분위기를 보호하는 용접 방법은?

① 일렉트로 슬래그 용접 ② 플라스마 용접
③ 논 가스 아크 용접 ④ 테르밋 용접

정답 ▶ 2 ③ 3 ③ 4 ④ 5 ① 6 ② 7 ③ 8 ③ 9 ① 10 ③ 11 ③

[07-2]
12 마찰용접의 장점이 아닌 것은?

① 용접작업 시간이 짧아 작업 능률이 높다.
② 이종금속의 접합이 가능하다.
③ 피용접물의 형상치수, 길이, 무게의 제한이 없다.
④ 치수의 정밀도가 높고, 재료가 절약된다.

[08-1]
13 논 가스 아크 용접(Non gas arc welding)의 장점에 대한 설명으로 틀린 것은?

① 아크의 빛과 열이 강렬하다.
② 용접장치가 간단하며 운반이 편리하다.
③ 바람이 있는 옥외에서도 작업이 가능하다.
④ 피복 가스 용접봉의 저수소계와 같이 수소의 발생이 적다.

[11-4]
14 미국에서 개발된 것으로 기계적인 진동이 모재의 융점 이하에서도 용접부가 두 소재 표면 사이에서 형성되도록 하는 용접은?

① 테르밋 용접　　　② 원자 수소 용접
③ 금속 아크 용접　　④ 초음파 용접

[10-1]
15 용접 열원에서 기계적 에너지를 사용하는 용접법은?

① 초음파 용접　　　② 고주파 용접
③ 전자빔 용접　　　④ 레이저빔 용접

[05-2]
16 초음파 용접에 대한 설명으로 잘못된 것은?

① 주어지는 압력이 작으므로 용접물의 변형이 작다.
② 표면 처리가 간단하고 압연한 그대로의 재료도 용접이 가능하다.
③ 판의 두께에 따른 용접 강도의 변화가 없다.
④ 극히 얇은 판도 쉽게 용접이 된다.

> 판의 두께에 따라 용접 강도의 변화가 크다.

[12-5]
17 다음 중 일렉트로 가스 아크 용접의 특징으로 틀린 것은?

① 판 두께가 두꺼울수록 경제적이다.
② 판 두께에 관계없이 단층으로 상진 용접한다.
③ 용접장치가 간단하며, 취급이 쉬우며, 고도의 숙련을 요하지 않는다.
④ 스패터 및 가스의 발생이 적고, 용접 작업 시 바람의 영향을 적게 받는다.

> 일렉트로 가스 아크 용접은 작업 시 바람의 영향을 많이 받는다.

[10-4]
18 일렉트로 가스 아크 용접에 주로 사용하는 실드 가스는?

① 아르곤 가스　　　② CO_2 가스
③ 프로판 가스　　　④ 헬륨 가스

> 일렉트로 가스 아크 용접은 이산화탄소 가스를 보호가스로 사용하여 이산화탄소 가스 분위기에서 아크를 발생시키는 용접이다.

[12-4, 10-1]
19 전기 저항 용접법 중 극히 짧은 지름의 용접물을 접합하는 데 사용하고 축전된 직류를 전원으로 사용하며 일명 충돌용접이라고도 하는 용접은?

① 업셋 용접　　　　② 플래시 버트용접
③ 퍼커션 용접　　　④ 심용접

[09-5, 08-2]
20 플러그 용접에서 전단강도는 일반적으로 구멍의 면적당 전 용착금속 인장강도의 몇 % 정도로 하는가?

① 20~30　　　　　② 40~50
③ 60~70　　　　　④ 80~90

[11-2]
21 마찰용접의 장점이 아닌 것은?

① 용접작업이 시간이 짧아 작업 능률이 높다.
② 이종금속의 접합이 가능하다.
③ 피용접물의 형상치수, 길이, 무게의 제한이 없다.
④ 작업자의 숙련이 필요하지 않다.

> 마찰용접은 피용접물의 형상치수, 길이, 무게의 제한을 받는다.

[13-2]
22 원자 수소 용접에 사용되는 전극은?

① 구리 전극　　　　② 알루미늄 전극
③ 텅스텐 전극　　　④ 니켈 전극

정답 12 ③　13 ①　14 ④　15 ①　16 ③　17 ④　18 ②　19 ③　20 ③　21 ③　22 ③

Chapter

02

용접 시공 및 검사

용접 시공 | 용접부의 시험(검사) 방법 | 용접의 자동화 |

01 용접 시공 계획

1 공정계획

① 용접 구조물 작업의 모든 공정을 한 눈에 알 수 있게 계획을 세운다.

② 공정표 작성 : 작업 진행 과정 기록

③ 가공표 작성 : 재료의 가공에 대한 정보 기록

④ 인원배치표 작성 : 공사기간 중에 필요한 인원 기록

⑤ 작업 방법 결정 : 용접법, 용접 순서, 용접 조건, 변형 제거법, 열처리 방법 등 결정

2 설비계획

용접 구조물 제작에 필요한 설비, 즉 용접기, 전원, 지그, 가스절단장치, 가공장치 등의 수량 및 배치 방법에 대해 작업환경에 맞게 계획한다.

▶ 지그(Jig) 사용 시 장점
  지그는 피용접물을 고정 또는 구속하는 장치로 변형을 방지하며, 아래와 같은 여러 가지 장점이 있다.
  • 작업을 쉽게 할 수 있다.
  • 제품의 정도가 균일하다.
  • 작업이 용이하고 용접 능률을 높일 수 있다.
  • 재해의 정밀도를 높일 수 있다.
  • 양질의 제품을 다량으로 생산할 수 있다.

[지그(Jig) 사용 예]

▶ 지그의 선택 기준
  • 물체를 튼튼하게 고정시켜 줄 크기와 힘이 있을 것
  • 변형을 막아줄 만큼 견고하게 잡아줄 수 있을 것
  • 용접 위치를 유리한 용접자세로 쉽게 움직일 수 있을 것
  • 물체의 고정과 탈부착이 간단할 것

3 용접 설계상 주의사항

① 부재 및 이음은 될 수 있는 대로 조립작업, 용접 및 검사를 하기 쉽도록 한다.

② 부재 및 이음은 단면적의 급격한 변화를 피하고 응력집중을 받지 않도록 한다.

③ 용접은 될 수 있는 한 아래보기 자세로 하도록 한다.

④ 용접 구조물의 제특성 문제를 고려한다.

⑤ 용접성을 고려한 사용재료의 선정 및 열영향 문제를 고려한다.

⑥ 구조상의 노치부를 피한다.

02 용접 이음 설계

구조물의 재질, 종류, 형상 및 용접 방법 등에 따라 적절한 용접 이음을 선택한다.

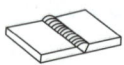 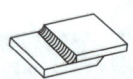 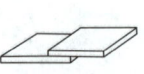

(a) 맞대기 이음   (b) 한면덮개판 이음   (c) 양면덮개판 이음

(d) 겹치기 이음   (e) 플러그 이음   (f) T 이음

(g) 모서리 이음   (h) 변두리 이음

1 맞대기 이음

(1) 맞대기 이음부 홈의 형상

종류	특징
I형 홈	• 판의 두께가 6mm 이하의 얇은 판에 주로 사용 • 루트 간격을 좁게 하면 용착금속의 양도 적어져 경제적 • 두께가 두꺼워지면 완전 용입이 어려움
V형 홈	• 한쪽에서의 용접에 의해 완전 용입을 얻고자 할 때 사용 • 표준각도 : 54~70° • 판이 얇을수록 각도를 크게 하고 두꺼워질수록 작게 한다(판 두께 : 20~30mm).
X형 홈	• 판의 두께가 15~40mm에 사용 • 양면 용접에 의해 완전한 용입을 얻고자 할 때 사용
U형 홈	• V형 홈가공보다 두꺼운 판을 양면 용접할 수 없는 경우 한쪽에서 용접하여 충분한 용입을 얻을 필요가 있을 때 사용 • 루트 간격을 0으로 해도 작업성과 용입이 좋다.
H형 홈	• 두꺼운 판을 양면 용접에 의해 완전한 용입을 얻고자 할 때 사용
V형 홈	• V형, J형 홈 가공과 비슷한 판두께의 맞대기 용접, T형 필릿 용접, 모서리 용접에 적용 • 수평 용접일 때는 홈을 가공한 쪽이 위로 가도록 한다.
K형 홈	• 판의 두께가 12mm 이상의 판에 사용

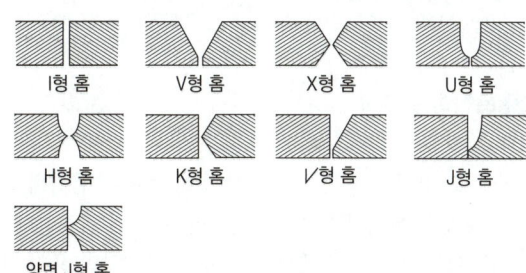

I형 홈   V형 홈   X형 홈   U형 홈

H형 홈   K형 홈   V형 홈   J형 홈

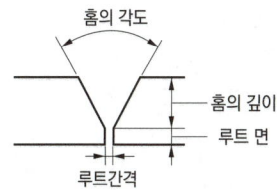

양면 J형 홈

(2) 용접 홈의 명칭

홈의 각도

홈의 깊이

루트 면

루트간격

2 필릿 이음

(1) 이음부의 형상

① 하중의 방향에 따른 필릿용접의 구분

• 전면 필릿용접 : 용접선의 방향이 응력의 방향과 거의 직각

• 측면 필릿용접 : 용접선의 방향이 응력의 방향과 거의 평행

• 경사 필릿용접

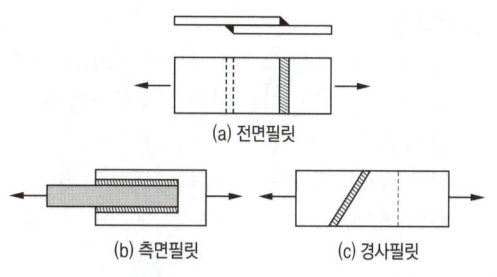

(a) 전면필릿

(b) 측면필릿   (c) 경사필릿

② 용접부의 형상에 따른 구분

• 연속 필릿 : 연속적으로 비드를 만들어 용접하는 것

• 단속 필릿 : 하나의 이음 중에서 일정한 간격, 일정한 길이로 서로 엇걸리게 하는 용접

• 지그재그 단속 필릿 : 용접이 한 곳에 집중되지 않도록 지그재그로 비드를 배치한 단속 필릿 용접

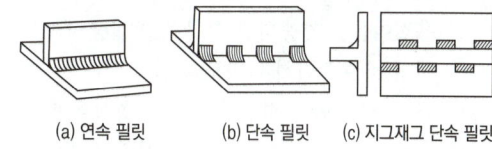

(a) 연속 필릿   (b) 단속 필릿   (c) 지그재그 단속 필릿

③ 이음 형상의 종류에 따른 구분

• 겹치기 이음

• T형 이음

④ 표면의 모양에 따른 분류

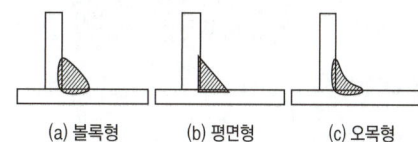

(a) 볼록형   (b) 평면형   (c) 오목형

(2) 홈의 각부 명칭

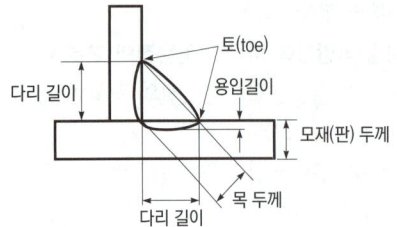

3 플러그 용접

① 접합하고자 하는 모재에 구멍을 뚫고 그 구멍으로부터 용접하여 다른 한쪽 모재와 접합하는 용접 방법
② 전단 강도는 구멍의 면적당 전 용착금속 인장강도의 60~70%

4 이음 설계상 주의사항

① 될 수 있는 한 능률이 좋은 아래보기 자세로 하도록 한다.
② 용접 구조물의 제특성 문제를 고려한다.
③ 강도가 약한 필릿 용접보다 맞대기 용접을 많이 하도록 한다.
④ 맞대기 용접 시 용입 부족이 생기지 않도록 한다.
⑤ 판의 두께가 다를 경우에는 얇은 쪽에서 1/4 이상의 테이퍼를 주어 이음한다.
⑥ 용접이음을 가능하면 한곳으로 집중시키고 용접선이 서로 교차하지 않도록 한다.
⑦ 될 수 있는 한 용접량이 적은 홈 형상을 선택한다.
⑧ 용접성을 고려해서 재료를 선정하고 열영향 문제도 고려한다.

5 용접이음의 강도

(1) 용접이음 효율(%)

$$이음효율 = \frac{용착금속의 \ 인장강도}{모재의 \ 인장강도} \times 100$$

(2) 허용응력 및 안전율

- 허용응력 $= \dfrac{최저 \ 인장강도}{안전율} = \dfrac{극한 \ 강도}{안전율}$

- 안전율 $= \dfrac{인장강도}{허용응력}$

(3) 맞대기 이음에서의 인장강도

$$인장강도(\alpha) = \frac{용접이음의 \ 최대인장하중}{단면적}$$

03 용접준비

▶ 용접 순서
재료준비 → 절단 가공 → 조립 → 가접 → 예열 → 본용접 → 용접후 처리 → 시험·검사

1 용접 전 확인사항

① 용접기기, 보호기구, 지그, 부속기구 등의 적합성을 조사한다.
② 용접봉의 겉모양과 치수를 조사한다.
③ 용착금속의 성분과 성질 등을 조사한다.
④ 홈의 각도, 루트 간격, 이음부의 표면 상태, 가용접 상태 등을 조사한다.
⑤ 이음부에 페인트, 기름, 녹 등의 불순물이 없는지 확인 후 제거한다.
⑥ 예열, 후열의 필요성을 검토한다.
⑦ 용접전류, 용접순서, 용접조건을 미리 선정한다.
⑧ 용접사의 기량 및 경험 등을 확인한다.

▶ 용접 중의 작업검사
각 층마다의 융합상태, 슬래그 섞임, 비드의 겉모양, 균열, 크레이터 처리, 변형 상태, 용접봉의 건조상태, 용접 전류, 용접 순서, 운봉법, 용접 자세 등을 확인한다.
▶ 용접 후의 작업 검사
후열처리, 변형교정 작업, 치수의 잘못 등에 대해 검사한다.

2 용접이음 준비

(1) 홈 가공

① 홈 가공은 용착금속이 잘 녹아 들어가기 위해 하는데, 용접 방법과 용착량을 고려해서 결정한다.
② 피복 아크 용접에서 홈 가공이 불량하면 용입 불량, 루트 균열, 슬래그 섞임, 수축 과다의 원인이 된다.
③ 자동, 반자동 용접에서 홈 가공이 불량하면 용락, 용입불량의 원인이 된다.
④ 용접 균열의 관점에서 루트 간격은 좁을수록 좋다.
⑤ 용입이 허용되는 한 홈 각도는 작게 하고 용착 금속량도 적게 하는 것이 좋다.

⑥ 자동용접의 홈 정도는 손 용접보다 정밀한 가공이 필요하다.

⑦ 홈 가공의 정밀도는 용접능률과 이음의 성능에 큰 영향을 끼친다.

⑧ 엔드 탭은 모재의 홈과 같은 형상으로 하는 것이 효율적이다.

(2) 조립

① 조립 순서는 용접 순서 및 용접 작업의 특성을 고려하여 계획

② 가접용 정반이나 지그를 적절히 선택한다.

③ 구조물의 형상을 고정하고 지지할 수 있어야 한다.

④ 용접 이음의 형상을 고려하여 적절한 용접법을 선택한다.

(3) 가용접(가접)

① 가용접은 본용접을 하기 전에 잠정적으로 고정하기 위한 짧은 용접으로 균열, 기공, 슬래그 잠입 등의 결함이 생기기 쉽다.

② 좌우의 모재를 구속하여 용접 중에 변형이 생기는 것을 방지하고 제품의 형태를 정확하게 유지하기 위해 가접을 한다.

③ 본 용접을 실시할 홈 안의 가접은 피하고, 불가피하게 해야 경우에는 본 용접을 하기 전에 갈아내야 한다.

④ 가용접을 하기 전 개선면의 녹, 페인트, 기름 등의 이물질을 깨끗이 제거한다.

⑤ 강도상 중요한 곳과 용접의 시점 및 종점이 되는 끝부분에는 피해야 한다.

⑥ 가용접의 길이는 모재 두께의 2~3배 정도로 한다.

⑦ 용접봉의 지름은 본 용접보다 작은 것을 사용한다.

⑧ 본 용접과 비슷한 기량을 가진 용접공이 실시한다.

⑨ 하중을 받는 주요부분에는 피하고, 중요하지 않은 부분을 중점적으로 한다.

⑩ 비드의 시작점과 끝나는 지점의 가용접은 피하고, 연속 비드의 중간에 가접부가 오도록 한다.

(4) 이음부 청소

① 기공, 균열, 슬래그 섞임 등을 방지하기 위해 가용접 후 이음부를 깨끗이 청소한다.

② 와이어 브러시, 그라인더, 화학약품, 숏 블라스트 등으로 이음부의 녹, 페인트, 기름, 수분, 먼지, 슬래그 등을 깨끗이 제거한다.

③ 숏 블라스트는 많은 양의 청소에 이용된다.

04 본용접

1 용착법

(1) 용접 진행 방향에 따른 분류

① 전진법

- 이음의 한쪽 끝에서 다른 쪽 끝을 향해 연속적으로 진행하는 방법
- 용접의 시작 부분보다 끝나는 부분의 잔류응력과 수축이 더 크다.
- 용접이음이 짧은 경우 잔류응력, 변형 등을 크게 고려하지 않을 때 사용한다.

② 후진법

- 용접 진행 방향과 용착 방향이 서로 반대가 되는 방법
- 잔류응력이 다소 적게 발생한다.
- 아크 쏠림을 방지한다.

③ 대칭법

- 중앙으로부터 양끝을 향해 대칭적으로 용접하면서 변형과 수축 응력을 경감시키는 방법

④ 비석법(스킵법)

- 용접 길이를 짧게 나눈 다음 띄엄띄엄 용접하는 방법
- 변형과 잔류응력을 최소로 해야 할 경우 사용
- 용접 후 비틀림 방지를 위해 사용
- 용접 시작과 끝부분에 결함이 생길 가능성이 높다.

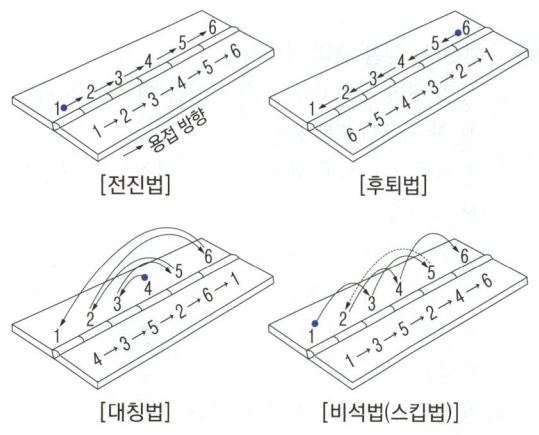

[전진법]   [후퇴법]

[대칭법]   [비석법(스킵법)]

(2) 다층 쌓기 용착법

① 빌드업법(덧살 올림법)

- 각 층마다 전체의 길이를 용접하면서 다층용접을 하는 방법
- 한랭 시, 구속이 클 때, 판 두께가 두꺼울 때에는 첫 번째 층에 균열이 생길 우려가 있다.

② 캐스케이드법

- 한 부분의 몇 층을 용접하다가 이것을 다른 부분의 층으로 연속시켜 전체가 계단 형태의 단계를 이루도록 용착시켜 나가는 방법

③ 점진블록법

- 한 개의 용접봉으로 살을 붙일 만한 길이로 구분해서 홈을 한 부분씩 여러 층으로 쌓아 올린 다음 다른 부분으로 진행하는 방법

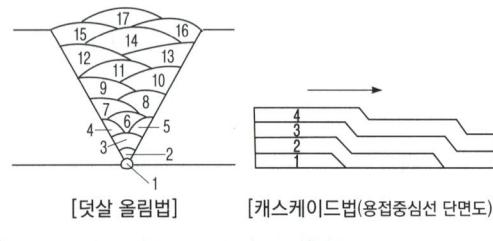

[덧살 올림법]　[캐스케이드법(용접중심선 단면도)]

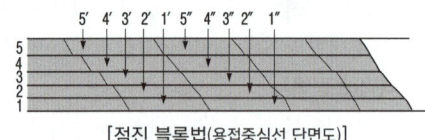

[점진 블록법(용접중심선 단면도)]

> ▶ 냉각 속도
> - 두꺼운 판 〉 얇은 판
> - T형 이음 〉 맞대기 이음
> - 열전도율이 클수록 냉각속도가 크다.

2 용접 순서 정할 때의 유의사항

① 동일 평면 내에 많은 이음이 있을 때 수축은 가능한 한 자유단으로 보낸다.

② 용접물의 중심에 대하여 항상 대칭으로 용접을 해 나간다.

③ 수축이 큰 이음은 가능한 한 먼저 용접하고, 수축이 작은 이음은 나중에 한다.

④ 리벳작업과 용접을 같이 할 때에는 용접을 먼저 한다.

⑤ 용접물이 조립되어 감에 따라 용접작업이 불가능한 곳이나 곤란한 경우가 생기지 않도록 한다.

⑥ 용접물의 중립축을 참작하여 그 중립축에 대한 용접 수축력의 모멘트의 합이 0이 되게 하면 용접선 방향에 대한 굽힘이 없어진다.

05 열영향부 조직의 특징

1 열영향부란?

용접 또는 절단의 열에 의해 금속의 조직이나 기계적 성질 등에 변화가 생긴 모재의 용융되지 않은 부분

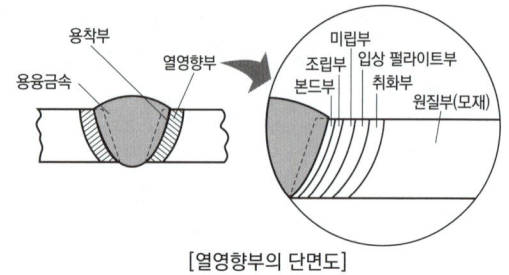

[열영향부의 단면도]

2 열영향부 조직의 구분

구분(가열온도)	특징
용착부 (1,500℃ 이상)	• 용접금속과 열영향부의 경계 부분 • 완전히 용융하여 응고한 부분 • 덴드라이트 조직
본드부 (1,450℃ 이상)	• 모재의 일부가 용융한 부분 • 위드만스태텐 조직
조립부 (1,250~1,450℃)	• 과열로 인해 조립화된 부분 • 위드만스태텐 조직 • 담금질 경화 때문에 강도가 증가하나 연신이 적고 부서지기 쉬움
미립부 (900~1,250℃)	• 인성이 크다.
입상 펄라이트부 (750~900℃)	• 펄라이트가 세립상으로 분할된 부분
취화부 (200~750℃)	• 조직의 변화는 없으나, 기계적 성질이 변화한다. • 연강의 경우 인성이 저하된다.
원질부 (200℃ 이하)	• 용접열의 영향을 받지 않는 모재 부분

3 열영향부 조직의 특징

① 모재의 화학성분, 용접 속도, 냉각 속도, 예열 및 후열에 따라 기계적 성질과 조직의 변화가 있게 된다.

② 결정립의 조대화 또는 재결정 및 기계적 성질과 물리적 성질의 변화가 나타나는 영역이 있다.

③ 연강의 경우 준열영향부는 노치인성이 저하하므로 취성영역이라고도 한다.

④ 오스테나이트강, 페라이트강, 동 합금, 알루미늄 합금 등에서는 변태가 되지 않으므로 펄라이트강과 같이 분명한 열영향부를 용접 단면의 매크로 조직에서 보기 힘들다.

⑤ 강의 열영향부는 원모재 쪽으로 가까워질수록 최고가열온도가 낮게 되고, 냉각속도는 빨라진다.

⑥ 최고경도가 높을수록 열영향부가 취약하게 된다.

⑦ 담금질 경화성이 없는 오스테나이트계 스테인리스강에서는 최고경도를 나타내지 않고, 오히려 조립부는 연약하게 된다.

06 용접 전·후 처리

1 예열

용접 전에 저온균열이 일어나기 쉬운 재료에 균열을 방지할 목적으로 피용접물의 전체 또는 이음부 부근의 온도를 올리는 것을 말한다.

(1) 예열의 목적

① 용접의 작업성을 향상시킨다.

② 용접부의 기계적 성질을 향상시키고, 경화조직의 석출을 방지한다.

③ 용접금속 및 열 영향부의 연성 또는 인성을 향상시킨다.

④ 용접부의 수축 변형 및 잔류 응력을 향상시킨다.

⑤ 용접부와 인접된 모재의 수축응력을 감소시킨다.

⑥ 용접부의 냉각 속도를 느리게 하여 결함을 방지한다.

⑦ 수소의 방출을 용이하게 하여 저온균열을 방지한다.

(2) 예열 방법

구분	특징
연강의 예열	연강은 0℃ 이하에서 용접하면 저온균열이 발생하기 쉬우므로 이음의 양쪽을 약 100mm 폭이 되게 하여 약 50~70℃ 정도로 예열한다.
주철의 예열	주철은 인성이 거의 없고 경도와 취성이 크므로 500~550℃로 예열하여 용접 터짐을 방지한다.
주물, 내열합금의 예열	주물, 내열합금은 용접 균열을 방지하기 위해 예열이 필요하다.
후판, 구리, 알루미늄 등의 예열	후판, 구리 또는 구리 합금, 알루미늄 합금 등과 같이 열전도가 큰 것은 이음부의 열집중이 부족하여 용합불량이 생기기 쉬우므로 200~400℃ 정도의 예열이 필요하다.
다층용접 시 예열	다층용접 시에는 제2층 이후는 앞층의 열로 인해 예열의 효과를 가지므로 예열을 생략해도 된다.
연강후판, 저합금강, 강인강, 스테인리스강 등 합금의 예열	25mm 이상의 연강후판이나 저합금강, 강인강, 마텐자이트계, 스테인리스강 등 열영향부가 급랭 경화하여 비드 및 균열이 생기기 쉬운 재료는 재질에 따라 50~350℃로 용접 홈을 예열한 후 용접한다.

2 용접 후처리

용접 작업 과정에서 용접부를 가열 및 냉각을 하게 되는데, 이때 용접부의 온도가 고르지 못하게 되면서 잔류응력이 발생하게 된다.

(1) 잔류응력 제거법

종류	특징
노내 풀림법	• 제품 전체를 가열로 안에 넣고 적당한 온도에서 일정 시간 유지한 다음 노내에서 서랭하는 방법 • 유지 온도가 높을수록, 유지 시간이 길수록 효과가 좋다. • 유지 온도 : 625±25℃
국부 풀림법	• 제품이 커서 노내에 넣을 수 없을 경우 사용하는 방법 • 유도가열장치 사용
기계적 응력 완화법	• 잔류응력이 있는 제품에 하중을 주어 용접부에 약간의 소성 변형을 일으킨 다음 하중을 제거하는 방법
저온 응력 완화법	• 가스 불꽃으로 용접선 나비의 60~130mm에 걸쳐서 150~200℃ 정도로 가열 후 수랭하는 방법

종류	특징
피닝법	• 용접부를 끝이 구면인 해머로 가볍게 때려 용착 금속부의 표면에 소성 변형을 주어 인장응력을 완화시키는 방법 • 첫 층 용접의 균열을 방지하기 위해 700℃ 정도에서 열간 피닝을 한다.

▶ 시공상의 잔류응력 완화 방법
• 용착금속의 양을 가급적 적게 한다.
• 용접부의 구속을 가급적 작게 한다.
• 적당한 용접 방법과 순서를 정하고 지그를 적절히 활용한다.
• 예열을 통해 구조물 전체의 온도가 균형을 이룰 수 있도록 한다.

(2) 변형 방지법

종류	특징
억제법	모재를 가열하거나 지그를 사용하여 변형이 발생하는 것을 억제하는 방법
역변형법	용접 금속 및 모재의 변형 방향과 크기를 미리 예측하여 용접 전에 반대방향으로 굽혀 놓고 작업하는 방법
도열법	모재의 열전도를 억제하여 변형을 방지하는 방법
용접 시공에 의한 방법(용착법)	대칭법, 후퇴법, 스킵법

▶ 용접 전 변형 방지책
억제법, 역변형법

(3) 변형 교정법

① 박판에 대한 점 수축법(점 가열법)
  • 가열할 때 발생되는 열응력을 이용하여 소성변형을 일으켜 변형을 교정하는 방법
  • 가열온도 : 500~600℃
  • 가열 시간 : 약 30초
  • 가열점의 지름 : 20~30mm
② 형재에 대한 직선 수축법(선상 가열법)
③ 가열 후 해머링하는 방법
④ 롤러에 거는 방법 : 외력만으로 소성 변형을 일으키게 하여 변형을 교정
⑤ 후판에 대해 가열 후 압력을 가하고 수랭하는 방법
⑥ 피닝법

(4) 보수용접

① 보수용접이란 마멸된 기계 부품에 덧살 올림 용접을 하고 재생, 수리하는 것을 말한다.
② 차축 등이 마멸되었을 때는 내마멸 용접을 하여 보수한다.
③ 덧살 올림의 경우에 용접봉을 사용하지 않고, 용융된 금속을 고속기류에 의해 불어 붙이는 용사용접이 사용되기도 한다.
④ 용접 금속부의 강도는 매우 높으므로 용접할 때 충분한 예열과 후열처리를 한다.
⑤ 언더컷이나 오버랩 등은 그대로 보수용접을 하거나 정으로 따내기 작업을 한다.
⑥ 결함이 제거된 모재 두께가 필요한 치수보다 얇게 되었을 때에는 덧붙임 용접으로 보수한다.
⑦ 덧붙임 용접으로 보수할 수 있는 한도를 초과할 때에는 결함 부분을 잘라내어 맞대기 용접으로 보수한다.

▶ 홈 보수법
① 필릿용접
• 루트 간격이 1.5mm 이하인 경우 : 그대로 규정된 다리 길이로 용접한다.
• 루트 간격이 1.5~4.5mm인 경우 : 넓혀진 만큼 다리 길이를 증가시켜 용접한다.
• 루트 간격이 4.5mm 이상인 경우 : 라이너를 넣거나 부족한 판을 300mm 이상 잘라내서 대체한다.
② 맞대기 용접
• 루트 간격이 6mm 이하인 경우 : 한쪽 또는 양쪽을 덧살 올림 용접을 하여 깎아내고 규정 간격으로 홈을 만들어 용접한다.
• 루트 간격이 6~16mm인 경우 : 두께 6mm 정도의 뒤판을 대고 용접하여 용락을 방지한다.
• 루트 간격이 16mm 이상인 경우 : 판의 전부 또는 일부(300mm)를 잘라내서 대체한다.

07 용접 결함, 변형 및 방지대책

1 용접 결함의 분류 및 검사

결함의 분류	종류	시험 및 검사
치수상 결함	변형	게이지를 이용한 외관 육안 검사
	치수 불량	
	형상 불량	

결함의 분류	종류	시험 및 검사
구조상 결함	기 공	방사선 검사, 자기 검사, 맴돌이전류 검사, 초음파 검사, 파단 검사, 현미경 검사, 마이크로조직 검사
	슬래그 섞임	
	융합 불량	
	용입 불량	외관 육안 검사, 방사선 검사, 굽힘 시험
	언더컷, 오버랩	외관 육안 검사, 방사선 검사, 초음파 검사, 현미경 검사
	용접 균열	마이크로조직 검사, 자기 검사, 침투 검사, 형광 검사, 굽힘 시험
	표면 결함	외관 검사
성질상 결함	기계적 성질 부족	기계적 시험
	화학적 성질 부족	화학 분석 시험
	물리적 성질 부족	물성 시험, 전자기 특성 시험

2 결함의 종류

(1) 오버랩(Overlap)

용융금속이 넘쳐서 표면에 융합되지 않은 상태로 덮여있는 상태

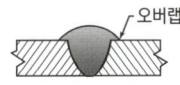
오버랩

발생 원인	• 용접의 전류가 너무 낮을 때 • 용접 속도가 너무 느릴 때 • 운봉법이 불량할 때 • 용접봉의 용융점이 모재보다 낮을 때 • 아크의 길이가 너무 짧을 때
방지 대책	• 용접 전류를 높게 조정한다. • 용접 속도를 빠르게 조정한다.
보수 방법	• 결함 부분을 깎아내고 재용접한다.

(2) 언더컷(Under-cut)

모재와 비드 경계부분에 홈이 파이는 표면 결함

언더컷

발생 원인	• 용접 전류가 너무 높을 때 • 부적당한 용접봉을 사용할 때 • 용접 속도가 너무 빠를 때 • 아크의 길이가 너무 길 때
방지 대책	• 용접 전류를 약하게 조절한다. • 목적에 알맞은 용접봉을 사용한다. • 용접 속도를 적당히 늦추고 운봉 시 유의한다. • 아크의 길이를 적당히 조절한다.
보수 방법	• 가는 용접봉을 사용하여 보수한다. • 지름이 작은 용접봉을 사용하여 용접한다.

(3) 기공(블로우 홀)

용접부의 표면이나 내부에 작은 구멍이 산재하는 상태

발생 원인	• 아크의 길이가 길 때 • 피복제 속에 수분이 있을 때 • 용착금속 속에 가스가 남아 있을 때 • 강재에 페인트, 녹, 습기, 기름 등이 묻어있을 때 • CO_2가스 유량이 부족할 때 • 용접 분위기 중 수소, 일산화탄소가 많을 때 • 노즐과 모재 간 거리가 지나치게 길 때 • 바람에 의해 CO_2 가스가 날릴 때 • 용착부가 급랭할 때
방지 대책	• 이음의 표면을 깨끗이 한다. • 건조한 저수소계 용접봉을 사용한다. • 위빙을 하여 열량을 늘리거나 예열을 한다.
보수 방법	• 결함 부분을 깎아내고 재용접한다.

(4) 피트

용접부의 바깥면에 나타는 작고 오목한 구멍

발생 원인	• 모재에 탄소, 망간 등의 합금원소가 많을 때 • 모재 가운데 황 함유량이 않을 때 • 습기가 많거나 기름, 녹, 페인트 등이 묻었을 때
방지 대책	• 염기도가 높은 전극 와이어를 사용한다. • 이음매 부분을 깨끗이 한다. • 적당한 예열을 한다. • 건조한 저수소계 용접봉을 사용한다.

(5) 슬래그 섞임

용착금속 안 또는 모재와의 융합부에 슬래그가 남는 것

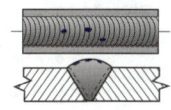

발생 원인	• 전층의 슬래그 제거가 불완전할 때 • 전극 와이어의 각도가 부적당할 때 • 저전류로 작업할 때 • 운봉속도가 느릴 때 • 용접이음 설계가 부적당할 때
방지 대책	• 슬래그를 깨끗이 제거한다. • 적당한 용접 각도를 유지한다. • 전류를 약간 높게 한다. • 적당한 운봉속도를 유지한다. • 용접부 예열을 한다.
보수 방법	• 결함 부분을 깎아내고 재용접한다.

(6) 용입 불량

용입부의 용입이 불충분한 상태

발생 원인	• 전류가 낮을 때 • 홈 각도와 루트 간격이 좁을 때 • 용접속도가 너무 빠를 때
방지 대책	• 전류를 적당히 높여준다. • 홈 각도와 루트 간격을 넓게 한다. • 용접속도를 빠르지 않게 조절한다.

(7) 스패터

용접 중에 비산하는 슬래그 및 금속 입자

발생 원인	• 전류가 높을 때 • 수분이 많은 용접봉을 사용할 때 • 아크의 길이가 너무 길 때 • 아크 블로홀이 클 때
방지 대책	• 전류를 적당히 낮춰준다. • 용접봉을 충분히 건조시킨 후 사용한다. • 아크의 길이를 적당히 조절한다.

(8) 선상조직

용접부의 파단면에 나타나는 가늘고 긴 서리 모양의 조직

발생 원인	• 용착 금속의 냉각 속도가 빠를 때 • 모재의 재질이 불량할 때
방지 대책	• 이음의 표면을 깨끗이 한다. • 건조한 저수소계 용접봉을 사용한다.

(9) 균열

발생 원인	• 모재에 탄소, 망간 등의 합금원소 함량이 많을 때 • 모재의 유황 함량이 많을 때 • 용접부에 기공이 많을 때 • 용접부에 수소가 많을 때
방지 대책	• 용접 시공을 적정하게 한다. • 좋은 강재를 사용한다. • 응력의 집중을 피한다. • 용접부에 노치 부분을 만들지 않는다. • 저수소계 용접봉을 사용한다.
보수 방법	• 결함 끝부분을 드릴로 구멍을 뚫어 정지구멍을 만들고 그 부분을 깎아내어 다시 규정의 홈으로 다듬질하여 보수한다.

※ 균열의 종류

① **비드 밑**(Underbead) **균열**
- 모재의 용융선 근처의 열영향부에서 발생되는 균열

• 발생 원인 : 고탄소강이나 저합금강 등을 용접할 때 용접열에 의한 열영향부의 경화와 변태응력 및 용착금속의 확산성 수소에 의해 발생, 아크 분위기 중에서 수소가 너무 많을 때
• 방지 대책 : 저수소계 용접봉을 사용한다. 급랭을 피하고 예열 및 후열을 한다.

② **루트**(Root) **균열**
- 맞대기 이음의 가접부 또는 제1층 용접의 루트 부근의 열영향부에서 주로 발생
- 원인 : 구속응력 또는 수소

③ **토**(toe) **균열** : 비드 표면과 모재와의 경계 부분에 발생

④ **횡균열** : 용접선을 따라 평행하게 발생

⑤ **종균열** : 용접선의 직각 방향으로 발생

⑥ **설퍼**(Sulphur) **균열** : 림드강을 서브머지드 아크 용접할 때에 많이 볼 수 있는 균열로 황의 편석으로 인해 설퍼 밴드에서 발생하는 고온 균열

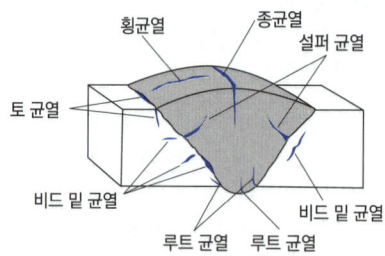

▶ **저온균열**
200~300℃ 이하에서 발생(루트 균열, 토 균열, 비드 밑 균열)

▶ **크레이터**(비드 종단의 오목 자국) **처리 미숙으로 인한 결함**
- 냉각 중에 균열이 생기기 쉽다.
- 파손이나 부식의 원인이 된다.
- 불순물과 편석이 남게 된다.
- 슬래그 섞임이 되기 쉽다.

크레이터(Crater)

▶ 참고 : 결함에 따른 비드모양

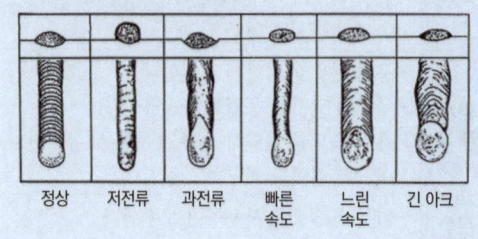

용접 시공 계획

[12-1]

1 다음 중 용접 공사를 수주한 후 최적의 공정계획을 세우기 위해서 작성하여야 하는 사항과 가장 거리가 먼 것은?

① 가공표
② 공정표
③ 강재중량표
④ 인원배치표

> 용접 구조물 작업의 모든 공정을 한 눈에 알 수 있게 세우는 계획을 공정계획이라고 하는데, 공정표, 가공표 및 인원배치표를 작성하고 작업 방법을 결정하게 된다.

[07-1, 05-2]

2 용접 설계상 주의사항으로 틀린 것은?

① 부재 및 이음은 될 수 있는 대로 조립작업, 용접 및 검사를 하기 쉽도록 한다.
② 부재 및 이음은 단면적의 급격한 변화를 피하고 응력집중을 받지 않도록 한다.
③ 용접이음은 가능한 한 많게 하고 용접선을 집중시키며 용착량도 많게 한다.
④ 용접은 될 수 있는 한 아래보기 자세로 하도록 한다.

> 용접이음을 가능하면 한곳으로 집중시키고 용접선이 서로 교차하지 않도록 한다.

[10-1]

3 용접이음을 설계할 때의 주의사항으로 틀린 것은?

① 용접 구조물의 제특성 문제를 고려한다.
② 강도가 강한 필릿 용접을 많이 하도록 한다.
③ 용접성을 고려한 사용재료의 선정 및 열영향 문제를 고려한다.
④ 구조상의 노치부를 피한다.

> 강도가 약한 필릿 용접보다 맞대기 용접을 많이 하도록 한다.

[11-1, 11-4, 09-4, 07-1]

4 용접경비를 적게 하기 위해 고려할 사항으로 가장 거리가 먼 것은?

① 용접봉의 적절한 선정과 그 경제적 사용 방법
② 용접사의 작업 능률의 향상
③ 고정구 사용에 의한 능률 향상
④ 용접 지그의 사용에 의한 전자세 용접의 적용

[12-2]

5 다음 중 용접 방법과 시공 방법을 개선하여 비용을 절감하는 방법에 대한 설명으로 틀린 것은?

① 적당한 아크길이와 용접 전류를 유지한다.
② 피복 아크 용접을 할 경우 가능한 한 용접봉이 긴 것을 사용한다.
③ 사용 가능한 용접방법 중 용착속도가 최대인 것을 사용한다.
④ 모든 용접에 안전을 고려하여 과도한 덧살 용접을 한다.

> 과도한 덧살 용접은 피로강도에 영향을 주게 되므로 적당히 해야 한다.

[10-1, 09-5]

6 용접 지그(jig) 사용에 대한 설명으로 틀린 것은?

① 작업이 용이하고 용접 능률을 높일 수 있다.
② 재해의 정밀도를 높일 수 있다.
③ 구속력을 매우 크게 하여 잔류응력의 발생을 줄인다.
④ 동일 제품을 다량 생산할 수 있다.

> 지그는 피용접물을 고정 또는 구속하는 장치로 변형을 방지하는 역할을 한다.

[12-2, 11-4]

7 접시 구조물을 고정시켜 줄 지그의 선택 기준으로 잘못된 것은?

① 물체의 고정과 탈부착이 복잡해야 한다.
② 변형을 막아줄 만큼 견고하게 잡아줄 수 있어야 한다.
③ 용접 위치를 유리한 용접 자세로 쉽게 움직일 수 있어야 한다.
④ 물체를 튼튼하게 고정시켜 줄 크기와 힘이 있어야 한다.

> 지그는 물체의 고정과 탈부착이 간단해야 한다.

정답 [용접 시공 계획] 1 ③ 2 ③ 3 ② 4 ④ 5 ④ 6 ③ 7 ①

8 용접 지그(welding jig) 사용 시 효과를 가장 바르게 설명한 것은?

① 제품의 마무리 정밀도가 떨어진다.
② 용접 변형을 촉진한다.
③ 작업 시간이 길어진다.
④ 다량 생산의 경우 작업 능률이 향상된다.

[07-1]
9 용접 지그 선택의 기준이 아닌 것은?

① 물체를 튼튼하게 고정시킬 크기와 힘이 있을 것
② 용접위치를 유리한 용접자세로 쉽게 움직일 수 있을 것
③ 물체의 고정과 분해가 용이해야 하며 청소에 편리할 것
④ 변형이 쉽게 되는 구조로 제작될 것

지그는 변형을 방지할 수 있는 구조로 제작되어야 한다.

용접 이음 설계

[11-1, 10-2]
1 판 두께가 보통 6mm 이하인 경우에 사용되고 루트간격을 좁게 하면 용착금속의 양도 적어져서 경제적인 면에서는 우수하나 두께가 두꺼워지면 완전용입이 어려운 용접이음은?

① I형   ② V형
③ U형   ④ X형

I형 홈의 특징
• 판의 두께가 6mm 이하의 얇은 판에 주로 사용
• 루트 간격을 좁게 하면 용착금속의 양도 적어져 경제적
• 두께가 두꺼워지면 완전용입이 어려움

[13-2]
2 맞대기 용접에서 용접기호는 기준선에 대하여 90도의 평행선을 그려 나타내며 주로 얇은 판에 많이 사용되는 홈 용접은?

① V형 용접   ② H형 용접
③ X형 용접   ④ I형 용접

[07-2]
3 모재의 홈 가공을 V형으로 했을 경우 엔드 탭(end-tap)은 어떤 조건으로 하는 것이 가장 좋은가?

① T형 홈 가공으로 한다.
② V형 홈 가공으로 한다.
③ X형 홈 가공으로 한다.
④ 홈가공이 필요 없다.

엔드 탭은 모재의 홈과 같은 형상으로 하는 것이 효율적이다.

[13-1]
4 모재의 홈 가공을 U형으로 했을 경우 엔드 탭(end-tap)은 어떤 조건으로 하는 것이 가장 좋은가?

① I형 홈 가공으로 한다.
② X형 홈 가공으로 한다.
③ U형 홈 가공으로 한다.
④ 홈 가공이 필요 없다.

[12-1]
5 다음 중 홈 가공에 관한 설명으로 옳지 않은 것은?

① 능률적인 면에서 용입이 허용되는 한 홈 각도는 작게 하고 용착 금속량도 적게 하는 것이 좋다.
② 용접균열이라는 관점에서 루트 간격은 클수록 좋다.
③ 자동용접의 홈 정도는 손 용접보다 정밀한 가공이 필요하다.
④ 홈 가공의 정밀도는 용접능률과 이음의 성능에 큰 영향을 끼친다.

용접 균열의 관점에서 루트 간격은 좁을수록 좋다.

[10-4]
6 다음 그림에서 루트 간격을 표시하는 것은?

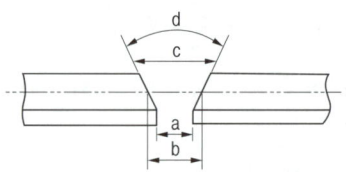

① a   ② b   ③ c   ④ d

[08-1]

7 이음 홈 형상 중에서 동일한 판두께에 대하여 가장 변형이 적게 설계된 것은?

① I형 　　　　② V형
③ U형 　　　　④ X형

[11-4, 09-1]

8 용접부의 형상에 따른 필릿 용접의 종류가 아닌 것은?

① 연속 필릿 　　　　② 단속 필릿
③ 경사 필릿 　　　　④ 단속지그재그 필릿

> **필릿용접의 종류**
> • 하중의 방향에 따라 : 전면필릿, 측면필릿, 경사필릿
> • 용접부의 형상에 따라 : 연속필릿, 단속필릿, 단속지그재그 필릿

[10-1]

9 용접선이 응력의 방향과 대략 직각인 필릿 용접은?

① 전면 필릿 용접 　　② 측면 필릿 용접
③ 경사 필릿 용접 　　④ 뒷면 필릿 용접

[10-2]

10 용접선의 방향이 전달하는 응력의 방향과 거의 평행한 필릿 용접은?

① 전면 필릿 용접 　　② 측면 필릿 용접
③ 단속 필릿 용접 　　④ 슬롯 필릿 용접

[14-5, 06-1, 04-4]

11 필릿 용접에서는 용접선의 방향과 응력의 방향이 이루는 각도에 따라 분류한다. 그림과 같은 필릿 용접은?

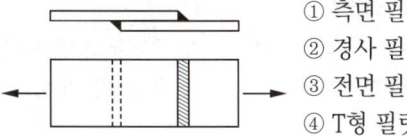

① 측면 필릿 용접
② 경사 필릿 용접
③ 전면 필릿 용접
④ T형 필릿 용접

[12-4]

12 다음 중 용접이음에 대한 설명으로 틀린 것은?

① 필릿 용접에서는 형상이 일정하고, 미용착부가 없어 응력분포상태가 단순하다.
② 맞대기 용접이음에서 시점과 크레이터 부분에서는 비드가 급랭하여 결함을 가져오기 쉽다.
③ 전면 필릿 용접이란 용접선의 방향이 하중의 방

향과 거의 직각인 필릿 용접을 말한다.
④ 겹치기 필릿 용접에서는 루트부에 응력이 집중되기 때문에 보통 맞대기 이음에 비하여 피로강도가 낮다.

[08-1]

13 하중의 방향에 따른 필릿 용접 이음의 구분이 아닌 것은?

① 전면 필릿 용접 　　② 측면 필릿 용접
③ 경사 필릿 용접 　　④ 슬롯 필릿 용접

[11-5]

14 다음 그림은 필릿 용접 이음 홈의 각부 명칭을 나타낸 것이다. 필릿 용접의 목두께에 해당하는 부분은?

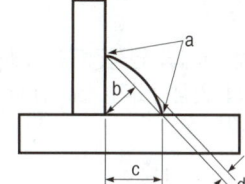

① a
② b
③ c
④ d

a : 토(toe)　c : 다리 길이

[12-4, 09-1]

15 다음 중 수평 필릿 용접 시 이론 목두께는 필릿 용접의 크기(다리길이)의 약 몇 % 정도인가?

① 50 　　　　② 70
③ 160 　　　④ 180

[11-2]

16 필릿 용접에서 이론 목두께 a와 용접 다리길이 z의 관계를 옳게 나타낸 것은?

① a ≒ 0.3z 　　② a ≒ 0.5z
③ a ≒ 0.7z 　　④ a ≒ 0.9z

> 필릿 용접 시 목의 두께는 다리길이의 약 70%이다.

[11-1]

17 플러그 용접에서 전단강도는 일반적으로 구멍의 면적당 전 용착금속 인장강도의 몇 % 정도로 하는가?

① 20~30 　　② 40~50
③ 60~70 　　④ 80~90

18 접합하고자 하는 모재에 구멍을 뚫고 그 구멍으로부터 용접하여 다른 한쪽 모재와 접합하는 용접 방법은?

[11-1]

① 필릿 용접　　　　② 플러그 용접
③ 초음파 용접　　　④ 고주파 용접

[13-1, 10-5, 06-1]

19 맞대기 용접 이음에서 모재의 인장강도는 450MPa이며, 용접 시험편의 인장강도가 470MPa일 때 이음효율은 약 몇 %인가?

① 104　　　　　　　② 96
③ 60　　　　　　　　④ 69

$$이음효율 = \frac{용착금속의\ 인장강도}{모재의\ 인장강도} \times 100 = \frac{470}{450} \times 100 ≒ 104\%$$

[12-2]

20 맞대기 용접 이음에서 모재의 인장강도는 40kgf/mm²이며, 용접 시험편의 인장강도가 45kgf/mm²일 때 이음효율은 몇 %인가?

① 104.4　　　　　　② 112.5
③ 125.0　　　　　　④ 150

$$이음효율 = \frac{용착금속의\ 인장강도}{모재의\ 인장강도} \times 100 = \frac{45}{40} \times 100 = 112.5\%$$

[12-2]

21 다음 중 용착금속의 인장강도 55kgf/mm² 에 안전율이 6 이라면 이음의 허용응력은 약 몇 kgf/mm² 인가?

① 330　　　　　　　② 92
③ 9.2　　　　　　　④ 33

$$허용응력 = \frac{최저\ 인장강도}{안전율} = \frac{55}{6} ≒ 9.2$$

[14-4, 08-2]

22 다음 용접 이음부 중에서 냉각속도가 가장 빠른 이음은?

① 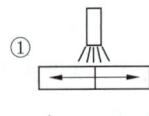　　　②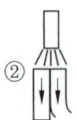

③ 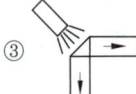　　　④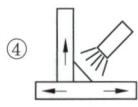

맞대기 이음보다 T형 이음의 경우 냉각속도가 더 빠르다.
※냉각속도에 영향을 미치는 요인
용접 방법, 모재의 두께, 이음부 형상, 비드 길이, 예열 및 층간온도, 입열 등

용접준비

[10-4]

1 다음 중 용접의 일반적인 순서를 바르게 나타낸 것으로 옳은 것은?

① 재료준비→ 절단 가공→가접→본용접→검사
② 절단 가공→본용접→가접→재료준비→검사
③ 가접→재료준비→본용접→절단 가공→검사
④ 재료준비→가접→본용접→절단 가공→검사

[12-5, 09-1, 07-1, 04-4]

2 용접 전 꼭 확인해야 할 사항이 틀린 것은?

① 예열, 후열의 필요성을 검토한다.
② 용접전류, 용접순서, 용접조건을 미리 선정한다.
③ 양호한 용접성을 얻기 위해서 용접부에 물로 분무한다.
④ 이음부에 페인트, 기름, 녹 등의 불순물이 없는지 확인 후 제거한다.

용접부에 물로 분무하게 되면 결함을 일으킬 수 있으며, 용접하기 전에 용접부의 습기나 오일 등의 이물질을 깨끗이 제거해야 한다.

[12-2]

3 다음 중 용접작업 전 준비를 위한 점검사항과 가장 거리가 먼 것은?

① 보호구의 착용 여부　　② 용접봉의 건조 여부
③ 용접설비의 점검　　　　④ 용접결함의 파악

용접의 결함을 파악하는 일은 용접작업 후에 해야 할 일이다.

[06-2]

4 용접 전의 작업검사로서 해야 할 사항이 아닌 것은?

① 용접기기, 보호기구, 지그, 부속기구 등의 적합성을 조사한다.
② 용접봉은 겉모양과 치수, 용착금속의 성분과 성질 등을 조사한다.

---

③ 홈의 각도, 루트 간격, 이음부의 표면 상태 등을 조사한다.
④ 후열처리, 변형교정 작업, 치수의 잘못 등에 대해 검사한다.

> 후열처리, 변형교정 작업, 치수의 잘못 등에 대한 검사는 용접 후에 행하는 작업에 해당한다.

[08-2]
5 용접 전의 작업준비 사항이 아닌 것은?

① 용접 재료
② 용접사
③ 용접봉의 선택
④ 후열과 풀림

[12-5]
6 다음 중 용접부의 작업검사에 있어 용접 중 작업검사 사항으로 가장 적합한 것은?

① 용접 작업자의 기량
② 각 층마다의 융합상태
③ 후열 처리 방법 및 상태
④ 용접조건, 예열, 후열 등의 처리

> **용접 중의 작업검사**
> 각 층마다의 융합상태, 슬래그 섞임, 비드의 겉모양, 균열, 크레이터 처리, 변형 상태, 용접봉의 건조상태, 용접 전류, 용접 순서, 운봉법, 용접 자세 등을 확인한다.

[12-5]
7 용접조립 순서는 용접 순서 및 용접 작업의 특성을 고려하여 계획하며, 불필요한 잔류응력이 남지 않도록 미리 검토하여 조립 순서를 결정하여야 하는데, 다음 중 용접 구조물을 조립하는 순서에서 고려하여야 할 사항과 가장 거리가 먼 것은?

① 가능한 한 구속 용접을 실시한다.
② 가접용 정반이나 지그를 적절히 선택한다.
③ 구조물의 형상을 고정하고 지지할 수 있어야 한다.
④ 용접 이음의 형상을 고려하여 적절한 용접법을 선택한다.

> 용접 중에 변형이 생기는 것을 방지하고 제품의 형태를 정확하게 유지하기 위해 좌우의 모재를 구속시켜 가용접을 하게 되는데, 이는 조립하는 순서에서 고려할 사항이 아니다.

[10-2]
8 가접 방법에서 가장 옳은 것은?

① 가접은 반드시 본 용접을 실시할 홈 안에 하도록 한다.
② 가접은 가능한 한 튼튼하게 하기 위하여 길고 많게 한다.
③ 가접은 본 용접과 비슷한 기량을 가진 용접공이 할 필요는 없다.
④ 가접은 강도상 중요한 곳과 용접의 시점 및 종점이 되는 끝부분에는 피해야 한다.

> ① 본 용접을 실시할 홈 안의 가접은 피해야 한다.
> ② 가접은 본 용접을 하기 전에 잠정적으로 고정하기 위한 짧은 용접이다.
> ③ 가접은 본 용접과 비슷한 기량을 가진 용접공이 하도록 한다.

[10-2]
9 다층 용접 시 용접 이음부의 청정방법으로 틀린 것은?

① 그라인더를 이용하여 이음부 등을 청소한다.
② 많은 양의 청소는 숏 블라스트를 이용한다.
③ 녹슬지 않도록 기름걸레로 청소한다.
④ 와이어 브러시를 이용하여 용접부의 이물질을 깨끗이 제거한다.

> 용접이음부는 기름 등의 이물질이 묻지 않도록 깨끗이 해야 한다.

[05-4, 04-1]
10 용접에서 모재의 용접면의 청소에 대한 설명으로 잘못된 사항은?

① 용접면에 녹이 있으면 깨끗이 제거 후 용접한다.
② 브러시, 그라인더, 숏 블라스트 등을 사용하여 청소한다.
③ 수분이나 기름기의 청소는 버너 등으로 태워 버린다.
④ 홈 가공면 중 가스 가공한 면은 오래 두어도 녹이 나지 않는다.

chapter 02

[08-5]

1 다음 보기와 같은 용착법은?

(보기)

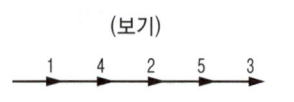

① 대칭법
② 전진법
③ 후진법
④ 비석법

[10-5]

2 다음 그림과 같은 용접 순서의 용착법을 무엇이라고 하는가?

(보기)

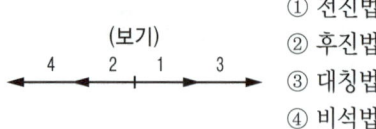

① 전진법
② 후진법
③ 대칭법
④ 비석법

[05-4]

3 다음의 그림은 다층 용접을 할 때 중앙에서 비드를 쌓아 올리면서 좌우로 진행하는 방법이다. 무슨 용착법인가?(단, 그림은 용접중심선 단면도이다)

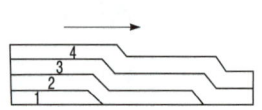

① 빌드업법
② 캐스케이드법
③ 점진블럭법
④ 스킵법

[10-4, 07-4]

4 용착법의 설명으로 틀린 것은?

① 한 부분에 대해 몇 층을 용접하다가 다음 부분의 층으로 연속시켜 용접하는 것이 스킵법이다.
② 잔류응력이 다소 적게 발생하고 용접 진행 방향과 용착 방향이 서로 반대가 되는 방법이 후진법이다.
③ 각 층마다 전체의 길이를 용접하면서 다층용접을 하는 방식이 덧살 올림법이다.
④ 한 개의 용접봉으로 살을 붙일 만한 길이로 구분해서 홈을 한 부분씩 여러 층으로 쌓아 올린 다음 다른 부분으로 진행하는 용접방법이 점진 블록법이다.

> 한 부분에 대해 몇 층을 용접하다가 다음 부분의 층으로 연속시켜 용접하는 것은 캐스케이드법이다.

[13-1]

5 변형과 잔류응력을 최소로 해야 할 경우 사용되는 용착법으로 가장 적합한 것은?

① 후진법
② 전진법
③ 스킵법
④ 덧살 올림법

> **스킵법(비석법)**
> • 용접 길이를 짧게 나눈 다음 띄엄띄엄 용접하는 방법
> • 변형과 잔류응력을 최소로 해야 할 경우 사용
> • 용접 후 비틀림 방지를 위해 사용
> • 용접 시작과 끝부분에 결함이 생길 가능성이 높다.

[12-5, 12-2]

6 다음 중 다층용접 시 용착법의 종류에 해당하지 않는 것은?

① 빌드업법
② 캐스케이드법
③ 스킵법
④ 점진블록법

> 다층 쌓기 용착법의 종류 : 빌드업법, 캐스케이드법, 점진블록법

[05-1]

7 용접 작업에서 비드(bead)를 만드는 순서로 다층 쌓기로 작업하는 용착법에 해당되지 않는 것은?

① 스킵법
② 빌드업법
③ 점진블록법
④ 캐스케이드법

[12-4, 11-1]

8 용착법 중 한 부분의 몇 층을 용접하다가 이것을 다른 부분의 층으로 연속시켜 전체가 계단 형태의 단계를 이루도록 용착시켜 나가는 방법은?

① 전진법
② 스킵법
③ 캐스케이드법
④ 덧살 올림법

[12-2, 11-5, 09-4, 06-2, 04-1]

9 다음 중 각 층마다 전체 길이를 용접하면서 쌓아 올리는 방법으로서 능률이 좋지만 한랭 시나 구속이 클 때, 판 두께가 두꺼울 때 첫 층에서 균열이 생길 우려가 있는 용착법은?

① 대칭법
② 블록법
③ 덧살올림법
④ 캐스케이드법

10 한 개의 용접봉을 살을 붙일 만한 길이로 구분해서, 홈을 한 부분씩 여러 층으로 쌓아올린 다음 다른 부분으로 진행하는 용착법은?

① 스킵법
② 빌드업법
③ 점진블록법
④ 캐스케이드법

11 용접 시공 시 발생하는 용접변형이나 잔류응력 발생을 최소화하기 위하여 용접 순서를 정할 때의 유의사항으로 틀린 것은?

① 동일 평면 내에 많은 이음이 있을 때 수축은 가능한 한 자유단으로 보낸다.
② 중심에 대하여 대칭으로 용접한다.
③ 수축이 적은 이음은 가능한 한 먼저 용접하고, 수축이 큰 이음은 맨 나중에 한다.
④ 리벳작업과 용접을 같이 할 때에는 용접을 먼저 한다.

> 수축이 큰 이음을 가능한 한 먼저 용접하고 수축이 작은 이음을 뒤에 용접한다.

12 용접 순서의 결정 시 가능한 한 변형이나 잔류응력의 누적을 피할 수 있도록 하기 위한 유의사항으로 잘못된 것은?

① 용접물의 중심에 대하여 항상 대칭으로 용접을 해 나간다.
② 수축이 작은 이음을 먼저 용접하고 수축이 큰 이음은 나중에 용접한다.
③ 용접물이 조립되어 감에 따라 용접작업이 불가능한 곳이나 곤란한 경우가 생기지 않도록 한다.
④ 용접물의 중립축을 참작하여 그 중립축에 대한 용접 수축력의 모멘트의 합이 "0"이 되게 하면 용접선 방향에 대한 굽힘이 없어진다.

13 용접 순서를 결정하는 사항으로 맞지 않는 것은?

① 같은 평면 안에 많은 이음이 있을 때에는 수축은 되도록 자유단으로 보낸다.
② 중심에 대하여 항상 대칭으로 용접을 진행시킨다.
③ 수축이 작은 이음을 먼저 용접하고 큰 이음을 뒤에 용접한다.

④ 용접물의 중립축에 대하여 용접으로 인한 수축력 모멘트의 합이 0이 되도록 한다.

> 수축이 큰 이음을 먼저 용접하고 작은 이음을 뒤에 용접한다.

14 용접 순서를 결정하는 기준이 잘못 설명된 것은?

① 용접구조물이 조립되어 감에 따라 용접 작업이 불가능한 곳이 발생하지 않도록 한다.
② 용접물 중심에 대하여 항상 대칭적으로 용접한다.
③ 수축이 작은 이음을 먼저 용접한 후 수축이 큰 이음을 뒤에 한다.
④ 용접구조물의 중립축에 대한 수축모멘트의 합이 0이 되도록 한다.

15 용접 순서를 결정하는 사항으로 틀린 것은?

① 같은 평면 안에 많은 이음이 있을 때에는 수축은 되도록 자유단으로 보낸다.
② 중심선에 대하여 항상 비대칭으로 용접을 진행한다.
③ 수축이 큰 이음을 가능한 한 먼저 용접하고 수축이 작은 이음을 뒤에 용접한다.
④ 용접물의 중립축에 대하여 용접으로 인한 수축력 모멘트의 합이 0이 되도록 한다.

> 중심선에 대하여 대칭으로 용접을 진행한다.

16 구조물의 본 용접 작업에 대하여 설명한 것 중 맞지 않는 것은?

① 위빙 폭은 심선 지름의 2~3배 정도가 적당하다.
② 용접 시단부의 기공 발생 방지 대책으로 핫 스타트(hot start) 장치를 설치한다.
③ 용접 작업 종단에 수축공을 방지하기 위하여 아크를 빨리 끊어 크레이터를 남게 한다.
④ 구조물의 끝 부분이나 모서리, 구석부분과 같이 응력이 집중되는 곳에서 용접봉을 갈아 끼우는 것을 피하여야 한다.

> 수축공은 냉각 속도의 차이로 인해 생기는 기공을 말하는데, 엔탑을 붙여 이를 방지한다.

[11-5]

1 아래 그림에서 탄소강을 아크용접한 매크로 조직 용접부 중 열영향부를 나타낸 곳은?

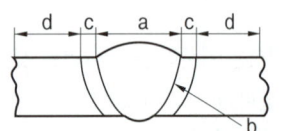

① a
② b
③ c
④ d

a : 용접금속, b : 용착부, d: 모재(원질부)

[10-4]

2 용접부 부근의 모재는 용접할 때 아크열에 의해 조직이 변하여 재질이 달라진다. 열영향부의 기계적 성질과 조직 변화의 직접적인 요인으로 관계가 없는 것은?

① 용접기의 용량
② 모재의 화학성분
③ 냉각 속도
④ 예열과 후열

[11-4]

3 용접부의 열영향부에 대하여 설명한 것 중 틀린 것은?

① 열영향부에 인접한 모재 중 약 200~700℃로 가열된 부분에서는 현미경 조직의 변화를 볼 수 있다.
② 결정립의 조대화 또는 재결정 및 기계적 성질과 물리적 성질의 변화가 나타나는 영역이 있다.
③ 연강의 경우 준열영향부는 노치인성이 저하하므로 취성영역이라고도 한다.
④ 오스테나이트강, 페라이트강, 동 합금, 알루미늄 합금 등에서는 변태가 되지 않으므로 펄라이트 강과 같이 분명한 열영향부를 용접 단면의 매크로 조직에서 보기 힘들다.

용접부의 열영향부 중 200~700℃로 가열한 부분은 취화부이며, 이 취화부에서는 현미경 조직의 변화가 없다.

[12-2]

4 다음 중 열영향부의 기계적 성질에 대한 설명으로 틀린 것은?

① 강의 열영향부는 본드로부터 원모재 쪽으로 멀어질수록 최고가열온도가 높게 되고, 냉각속도는 빠르게 된다.
② 본드에 가까운 조립부는 담금질 경화 때문에 강도가 증가한다.

③ 최고경도가 높을수록 열영향부가 취약하게 된다.
④ 담금질 경화성이 없는 오스테나이트계 스테인리스강에서는 최고경도를 나타내지 않고, 오히려 조립부는 연약하게 된다.

용접 전후 처리

[08-5, 06-2]

1 저온균열이 일어나기 쉬운 재료에 용접 전에 균열을 방지할 목적으로 피용접물의 전체 또는 이음부 부근의 온도를 올리는 것을 무엇이라고 하는가?

① 잠열
② 예열
③ 후열
④ 발열

[12-1]

2 다음 중 급열, 급랭에 의한 열응력이나 변형, 균열을 방지하기 위해 용접 전에 실시하는 작업은?

① 예열
② 청소
③ 가공
④ 후열

[12-5, 유사문제 12-2, 11-5, 10-4, 08-1, 07-4]

3 다음 중 용접에서 예열하는 목적과 가장 거리가 먼 것은?

① 수소의 방출을 용이하게 하여 저온균열을 방지한다.
② 열영향부와 용착금속의 연성을 방지하고, 경화를 증가시킨다.
③ 용접부의 기계적 성질을 향상시키고, 경화조직의 석출을 방지시킨다.
④ 온도 분포가 완만하게 되어 열응력의 감소로 변형과 전류 응력의 발생을 적게 한다.

예열의 목적
• 수소의 방출을 용이하게 하여 저온균열 방지
• 용접부의 기계적 성질을 향상시키고, 경화조직의 석출 방지
• 용접금속 및 열 영향부의 연성 또는 인성 향상, 균열 방지
• 용접부의 수축 변형 및 잔류 응력 경감
• 용접의 작업성 향상
• 용접부와 인접된 모재의 수축응력 감소
• 용접부의 냉각 속도를 느리게 하여 결함 방지

[11-2]

4 용접 시 예열을 하는 목적으로 가장 거리가 먼 것은?

① 균열의 방지
② 기계적 성질의 향상
③ 변형, 잔류 응력의 향상
④ 화학적 성질의 향상

> 예열이란 저온균열이 일어나기 쉬운 재료에 용접 전에 균열을 방지할 목적으로 피용접물의 전체 또는 이음부 부근의 온도를 올리는 작업으로 화학적 성질을 향상시키지는 않는다.

[11-5]

5 용접이음부에 예열(Preheating)하는 방법 중 가장 적절하지 않은 것은?

① 연강을 기온이 0℃ 이하에서 용접하면 저온균열이 발생하기 쉬우므로 이음의 양쪽을 약 100mm 폭이 되게 하여 약 50~70℃ 정도로 예열하는 것이 좋다.
② 다층용접을 할 때는 제2층 이후는 앞 층의 열로 모재가 예열한 것과 동등한 효과를 얻기 때문에 예열을 생략할 수도 있다.
③ 일반적으로 주물, 내열합금 등은 용접균열이 발생하지 않으므로 예열할 필요가 없다.
④ 후판, 구리 또는 구리 합금, 알루미늄 합금 등과 같이 열전도가 큰 것은 이음부의 열집중이 부족하여 융합불량이 생기기 쉬우므로 200~400℃ 정도의 예열이 필요하다.

> 주물, 내열합금은 용접 균열을 방지하기 위해 예열이 필요하다.

[13-2]

6 다음은 잔류응력의 영향에 대한 설명이다. 가장 옳지 않은 것은?

① 재료의 연성이 어느 정도 존재하면 부재의 정적강도에는 잔류응력이 크게 영향을 미치지 않는다.
② 일반적으로 하중방향의 인장 잔류응력은 피로강도에 무관하며 압축 잔류응력은 피로강도에 취약한 것으로 생각된다.
③ 용접부 부근에는 항상 항복점에 가까운 잔류응력이 존재하므로 외부하중에 의한 근소한 응력이 가산되어도 취성파괴가 일어날 가능성이 있다.

④ 잔류응력이 존재하는 상태에서 고온으로 수개월 이상 방치하면 거의 소성변형이 일어나지 않고 균열이 발생하여 파괴하는데 이것을 시즌 크랙(season crack)이라 한다.

[09-5]

7 용접부의 잔류응력 제거법에 해당되지 않는 것은?

① 응력 제거 풀림   ② 기계적 응력 완화법
③ 고온응력 완화법   ④ 국부가열 풀림법

> **잔류 응력 제거법**
> 노내 풀림법, 국부 풀림법, 기계적 응력 완화법, 저온 응력 완화법, 피닝법

[09-2]

8 용접부에 생긴 잔류응력을 제거하는 방법에 해당되지 않는 것은?

① 노내 풀림법   ② 역변형법
③ 국부 풀림법   ④ 기계적 응력 완화법

> 역변형법은 용접 금속 및 모재의 변형 방향과 크기를 미리 예측하여 용접 전에 반대방향으로 굽혀 놓고 작업하는 변형 방지법이다.

[07-2]

9 용접부의 잔류응력을 경감시키기 위해서 가스 불꽃으로 용접선 나비의 60~130mm에 걸쳐서 150~200℃ 정도로 가열 후 수랭시키는 잔류응력 경감법을 무엇이라 하는가?

① 노내 풀림법   ② 국부 풀림법
③ 저온 응력 완화법   ④ 기계적 응력 완화법

[11-2]

10 잔류 응력을 완화하는 방법 중에서 저온응력 완화법의 설명으로 맞는 것은?

① 용접선의 좌우 양측을 각각 250mm의 범위를 625℃에서 1시간 가열하여 수랭하는 방법
② 600℃에서 10℃씩 온도가 내려가게 풀림처리 하는 방법
③ 가열 후 압력을 가하여 수랭하는 압법
④ 용접선의 양측을 정속으로 이동하는 가스 불꽃에 의하여 나비 약 150mm에 걸쳐서 150~200℃로 가열한 다음 수랭하는 방법

정답 ▶ 4 ④ 5 ③ 6 ② 7 ③ 8 ② 9 ③ 10 ④

[11-1]

11 용접부를 끝이 구면인 해머로 가볍게 때려 용착 금속부의 표면에 소성 변형을 주어 인장 응력을 완화시키는 잔류응력 제거법은?

① 피닝법
② 노내 풀림법
③ 저온 응력 완화법
④ 기계적 응력 완화법

[10-1]

12 용접변형의 교정 방법이 아닌 것은?

① 박판에 대한 점 수축법
② 형재에 대한 직선 수축법
③ 가열 후 해머링 하는 방법
④ 정지구멍을 뚫고 교정하는 방법

> **용접변형 교정 방법**
> • 박판에 대한 점 수축법
> • 형재에 대한 직선 수축법
> • 가열 후 해머링 하는 방법
> • 롤러에 거는 방법
> • 후판에 대해 가열 후 압력을 가하고 수랭하는 방법
> • 피닝법

[08-2]

13 다음 용접변형 교정법 중 외력만으로써 소성변형을 일어나게 하는 것은?

① 박판에 대한 점 수축법
② 형재에 대한 직선 수축법
③ 피닝법
④ 가열 후 해머링하는 법

[11-2]

14 변형 교정 방법 중 외력만으로 소성 변형을 일으키게 하여 변형을 교정하는 방법은?

① 박판에 대한 점 수축법
② 형재에 대한 직선 수축법
③ 가열 후 해머링하는 방법
④ 롤러에 거는 방법

[08-5]

15 용접할 때 발생한 변형을 교정하는 방법 중 틀린 것은?

① 형재(形材)에 대한 직선 수축법
② 박판에 대한 점 수축법
③ 박판에 대하여 가열 후 압력을 가하고 공랭하는 방법
④ 롤러에 거는 방법

[06-2]

16 용접 후 처리에서 변형 교정하는 일반적인 방법으로 틀린 것은?

① 형재에 대하여 직선 수축법
② 두꺼운 판에 대하여 수랭한 후 압력을 걸고 가열하는 법
③ 가열한 후 해머로 두드리는 법
④ 얇은 판에 대한 점 수축법

[07-1]

17 용접할 때 발생한 변형을 교정하는 방법들 중 가열할 때 발생되는 열응력을 이용하여 소성변형을 일으켜 변형을 교정하는 방법은?

① 가열 후 해머로 두드리는 방법
② 롤러에 거는 방법
③ 박판에 대한 점 수축법
④ 피닝법

[09-2, 08-1]

18 보수용접에 관한 설명 중 잘못된 것은?

① 보수용접이란 마멸된 기계 부품에 덧살 올림 용접을 하고 재생, 수리하는 것을 말한다.
② 용접 금속부의 강도는 매우 높으므로 용접할 때 충분한 예열과 후열처리를 한다.
③ 덧살 올림의 경우에 용접봉을 사용하지 않고, 용융된 금속을 고속기류에 의해 불어 붙이는 용사 용접이 사용되기도 한다.
④ 서브머지드 아크 용접에서는 덧살 올림 용접이 전혀 이용되지 않는다.

> 서브머지드 아크 용접에서도 덧살 올림 용접 방법이 더 많이 사용되고 있다.

[13-2, 10-4, 09-2]

19 필릿 용접에서 루트 간격이 1.5mm 이하일 때 보수 용접 요령으로 가장 적합한 것은?

① 다리 길이를 3배수로 증가시켜 용접한다.
② 그대로 용접하여도 좋으나 넓혀진 만큼 다리 길이를 증가시킬 필요가 있다.

③ 그대로 규정된 다리 길이로 용접한다.
④ 라이너를 넣든지 부족한 판을 300mm 이상 잘라
내서 대체한다.

> **필릿용접의 홈 보수 방법**
> • 루트 간격이 1.5mm 이하인 경우 : 그대로 규정된 다리 길이로
>   용접한다.
> • 루트 간격이 1.5~4.5mm인 경우 : 넓혀진 만큼 다리 길이를 증
>   가시켜 용접한다.
> • 루트 간격이 4.5mm 이상인 경우 : 라이너를 넣거나 부족한 판을
>   300mm 이상 잘라내서 대체한다.

[12-5]
20 필릿 용접의 경우 루트 간격의 양에 따라 보수 방법
이 다른데 다음 중 간격이 1.5~4.5mm일 때의 보수하
는 방법으로 가장 적합한 것은?

① 라이너를 넣는다.
② 규정대로 각장(목길이)으로 용접한다.
③ 부족한 판을 300mm 이상 잘라내서 대체한다.
④ 넓혀진 만큼 각장(목길이)을 증가시켜 용접한다.

[08-5]
21 필릿 용접의 경우 루트 간격의 양에 따라 보수 방법
이 다른데 간격이 4.5mm 이상일 때 보수하는 방법으
로 옳은 것은 무엇인가?

① 각장(목길이) 대로 용접한다.
② 각장(목길이)을 증가시킬 필요가 있다.
③ 루트 간격대로 용접한다.
④ 라이너를 넣는다.

[13-1]
22 다음 중 변형과 잔류응력을 경감하는 일반적인 방
법이 잘못된 것은?

① 용접 전 변형 방지책 : 억제법
② 용접 시공에 의한 경감법 : 빌드업법
③ 모재의 열전도를 억제하여 변형을 방지하는 방
법 : 도열법
④ 용접 금속부의 변형과 응력을 제거하는 방법 :
피닝법

> 용접 시공에 의한 경감법으로는 대칭법, 후진법, 스킵법, 스킵 블록
> 법 등이 있다.

[06-1, 04-1]
23 용접 금속 및 모재의 수축에 대하여 용접 전에 반대
방향으로 굽혀 놓고 작업하는 것은?

① 역변형법
② 각변형법
③ 예측법
④ 국부변형법

> 용접 전의 변형 방지책으로는 억제법과 역변형법이 있다.

[09-1, 09-5]
24 용접변형과 잔류응력을 경감시키는 방법을 틀리게
설명한 것은?

① 용접 전 변형 방지책으로는 역변형법을 쓴다.
② 용접시공에 의한 잔류응력 경감법으로는 대칭
법, 후진법, 스킵법 등이 쓰인다.
③ 모재의 열전도를 억제하여 변형을 방지하는 방
법으로는 도열법을 쓴다.
④ 용접 금속부의 변형과 응력을 제거하는 방법으
로는 담금질법을 쓴다.

> 용접 금속부의 변형과 응력을 경감하는 방법으로는 피닝법을 쓴다.

[08-5]
25 용접할 때 발생하는 변형과 잔류응력을 경감하는
데 사용되는 방법 중 틀린 것은?

① 용접 전 변형 방지책으로는 억제법, 역변형법
을 쓴다.
② 모재의 열전도를 억제하여 변형을 방지하는 방
법으로는 전진법을 쓴다.
③ 용접 금속부의 변형과 응력을 경감하는 방법으
로는 피닝법을 쓴다.
④ 용접 시공에 의한 경감법으로는 대칭법, 후진법,
스킵법 등을 쓴다.

> 모재의 열전도를 억제하여 변형을 방지하는 방법으로는 도열법을
> 쓴다.

[11-4]
26 용접에 의한 수축 변형에 영향을 미치는 인자로 거
리가 먼 것은?

① 가접
② 용접 입열
③ 판의 예열 온도
④ 판 두께의 이음 형상

정답 20 ④ 21 ④ 22 ② 23 ① 24 ④ 25 ② 26 ①

[12-5]
27 용접 시에 발생한 변형을 교정하는 방법 중 가열을 통하여 변형을 교정하는 방법에 있어 가장 적절한 가열온도는?

① 1,200℃ 이상   ② 800~900℃

③ 500~600℃   ④ 300℃ 이하

> • 가열온도 : 500~600℃
> • 가열 시간 : 약 30초
> • 가열점의 지름 : 20~30mm

[12-4]
28 용접에 의한 수축 변형의 방지법 중 비틀림 변형 방지법으로 적절하지 않은 것은?

① 지그를 활용하여 집중 용접을 피한다.

② 표면 덧붙이를 필요 이상 주지 않는다.

③ 가공 및 정밀도에 주의하여, 조립 및 이음의 맞춤을 정확히 한다.

④ 용접 순서는 구속이 없는 자유단에서부터 구속이 큰 부분으로 진행한다.

[04-4]
29 다음의 용접 후 가공에 대한 사항 중 바르게 설명한 것은?

① 용접 후에 굽힘 가공을 하면 균열이 발생하는 수가 있는데 이는 용접열영향부가 연화되면서 연성이 증가되기 때문이다.

② 굽힘 가공을 하는 제품은 가공 전에 풀림처리를 하지 않는 것이 바람직하다.

③ 용접 후 가공을 실시하는 것에 대해서는 노내 풀림을 하지 않는 것이 좋다.

④ 용접부를 기계가공에 의하여 절삭하면 변형이 생기는 수가 있으므로 기계가공을 하기 전에 응력제거 처리를 해두는 것이 바람직하다.

> **용접 후 가공**
> • 기계가공을 하는 경우 변형이 발생할 우려가 있으므로 잔류응력을 제거한다.
> • 굽힘가공을 하는 경우 균열이 발생할 우려가 있으므로 노내 풀림 처리를 한다.

[12-1, 10-2]
30 변형 방지용 지그의 종류 중 다음 그림과 같이 사용된 지그는?

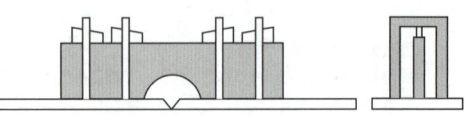

① 바이스 지그

② 판넬용 탄성 역변형 지그

③ 스트롱 백

④ 탄성 역변형 지그

[09-1]
31 비드 밑 균열은 비드의 바로 밑 용융선을 따라 열영향부에 생기는 균열로 고탄소강이나 합금강 같은 재료를 용접할 때 생기는데, 그 원인으로 맞는 것은?

① 탄산 가스   ② 수소 가스

③ 헬륨 가스   ④ 아르곤 가스

[10-1]
32 용접균열에서 저온균열은 일반적으로 몇 ℃ 이하에서 발생하는 균열을 말하는가?

① 200~300℃ 이하   ② 300~400℃ 이하

③ 400~500℃ 이하   ④ 500~600℃ 이하

[05-1]
33 맞대기 이음의 가접부 또는 제1층 용접의 루트 부근 열영향부에서 주로 발생되며, 구속응력 또는 수소가 중요한 영향을 미치는 용접균열은?

① 루트 균열   ② 크레이터 균열

③ 토우 균열   ④ 설퍼 균열

[10-4, 07-1]
34 크레이터 처리 미숙으로 일어나는 결함이 아닌 것은?

① 냉각 중에 균열이 생기기 쉽다.

② 파손이나 부식의 원인이 된다.

③ 불순물과 편석이 남게 된다.

④ 용접봉의 단락 원인이 된다.

용접의 결함

[12-1, 유사문제 11-2, 05-1]

1 다음 중 용접결함에서 구조상 결함에 속하는 것은?

① 기공   ② 인장강도의 부족

③ 변형   ④ 화학적 성질 부족

> 인장강도의 부족, 화학적 성질 부족은 성질상 결함에 속하고, 변형은 치수상 결함에 속한다.

[09-4, 07-2, 05-4]

2 용접금속의 구조상의 결함이 아닌 것은?

① 변형   ② 기공

③ 언더컷   ④ 균열

> 변형은 치수상 결함에 속한다.

[06-2]

3 용접부의 결함은 치수상 결함, 구조상 결함, 성질상 결함으로 구분된다. 구조상 결함들로만 구성된 것은?

① 기공, 변형, 치수불량

② 기공, 용입불량, 용접균열

③ 언더컷, 연성부족, 표면결함

④ 표면결함, 내식성 불량, 융합불량

> **구조상 결함**
> 기공, 슬래그 섞임, 융합 불량, 용입 불량, 언더컷, 오버랩, 용접 균열, 표면 결함

[06-1]

4 용접 후 팽창과 수축에 의한 변형은 어떤 결함에 속하는가?

① 치수상의 결함   ② 구조상의 결함

③ 성질상의 결함   ④ 재질상의 결함

[12-2]

5 용접 결함 중 치수상 결함에 해당하는 변형, 치수불량, 형상불량에 대한 방지대책과 가장 거리가 먼 것은?

① 역변형법 적용이나 지그를 사용한다.

② 습기, 이물질 제거 등 용접부를 깨끗이 한다.

③ 용접 전이나 시공 중에 올바른 시공법을 적용한다.

④ 용접조건과 자세, 운봉법을 적정하게 한다.

[11-5, 유사문제 12-4, 10-4, 09-2, 08-2]

6 용접 결함의 종류 중 치수상의 결함에 속하는 것은?

① 변형   ② 융합불량

③ 슬래그 섞임   ④ 기공

> 융합불량, 슬래그 섞임, 기공 모두 구조상 결함에 속한다.

[12-4]

7 다음 중 용접 결함의 분류에 있어 치수상의 결함으로 볼 수 없는 것은?

① 스트레인 변형

② 용접부 크기의 부적합

③ 용접부 형상의 부적당

④ 비금속 개재물의 혼입

[10-2]

8 용접 결함 종류 중 성질상 결함에 해당되지 않는 것은?

① 인장강도 부족   ② 표면 결함

③ 항복강도 부족   ④ 내식성의 불량

> 표면 결함은 구조상 결함에 속한다.

[12-5]

9 다음 중 피복 아크 용접에서 오버랩의 발생 원인으로 가장 적당한 것은?

① 전류가 너무 적다.

② 홈의 각도가 너무 좁다.

③ 아크의 길이가 너무 길다.

④ 용착 금속의 냉각속도가 너무 빠르다.

[10-5, 유사문제 11-4, 09-5, 07-4, 05-2, 05-1]

10 제품을 용접한 후 일부분에 언더컷이 발생하였을 때 보수 방법으로 가장 적당한 것은?

① 결함의 일부분을 깎아내고 재용접한다.

② 홈을 만들어 용접한다.

③ 결함부분을 절단하고 재용접한다.

④ 가는 용접봉을 사용하여 보수한다.

> **언더컷의 보수 방법**
> • 가는 용접봉을 사용하여 보수한다.
> • 지름이 작은 용접봉을 사용하여 용접한다.

정답 [용접의 결함] **1** ① **2** ① **3** ② **4** ① **5** ② **6** ① **7** ④ **8** ② **9** ① **10** ④

[10-5, 09-2]

11 피복 아크 용접에서 용접 전류가 너무 낮을 때 생기는 용접결함 현상 중 가장 적절한 것은?

① 언더컷   ② 기공
③ 스패터   ④ 오버랩

[10-1, 09-1, 05-2]

12 용접부에 오버랩의 결함이 생겼을 때 가장 올바른 보수방법은?

① 작은 지름의 용접봉을 사용하여 용접한다.
② 결함 부분을 깎아내고 재용접한다.
③ 드릴로 정지구멍을 뚫고 재용접한다.
④ 결함부분을 절단한 후 덧붙임 용접을 한다.

[08-1]

13 아크의 길이가 길 때 발생하는 현상이 아닌 것은?

① 스패터의 발생이 많다.
② 용착금속의 재질이 불량해진다.
③ 오버랩이 생긴다.
④ 비드의 외관이 불량해진다.

> 오버랩은 아크의 길이가 너무 짧을 때 발생한다.

[07-2]

14 피복 아크 용접에서 과대전류, 용접봉 운봉각도의 부적합, 용접속도가 부적당할 때, 아크길이가 길 때 일어나며, 모재와 비드 경계부분에 패인 홈으로 나타나는 표면결함은?

① 스패터   ② 언더컷
③ 슬래그 섞임   ④ 오버 랩

[11-4]

15 피복 아크 용접에서 언더컷(under cut) 발생 시 방지대책으로 맞는 것은?

① 용접 속도를 빠르게 한다.
② 유황 함량을 검사한다.
③ 적정한 용접봉을 선택하여 사용한다.
④ 아크 길이를 길게 한다.

[12-2 유사문제 12-4, 09-4]

16 피복 아크 용접 시 일반적으로 언더컷을 발생시키는 원인으로 가장 거리가 먼 것은?

① 용접 전류가 너무 높을 때
② 아크 길이가 너무 길 때
③ 부적당한 용접봉을 사용했을 때
④ 홈 각도 및 루트 간격이 좁을 때

> 홈 각도 및 루트 간격이 좁을 때는 용입 불량이 발생한다.
> ※언더컷의 발생 원인
> • 용접 전류가 너무 높을 때
> • 아크 길이가 너무 길 때
> • 용접봉의 운봉각도가 부적합할 때
> • 부적당한 용접봉을 사용했을 때
> • 용접 속도가 적당하지 않을 때

[13-2]

17 용접 전류가 용접하기에 적합한 전류보다 높을 때 가장 발생되기 쉬운 용접 결함은?

① 용입불량   ② 언더컷
③ 오버랩   ④ 슬래그 섞임

[11-1]

18 다음 결함 중에서 용접 전류가 낮아서 생기는 결함이 아닌 것은?

① 오버랩   ② 용입 불량
③ 융합 불량   ④ 언더컷

> 언더컷은 용접 전류가 너무 높을 경우 발생한다.

[07-1]

19 용접 결함에서 피트(Pit)가 발생하는 원인이 아닌 것은?

① 모재 가운데 탄소, 망간 등의 합금원소가 많을 때
② 습기가 많거나 기름, 녹, 페인트가 묻었을 때
③ 모재를 예열하고 용접하였을 때
④ 모재 가운데 황 함유량이 않을 때

> 적당한 예열을 함으로써 피트를 방지할 수 있다.

[12-5]

20 다음 중 아크 분위기 중에서 수소가 너무 많을 때 발생하는 용접 결함은?

① 용입 불량   ② 언더컷
③ 오버랩   ④ 비드 밑 균열

정답 ▶ **11** ④ **12** ② **13** ③ **14** ② **15** ③ **16** ④ **17** ② **18** ④ **19** ③ **20** ④

[04-4]

21 기공 또는 용융금속이 튀는 현상이 생겨 용접한 부분의 바깥 면에 나타나는 작고 오목한 구멍을 무엇이라고 하는가?

① 플래시(flash)
② 피닝(peening)
③ 플럭스(flux)
④ 피트(pit)

[12-1]

22 다음 중 CO_2 가스 아크 용접에서 기공 발생의 원인과 가장 거리가 먼 것은?

① CO_2 가스 유량이 부족하다.
② 노즐과 모재 간 거리가 지나치게 길다.
③ 바람에 의해 CO_2 가스가 날린다.
④ 엔드 탭(end tab)을 부착하여 고전류를 사용한다.

> **기공의 발생 원인**
> • 아크의 길이가 길 때
> • 피복제 속에 수분이 있을 때
> • 용착금속 속에 가스가 남아 있을 때
> • 강재에 페인트, 녹, 습기, 기름 등이 부착되어 있을 때
> • CO_2가스 유량이 부족할 때
> • 용접 분위기 중 수소, 일산화탄소가 많을 때
> • 노즐과 모재 간 거리가 지나치게 길 때
> • 바람에 의해 CO_2 가스가 날릴 때
> • 용착부가 급랭할 때

[12-1]

23 다음 중 일반적으로 모재의 용융선 근처의 열영향부에서 발생되는 균열이며 고탄소강이나 저합금강 등을 용접할 때 용접열에 의한 열영향부의 경화와 변태 응력 및 용착금속의 확산성 수소에 의해 발생되는 균열은?

① 비드 밑 균열
② 루트 균열
③ 설파 균열
④ 크레이터 균열

[11-5]

24 피복 아크 용접에서 슬래그 혼입으로 용접 결함이 발생하였다. 방지 대책으로 틀린 것은?

① 전류를 약간 높게 한다.
② 루트 간격 및 치수를 적게 한다.
③ 용접부 예열을 한다.
④ 슬래그를 깨끗이 제거한다.

> **슬래그 혼입 방지 대책**
> • 슬래그를 깨끗이 제거한다.   • 적당한 용접 각도를 유지한다.
> • 전류를 약간 높게 한다.   • 적당한 운봉속도를 유지한다.
> • 용접부 예열을 한다.

[13-1 유사문제 09-5. 07-2]

25 아크 용접에서 기공의 발생 원인이 아닌 것은?

① 아크 길이가 길 때
② 피복제 속에 수분이 있을 때
③ 용착금속 속에 가스가 남아 있을 때
④ 용접부 냉각속도가 느릴 때

> **기공의 발생 원인**
> • 아크 길이가 길 때
> • 피복제 속에 수분(습기)이 있을 때
> • 용착금속 속에 가스가 남아 있을 때

[04-1]

26 피복 아크 용접봉의 피복제에 습기가 있을 때 용접을 하면 가장 많이 발생하는 결함은?

① 기공
② 크레이터
③ 언더컷 현상
④ 오버랩 현상

[10-5]

27 피복 아크 용접 시 발생하는 기공의 방지 대책으로 올바르지 않은 것은?

① 이음의 표면을 깨끗이 한다.
② 건조한 저수소계 용접봉을 사용한다.
③ 용접 속도를 빠르게 하고, 가장 높은 전류를 사용한다.
④ 위빙을 하여 열량을 늘리거나 예열을 한다.

> 기공의 발생은 용접 속도 및 전류와는 관련이 없다.

[12-1]

28 피복 아크 용접 결함 중 용착금속의 냉각 속도가 빠르거나 모재의 재질이 불량할 때 일어나기 쉬운 결함으로 가장 적당한 것은?

① 용입 불량
② 언더컷
③ 오버랩
④ 선상조직

[10-4]

29 용접전류가 높을 때 생기는 결함 중 가장 관계가 적은 것은?

① 언더컷
② 균열
③ 스패터
④ 선상조직

> 용접전류가 너무 높을 때 : 용입 불량, 언더컷, 균열, 스패터
> 용접전류가 너무 낮을 때 : 오버랩, 용입 부족

정답 ▶ **21** ④ **22** ④ **23** ① **24** ② **25** ④ **26** ① **27** ③ **28** ④ **29** ④

[11-1]

30 피복 아크 용접 결함의 종류에 따른 원인과 대책이 바르게 묶인 것은?

① 기공 : 용착부가 급랭되었을 때 - 예열 및 후열을 한다.

② 슬래그 섞임 : 운봉속도가 빠를 때 - 운봉에 주의한다.

③ 용입 불량 : 용접전류가 높을 때 - 전류를 약하게 한다.

④ 언더컷 : 용접전류가 낮을 때 - 전류를 높게 한다.

> ② 슬래그 섞임 : 운봉속도가 느릴 때 - 적당한 운봉속도를 유지한다.
> ③ 용입 불량 : 용접전류가 낮을 때 - 전류를 적당히 높여준다.
> ④ 언더컷 : 용접전류가 높을 때 - 전류를 약하게 조절한다.

[11-4, 유사문제 12-1, 07-1, 06-4]

31 용접 결함과 그 원인을 서로 짝지어 놓은 것 중 잘못된 것은?

① 언더컷 - 용접 전류가 너무 높을 때

② 용입 불량 - 용접 속도가 너무 느릴 때

③ 오버랩 - 용접 전류가 너무 낮을 때

④ 기공 - 용접 분위기 중 수소, 일산화탄소가 많을 때

> • 용입 불량 : 용접 속도가 너무 빠를 때, 이음설계가 불량할 때
> • 언더컷 : 용접 전류가 너무 높을 때
> • 오버랩 : 용접 전류가 너무 낮을 때, 운봉법 불량
> • 기공 : 용착부의 급랭, 강재에 부착되어 있는 기름, 용접 분위기 중 수소 및 일산화탄소가 많을 때
> • 변형 : 홈 각도 과대
> • 용입 부족 : 용접전류가 낮을 때
> • 균열 : 용접전류가 높을 때, 모재의 탄소, 망간, 유황 등의 함유량 과다
> • 슬래그 섞임 : 전층의 슬래그 제거 불완전, 용접이음 설계의 부적당

[04-4]

32 용접 결함과 그 원인을 조사한 것 중 틀린 것은?

① 오버랩 - 운봉법 불량

② 기공 - 용접봉의 습기

③ 슬래그 섞임 - 용접이음 설계의 부적당

④ 선상조직 - 홈 각도의 과대

> 선상조직은 용접부의 파단면에 나타나는 가늘고 긴 서리 모양의 조직을 말하는데, 용착금속의 냉각 속도가 빠르거나 모재의 재질이 불량할 때 생긴다.

[13-1, 12-5, 05-2]

33 결함 끝 부분을 드릴로 구멍을 뚫어 정지구멍을 만들고 그 부분을 깎아내어 다시 규정의 홈으로 다듬질하여 보수를 하는 용접봉은?

① 슬래그 섞임　　② 균열

③ 언더컷　　　　④ 오버랩

[13-1]

34 용접 균열을 방지하기 위한 일반적인 사항으로 맞지 않는 것은?

① 좋은 강재를 사용한다.

② 응력집중을 피한다.

③ 용접부에 노치를 만든다.

④ 용접 시공을 잘한다.

[07-1, 04-4]

35 용접 결함 중 균열의 보수방법으로 가장 옳은 방법은?

① 작은 지름의 용접봉으로 재용접한다.

② 굵은 지름의 용접봉으로 재용접한다.

③ 전류를 높게 하여 재용접한다.

④ 정지구멍을 뚫어 균열부분은 홈을 판 후 재용접한다.

[11-4]

36 용접 균열에 대한 대책이 아닌 것은?

① 응력이 집중되게 한다.

② 용접 시공을 적정하게 한다.

③ 나쁜 강재를 사용하지 않는다.

④ 용접부에 노치 부분을 만들지 않는다.

> 응력이 집중되면 용접 균열이 발생하는 원인이 된다.

[10-4]

37 맞대기 용접, 필릿 용접 등의 비드 표면과 모재와의 경계부에서 발생되는 균열이며, 구속응력이 클 때 용접부의 가장자리에서 발생하여 성장하는 용접균열은?

① 루트 균열

② 크레이터 균열

③ 토우 균열

④ 설퍼 균열

[08-5]
38 용접부 외부에서 주어지는 열량을 용접입열이라 한다. 용접입열이 충분하지 못하여 발생하는 결함은?

① 용융 불량   ② 언더컷
③ 균열   ④ 변형

[10-5]
39 다음 그림과 같이 용접부의 비드 끝과 모재 표면 경계부에서 균열이 발생하였다. (A)는 무슨 균열이라고 하는가?

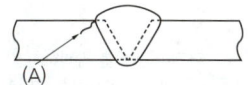

① 토우 균열   ② 라멜라테어
③ 비드 밑 균열   ④ 비드 중 균열

[10-2]
40 피복 아크 용접부 결함의 종류인 스패터의 발생 원인으로 가장 거리가 먼 것은?

① 운봉 속도가 느릴 때
② 전류가 높을 때
③ 수분이 많은 용접봉을 사용했을 때
④ 아크 길이가 너무 길 때

> 스패터는 용접 작업 중에 슬래그나 금속입자가 비산하는 것을 말하는데, 운봉 속도와는 무관하다.

[10-4]
41 각종 용접부의 결함 중 용접이음의 용융부 밖에서 아크를 발생시킬 때 아크열에 의하여 모재에 생기는 결함은?

① 언더컷
② 언더필
③ 슬래그 섞임
④ 아크 스트라이크

> 언더필 : 용접부의 윗면이나 아랫면이 모재의 표면보다 낮은 상태를 말하는데, 용착금속이 충분히 채워지지 않았을 때 생긴다.

chapter 02

용접부의 시험 방법

Craftsman Welding

이 섹션에서는 용접부 시험의 분류를 묻는 문제의 비중이 상당히 높다. 특히 파괴시험의 종류에 대해서는 확실히 암기하도록 한다. 각 시험별 특징에 대해서도 꾸준히 출제되고 있으니 소홀히 하지 않도록 한다.

용접부 시험의 분류

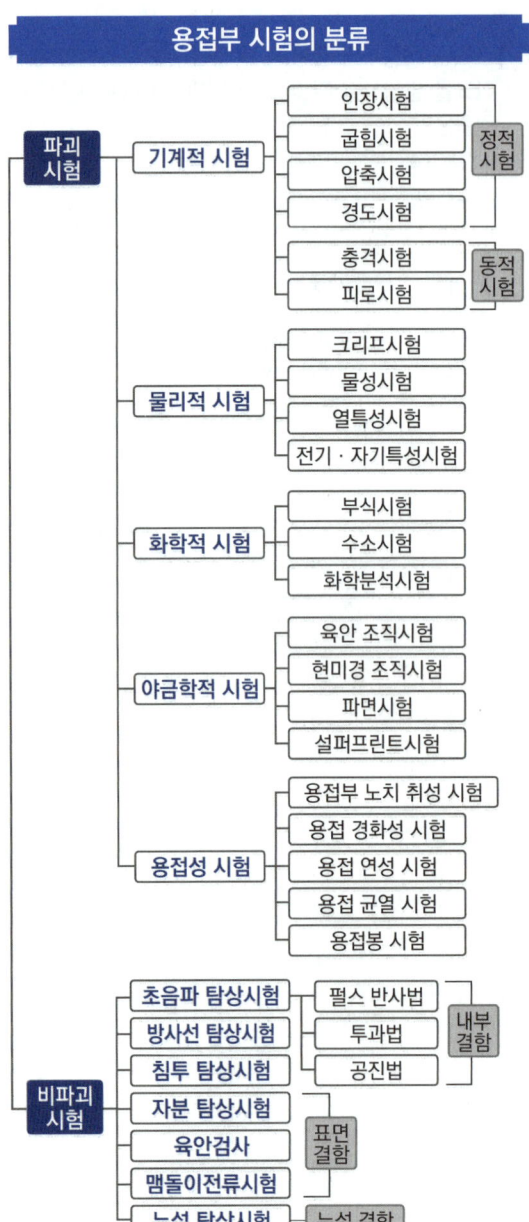

▶ 용어 정리
- 파괴검사 : 재료에 충격을 가하거나 재료를 파괴하여 인성, 강도 및 기계적 성질 등을 알아내기 위한 검사 방법
- 비파괴검사 : 재료에 손상을 주지 않고 재료의 성질, 상태 및 내부구조 등을 알아내기 위한 검사 방법

01 파괴시험

1 기계적 시험법

(1) 인장시험
① 시험편을 인장 파단시켜 항복점(또는 내력), 인장강도, 연신율, 단면수축률, 비례한도, 탄성한도 등을 조사하는 시험 방법
② **인장시험편의 규제요건** : 시험편의 지름, 평행부의 길이, 표점거리, 모서리 반경
③ **인장강도** $= \dfrac{최대하중}{단면적}$
④ **연신율** $= \dfrac{늘어난\ 표점거리 - 처음\ 표점거리}{처음\ 표점거리}$
⑤ **단면수축률** $= \dfrac{처음\ 단면적 - 줄어든\ 단면적}{처음\ 단면적}$

(2) 굽힘시험(굴곡시험)
① 모재 및 용접부의 연성과 결함의 유무를 조사하기 위한 시험 방법
② **굽힘 각도** : 180°

(3) 피로시험
① 재료에 반복해서 하중을 가했을 때 재료가 파괴에 이르기까지의 반복 회수를 구하는 시험
② **하중 방식** : 반복하중, 교번하중, 편진하중

(4) **경도시험** : 금속의 단단한 정도를 조사

① **브리넬 경도시험**(HB)
  - 시료 표면에 정하중을 가하여 하중을 제거한 후에 남는 압입 자국의 표면적으로 하중을 나눈 값으로 경도를 측정하는 시험 방법

② **로크웰 경도시험**(HR)
  - 처음 하중과 시험 하중으로 인해 생긴 자국의 깊이를 비교하여 경도를 측정하는 시험 방법
  - B스케일과 C스케일로 구분
  - C스케일의 다이아몬드 압입자 꼭지각 각도 : 120°

③ **비커스 경도시험**(HV)
  - 대면각이 136°인 피라미드 형태의 다이아몬드 압자를 재료의 면에 살짝 대고 눌러 피트(pit)를 만들고, 하중을 제거한 후 남은 영구 피트의 표면적으로 하중을 나눈 값으로 경도를 측정하는 시험 방법
  - 아주 단단한 재료의 정밀한 경도를 측정할 수 있는 시험 방법

  ▶ **기본 공식**
  $HV = 1.854 \dfrac{p}{d^2}$ (p : 하중, d : 피라밋 자국의 표면적)

④ **쇼어 경도시험**(HS)
  - 작은 강구나 다이아몬드를 붙인 소형의 추를 일정 높이에서 시험편 표면에 낙하시켜 튀어 오르는 반발 높이에 의하여 경도를 측정하는 시험 방법

⑤ **충격시험**
  - 재료의 인성과 취성의 정도를 조사하는 시험 방법
  - 시험편에 V형 또는 U형 등의 노치를 만들고 충격적인 하중을 주어서 파단시키는 시험 방법
  - 샤르피식 시험기(단순보의 원리 이용)와 아이조드식 시험기(내다지보의 원리 이용) 사용

2 물리적 시험법

(1) **크리프시험**
재료에 일정한 응력을 가했을 때 시간에 따라 변하는 변형량을 측정하는 시험 방법

(2) **물성시험**
재료의 비중, 점성, 표면장력, 탄성 등을 확인하는 시험 방법

(3) **열특성시험**
재료의 팽창, 비열, 열전도 등을 확인하는 시험 방법

(4) **전기·자기특성시험**
재료의 저항, 기전력 및 투자율 등을 확인하는 시험 방법

3 화학적 시험법

(1) **부식시험**
① 재료의 부식 정도를 검사하는 시험
② **습부식시험** : 재료가 해수, 유기산, 무기산, 알칼리 등에 접촉했을 때의 부식 상태를 시험하는 방법
③ **건부식시험** : 재료가 고온의 증기가스 등과 접촉했을 때의 부식 상태를 시험하는 방법
④ **응력부식시험** : 재료에 어떤 응력이 주어졌을 때의 부식 상태를 시험하는 방법

(2) **수소시험**
응고 직후부터 일정 시간 사이에 발생하는 수소의 양을 측정하는 시험 방법

(3) **화학분석시험**
금속에 포함되어 있는 성분을 알아내기 위한 시험 방법

4 야금학적 시험

(1) **설퍼 프린트**
① 철강의 재료에 분포하는 황의 분포 상태를 검사하는 방법
② 황산(H_2SO_4) 시약 사용
③ 황(S)이 많은 곳의 인화지 색깔은 흑색 또는 흑갈색으로 변한다.

(2) **현미경 조직시험**
① 시험편을 절단하여 표면을 연마한 후 부식제를 사용하여 부식시켜 조직을 검사하는 방법
② **부식제**

용도	종류
철강용	피크린산 알코올용액 또는 질산 알코올용액
동합금용	염화제2철용액
니켈합금용	질산초산용액
알루미늄합금용	수산화나트륨용액 또는 불화수소용액
납 합금용	질산용액
아연 합금용	염산용액

5 노치 취성 시험

(1) **정의** : 재료에 균열 등의 노치가 발생하는 경우 그 재료의 취성을 조사하는 시험 방법

(2) **주요인자** : 온도, 변형속도, 시험편의 치수

(3) **시험 방법**

① **샤르피 충격시험** : 여러가지 형상의 노치로 된 시험편을 순간적으로 파단하여 취성을 시험하는 방법

② **로버트슨 시험** : 시험편의 노치부를 액체 질소로 냉각하고 반대쪽을 가스 불꽃으로 가열하여 거의 직선적인 온도구배를 주고, 시험편의 양 끝에 하중을 가한 상태로 노치부에 충격을 가하여 균열 상태를 알아보는 시험법

③ **슈나트 시험** : 압축을 받는 쪽에 단단한 봉을 끼워넣은 시험편을 사용하여 노치 취성을 시험하는 방법

④ **카안인열 시험** : 지름 2mm의 작은 구멍에 노치를 만들어 인장하중을 가해 취성을 시험하는 방법

---

02 비파괴시험

1 초음파 탐상시험(UT, Ultrasonic Test)

① **펄스 반사법** : 초음파의 펄스를 시험체의 한쪽 면으로부터 송신하여 그 결함에서 반사되는 반사파의 형태로 결함을 판정하는 방법

② **투과법** : 투과한 초음파를 분석하여 검사하는 방법

③ **공진법** : 공진현상을 이용하는 방법

2 침투 탐상시험(PT, Penetrant Detecting Test)

시험체 표면의 결함을 검사하기 위한 시험 방법으로 침투제를 시험체 표면에 침투시키고 시간이 지난 후 지시상태를 관찰하여 결함의 위치 또는 모양을 검사하는 방법

(1) **장점**

① 시험 방법이 간단하다.

② 고도의 숙련이 요구되지 않는다.

③ 제품의 크기, 형상 등에 크게 구애받지 않는다.

④ 미세한 균열도 탐상이 가능하다.

⑤ 국부적 시험이 가능하다.

⑥ 철, 비철, 플라스틱, 세라믹 등 거의 모든 제품에 적용이 용이하다.

(2) **단점**

① 검사체의 표면이 침투제와 반응하여 손상되는 제품은 탐상할 수 없다.

② 검사체의 표면이 너무 거칠거나 기공이 많을 경우 허위 지시모양을 만들 수도 있다.

③ 침투제가 오염되기 쉽다.

④ 주변환경 특히 온도에 둔감해 제약을 받는다.

3 자분 탐상시험(MT, Magnetic Particle Test)

① 전류를 통하여 자화가 될 수 있는 금속재료 즉 철, 니켈과 같이 자기변태를 나타내는 금속 또는 그 합금으로 제조된 구조물이나 기계부품의 표면부에 존재하는 결함을 검출하는 비파괴시험법

② 내부결함의 검출 시에는 직류를 사용한다.

③ 결함 모양이 표면에 직접 나타나 육안으로 관찰할 수 있다.

④ 작업이 신속하고 간단하다.

⑤ 표면 균열검사에 적합하다.

⑥ 정밀한 전처리가 요구되지 않아 검사가 용이하다.

⑦ 얇은 도장 및 비자성 물질의 도포에도 작업이 가능하다.

⑧ **자화 방법의 종류**

- 원형자화 : 축통전법, 직각통전법, 전류관통법, 프로드법, 자속관통법
- 선형자화 : 코일법, 극간법

4 방사선 탐상시험(RT, Radiographic Test)

① x선이나 γ선을 재료에 투과시켜 투과된 빛의 강도에 따라 사진 필름에 감광시켜 결함을 검사하는 방법

② γ선의 동위원소 : 코발트 60, 세슘 134, 이리듐 192 등

▶ **결함의 종별 분류**(KS B 0845)

결함의 종별	결함의 종류
제1종	둥근 블로홀 및 이와 유사한 결함
제2종	가늘고 긴 슬래그 혼입, 파이프, 용입 불량, 융합 불량 및 이와 유사한 결함
제3종	갈라짐 및 이와 유사한 결함
제4종	텅스텐 혼입

5 누설 탐상시험

자속의 누설을 이용하여 재료의 표면이나 표면 가까운 곳에 균열, 슬래그 섞임 등의 결함을 검출하는 방법

6 맴돌이전류시험

교류의 자장에 의해 금속 내부에 와류 작용을 이용하는 시험 방법

7 육안검사(외관검사)

① 재료를 직접 또는 간접적으로 관찰하여 표면의 결함이 있는지 그 유무를 알아내는 비파괴검사법
② 언더컷, 오버랩, 피트, 슬래그 섞임, 균열, 용입 등의 결함을 알 수 있다.

 기출문제 | 이론과 연계된 기출유형을 파악하자!

용접부시험의 분류

[12-5]

1 다음 중 용접부의 검사 방법에 있어 기계적 시험법에 해당하는 것은?

① 피로시험　　　　② 부식시험
③ 누설시험　　　　④ 자기특성시험

> **기계적 시험법**
> • 정적시험 : 인장시험, 굽힘시험, 압축시험, 경도시험
> • 동적시험 : 충격시험, 피로시험

[06-1]

2 용접부의 검사법 중 기계적 시험이 아닌 것은?

① 인장시험　　　　② 물성시험
③ 굽힘시험　　　　④ 피로시험

> 물성시험은 물리적 시험으로서 비중, 정성, 표면장력, 탄성 등을 확인하는 시험 방법이다.

[12-1, 04-2]

3 용접부의 시험법 중 기계적 시험법에 해당하는 것은?

① 부식시험　　　　② 육안조직시험
③ 현미경 조직시험　④ 피로시험

[11-1, 10-2, 08-5]

4 용접부 검사법 중 기계적 시험법이 아닌 것은?

① 굽힘시험　　　　② 경도시험
③ 인장시험　　　　④ 부식시험

> 부식시험은 재료의 부식 정도를 검사하는 시험으로 화학적 시험에 해당한다.

[10-1, 08-1]

5 용접부의 시험과 검사에서 부식시험은 어느 시험법에 속하는가?

① 방사선 시험법　　② 기계적 시험법
③ 물리적 시험법　　④ 화학적 시험법

[10-1]

6 용접부의 시험 및 검사의 분류에서 충격시험은 무슨 시험에 속하는가?

① 기계적 시험　　　② 낙하시험
③ 화학적 시험　　　④ 압력시험

> 충격시험은 재료의 인성과 취성의 정도를 조사하는 시험 방법으로 기계적 시험에 해당한다.

[13-2]

7 용접부의 시험 및 검사의 분류에서 크리프 시험은 무슨 시험에 속하는가?

① 물리적 시험　　　② 기계적 시험
③ 금속학적 시험　　④ 화학적 시험

> 크리프 시험은 재료에 일정한 응력을 가했을 때 시간에 따라 변하는 변형량을 측정하는 시험 방법으로 물리적 시험에 해당한다.

[11-5, 04-1]

8 시험편을 인장 파단하여 항복점(또는 내력), 인장강도, 연신율, 단면수축률 등을 조사하는 시험법은?

① 경도시험　　　　② 굽힘시험
③ 충격시험　　　　④ 인장시험

정답 [용접부시험의 분류] 1 ① 2 ② 3 ④ 4 ④ 5 ④ 6 ① 7 ① 8 ④

[07-4]
9 용접부의 시험 및 검사의 분류에서 수소시험은 무슨 시험에 속하는가?

① 기계적 시험   ② 낙하 시험
③ 화학적 시험   ④ 압력 시험

> 수소시험은 응고 직후부터 일정 시간 사이에 발생하는 수소의 양을 측정하는 시험 방법으로 화학적 시험에 해당한다.

[06-2]
10 용접부의 파괴검사(시험) 방법은?

① 형광 침투 검사   ② 방사선 투과 검사
③ 맴돌이 검사   ④ 현미경 조직 검사

> 현미경 조직 검사는 야금학적 시험 방법으로 파괴시험에 해당한다.

[04-4]
11 용접부의 시험에서 수소시험이란 무엇을 측정하는 것인가?

① 응고 직후에 발생하는 수소의 양
② 용접봉에 함유한 수소의 양
③ 모재에 함유한 수소의 양
④ 응고 직후부터 일정 시간 사이에 발생하는 수소의 양

[10-4]
12 금속재료 시험법과 시험 목적을 설명한 것으로 틀린 것은?

① 인장시험 : 인장강도, 항복점, 연신율 계산
② 경도시험 : 외력에 대한 저항의 크기 측정
③ 굽힘시험 : 피로 한도값 측정
④ 충격시험 : 인성과 취성의 정도 조사

> 피로 한도값을 측정하기 위한 시험은 피로시험이다. 굽힘시험은 모재 및 용접부의 연성과 결함의 유무를 조사하기 위한 시험 방법이다.

[12-5, 10-2, 08-2, 06-4, 04-4]
13 다음 중 주로 모재 및 용접부의 연성과 결함의 유무를 조사하기 위한 시험 방법은?

① 인장시험   ② 굽힘시험
③ 피로시험   ④ 충격시험

> 굴곡시험은 굽힘시험이라고도 하며, 굽힘각도는 180°이며, 모재 및 용접부의 연성과 결함의 유무를 조사하기 위한 시험 방법이다.

[12-4]
14 다음 중 용접부 시험방법에 있어 충격시험의 방식에 해당하는 것은?

① 브리넬식   ② 로크웰식
③ 샤르피식   ④ 비커스식

[10-4]
15 시험편에 V형 또는 U형 등의 노치(Notch)를 만들고 충격적인 하중을 주어서 파단시키는 시험법은?

① 인장시험   ② 피로시험
③ 충격시험   ④ 경도시험

> 충격시험은 재료의 인성과 취성의 정도를 조사하는 시험으로 시험편에 V형 또는 U형 등의 노치를 만들고 충격적인 하중을 주어서 파단시키는 시험인데, 단순보의 원리를 이용하는 샤르피식 시험기와 내다지보의 원리를 이용하는 아이조드식 시험기가 있다.

[12-4, 09-1, 04-2]
16 다음 중 용접부의 파괴시험에서 샤르피식 시험기로 사용하는 시험 방법은?

① 경도시험   ② 충격시험
③ 굽힘시험   ④ 피로시험

[09-5, 09-2, 06-2]
17 모재 및 용접부의 연성과 안전성을 조사하기 위하여 사용되는 시험법으로 맞는 것은?

① 경도시험   ② 압축시험
③ 굽힘시험   ④ 충격시험

[11-2]
18 형틀 굽힘(굴곡) 시험을 할 때 시험편을 보통 몇 도까지 굽히는가?

① 120°   ② 180°
③ 240°   ④ 300°

[09-2]
19 피로시험에서 사용되는 하중 방식이 아닌 것은?

① 반복하중   ② 교번하중
③ 편진하중   ④ 회전하중

> 피로시험은 재료에 반복해서 하중을 가했을 때 재료가 파괴에 이르기까지의 반복 회수를 구하는 기계적 시험 방법으로 반복하중, 교번하중, 편진하중 방식이 사용된다.

정답▶ **9** ③   **10** ④   **11** ④   **12** ③   **13** ②   **14** ③   **15** ③   **16** ②   **17** ③   **18** ②   **19** ④

**파괴시험**

[09-4]
1 인장시험기를 사용하여 측정할 수 없는 것은?

① 항복점　　　　② 연신율
③ 경도　　　　　④ 인장강도

> 인장시험은 기계적 시험 방법으로 인장강도, 항복점, 연신율, 단면수축률 등을 측정할 수 있는 시험 방법이다.

[12-1]
2 다음 중 용접재료의 인장시험에서 구할 수 없는 것은?

① 항복점　　　　② 단면수축률
③ 비틀림강도　　④ 연신율

[10-4, 05-2]
3 인장시험의 인장시험편에서 규제요건에 해당되지 않는 것은?

① 시험편의 무게　　② 시험편의 지름
③ 평행부의 길이　　④ 표점거리

> **인장시험편의 규제요건**
> 시험편의 지름, 평행부의 길이, 표점거리, 모서리 반경

[10-1]
4 용접시험편에서 P=최대하중, D=재료의 지름, A=재료의 최초 단면적일 때, 인장강도를 구하는 식으로 옳은 것은?

① $P/\pi D$　　　　② P/A
③ P/A^2　　　　④ A/P

[10-4, 07-4, 유사문제 11-5]
5 맞대기 용접 이음에서 최대 인장하중이 800kgf이고, 판 두께가 5mm, 용접선의 길이가 20cm일 때 용착 금속의 인장강도는 몇 kgf/mm²인가?

① 0.8　　　　　② 8
③ 80　　　　　④ 800

> $$인장강도 = \frac{최대하중}{단면적} = \frac{800kgf}{5mm \times 200mm} = 0.8 kgf/mm^2$$

[10-2]
6 작은 강구나 다이아몬드를 붙인 소형의 추를 일정 높이에서 시험편 표면에 낙하시켜 튀어 오르는 반발 높이에 의하여 경도를 측정하는 것은?

① 로크웰 경도　　② 쇼어 경도
③ 비커스 경도　　④ 브리넬 경도

> **경도시험의 종류**
> • 브리넬 경도시험 : 시료 표면에 정하중을 가하여 하중을 제거한 후에 남는 압입 자국의 표면적으로 하중을 나눈 값으로 경도를 측정하는 시험 방법
> • 로크웰 경도시험 : 처음 하중과 시험 하중으로 인해 생긴 자국의 깊이를 비교하여 경도를 측정하는 시험 방법
> • 비커스 경도시험 : 피라밋형 다이아몬드 압자를 재료의 면에 살짝 대고 눌러 피트(pit)를 만들고, 하중을 제거한 후 남은 영구 피트의 표면적으로 하중을 나눈 값으로 경도를 측정하는 시험 방법
> • 쇼어 경도시험 : 작은 강구나 다이아몬드를 붙인 소형의 추를 일정 높이에서 시험편 표면에 낙하시켜 튀어 오르는 반발 높이에 의하여 경도를 측정하는 시험 방법

[10-4, 06-1]
7 B스케일과 C스케일이 있는 경도 시험법은?

① 로크웰 경도시험　　② 쇼어 경도시험
③ 브리넬 경도시험　　④ 비커스 경도시험

[04-1]
8 p는 하중(kgf), d는 피라밋 자국의 표면적일 때, 비커즈 경도시험 산출 기본공식(HV)으로 다음 중 옳은 것은?

① $1.1 \times (p/d)$　　　② $1.854 \times (p/d^2)$
③ $1.1 \times (p/d^2)$　　④ $1.854 \times (d^2/p)$

[04-4]
9 용접물이 청수, 해수, 유기산, 무기산 및 알칼리 등에 접촉되어 받는 부식상태에 대해 시험하는 부식시험에 속하지 않는 것은?

① 습부식시험　　　② 건부식시험
③ 응력부식시험　　④ 시간부식시험

> **부식시험의 종류**
> • 습부식시험 : 재료가 해수, 유기산, 무기산, 알칼리 등에 접촉했을 때의 부식 상태를 시험
> • 건부식시험 : 재료가 고온의 증기가스 등과 접촉했을 때의 부식 상태를 시험
> • 응력부식시험 : 재료에 어떤 응력이 주어졌을 때의 부식 상태를 시험

chapter 02

정답 **[파괴시험] 1** ③ **2** ③ **3** ① **4** ② **5** ① **6** ② **7** ① **8** ② **9** ④

10 현미경 시험을 하기 위해 사용되는 부식제 중 철강용에 해당되는 것은? [12-5]

① 왕수　　　　　　② 연화철액
③ 피크린산　　　　④ 플루오르화 수소액

현미경 조직시험의 부식제	
용도	종류
철강용	피크린산 알코올용액 또는 질산 알코올용액
동합금용	염화제2철용액
니켈합금용	질산초산용액
알루미늄합금용	수산화나트륨용액 또는 불화수소용액

11 용접할 부위에 황(S)의 분포 여부를 알아보기 위해 설퍼 프린트를 하고자 한다. 이때 사용할 시약은? [07-1]

① H_2SO_4　　　　② KCN
③ 피크린산 알코올　④ 질산 알코올

12 설퍼 프린트 시 강판에 황(S)이 많은 곳의 인화지 색깔은 어떻게 변하는가? [08-5]

① 흑색으로　　　　② 청색으로
③ 적색으로　　　　④ 녹색으로

비파괴시험

1 용접부 시험 중 비파괴 시험 방법이 아닌 것은? [13-2, 06-1]

① 초음파 시험　　　② 크리프 시험
③ 침투 시험　　　　④ 맴돌이전류 시험

2 다음 중 비파괴 시험이 아닌 것은? [11-2]

① 초음파 탐상시험　② 피로시험
③ 침투 탐상시험　　④ 누설 탐상시험

> **비파괴 시험**
> 초음파 탐상시험, 자분 탐상시험, 방사선 탐상시험, 누설 탐상시험, 맴돌이전류시험, 육안검사

3 다음 중 비파괴 시험에 속하는 것은? [04-1]

① 인장시험　　　　② 화학시험
③ 침투시험　　　　④ 균열시험

4 용접물에 대한 비파괴시험법이 아닌 것은? [04-1]

① 초음파 시험　　　② 자기적 시험
③ 방사선 시험　　　④ 크리프 시험

5 침투 탐상 검사법의 장점이 아닌 것은? [11-4]

① 시험 방법이 간단하다.
② 고도의 숙련이 요구되지 않는다.
③ 검사체의 표면이 침투제와 반응하여 손상되는 제품도 탐상할 수 있다.
④ 제품의 크기, 형상 등에 크게 구애받지 않는다.

> 침투 탐상 검사법은 검사체의 표면이 침투제와 반응하여 손상되는 제품은 탐상할 수 없으며, 침투제가 오염되기 쉬운 단점이 있다.

6 다음 중 침투 탐상 검사의 장점이 아닌 것은? [11-2]

① 시험 방법이 간단하다.
② 제품의 크기, 형상 등에 크게 구애를 받지 않는다.
③ 검사원의 경험과 지식에 따라 크게 좌우된다.
④ 미세한 균열도 탐상이 가능하다.

> 침투 탐상 검사는 고도의 숙련된 기술이 요구되는 검사법이 아니므로 검사원의 경험과 지식에 따라 크게 좌우되지 않는다.

7 침투 탐상법의 장점으로 틀린 것은? [11-1]

① 국부적 시험이 가능하다.
② 미세한 균열도 탐상이 가능하다.
③ 주변환경 특히 온도에 둔감해 제약을 받지 않는다.
④ 철, 비철, 플라스틱, 세라믹 등 거의 모든 제품에 적용이 용이하다.

> 침투 탐상법은 주변환경 특히 온도에 둔감해 제약을 받는 검사 방법이다.

[12-5]

8 비파괴검사 방법 중 자분 탐상시험에서 자화 방법의 종류에 속하는 것은?

① 극간법   ② 스테레오법
③ 공진법   ④ 펄스반사법

> **자화 방법의 종류**
> • 원형자화 : 축통전법, 직각통전법, 전류관통법, 프로드법, 자속관 통법
> • 선형자화 : 코일법, 극간법

[13-2]

9 자분 탐상검사에서 검사물체를 자화하는 방법으로 사용되는 자화전류로서 내부결함의 검출에 적합한 것은?

① 교류   ② 자력선
③ 직류   ④ 교류나 직류 상관없다.

> 자분 탐상시험에서 내부결함의 검출 시에는 직류를 사용한다.

[11-2, 09-5]

10 전류를 통하여 자화가 될 수 있는 금속재료 즉 철, 니켈과 같이 자기변태를 나타내는 금속 또는 그 합금으로 제조된 구조물이나 기계부품의 표면부에 존재하는 결함을 검출하는 비파괴시험법은?

① 맴돌이 전류시험   ② 자분 탐상시험
③ γ선 투과시험   ④ 초음파 탐상시험

[09-4]

11 자분 탐상검사의 장점이 아닌 것은?

① 표면 균열검사에 적합하다
② 정밀한 전처리가 요구된다.
③ 결함 모양이 표면에 직접 나타나 육안으로 관찰할 수 있다.
④ 작업이 신속 간단하다.

> 자분 탐상 검사는 정밀한 전처리가 요구되지 않아 검사가 용이한 장점이 있다.

[11-4]

12 용접구조물의 제작도면에 사용하는 보조기능 중 RT는 비파괴시험 중 무엇을 뜻하는가?

① 초음파 탐상시험   ② 자기분말 탐상시험
③ 침투 탐상시험   ④ 방사선 투과시험

> ① 초음파 탐상시험 : UT(Ultrasonic Test)
> ② 자기분말 탐상시험 : MT(Magnetic Particle Test)
> ③ 침투 탐상시험 : PT(Penetrant Detecting Test)
> ④ 방사선 투과시험 : RT(Radiographic Test)

[12-1]

13 용접부의 비파괴 시험 방법의 기본기호 중 "PT"에 해당하는 것은?

① 방사선 투과시험
② 초음파 탐상시험
③ 자기분말 탐상시험
④ 침투 탐상시험

> ① 방사선 투과시험 : RT(Radiographic Test)
> ② 초음파 탐상시험 : UT(Ultrasonic Test)
> ③ 자기분말 탐상시험 : MT(Magnetic Particle Test)
> ④ 침투 탐상시험 : PT(Penetrant Detecting Test)

[12-4]

14 다음 중 비파괴 검사 기호와 명칭이 올바르게 표현된 것은?

① MT : 방사선 투과검사
② PT : 침투 탐상검사
③ RT : 초음파 탐상검사
④ UT : 와전류 탐상검사

> ① MT : 자기분말 탐상검사
> ③ RT : 방사선 투과검사
> ④ UT : 초음파 탐상검사

[07-2]

15 용접부 비파괴시험 기호 중 자분 탐상시험 기호는?

① VT   ② RT
③ JT   ④ MT

[11-1]

16 X선이나 방사선을 재료에 투과시켜 투과된 빛의 강도에 따라 사진 필름에 감광시켜 결함을 검사하는 비파괴 시험법은?

① 자분 탐상검사
② 침투 탐상검사
③ 초음파 탐상검사
④ 방사선 투과검사

정답▶ 8 ①   9 ③   10 ②   11 ②   12 ④   13 ④   14 ②   15 ④   16 ④

[09-1]
17 용접부의 완성검사에 사용되는 비파괴시험이 아닌 것은?

① 방사선 투과시험
② 형광 침투시험
③ 자기 탐상법
④ 현미경 조직시험

[08-1]
18 금속의 비파괴 검사 방법이 아닌 것은?

① 방사선 투과 시험　② 초음파 시험
③ 로크웰 경도 시험　④ 음향 시험

[07-1]
19 용접부의 표면이 좋고 나쁨을 검사하는 것으로 가장 많이 사용하며 간편하고, 경제적인 검사 방법은?

① 자분검사　　② 외관검사
③ 초음파검사　④ 침투검사

[11-4]
20 용접부의 검사에서 교류의 자장에 의해 금속 내부에 와류(Eddy Current) 작용을 이용하는 것은?

① 초음파 검사
② 방사선 투과 검사
③ 자분 검사
④ 맴돌이 전류 검사

[13-1, 10-5]
21 초음파 탐상법에 속하지 않는 것은?

① 펄스 반사법　② 투과법
③ 공진법　　　④ 관통법

[11-5, 05-4]
22 초음파 탐상법에서 일반적으로 널리 사용되며 초음파의 펄스를 시험체의 한쪽 면으로부터 송신하여 그 결함에서 반사되는 반사파의 형태로 결함을 판정하는 방법은?

① 투과법
② 공진법
③ 침투법
④ 펄스 반사법

[13-1, 08-5]
23 초음파 탐상법의 종류에 속하지 않는 것은?

① 투과법　　② 펄스반사법
③ 공진법　　④ 맥동법

[10-1, 05-2]
24 용접부의 결함 검사법에서 초음파 탐상법의 종류에 해당되지 않는 것은?

① 스테레오법　② 투과법
③ 펄스반사법　④ 공진법

[10-5]
25 용접성 시험 중 노치 취성 시험방법이 아닌 것은?

① 샤르피 충격시험　② 슈나트 시험
③ 카안인열 시험　　④ 코메럴 시험

> **노치 취성 시험방법**
> • 샤르피 충격시험 : 여러 가지 형상의 노치로 된 시험편을 순간적으로 파단하여 취성을 시험하는 방법
> • 로버트슨 시험 : 시험편의 노치부를 액체 질소로 냉각하고 반대쪽을 가스 불꽃으로 가열하여 거의 직선적인 온도구배를 주고, 시험편의 양 끝에 하중을 가한 상태로 노치부에 충격을 가하여 균열 상태를 알아보는 시험법
> • 슈나트 시험 : 압축을 받는 쪽에 단단한 봉을 끼워넣은 시험편을 사용하여 노치 취성을 시험하는 방법
> • 카안인열 시험 : 지름 2mm의 작은 구멍에 노치를 만들어 인장하중을 가해 취성을 시험하는 방법

[12-2]
26 다음 중 KS에서 규정한 방사선 투과시험 필름 판독에서 제1종 결함에 해당하는 것은?

① 노치 및 이와 유사한 결함
② 슬래그 혼입 및 이와 유사한 결함
③ 갈라짐 및 이와 유사한 결함
④ 둥근 블로홀 및 이와 유사한 결함

결함의 종별 분류(KS B 0845)

결함의 종별	결함의 종류
제1종	둥근 블로홀 및 이와 유사한 결함
제2종	가늘고 긴 슬래그 혼입, 파이프, 용입 불량, 융합 불량 및 이와 유사한 결함
제3종	갈라짐 및 이와 유사한 결함
제4종	텅스텐 혼입

[07-4]

27 시험편의 노치부를 액체 질소로 냉각하고 반대쪽을 가스 불꽃으로 가열하여 거의 직선적인 온도구배를 주고, 시험편의 양 끝에 하중을 가한 상태로 노치부에 충격을 가하여 균열 상태를 알아보는 시험법은?

① 노치 충격 시험

② T형 용접 균열 시험

③ 로버트슨 시험

④ 슬릿형 용접 균열 시험

[13-1]

28 용접부의 방사선 검사에서 γ선원으로 사용되지 않는 원소는?

① 이리듐 192　　② 코발트 60

③ 세슘 134　　④ 몰리브덴 30

[07-2]

29 용접제품을 파괴하지 않고 육안검사가 가능한 결함은?

① 라미네이숀　　② 피트

③ 기공　　④ 은점

> **육안검사**
> 재료를 직접 또는 간접적으로 관찰하여 표면의 결함이 있는지 그 유무를 알아내는 비파괴검사법으로 언더컷, 오버랩, 피트, 슬래그 섞임, 균열, 용입 등의 결함을 알 수 있다.

[11-5]

30 용접부 검사방법에서 비드의 모양, 언더컷 및 오버랩, 표면 균열 등을 검사하는 것은?

① 침투 검사　　② 누수 검사

③ 외관 검사　　④ 형광 검사

[13-2]

31 용접부의 외관검사 시 관찰사항이 아닌 것은?

① 용입　　② 오버랩

③ 언더컷　　④ 경도

SECTION 03 용접의 자동화

Craftsman Welding

출제 포인트

출제비중이 가장 적은 섹션이다. 최근에는 한 문제씩 출제되고 있지만 기존에 출제된 내용만 암기하는 수준에서 공부하고 다른 섹션의 학습에 집중하도록 한다.

01 제어

어떤 대상물을 원하는 상태로 조절하는 것

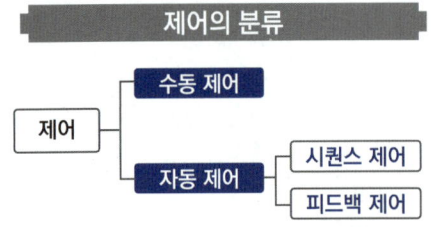

제어의 분류

제어 ─ 수동 제어
　　 └ 자동 제어 ─ 시퀀스 제어
　　　　　　　　 └ 피드백 제어

1 시퀀스 제어

미리 정해 놓은 순서에 따라 제어의 각 단계를 차례로 행하는 제어

2 피드백 제어

제어계의 출력값이 목표치와 일치하는지를 비교하여 일치하지 않을 경우 수정하도록 하는 제어

▶ **자동제어의 장점**
- 제품의 품질이 균일화되어 불량품이 감소된다.
- 인간에게는 불가능한 고속 작업이 가능하다.
- 연속 작업 및 정밀한 작업이 가능하다.
- 위험한 사고의 방지가 가능하다.

02 용접 자동화

1 용접 자동화의 장점

① 생산성 증가 및 품질을 향상시킨다.
② 일정한 전류 값을 유지할 수 있다.
③ 용접와이어의 손실을 줄일 수 있다.

2 용접용 로봇

(1) 용접용 로봇 설치 장소
① 로봇의 움직임이 충분히 보이는 장소를 선택한다.
② 로봇 케이블 등이 사람 발에 걸리지 않도록 설치한다.
③ 로봇 팔이 제어판넬, 조작판넬 등에 닿지 않는 장소를 선택한다.

(2) 관절 좌표형(회전 좌표형) 로봇의 특징
① 공간상의 어떤 지점에도 도달할 수 있도록 3개의 회전운동을 한다.
② 장애물의 상하에 접근이 가능하다.
③ 작은 설치 공간에 큰 작업 영역이 가능하다.
④ 작업 영역은 위에서 보았을 때는 원형, 측면에서 보았을 때는 부채꼴 모양이다.
⑤ 복잡한 머니퓰레이터의 구조이다.

▶ **머니퓰레이터(manipulator)**
소재(素材) 또는 시험편 등을 접어서 이동시키거나 회전시키는 일을 멀리서 조작할 수 있는 집게 팔을 말한다.

⑥ 굴삭기의 움직임과 유사하다.

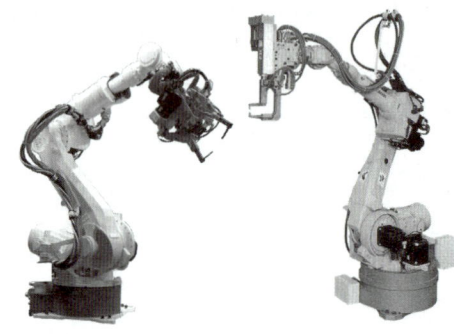

[11-4]

1 용접 자동화의 장점을 설명한 것으로 틀린 것은?

① 생산성 증가 및 품질을 향상시킨다.
② 용접조건에 따른 공정을 늘릴 수 있다.
③ 일정한 전류 값을 유지할 수 있다.
④ 용접와이어의 손실을 줄일 수 있다.

> 용접이 자동화됨으로써 공정이 줄어든다.

[11-5]

2 자동제어의 종류 중 미리 정해 놓은 순서에 따라 제어의 각 단계를 차례로 행하는 제어는?

① 시퀀스 제어
② 피드백 제어
③ 동작 제어
④ 인터록 제어

> • 시퀀스 제어 : 미리 정해 놓은 순서에 따라 제어의 각 단계를 차례로 행하는 제어
> • 피드백 제어 : 제어계의 출력값이 항상 목표치와 일치하는지 비교하여 일치하지 않을 경우 수정하도록 하는 제어

[11-1]

3 용접의 자동화에서 자동제어의 장점에 관한 설명으로 틀린 것은?

① 제품의 품질이 균일화되어 불량품이 감소된다.
② 인간에게는 불가능한 고속 작업이 불가능하다.
③ 연속 작업 및 정밀한 작업이 가능하다.
④ 위험한 사고의 방지가 가능하다.

> 자동제어는 인간에게는 불가능한 고속 작업이 가능하다.

[11-2]

4 용접용 로봇 설치 장소에 관한 설명으로 틀린 것은?

① 로봇 팔을 최소로 줄인 경로 장소를 선택한다.
② 로봇 움직임이 충분히 보이는 장소를 선택한다.
③ 로봇 케이블 등이 사람 발에 걸리지 않도록 설치한다.
④ 로봇 팔이 제어판넬, 조작판넬 등에 닿지 않는 장소를 선택한다.

[11-1]

5 용접 로봇 동작을 나타내는 관절 좌표계의 장점 설명으로 틀린 것은?

① 3개의 회전축을 이용한다.
② 장애물의 상하에 접근이 가능하다.
③ 작은 설치 공간에 큰 작업 영역이 가능하다.
④ 단순한 머니퓰레이터의 구조이다.

> 관절 좌표형 로봇은 복잡한 머니퓰레이터의 구조이다.

[12-2]

6 산업용 로봇의 작업안전수칙 중 사용상 안전지침에 대한 설명으로 틀린 것은?

① 일시적으로 로봇이 움직이지 않는다고 속단하지 않는다.
② 한 동작을 반복한다고 해서 그 동작만 반복한다고 가정하지 않는다.
③ 안전장치의 작동상태는 작업시간 전 1회만 점검한다.
④ 방호울 또는 방책 등을 개방 시 로봇의 정지 상태를 확인하여야 한다.

> 안전장치의 작동상태는 수시로 점검하여야 한다.

[11-4]

7 산업용 용접 로봇 구성의 작업 기능으로 잘못된 것은?

① 동작 기능
② 구속 기능
③ 이동 기능
④ 교시 기능

정답▶ 1② 2① 3② 4① 5④ 6③ 7④

chapter 02

측정기의 원리 및 측정방법

01 측정의 종류

1 직접 측정(절대 측정)

① 측정기를 직접 측정하고자 하는 부품에 접촉하여 측정치를 읽을 수 있는 방법
② 측정물의 실제 치수를 직접 측정할 수 있다.
③ 양이 적고 종류가 많은 제품을 측정하는데 적합
④ 눈금을 잘못 읽기 쉽고 측정시간이 많이 소요
⑤ 정밀한 측정에서 많은 숙련과 경험이 필요
⑥ 종류 : 눈금자, 버니어 캘리퍼스, 마이크로미터, 측장기, 투영기 등

2 비교 측정

① 이미 알고 있는 표준치수와 비교하여 측정하는 방법으로 표준치수의 게이지와 측정물을 측정기로 비교하여 그 차이를 읽는 방법
② 기준치수인 표준 게이지가 필요하다.
③ 높은 정밀도의 측정을 비교적 쉽게 할 수 있다.
④ 길이측정, 형상측정 등 사용 범위가 넓다.
⑤ 측정범위가 좁고 직접 측정물의 치수를 읽을 수 없다.
⑥ 종류 : 다이얼 게이지, 미니미터, 옵티미터 등

3 간접 측정

① 나사, 기어 등을 측정한 후 기하학적인 계산을 통해 측정값을 구하는 방법
② 종류 : 사인바에 의한 각도 측정, 나사의 유효지름, 테이퍼량 측정 등

▶ 사인 바(sine bar)
• 길이를 측정하여 직각 삼각형의 삼각함수를 이용한 계산에 의하여 임의 각의 측정 또는 임의각을 만드는 기구
• 롤러의 중심거리는 보통 100mm, 200mm로 만든다.
• 정밀한 각도 측정을 하기 위해서는 평면도가 높은 평면에서 사용
• 블록 게이지로 양단의 높이를 조절하여 삼각함수에 의해 각도를 구할 수 있다.

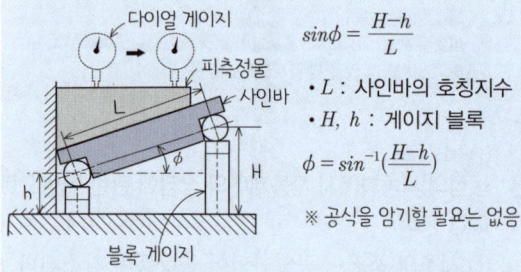

$$\sin\phi = \frac{H-h}{L}$$

• L : 사인바의 호칭지수
• H, h : 게이지 블록

$$\phi = \sin^{-1}\left(\frac{H-h}{L}\right)$$

※ 공식을 암기할 필요는 없음

02 주요 측정기의 측정법 및 취급

1 자

① 강철자를 사용할 경우 오차를 줄이기 위해서는 측정자와 측정물은 일직선상에 있어야 하며, 공작물의 길이나 기준면에 직각으로 대고 측정한다.
② 줄자를 사용할 경우에는 모재에 열이 없는지 확인한 후 수직 및 수평에 유의하여 측정한다.
③ 치수 측정 후 자 보관에 유의한다. 직사광선이 있거나 습기가 많은 곳에서는 변형이 생길 수 있으므로 유의한다.

2 버니어 캘리퍼스

① 길이 측정 - 외경, 내경, 단차, 깊이(홈 깊이)

② 어미자의 눈금보다 작은 치수를 읽기 위해 아들자를 이용하고, 최소 측정값은 0.01~0.05 mm이다.

③ 아들자의 최소 측정값 : 어미자의 n-1개의 눈금을 n 등분한 것으로, 어미자 눈금(최소 눈금)을 A, 아들자의 최소 눈금을 B라 하면 아들자의 최소 눈금 C는 다음과 같다.

$$C = A - B = A - \frac{n-1}{n}A = \frac{A}{n}$$

A : 어미자 최소 눈금, n : 아들자의 눈금 등분

④ 측정법
- 모재는 수평과 수직상태로 놓아야 한다.
- 버니어 캘리퍼스 슬라이더를 이동하여 양 측정면 사이를 모재보다 크게 벌린다.
- 어미자의 측정면을 모재에 접촉시키고 오른손 엄지로 슬라이더의 측정면을 서서히 밀어 가능한 깊게 물린다.

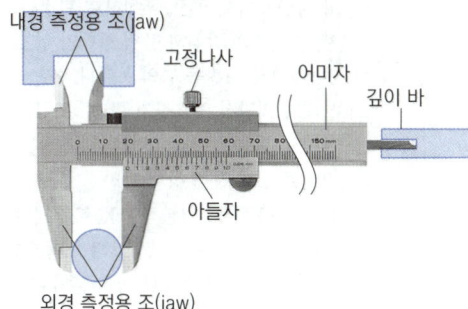

⑤ 눈금 읽는 법

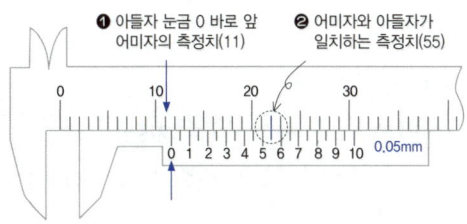

측정치는 어미자 눈금(정수값)과 아들자 눈금(소수값)의 값을 더해서 구한다.

- 어미자 눈금 : 아들자 눈금 0 앞의 눈금을 읽는다. (11 mm)
- 아들자 눈금 : 어미자와 아들자가 일치하는 지점의 눈금을 읽는다. (0.55 mm)
- 전체값 : 11 + 0.55 = 11.55mm

3 마이크로미터

① 길이 측정 - 외경, 내경, 깊이

② 피치가 정확한 나사를 이용한 치수 측정 기구로 스핀들의 일부분에 정확한 수나사가 있으며, 나사가 1회전하면 1피치 전진하는 것을 이용한다.

③ 앤빌과 스핀들 사이에 측정물을 끼워 측정물의 두께(너비)를 측정한다.

④ 버니어캘리퍼스와 유사하게 심블(아들자)과 슬리브(어미자)의 눈금을 읽어 측정한다. 최소 측정값 0.01mm한다.

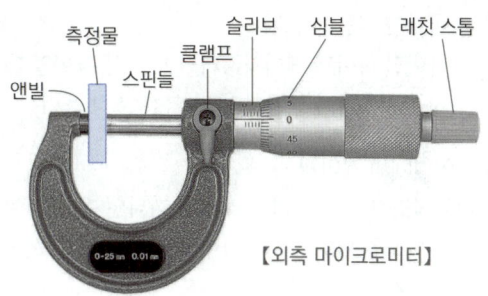

【외측 마이크로미터】

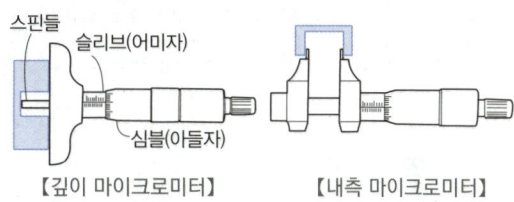

【깊이 마이크로미터】 　　　【내측 마이크로미터】

⑤ 눈금 읽는 법

① 슬리브와 심블이 만나는 지점의 슬리브 눈금을 읽는다 : 7.5[mm]

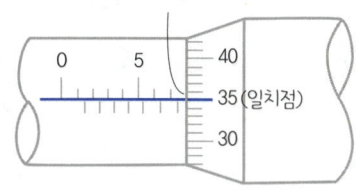

② 예를 들어 심블의 최소 눈금이 1/100이라고 할 때 슬리브 눈금과 일치하는 점을 찾아
'딤블 눈금수×심블 최소눈금' = 35×(1/100) = 0.35[mm]

③ : ①+② = 7.5+0.35 = 7.85[mm]

4 하이트(height) 게이지

> 금긋기용 공구로 가공물의 중심을 잡거나 가공물을 이동시켜 평행선을 그을 때 사용

스케일과 베이스 및 서피스 게이지를 하나로 합한 구조로, 높이 측정 외에도 스크라이버로 금긋기에도 사용한다.

① HM형 하이트 게이지 : 견고하여 금긋기 작업에 적당하고 슬라이더가 홈형이며, 영점 조정이 불가능하다.

② HB형 하이트 게이지 : 버니어가 슬라이더에 나사로 고정되어 있어 버니어의 영점 조정 가능

③ HT형 하이트 게이지 : 표준형으로 주로 사용, 어미자가 이동 가능

④ 다이얼 하이트 게이지 : 버니어 대신 다이얼 게이지를 부착하여 눈금확인 및 영점 조정 용이

5 다이얼(dial) 게이지

대표적인 비교 측정기로 래크와 피니언 운동을 이용하여 미소한 변위를 확대하여 눈금판의 바늘로 변위량을 지시한다.

> 비교 측정기 : 직접 길이 등을 측정하는 것이 아니라 변화량을 측정하는 것
> ※ 다이얼게이지는 간접적으로 길이 측정이 가능하다.

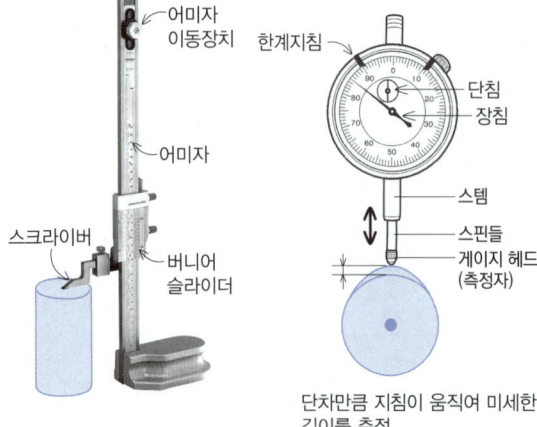

【하이트 게이지】　　　【다이얼 게이지】

단차만큼 지침이 움직여 미세한 길이를 측정

---

03 측정기 점검 및 주의사항

1 일상 점검

(1) 일상 점검 내용

구분	점검 내용
영점 조정 상태	• 마이크로미터 : 블록게이지나 기준봉을 이용하여 확인 • 실린더게이지 : 링게이지를 사용하여 확인
외관 상태	• 측정기의 파손, 변형, 부속품 탈락, 각부의 흔들림 등으로 측정 오차가 발생할 수 있으므로, 작업 전에는 반드시 측정기의 외관 상태를 점검해야 한다. • 버니어캘리퍼스 : 측정자의 흔들림, 조(jaw) 부분의 깨짐과 같은 손상 여부, 깊이바의 휨이나 깨짐 등 • 하이트게이지 : 스크라이버의 손상 여부, 측정자의 흔들림 상태 • 다이얼게이지 : 측정자 부분이 느슨하거나 흔들림 여부
작동 상태	• 마이크로미터 : 래칫스톱과 심블이 부드럽고 자연스럽게 전진, 후진하며 회전하는지, 클램프의 잠김과 풀림 상태가 양호한지, 앤빌과 스핀들 면의 녹이나 평면, 평행 상태가 외관상 양호한지 확인 • 다이얼게이지 : 초기 상태에서 스핀들을 최대로 밀어 작동 상태 확인 • 삼차원 측정기 : 기본적인 X, Y, Z의 축 이동이 자연스러운지, 프로브의 스템부분의 휨 여부, 그리고 프로브 팁 부분의 루비가 깨지거나 상한 흔적은 없는지 확인
전원 공급 상태	• 삼차원 측정기와 진원도 측정기 등의 민감한 측정기는 정압기 설치

2 측정 시 주의사항

측정기	주의사항
마이크로미터	• 측정물의 크기, 수량, 정밀도 등에 적합한 측정기 선정 • 청결하게 관리하고 정확한 영점 조정 • 적합한 온도 조건에서 측정 • 정지된 상태에서 측정 • 떨어뜨리거나 충격을 주지 않도록 주의 • 영점 조정 시의 압력과 측정 압력이 동일할 것

측정기	주의사항
버니어 캘리퍼스	• 영점에 오차가 있을 경우 측정 후 영점 조정을 할 것 • 아베의 원리에 맞는 구조가 아니므로 외측 측정용 턱의 안쪽에서 측정 • 외측 측정면의 끝부분이 얇아 마모되기 쉬우므로 가능한 한 안쪽에서 측정할 것 • 내측 측정에 있어서는 안지름 측정의 경우는 최대값을, 내측 홈 측정의 경우는 최소값을 취할 것 • 피측정물은 정지된 상태에서 측정 • 측정값 눈금을 읽을 때 오차가 발생하기 쉬우므로, 항상 눈금선에 대하여 수직 방향으로 읽을 것
다이얼 게이지	• 사용 장소 : 온도 0~40℃, 습도 30~70%에 결로되지 않은 곳, 먼지나 기름, 오일, 미스트가 없는 곳, 또는 직사광선이 닿지 않는 장소 • 긴 바늘과 짧은 바늘, 스핀들의 움직임이 부드럽게 움직일 것 • 측정자를 누른 후 떼었을 때 긴 바늘과 짧은 바늘이 원위치에 돌아오는지 확인 후 사용할 것 • 스핀들 접촉면의 기름이나 먼지 등 이물질은 부드러운 헝겊이나 중성 세제를 소량 도포한 헝겊으로 닦아줄 것
하이트 게이지	• 정반 위에서 사용하므로, 정반의 평면도를 유지 관리하려면 알칸사스 기름 숫돌로 정반의 돌기, 상처 등에 문질러서 제거하고, 정반 사용 면은 깨끗이 한다. • 스크라이버 날 끝에 초경합금이 붙어 있어서 날카로우므로 상처를 입지 않도록 주의 • 금긋기 작업 시 반드시 고정 나사로 슬라이더를 완전히 조여서 스크라이버가 작업중 움직이지 않도록 할 것 • 아베의 원리에 위배되므로 가능한 한 스크라이버의 길이를 짧게 부착하여 오차를 줄일 것

측정기	주의사항
실린더 게이지	• 측정 범위, 성능, 모양, 겉모양 및 기능과 재료 규정에 적합할 것 • A급에는 0.001mm 눈금 다이얼게이지, B급에는 0.01mm 눈금 다이얼게이지를 사용할 것 • 측정할 때 바깥 등을 흔들어 움직일 경우, 교환 로드의 끝을 안지름의 동일 개소에 대고 측정자 쪽을 움직이게 할 것 • 길이의 표준기와 비교해서 안지름을 측정할 때 표준기보다 치수가 짧으면, 일반 측정의 경우와 반대로 지시기의 지침이 시계 방향으로 표준기에 대한 음양을 잡는 방법을 배려할 것
기타	• 측정실은 적정한 표준 온도와 습도를 유지할 것 • 측정 시 측정 체온으로 오차가 발생하지 않도록 면장갑을 착용할 것 • 범용 측정기를 사용할 때는 아베의 원리에 적합하게 사용할 것 • 전기적 측정기는 30분 전에 가동하고, 기계적 측정기는 사용 전에 이상 여부를 확인할 것

아베의 원리
'측정물과 표준자의 눈금면의 측정방향이 일직선 상에 배치했을 때 측정 시 오차가 적다'는 원리이다.

아베의 원리에 맞는 측정기	마이크로미터, 직선 자 등
아베의 원리에 맞지 않는 측정기	하이트 게이지, 버니어 캘리퍼스, 다이얼 게이지 등

3 측정오차

① 대상물체의 참값(실제값)과 측정값과의 차이

(오차 = 측정값 − 참값)

② 오차의 종류

계통오차 (계기오차)	어떤 원인으로 인해 측정값에 치우침을 주는 오차 • 계기오차 : 영점의 오차 • 환경오차 : 측정 시 온도, 조명의 변화, 습도, 소음, 진동 등의 변화로 발생하는 오차 • 개인오차 : 측정자의 측정 습관에 따른 오차 • 이론오차 : 간이식 사용 등에 따른 오차
우연오차	확인 불가한 원인으로 측정값에 나타나는 오차 (예, 측정기에 부착된 먼지 등)
과실오차	측정자의 경험 부족이나 조작 오류에 의한 오차

1 버니어캘리퍼스 사용 전 점검으로 가장 거리가 먼 것은?

① 조(jaw) 부분의 깨짐과 같은 손상 여부를 확인한다.
② 앤빌의 청결도를 확인한다.
③ 측정자의 흔들림을 확인한다.
④ 깊이 바의 휨이나 깨짐 등을 확인한다.

> 버니어캘리퍼스는 측정자의 흔들림, 조(jaw) 부분의 깨짐과 같은 손상 여부, 깊이 바의 휨이나 깨짐 등을 확인한다.

2 다음 버니어캘리퍼스의 구조 중 아들자에 해당하는 것은?

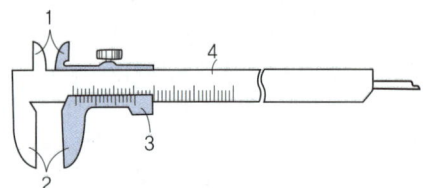

① 1 　　　　　② 2
③ 3 　　　　　④ 4

> 1 : 내측용 조,　2 : 외측용 조,　4 : 어미자

3 다음 그림에서 측정 압력을 조정할 수 있는 장치(래칫 스톱)는?

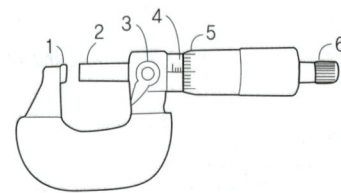

① 4 　　　　　② 1
③ 6 　　　　　④ 2

> 고정밀도의 측정을 하는 마이크로미터의 특성상, 사람의 힘으로 조절하다보면 측정값이 틀어질 우려가 있으므로, 이를 방지하기 위해서 래칫스톱이 일정한 압력 이상의 힘이 걸리면 공회전하면서 그 측정값을 최대한 정확하게 검출하도록 한다.

4 다음 마이크로미터의 측정값은?

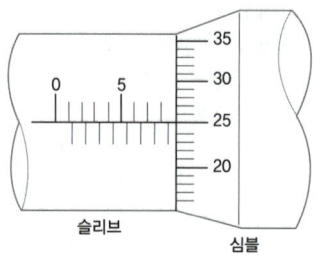

슬리브
　　　　　　심블

① 8.25mm 　　　　　② 8.75mm
③ 5.25mm 　　　　　④ 9.25mm

> 슬리브가 8.5 mm를 가리키고 있고, 심블이 0.25(25/100) mm를 가리키고 있으므로 마이크로미터의 측정값은 8.75 mm이다.
>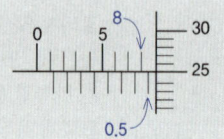

5 다음 중 비교측정기가 아닌 것은?

① 마이크로미터 　　　　　② 다이얼게이지
③ 미니미터 　　　　　④ 옵티미터

> • 직접측정 : 눈금자, 버니어 캘리퍼스, 마이크로미터, 측장기, 투영기 등
> • 비교측정 : 다이얼 게이지, 미니미터, 옵티미터 등

6 다음 측정기 중 직접 측정기에 해당하지 않는 것은?

① 다이얼 게이지
② 마이크로미터
③ 버니어 캘리퍼스
④ 측장기

7 길이를 측정하는 측정기가 아닌 것은?

① 사인바 　　　　　② 버니어 캘리퍼스
③ 하이트 게이지 　　　　　④ 마이크로미터

> 사인바는 길이가 아닌 각도를 측정한다.

정답 ▶ 1 ② 　2 ① 　3 ③ 　4 ② 　5 ① 　6 ① 　7 ①

8 기준 값과 비교하여 오차를 비교·측정할 수 있는 측정기기는?

① 마이크로미터
② 게이지 블록
③ 사인 바
④ 버니어 캘리퍼스

> 기준값과 비교하여 오차를 비교·측정할 수 있는 측정기기는 마이크로미터이다.

9 간접 측정은 나사, 기어와 같이 측정을 한 후 기하학적 계산 등으로 추정값을 구하는 방법으로 다음 중 간접 측정이 아닌 것은?

① 사인 바에 의한 각도 측정
② 삼침에 의한 나사의 유효지름 측정
③ 롤러와 게이지 블록에 의한 테이퍼 측정
④ 버니어 캘리퍼스에 의한 바깥지름 측정

> 버니어 캘리퍼스에 의한 바깥지름 측정은 직접 측정에 해당된다.

10 일반적인 비교 측정의 특징으로 틀린 것은?

① 기준 치수인 표준게이지가 필요하다.
② 제품의 치수가 고르지 못한 것을 계산하지 않고 알 수 있다.
③ 길이, 면의 각종 모양 측정이나 공작기계의 정도 검사 등 사용 범위가 넓다.
④ 측정 범위가 넓고 직접 제품의 치수를 읽을 수 있다.

> 비교 측정은 측정 범위가 좁고 직접 측정물의 치수를 읽을 수 없는 단점이 있다.

11 사인 바에 대한 설명과 거리가 가장 먼 것은?

① 사인 바의 중심거리는 100mm 또는 200mm가 많이 사용된다.
② 게이지 블록으로 양단의 높이를 조절할 수 없다.
③ 게이지 블록과 함께 정반 위에 놓고 사용한다.
④ 삼각함수의 원리를 이용하여 각도를 측정한다.

> 블록 게이지로 양단의 높이를 조절하여 삼각 함수에 의해 각도를 구할 수 있다.

12 각도 측정을 할 수 있는 사인바(sine bar)의 설명으로 틀린 것은?

① 정밀한 각도측정을 하기 위해서는 평면도가 높은 평면에서 사용해야 한다.
② 롤러의 중심거리는 보통 100mm, 200mm로 만든다.
③ 45° 이상의 큰 각도를 측정하는데 유리하다.
④ 사인바는 길이를 측정하여 직각 삼각형의 삼각 함수를 이용한 계산에 의하여 임의각의 측정 또는 임의각을 만드는 기구이다.

> 45° 이상의 큰 각도에서는 오차가 크기 때문에 45° 이하의 각도에서만 사용해야 한다.

13 사인바(Sine Bar)의 호칭치수는 무엇으로 표시하는가?

① 롤러 사이의 중심거리
② 사인 바의 전장
③ 사인 바의 중량
④ 롤러의 직경

> 사인바(Sine Bar)의 호칭치수는 롤러 사이의 중심거리로 표시한다.

14 다음 중 각도를 측정할 수 있는 측정기는?

① 사인 바
② 마이크로미터
③ 하이트 게이지
④ 버니어캘리퍼스

> 사인 바는 길이를 측정하여 직각 삼각형의 삼각함수를 이용한 계산에 의하여 임의각의 측정 또는 임의각을 만드는 기구이다.

15 정반 위에 측정품을 올려놓고, 정반 표면을 기준으로 금긋기 작업을 하거나 높이를 측정하는 데 사용하는 측정기는?

① 마이크로미터
② 사인 바
③ 하이트 게이지
④ 다이얼 게이지

> 정반 위에 측정품을 올려놓고, 정반 표면을 기준으로 금긋기 작업을 하거나 높이를 측정하는 데 사용하는 측정기는 하이트 게이지이다.

정답 ▶ 8 ① 9 ④ 10 ④ 11 ② 12 ③ 13 ① 14 ① 15 ③

16 측정 시 온도, 조명의 변화, 습도, 소음, 진동 등의 변화로 발생하는 오차를 무엇이라 하는가?

① 환경 오차
② 이론 오차
③ 기기 오차
④ 개인 오차

측정오차
대상물체의 참값(실제값)과 측정값과의 차이 (오차 = 측정값 − 참값)

계통오차 (계기오차)	어떤 원인으로 인해 측정값에 치우침을 주는 오차 • 계기오차 : 영점의 오차 • 환경오차 : 측정 시의 온도, 습도, 압력 등에 의한 오차 • 개인오차 : 측정자의 측정 습관에 따른 오차 • 이론오차 : 간이식 사용 등에 따른 오차
우연오차	확인 불가한 원인으로 측정값에 나타나는 오차 (예, 측정기에 부착된 먼지 등)
과실오차	측정자의 경험 부족이나 조작 오류에 의한 오차

17 다음 측정의 오차 중 읽음 오차에 해당하는 것은?

① 측정기의 양 측정면 사이에 측정 시편을 넣고 측정하는 구조에서 접촉부의 변형에 의해 발생하는 오차
② 측정기의 눈금이 치수를 정확하게 가리키고 있더라도 측정하는 사람의 부주의에 의해 읽음값에 차이가 발생하는 오차
③ 측정기를 잘못 만들거나 장시간 사용으로 인해 발생하는 오차
④ 기계의 작동 과정 중에 발생하는 진동이나 자연현상의 변화 등 주위 환경에서 오는 오차

측정하는 사람의 부주의에 의해 읽음값에 차이가 발생하는 오차를 읽음 오차라고 한다.

18 측정 시 주의사항으로 틀린 것은?

① 손에 장갑을 착용하지 않도록 한다.
② 측정기에 충격을 주지 않도록 주의한다.
③ 불안전한 상태에서는 측정 작업을 피한다.
④ 측정 시 온도, 습도 등에 의한 측정 오차가 없도록 주의한다.

측정 시 측정 체온으로 오차가 발생하지 않도록 면장갑을 착용해야 한다.

Chapter

03

작업안전

작업안전 및 용접안전 관리 | 연소 및 화재

작업안전 및 용접안전 관리

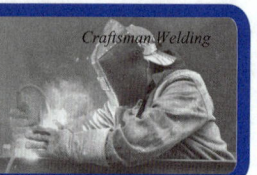

출제 포인트

출제 비중이 높은 편은 아니지만 안전표지, 안전모, 허용전류, 화상의 분류만큼은 확실히 외우도록 한다. 기본 상식으로도 답을 찾을 수 있는 문제도 출제되고 있으니 많은 비중을 두지 말고 기본적인 내용만 알아두도록 한다.

01 작업안전 관리

1 안전표지

근로자의 안전 및 보건을 확보하기 위하여 위험장소 또는 위험물질에 대한 경고, 비상시에 대처하기 위한 지시 또는 안내, 그 밖에 근로자의 안전의식을 고취하기 위한 사항 등을 그림·기호 및 글자 등으로 표시하여 근로자의 판단이나 행동의 착오로 인하여 산업재해를 일으킬 우려가 있는 작업장의 특정 장소, 시설 또는 물체에 설치하거나 부착하는 표지

2 안전표지의 색채 및 용도(산업안전보건법 시행규칙)

색채	용도	사용례
빨간색	금지	정지신호, 소화설비 및 그 장소, 유해행위의 금지
	경고	화학물질 취급장소에서의 유해·위험 경고
노란색	경고	화학물질 취급장소에서의 유해·위험 경고 이외의 위험경고, 주의표지 또는 기계방호물
파란색	지시	특정 행위의 지시 및 사실의 고지
녹색	안내	비상구 및 피난소, 사람 또는 차량의 통행표지
흰색		파란색 또는 녹색에 대한 보조색
검은색		문자 및 빨간색 또는 노란색에 대한 보조색

3 통행 안전

(1) 통로의 조명시설 : 75럭스 이상

(2) 장애물 : 통로면으로부터 높이 2미터 이내에는 장애물이 없도록 하여야 한다.

(3) 건설물 등과의 사이 통로
주행 크레인 또는 선회 크레인과 건설물 또는 설비와의 사이에 통로를 설치하는 경우 그 폭을 0.6m 이상으로 하여야 한다.

(4) 계단 및 계단참 설치

① 계단 및 계단참을 설치하는 경우 매제곱미터당 500kg 이상의 하중에 견딜 수 있는 강도를 가진 구조로 설치하여야 하며, 안전율은 4 이상으로 하여야 한다.

② 계단을 설치하는 경우 폭을 1미터 이상으로 하여야 한다(급유용·보수용·비상용 계단 및 나선형 계단은 제외).

③ 계단에 손잡이 외의 다른 물건 등을 설치하거나 쌓아 두어서는 안 된다.

④ 높이 3m를 초과하는 계단에는 높이 3m 이내마다 너비 1.2m 이상의 계단참을 설치하여야 한다.

⑤ 계단을 설치하는 경우 바닥면으로부터 높이 2m 이내의 공간에 장애물이 없도록 하여야 한다.

⑥ 높이 1m 이상인 계단의 개방된 측면에 안전난간을 설치하여야 한다.

4 보호구 착용

(1) 작업에 따른 보호구 작업
사업주는 다음의 작업을 하는 근로자에게는 작업조건에 맞는 보호구를 작업하는 근로자 수 이상으로 지급하고 착용하도록 하여야 한다.

종류	작업의 유형
보안경 보안면	• 물체가 흩날릴 위험이 있는 작업 • 용접 시 불꽃이나 물체가 흩날릴 위험이 있는 작업

종류	작업의 유형
안전모 안전대 안전화	• 물체가 떨어지거나 날아올 위험 또는 근로자가 추락할 위험이 있는 작업 • 높이 또는 깊이 2미터 이상의 추락할 위험이 있는 장소에서 하는 작업 • 물체의 낙하 · 충격, 물체에의 끼임, 감전 또는 정전기의 대전(帶電)에 의한 위험이 있는 작업
절연용 보호구	감전의 위험이 있는 작업
방열복	고열에 의한 화상 등의 위험이 있는 작업
방진마스크	선창 등에서 분진이 심하게 발생하는 하역작업
방한모 방한복 방한화 방한장갑	-18℃ 이하인 급냉동어창에서 하는 하역작업

(2) 안전모의 일반구조

① 안전모는 모체, 착장체 및 턱끈을 가질 것
② 착장체의 머리고정대는 착용자의 머리부위에 적합하도록 조절할 수 있을 것
③ 착장체의 구조는 착용자의 머리에 균등한 힘이 분배되도록 할 것
④ 모체, 착장체 등 안전모의 부품은 착용자에게 상해를 줄 수 있는 날카로운 모서리 등이 없을 것
⑤ 턱끈은 사용 중 탈락되지 않도록 확실히 고정되는 구조일 것
⑥ 머리받침끈이 섬유인 경우에는 각각의 폭은 15mm 이상 이어야 하며, 교차되는 끈의 폭의 합은 72mm 이상일 것
⑦ 안전모의 모체, 착장체를 포함한 질량은 440그램을 초과하지 않을 것
⑧ 안전모는 통기의 목적으로 모체에 구멍을 뚫을 수 있으며 통기구멍의 총면적은 150mm² 이상, 450mm² 이하일 것

▶ 안전모의 구조
• 안전모의 착용높이 : 85mm 이상
• 외부수직거리 : 80mm 미만
• 안전모의 내부수직거리 : 25mm 이상 50mm 미만
• 안전모의 수평간격 : 5밀리미터 이상
• 턱끈의 폭 : 10mm 이상

(3) 보안경

① 사용구분에 따른 보안경의 종류

종류	사용구분
유리보안경	비산물로부터 눈을 보호하기 위한 것으로 렌즈의 재질이 유리인 것
플라스틱 보안경	비산물로부터 눈을 보호하기 위한 것으로 렌즈의 재질이 프라스틱인 것
도수렌즈 보안경	비산물로부터 눈을 보호하기 위한 것으로 도수가 있는 것

② 보안경의 일반구조

• 보안경에는 돌출 부분, 날카로운 모서리 혹은 사용 도중 불편함 및 상해의 결함 제거
• 착용자와 접촉하는 보안경의 모든 부분에는 피부 자극을 유발하지 않는 재질로 사용
• 머리띠 착용 시, 착용자의 머리와 접촉하는 모든 부분의 폭이 최소한 10mm 이상, 머리띠는 조절 가능

5 전기안전

① 우리나라의 안전전압 : 30V 이하

② 전류가 인체에 미치는 영향

허용전류(mA)	인체에 미치는 영향
8~15	고통을 수반한 쇼크를 느낀다.
15~20	고통을 느끼고 가까운 근육 경련을 일으킨다.
20~50	고통을 느끼고 강한 근육 수축이 일어나며 호흡이 곤란하다.
50~100	순간적으로 사망할 위험이 있다.

③ 감전사고 예방 대책

• 젖은 손으로 전기기기를 만지지 않는다.
• 누전차단기를 설치한다.
• 전기기기 및 배선 등의 충전부를 노출되지 않게 한다.
• 개폐기에는 반드시 정격 퓨즈를 사용한다.
• 고장난 전기제품은 사용하지 않는다.

02 재해 및 상해

1 재해

(1) 재해의 발생 경향

① 4계절 중 여름에 가장 많이 발생

② 하루 중 오후 3시경 가장 많이 발생

③ 휴일 다음날에 많이 발생

④ 경험이 1년 미만인 근로자에게 많이 발생

2 상해

(1) 상해의 종류

골절, 동상, 부종, 찔림, 타박상(삐임), 절상, 중독, 질식, 찰과상, 베임, 화상, 뇌진탕, 익사, 피부병, 청력장해, 시력장해

> ▶ 용어 정리
> • 타박상 : 물체와의 가벼운 충돌 또는 부딪침으로 인하여 생기는 손상으로 충격을 받은 부위가 부어 오르고 통증이 발생되며 일반적으로 피부 표면에 창상이 없는 상처를 뜻함
> • 찰과상 : 넘어지거나 긁히는 등의 마찰에 의해 피부 표면에 입는 외상

(2) 화상의 분류

분류	증상
제1도 화상	피부가 붉게 되고 따끔거리는 통증을 수반하는 화상으로 피부층 중의 가장 바깥층인 표피의 손상만 가져온 화상
제2도 화상	표피와 진피 모두 영향을 미친 화상으로 피부가 빨갛게 되며 통증과 부어오름이 생기는 화상
제3도 화상	표피와 진피, 하피까지 영향을 미쳐서 검게 되거나 반투명 백색이 되고 피부 표면 아래 혈관을 응고시키는 현상
제4도 화상	표피와 진피조직이 탄화되어 검게 변한 경우이며 피하의 근육, 힘줄, 신경 또는 골조직까지 손상을 받는 화상

(3) 응급처치 구명 4단계

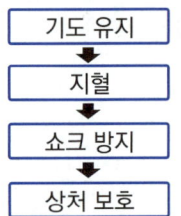

기도 유지 → 지혈 → 쇼크 방지 → 상처 보호

03 용접안전 관리

1 용접작업 시 안전수칙

① 용접헬멧, 용접보호구, 용접장갑은 반드시 착용한다.

② 미리 소화기를 준비하여 만일의 사고에 대비한다.

③ 도장된 탱크 안에서의 용접은 충분히 환기시킨 후 작업한다.

④ 가연성의 분진, 화약류 등 위험물이 있는 곳에서는 용접을 해서는 안 된다.

⑤ 높은 곳에서 용접작업 시 안전벨트 착용 후 안전로프를 핸드레일에 고정시킨다.

⑥ 밀폐 장소에서는 유독가스 및 산소농도를 측정한 후 작업한다(산소농도 18% 이상일 때만 작업).

⑦ 통풍 또는 환기를 위하여 산소를 사용해서는 안 된다.

⑧ 화재 예방에 필요한 준수 사항

• 작업 준비 및 작업 절차 수립

• 작업장 내 위험물의 사용·보관 현황 파악

• 화기작업에 따른 인근 인화성 액체에 대한 방호조치 및 소화기구 비치

• 용접불티 비산방지덮개, 용접방화포 등 불꽃, 불티 등 비산방지조치

• 인화성 액체의 증기가 남아 있지 않도록 환기 등의 조치

• 작업근로자에 대한 화재예방 및 피난교육 등 비상조치

2 가스용접 작업 시 안전수칙

(1) 주의사항

① 가스의 호스와 취관(吹管)은 손상·마모 등에 의하여 가스가 누출할 우려가 없는 것을 사용할 것

② 가스의 취관 및 호스의 상호 접촉부분은 호스밴드, 호스클립 등 조임기구를 사용하여 가스가 누출되지 않도록 할 것

③ 호스로 가스를 공급하는 경우에는 미리 그 호스에서 가스가 방출되지 않도록 필요한 조치를 할 것

④ 사용 중인 가스를 공급하는 공급구의 밸브나 콕에는 그 밸브나 콕에 접속된 가스의 호스를 사용하는 사람의 명찰을 붙이는 등 가스의 공급에 대한 오조작을 방지하기 위한 표시를 할 것

⑤ 용단작업을 하는 경우에는 취관으로부터 산소의 과잉방출로 인한 화상을 예방하기 위하여 근로자가 조절밸브를 서서히 조작하도록 주지시킬 것

⑥ 작업을 중단하거나 마치고 작업장소를 떠날 경우에는 가스 공급구의 밸브나 콕을 잠글 것
⑦ 가스의 분기관은 전용 접속기구를 사용하여 불량체결을 방지하여야 하며, 서로 이어지지 않는 구조의 접속기구 사용, 서로 다른 색상의 배관·호스의 사용 및 꼬리표 부착 등을 통하여 서로 다른 가스배관과의 불량체결을 방지할 것
⑧ 용해아세틸렌의 가스집합용접장치의 배관 및 부속기구는 구리나 구리 함유량이 70% 이상인 합금을 사용해서는 안 된다.

(2) 가스용기 취급 시 준수사항
① 다음의 장소에서는 사용·설치·저장 또는 방치하지 않도록 할 것

> • 통풍이나 환기가 불충분한 장소
> • 화기를 사용하는 장소 및 그 부근
> • 위험물 또는 인화성 액체를 취급하는 장소 및 그 부근

② 용기의 온도를 40℃ 이하로 유지할 것
③ 전도의 위험이 없도록 할 것
④ 충격을 가하지 않도록 할 것
⑤ 운반하는 경우에는 캡을 씌울 것
⑥ 사용하는 경우에는 용기의 마개에 부착되어 있는 유류 및 먼지를 제거할 것
⑦ 밸브의 개폐는 서서히 할 것
⑧ 사용 전 또는 사용 중인 용기와 그 밖의 용기를 명확히 구별하여 보관할 것
⑨ 용해아세틸렌의 용기는 세워 둘 것
⑩ 용기의 부식·마모 또는 변형상태를 점검한 후 사용할 것

(3) 가스집합용접장치의 관리
① 사용하는 가스의 명칭 및 최대가스저장량을 가스장치실의 보기 쉬운 장소에 게시할 것
② 가스용기를 교환하는 경우에는 관리감독자가 참여한 가운데 할 것
③ 밸브·콕 등의 조작 및 점검요령을 가스장치실의 보기 쉬운 장소에 게시할 것
④ 가스장치실에는 관계 근로자가 아닌 사람의 출입을 금지할 것
⑤ 가스집합장치로부터 5m 이내의 장소에서는 흡연, 화기의 사용 또는 불꽃을 발생할 우려가 있는 행위를 금지할 것

⑥ 도관에는 산소용과의 혼동을 방지하기 위한 조치를 할 것
⑦ 가스집합장치 설치장소에 소화설비를 설치할 것
⑧ 이동식 가스집합용접장치의 가스집합장치는 고온의 장소, 통풍이나 환기가 불충분한 장소 또는 진동이 많은 장소에 설치하지 않도록 할 것
⑨ 해당 작업을 행하는 근로자에게 보안경과 안전장갑을 착용시킬 것

(4) 가스장치실의 구조
① 가스 누출 시 가스가 정체되지 않도록 할 것
② 지붕과 천장에는 가벼운 불연성 재료를 사용할 것
③ 벽에는 불연성 재료를 사용할 것

3 아크용접 작업 시 안전수칙
(1) 주의사항
① 아크 광선에 의한 전광성 안염에 주의한다.

> 전광성 안염 발생 시 냉습포 찜질을 한 다음 치료를 받는다.

② 아크에는 가시광선, 자외선, 적외선이 포함되어 있어 반드시 보안경을 착용하여 눈을 보호한다.
③ 스패터 비산으로 인한 화상에 주의한다.
④ 전격에 의한 감전에 주의한다.
⑤ 전격 방지기가 설치된 용접기를 사용한다.

(2) 전격 재해
① **전격(감전)의 원인**
• 용접봉의 끝부분이나 용접 홀더의 파손된 부분이 신체의 일부에 접촉했을 때
• 전선 케이블의 일부가 노출되어 신체의 일부에 접촉했을 때
• 전원 스위치의 접촉 불량으로 인한 아크에 노출되었을 때
② **전격 방지 대책**
• 용접작업 중 용접봉 끝부분이 충전부에 접촉되지 않도록 한다.
• 파손된 용접홀더는 신품으로 교체하여 사용한다.
• 피복이 손상된 용접 홀더선은 절연 테이프로 수리한 후 사용한다.
• 본체와의 연결부는 절연 테이프로 감아서 사용한다.
• 훼손된 케이블은 반드시 손상 부위를 보수한 후 사용해야 한다.

- 교류 아크 용접기는 자동 전격방지기 검정 합격품으로 설치 후에 사용한다.
- 용접기의 내부에 함부로 손을 대지 않는다.
- 홀더나 용접봉은 절대로 맨손으로 취급하지 않는다.
- 가죽장갑, 앞치마, 발덮개 등 규정된 보호구를 반드시 착용한다.
- 젖은 작업복, 장갑 등을 절대 착용하지 않는다.
- 무부하 전압이 필요 이상으로 높은 용접기는 사용하지 않는다.
- 작업 종료 시 또는 장시간 작업을 중지할 때는 반드시 용접기의 스위치를 끄도록 한다.

(3) 사고 시 응급조치
① 먼저 전원 스위치를 차단한다.
② 사고자를 안전한 장소로 이동하여 인공호흡 등의 응급조치와 동시에 119에 신고한다.

> ▶ 전격 방지를 위한 확인사항
> - 케이블의 파손 여부
> - 홀더의 절연 상태
> - 용접기의 접지 상태

(4) 교류아크용접기에 자동전격방지기를 설치해야 하는 장소
① 선박의 이중 선체 내부, 밸러스트(Ballast) 탱크, 보일러 내부 등 도전체에 둘러싸인 장소
② 추락할 위험이 있는 높이 2미터 이상의 장소로 철골 등 도전성이 높은 물체에 근로자가 접촉할 우려가 있는 장소
③ 근로자가 물·땀 등으로 인하여 도전성이 높은 습윤 상태에서 작업하는 장소

(5) 화상 예방책
① 적당한 차광도를 가진 보호안경을 착용하여 스패터 및 슬래그 조각으로부터 눈을 보호한다.
② 가죽장갑 착용 - 손 부위의 화상을 방지
③ 팔덮개로 장갑 틈 사이로 스패터 및 슬래그 조각의 침입 방지
④ 앞치마 착용 - 작업자의 가슴부터 무릎까지 보호
⑤ 발덮개 착용 - 스패터 등으로부터 발을 보호
⑥ 수건으로 목 주위를 스패터, 슬래그, 방사선 등으로부터 보호한다.

04 환기장치, 용접용 유해가스

1 국소배기장치
① 닥트 : 되도록 길이가 짧고 굴곡면을 적게 한 후 적당한 부위에 청소구를 설치하여 청소하기 쉬운 구조로 한다.
② 후드 : 분진의 발산 상황을 고려하여 분진을 흡입하기에 적당한 형식과 크기를 선택한다.
③ 배기구 : 옥외에 설치하여야 하나 이동식 국소배기장치를 설치했거나 공기정화장치를 부설한 경우에는 옥외에 설치하지 않아도 된다.
④ 배풍기 : 공기정화장치를 거쳐서 공기가 통과하는 위치에 설치한 후 흡입된 분진에 의한 폭발 혹은 배풍기의 부식 마모의 우려가 적을 때 공기정화장치 앞에 설치할 수 있다.

2 전체 환기장치
① 필요 환기량 작업장 환기 횟수 15~20회 시간을 충족시킬 것
② 후드는 오염원에 근접시킬 것
③ 유입공기가 오염장소를 통과하도록 위치를 선정할 것
④ 급기는 청정공기를 공급할 것
⑤ 기류가 편심하지 않도록 급기할 것
⑥ 오염원 주위에 다른 공정이 있으면 공기배출량을 공급량보다 크게 하고 주위공정이 없을 시에는 청정공기의 급기량을 배출량보다 크게 할 것
⑦ 배출된 공기가 재유입되지 않도록 배출구 위치를 선정할 것
⑧ 난방 및 냉방 창 문등의 영향을 충분히 고려해서 설치할 것

3 유해가스(용접 흄)
① 용접 흄은 고온의 아크 발생 열에 의해 용융금속 증기가 주위에 확산됨으로써 발생
② 전류, 전압, 용접봉 지름이 클수록 증가
③ 용접토치의 경사각도가 크고 아크길이가 길수록 증가
④ 피복재 종류에 따라서 라임티타니야계에서는 낮고 라임알루미나이트계에서는 높다.

[09-2, 07-4]

1 공장 내에 안전표지판을 설치하는 가장 주된 이유는?

① 능동적인 작업을 위하여
② 통행을 통제하기 위하여
③ 사고방지 및 안전을 위하여
④ 공장 내의 환경 정리를 위하여

안전·보건표지
근로자의 안전 및 보건을 확보하기 위하여 위험장소 또는 위험물질에 대한 경고, 비상시에 대처하기 위한 지시 또는 안내, 그 밖에 근로자의 안전·보건의식을 고취하기 위한 사항 등을 그림·기호 및 글자 등으로 표시하여 근로자의 판단이나 행동의 착오로 인하여 산업재해를 일으킬 우려가 있는 작업장의 특정 장소, 시설 또는 물체에 설치하거나 부착하는 표지

[12-2]

2 산업안전보건법상 화학물질 취급 장소에서의 유해·위험 경고를 알리고자 할 때 사용하는 안전·보건표지의 색채는?

① 빨간색　　　　② 녹색
③ 파란색　　　　④ 희색

안전·보건표지의 색채, 색도기준 및 용도(산업안전보건법 시행규칙)

색채	용도	사용례
빨간색	금지	정지신호, 소화설비 및 그 장소, 유해행위의 금지
	경고	화학물질 취급장소에서의 유해·위험 경고
노란색	경고	화학물질 취급장소에서의 유해·위험경고 이외의 위험경고, 주의표지 또는 기계방호물
파란색	지시	특정 행위의 지시 및 사실의 고지
녹색	안내	비상구 및 피난소, 사람 또는 차량의 통행표지
흰색		파란색 또는 녹색에 대한 보조색
검은색		문자 및 빨간색 또는 노란색에 대한 보조색

[11-1]

3 안전·보건표지의 색체, 색도기준 및 용도에서 비상구 및 피난소, 사람 또는 차량의 통행표지에 사용되는 색체는?

① 빨간색　　　　② 노란색
③ 녹색　　　　　④ 흰색

[11-2]

4 안전보건표시의 색채, 색도기준 및 용도에서 특정 행위의 지시 및 사실의 고지에 사용되는 색채는?

① 빨간색　　　　② 노란색
③ 녹색　　　　　④ 파란색

[10-4]

5 안전·보건표지의 색채, 색도기준 및 용도에서 색채에 따른 용도를 올바르게 나타낸 것은?

① 빨간색 : 안내　　② 파란색 : 지시
③ 녹색 : 경고　　　④ 노란색 : 금지

① 빨간색 : 금지, 경고　③ 녹색 : 안내　④ 노란색 : 경고

[12-1]

6 다음 중 안전보건표지의 색채에 따른 용도에 있어 지시를 나타내는 색채로 옳은 것은?

① 빨간색　　　　② 녹색
③ 노란색　　　　④ 파란색

[12-4]

7 산업안전보건법상 안전보건표지에 사용되는 색채 중 안내를 나타내는 색채는?

① 빨강　　　　　② 녹색
③ 파랑　　　　　④ 노랑

[09-5]

8 산업안전보건법 시행규칙에서 화학물질 취급 장소에서의 유해위험 경고 이외의 위험 경고 주의표지 또는 기계방호물을 나타내는 색채는?

① 빨간색　　　　② 노란색
③ 녹색　　　　　④ 파란색

[09-4]

9 KS규격에서 화재안전, 금지표시의 의미를 나타내는 안전색은?

① 노랑　　　　　② 초록
③ 빨강　　　　　④ 파랑

[08-1]

10 방화, 금지, 정지, 고도의 위험을 표시하는 안전색은?

① 적색　　　　　② 녹색
③ 청색　　　　　④ 백색

정답 1 ③　2 ①　3 ③　4 ④　5 ②　6 ④　7 ②　8 ②　9 ③　10 ①

[08-5]
11 안전모의 착용에 대한 설명으로 틀린 것은?

① 턱조리개는 반드시 조이도록 할 것
② 작업에 적합한 안전모를 사용할 것
③ 안전모는 작업자 공용으로 사용할 것
④ 머리상부와 안전모 내부의 상단과의 간격은 25mm 이상 유지하도록 조절하여 쓸 것

[14-4, 11-5]
12 안전모의 일반 구조에 대한 설명으로 틀린 것은?

① 안전모는 모체, 착장체 및 턱끈을 가질 것
② 착장체의 구조는 착용자의 머리 부위에 균등한 힘이 분배되도록 할 것
③ 안전모의 내부 수직 거리는 25mm 이상 50mm 미만일 것
④ 착장체의 미리 고정대는 착용자의 머리 부위에 고정하도록 조절할 수 없을 것

> 착장체의 머리고정대는 착용자의 머리 부위에 적합하도록 조절할 수 있을 것

[11-4, 10-1]
13 안전모의 내부 수직 거리로 가장 적당한 것은?

① 25mm 이상 40mm 미만일 것
② 15mm 이상 40mm 미만일 것
③ 10mm 이상 30mm 미만일 것
④ 25mm 이상 50mm 미만일 것

[12-1, 07-1, 04-4]
14 다음 중 보안경을 필요로 하는 작업과 가장 거리가 먼 것은?

① 탁상, 그라인더 작업
② 디스크 그라인더 작업
③ 수동가스 절단 작업
④ 금긋기 작업

> 물체가 흩날릴 위험이 있는 작업을 할 때에는 보안경을 착용해야 하는데, 금긋기 작업 시에는 보안경이 필요 없다.

[10-2]
15 귀마개를 착용하고 작업하면 안 되는 작업자는?

① 조선소 용접 및 취부작업자
② 자동차 조립공장의 조립작업자
③ 판금작업장의 판출 판금작업자
④ 강재 하역장의 크레인 신호자

> 소음이 많이 발생하는 곳에서는 반드시 귀마개를 착용하도록 하며, 크레인 신호자는 신호를 보낼 때 수신호와 호각신호를 보내야 하므로 귀마개를 착용해서는 안 된다.

[10-4]
16 통행과 운반관련 안전조치로 가장 거리가 먼 것은?

① 뛰지 말 것이며, 한눈을 팔거나 주머니에 손을 넣고 걷지 말 것
② 기계와 다른 시설물과의 사이의 통로 폭은 30cm 이상으로 할 것
③ 운반차는 규정 속도를 지키고 운반 시 시야를 가리지 않게 할 것
④ 통행로와 운반차, 기타 시설물에는 안전표지 색을 이용한 안전표지를 할 것

> 기계와 다른 시설물과의 사이의 통로 폭은 80cm 이상으로 할 것

[12-1]
17 다음 중 제2도 화상에 관한 설명으로 가장 적절한 것은?

① 피부가 붉게 되고 따끔거리는 통증을 수반하는 화상으로 피부층 중의 가장 바깥층인 표피의 손상만 가져온 화상
② 표피와 진피 모두 영향을 미친 화상으로 피부가 빨갛게 되며 통증과 부어오름이 생기는 화상
③ 표피와 진피, 하피까지 영향을 미쳐서 검게 되거나 반투명 백색이 되고 피부 표면 아래 혈관을 응고시키는 현상
④ 표피와 진피조직이 탄화되어 검게 변한 경우이며 피하의 근육, 힘줄, 신경 또는 골조직까지 손상을 받는 화상

> ① 제1도 화상 ③ 제3도 화상 ④ 제4도 화상

[12-4]
18 다음 중 감전에 의한 재해를 방지하기 위한 우리나라의 안전전압으로 옳은 것은?

① 12V   ② 30V
③ 45V   ④ 60V

[11-5]

19 물체와의 가벼운 충돌 또는 부딪침으로 인하여 생기는 손상으로 충격을 받은 부위가 부어 오르고 통증이 발생되며 일반적으로 피부 표면에 창상이 없는 상처를 뜻하는 것은?

① 찰과상 　　　　　② 타박상
③ 화상 　　　　　　④ 출혈

[13-2, 10-2]

20 재해와 숙련도 관계에서 사고가 가장 많이 발생하는 근로자는?

① 경험이 1년 미만인 근로자
② 경험이 3년인 근로자
③ 경험이 5년인 근로자
④ 경험이 10년이 근로자

[12-5]

21 다음 중 전격으로 인해 순간적으로 사망할 위험이 가장 높은 전류량(mA)은?

① 5~10mA 　　　　② 10~20mA
③ 20~25mA 　　　④ 50~100mA

전류가 인체에 미치는 영향	
허용전류(mA)	인체에 미치는 영향
8~15	고통을 수반한 쇼크를 느낀다.
15~20	고통을 느끼고 가까운 근육 경련을 일으킨다.
20~50	고통을 느끼고 강한 근육 수축이 일어나며 호흡이 곤란하다.
50~100	순간적으로 사망할 위험이 있다.

[12-1, 12-2, 05-1, 04-2]

22 아크 용접 작업 중 감전이 되었을 때 전류가 몇 mA 이상이 인체에 흐르면 심장마비를 일으켜 순간적으로 사망할 위험이 있는가?

① 5 　　　　　　　② 10
③ 15 　　　　　　　④ 50

[10-1]

23 아크 용접 작업 중 허용전류가 20~50(mA)일 때 인체에 미치는 영향으로 맞는 것은?

① 고통을 느끼고 가까운 근육이 저려서 움직이지 않는다.

② 고통을 느끼고 강한 근육 수축이 일어나며 호흡이 곤란하다.
③ 고통을 수반한 쇼크를 느낀다.
④ 순간적으로 사망할 위험이 있다.

[12-1, 11-1, 10-4, 09-1]

24 다음 중 응급조치의 구명 4단계에 속하지 않는 것은?

① 쇼크방지 　　　　② 지혈
③ 상처보호 　　　　④ 균형유지

> **응급조치 구명 4대 요소**
> 기도 유지, 지혈, 쇼크 방지, 상처 보호

[09-2, 05-4]

25 전기스위치류의 취급에 관한 안전사항으로 틀린 것은?

① 운전 중 정전되었을 때 스위치는 반드시 끊는다.
② 스위치의 근처에는 여러 가지 재료 등을 놓아두지 않는다.
③ 스위치를 끊을 때는 부하를 무겁게 해 놓고 끊는다.
④ 스위치는 노출시켜 놓지 말고, 꼭 뚜껑을 만들어 놓는다.

[05-4]

26 전기 합선에 의한 전기화재의 예방대책을 설명한 것 중 부적당한 것은?

① 퓨즈(fuse)는 규격품에 관계없이 알루미늄 재질을 사용한다.
② 노후 전선은 즉시 새것으로 교체한다.
③ 공사 시 각종 전선을 손상시키지 않도록 한다.
④ 용량에 맞는 규격의 전선을 사용한다.

> 퓨즈는 적정용량에 맞는 규격품을 사용한다.

정답 ▶ 19 ② 20 ① 21 ④ 22 ④ 23 ② 24 ④ 25 ③ 26 ①

27 용접 작업 시 안전수칙에 관한 내용으로 틀린 것은?

① 용접헬멧, 용접보호구, 용접장갑은 반드시 착용해야 한다.
② 땀에 젖은 작업복을 착용하고 용접해도 무방하다.
③ 미리 소화기를 준비하여 작업 중에는 만일의 사고에 대비한다.
④ 환기가 잘되게 한다.

28 용접에서 안전 작업 복장을 설명한 것 중 틀린 것은?

① 작업 특성에 맞아야 한다.
② 기름이 묻거나 더러워지면 세탁하여 착용한다.
③ 무더운 계절에는 반바지를 착용한다.
④ 고온 작업 시에는 작업복을 벗지 않는다.

29 용접 작업 중 지켜야 할 안전사항으로 틀린 것은?

① 보호 장구를 반드시 착용하고 작업한다.
② 훼손된 케이블은 사용 후에 보수한다.
③ 도장된 탱크 안에서의 용접은 충분히 환기시킨 후 작업한다.
④ 전격 방지기가 설치된 용접기를 사용한다.

> 훼손된 케이블은 반드시 손상 부위를 보수한 후 사용해야 한다.

30 용접 작업 시 주의사항을 설명한 것으로 틀린 것은?

① 화재를 진화하기 위하여 방화 설비를 설치할 것
② 용접 작업 부근에 점화원을 두지 않도록 할 것
③ 배관 및 기기에서 가스 누출이 되지 않도록 할 것
④ 가연성 가스는 항상 옆으로 뉘어서 보관할 것

> 가연성 가스는 세워서 보관해야 한다.

31 용접 작업에서 안전에 대해 설명한 것 중 틀린 것은?

① 높은 곳에서 용접 작업할 경우 추락, 낙하 등의 위험이 있으므로 항상 안전벨트와 안전모를 착용한다.

② 용접 작업 중에 여러 가지 유해 가스가 발생하기 때문에 통풍 또는 환기 장치가 필요하다.
③ 가연성의 분진, 화약류 등 위험물이 있는 곳에서는 용접을 해서는 안 된다.
④ 가스용접은 강한 빛이 나오지 않기 때문에 보안경을 착용하지 않아도 된다.

32 좁은 탱크 안에서 작업할 때 주의사항 중 옳지 않은 것은?

① 질소를 공급하여 환기시킨다.
② 환기 및 배기 장치를 한다.
③ 가스 마스크를 착용한다.
④ 공기를 불어넣어 환기시킨다.

> 밀폐 공간에서의 환기는 신선한 외부 공기로 한다.

33 용접기에 전원 스위치를 넣기 전에 점검해야 할 사항 중 틀린 것은?

① 용접기가 전원에 잘 접속되어 있는가를 점검한다.
② 케이블이 손상된 곳은 없는지 점검한다.
③ 회전부나 마찰부에 윤활유가 알맞게 주유되어 있는지 점검한다.
④ 용접봉 홀더에 접지선이 이어져 있는지 점검한다.

> 용접봉 홀더는 감전의 위험이 없도록 도전 부분의 바깥쪽이 사용 중의 온도에 견디는 절연물로 씌워져 있어야 한다.

34 가스용접 작업할 때 주의하여야 할 안전사항 중 틀린 것은?

① 가스용접을 할 때는 면장갑을 낀다.
② 작업자의 눈을 보호하기 위하여 차광유리가 부착된 보안경을 착용한다.
③ 납이나 아연합금 또는 도금재료를 가스용접 시 중독될 우려가 있으므로 주의하여야 한다.
④ 가스용접 작업은 가연성 물질이 없는 안전한 장소를 선택한다.

35 높은 곳에서 용접작업 시 지켜야 할 사항으로 틀린 것은?

① 족장이나 발판이 견고하게 조립되어 있는지 확인한다.
② 고소작업 시 착용하는 안전모의 내부 수직거리는 10mm 이내로 한다.
③ 주변에 낙하물건 및 작업위치 아래에 인화성 물질이 없는지 확인한다.
④ 고소작업장에서 용접작업 시 안전벨트 착용 후 안전로프를 핸드레일에 고정시킨다.

> 안전모의 내부수직거리는 25mm 이상 50mm 미만으로 한다.

[10-4]

36 가스용접 시 안전조치로 적절하지 않는 것은?

① 가스의 누설검사는 필요할 때만 체크하고 점검은 수돗물로 한다.
② 가스용접 장치는 화기로부터 5m 이상 떨어진 곳에 설치해야 한다.
③ 산소병 밸브, 압력조정기, 도관, 연결부위는 기름 묻은 천으로 닦아서는 안 된다.
④ 인화성 액체 용기의 용접을 할 때는 증기 열탕물로 완전히 세척 후 통풍구멍을 개방하고 작업한다.

[09-1]

37 가스용접 작업에 관한 안전사항으로서 틀린 것은?

① 산소 및 아세틸렌병 등 빈병은 섞어서 보관한다.
② 호스의 누설 시험 시에는 비눗물을 사용한다.
③ 용접 시 토치의 끝을 긁어서 오물을 털지 않는다.
④ 아세틸렌병 가까이에서는 흡연하지 않는다.

[08-1]

38 가스용접 시 주의사항으로 틀린 것은?

① 반드시 보호안경을 착용한다.
② 산소호스와 아세틸렌호스는 색깔 구분이 없이 사용한다.
③ 불필요한 긴 호스를 사용하지 말아야 한다.
④ 용기 가까운 곳에서는 인화물질 사용을 금한다.

> 산소호스와 아세틸렌호스는 구분해서 혼동하지 않도록 한다.

[13-1]

39 가스용접 시 안전사항으로 적당하지 않은 것은?

① 산소병은 60℃ 이하 온도에서 보관하고, 직사광선을 피하여 보관한다.
② 호스는 길지 않게 하며, 용접이 끝났을 때는 용기 밸브를 잠근다.
③ 작업자 눈을 보호하기 위해 적당한 차광유리를 사용한다.
④ 호스 접속구는 호스 밴드로 조이고 비눗물 등으로 누설 여부를 검사한다.

> 산소가스 용기는 직사광선을 피하여 40℃ 이하의 장소에 보관한다.

[12-4, 07-4]

40 다음 중 가스용접 작업 시 안전사항으로 틀린 것은?

① 주위에는 가연성 물질이 없어야 한다.
② 기름이 묻어 있는 작업복은 착용해서는 안 된다.
③ 아세틸린 용기는 세워서 사용하여야 한다.
④ 차광용 보안경은 착용하지 않도록 한다.

> 가스용접 작업 시 작업자의 눈을 보호하기 위하여 차광유리가 부착된 보안경을 착용한다.

[11-1, 06-2]

41 LP가스 취급 시 화재 사고를 예방하는 대책을 설명한 것 중 가장 거리가 먼 것은?

① 용기의 설치는 가급적 옥외에 설치한다.
② 용기는 직사 일광의 차단이나 낙하물에 의한 손상을 방지하기 위하여 상부에 덮개를 한다.
③ 옥외의 용기로부터 옥내의 장소까지는 금속 고정 배관으로 하고, 고무호스의 사용 부분은 될 수 있는 대로 길게 한다.
④ 연소 가스 주위의 가연물과 충분한 거리를 둔다.

> 화재 사고 예방을 위해 LP가스 취급 시에는 고무호스의 사용 부분은 되도록 짧게 해야 한다.

chapter 03

[10-4]

42 가스용접 작업 중 안전과 가장 거리가 먼 것은?

① 가스누출이 없는 토치나 호스를 사용한다.
② 좁은 장소에서 작업할 때 항상 환기에 신경 쓴다.
③ 용접작업은 가연성 물질이 없는 안전한 장소를 선택한다.
④ 가스누설 감지는 화기로 확인한다.

> 가스누설 감지는 비눗물로 확인한다.

[12-2]

43 다음 중 용접 흄이나 가스의 중독을 방지하기 위한 방법과 가장 거리가 먼 것은?

① 작업 중 발생한 흄이나 가스는 흡입되지 않도록 방독마스크나 방진마스크를 착용한다.
② 밀폐된 곳에서의 용접 작업 시에는 강제 순환 기식 환기장치나 압축공기를 분출시키면서 작업한다.
③ 밀폐된 장소에서는 혼자서 작업하지 말고 반드시 관리자의 관리하에서 작업하여야 한다.
④ 작업 시 불편함을 느낄 경우 보호구는 착용하지 않아도 된다.

> 용접 작업 시에는 반드시 보호구를 착용하여야 한다.

[12-2, 06-2]

44 다음 중 일반적으로 가스 폭발을 방지하기 위한 예방 대책에 있어 가장 먼저 조치를 취하여야 할 사항은?

① 방화수 준비
② 가스 누설의 방지
③ 착화의 원인 제거
④ 배관의 강도 증가

> 가스의 누설을 미연에 방지하는 것이 가스 폭발을 예방하는 가장 중요한 일이다.

[12-4]

45 다음 중 아세틸렌가스의 도관으로 사용할 경우 폭발성 화합물을 생성하게 되는 것은?

① 순구리관
② 스테인리스강관
③ 알루미늄합금관
④ 탄소강관

> 용해아세틸렌의 가스집합용접장치의 배관 및 부속기구는 구리나 구리 함유량이 70% 이상인 합금을 사용해서는 안 된다.

[12-2]

46 다음 중 아크 용접 작업 시 작업자가 감전된 것을 발견했을 때의 조치방법으로 적절하지 않은 것은?

① 빠르게 전원 스위치를 차단한다.
② 전원차단 전 우선 작업자를 손으로 이탈시킨다.
③ 즉시 의사에게 연락하여 치료를 받도록 한다.
④ 구조 후 필요에 따라서는 인공호흡 등 응급저치를 실시한다.

> 감전 사고 발생 시 제일 먼저 전원 스위치를 차단하고 사고자를 안전한 장소로 이동하여 응급조치를 한다.

[10-5]

47 용접용 안전 보호구에 해당되지 않는 것은?

① 치핑해머
② 용접헬멧
③ 핸드실드
④ 용접장갑

> 치핑해머는 슬래그 및 스패터 제거, 용착금속의 열간 충격, 용접부의 뒷면 손질 등의 용도로 사용되는 해머이다.

[11-5, 10-1]

48 헬멧이나 핸드실드의 차광유리 앞에 보호유리를 끼우는 가장 타당한 이유는?

① 시력을 보호하기 위하여
② 가시광선을 차단하기 위하여
③ 적외선을 차단하기 위하여
④ 차광유리를 보호하기 위하여

[13-2]

49 안전을 위하여 가죽장갑을 사용할 수 있는 작업은?

① 드릴링 작업
② 선반 작업
③ 용접 작업
④ 밀링 작업

> 용접 작업 시 가죽장갑을 착용하여 손 부위의 화상을 예방하도록 한다.

[14-5, 11-2]

50 아크 용접의 재해라 볼 수 없는 것은?

① 아크 광선에 의한 전안염
② 스패터 비산으로 인한 화상
③ 역화로 인한 화재
④ 전격에 의한 감전

> 역화 현상은 가스용접 시 발생할 수 있는 현상이다.

정답 42 ④ 43 ④ 44 ② 45 ① 46 ② 47 ① 48 ④ 49 ③ 50 ③

[13-1]

51 아크용접 작업에 의한 재해에 해당되지 않는 것은?

① 감전 ② 화상
③ 전광성 안염 ④ 전도

[11-2]

52 교류용접기에서 무부하전압이 높기 때문에 감전의 위험이 있어 용접사를 보호하기 위하여 설치한 장치는?

① 초음파 장치 ② 전격방지장치
③ 원격제어장치 ④ 핫 스타트 장치

[11-4]

53 아크 광선에 의한 전광성 안염이 발생하였을 때의 응급조치로 가장 올바른 것은?

① 안약을 넣고 수면을 취한다.
② 냉습포 찜질을 한 다음 치료를 받는다.
③ 소금물로 찜질을 한 다음 치료한다.
④ 따뜻한 물로 찜질을 한 다음 치료한다.

[10-1]

54 용접재해 중 전격에 의한 재해 방지대책으로 맞는 것은?

① TIG 용접 시 텅스텐 전극봉을 교체할 때는 항상 전원 스위치를 차단하고 교체한다.
② 용접 중 홀더나 용접봉은 맨손으로 취급해도 무방하다.
③ 밀폐된 구조물에서는 혼자서 작업하여도 무방하다.
④ 절연 홀더의 절연부분이 균열이나 파손되어 있으면 작업이 끝난 후에 보수하거나 교체한다.

[12-5]

55 다음 중 용접 작업 시 감전으로 인한 사망재해의 원인과 가장 거리가 먼 것은?

① 용접 작업 중 홀더에 용접봉을 물릴 때나, 홀더가 신체에 접촉되었을 때
② 피용접물에 붙어 있는 용접봉을 떼려다 몸에 접촉되었을 때
③ 용접 후 슬래그를 제거하다가 슬래그가 몸에 접촉되었을 때

④ 1차측과 2차측의 케이블의 피복 손상부에 접촉되었을 때

> 슬래그는 감전과는 상관이 없으며, 슬래그 비산에 의한 화상에 주의해야 한다.

[12-2]

56 다음 중 용접 작업 시 감전 재해의 예방 대책으로 틀린 것은?

① 용접 작업 중 용접봉 끝부분이 충전부에 접촉되지 않도록 한다.
② 파손된 용접홀더는 신품으로 교체하여 사용한다.
③ 피복이 손상된 용접 홀더선은 절연 테이프로 수리한 후 사용한다.
④ 본체와의 연결부는 비절연 테이프로 감아서 사용한다.

> 본체와의 연결부는 절연 테이프로 감아서 사용한다.

[10-1, 06-4]

57 전격의 방지대책에 대한 설명 중 틀린 것은?

① 땀, 물 등에 의해 습기 찬 작업복, 장갑, 구두 등을 착용해도 된다.
② 홀더나 용접봉은 절대로 맨손으로 취급하지 않는다.
③ 용접기의 내부에 함부로 손을 대지 않는다.
④ 절연 홀더의 절연부분이 노출·파손되면 곧 보수하거나 교체한다.

[10-2, 07-1]

58 전격의 방지 대책으로 적합하지 않은 것은?

① 용접기의 내부는 수시로 열어서 점검하거나 청소한다.
② 홀더나 용접봉은 절대로 맨손으로 취급하지 않는다.
③ 절연 홀더의 절연부분이 파손되면 즉시 보수하거나 교체한다.
④ 땀, 물 등에 의해 습기찬 작업복, 장갑, 구두 등은 착용하지 않는다.

> 용접기의 내부에 함부로 손을 대지 않는다.

[08-1]

59 전기용접 작업 시 전격에 관한 주의사항으로 틀린 것은?

① 무부하 전압이 필요 이상으로 높은 용접기는 사용하지 않는다.
② 낮은 전압에서는 주의하지 않아도 되며, 피부에 적은 습기는 용접하는 데 지장이 없다.
③ 작업 종료 시 또는 장시간 작업을 중지할 때는 반드시 용접기의 스위치를 끄도록 한다.
④ 전격을 받은 사람을 발견했을 때는 즉시 스위치를 꺼야 한다.

[09-4]

60 용접작업 시 전격방지를 위한 주의사항으로 틀린 것은?

① 안전 홀더 및 안전한 보호구를 사용한다.
② 협소한 장소에서는 용접공의 몸에 열기로 인하여 땀에 젖어있을 때가 많으므로 신체가 노출되지 않도록 한다.
③ 스위치의 개폐는 지정한 방법으로 하고, 절대로 젖은 손으로 개폐하지 않도록 한다.
④ 장시간 작업을 중지할 경우에는 용접기의 스위치를 끊지 않아도 된다.

[08-2]

61 다음 중 전기용접을 할 때 전격의 위험이 가장 높은 경우는?

① 용접 중 접지가 불량할 때
② 용접부가 두꺼울 때
③ 용접봉이 굵고 전류가 높을 때
④ 용접부가 불규칙할 때

[25년, 11-1]

62 전기용접 작업 전에 감전의 방지를 위해 반드시 확인할 사항으로 가장 거리가 먼 것은?

① 케이블의 파손 여부
② 홀더의 절연 상태
③ 용접기의 접지 상태
④ 작업장의 환기 상태

[13-1]

63 피복 아크 용접 시 아크가 발생될 때 아크에 다량 포함되어 있어 인체에 가장 큰 피해를 줄 수 있는 광선은?

① 감마선　　　② 자외선
③ 방사선　　　④ X-선

> 아크에는 가시광선, 자외선, 적외선이 포함되어 있어 보안경을 반드시 착용하여 눈을 보호해야 한다.

[06-1]

64 피복 아크 용접 시 슬래그(Slag)를 제거할 때의 주의 사항으로 옳지 않은 것은?

① 가능한 한 눈을 가까이 접근시켜 제거한다.
② 보안경을 쓰고 하는 것이 좋다.
③ 치핑해머를 사용한다.
④ 와이어 브러시를 사용한다.

> 슬래그 조각이 피부로 튀어 화상을 일으킬 수 있으므로 보안경, 가죽 장갑 등의 보호구를 반드시 착용하도록 한다.

[12-5, 07-2, 06-1]

65 다음 중 납땜할 때, 염산이 몸에 튀었을 경우 1차적 조치로 가장 적절한 것은?

① 빨리 물로 씻는다.
② 그냥 놓아두어야 한다.
③ 손으로 문질러 둔다.
④ 머큐로크롬을 바른다.

> 염산이 피부에 묻었을 때는 비비거나 문지르지 말고 물로 씻어내도록 한다.

연소 및 화재

Craftsman Welding

출제
포인트

이 섹션에서는 한 문제 정도 출제된다. 연소형태와 화재의 분류, 자연발화 조건, 소화기에 대해서만 공부하도록 한다.

01 연소이론

(1) 정의
가연물이 점화원에 의해 공기 중의 산소와 반응하여 열과 빛을 수반하는 산화현상

(2) 연소의 3요소
가연물, 산소공급원, 점화원

(3) 고온체의 색과 온도

색	온도	색	온도
담암적색	522℃	황적색	1,100℃
암적색	700℃	백색(백적색)	1,300℃
적 색	850℃	휘백색	1,500℃ 이상
휘적색(주황색)	950℃		

(4) 연소의 형태
① 확산연소 : 수소, 메탄, 프로판 등과 같은 가연성 가스가 버너 등에서 공기 중으로 유출해서 연소 하는 경우
② 비화연소 : 불티나 불꽃이 바람에 날리거나 혹은 튀어서 발화점으로부터 떨어진 곳에 있는 대상물 에 착화하여 연소되는 현상
③ 표면연소 : 열분해에 의해 가연성가스를 발생하지 않고 그 자체가 연소하는 형태
④ 분해연소 : 열분해에 의한 가연성가스가 공기와 혼합하여 연소하는 형태
⑤ 증발연소 : 물질의 표면에서 증발한 가연성가스와 공기 중의 산소가 화합하여 연소하는 형태
⑥ 자기연소 : 공기 중의 산소가 아닌 그 자체의 산소 에 의해서 연소하는 형태

▶ 연소속도에 영향을 미치는 요인
• 가연물의 온도　　　　　• 촉매
• 가연물질과 접촉하는 속도　• 압력
• 산화반응을 일으키는 속도

(5) 가연물이 되기 쉬운 조건
① 산소와의 친화력이 클 것
② 발열량이 클 것
③ 표면적이 넓을 것(기체 > 액체 > 고체)
④ 열전도율이 적을 것(기체 < 액체 < 고체)
⑤ 활성화에너지가 작을 것
⑥ 연쇄반응을 일으킬 수 있을 것

(6) 점화원의 분류

분류	종류
화학적 에너지	연소열, 자연발열, 분해열, 용해열
전기적 에너지	저항열, 유도열, 유전열, 아크열, 정전기 열, 낙뢰에 의한 열
기계적 에너지	마찰열, 압축열, 마찰 스파크
원자력 에너지	핵분열, 핵융합

(7) 자연발화
① 자연발화의 발생 조건
　• 주위의 온도가 높을 것
　• 습도가 높을 것
　• 표면적이 넓을 것
　• 발열량이 클 것
　• 열전도율이 작을 것
② 자연발화 방지법
　• 통풍(공기유통)이 잘 되게 한다.
　• 저장실의 온도를 낮춘다.
　• 습도를 낮게 유지한다.
　• 열의 축적을 방지한다.
　• 정촉매 작용을 하는 물질을 피한다.

02 화재 및 폭발

1 화재의 분류

급수	종류	색상	적용대상물
A급	일반화재	백색	종이, 목재, 섬유
B급	유류 및 가스화재	황색	제4류 위험물, 유지
C급	전기화재	청색	발전기, 변압기
D급	금속화재	무색	철분, 마그네슘, 금속분

2 소화기의 적응성

화재의 분류	적응 소화기
전기설비 화재	이산화탄소소화기, 할로겐화합물소화기, 인산염류소화기, 탄산수소염류소화기, 무상수소화기, 무상강화액소화기
철분·금속분 화재	탄산수소염류소화기, 건조사, 팽창질석 또는 팽창진주암

3 화재 및 폭발 방지책

① 용접 작업 부근에 점화원을 두지 않는다.

② 대기 중에 가연성 가스를 누설 또는 방출시키지 않는다.

③ 필요한 곳에 화재를 진화하기 위한 방화설비를 설치한다.

④ 인화성 액체의 반응 또는 취급은 폭발범위 이외의 농도로 한다.

⑤ 아세틸렌이나 LP가스 용접 시에는 가연성 가스가 누설되지 않도록 한다.

▶ 용어 정리
- 인화점 : 가연성 물질을 공기 중에서 가열할 때 가연성 증기가 연소범위 하한에 도달하는 최저온도
- 발화점 : 가연물을 가열할 때 가연물이 점화원의 직접적인 접촉 없이 연소가 시작되는 최저온도
- 연소한계 : 연소에 필요한 가연성 기체와 공기 또는 산소와의 혼합가스 농도 범위

▶ 가연성가스 : 수소, 메탄, 에탄, 부탄, 프로판, 아세틸렌(C_2H_2), 에틸렌 등

 기출문제 | 이론과 연계된 기출유형을 파악하자!

[13-2]

1 다음 중 연소를 가장 바르게 설명한 것은?

① 물질이 열을 내며 탄화한다.

② 물질이 탄산가스와 반응한다.

③ 물질이 산소와 반응하여 환원한다.

④ 물질이 산소와 반응하여 열과 빛을 발생한다.

> 가연물이 점화원에 의해 공기 중의 산소와 반응하여 열과 빛을 수반하는 산화현상을 연소라 한다.

[06-1]

2 연소의 3요소에 해당하는 것은?

① 가연물, 산소, 정촉매

② 가연물, 빛, 탄산가스

③ 가연물, 산소, 점화원

④ 가연물, 산소, 공기

[12-5, 09-5]

3 다음 중 연소의 3요소에 해당하지 않는 것은?

① 가연물   ② 부촉매

③ 산소공급원   ④ 점화원

[12-4]

4 다음 중 목재, 섬유류, 종이 등에 의한 화재의 급수에 해당하는 것은?

① A급   ② B급   ③ C급   ④ D급

화재의 분류			
급수	종류	색상	적용대상물
A급	일반화재	백색	종이, 목재, 섬유
B급	유류 및 가스화재	황색	제4류 위험물, 유지
C급	전기화재	청색	발전기, 변압기
D급	금속화재	무색	철분, 마그네슘, 금속분

정답 ▶ 1 ④ 2 ③ 3 ② 4 ①

[06-2]

5 연소의 난이성에 대한 설명으로 틀린 것은?

① 화학적 친화력이 큰 물질일수록 연소가 잘된다.
② 발열량이 큰 것일수록 산화반응이 일어나기 쉽다.
③ 예열하면 착화 온도가 낮아져서 착화하기 쉽다.
④ 산소와의 접촉 면적이 좁을수록 온도가 떨어지지 않아 연소가 잘된다.

> 산소와의 접촉 면적이 넓을수록 연소가 잘된다.

[10-4]

6 연소가 잘되는 조건 중 틀린 것은?

① 공기와 접촉 면적이 클 것
② 가연성 가스 발생이 클 것
③ 축적된 열량이 클 것
④ 물체의 내화성이 클 것

[13-1]

7 용접에 사용되는 가연성 가스인 수소의 폭발 범위는?

① 4~5%   ② 4~15%
③ 4~35%   ④ 4~75%

[11-2]

8 다음 중 불연성 물질이 아닌 것은?

① 일산화탄소(CO)   ② 이산화탄소(CO_2)
③ 질소(N)   ④ 네온(Ne)

> 일산화탄소는 무색, 무미의 가연성 가스이다.

[11-1, 05-2]

9 다음 중 확산연소를 올바르게 설명한 것은?

① 수소, 메탄, 프로판 등과 같은 가연성 가스가 버너 등에서 공기 중으로 유출해서 연소하는 경우이다.
② 알코올, 에테르 등 인화성 액체의 연소에서처럼 액체의 증발에 의해서 생긴 증기가 착화하여 화염을 발화하는 경우이다.
③ 목재, 석탄, 종이 등의 고체 가연물 또는 지방유와 같이 고비점(高沸點)의 액체가연물이 연소하는 경우이다.
④ 화약처럼 그 물질 자체의 분자 속에 산소를 함유하고 있어 연소 시 공기 중의 산소를 필요로 하지 않고 물질 자체의 산소를 소비해서 연소하는 경우이다.

[12-2, 04-2]

10 금속나트륨, 마그네슘 등과 같은 가연성 금속의 화재는 몇 급 화재로 분류되는가?

① A급 화재   ② B급 화재
③ C급 화재   ④ D급 화재

[12-5]

11 다음 중 B급 화재에 해당하는 것은?

① 일반 화재   ② 유류 화재
③ 전기 화재   ④ 금속 화재

[12-4]

12 다음 중 전기설비화재에 적용이 불가능한 소화기는?

① 포화소화기   ② 이산화탄소소화기
③ 무상강화액소화기   ④ 할로겐화합물소화기

> **전기설비화재에 적용 가능한 소화기**
> 이산화탄소소화기, 할로겐화합물소화기, 인산염류소화기, 탄산수소염류소화기, 무상수소화기, 무상강화액소화기

[05-4]

13 불티가 바람에 날리거나 혹은 튀어서 발화점에 떨어진 곳에 있는 대상물에 착화하여 연소되는 현상을 무슨 연소라고 하는가?

① 접염연소   ② 대류연소
③ 복사연소   ④ 비화연소

[06-2]

14 전기적 점화원의 종류가 아닌 것은?

① 유도열   ② 정전기
③ 저항열   ④ 마모열

분류	종류
화학적 에너지	연소열, 자연발열, 분해열, 용해열
전기적 에너지	저항열, 유도열, 유전열, 아크열, 정전기열, 낙뢰에 의한 열
기계적 에너지	마찰열, 압축열, 마찰 스파크
원자력 에너지	핵분열, 핵융합

정답   5 ④   6 ④   7 ④   8 ①   9 ①   10 ④   11 ②   12 ①   13 ④   14 ④

chapter 03

15 연소한계의 설명을 가장 올바르게 정의한 것은?

① 착화온도의 상한과 하한
② 물질이 탈 수 있는 최저 온도
③ 완전연소가 될 때의 산소 공급 한계
④ 연소에 필요한 가연성 기체와 공기 또는 산소와의 혼합가스 농도 범위

[04-2]

16 인화점을 가장 올바르게 설명한 것은?

① 물체가 발화하는 최저 온도
② 포화 상태에 달하는 최저 온도
③ 포화 상태에 달하는 최고 온도
④ 가연성 증기를 발생할 수 있는 최저 온도

[13-1, 04-2]

17 가연물 중에서 착화온도가 가장 낮은 것은?

① 수소(H_2)
② 일산화탄소(CO)
③ 아세틸렌(C_2H_2)
④ 휘발유(gasoline)

착화온도

수소	일산화탄소	아세틸렌	휘발유
530℃	609℃	305℃	300℃

[09-2]

18 가연물을 가열할 때 가연물이 점화원의 직접적인 접촉 없이 연소가 시작되는 최저온도를 무엇이라고 하는가?

① 인화점
② 발화점
③ 연소점
④ 융점

[10-1]

19 화재 및 폭발의 방지 조치사항으로 틀린 것은?

① 용접 작업 부근에 점화원을 두지 않는다.
② 인화성 액체의 반응 또는 취급은 폭발 한계범위 이내의 농도로 한다.
③ 아세틸렌이나 LP가스 용접 시에는 가연성 가스가 누설되지 않도록 한다.
④ 대기 중에 가연성 가스를 누설 또는 방출시키지 않는다.

인화성 액체의 반응 또는 취급은 폭발범위 이외의 농도로 한다.

[07-4, 06-2]

20 가연물의 자연발화를 방지하는 방법을 설명한 것 중 틀린 것은?

① 공기의 유통이 잘되게 할 것
② 가연물의 열 축적이 용이하지 않도록 할 것
③ 공기와 접촉 면적을 크게 할 것
④ 저장실의 온도를 낮게 유지할 것

자연발화 방지법
• 통풍(공기유통)이 잘 되게 한다.
• 저장실의 온도를 낮춘다.
• 습도를 낮게 유지한다.
• 열의 축적을 방지한다.
• 정촉매 작용을 하는 물질을 피한다.

[04-4]

21 가연물을 가열할 때 반사열만을 가지고 연소가 시작되는 최저온도는?

① 인화점
② 발화점
③ 연소점
④ 융점

[10-5]

22 화재 및 폭발의 방지책에 관한 사항으로 틀린 것은?

① 인화성 액체의 반응 또는 취급은 폭발범위 이외의 농도로 한다.
② 필요한 곳에 화재를 진화하기 위한 방화설비를 설치한다.
③ 정전에 대비하여 예비전원을 설치한다.
④ 배관 또는 기기에서 가연성 가스는 대기 중에 방출시킨다.

가연성 가스를 대기 중에 방출시키면 폭발의 우려가 있어 위험하다.

[09-1]

23 화재 및 폭발의 방지 조치로 틀린 것은?

① 대기 중에 가연성 가스를 방출시키지 말 것
② 필요한 곳에 화재 진화를 위한 방화설비를 설치할 것
③ 용접작업 부근에 점화원을 둘 것
④ 배관에서 가연성 증기의 누출 여부를 철저히 점검할 것

용접 작업 시 주위에는 점화원을 두지 않도록 한다.

정답 15 ④ 16 ④ 17 ④ 18 ② 19 ② 20 ③ 21 ② 22 ④ 23 ③

Chapter

04

용접재료

용접재료 및 각종 금속 용접 | 용접재료의 열처리 및 표면경화

용접재료 및 각종 금속 용접

Craftsman Welding

01 금속 총론

1 금속의 공통적 특성

① 열과 전기의 양도체이다.
② 금속 특유의 광택을 갖는다.
③ 소성 변형이 있어 가공이 쉽다.
④ 상온에서 고체이며 고체 상태에서 결정조직을 갖는다.

▶ 수은(Hg)은 유일하게 상온에서 액체인 금속이다.

⑤ 일반적으로 용융점이 높다.
⑥ 일반적으로 비중, 강도 및 경도가 크다.

2 금속의 기계적 성질

① **강도** : 외력에 저항하는 세기의 정도
② **경도** : 금속 표면이 외력에 저항하는 성질, 즉 물체의 기계적인 단단함의 정도를 나타내는 것
③ **탄성** : 금속에 외력을 가해 변형되었다가 외력을 제거했을 때 원래 상태로 돌아오는 성질
④ **인성** : 파괴에 대한 재료의 저항력, 즉 연성과 강도가 큰 성질
⑤ **전성** : 재료를 압축해서 눌렀을 때 넓게 퍼지면서 늘어나는 성질
⑥ **연성** : 재료를 잡아당겼을 때 가늘고 길게 늘어나는 성질
⑦ **취성**(메짐) : 강도가 크면서 연성이 없는 것, 즉 물체가 약간의 변형에도 견디지 못하고 파괴되는 성질
⑧ **피로** : 재료에 작은 외력이 반복하여 작용하였을 때 파괴되는 성질
⑨ **크리프**(Creep) : 재료를 고온에서 하중을 가했을 때 시간이 지남에 따라 변형이 증가하는 현상

3 금속의 물리적 성질

① **비중** : 리튬이 0.53으로 가장 작으며, 이리듐이 22.5로 가장 크다.

▶ 주요 금속의 비중

구분	종류
경금속	Li(0.53), K(0.86), Ca(1.55), Mg(1.74), Be(1.86), Si(2.33), Al(2.7), Ti(4.5) 등
중금속	V(6.03), Cr(7.09), Zn(7.13), Mn(7.4), Fe(7.87), Ni(8.85), Co(8.9), Cu(8.96), Mo(10.2), Ag(10.5), Pb(11.34), Au(19.3), Ir(22.5) 등

※경금속 : 비중 5.0 이하의 금속
　중금속 : 비중 5.0 이상의 금속

② **열전도율** : 구리 > 금 > 알루미늄 > 니켈 > 철
③ **용융점** : 금속에 열을 가해 액체로 변할 때의 최저 온도(텅스텐이 가장 높고, 수은이 가장 낮다.)
④ **자성** : 포화된 자장의 강도가 급격히 감소하는 온도점
⑤ **선팽창계수** : 온도가 1℃ 변할 때 고체 재료의 단위길이당 길이의 변화
⑥ **비열** : 1g의 물질을 1℃ 올리는 데 필요한 열량

4 금속의 결정 구조

종류	특징	금속
체심입방격자 (BCC)	• 강도가 크다. • 전성 · 연성이 떨어진다. • 용점이 높다.	Cr, Mo, K, Na, V, W, Ta, α-Fe, δ-Fe
면심입방격자 (FCC)	• 전성 · 연성이 크다. • 가공성이 우수하다.	Al, Cu, Ni, Pb, Ca, Ag, Au, Pt, γ-Fe
조밀육방격자 (HCP)	• 전성 · 연성 및 가공성이 떨어진다.	Mg, Zn, Ti, Be, Zr

▶ 한 원자를 둘러싸는 가장 가까운 원자의 수를 배위수라고 하는데, 단순입방격자는 6, 체심입방격자는 8, 면심입방격자와 조밀입방격자는 12이다.

5 금속의 합금

(1) 합금
하나의 금속에 다른 종류의 금속 또는 비금속을 고온 상태에서 녹여 혼합하는 것

(2) 고용체
하나의 금속이 다른 금속과 합금하여 완전하게 균일한 상을 이룬 고체의 혼합물

① **침입형 고용체**
- 하나의 금속의 결정격자 중에 다른 원자가 끼어들어가 있는 고용체
- 침입형 원소 : 수소, 산소, 질소, 탄소, 붕소

② **치환형 고용체**
- 하나의 금속의 원자가 다른 성분의 금속의 원자와 위치가 바뀐 형식의 고용체
- Ag‒Cu, Cu‒Zn

③ **규칙 격자형 고용체**
- 고용체 내에서 원자가 규칙적으로 배열된 경우의 고용체
- Ni_3‒Fe, Fe_3‒Al

6 소성가공

- 재료를 변형시켜 여러 가지 모양으로 제조하고 기계적 성질을 향상시키는 방법
- 종류 : 압연가공, 단조가공, 전조가공, 인발가공, 압출가공

(1) 냉간가공
① 재결정온도보다 낮은 온도에서 소성변형을 하는 가공법
② 제품의 표면이 미려하다.
③ 제품의 치수 정도가 좋다.
④ 가공공수가 적어 가공비가 적게 든다.
⑤ 인장강도, 피로강도, 경도 등이 증가한다.
⑥ 연신율, 단면수축률이 감소한다.

(2) 열간가공
① 재결정온도보다 높은 온도에서 소성변형을 하는 가공법
② 가공이 쉬워 대량생산이 용이하다.
③ 연신율이 증가한다.

7 재결정

① 재결정 : 소성가공에 의해 변형된 결정이 재가열을 통해 변형이 없는 새로운 결정이 되는 것
② 재결정 온도 : 재결정이 시작되는 최저온도
③ 결정입자의 성장 : 재결정이 이루어진 후에 더 높은 온도로 풀림을 계속해서 결정입자의 모양이 변하게 되는 현상
④ **주요 금속의 재결정 온도**

종류	재결정 온도(℃)	종류	재결정 온도(℃)
Mg	150	Fe	350~450
Au, Ag	200	Pt	450
Al	150~240	Ni	530~660
Cu	200~300	W	1,000

02 철강의 분류 및 제조

1 철강의 분류

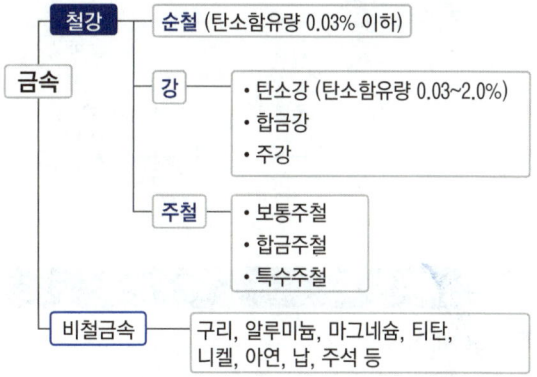

2 철강의 제조

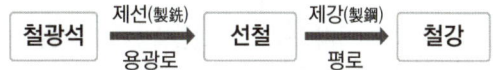

(1) 선철
① 용광로에서 철광석을 녹여 만든 철
② 철의 5대 원소인 탄소, 규소, 망간, 인, 황이 다량 함유되어 있어 경도가 높고 취약
③ 강을 만들기 위한 재료로 주로 사용

(2) 강
① 용광로에서 생산된 선철을 제강로에 넣어 탄소함유량을 감소시켜 정련한 것

② 강에 특수한 성질을 주기 위해 크롬, 니켈, 텅스텐 등의 원소를 첨가하여 특수강 제조

(3) 제강법

용광로에서 생산된 선철의 탄소함유량을 감소시켜 강을 제조하는 방법으로 종류는 다음과 같다.

① **전로제강법** : 쇳물 속으로 공기 또는 산소를 불어 넣어 불순물을 제거하는 방법

② **평로제강법** : 축열식 반사로를 이용하여 선철을 용해하여 정련하는 방법

③ **전기로제강법** : 전기에너지를 열원으로 하는 전기 로를 이용하여 강을 제조하는 방법

▶ **탈산 정도에 따른 강괴의 분류**

분류	특징
킬드강	• 용강을 노 내에서 Fe-Si, Al 등의 강탈산제로 완전 탈산시킨 강 • 기계적 성질 및 방향성이 우수하다. • 표면에 헤어크랙이 발생하기 쉽다.
림드강	• 약탈산제인 Fe-Mn으로 불완전 탈산시킨 탄소강 • 강괴 내부에 기포와 편석이 생긴다. • 강의 재질이 균일하지 못하다. • 중앙부의 응고가 지연되며 먼저 응고한 바깥부터 주상정이 테두리에 생긴다.
세미 킬드강	• 알루미늄을 탈산제로 사용하여 거의 탈산시킨 저탄소강

03 순철

1 순철의 성질

① 0.03% 이하의 탄소를 함유하고 있는 철

② 용접성이 양호하다.

③ 전기전도도가 우수하다.

④ 재질이 연해 기계 구조용으로는 사용되지 않는다.

⑤ 연신율, 단면수축률, 충격값이 높다.

⑥ 인장강도 및 항복점이 낮다.

⑦ 전기 재료, 변압기 철심에 많이 사용된다.

⑧ 자기 변태점 : $A_2(768℃)$

⑨ 재결정온도 : 350~450℃

2 순철의 동소체

① α철 : 910℃ 이하 체심입방격자

② γ철 : 910~1,400℃ 면심입방격자

③ δ철 : 1,400℃ 이상 체심입방격자

3 순철의 종류

전해철, 연철, 해면철, 암코철, 카르보닐철

04 탄소강

1 탄소강의 성질

구분	특성
물리적 성질	• 탄소함유량이 증가할수록 비열, 전기저항, 항자력 증가 • 탄소함유량이 증가할수록 비중, 용융점, 열팽창계수, 탄성계수, 열전도 감소 • 탄소 함유량이 증가할수록 시멘타이트 증가
화학적 성질	• 탄소함유량이 증가할수록 내식성 감소 • 소량의 구리를 첨가하면 내식성 증가 • 알칼리에 강하고 산에 약함
기계적 성질	• 탄소함유량이 증가할수록 가공변형 및 냉간가공이 어려움 • 탄소함유량이 증가할수록 연신율, 단면수축률, 충격값 감소 • 탄소함유량이 증가할수록 강도 및 경도가 증가

2 강의 취성

① **청열취성** : 강은 온도가 높아지면 전연성이 커지나 200~300℃ 부근에서는 단단해지고 여려지는 성질로서 표면에 푸른색의 산화피막이 형성된다.

② **적열취성** : 황을 많이 함유한 강을 900~1,000℃로 가열하면 여려지는 성질

③ **상온취성** : 인을 많이 함유한 강이 상온 또는 저온에서 강이 여리게 되는 성질

④ **고온취성** : 구리의 함유량이 0.2% 이상인 강이 고온에서 여리게 되는 성질

⑤ **냉간취성**(저온취성) : 강이 0℃ 이하에서 급격히 취약해지는 성질로 -70℃에서 충격치가 0에 가깝게 되어 나타난다.

⑥ **뜨임취성** : Ni-Cr강에 나타나는 것으로 담금질 뜨임 후 나타나는 취성

▶ **취성에 영향을 주는 원소**
• 황 : 적열취성의 원인
• 망간 : 황에 의한 적열취성을 방지
• 몰리브덴 : 저온 취성, 뜨임취성을 방지
• 인 : 청열취성, 상온취성의 원인
• 구리 : 고온취성의 원인

3 온도의 변화에 따른 성질 변화

① 온도가 내려갈수록 강도 및 경도가 증가한다.
② 온도가 내려갈수록 연신율, 단면수축률, 충격치가 감소한다.

4 탄소강에 함유된 원소의 영향

원소	특성
인	• 청열취성, 상온취성의 원인이 된다. • 편석으로 충격값을 감소시킨다. • 인장강도 및 경도를 증가시킨다. • 절삭성을 개선시킨다. • 연신율을 감소시킨다. • 결정립의 조대화 및 고스트 라인 형성
망간	• 주조성을 좋게 하며 황(S)의 해를 감소시킨다. • 강의 담금질 효과를 증대시켜 경화능이 커진다. • 강의 강도, 경도, 인성, 점성을 증가시킨다. • 강의 연성을 감소시킨다. • 고온에서 결정립 성장을 억제시킨다. • 황에 의한 적열취성을 방지한다.
황	• 적열취성의 원인이 된다. • 고온 가공성을 나쁘게 한다. • 절삭성을 향상시킨다.
규소	• 강의 인장강도, 경도, 탄성한도를 높인다. • 연신율, 충격값을 감소시킨다. • 용접성을 저하시킨다. • 결정립을 조대화시키며, 냉간 가공성을 해친다.
구리	• 강도, 경도, 탄성한도 및 내식성을 증가시킨다. • 다량 함유하면 강재압연 시 균열의 원인이 된다. • Ar$_1$ 변태점을 저하시킨다.
가스	• 수소 : 강을 여리게 하고 산이나 알칼리에 약하며, 헤어크랙을 일으키거나 백점의 원인이 된다. • 질소 : 강도, 경도를 증가시킨다. • 산소 : 적열취성의 원인이 된다.
비금속 개재물	• 인성을 해치므로 메지고 약해진다. • 열처리할 때 균열을 일으킨다. • 알루미나, 산화철 등은 고온 메짐을 일으킨다.

▶ **탄소강의 5대 원소**
탄소(C), 황(S), 규소(Si), 망간(Mn), 인(P)

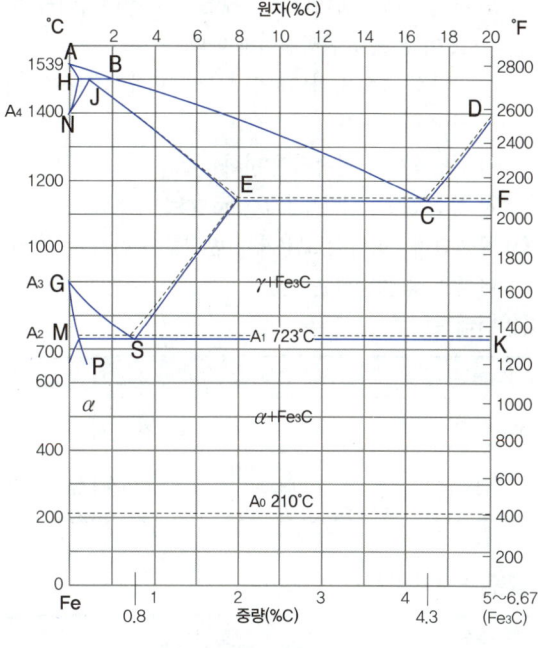

[Fe-C계 평형상태도]

5 탄소강의 Fe-C계 평형 상태도

① 철과 산소의 조성비율에 따라 나타나는 합금의 변태점을 연결하여 만든 선도
② **공석점(S)** : 탄소량이 0.86% 정도이며, γ고용체에서 α고용체와 Fe$_3$C를 동시에 석출하여 펄라이트를 생성하는 점
③ **공정점(C)** : 탄소량이 4.3% 정도이며, 용액으로부터 γ고용체와 Fe$_3$C가 동시에 정출하는 점
④ **포정점(J)** : 탄소량이 0.1% 정도이며, δ고용체와 0.51%C의 액상이 반응하여 γ고용체를 형성하는 점

6 변태

고체의 금속이 일정 온도에서 결정구조가 변하는 것

(1) 동소변태
① 금속을 가열하였을 때 일정 온도 이상에서 원자의 배열이 변하는 변태
② 급격하고 비연속적인 변화
③ 코발트 : 480℃, 철 : 912~1,400℃, 주석 : 13℃, 티타늄 : 880℃

(2) 자기변태
① 원자의 배열변화는 없고 자성변화만을 가져오는 변태

② 자기변태가 일어나는 온도를 자기변태점이라 하고 이 온도를 퀴리점이라 한다.

③ 강자성 금속을 가열하면 어느 온도에서 자성의 성질이 급감한다.

④ 점진적이고 연속적인 변화

⑤ 철 : 768℃, 니켈 : 360℃, 코발트 : 1,120℃

(3) **공석변태** : 하나의 고용체가 변태를 하면서 두 개의 다른 상을 석출하는 현상

(4) **변태점**

구분	A_0	A_1	A_2	A_3	A_4
온도(℃)	210	723	768	910	1,400
변태	시멘타이트의 자기변태	공석변태	철의 자기변태	동소변태	동소변태

7 탄소강의 표준조직

종류	특성
페라이트	• α-고용체이다. • 결정구조 : 체심입방격자 • 자성이 있으며, 전성과 연성이 크고 연하다. • 거의 순철에 가까운 조직이다. • 인장강도가 작다.
펄라이트	• α-고용체와 Fe_3C의 혼합 층상조직 • 강도 및 경도가 크고 내마모성이 강하다. • 구조용 부분품이나 제지용롤러 등에 이용
오스테나이트	• γ-고용체이다. • 결정구조 : 면심입방격자 • 전기저항 및 연신율이 크고, 경도는 낮다. • A_1 변태점 이상의 온도에서 안정적이다.
시멘타이트	• 6.68%C와 철의 화합물 • 단단하고 취성이 강하다. • A_0 변태점에서 자기변태를 갖는다.
레데뷰라이트	• γ고용체와 시멘타이트의 공정 조직 • 경도가 크다.
델타 페라이트	• δ고용체이다. • 결정구조 : 체심 입방 격자 • 인성이 우수하다.

8 탄소강의 분류

(1) 조직학상 분류

분류	탄소함유량	조직
아공석강	0.77% 이하	페라이트와 펄라이트의 공석강
공석강	0.77%	펄라이트
과공석강	0.77% 이상	시멘타이트와 펄라이트의 공석강

(2) 탄소 함유량에 따른 분류

분류	특성
고탄소강 (0.45~1.7%C)	• 용접 시 층간온도를 반드시 지킬 것 • 용접 시 용접균열이 발생할 위험성이 가장 높음 • 용접성이 낮음 • 내마모성, 고항복점을 요구하는 베어링, 스프링, 레일 등에 사용
중탄소강 (0.3~0.45%C)	• 예열온도 : 100~200℃ • 가공성과 강인성을 동시에 요구하는 경우 사용
저탄소강 (0.3%C 미만)	• 피복 아크 용접에서 용접성이 가장 우수

분류	탄소함유량 (%)	인장 강도 (MPa)	연신율 (%)
극연강	0.12 미만	370 미만	25
연강	0.13~0.20	370~430	22
반연강	0.20~0.30	430~490	18~20
반경강	0.30~0.40	490~540	14~18
경강	0.40~0.50	540~590	10~14
최경강	0.50~0.70	590~690	7~10
탄소공구강	0.70~1.50	490~690	2~7
표면강화강	0.08~0.2	440~490	15~20

(3) 용도에 따른 분류

분류	특성
냉간압연 강판	• 프레스 성형성이 우수하고 표면이 미려하며, 치수가 정확하므로 제관, 차량, 냉장고, 전기 기기 등의 제조에 사용 • 건설 분야의 소재로 가장 많이 사용
열간압연 강판	• 아연도금 강판, 주석도금 강판 등의 재료에 사용
일반구조용 압연강재	• 특별한 기계적 성질을 필요치 않는 곳에 사용 • 건축물, 조선, 교량, 강판 등에 사용

(4) 필요한 성질에 따른 탄소함유량

탄소함유량	성질
0.05~0.30%C	가공성
0.30~0.45%C	가공성 및 강인성
0.45~0.65%C	강인성 및 내마모성
0.65~1.20%C	경도 및 내마모성

05 합금강

1 합금강의 일반적인 성질

① 강도, 경도, 피로한도, 강인성 등의 기계적 성질을 향상시킨다.
② 내식성, 내마멸성, 담금질성 등을 향상시킨다.
③ 전기저항을 증대시킨다.
④ 용접을 용이하게 한다.
⑤ 용융점이 낮아진다.
⑥ 열전도율이 낮아진다.

2 구조용 합금강

(1) Ni강 (니켈강)

① 탄소강과 니켈의 합금강
② 강인성, 내식성, 내산성, 저온 충격저항을 증가
③ 가열 후 공기 중에 방치하여도 담금질 효과를 가짐 - 기경성, 자경성)
④ 항공기 볼트, 너트, 기어 등에 사용

> ▶ 용어 정리
> • 기경성(氣硬性) : 공기 중에서만 경화하는 성질
> • 자경성(自硬性) : 담금질 온도에서 대기 속에 방랭(放冷)하는 것만으로도 마텐자이트 조직이 생성되어 단단해지는 성질

(2) Cr강 (크롬강)

① 탄소강과 크롬의 합금강
② 경화층이 깊고 마텐자이트 조직을 안정화한다.
③ Cr_4C_2, Cr_7C_3 등의 탄화물이 형성되어 내마모성이 크다.
④ 내식성 및 내열성이 좋아 내식강 및 내열강으로 사용된다.
⑤ 내연기관의 실린더, 기어, 캠축, 밸브 등에 사용
⑥ 자경성을 가짐

(3) Ni-Cr강 (니켈 크롬강)

① 내마멸성, 내식성이 우수하다.
② 경도, 인장강도, 항복점, 충격값이 크다.
③ 열처리효과가 뛰어나다.
④ 담금질은 800~850℃에서 유랭하고, 550~600℃에서 수랭한다.
⑤ 뜨임취성이 있다.

(4) Ni-Cr-Mo강 (니켈 크롬 몰리브덴강)

① 구조용 강 중에서 가장 우수하다.
② 몰리브덴을 첨가하여 뜨임취성을 방지한다.
③ 기계적 성질이 우수하고 열처리효과가 뛰어나다.
④ 인장강도 75~100kg/mm^{2}의 고장력강이다.

(5) Cr-Mo강 (크롬 몰리브덴강)

① 용접이 좋고 고온 가공(열간 가공)이 용이하다.
② 펄라이트 조직으로 뜨임취성이 없다.
③ 인장강도 및 충격저항이 증가된다.
④ 다듬질 표면이 아름다우며 고온강도가 크다.
⑤ 각종 축, 강력 볼트, 암, 레버 등에 사용

(6) Mn강 (망간강)

① 저망간강(듀콜강)
  • 1~2% Mn - 0.2~1% C
  • 펄라이트 조직
  • 항복점, 인장강도가 크고, 용접성이 우수하다.
  • 인장강도 : 440~863MPa
  • 연신율 : 13~34%
  • 용도 : 건축, 토목, 교량재 등 일반 구조용으로 사용

② 고망간강(하드필드강)
  • 망간 10~14% 함유
  • 오스테나이트 조직
  • 내마멸성이 우수하고 경도가 크다.
  • 열전도성이 작고 팽창계수가 크다.
  • 열처리 방법 : 수인법
    → 수인법 : 하드필드 주강을 주조상태의 딱딱하고 메진 성질을 없어지게 하고 강인한 성질을 갖게 하기 위하여 1,000~1,100℃에서 수중 담금질하는 방법
  • 용도 : 각종 광산기계, 기차 레일의 교차점, 냉간 인발용의 드로잉 다이스, 칠드롤러, 불도저 등의 재료로 사용

(7) 고장력강

① 성질

- 인장강도 50kgf/mm² 이상인 강
- 재료의 취급이 간편하고 가공이 용이하다.
- 소요강재의 중량을 대폭으로 경감시킨다.
- 동일한 강도에서 판의 두께를 얇게 할 수 있다.
- 소요 강재의 중량을 상당히 경감시킨다.
- 구조물의 하중을 경감시킬 수 있어 그 기초공사가 단단해진다.
- 용접용 고장력강 : 망간(실리콘)강, 몰리브덴 함유강, 인 함유강 등

② 용접 시 주의사항

- 용접봉은 저수소계를 사용할 것
- 용접 개시 전에 이음부 내부 또는 용접부분을 청소할 것
- 위빙 폭을 크게 하지 말 것
- 아크 길이는 가능한 한 짧게 유지할 것
- 기공 발생을 방지하기 위해 후진법을 사용할 것
- 용접부의 수분, 녹, 기름, 페인트 등을 깨끗이 제거할 것

▶ 합금 원소의 영향

원소	영향
니켈	• 인장강도, 경도, 인성, 항복점, 내산성 증가 • 담금질성 향상 • 연신율, 질량효과 감소
크롬	• 강도, 경도 증가 • 내마모성, 내열성, 내식성 향상 • 담금질성 향상
망간	• 적열취성 방지 • 내마멸성 증가 • 담금질성 향상
규소	• 강도, 경도 증가 • 내열성, 내식성 향상 • 전자기적 성질 개선
티탄	• 결정입자 미세화 • 결정입자 사이의 부식에 대한 저항성 증가
텅스텐	• 고온강도, 경도 증가 • 내마멸성, 내열성 향상
몰리브덴	• 뜨임취성, 저온취성 방지 • 담금질 깊이를 깊게 하고 내식성 향상
바나듐	• 고온강도, 인장강도, 탄성한계 증가 • 내마모성 향상
코발트	• 고온강도, 경도 증가

③ 공구용 합금강

(1) 탄소 공구강

① 0.6~1.5%의 탄소를 함유하고 있는 고탄소강

② 탄소 공구강의 구비조건

- 상온 및 고온 경도가 클 것
- 내마모성이 클 것
- 강인성 및 내충격성이 우수할 것
- 가공 및 열처리성이 양호할 것
- 열처리 및 성형이 쉽고 가격이 저렴할 것

(2) 합금 공구강

① 성질

- 탄소강에 크롬, 텅스텐, 니켈, 바나듐, 코발트 등을 첨가한 공구강
- 전자기적 성질, 담금질성, 내식·내마멸성, 열처리성 및 인성을 개선시킨 공구강
- 균열과 변형 방지

② 종류

- 절삭용 합금공구강 : 규소-크롬강, 텅스텐강, 바나듐강
- 내충격용 합금공구강
- 열간금형용 합금공구강
- 냉간금형용 합금공구강

(3) 고속도강

① 대표적인 절삭 공구강이다.

② 500~600℃까지 가열해도 뜨임 효과에 의해 연화되지 않는다.

③ 고온에서도 경도가 저하되지 않는다.

④ 열처리에 의해 뚜렷하게 경화한다.

⑤ 마멸 저항이 크나, 열전도율이 나쁘다.

⑥ 표준조성 : 텅스텐(W) 18% - 크롬(Cr) 4% - 바나듐(V) 1%

⑦ 종류 : W계, Co계, Mo계

4 특수용도용 합금강

(1) 스프링강

① 스프링강의 특성
- 탄성한도가 우수하다.
- 피로한도가 우수하다.
- 크리프 저항이 우수하다.
- 인성 및 진동이 심한 하중과 반복하중에 잘 견 딜 수 있다.

② 조직 : 솔바이트(830~860℃에서 담금질하고 450~570℃ 에서 뜨임처리)

(2) 베어링강

① 구비조건
- 탄성한도와 피로한도가 높을 것
- 내마모성과 내압성이 높을 것
- 내부식성이 클 것
- 열전도성이 클 것
- 강도 및 경도가 높을 것
- 마찰계수가 적을 것

② 종류

분류	특성
화이트 메탈	• 주석, 납, 구리, 아연, 안티몬의 합금 • 용융점이 낮고 연함 • 강도가 낮음
켈밋 합금	• 구리(60~70%)와 납(30~40%)의 합금 • 축에 대한 적응성이 우수 • 화이트 메탈보다 내하중성이 큼 • 열전도성 우수 • 고속, 고하중용 베어링에 많이 사용 • 자동차, 항공기 등에 사용
배빗 메탈	• 주석(80~90%), 구리(3~7%), 안티몬 (3~12%)의 합금 • 취급이 용이하다. • 강도, 피로강도, 열전도성이 나쁘다.

(3) 쾌삭강

① 성질
- 피절삭성이 양호하고 고속절삭에 적합한 강
- 일반 탄소강보다 P, S의 함유량을 많게 하거나 납, 셀레늄, 지르코늄 등을 첨가하여 제조

② 종류
- S 쾌삭강 : 0.16%의 황을 첨가하여 절삭성이 우 수하여 정밀나사 등에 사용

- Pb 쾌삭강 : 0.1~0.35%의 납을 첨가하여 기계 부품에 사용
- Ca 쾌삭강 : 기계적 성질, 용접성 등이 우수하여 자동차부품 등에 사용

(4) 게이지강

① 정밀계측기 및 정밀부품에 사용
② 게이지용 강의 구비조건
- 담금질에 의한 변형 및 균열이 적을 것
- 장시간 경과해도 치수의 변화가 적을 것
- 내마모성이 크고 내식성이 우수할 것
- 열팽창계수가 작을 것

(5) 불변강

① 온도 변화에 따라 열팽창계수, 탄성계수 등이 변 하지 않는 강
② 종류
- 인바 : 줄자나 정밀기계부품에 사용
- 초인바 : Fe-Ni-Co 합금
- 엘린바 : 시계부품 등에 사용
- 코엘린바 : 엘린바에 코발트 첨가
- 플래티나이트 : Fe-Ni-Co 합금

(6) 내열강 : 고온에서 변형되지 않고 잘 견딤

① 내열강의 구비조건
- 고온에서 우수한 기계적·화학적 성질을 가질 것
- 고온에서 O_2, SO_2 등에 침식되지 않을 것
- 고온에서 크리프 한도 및 피로한도가 좋을 것
- 냉간 및 열간가공이 쉬울 것
- 반복 응력에 대한 피로강도가 클 것

② 내열성을 증가시키는 원소 : 크롬, 규소, 니켈, 알 루미늄 등

(7) 내식강 : 부식이나 침식에 잘 견딤

① 내식성을 증가시키는 원소 : 니켈, 크롬
② 종류
- 크롬계 스테인리스강 : 마텐자이트계, 페라이 트계
- 크롬-니켈계 스테인리스강 : 오스테나이트계

06 스테인리스강

1 스테인리스강의 특징

① 탄소강에 니켈이나 크롬 등을 첨가하여 대기 중이나 수중 또는 산에 잘 견디는 내식성을 부여한 합금강
② 내마모성이 높다.
③ 부식이 잘되지 않는다.
④ 화학제품의 용기나 관 등에 많이 사용된다.
⑤ 스테인리스강의 종류 : 크롬 스테인리스강, 크롬-니켈 스테인리스강, 크롬-망간 스테인리스강
⑥ 주성분 : 철(Fe)-크롬(Cr)-니켈(Ni)

> ▶ 크롬
> 스테인리스강의 내식성 향상을 위해 첨가

2 스테인리스강의 분류

> ▶ 크롬계 스테인리스강
> 탄소강에 12~14%의 크롬을 첨가

(1) 오스테나이트계 스테인리스강(18-8 스테인리스강)
① 성질
- 화학 조성 : 18% Cr, 8% Ni
- 스테인리스강 중 내식성이 가장 높다.
- 비자성체이며, 담금질로 경화되지 않는다.
- 용접이 비교적 잘 된다.
- 염산, 황산염, 염소가스에 약하다.
- 연강보다 열전도율이 작고 열팽창계수는 1.5배 정도이다.
- 소성가공이나 절삭가공이 곤란하다.
- 600~800℃에서 단시간 내에 탄화물이 결정립계에 석출되기 때문에 입계 부근의 내식성이 저하되어 점진적으로 부식된다. – 입계 부식

② 입계 부식 방지법
- Ti, V, Nb, Ta 등의 안정화 원소를 첨가한다.
- 탄소량을 감소시켜 Cr_4C 탄화물의 발생을 저지한다.
- 1,050~1,100℃ 정도의 고온으로 가열한 후 크롬 탄화물을 오스테나이트 조직 중에 용체화하여 급랭시킨다.

③ 용접 시 유의사항
- 짧은 아크 길이를 유지한다.
- 아크를 중단하기 전에 크레이터 처리를 한다.
- 낮은 전류값으로 용접하여 용접입열을 억제한다.
- 층간온도가 320℃ 이상을 넘어서는 안 된다.
- 용접봉은 가급적 모재의 재질과 동일한 것을 사용한다.
- 오스테나이트 스테인리스강은 예열 및 후열처리를 할 필요가 없다.

④ 용접 시 고온 균열 발생 원인
- 크레이터 처리를 하지 않았을 때
- 아크의 길이가 너무 길거나 모재가 오염되어 있을 때
- 구속력이 가해진 상태에서 용접할 때

⑤ 고온 균열 방지법
- 크롬-니켈-망간계 오스테나이트 용접봉으로 용접
- 다층용접에서 패스 간 온도를 150℃ 이하 유지

(2) 페라이트계 스테인리스강
① 약 18%의 크롬 함유
② 오스테나이트계에 비하여 내산성이 낮다.
③ 표면이 잘 연마된 것은 공기나 물에 부식되지 않는다.
④ 풀림상태 또는 표면이 거친 것은 부식되기 쉽다.
⑤ 유기산과 질산에는 침식되지 않지만 염산, 황산에는 침식된다.

(3) 석출경화형 스테인리스강
① 재료의 온도 상승에도 강도를 잃지 않고 내식성을 가지는 PH형 스테인리스강이다.
② 복잡한 모양의 성형가공에도 용이하다.
③ 항공기, 미사일 등의 기계부품으로 사용한다.

> ▶ 마르에이징강
> 고 Ni의 초고장력강이며, 1370~2060MPa의 인장강도와 높은 인성을 가진 석출경화형 스테인리스강

(4) 마텐자이트계 스테인리스강

① 용접에 의한 경화가 심해 예열을 필요로 한다.
② 스테인리스 조직 중 용접성이 가장 좋지 않다.
③ 담금질에 의해 경화된다.
④ 오스테나이트계, 페라이트계에 비해 내식성이 나쁘다.
⑤ 내식성 개량을 위해 니켈, 몰리브덴을 첨가한다.

07 주철

1 주철의 성질

① 주조성이 우수하여 크고 복잡한 것도 제작할 수 있다.
② 충격에 약하고 소성 변형이 어렵다.
③ 금속재료 중에서 단위 무게당의 값이 싸다.
④ 주물의 표면은 굳고 녹이 잘 슬지 않는다.
⑤ 내마모성이 우수하다.
⑥ 용융점, 인장강도, 휨강도 및 충격값이 낮다.
⑦ 압축강도가 크다.
⑧ 담금질 및 뜨임처리가 어렵다.

2 주철의 용접성

① 주철은 용접 시 수축이 많아 균열이 발생할 우려가 많다.
② 주철은 연강에 비하여 여리며 급랭에 의한 백선화로 기계가공이 어렵다.
③ 장시간 가열로 흑연이 조대화된 경우 용착이 불량하거나 모재와의 친화력이 나쁘다.
④ 일산화탄소 가스가 발생하여 용착금속에 기공이 생기기 쉽다.
⑤ 주철 속에 기름, 흙, 모래 등이 있는 경우 용착불량이 생기기 쉽다.

3 주철의 성장

650~950℃ 사이에서 가열과 냉각을 반복하면서 부피가 크게 되어 변형이나 균열이 발생하고 강도와 수명이 단축되는 현상

(1) 성장 원인

① Fe_3C 중의 흑연화에 의한 팽창
② 페라이트 조직 중의 규소(Si)의 산화에 의한 팽창
③ 흡수된 가스의 팽창에 따른 부피 증가 등으로 인한 성장
④ 불균일한 가열로 생기는 균열에 의한 팽창
⑤ A_1 변태의 반복과정에서 오는 체적의 변화에 기인한 팽창

(2) 성장 방지책

① 흑연의 미세화로 조직을 치밀하게 한다.
② 편상흑연을 구상흑연화시킨다.
③ 탄소 및 규소의 양을 적게 한다.
④ 탄화물 안정원소를 첨가하여 Fe_3C의 흑연화를 방지한다.
⑤ 산화하기 쉬운 규소 대신에 내산화성인 니켈로 치환한다.

> ▶ 탄화물 안정원소
> 크롬, 바나듐, 텅스텐, 몰리브덴 등

4 주철의 종류

(1) 보통주철

① 회주철을 대표하는 주철
② 인장강도 : 98~196MPa
③ 기계가공성이 좋고 가격이 저렴하다.
④ 내마멸성과 감쇄성이 크다.
⑤ 성분 및 함량

성분	함량(%)	성분	함량(%)
탄소	3.2~3.8	인	0.3~1.5
규소	1.4~2.5	황	0.06~1.3
망간	1.4~2.5		

(2) 고급주철

① 인장강도 : 250MPa 이상
② 펄라이트 주철이라고 함
③ 탄소-규소 함유량 : 4.2~4.6%
④ 내연기관의 실린더, 피스톤링 등 기계의 주요 부품에 사용

(3) 미하나이트 주철

① 인장강도 : 350~450MPa
② 펄라이트 바탕에 흑연이 미세하고 고르게 분포
③ Fe-Si 또는 Ca-Si 등의 접종제로 접종 처리
④ 내마멸성이 요구되는 피스톤 링 등 자동차 부품에 많이 사용

(4) 합금주철

① 인장강도 : 245MPa 이상

(5) 가단주철

① 백주철을 고온에서 장시간 열처리하여 시멘타이트 조직을 분해 또는 소실시켜서 얻는 주철

② 주조성, 절삭성, 내식성, 내열성, 내충격성이 우수

③ **종류** : 흑심 가단주철, 백심 가단주철, 펄라이트 가단주철

(6) 구상흑연 주철

① 용융상태의 주철 중에 마그네슘을 첨가하여 흑연을 구상화한 주철

② 주조성, 가공성, 내마모성, 강도가 우수하다.

③ 시멘타이트 조직이 가장 단단하다.

④ 주철의 종류 중 인장강도가 가장 높다(539~712MPa).

⑤ 조직 : 페라이트형, 펄라이트형, 시멘타이트형, 불즈아이형

구분	발생 원인
페라이트	• 마그네슘 함량이 적당할 때 발생 • 규소, 탄소의 함량이 많을 때 발생 • 냉각속도가 느릴 때 발생
시멘타이트	• 마그네슘 함량이 많을 때 발생 • 규소, 탄소의 함량이 적을 때 발생 • 냉각속도가 빠를 때 발생 ※ 주철 중에 시멘타이트가 많으면 절삭성이 저하된다.

⑥ 흑연화 촉진 및 방지 원소

흑연화 촉진 원소	규소, 알루미늄, 티타늄, 니켈, 칼슘, 붕소 등
흑연화 방지 원소	바나듐, 황, 크롬, 주석, 아연, 비소, 몰리브덴, 텅스텐, 망간 등

> ▶ 흑연의 형상
> • 편상 흑연 : 규소의 양이 많고 서랭할 때 생기는 조직
> • 괴상 흑연 : 냉각속도가 느릴 때 생기는 조직
> • 공정상 흑연 : 과랭에 의해 생기는 조직
> • 장미상 흑연 : 탄소의 양이 많고 규소의 양이 적당할 때 생기는 조직
> • 국화상 흑연 : 흑연의 형상 중 가장 우수한 조직

(7) 칠드주철

① 주조 시 주형에 냉금을 삽입하여 주물 표면을 급랭시킴으로써 백선화하고 경도를 증가시킨 내마모성 주철

② **주성분**

성분	함량(%)	성분	함량(%)
탄소	3.0~3.7	인	0.2~0.4
규소	0.6~2.3	황	0.07~0.1
망간	0.6~1.6		

③ **조직**
• 표면층 : 시멘타이트와 펄라이트 조직
• 내부는 편상흑연과 펄라이트 조직

(8) 파단면의 색에 따른 분류

구분	성질
백주철	• 주철에 함유된 탄소가 화합탄소의 상태로 존재하는 주철 • 파단면이 흰색을 띠고 있다.
회주철	• 주철에 함유된 탄소가 흑연 상태로 존재하는 주철 • 파단면이 회색을 띠고 있다.
반주철	• 주철에 함유된 탄소가 일부는 유리흑연으로, 일부는 화합탄소의 상태로 존재하는 주철 • 파단면이 백주철과 회주책의 중간 성질을 가지고 있다.

(9) 탄소함유량에 따른 분류

구분	탄소함유량	조직
아공정주철	2.0~4.3%	오스테나이트, 레데뷰라이트
공정주철	4.3%	레데뷰라이트
과공정주철	4.3~6.68%	레데뷰라이트, 시멘타이트

5 주철 중 원소의 영향

(1) 유황

① 유동성을 해치므로 주조를 곤란하게 하고 정밀한 주물을 만들기 어렵게 한다.

② 주조 시 수축률을 크게 하므로 기공, 주조응력, 균열을 일으키기 쉽다.

③ 흑연의 생성을 방해하고, 고온취성을 일으킨다.

(2) 크롬

① 내식성 및 내마모성을 향상시킨다.

② 흑연의 구상화를 방해하지 않는다.

③ 0.2~1.5% 정도 포함시키면 기계적 성질 향상

④ 탄화물을 안정시킨다.

(3) 니켈

① 흑연화를 촉진시킨다.

② 칠을 방지한다.

③ 절삭성을 좋게 한다.

④ 펄라이트와 흑연을 미세화한다.

(4) 망간

① 흑연화를 방해한다.

② 백주철화를 촉진한다.

③ 황의 해(害)를 감소시킨다.

④ 시멘타이트를 안정시킨다.

⑤ 강도, 경도, 수축률을 증가시킨다.

6 주철의 보수용접 방법

① **스터드법** : 막대를 모재에 접속시켜 전류를 흘린 후 막대를 조금 떼어 아크를 발생시켜 적당히 용융되면 다시 용융지에 밀어붙여서 용착시키는 방법

② **비녀장법** : 가늘고 긴 용접을 할 때 용접선에 직각이 되게 꺾쇠 모양으로 직경 6mm 정도의 강봉을 박고 용접하는 방법

③ **버터링법** : 처음에는 모재와 잘 융합되는 용접봉으로 적당한 두께까지 융착시키고 난 후에 다른 용접봉으로 용접하는 방법

> ▶ 마우러 조직도
> 주철의 조직을 탄소와 규소의 함유량에 따라 분류한 조직도

08 주강

1 주강의 특성

① 형상이 크거나 복잡하여 단조품으로 만들기가 곤란하고 주철로써는 강도가 부족할 경우에 사용

② 주조조직 개선과 재질 균일화를 위해 풀림처리를 한다.

③ 표피 및 그 인접부분의 품질이 양호하다.

④ 용접에 의한 보수가 용이하다.

⑤ 유동성이 나쁘고, 고온 인장강도가 낮다.

⑥ 주조상태로는 조직이 거칠고 취성이 있다.

⑦ 주조 시의 수축량이 커서(주철의 2배) 균열 등이 발생하기 쉽다.

⑧ 주철보다 용융점이 높다.

⑨ 철도 차량, 조선, 기계 및 광산 구조용 재료로 사용된다.

⑩ 주강 제품에는 기포 등이 생기기 쉬우므로 제강작업에는 다량의 탈산제를 사용함에 따라 Mn이나 Ni의 함유량이 많아진다.

▶ 주강과 주철의 비교

구분	주강	주철
수축률	크다	작다
용융점	높다	낮다
기계적 성질	우수	낮다
용접에 의한 보수	쉽다	어렵다

09 구리 및 구리 합금

1 구리

(1) 구리의 일반적인 성질

비중	용융온도	끓는점	인장강도
8.96	1,083℃	2,595℃	215~245MPa

① 면심입방격자이다.
② 전기 및 열의 전도성이 우수하다.
③ 전연성이 좋아 가공이 용이하다.
④ 아름다운 광택을 갖고 있으며, 귀금속적 성질이 우수하다.
⑤ 내산화성, 내수성, 내염수성의 특성이 있다.
⑥ 화학적 저항력이 커서 부식되지 않는다.
⑦ 비자성체이지만 철을 0.04% 함유하면 상자성으로 변한다.

(2) 구리 및 구리 합금의 용접성

① 용접 후 응고 수축 시 변형이 생기기 쉽다.
② 충분한 용입을 얻기 위해서는 예열을 해야 한다.
③ 구리 합금은 구리에 비해 예열온도가 낮아도 된다.
④ 구리 합금은 과열에 의한 아연 증발로 중독을 일으키기 쉽다.
⑤ 황동은 가스용접 시 산화 불꽃을 사용하고, 토치를 모재에서 약간 멀리한다.
⑥ 청동은 540℃ 이상에서 고온취성이 있으므로 용접 시 충격 등에 유의한다.
⑦ 비교적 루트 간격과 홈 각도를 크게 취한다.
⑧ 용가재는 모재와 같은 재료를 사용한다.
⑨ 용접봉은 모재의 강도보다 큰 토빈(torbin) 청동봉, 인 청동봉, 에버듈(ever dur)봉 등이 많이 사용된다.
⑩ 용제 : 붕사(75%), 염화리튬(25%)

(2) 불순물

① 전기 전도도에 해로운 물질 : 알루미늄, 철, 인, 주석(Sn), 비소(As), 안티모니(Sb)
② 냉간 가공에 해로운 물질 : 황(S)
③ 고온 가공에 해로운 물질 : 납, 비스무트(Bi)

2 황동(Cu-Zn) : 구리와 아연의 합금

(1) 황동의 화학적 특성

구분	특징 및 방지책
자연 균열	① 아연 함유량이 많은 관이나 봉을 냉간가공 상태에서 사용하였을 때 잔류응력에 의해 생기는 균열 ② 암모니아, 산소, 이산화탄소, 습기 등의 분위기에서 발생하기 쉽다. ③ 방지책 • 아연(Zn) 도금을 한다. • 표면에 도료를 칠한다. • 180~260℃에서 20~30분 동안 응력제거풀림을 한다. • α + β 황동 및 β 황동*에서는 주석이나 규소를 첨가한다.
고온 탈아연	① 고온에서 증발에 의하여 황동 표면으로부터 아연이 탈출되는 현상 ② 고온일수록 표면에 산화물 등이 없어 깨끗할수록 탈아연이 심해진다. ③ 방지책 • 황동 표면에 산화물 피막을 형성한다. • 아연산화물과 알루미늄산화물은 아연의 증발을 방지하는 효과가 있다.
탈아연 부식	① 불순물 또는 부식성 물질이 섞여 있을 때 수용액의 작용으로 인해 황동의 표면이나 내부가 탈아연되는 현상 ② 방지책 • 아연(Zn) 30% 이하의 α 황동을 사용한다. • 0.1~0.5%의 안티몬(Sb)을 첨가한다. • 1% 정도의 주석(Sn)을 첨가한다.
경년 변화	황동의 가공재를 상온에서 방치하거나 저온 풀림 경화시킨 스프링재가 사용도중 시간의 경과에 따라 경도 등 여러 가지 성질이 약화되는 성질

* • α 황동 : 구리에 32.5%의 아연이 함유된 황동
  • β 황동 : 구리에 32.5~38.0%의 아연이 함유된 황동
  • γ 황동 : 아연 함유량이 50% 이상인 황동

(2) 황동의 종류

종류	특징
톰백	① 5~20%의 아연 함유 ② 강도는 낮으나 전연성이 좋고, 색깔이 아름다워 모조금, 판 및 선 등에 사용

종류	특징
7:3 황동	• Cu 70% + Zn 30% • α 고용체 • 가공용 황동의 대표적인 것으로 아연을 28~32% 정도 함유한 것으로 상온 가공이 가능 • 아연이 30%일 때 연신율이 최대 • 인장강도가 매우 높으며 냉간가공성이 우수 • 풀림 온도 : 425~750℃ • 고온 가공 온도 : 725~850℃ • 인장강도 : 30~34kgf/mm^2
문쯔메탈 (6:4 황동)	• Cu 60% + Zn 40% • α + β 고용체 • 아연이 40%일 때 강도가 최대 • 고온 가공 후 상온에서 완성 • 내식성이 낮고 탈아연 부식이 쉽게 일어남 • 열교환기, 열간 단조품, 탄피 등에 사용 • 고온 가공 온도 : 600~800℃ • 인장강도 : 40~44kgf/mm^2
듀라나 메탈	7:3 황동에 2%의 Fe과 소량의 주석과 알루미늄 첨가
양백	7:3 황동에 10~20%의 Ni을 첨가한 특수황동이다. 전기 저항이 크고 내식성, 내열성이 우수하며 전기저항체, 밸브, 코크, 광학기계 부품 등에 사용
납 황동	6:4 황동에 2~3%의 납을 첨가하여 절삭성을 개선한 쾌삭황동으로 대량생산하는 부품 및 시계용 기어 등의 정밀가공 부품에 사용
망간 황동 (고력황동)	6:4 황동에 1~3%의 망간을 첨가한 특수 황동
니켈황동	7:3 황동에 7~30%의 니켈을 첨가한 특수 황동
알루미늄 황동	7:3 황동에 1.5~2.0%의 알루미늄을 첨가한 특수 황동으로 강도 및 경도가 증가하고 해수에 대한 내식성 우수
철황동	6:4 황동에 1~2%의 철을 첨가한 특수 황동으로 강인성과 내식성이 증가

▶ 주석황동
• 애드미럴티 황동 – 7:3 황동에 주석을 1% 정도 첨가하여 탈아연 부식을 억제하고 내식성 및 내해수성을 증대시킨 특수 황동
• 네이벌 황동 – 6:4 황동에 주석을 0.8% 첨가한 특수 황동으로 판, 봉으로 가공하여 용접봉, 파이프, 선박기계 등에 사용

▶ 델타 메탈
• 문쯔메탈에 1~2%의 철을 첨가하여 강도와 내식성을 향상시킨 특수 황동
• 철황동이라고도 하며, 강도가 크고 내식성이 좋아 광산기계, 선박용 기계, 화학기계 등에 사용

3 청동(Cu-Sn) : 구리와 주석의 합금

(1) 청동의 일반적 성질

① 넓은 의미로 황동 이외의 구리 합금을 말한다.
② 황동보다 내식성과 내마모성이 좋다.
③ 주석 함유량이 증가할수록 내해수성이 좋아진다.
④ 납 함유량이 증가할수록 내식성이 나빠진다.
⑤ 부식에 잘 견디므로 밸브, 선박용판, 동상 등의 재료로 사용된다.

(2) 청동의 종류

종류	특징
포금	• 8~12% 주석(Sn)에 1~2% 아연(Zn) 함유 • 해수에 잘 침식되지 않으며, 수압 및 증기압에 잘 견뎌 선박 등에 널리 사용
코르손 합금	• 니켈 합금의 대표 합금으로 3.0~4.0%의 니켈과 1.0%의 규소 첨가 • 전기 전도율이 좋아 주로 통신선, 전화선 등에 사용
인청동	• 청동에 1% 이하의 인을 첨가(Cu + Sn + P) • 청동의 용해 주조 시에 탈산제로 사용하는 인(P)의 첨가량이 많아 합금 중에 0.05~0.5% 정도 남게 하면 용탕의 유동성이 좋아지고 합금의 경도, 강도가 증가하여 내마모성, 탄성이 개선된다.
연청동	• 주석청동에 납(Pb)을 3~26% 첨가 • 베어링, 패킹 재료 등에 사용
베릴륨 청동	• 2~3%의 베릴륨 함유 • 강도가 높고 피로한도, 내열성 및 내식성이 우수 • 베릴륨 함유량이 1.82~4%일 때 시효경화성이 큼 • 구리합금 중에서 강도와 경도가 가장 우수 • 베어링, 고급 스프링의 재료로 이용
알루미늄 청동	• 기계적 성질, 내식성이 우수 • 주조성, 가공성, 용접성 등이 나빠 사용 제한
규소 청동	• 규소 5% 이하 함유 • 열처리 효과가 적어 700~750℃에서 풀림하여 사용 • 내식성, 용접성이 우수 • 나사, 못, 리벳, 화학공업용 기계부품에 사용

chapter 04

10 알루미늄 및 알루미늄 합금

1 알루미늄의 일반적 특성

비중	용융온도	끓는점	인장강도
2.7	660℃	2.494℃	4.8~17kgf/mm²

① 비중이 작아 가볍다.
② 면심입방격자이며, 백색의 금속
③ 주조성이 용이하고, 다른 금속과 잘 합금된다.
④ 전성 및 연성이 우수
⑤ 암모니아에는 잘 견디며, 산이나 알칼리에 약함
⑥ 해수에 쉽게 부식
⑦ 구리 다음으로 전기 및 열의 전도성 우수(전기전도율은 구리의 약 65%).
⑧ 순도가 높을수록 연하며, 불순물이 증가할수록 강도가 커지고 단단해진다.
⑨ 용융점이 낮아 용해하기 쉽고 고온에서는 강도가 급격히 감소
⑩ 공기 중에서 표면에 산화알루미늄(Al_2O_3)의 얇은 보호피막이 생겨 내식성 우수(산화피막의 보호작용)
⑪ 상온 및 고온에서 가공 용이
⑫ 불순물이 적을수록 내식성 우수

> ▶ 알루미늄 부식 방식법
> • 전해액의 종류에 따른 분류 : 수산법, 황산법, 크롬산법
> • 피막 두께에 의한 분류 : 연질 양극산화법, 경질 양극산화법

2 알루미늄의 용접성

① 산화알루미늄의 용융온도가 알루미늄의 용융온도보다 매우 높기 때문에 용접성이 나쁘다.
② 용융점이 660℃로서 낮은 편이고, 색체에 따라 가열 온도의 판정이 곤란하여 지나치게 용융이 되기 쉽다.
③ 아르곤 가스를 사용하여 고주파교류로 용접 시 청정작용이 잘된다.
④ 얇은 판의 용접 시에는 열팽창계수가 커서 변형이 생기기 쉬우므로 스킵법을 사용하도록 하며, 지그나 고정구를 사용하여 변형을 억제하도록 한다.
⑤ 열팽창률이 크기 때문에 변형이나 잔류응력이 발생하기 쉽고, 고온균열을 일으키기 쉽다.
⑥ 용융응고 시에 수소가스를 흡수하여 기공이 발생하기 쉬우므로 용접 중 수분이나 유기물을 완전히 제거해야 한다.

3 알루미늄 합금의 종류

(1) 주조용 알루미늄 합금

종류	특징
Al-Cu계 합금	• 구리 8% 추가 • 주조성, 절삭성이 우수
실루민	• Al-Si계 합금 • 10~14%의 규소 함유 • 전성, 연성이 크고 해수에 잘 침식되지 않는다. • 탄성한도가 낮고 피로에 약하다.
라우탈	• Al-Cu-Si계 합금 • 조성 : Cu 3~8%, Si 3~8% • 구리를 첨가하여 절삭성을 높이고, 규소를 첨가하여 주조성을 개선시킨 합금

> ▶ 내열용 알루미늄 합금(주조용 알루미늄 합금에 속함)

종류	특징
Y합금	• 조성 : Cu 4%, Ni 2%, Mg 1.5% • 고온 강도가 우수 • 시효 경화성이 있어 모래형 및 금형 주물에 사용 • 공랭실린더 헤드 및 피스톤 등에 많이 사용
Lo-Ex 합금	• 조성 : Si 12%, Cu 1%, Ni 1.8%, Mg 1% • 열팽창 계수 및 비중이 작고 내마멸성이 커 피스톤용으로 사용
코비탈륨 합금	Y합금의 일종

(2) 가공용 알루미늄 합금

종류	특징
고강도 알루미늄 합금*	
두랄루민	• 조성 : Cu 4%, Mg 0.5%, Mn 0.5% • 시효경화성 합금
초두랄루민	Al-Cu-Zn-Mg 합금
단련용 Y합금	Al-Cu-Ni 합금
내식용 알루미늄 합금	
알민 (Al-Mn계)	성형가공성과 용접성이 우수하여 저장탱크, 건축용 재료로 사용
하이드로날륨 (Al-Mg계)	• 알루미늄에 10%의 마그네슘 첨가 • 비중이 작고, 내식성, 강도, 연신율, 절삭성이 우수 • 선박용 부품, 조리용 기구, 화학용 부품에 사용
알드레이 (Al-Mg-Si계)	• 강도 및 내식성이 우수 • 시효경화처리 가능

종류	특징
알크래드	두랄루민의 내식성을 향상시키기 위해 순수 Al 또는 Al 합금을 피복한 것

*고강도 알루미늄 합금 : 알루미늄 합금으로 강도를 높이기 위해 구리, 마그네슘 등을 첨가하여 열처리 후 사용

> ▶ 다이캐스팅용 알루미늄 합금의 구비조건
> • 유동성이 좋을 것
> • 열간취성이 적을 것
> • 응고 수축에 대한 용탕 보급성이 좋을 것

11 마그네슘 및 마그네슘 합금

1 마그네슘의 일반적인 성질

비중	용융온도	재결정온도
1.74	650℃	150℃

① 은백색의 금속으로 실용금속 중 가장 가볍다.
② 조밀육방격자를 가지며, 고온에서 발화하기 쉽다.
③ 비강도(재료의 강도를 비중량으로 나눈 값)가 알루미늄 합금보다 우수하다.
④ Cu, Al보다 열전도율 및 전기전도율이 낮다.
⑤ 강도는 작으나 절삭성이 우수하다.
⑥ 티탄, 지르코늄, 우라늄 제련의 환원제이다.
⑦ 냉간가공이 어려워 일정 온도에서 가공한다.
⑧ 알칼리에는 견디지만 산, 열, 해수에 약하다.
⑨ 철, 니켈, 구리는 마그네슘의 내식성을 해친다.
⑩ 항공기, 자동차부품, 전기기기, 선박, 광학기계, 인쇄제판 등에 이용된다.
⑪ 구상흑연 주철의 첨가제로 사용된다.

2 마그네슘 합금의 성질

① 비강도가 크고, 냉간가공이 거의 불가능하다.
② 인장강도, 연신율, 충격값이 두랄루민보다 적다.
③ 부품의 무게 경감에 큰 효과가 있다.
④ 기계가공성(피절삭성)이 좋고 아름다운 절삭면을 얻을 수 있다.
⑤ 소성가공성이 낮아서 상온변형이 곤란하다.
⑥ 주조 시의 생산성이 좋다.

3 마그네슘 합금의 종류

종류	특징
일렉트론 합금	① Mg-Al-Zn 합금 : Mg-Al계 합금에 소량의 Zn, Mn을 첨가 ② 내연기관의 피스톤 등에 사용
다우메탈	① Mg-Al계 합금 ② 강도를 필요로 하지 않는 항공기, 자동차, 계산기 등의 부품에 사용
미시메탈	① 고온 구조용 마그네슘 합금 ② 주조성 및 내식성 개선

12 니켈 및 니켈 합금

1 니켈의 일반적인 성질

비중	용융온도	인장강도
8.9	1,453℃	340~540MPa

① 내식성 및 내열성이 우수하고 연성이 크다.
② 열간 및 냉간가공이 용이하다.
③ 질산 및 황산 가스를 품은 공기에서 심하게 부식된다.
④ 구조용 저합금강, 스테인리스강 등의 합금 원소로 사용된다.
⑤ 면심입방격자이며, 상온에서 강자성체(자석에 달라붙는 성질을 가지는 물질로 철, 니켈, 코발트 등)이다.

2 니켈 합금

(1) Ni-Cu계 합금

종류 (니켈 함유량)	특징
큐프로니켈 (10~30%)	• 내식성 및 열가공성이 우수하다. • 열교환기 콘덴서의 재료로 사용
콘스탄탄 (40~50%)	• 내열성 및 가공성이 우수하다. • 전열선의 전기저항 재료로 사용
모넬메탈 (60~70%)	• 내식성 및 내마모성이 우수하다. • 터빈날개, 펌프 임펠러, 화학공업용 재료 등에 사용 • K모넬 : 석출경화성에 의해 경도 증가 • R모넬 : 황을 첨가하여 쾌삭성 개선 • H모넬 : 규소를 첨가하여 강도 증가

(2) Ni-Fe계 합금

종류 (니켈 함유량)	특징
인바 (36%)	① 내식성이 우수하다. ② 줄자, 시계 추, 바이메탈 등에 사용
수퍼인바 (30~32%)	20℃에서 팽창계수가 0에 가깝다.
엘린바 (33~35%)	• 인바 중 철의 일부를 크롬으로 치환 • 팽창계수가 작다. • 탄성계수의 온도에 따른 변화가 적다. • 시계 스프링으로 사용
플래티나이트 (42~48%)	Fe에 약 44~47.5% 정도의 Ni을 첨가하면 열 팽창계수가 유리나 백금에 거의 가깝기 때문에 전구의 봉입선 등에 사용
니켈로이 (50%)	자기유고계수를 증가시켜 해저 전선에 사용
퍼멀로이 (70~90%)	투자율이 높다.
퍼인바 (20~75%)	고주파용 철심에 사용

> ▶ 그외 니켈 합금
> • 내식용 니켈 합금 : 하이스텔로이, 인코넬, 니크롬선
> • 내열성 니켈 합금 : 크로멜-알루멜
> ▶ 인코넬 : 산화성 산, 염류, 알칼리, 함황가스 등에 우수한 내식성을 가진 Ni-Cr 합금

13 기타 금속

1 티탄 및 티탄 합금

비중	용융온도	인장강도
4.51	1,670℃	296MPa

① 열에 잘 견디고 내식성이 강하다.
② 몰리브덴, 바나듐을 첨가하면 내식성이 향상된다.
③ 선팽창계수가 오스테나이트 스테인리스강의 약 1/2로 작다.
④ 입자 사이의 부식에 대한 저항을 증가시켜 탄화물을 만들기 쉽다.
⑤ 열전도율은 강의 1/4이다.
⑥ 600℃까지 고온 산화가 거의 없다.
⑦ 절삭성 및 주조성이 나쁘다.
⑧ 가스 터빈 재료로 사용된다.
⑨ 산소 및 질소 함량이 증가할수록 인장강도는 커지

고 연신율은 낮아진다.
⑩ 수소는 티탄의 경도 및 인장강도에는 거의 영향이 없고 연성에는 나쁜 영향을 미친다.
⑪ 600℃ 이상에서는 급격히 산화되므로 TIG 용접 시 용접 토치에 특수 장치가 반드시 필요
⑫ 용접 시 용접부를 아르곤 가스 등의 불활성가스로 차폐하도록 한다.

2 아연 및 아연 합금

비중	용융온도	인장강도
7.13	420℃	127~167MPa

① 조밀육방 격자형이며, 청백색으로 연한 금속이다.
② 주조성이 좋아 다이캐스팅용 및 주조형 합금으로 사용된다.
③ 주조한 상태의 아연은 인장강도나 연신율이 낮다.
④ 가공성이 좋고 냉간가공이 가능하다.
⑤ 건전지 재료 및 인쇄용 등에 사용된다.
⑥ 아연 합금은 주조성, 기계적 성질이 우수하며, 용융점이 낮다.
⑦ 아연 합금의 종류
  • 다이캐스팅용 아연 합금 : Zamak
  • 가공용 아연 합금 : Zn-Cu-Ti계 합금

3 주석 및 주석 합금

비중	용융점
7.26	232℃

① 은백색의 연한 금속이다.
② 상온에서 연성이 충분하다.
③ 독성이 없어 의약품, 식품 등의 튜브로 사용된다.
④ 고온에서 강도, 경도, 연신율이 감소한다.
⑤ 상온가공을 하여도 동소변태를 일으켜 경화되지 않는다.

4 납 및 납 합금

비중	용융점	인장강도
11.36	327℃	12~13MPa

① 회백색 금속으로 비중이 높고 용융점이 낮아 가공하기 쉽다.
② 윤활성이 좋고 내식성이 우수하다.
③ 전성이 크고 연하며, 공기 중에서는 거의 부식되지 않는다.

④ 묽은 산에는 잘 침식되지 않지만 질산이나 고온의 진한 염산에는 잘 침식된다.

⑤ 주물을 만들어 축전지 등에 쓰인다.

⑥ 열팽창 계수가 높으며 케이블의 피복, 활자 합금용, X선이나 라듐 등의 방사선 차단용으로 사용된다.

5 저융점 합금

① 주석보다 용융점(용해점, 물질이 고체에서 액체로 상태변화가 일어날 때의 온도)이 더 낮은 합금의 총칭

② 납, 주석, 카드뮴 등의 두 가지 이상의 공정합금

③ 종류 : 비스무트 땜납, 리포위츠 합금, 우드메탈, 뉴턴합금, 로즈합금

6 고융점 금속

① 철(1,535℃)보다 녹는점이 높은 금속

② 텅스텐(3,400℃), 레늄(3,147℃), 탄탈럼(2,850℃), 몰리브덴(2,620℃), 니오븀(2,469℃), 이리듐(2,447℃) 지르코늄(1,900℃), 타이타늄(1,800℃) 등

③ 원자력 · 항공 · 우주개발 등의 분야에 사용

④ 결정
  • 육방결정 : 텅스텐, 레늄, 탄탈럼 등
  • 체심입방결정 : 몰리브덴, 지르코늄, 타이타늄 등

⑤ 특징
  • 증기압이 낮다.
  • 고온강도가 크다.
  • 텅스텐, 몰리브덴은 열팽창계수가 낮으나 열전도율과 탄성률이 높다.
  • 내산화성은 적으나 습식부식에 대한 내식성은 특히 탄탈럼(Ta), 니오븀(Nb)에서 우수하다.

7 땜용 합금

종류		특징
연납		• Pb-Sn계 : 주석 40%, 납 60%의 합금으로 땜납으로서의 가치가 가장 큰 땜납 • Sn-Pb-Sb계 • Sn계
경납	황동납	• 주성분 : 구리, 아연 • 공구류의 납땜에 사용
	금납	• 주성분 : 금, 은, 구리 • 치과용, 장식용으로 사용
	은납	• 주성분 : 은, 구리, 아연 • 인장강도, 전연성이 우수하다. • 황동납보다 용융점이 낮고 납땜이 쉽다. • 구리, 구리 합금, 철강, 스테인리스강 등에 사용
	인동납	• 주성분 : 구리, 은, 인 • 전기 및 열전도가 뛰어나므로 구리나 구리 합금의 납땜에 적합

8 코발트 합금의 종류

스텔라이트, 바이탈륨, 코엘린바, MP35N, UMCo50

금속 총론·철강의 분류 및 제조

[11-2]

1 금속의 공통적 특성에 대한 설명으로 틀린 것은?

① 소성 변형이 있어 가공이 쉽다.
② 일반적으로 비중이 작다.
③ 금속 특유의 광택을 갖는다.
④ 열과 전기의 양도체이다.

> 금속은 일반적으로 비중이 크다.

[13-2]

2 일반적으로 중금속과 경금속을 구분하는 비중은?

① 1.0   ② 3.0   ③ 5.0   ④ 7.0

> 금속은 비중 5.0을 기준으로 그 이하를 경금속, 그 이상을 중금속으로 분류한다.

[11-1]

3 다음 중 중금속에 속하는 것은?

① Al   ② Mg   ③ Be   ④ Fe

> 철은 비중 7.87로 중금속에 속한다.

[10-4]

4 경금속(Light Metal) 중에서 가장 가벼운 금속은?

① 리튬(Li)   ② 베릴륨(Be)
③ 마그네슘(Mg)   ④ 티타늄(Ti)

> 금속의 비중
>
> | 리튬 | 베릴륨 | 마그네슘 | 티타늄 |
> |---|---|---|---|
> | 0.53 | 1.86 | 1.74 | 4.5 |

[09-2]

5 다음 중 비중이 가장 작은 금속은?

① Au(금)   ② Pt(백금)
③ V(바나듐)   ④ Mn(망간)

> 금속의 비중
>
> | 금 | 백금 | 바나듐 | 망간 |
> |---|---|---|---|
> | 10.5 | 21.4 | 6.03 | 7.3 |

[13-2]

6 다음 금속의 기계적 성질에 대한 설명 중 틀린 것은?

① 탄성 : 금속에 외력을 가해 변형되었다가 외력을 제거했을 때 원래 상태로 돌아오는 성질
② 경도 : 금속 표면이 외력에 저항하는 성질, 즉 물체의 기계적인 단단함의 정도를 나타내는 것
③ 취성 : 강도가 크면서 연성이 없는 것, 즉 물체가 약간의 변형에도 견디지 못하고 파괴되는 성질
④ 피로 : 재료에 인장과 압축하중을 오랜 시간 동안 연속적으로 되풀이 하여도 파괴되지 않는 현상

[10-2]

7 다음 순금속 중 열전도율이 가장 높은 것은?

① 은(Ag)   ② 금(Au)
③ 알루미늄(Al)   ④ 주석(Sn)

> 열전도율
>
> | 은 | 금 | 알루미늄 | 주석 |
> |---|---|---|---|
> | 360 | 254 | 196 | 45 |

[10-2]

8 다음 재료에서 용융점이 가장 높은 재료는?

① Mg   ② W
③ Pb   ④ Fe

> 금속에 열을 가할 때 고체가 액체로 변할 때의 최저온도를 용융점이라 하며, 텅스텐이 가장 높고, 수은이 가장 낮다.

[12-2, 04-2]

9 다음 중 용융점이 가장 높은 금속은?

① 철(Fe)   ② 금(Au)
③ 텅스텐(W)   ④ 몰리브덴(Mo)

[09-5, 07-1]

10 다음 중 연성이 가장 큰 재료는?

① 순철   ② 탄소강
③ 경강   ④ 주철

> 순철은 탄소함유량이 적어 연성이 풍부하다.

[05-1]

11 철강의 분류는 무엇으로 하는가?

① 성질　　　　　　② 탄소량
③ 조직　　　　　　④ 제작방법

> 철강은 탄소의 함유량에 따라 순철, 강, 주철로 분류한다.

[11-2]

12 면심입방격자에 속하는 금속이 아닌 것은?

① Cr　　　　　　② Cu
③ Pb　　　　　　④ Ni

> 크롬은 체심입방격자에 속한다.

[11-5]

13 침입형 고용체에 용해되는 원소가 아닌 것은?

① B(붕소)　　　　② C(탄소)
③ N(질소)　　　　④ F(불소)

[11-4]

14 다음 가공법 중 소성가공이 아닌 것은?

① 선반가공　　　　② 압연가공
③ 단조가공　　　　④ 인발가공

[13-1, 10-1]

15 냉간가공의 특징을 설명한 것으로 틀린 것은?

① 제품의 표면이 미려하다.
② 제품의 치수 정도가 좋다.
③ 가공경화에 의한 강도가 낮아진다.
④ 가공공수가 적어 가공비가 적게 든다.

> 냉간가공은 재료의 강도와 경도를 증가시킨다.

[10-2, 10-4]

16 강괴를 용강의 탈산 정도에 따라 분류할 때 해당되지 않는 것은?

① 킬드강　　　　　② 세미킬드강
③ 정련강　　　　　④ 림드강

> 강괴를 탈산 정도에 따라 킬드강, 세미킬드강, 림드강으로 분류할 수 있다.

[12-1]

17 다음 중 강괴를 용강의 탈산 정도에 따라 분류할 때 해당되지 않는 것은?

① 킬드강　　　　　② 석출강
③ 림드강　　　　　④ 세미킬드강

[12-2, 10-5]

18 다음 중 정련된 용강을 노 내에서 Fe-Mn, Fe-Si, Al 등으로 완전 탈산시킨 강은?

① 킬드강　　　　　② 세미킬드강
③ 림드감　　　　　④ 캡드강

> 용강을 노 내에서 탈산제로 완전 탈산시킨 강을 킬드강이라 한다.

[10-4, 09-1]

19 킬드강을 제조할 때 사용하는 탈산제는?

① C, Fe-Mn　　　　② C, Al
③ Fe-Mn, S　　　　④ Fe-Si, Al

> 킬드강은 Fe-Si, Al 등의 강탈산제로 완전 탈산시킨 강이다.

[12-5]

20 강괴의 종류 중 탄소 함유량이 0.3% 이상이고, 재질이 균일하며, 기계적 성질 및 방향성이 좋아 합금강, 단조용강, 침탄강의 원재료로 사용되나 수축관이 생긴 부분이 산화되어 가공 시 압착되지 않아 잘라내야 하는 것은?

① 킬드 강괴　　　　② 세미킬드 강괴
③ 림드 강괴　　　　④ 캡드 강괴

[07-2, 04-1]

21 용접 금속에 수소가 잔류하면 헤어크랙(Hair Crack)의 원인이 된다. 용접 시 수소의 흡수가 가장 많은 강은?

① 저탄소 킬드강　　② 세미킬드강
③ 고탄소 림드강　　④ 세미림드강

> 헤어크랙은 강괴의 단면에 가느다란 머리카락 모양의 균열로 킬드강에 주로 발생하는데, 수소로 인해 발생한다.

[11-5]
22 다음 중 림드강의 특징으로 옳지 않은 것은?

① 광괴 내부에 기포와 편석이 생긴다.

② 강의 재질이 균일하지 못하다.

③ 중앙부의 응고가 지연되며 먼저 응고한 바깥부터 주상정이 테두리에 생긴다.

④ 탈산제로 완전 탈산시킨 강이다.

> 탈산제로 완전 탈산시킨 강은 킬드강이다.

[09-1]
23 제강법 중 쇳물 속으로 공기 또는 산소(O_2)를 불어넣어 불순물을 제거하는 방법으로 연료를 사용하지 않는 것은?

① 평로 제강법

② 아크 전기로 제강법

③ 전로 제강법

④ 유도 전기로 제강법

[06-2]
1 순철에 대한 설명 중 맞는 것은?

① 순철은 동소체가 없다.

② 전기 재료, 변압기 철심에 많이 사용된다.

③ 기계 구조용으로 많이 사용된다.

④ 순철에는 전해철, 탄화철, 쾌삭강 등이 있다.

> 순철은 α철, γ철. δ철의 동소체가 있으며, 재질이 연해 기계 구조용으로는 사용되지 않는다.
> ※ 순철의 종류 : 전해철, 연철, 해면철, 암코철, 카르보닐철

[12-1,10-4]
2 다음 중 순철의 동소체가 아닌 것은?

① α철　　② β철　　③ γ철　　④ δ철

[12-1, 09-4]
3 다음 중 일반적으로 순금속이 합금에 비해 가지고 있는 우수한 성질로 가장 적절한 것은?

① 주조성이 우수하다.

② 전기전도도가 우수하다.

③ 압축강도가 우수하다.

④ 경도 및 강도가 우수하다.

[12-1, 09-4, 08-1]
4 순철의 자기 변태점은?

① A_1　　② A_2　　③ A_3　　④ A_4

> 순철의 자기 변태점은 A_2(768℃)이다.

[08-2]
5 다음 중 철(Fe)의 재결정온도는?

① 180~200℃　　② 200~250℃

③ 350~450℃　　④ 800~900℃

[09-5]
1 탄소강의 주성분으로 맞는 것은?

① Fe + C　　② Fe + Si

③ Fe + Mn　　④ Fe + P

[13-2]
2 탄소강에 관한 설명으로 옳은 것은?

① 탄소가 많을수록 가공 변형은 어렵다.

② 탄소강의 내식성은 탄소가 증가할수록 증가한다.

③ 아공석강에서 탄소가 많을수록 인장강도가 감소한다.

④ 아공석강에서 탄소가 많을수록 경도가 감소한다.

> ② 탄소강의 내식성은 탄소가 증가할수록 감소한다.
> ③ 아공석강에서 탄소가 많을수록 인장강도가 증가한다.
> ④ 아공석강에서 탄소가 많을수록 경도가 증가한다.

[05-4]
3 일반적으로 탄소강에서 탄소량이 증가할 경우 알맞은 사항은?

① 경도감소, 연성감소

② 경도감소, 연성증가

③ 경도증가, 연성증가

④ 경도증가, 연성감소

> 탄소량이 증가하면 경도는 증가하는 반면 연성은 감소한다.

[05-2]

4 탄소강에 관한 설명으로 옳은 것은?

① 탄소가 많을수록 가공 변형은 어렵게 된다.

② 탄소강의 표준상태에서 탄소가 많을수록 강도가 감소한다.

③ 반경강, 경강, 초경강은 단접이 잘된다.

④ 탄소강의 표준상태에서 탄소가 많을수록 경도가 감소한다.

> ② 탄소강의 표준상태에서 탄소가 많을수록 강도가 증가한다.
> ③ 반경강, 경강, 초경강은 단접이 잘되지 않는다.
> ④ 탄소강의 표준상태에서 탄소가 많을수록 경도가 증가한다.

[10-5]

5 탄소강에서 물리적 성질의 변화를 탄소 함유량에 따라 표시한 것으로 올바른 것은?

① 내식성은 탄소가 증가할수록 증가한다.

② 탄소강에 소량의 구리(Cu)가 첨가되면 내식성은 현저하게 좋아진다.

③ 전기저항, 항자력은 탄소강의 증가에 의해 감소한다.

④ 비중, 열팽창계수는 탄소량의 증가에 따라 증가한다.

> ① 내식성은 탄소가 증가할수록 감소한다.
> ③ 전기저항, 항자력은 탄소강의 증가에 의해 증가한다.
> ④ 비중, 열팽창 계수는 탄소량의 증가에 따라 감소한다.

[07-1]

6 탄소강이 표준상태에서 탄소의 양이 증가하면 기계적 성질은 어떻게 되는가?

① 인장강도, 경도 및 연신율이 모두 감소한다.

② 인장강도, 경도 및 연신율이 모두 증가한다.

③ 인장강도와 연신율은 증가하나 경도는 감소한다.

④ 인장강도와 경도는 증가하나 연신율은 감소한다.

[11-1]

7 탄소량이 증가함에 따라서 탄소강의 표준 상태에서 기계적 성질이 감소하는 것은?

① 경도

② 항복점

③ 연신율

④ 인장 강도

> 탄소량이 증가할수록 연신율, 단면수축률, 충격값이 감소한다.

[12-4,11-5]

8 탄소강에서 탄소량의 증가에 따라 감소되는 것은?

① 열전도도

② 비열

③ 전기저항

④ 항자력

> 탄소함유량이 증가할수록 비열, 전기저항, 항자력은 증가하는 반면 비중, 용융점, 열팽창계수, 탄성계수, 열전도도는 감소한다.

[13-2]

9 탄소강의 기계적 성질 변화에서 탄소량이 증가하면 어떠한 현상이 생기는가?

① 강도와 경도는 감소하나 인성 및 충격값 연신율, 단면 수축률은 증가한다.

② 강도와 경도가 감소하고 인성 및 충격값 연신율, 단면 수축률도 감소한다.

③ 강도와 경도가 증가하고 인성 및 충격값 연신율, 단면 수축률도 감소한다.

④ 강도와 경도는 증가하나 인성 및 충격값 연신율, 단면 수축률은 감소한다.

[04-1]

10 탄소강의 물리적 성질을 설명한 것 중 틀린 것은?

① 탄소 함유량의 증가와 더불어 탄성률, 열전도율이 증가한다.

② 탄소 함유량이 많아지면 시멘타이트가 증가한다.

③ 탄소 함유량의 증가와 더불어 비중, 열팽창계수가 감소한다.

④ 탄소 함유량에 따라 물리적 성질은 직선적으로 변화한다.

> 탄소 함유량의 증가할수록 탄성률, 열전도율이 감소한다.

[11-2]

11 합금강이 탄소강에 비하여 개선되는 성질이 아닌 것은?

① 전자기적 성질

② 담금질성

③ 열전도율

④ 내식, 내마멸성

> 합금강은 탄소강에 비해 열전도율이 낮다.

12 SCr이나 SNC 강은 용접열로 인하여 뜨임취성이 발생되는데 다음 중 뜨임취성을 방지하기 위해 첨가하는 원소는?

[12-2]

① Mo   ② Ni
③ Cr   ④ Ti

> 몰리브덴은 저온 취성, 뜨임취성을 방지하는 역할을 한다.

[12-2, 05-4]

13 다음 중 강은 온도가 높아지면 전연성이 커지나 200~300℃ 부근에서는 메짐(취성)이 나타나는데 이를 무엇이라 하는가?

① 고온메짐   ② 청열메짐
③ 적열메짐   ④ 뜨임메짐

[11-1]

14 가열되어 200~300℃ 부근에서 상온일 때보다 메지게 되는 현상을 무엇이라 하는가?

① 적열메짐   ② 가열메짐
③ 비가열메짐   ④ 청열메짐

[10-2]

15 탄소강에 함유된 황(S)에 대해 설명한 것 중 맞는 것은?

① 황은 철과 화합하여 용융온도가 높은 황화철을 만든다.
② 황은 단조온도에서 융체로 되어 결정입계로 나와 저온가공을 해친다.
③ 황은 절삭성을 향상시킨다.
④ 황에 의한 청열취성의 폐해를 제거하기 위하여 망간을 첨가한다.

> 황을 다량 함유하게 되면 적열취성의 원인이 되며, 고온 가공성을 나쁘게 한다.

[13-1, 12-1, 04-4]

16 탄소강에 탄소 이외에 여러 가지 원소에 의해 성질이 변하는데 다음 중 적열취성의 원인이 되는 원소는?

① Mn   ② Si   ③ S   ④ Al

> 황은 적열취성의 원인이 된다.

[10-2]

17 탄소강이 황(S)을 많이 함유하게 되면 고온에서 메짐이 나타나는 현상을 무엇이라 하는가?

① 적열메짐   ② 청열메짐
③ 저온메짐   ④ 충격메짐

[05-1]

18 합금강의 원소 효과에서 함유량이 많아지면 그 영향을 잘못 설명한 것은?

① Cr : 내마멸성이 증가한다.
② Mn : 적열취성을 방지한다.
③ Mo : 뜨임취성을 일으킨다.
④ Si : 내식성이 증가한다.

> 몰리브덴은 뜨임취성을 방지하는 역할을 한다.

[11-2, 06-2]

19 합금강에 첨가하는 원소 중 고온 강도 개선, 인성 향상과 저온 취성을 방지해 주는 원소는?

① Mo   ② Al
③ Cu   ④ Ti

[06-1]

20 탄소강에서 황에 의한 적열취성을 방지하기 위하여 첨가하는 원소는 무엇인가?

① 니켈(Ni)   ② 크롬(Cr)
③ 규소(Si)   ④ 망간(Mn)

[05-1]

21 탄소강의 성질에 미치는 인(P)의 영향으로 적당하지 않은 것은?

① 결정입자의 미세화
② 상온취성의 원인
③ 편석으로 충격값 감소
④ 인장강도와 경도가 증가

> **탄소강의 성질에 미치는 인(P)의 영향**
> • 청열취성, 상온취성의 원인이 된다.
> • 편석으로 충격값을 감소시킨다.
> • 인장강도 및 경도를 증가시킨다.
> • 강도 및 경도를 증가시킨다.
> • 절삭성을 개선시킨다.
> • 연신율을 감소시킨다.

22 강에 함유된 원소 중 인(P)이 미치는 영향을 올바르게 설명한 것은?

[12-1]

① 연신율과 충격치를 증가시킨다.
② 결정립을 미세화시킨다.
③ 실온에서 충격치를 높게 한다.
④ 강도와 경도를 증가시킨다.

23 탄소강의 충격치가 0에 가깝게 되어 저온취성의 현상이 나타나는 온도는 몇 ℃인가?

[05-2]

① -100 　　　　 ② -70
③ -30 　　　　 ④ 0

> 저온취성은 강이 0℃ 이하에서 급격히 취약해지는 성질로 -70℃에서 충격치가 0에 가깝게 되어 나타난다.

24 탄소강에 함유된 구리(Cu)의 영향으로 틀린 것은?

[10-4]

① Ar₁ 변태점을 저하시킨다.
② 강도, 경도, 탄성한도를 증가시킨다.
③ 내식성을 저하시킨다.
④ 다량 함유하면 감재압연 시 균열의 원인이 되기도 한다.

> 구리는 내식성을 증가시킨다.

25 탄소강에 망간(Mn)의 영향을 설명한 것으로 틀린 것은?

[10-5]

① 고온에서 결정립 성장을 증가시킨다.
② 주조성을 좋게 하며 S의 해를 감소시킨다.
③ 강의 담금질 효과를 증대시켜 경화능이 커진다.
④ 강의 점성을 증가시킨다.

> 망간은 고온에서 결정립 성장을 억제시킨다.

26 다음 중 탄소강에 망간(Mn)을 함유시킬 때 미치는 영향으로 틀린 것은?

[12-4]

① 고온에서 결정립 성장을 억제시킨다.
② 주조성을 좋게 하여 황(S)의 해를 감소시킨다.
③ 강의 담금질 효과를 감소시켜 경화능이 감소된다.

④ 강의 연신율을 많이 감소시키지 않고 강도, 경도, 인성을 증대시킨다.

> 강의 담금질 효과를 증대시켜 경화능이 커진다.

27 탄소강에 함유된 성분에 대한 각각의 설명으로 옳은 것은?

[05-1]

① 황(S)은 헤어크랙(Hair crack)이라고 하는 내부 균열을 가지고 있다.
② 규소(Si)는 강의 고온 가공성을 나쁘게 한다.
③ 수소(H₂)는 용융금속의 유동성을 좋게 하고, 피절삭성을 향상시킨다.
④ 인(P)은 제강할 때 편석을 일으키기 쉽다.

> ① 수소가 헤어크랙의 원인이다.
> ② 고온 가공성을 나쁘게 하는 것은 황이다.
> ③ 수소는 강을 여리게 하고 헤어크랙의 원인이 된다.

28 탄소강 함유원소 중 망간(Mn)의 영향으로 가장 거리가 먼 것은?

[09-2]

① 고온에서 결정립 성장을 억제시킨다.
② 주조성을 좋게 하며 S의 해를 감소시킨다.
③ 강의 담금질 효과를 증대시킨다.
④ 강의 강도, 경도, 인성을 저하시킨다.

29 탄소강에 특정한 기계적 성질을 개선하기 위해 여러 가지 합금원소를 첨가하는데 다음 중 탈산제로의 사용 이외에 황의 나쁜 영향을 제거하는 데도 중요한 역할을 하는 것은?

[12-4]

① 크롬(Cr) 　　　　 ② 니켈(Ni)
③ 망간(Mn) 　　　　 ④ 바나듐(V)

30 선철과 탈산제로부터 잔류하게 되며 보통 탄소강 중에 0.1~0.35% 정도 함유되어 있고 강의 인장강도, 탄성한계, 경도 등은 높아지나 용접성을 저하시키는 원소는?

[09-4]

① Cu 　　　　 ② Mn
③ Ni 　　　　 ④ Si

[05-4]

31 용융 금속의 유동성을 좋게 하므로 탄소강 중에는 보통 0.2∼0.6% 정도 함유되어 있으며, 또한 이것이 함유되면 단접성 및 냉간가공성을 해치고 충격저항을 감소시키는 원소는?

① 망간   ② 인
③ 규소   ④ 황

[12-2, 12-5]

32 다음 중 강을 여리게 하고, 산이나 알칼리에 약하며 백점이나 헤어크랙의 원인이 되는 것은?

① 규소   ② 망간
③ 인   ④ 수소

[13-1]

33 철강의 종류는 Fe-C 상태도의 무엇을 기준으로 하는가?

① 질소 함유량   ② 탄소 함유량
③ 규소 함유량   ④ 크롬 함유량

[10-5]

34 비금속 개재물이 탄소강 내부에 존재할 때 야기되는 특성이 아닌 것은?

① 인성을 해치므로 메지고 약해진다.
② 열처리할 때 균열을 일으킨다.
③ 알루미나, 산화철 등은 고온 메짐을 일으킨다.
④ 인장강도와 압축강도가 증가한다.

[10-4]

35 탄소강에 함유된 가스 중에서 강을 여리게 하고 산이나 알칼리에 약하며, 백점(Flakes)이나 헤어크랙(Hair crack)의 원인이 되는 가스는?

① 이산화탄소   ② 질소
③ 산소   ④ 수소

[11-5]

36 탄소강의 Fe-C계 평형 상태도에서 탄소량이 0.86% 정도이며, γ 고용체에서 α 고용체와 Fe_3C를 동시에 석출하여 펄라이트를 생성하는 점은?

① 공정점   ② 자기 변태점
③ 포정점   ④ 공석점

[12-2, 10-5]

37 다음 중 탄소강의 표준조직이 아닌 것은?

① 페라이트   ② 펄라이트
③ 시멘타이트   ④ 마텐자이트

> **탄소강의 표준조직**
> 페라이트, 펄라이트, 오스테나이트, 시멘타이트, 레데뷰라이트, 델타 페라이트

[11-1]

38 금속의 변태에서 자기변태(magnetic transformation)에 대한 설명으로 틀린 것은?

① 철의 자기변태점은 910℃이다.
② 격자의 배열변화는 없고 자성변화만을 가져오는 변태이다.
③ 자기변태가 일어나는 온도를 자기변태점이라 하고 이 온도를 퀴리점이라 한다.
④ 강자성 금속을 가열하면 어느 온도에서 자성의 성질이 급감한다.

> 철의 자기변태점은 768℃이다.

[08-5]

39 탄소강의 담금질 중 고온의 오스테나이트 영역에서 소재를 냉각하면 냉각 속도의 차에 따라 마텐자이트, 트루스타이트, 솔바이트, 오스테나이트 등의 조직으로 변태되는데 이들 조직 중에서 강도와 경도가 가장 높은 것은?

① 마텐자이트   ② 트루스타이트
③ 솔바이트   ④ 오스테나이트

[09-1]

40 탄소강에서 자성이 있으며 전성과 연성이 크고 연하며 거의 순철에 가까운 조직은?

① 마텐자이트   ② 페라이트
③ 오스테나이트   ④ 시멘타이트

[07-2]

41 공석강의 탄소(C) 함량은 얼마인가?

① 0.02%   ② 0.77%
③ 2.11%   ④ 6.68%

[04-1]

42 상온(常溫)에서 공석강의 현미경 조직은?

① 펄라이트(Pearlite)

② 페라이트(Ferrite) + 펄라이트(Pearlite)

③ 시멘타이트(Cementite) + 펄라이트(Pearlite)

④ 오스테나이트(Austenite) + 펄라이트(Pearlite)

분류	탄소함유량	조직
아공석강	0.77% 이하	페라이트와 펄라이트의 공석강
공석강	0.77%	펄라이트
과공석강	0.77% 이상	시멘타이트와 펄라이트의 공석강

[11-1]

43 고탄소강의 탄소함유량으로 가장 적당한 것은?

① 0.35~0.45%C ② 0.25~0.35%C

③ 0.45~1.7%C ④ 1.7~2.5%C

분류	탄소함유량
고탄소강	0.45~1.7%C
중탄소강	0.3~0.45%C
저탄소강	0.3%C 미만

[12-5, 08-1]

44 다음 중 일반적인 연강의 탄소 함유량으로 가장 적절한 것은?

① 0.1% 이하 ② 0.13~0.2%

③ 1.0~1.4% ④ 2.0~3.0%

분류	탄소함유량
연강	0.13~0.20
경강	0.40~0.50

[11-4]

45 탄소강의 용도에서 내마모성과 경도를 동시에 요구하는 경우 적당한 탄소 함유량은?

① 0.05~0.3%C ② 0.3~0.45%C

③ 0.45~0.65%C ④ 0.65~1.2%C

[07-4]

46 용접 시 층간온도를 반드시 지켜야 할 용접 재료는?

① 저탄소강 ② 중탄소강

③ 고탄소강 ④ 순철

[08-2]

47 중탄소강(0.3~0.5%C)의 용접 시 탄소함유량의 증가에 따라 저온균열이 발생할 우려가 있으므로 적당한 예열이 필요하다. 다음 중 가장 적당한 예열온도는?

① 100~200℃ ② 400~450℃

③ 500~600℃ ④ 800℃ 이상

[11-2]

48 실용되고 있는 탄소강은 0.05~1.7%C를 함유하며, 각각 다른 용도를 갖고 있다. 탄소강에서 가공성과 강인성을 동시에 요구하는 경우에 탄소함유량이 어느 정도 함유되어 있는 것을 사용하는 것이 적당한가?

① 0.05~0.3%C ② 0.3~0.45%C

③ 0.45~0.65%C ④ 0.65~1.2%C

[11-2, 07-2]

49 피복 아크 용접에서 용접성이 가장 우수한 용접 재료로 적당한 것은?

① 주철 ② 저탄소강

③ 고탄소강 ④ 니켈강

[12-4, 10-1]

50 다음 중 용접 시 용접균열이 발생할 위험성이 가장 높은 재료는?

① 저탄소강 ② 중탄소강

③ 고탄소강 ④ 순철

[11-4]

51 탄소 함유량이 0.2% 이하인 탄소강 주강품의 종류의 기호로 맞는 것은?

① SC 360 ② SC 410

③ SC 450 ④ SC 480

탄소강 주강품 종류별 화학성분			
종류의 기호	탄소	인	황
SC 360	0.2% 이하		
SC 410	0.3% 이하	0.04% 이하	0.04% 이하
SC 450	0.35% 이하		
SC 480	0.4% 이하		

[11-4]

1 일반적으로 성분 금속이 합금(Alloy)이 되면 나타나는 특징이 아닌 것은?

① 기계적 성질이 개선된다.
② 전기저항이 감소하고 열전도율이 높아진다.
③ 용융점이 낮아진다.
④ 내마멸성이 좋아진다.

> 합금이 되면 열전도율이 낮아진다.

[09-5]

2 구조용 강 중 크롬강의 특성으로 틀린 것은?

① 경화층이 깊고 마텐자이트 조직을 안정화한다.
② Cr_4C_2, Cr_7C_3 등의 탄화물이 형성되어 내마모성이 크다.
③ 내식성 및 내열성이 좋아 내식강 및 내열강으로 사용된다.
④ 유중 담금질 효과가 좋아지면서 단접이 잘된다.

[10-2]

3 합금강에서 고온에서의 크리프 강도를 높게 하는 원소는?

① O   ② S
③ Mo   ④ H

> 몰리브덴, 망간, 텅스텐은 고온 강도와 경도를 향상시킨다.

[11-4]

4 탄소강에 적당한 원소를 첨가하면 본래의 성질을 현저하게 개선하거나 새로운 특성을 가지게 하는데 강인성, 내식성, 내산성, 저온 충격저항을 증가시키는 효과를 가지는 합금 원소로 가장 적당한 것은?

① 니켈(Ni)   ② 코발트(Co)
③ 망간(Mn)   ④ 몰리브덴(Mo)

[06-4]

5 니켈강은 니켈에 소량의 탄소를 함유한 강으로 가열 후 공기 중에 방치하여도 담금질 효과를 나타내는데 이와 같은 현상을 무엇이라 하는가?

① 기경성(air hardening)

② 수경성(water hardening)
③ 유경성(oil hardening)
④ 고경성(solid hardening)

[12-4]

6 니켈강은 니켈에 소량의 탄소를 함유한 강으로 가열 후 공기 중에 방치하여도 담금질 효과를 나타내는 데 이와 같은 현상을 무엇이라 하는가?

① 고경성(高硬性)   ② 수경성(水硬性)
③ 유경성(油硬性)   ④ 자경성(自硬性)

[12-1]

7 다음 중 펄라이트 조직으로 1~2%의 Mn, 0.2~1%의 C로 인장강도가 440~863MPa이며, 연신율은 13~34%이고, 건축, 토목, 교량재 등 일반 구조용으로 쓰이는 망간(Mn)강은?

① 듀콜(ducol)강   ② 크로만식(chromansil)
③ 크로마이징   ④ 하드필드(hardfield)강

[12-5]

8 다음 중 항복점, 인장강도가 크고, 용접성이 우수하며, 조직은 펄라이트로 듀콜(Ducol)강 이라고도 불리는 것은?

① 고망간강   ② 저망간강
③ 코발트강   ④ 텅스텐강

[11-4, 06-1]

9 구조용 부분품이나 제지용 롤러 등에 이용되며 열처리에 의하여 니켈-크롬 주강에 비교될 수 있을 정도의 기계적 성질을 가지고 있는 저망간 주강의 조직은?

① 마텐자이트   ② 펄라이트
③ 페라이트   ④ 시멘타이트

[06-2]

10 내마멸성이 우수하고 경도가 커서 각종 광산기계, 기차 레일의 교차점, 칠드롤러, 불도저 등의 재료로 이용되며, 하드필드강이라고도 하는 것은?

① 크롬강   ② 고망간강
③ 니켈-크롬강   ④ 크롬-몰리브덴강

[08-5]
11 하드필드강은 어느 주강에 해당되는가?

① 망간 주강   ② 크롬 주강

③ 니켈 주강   ④ 니켈-크롬 주강

[06-1, 04-4]
12 망간 10~14%의 강은 상온에서 오스테나이트 조직을 가지며 내마멸성이 특히 우수하여 각종 광산기계, 기차 레일의 교차점, 냉간 인발용의 드로잉 다이스 등에 이용되는 강은?

① 듀콜강

② 스테인리스강

③ 고속도강

④ 하드필드강

[09-5]
13 탄소 주강에 망간이 10~14% 정도 첨가된 하드필드 주강을 주조상태의 딱딱하고 메진 성질을 없어지게 하고 강인한 성질을 갖게 하기 위하여 몇 ℃에서 수인법으로 인성을 부여하는가?

① 400~500℃   ② 600~700℃

③ 800~900℃   ④ 1,000~1,100℃

[05-2]
14 고망간강과 가장 밀접한 특성은?

① 내마멸성   ② 연성

③ 전성   ④ 내부식성

> 고망간강은 내마멸성이 우수하고 경도가 크다.

[04-1]
15 열간가공이 쉽고 다듬질 표면이 아름다우며 용접성이 좋고 고온강도가 큰 장점이 있어 각종 축, 강력볼트, 암, 레버 등에 사용되는 강은?

① 크롬 - 바나듐강

② 크롬 - 몰리브덴강

③ 규소 - 망간강

④ 니켈 - 알루미늄 - 코발트강

[12-1,10-2]
16 보통주강에 3% 이하의 Cr을 첨가하여 강도와 내마멸성을 증가시켜 분쇄기계, 석유화학 공업용 기계부품 등에 사용되는 합금주강은?

① Ni주강   ② Cr주강

③ Mn주강   ④ Ni-Cr주강

[10-5]
17 특수주강을 제조하기 위하여 첨가하는 금속으로 맞는 것은?

① Ni, Zn, Mo, Cu

② Si, Mn, Co, Cu

③ Ni, Si, Mo, Cu

④ Ni, Mn, Mo, Cr

합금 원소	효과
니켈(Ni)	강인성, 내식성 및 내마멸성 증가
크롬(Cr)	강도, 경도, 내식성, 내열성 및 자경성 증가
몰리브텐(Mo)	강도, 경도, 내마멸성 증가 및 뜨임취성 방지
망간(Mn)	내마멸성 증가 및 적열취성 방지

[12-5, 12-2]
18 탄소강 주강품 종류 중 "SC 360"이라는 기호에서 "360"이 나타내는 의미로 옳은 것은?

① 인장강도(N/mm^2)

② 압축강도(N/mm^2)

③ 열팽창계수

④ 탄소함유량(%)

[10-2]
19 탄소 주강품 SC 370에서 숫자 370은 무엇을 나타내는가?

① 인장강도   ② 탄소함유량

③ 연신율   ④ 단면수축률

[12-5]
20 다음 중 고탄소 경강품(주강)을 이용한 부품으로 가장 적합하지 않은 것은?

① 기어   ② 실린더

③ 압연기   ④ 피아노선

정답 ▶ **11** ①   **12** ④   **13** ④   **14** ①   **15** ②   **16** ②   **17** ④   **18** ①   **19** ①   **20** ④

[11-1]

21 주강 제품에는 기포, 기공 등이 생기기 쉬우므로 제강 작업 시에 쓰이는 탈산제로 옳은 것은?

① P, S
② Fe-Mn
③ CO_2
④ Fe_2O_3

[13-2]

22 연강에 비해 고장력강의 장점이 아닌 것은?

① 소요 강재의 중량을 상당히 경감시킨다.
② 재료의 취급이 간단하고 가공이 용이하다.
③ 구조물의 하중을 경감시킬 수 있어 그 기초공사가 단단해진다.
④ 동일한 강도에서 판의 두께를 두껍게 할 수 있다.

> 동일한 강도에서 판의 두께를 얇게 할 수 있다.

[07-2]

23 고장력강 용접 시 주의사항 중 틀린 것은?

① 용접봉은 저수소계를 사용할 것
② 용접 개시 전에 이음부 내부 또는 용접부분을 청소할 것
③ 아크 길이는 가능한 한 길게 유지할 것
④ 위빙 폭을 크게 하지 말 것

> 고장력강 용접 시 아크 길이는 가능한 한 짧게 유지해야 한다.

[04-2]

24 고장력강은 연강에 비해서 다음과 같은 이점이 있는데, 그 이점에 해당되지 않는 것은?

① 용접공의 기량에 관계없이 용접품질이 일정하다.
② 동일한 강도에서 판의 두께를 얇게 할 수 있다.
③ 소요강재의 중량을 대폭으로 경감시킨다.
④ 재료의 취급이 간편하고 가공이 용이하다.

[10-4, 05-4]

25 용접용 고장력강에 해당되지 않는 것은?

① 망간(실리콘)강
② 몰리브텐 함유강
③ 인 함유강
④ 주강

[11-5,10-1]

26 탄소 공구강 및 일반 공구재료의 구비조건 중 틀린 것은?

① 상온 및 고온 경도가 클 것
② 내마모성이 클 것
③ 강인성 및 내충격성이 작을 것
④ 가공 및 열처리성이 양호할 것

> 탄소 공구강은 강인성 및 내충격성이 우수해야 한다.

[04-2, 04-4]

27 탄소 공구강의 구비조건으로 틀린 것은?

① 경도가 낮고, 낮은 온도에서 경도를 유지하여야 한다.
② 내마멸성이 커야 한다.
③ 가공이 용이하고, 가격이 싸야 한다.
④ 열처리가 쉬워야 한다.

> 상온 및 고온 경도가 커야 한다.

[06-4]

28 탄소 공구강의 구비조건으로 틀린 것은?

① 상온 및 고온경도가 낮아야 한다.
② 내마모성이 커야 한다.
③ 가공이 용이하고, 가격이 싸야 한다.
④ 열처리가 쉬워야 한다.

> 상온 및 고온경도가 커야 한다.

[10-4]

29 다음 중 합금공구강이 아닌 것은?

① 규소-크롬강
② 세륨강
③ 바나듐강
④ 텅스텐강

> 규소-크롬강, 바나듐강, 텅스텐강은 절삭용 합금공구강이다.

[09-2]

30 다음 중 18% W - 4% V 조성으로 된 공구용 강은?

① 고속도강
② 합금 공구강
③ 다이스강
④ 게이지용 강

> 고속도강은 대표적인 절삭 공구강으로 텅스텐(W) 18% - 크롬(Cr) 4% - 바나듐(V) 1%로 조성되어 있다.

[11-5, 04-2]

31 표준 고속도강(high speed steel)의 성분 조성은?

① W(18%) − Ni(4%) − Co(1%)

② W(18%) − Ni(6%) − Co(2%)

③ W(18%) − Cr(4%) − V(1%)

④ W(18%) − Ni(6%) − Co(2%)

[11-4, 10-1]

32 탄소강에 크롬(Cr), 텅스텐(W), 바나듐(V),코발트 (Co) 등을 첨가하여, 500~600℃ 고온에서도 경도가 저하되지 않고 내마멸성을 크게 한 강은?

① 합금 공구강   ② 고속도강

③ 초경합금   ④ 스텔라이트

[11-1]

33 스프링강을 830~860℃에서 담금질하고 450~570℃에서 뜨임처리 하였다. 이때 얻어지는 조직은?

① 마텐자이트   ② 트루스타이트

③ 솔바이트   ④ 시멘타이트

[06-2]

34 특수용도용 합금강 중 스프링강의 특성이 아닌 것은?

① 취성이 우수   ② 탄성한도가 우수

③ 피로한도가 우수   ④ 크리프 저항이 우수

[12-5]

35 다음 중 베어링으로 사용되는 화이트 메탈(white metal)에 관계된 주요 원소로만 나열한 것은?

① 구리, 망간   ② 마그네슘, 주석

③ 주석, 납   ④ 알루미늄, 아연

> 화이트 메탈의 주요 원소 : 주석, 납, 구리, 아연, 안티몬의 합금

[11-2]

36 켈밋에 대한 설명으로 적당하지 않은 것은?

① 구리와 납의 합금이다.

② 축에 대한 적응성이 우수하다.

③ 화이트 메탈보다 내하중성이 크다.

④ 저속, 저하중용 베어링에 많이 사용한다.

> 켈밋 합금은 고속, 고하중용 베어링에 많이 사용된다.

[12-5]

37 다음 중 베어링강의 구비조건으로 옳은 것은?

① 높은 탄성한도와 피로한도

② 낮은 탄성한도와 피로한도

③ 높은 취성파괴와 연성파괴

④ 낮은 내마모성과 내압성

> **베어링강의 구비조건**
> • 탄성한도와 피로한도가 높을 것   • 내마모성과 내압성이 높을 것
> • 내부식성이 클 것   • 열전도성이 클 것
> • 강도 및 경도가 높을 것   • 마찰계수가 적을 것

[10-2]

38 게이지용 강이 구비해야 할 특성에 대한 설명으로 틀린 것은?

① 담금질에 의한 변형 및 균열이 적어야 한다.

② 장시간 경과해도 치수의 변화가 적어야 한다.

③ 내마모성이 크고 내식성이 우수해야 한다.

④ 담금질 응력 및 열팽창 계수가 커야 한다.

> 온도 변화에 따라 열팽창 계수가 변하지 않아야 한다.

[10-2]

39 베어링에 사용되는 대표적인 구리 합금으로 70% Cu-30% Pb 합금은?

① 켈밋(Kelmet)

② 배빗메탈(babbit metal)

③ 다우메탈(dow metal)

④ 톰백(tombac)

[06-2]

40 베어링(Bearing)용 합금으로 사용되지 않는 것은?

① 배빗메탈(Babbitt metal)

② 오일리스(Oilless)

③ 화이트 메탈(White metal)

④ 자마크(Zamak)

> 자마크는 다이캐스팅용 아연 합금이다.

[12-5]

41 구리에 30~40% Pb를 첨가한 것으로 고속 · 고하중용 베어링으로 자동차, 항공기 등에 널리 사용되는 것은?

① 두랄루민   ② 켈밋 합금

③ 포금   ④ 모넬메탈

정답 ▶ 31 ③   32 ②   33 ③   34 ①   35 ③   36 ④   37 ①   38 ④   39 ①   40 ④   41 ②

[12-2]

42 다음 중 피절삭성이 양호하고 고속절삭에 적합한 강으로 일반 탄소강보다 P, S의 함유량을 많게 하거나 Pb, Se, Zr 등을 첨가하여 제조한 강은?

① 쾌삭강   ② 레일강
③ 선재용 탄소강
④ 스프링강

[11-1]

43 온도 변화에 따라 열팽창계수, 탄성계수 등이 변하지 않는 불변강의 종류가 아닌 것은?

① 인바(invar)
② 텅갈로이(tungalloy)
③ 엘린바(elinvar)
④ 플래티나이트(platinite)

[09-4]

44 내열강의 구비조건 중 틀린 것은?

① 고온에서 기계적 성질이 우수하고 조직이 안정되어야 한다.
② 냉간, 열간 가공 및 용접, 단조 등이 쉬워야 한다.
③ 반복 응력에 대한 피로강도가 커야 한다.
④ 고온에서 취성파괴가 커야 한다.

> 내열강은 고온에서 O_2, SO_2 등에 침식되지 않아야 한다.

[12-4]

45 다음 중 불변강(invariable steel)에 속하지 않는 것은?

① 인바(Invar)
② 엘린바(elinvar)
③ 플래티나이트(platinite)
④ 선플래티넘(sun-platinum)

[06-1]

46 불변강(invariable steel)에 해당되지 않는 것은?

① 엘린바(elinvar)
② 코엘린바(coelinvar)
③ 인바(invar)
④ 코인바(coinvar)

[10-2]

47 특수용도용 합금강에서 내열강의 요구 성질에 관한 설명으로 옳은 것은?

① 고온에서 O_2, SO_2 등에 침식되어야 한다.
② 고온에서 우수한 기계적 성질을 가져야 한다.
③ 냉간 및 열간가공이 어려워야 한다.
④ 반복 응력에 대한 피로강도가 적어야 한다.

> ① 고온에서 O_2, SO_2 등에 침식되지 않아야 한다.
> ③ 냉간 및 열간가공이 쉬워야 한다.
> ④ 반복 응력에 대한 피로강도가 커야 한다.

[13-2]

48 금속표면이 녹슬거나 산화물질로 변화되어가는 금속의 부식현상을 개선하기 위해 이용되는 강은?

① 내식강   ② 내열강
③ 쾌삭강   ④ 불변강

[11-5]

49 주강의 성능별 분류 중 내식용 강은 어떤 원소를 첨가한 것인가?

① Cr, Ni   ② Mn, V
③ P, S   ④ W, Ti

[11-5]

50 합금강에 영향을 끼치는 주요 합금 원소가 아닌 것은?

① 흑연   ② 니켈
③ 크롬   ④ 망간

[07-4]

51 합금강에서 강에 티탄(Ti)을 약간 첨가하였을 때 얻는 효과로 가장 적합한 것은?

① 담금질 성질 개선   ② 고온강도 개선
③ 결정입자 미세화   ④ 경화능 향상

스테인리스강

[11-2]

1 탄소강에 니켈이나 크롬 등을 첨가하여 대기 중이나 수중 또는 산에 잘 견디는 내식성을 부여한 합금강으로 불수강이라고도 하는 것은?

① 고속도강　　　　② 주강
③ 스테인리스강　　④ 탄소 공구강

[12-1]

2 다음 중 일반적인 스테인리스강의 종류가 아닌 것은?

① 크롬 스테인리스강
② 크롬-인 스테인리스강
③ 크롬-망간 스테인리스강
④ 크롬-니켈 스테인리스강

[07-2]

3 일반적으로 스테인리스강의 종류에 해당되는 것은?

① 비자성 스테인리스강
② 영구자석 스테인리스강
③ 페라이트계 스테인리스강
④ 플래티나이트 스테인리스강

[12-5]

4 다음 중 스테인리스강의 분류에 해당하지 않는 것은?

① 페라이트계　　　② 마텐자이트계
③ 스텔라이트계　　④ 오스테나이트계

[08-1]

5 18-8 스테인리스강에서 18-8이 의미하는 것은 무엇인가?

① 몰리브덴이 18%, 크롬이 8% 함유되어 있다.
② 크롬이 18%, 몰리브덴이 8% 함유되어 있다.
③ 크롬이 18%, 니켈이 8% 함유되어 있다.
④ 니켈이 18%, 크롬이 8% 함유되어 있다.

[14-5]

6 스테인리스강의 금속 조직학상 분류에 해당하지 않는 것은?

① 마텐자이트계　　② 페라이트계
③ 시멘타이트계　　④ 오스테나이트계

> **스테인리스강의 종류**
> • 크롬계 : 마텐자이트계, 페라이트계
> • 크롬-니켈계 : 오스테나이트계, 석출경화형

[10-1,10-5]

7 스테인리스강을 금속조직학적으로 분류할 때 종류가 아닌 것은?

① 마텐자이트계　　② 펄라이트계
③ 페라이트계　　　④ 오스테나이트계

[14-5, 12-2]

8 다음 중 스테인리스강의 종류에 속하지 않는 것은?

① 페라이트계 스테인리스강
② 마텐자이트계 스테인리스강
③ 석출경화형 스테인리스강
④ 레데뷰라이트계 스테인리스강

[09-5]

9 특수용도강의 스테인리스강에서 그 종류를 나열한 것 중 틀린 것은?

① 페라이트계　　　② 베이나이트계
③ 마텐자이트계　　④ 오스테나이트계

[13-2]

10 스테인리스강을 불활성가스 금속 아크 용접법으로 용접 시 장점이 아닌 것은?

① 아크 열 집중성보다 확장성이 좋다.
② 어떤 방향으로도 용접이 가능하다.
③ 용접이 고속도로 아크 방향으로 방사된다.
④ 합금원소가 98% 이상으로 거의 전부가 용착금속에 옮겨진다.

> 불활성가스 아크 용접은 열 집중성이 좋아 고능률적이다.

[10-2, 07-1, 07-2]

11 다음 중 18-8형 오스테나이트계 스테인리스강의 주요 합금원소로 옳은 것은?

① Ni : 18%, Cr : 8%
② Cr : 18%, Ni : 8%
③ Cr : 18%, Mn : 8%
④ Ni : 18%, Mn : 8%

정답 [스테인리스강] 1 ③　2 ②　3 ③　4 ③　5 ③　6 ③　7 ②　8 ④　9 ②　10 ①　11 ②

chapter 04

12 용접 재료 중 비자성체이며 Cr 18% – Ni 8%의 18-8 스테인리스강을 다른 용어로 표현한 것은?

[11-1, 09-4]

① 페라이트계 스테인리스강
② 마텐자이트계 스테인리스강
③ 오스테나이트계 스테인리스강
④ 석출경화형 스테인리스강

[10-4, 08-2]

13 스테인리스강의 내식성 향상을 위해 첨가하는 가장 효과적인 원소는?

① Zn   ② Sn
③ Cr   ④ Mg

[05-4]

14 일반적으로 스테인리스강에 함유하는 원소 중 철 다음으로 가장 많이 함유되는 원소는?

① 아연   ② 텅스텐
③ 코발트   ④ 크롬

[04-2]

15 스테인리스강은 내식성이 강한 강으로 부식이 잘 되지 않아 화학제품의 용기나 관 등에 많이 사용되고 있는데 스테인리스강의 주성분으로 다음 중 가장 적당한 것은?

① Fe-Cr-Ni   ② Fe-Cr-Co
③ Fe-Cr-Cu   ④ Fe-Cr-V

[12-4]

16 다음 중 오스테나이트계 스테인리스강에 관한 설명으로 틀린 것은?

① 염산, 염소가스 등에 강하다.
② 결정입계 부식이 발생하기 쉽다.
③ 소성가공이나 절삭가공이 곤란하다.
④ 18-8계의 경우 일반적으로 비자성체이다.

오스테나이트계 스테인리스강은 염산, 황산염, 염소가스에 약하다.

[11-2]

17 오스테나이트계 스테인리스강의 설명 중 틀린 것은?

① 내식성이 높고 비자성이다.
② Cr 18% – Ni 8% 스테인리스강이 대표적이다.
③ 용접이 비교적 잘되며, 가공성도 좋다.
④ 염산, 황산에 강하다.

[06-4, 05-2]

18 오스테나이트계 스테인리스강에 대한 설명 중 틀린 것은?

① 스테인리스강 중 내식성이 가장 높다.
② 비자성이다.
③ 용접이 비교적 잘되며, 가공성이 좋다.
④ 염산, 염소가스, 황산 등에 강하다.

[07-4]

19 용접성이 가장 좋은 스테인리스강은?

① 마텐자이트계   ② 오스테나이트계
③ 페라이트계   ④ 시멘타이트계

[11-5, 09-2, 08-5]

20 스테인리스강 중 내식성이 가장 높고 비자성체인 것은?

① 마텐자이트계   ② 페라이트계
③ 펄라이트계   ④ 오스테나이트계

[11-2, 09-1]

21 오스테나이트계 스테인리스강을 용접하여 사용 중에 용접부에서 녹이 발생하였다. 이를 방지하기 위한 방법이 아닌 것은?

① Ti, V, Nb 등이 첨가된 재료를 사용한다.
② 저탄소의 재료를 선택한다.
③ 용체화 처리 후 사용한다.
④ 크롬 탄화물을 형성토록 시효처리를 한다.

[12-2]

22 다음 중 스테인리스강의 조직에 있어 비자성 조직에 해당하는 것은?

① 페라이트계   ② 마텐자이트계
③ 석출경화계   ④ 오스테나이트계

23 [11-5]

18-8 스테인리스강의 결점은 600~800℃에서 단시간 내에 탄화물이 결정립계에 석출되기 때문에 입계 부근의 내식성이 저하되어 점진적으로 부식되는데 이것을 무엇이라 하는가?

① 결정 부식　　　　② 입계 부식
③ 탄화 부식　　　　④ 부근 부식

24 [11-1]

오스테나이트계 스테인리스강의 입계부식 방지 방법이 아닌 것은?

① 탄소를 감소시켜 Cr₄C 탄화물의 발생을 저지시킨다.
② Ti, Nb 등의 안정화 원소를 첨가한다.
③ 고온으로 가열한 후 Cr 탄화물을 오스테나이트 조직 중에 용체화하여 급랭시킨다.
④ 풀림 처리와 같은 열처리를 한다.

25 [10-5]

다음 중 주로 입계부식에 의해서 손상을 입는 것은?

① 황동　　　　　　② 18-8 스테인리스강
③ 청동　　　　　　④ 다이스강

26 [13-1]

스테인리스강의 용접 부식의 원인은?

① 균열　　　　　　② 뜨임취성
③ 자경성　　　　　④ 탄화물의 석출

27 [04-1]

600~800℃에서 입계 부식을 일으키는 금속은?

① 황동　　　　　　② 18-8 스테인리스강
③ 청동　　　　　　④ 다이스강

28 [12-4]

다음 중 오스테나이트계 스테인리스강 용접 시 입계부식을 방지하기 위한 조치로 가장 적절한 것은?

① 예열과 후열을 한다.
② 탄소량을 증가시켜 Cr₄C 탄화물의 생성을 방지한다.
③ Cr₄C의 생성을 돕기 위해 Ti이나 Nb를 첨가한다.
④ 1,050~1,100℃ 정도로 가열하여 Cr₄C 탄화물을

분해 후 급랭한다.

29 [13-1]

Cr-Ni계 스테인리스강의 결함인 입계 부식의 방지책 중 틀린 것은?

① 탄소량이 적은 강을 사용한다.
② 300℃ 이하에서 가공한다.
③ Ti을 소량 첨가한다.
④ Nb를 소량 첨가한다.

> 1,050~1,100℃ 정도의 고온으로 가열한 후 크롬 탄화물을 오스테나이트 조직 중에 용체화하여 급랭시킨다.

30 [05-1]

표준 성분은 18(Cr)-8(Ni)로서 내식성, 내충격성, 기계가공성이 좋으며 비자성체로 용접도 비교적 잘되며 염산, 황산에 약하고 결정 입계부식이 발생하기 쉬운 스테인리스강을 무엇이라 하는가?

① 페라이트계 스테인리스강
② 마텐자이트계 스테인리스강
③ 오스테나이트계 스테인리스강
④ 석출경화형 스테인리스강

31 [10-1]

오스테나이트계 스테인리스강 용접 시 유의해야 할 사항이 아닌 것은?

① 아크를 중단하기 전에 크레이터 처리를 한다.
② 아크 길이를 길게 유지한다.
③ 낮은 전류로 용접하여 용접 입열을 억제한다.
④ 용접봉은 가급적 모재의 재질과 동일한 것을 사용한다.

> 오스테나이트계 스테인리스강 용접 시 아크 길이를 짧게 유지한다.

32 [11-4]

연강보다 열전도율은 작고 열팽창계수는 1.5배 정도이며 염산, 황산 등에 약하고 결정입계 부식이 발생하기 쉬운 스테인리스강은?

① 페라이트계
② 시멘타이트계
③ 오스테나이트계
④ 마텐자이트계

정답 **23** ② **24** ④ **25** ② **26** ④ **27** ② **28** ④ **29** ② **30** ③ **31** ② **32** ③

33 오스테나이트계 스테인리스강의 용접 시 유의해야 할 사항으로 틀린 것은?

① 층간온도가 320℃ 이상을 넘어서지 않도록 한다.
② 낮은 전류값으로 용접하여 용접 입열을 억제한다.
③ 아크를 중단하기 전에 크레이터 처리를 한다.
④ 아크 길이를 길게 유지한다.

[07-4]

34 오스테나이트계 스테인리스강의 용접 시 유의해야 할 사항이 아닌 것은?

① 용접균열을 방지하기 위해 충분한 예열이 필요하다.
② 층간온도가 320℃ 이상을 넘어서는 안 된다.
③ 아크를 중단하기 전에 크레이터 처리를 한다.
④ 낮은 전류값으로 용접하여 용접입열을 억제한다.

[08-1, 04-4]

35 오스테나이트계 스테인리스강은 용접 시 냉각되면서 고온 균열이 발생하는데 그 원인이 아닌 것은?

① 크레이터 처리를 하지 않았을 때
② 아크 길이를 짧게 했을 때
③ 모재가 오염되어 있을 때
④ 구속력이 가해진 상태에서 용접할 때

[25년, 12-5]

36 다음 중 구속력이 가해진 상태에서 오스테나이트계 스테인리스강을 용접할 때 고온 균열을 방지하기 위해서 사용하는 용접봉은?

① 크롬계 오스테나이트 용접봉
② 망간계 오스테나이트 용접봉
③ 크롬-몰리브덴계 오스테나이트 용접봉
④ 크롬-니켈-망간계 오스테나이트 용접봉

[10-4]

37 크롬계 스테인리스강 중 Cr이 약 18% 정도 함유한 것은?

① 시멘타이트계　　② 펄라이트계
③ 오스테나이트계　④ 페라이트계

[12-1]

38 다음 중 페라이트계 스테인리스강에 관한 설명으로 틀린 것은?

① 유기산과 질산에는 침식하지 않는다.
② 염산, 황산 등에도 내식성을 잃지 않는다.
③ 오스테나이트계에 비하여 내산성이 낮다.
④ 표면이 잘 연마된 것은 공기나 물 중에 부식되지 않는다.

> 페라이트계 스테인리스강은 유기산과 질산에는 침식되지 않지만 염산, 황산에는 침식된다.

[13-2]

39 페라이트계 스테인리스강의 특징이 아닌 것은?

① 표면 연마된 것은 공기나 물에 부식되지 않는다.
② 질산에는 침식되나 염산에는 침식되지 않는다.
③ 오스테나이트계에 비하여 내산성이 낮다.
④ 풀림상태 또는 표면이 거친 것은 부식되기 쉽다.

[11-1]

40 온도의 상승에도 강도를 잃지 않는 재료로서 복잡한 모양의 성형가공도 용이하여 항공기, 미사일 등의 기계부품으로 사용되어지는 PH형 스테인리스강은?

① 페라이트계 스테인리스강
② 마텐자이트계 스테인리스강
③ 오스테나이트계 스테인리스강
④ 석출경화형 스테인리스강

[12-4,10-4]

41 다음 중 재료의 온도상승에 따라 강도는 저하되지 않고 내식성을 가지는 PH형 스테인리스강은?

① 석출경화형 스테인리스강
② 오스테나이트계 스테인리스강
③ 마텐자이트계 스테인리스강
④ 페라이트계 스테인리스강

[04-1]

42 스테인리스 조직 중 용접성이 가장 좋지 않은 것은?

① 오스테나이트계
② 페라이트계
③ 마텐자이트계
④ 펄라이트계

[04-4]

43 스테인리스강 중에서 용접에 의해 경화가 심하므로 예열을 필요로 하는 것은?

① 시멘타이트계
② 페라이트계
③ 오스테나이트계
④ 마텐자이트계

> **마텐자이트계 스테인리스강의 특징**
> • 용접에 의한 경화가 심해 예열을 필요로 한다.
> • 스테인리스 조직 중 용접성이 가장 좋지 않다.
> • 500℃ 이상에서 강도 및 경도가 나빠진다.
> • 오스테나이트계, 페라이트계에 비해 내식성이 나쁘다.
> • 내식성 개량을 위해 니켈, 몰리브덴을 첨가한다.

[04-4]

44 마텐자이트 조직의 스테인리스강 S80의 내식성을 개량시키는 방법으로 다음 중 맞는 것은?

① 탄소량 증가와 크롬의 감소
② 니켈, 몰리브덴의 첨가
③ 티타늄, 바나듐의 첨가
④ 아연, 주석의 첨가

[06-4]

45 탄소강에 12~14%의 Cr을 첨가한 합금강은?

① 크롬-니켈계 스테인리스강
② 산화 스테인리스강
③ 질화 스테인리스강
④ 크롬계 스테인리스강

[06-2]

46 담금질 가능한 스테인리스강으로 용접 후 경도가 증가하는 것은?

① STS316
② STS304
③ STS202
④ STS410

> 담금질이 가능한 스테인리스강은 마텐자이트계이며, STS410이 여기에 속한다.

주철

[05-4]

1 주철(Cast iron)의 특징에 대한 설명으로 틀린 것은?

① 값이 저렴하다.
② 주조성이 양호하다.
③ 고온성에서 소성 변형이 된다.
④ 인장강도는 강에 비하여 적다.

> 주철은 소성 변형이 어려운 금속이다.

[11-1, 09-5]

2 주철의 일반적인 특성 및 성질에 대한 설명으로 틀린 것은?

① 주조성이 우수하여 크고 복잡한 것도 제작할 수 있다.
② 인장강도, 휨강도 및 충격값은 크나 압축강도는 작다.
③ 금속재료 중에서 단위 무게당의 값이 싸다.
④ 주물의 표면은 굳고 녹이 잘 슬지 않는다.

> 주철은 인장강도, 휨강도 및 충격값이 낮고 압축강도가 크다.

[07-2]

3 일반적으로 주철의 장점이 아닌 것은?

① 압축강도가 크다.
② 담금질성이 우수하다.
③ 내마모성이 우수하다.
④ 주조성이 우수하다.

> 주철의 담금질이 어렵다.

[07-2]

4 주철의 용접에 관한 설명으로 옳지 않은 것은?

① 주철 속에 기름, 흙, 모래 등이 있는 경우에 용착이 양호하고 모재와의 친화력이 좋다.
② 주철은 연강에 비하여 여리며, 수축이 많아 균열이 생기가 쉽다.
③ 주철은 급랭에 의한 백선화로 기계가공이 곤란하다.
④ 일산화탄소 가스가 발생하여 용착금속에 기공이 생기기 쉽다.

> 주철 속에 기름, 흙, 모래 등이 있는 경우 용착불량이 생기기 쉽다.

chapter **04**

5 다음 중 주철의 용접성에 관한 설명으로 틀린 것은?
[12-2]

① 주철은 연강에 비하여 여리며 급랭에 의한 백선화로 기계가공이 어렵다.

② 주철은 용접 시 수축이 많아 균열이 발생할 우려가 많다.

③ 일산화탄소 가스가 발생하여 용착금속에 기공이 생기지 않는다.

④ 장시간 가열로 흑연이 조대화된 경우 용착이 불량하거나 모재와의 친화력이 나쁘다.

> 주철은 일산화탄소 가스가 발생하여 용착금속에 기공이 생기기 쉽다.

6 주철 용접이 곤란하고 어려운 이유가 아닌 것은?
[13-1]

① 예열과 후열을 필요로 한다.

② 용접 후 급랭에 의한 수축, 균열이 생기기 쉽다.

③ 단시간 가열로 흑연이 조대화되어 용착이 양호하다.

④ 일산화탄소 가스 발생으로 용착금속에 기공이 생기기 쉽다.

> 주철은 장시간 가열로 흑연이 조대화된 경우 용착이 불량하거나 모재와의 친화력이 나쁘다.

7 보통 주철은 650~950℃ 사이에서 가열과 냉각을 반복하면 부피가 크게 되어 변형이나 균열이 발생하고 강도와 수명이 단축된다. 이런 현상을 무엇이라 하는가?
[11-5, 08-2]

① 주철의 성장   ② 주철의 부식

③ 주철의 취성   ④ 주철의 퇴보

8 주철은 600℃ 이상의 온도에서 가열했다가 냉각하는 과정의 반복에 의해 팽창하게 되는데 이러한 현상을 주철의 성장이라고 한다. 다음 중 주철의 성장 원인이 아닌 것은?
[12-5]

① Fe_3C 중의 흑연화에 의한 팽창

② 오스테나이트 조직 중의 Si의 산화에 의한 팽창

③ 흡수된 가스의 팽창에 따른 부피증가 등으로 인한 주철의 성장

④ A_1 변태의 반복과정에서 오는 체적 변화에 기인되는 미세한 균열이 형성되어 생기는 팽창

9 주철의 성장 원인이 아닌 것은?
[13-1]

① Fe_3C 흑연화에 의한 팽창

② 불균일한 가열로 생기는 균열에 의한 팽창

③ 흡수되는 가스의 팽창으로 인해 항복되어 생기는 팽창

④ 고용된 원소인 Mn의 산화에 의한 팽창

> **주철의 성장 원인**
> • Fe_3C 중의 흑연화에 의한 팽창
> • 페라이트 조직 중의 규소(Si)의 산화에 의한 팽창
> • 흡수된 가스의 팽창에 따른 부피증가 등으로 인한 성장
> • 불균일한 가열로 생기는 균열에 의한 팽창
> • 흡수되는 가스의 팽창으로 인해 항복되어 생기는 팽창

10 주철의 성장 원인이 되는 것 중 잘못된 것은?
[06-1]

① Fe_3C 흑연화에 의한 팽창

② 불균일한 가열로 생기는 균열에 의한 팽창

③ 흡수되는 가스의 팽창으로 인해 항복되어 생기는 팽창

④ 고용된 원소인 Mn의 산화에 의한 팽창

> ④ 고용된 원소인 Si의 산화에 의한 팽창이 성장의 원인이 된다.

11 주철의 성장 원인에 속하지 않는 것은?
[05-4]

① 고용원소인 Si(규소)의 산화에 의한 팽창

② Fe_3C의 흑연화에 의한 팽창

③ 균일한 가열에 의한 팽창

④ A_1변태에서 체적변화에 의한 팽창

12 주철의 성장 원인이 되는 것 중 틀린 것은?
[04-1]

① 펄라이트 조직 중의 Fe_3C 흑연화에 의한 팽창

② 빠른 냉각속도에 의한 시멘타이트의 석출로 인한 팽창

③ 페라이트 조직 중의 고용되어 있는 규소의 산화에 의한 팽창

④ A_1변태에서 체적변화가 생기면서 미세한 균열이 형성되어 생기는 팽창

> 시멘타이트의 흑연화에 의한 팽창이 성장의 원인이 된다.

13 주철의 성장 원인에 대한 설명 중 틀린 것은? [05-1]

① 페라이트 조직 중의 Si의 산화
② 흑연의 미세화에 따른 조직의 치밀화
③ 흡수된 가스의 팽창에 따른 부피의 증가
④ 펄라이트 조직 중의 Fe_3C 분해에 따른 흑연화

> 흑연의 미세화로 조직을 치밀하게 하는 것은 주철의 성장 방지책에 해당한다.

14 다음 중 주철의 성장을 방지하는 방법이 아닌 것은? [07-1]

① 흑연의 미세화로 조직을 치밀하게 한다.
② 편상흑연을 구상흑연화시킨다.
③ 반복 가열 냉각에 의한 균열처리를 한다.
④ 탄소 및 규소의 양을 적게 한다.

15 다음 중 주철의 종류가 아닌 것은? [12-2]

① 보통주철　　　　② 고급주철
③ 합금주철　　　　④ 진백주철

16 다음 중 보통주철의 일반적인 주요 성분에 속하지 않는 것은? [12-5, 06-4, 05-2]

① 규소　　　　　　② 아연
③ 망간　　　　　　④ 탄소

보통주철의 성분 및 함량

성분	탄소	규소	망간	인	황
함량(%)	3.2~3.8	1.4~2.5	0.4~1.0	0.3~1.5	0.06~1.3

17 바탕이 펄라이트(pearlite)이고 흑연이 미세하게 분포되어 있어 인장강도가 35~45 kgf/mm²에 달하며 담금질을 할 수 있고 내마멸성이 요구되는 공작기계의 안내면과 강도를 요하는 기관의 실린더에 쓰이는 주철은? [06-2]

① 미하나이트 주철(meehanite cast iron)
② 구상흑연 주철(nodular graphite cast iron)
③ 칠드주철(chilled cast iron)
④ 흑심 가단주철(black-heart malleable cast iron)

18 탄소(C) 이외에 보통주철에 포함된 주요성분이 아닌 것은? [04-4]

① Mn　　　　　　② Si
③ P　　　　　　　④ Al

19 일반적으로 보통주철은 어떤 형태의 주철인가? [07-2, 05-2]

① 칠드주철　　　　② 가단주철
③ 합금주철　　　　④ 회주철

> 보통주철은 회주철을 대표하는 주철이다.

20 펄라이트 바탕에 흑연이 미세하고 고르게 분포되어 있으며 내마멸성이 요구되는 피스톤 링 등 자동차 부품에 많이 쓰이는 주철은? [08-1]

① 미하나이트 주철　② 구상흑연 주철
③ 고합금 주철　　　④ 가단주철

21 다음 중 Fe-Si 또는 Ca-Si 등의 접종제로 접종 처리하여 흑연을 미세화하고 바탕조직을 펄라이트(pearlite) 조직화하여 강도와 인성을 높인 주철은? [12-4]

① 백주철(white cast iron)
② 칠드주철(chilled cast iron)
③ 미하나이트 주철(meehanite cast iron)
④ 흑심 가단주철(black heart malleable cast iron)

22 철계 주조재의 기계적 성질 중 인장강도가 가장 높은 주철은? [09-1]

① 보통주철　　　　② 백심 가단주철
③ 고급주철　　　　④ 구상흑연 주철

> 구상흑연주철은 주철의 종류 중 인장강도가 가장 높고 보통주철이 가장 낮다.

23 철계 주조재의 기계적 성질 중 인장강도가 가장 낮은 주철은? [10-5]

① 구상흑연 주철　　② 가단주철
③ 고급주철　　　　④ 보통주철

정답 **13** ②　**14** ③　**15** ④　**16** ②　**17** ①　**18** ④　**19** ④　**20** ①　**21** ③　**22** ④　**23** ④

24 고급주철의 바탕 조직으로 맞는 것은?

① 페라이트 조직　　　② 펄라이트 조직
③ 오스테나이트 조직　④ 공정 조직

[13-2]
25 가단주철의 종류가 아닌 것은?

① 산화 가단주철　　　② 백심 가단주철
③ 흑심 가단주철　　　④ 펄라이트 가단주철

[04-2]
26 가단주철의 종류가 아닌 것은?

① 펄라이트 가단주철　② 백심 가단주철
③ 흑심 가단주철　　　④ 페라이트 가단주철

[10-4]
27 가단주철의 분류에 해당되지 않는 것은?

① 백심 가단주철　　　② 흑심 가단주철
③ 반선 가단주철　　　④ 펄라이트 가단주철

[11-1]
28 가단주철(malleable cast iron)의 종류가 아닌 것은?

① 백심 가단주철
② 흑심 가단주철
③ 레데뷰라이트 가단주철
④ 펄라이트 가단주철

[09-4]
29 백주철을 고온에서 장시간 열처리하여 시멘타이트 조직을 분해 또는 소실시켜서 얻는 가단주철에 속하지 않는 것은?

① 흑심 가단주철　　　② 백심 가단주철
③ 펄라이트 가단주철　④ 솔바이트 가단주철

[12-1]
30 다음 중 용융상태의 주철에 마그네슘, 세륨, 칼슘 등을 첨가한 것은?

① 칠드주철　　　　　② 가단주철
③ 구상흑연 주철　　　④ 고크롬 주철

[10-1]
31 가단주철은 주조성이 우수한 백선주물을 만들고 열처리함으로써 강인한 조직과 단조를 가능케 한 주철인데 그 종류가 아닌 것은?

① 백심 가단주철
② 펄라이트 가단주철
③ 특수 가단주철
④ 오스테나이트 가단주철

[11-5]
32 구상흑연 주철의 조직에 따른 분류가 아닌 것은?

① 페라이트형　　　　② 펄라이트형
③ 시멘타이트형　　　④ 트루스타이트형

[10-4]
33 주철조직 중 흑연의 형상이 아닌 것은?

① 공정상 흑연　　　　② 편상 흑연
③ 침상 흑연　　　　　④ 괴상 흑연

> 흑연의 형상에는, 편상 흑연, 괴상 흑연, 공정상 흑연, 장미상 흑연, 국화상 흑연 등이 있다.

[12-4]
34 다음 중 공정주철의 탄소함유량으로 가장 적합한 것은?

① 1.3%C　　　　　　② 2.3%C
③ 4.3%C　　　　　　④ 6.3%C

[06-1]
35 주철은 함유하는 탄소의 상태와 파단면의 색에 따라 3가지로 분류하는데, 다음 중 해당되지 않는 것은?

① 백주철　　　　　　② 흑주철
③ 반주철　　　　　　④ 회주철

[04-1]
36 주철에 함유된 탄소가 흑연(graphite) 상태로 존재하고 파단면이 회색을 띠고 있는 주철은?

① 회주철　　　　　　② 백주철
③ 칠드주철　　　　　④ 반주철

37 백주철이란 탄소가 주철 속에 어떤 상태로 포함되어 있는 것을 말하는가?

[05-1]

① 페라이트 ② 탄소흑연
③ 화합탄소 ④ 오스테나이트

[04-4]

38 구상흑연 주철은 용융상태의 주철 중에 어떤 원소를 첨가하여 흑연을 구상화한 것인가?

① 크롬 ② 마그네슘
③ 몰리브덴 ④ 니켈

[06-2]

39 주철의 조직 중에서 규소량이 적으며 냉각 속도가 빠를 때 많이 나타나는 조직은?

① 페라이트 ② 시멘타이트
③ 레데뷰라이트 ④ 마텐자이트

[11-4]

40 주조 시 주형에 냉금을 삽입하여 주물 표면을 급랭시킴으로써 백선화하고 경도를 증가시킨 내마모성 주철은?

① 가단주철 ② 칠드주철
③ 고급주철 ④ 미하나이트 주철

[11-4]

41 주철 중에 유황이 함유되어 있을 때 미치는 영향 중 틀린 것은?

① 유동성을 해치므로 주조를 곤란하게 하고 정밀한 주물을 만들기 어렵게 한다.
② 주조 시 수축률을 크게 하므로 기공을 만들기 쉽다.
③ 흑연의 생성을 방해하고, 고온취성을 일으킨다.
④ 주조응력을 작게 하고, 균열 발생을 저지한다.

주철 중에 유황이 함유되어 있으면 주조응력, 균열을 일으킨다.

[08-5]

42 합금주철의 합금 원소들 중에서 흑연화를 촉진시키는 원소는?

① Cr ② Mo
③ V ④ Ni

[13-1]

43 주철의 여린 성질을 개선하기 위하여 합금주철에 첨가하는 특수 원소 중 크롬(Cr)이 미치는 영향으로 잘못된 것은?

① 내마모성을 향상시킨다.
② 흑연의 구상화를 방해하지 않는다.
③ 크롬 0.2~1.5% 정도 포함시키면 기계적 성질을 향상시킨다.
④ 내열성과 내식성을 감소시킨다.

주철 중 크롬은 내열성과 내식성을 향상시키는 역할을 한다.

[09-2]

44 합금주철의 원소 중 흑연화를 방지하고 탄화물을 안정시키는 원소는?

① 크롬(Cr) ② 니켈(Ni)
③ 구리(Cu) ④ 몰리브덴(Mo)

[07-1]

45 보통주철에 0.4~1% 정도 함유되며, 화학성분 중 흑연화를 방해하여 백주철화를 촉진하고, 황(S)의 해를 감소시키는 것은?

① 수소(H) ② 구리(Cu)
③ 알루미늄(Al) ④ 망간(Mn)

[12-1]

46 다음 중 주철의 보수용접 방법이 아닌 것은?

① 스터드법 ② 비녀장법
③ 버터링법 ④ 피닝법

[06-4]

47 주철의 일반적인 보수용접 방법이 아닌 것은?

① 덧살올림법 ② 스터드법
③ 비녀장법 ④ 버터링법

[11-2]

48 주철 균열의 보수용접 중 가늘고 긴 용접을 할 때 용접선에 직각이 되게 꺾쇠 모양으로 직경 6mm 정도의 강봉을 박고 용접하는 방법은?

① 스터드법 ② 비녀장법
③ 버터링법 ④ 로킹법

chapter 04

정답 ▶ 37 ③ 38 ② 39 ② 40 ② 41 ④ 42 ④ 43 ④ 44 ① 45 ④ 46 ④ 47 ① 48 ②

[04-2]
49 주철의 보수용접 방법으로 적당하지 않은 것은?

① 균열 종단부에 구멍을 뚫고 가우징 후 주철용 봉으로 용접한다.

② 파단부에 홈을 만든 후 철분을 1/2 정도 채우고 주철용 봉으로 용접한다.

③ 파단부에 홈을 만든 후 버터링 방법으로 주철용 봉을 사용하여 용접한다.

④ 접합부가 약한 경우는 스터드(stud)법으로 용접한다.

주강

[12-4, 10-1]
1 주강의 특성을 설명한 것으로 틀린 것은?

① 유동성이 나쁘다.

② 주조 시의 수축이 적다.

③ 고온 인장강도가 낮다.

④ 표피 및 그 인접부분의 품질이 양호하다.

주강은 주조 시의 수축량이 커서(주철의 2배) 균열 등이 발생하기 쉽다.

[10-1, 08-2, 05-2]
2 주강에 대한 설명으로 틀린 것은?

① 주철로써는 강도가 부족할 경우에 사용된다.

② 용접에 의한 보수가 용이하다.

③ 주철에 비하여 주조 시의 수축량이 커서 균열 등이 발생하기 쉽다.

④ 주철에 비하여 용융점이 낮다.

주강은 주철보다 용융점이 높다.

[12-2]
3 다음 중 주강에 관한 설명으로 틀린 것은?

① 주철로써는 강도가 부족되는 부분에 사용된다.

② 철도 차량, 조선, 기계 및 광산 구조용 재료로 사용된다.

③ 주강 제품에는 기포나 기공이 적당히 있어야 한다.

④ 탄소함유량에 따라 저탄소 주강, 중탄소 주강, 고탄소 주강으로 구분한다.

[13-2]
4 다음 주강에 대한 설명이다. 잘못된 것은?

① 용접에 의한 보수가 용이하다.

② 주철에 비해 기계적 성질이 우수하다.

③ 주철로써는 강도가 부족할 경우에 사용한다.

④ 주철에 비해 용융점이 낮고 수축률이 크다.

[11-2]
5 다음 중 주강에 대한 일반적인 설명으로 틀린 것은?

① 주철에 비하면 용융점이 800℃ 정도의 저온이다.

② 주철에 비하여 기계적 성질이 우수하다.

③ 주조상태로는 조직이 거칠고 취성이 있다.

④ 주강 제품에는 기포 등이 생기기 쉬우므로 제강 작업에는 다량의 탈산제를 사용함에 따라 Mn이나 Ni의 함유량이 많아진다.

[10-5]
6 주강에 대한 설명으로 틀린 것은?

① 주철에 비해 기계적 성질이 우수하고 용접에 의한 보수가 용이하다.

② 주철에 비해 강도는 적으나 용융점이 낮고 유동성이 커서 주조성이 좋다.

③ 주조조직 개선과 재질 균일화를 위해 풀림처리를 한다.

④ 탄소 함유량에 따라 저탄소 주강, 고탄소 주강, 중탄소 주강으로 분류한다.

[09-4]
7 형상이 크거나 복잡하여 단조품으로 만들기가 곤란하고 주철로써는 강도가 부족할 경우에 사용되며, 주조 후 완전 풀림을 실시하는 강은?

① 일반 구조용강 ② 주강

③ 공구강 ④ 스프링강

[07-1]
8 주강과 주철의 비교 설명으로 잘못된 것은?

① 주강은 주철에 비하여 수축률이 크다.

② 주강은 주철에 비해 용융점이 높다.

③ 주강은 주철에 비해 기계적 성질이 우수하다.

④ 주강은 주철보다 용접에 의한 보수가 어렵다.

정답 ▶ 49 ② [주강] 1 ② 2 ④ 3 ③ 4 ④ 5 ① 6 ② 7 ② 8 ④

[06-1]

9 주강의 수축률은 주철의 약 몇 배인가?

① 1　　　② 2　　　③ 4　　　④ 6

[13-1]

10 주철과 비교한 주강에 대한 설명으로 틀린 것은?

① 주철에 비하여 강도가 더 필요할 경우에 사용한다.

② 주철에 비하여 용접에 의한 보수가 용이하다.

③ 주철에 비하여 주조시 수축량이 커서 균열 등이 발생하기 쉽다.

④ 주철에 비하여 용융점이 낮다.

구리 및 구리 합금

[10-4]

1 구리의 일반적인 성질에 대한 설명으로 틀린 것은?

① 체심입방정(BCC) 구조로서 성형성과 단조성이 나쁘다.

② 화학적 저항력이 커서 부식되지 않는다.

③ 내산화성, 내수성, 내염수성의 특성이 있다.

④ 전기 및 열의 전도성이 우수하다.

> 구리는 면심입방격자 구조로서 성형성과 단조성이 좋다.

[10-5]

2 다음 중 구리의 성질로 틀린 것은?

① 전기 및 열의 전도성이 우수하다.

② 전연성이 좋아 가공이 용이하다.

③ 상자성체로 전기전도율이 적다.

④ 아름다운 광택과 귀금속적 성질이 우수하다.

> 구리는 비자성체로 전기전도율이 높은 편이다.

[07-2]

3 구리에 관한 설명으로 틀린 것은?

① 전기 및 열의 전도율이 높은 편이다.

② 전연성이 매우 크므로 상온가공이 용이하다.

③ 화학적 저항력이 적어서 부식이 쉽다.

④ 아름다운 광택과 귀금속적 성질이 우수하다.

> 구리는 화학적 저항력이 커서 부식되지 않는다.

[09-2]

4 구리의 성질을 설명한 것으로 틀린 것은?

① 전기 및 열의 전도성이 우수하다.

② 비중이 철(Fe)보다 작고 아름다운 광택을 갖고 있다.

③ 전연성이 좋아 가공이 용이하다.

④ 화학적 저항력이 커서 부식되지 않는다.

> 구리(8.96)는 철(2.7)보다 비중이 크다.

[10-1]

5 구리와 구리 합금이 다른 금속에 비하여 우수한 점이 아닌 것은?

① 전기 및 열전도율이 높다.

② 연하고 전연성이 좋아 가공하기 쉽다.

③ 철강보다 비중이 낮아 가볍다.

④ 철강에 비해 내식성이 좋다.

> 구리 및 구리 합금은 철강보다 비중이 높다.

[07-4]

6 구리 합금의 가스용접 시 사용되는 용제로 가장 적합한 것은?

① 사용하지 않는다.

② 붕사, 중탄산나트륨

③ 붕사, 염화리튬

④ 염화리튬, 염화칼륨

> 구리합금의 가스용접 시 붕사(75%), 염화리튬(25%) 용제를 사용한다.

[05-4]

7 구리(Cu) 및 그 합금의 특징에 대한 설명으로 틀린 것은?

① 전기 및 열의 전도성이 우수하다.

② 상온의 건조한 공기에서는 그 표면이 산화된다.

③ 전연성이 좋아 가공이 용이하다.

④ 아름다운 광택과 귀금속적 성질이 우수하다.

> 구리는 내산화성의 특성이 있다.

정답▶ 9 ② 10 ④ [구리 및 구리 합금] 1 ① 2 ③ 2 ③ 4 ② 5 ③ 6 ③ 7 ②

chapter 04

[06-2]

8 전연성이 가장 큰 재료는?

① 구리
② 6:4 황동
③ 7:3 황동
④ 청동

[13-1]

9 구리의 물리적 성질에서 용융점은 약 몇 ℃ 정도인가?

① 660℃
② 1,083℃
③ 1,528℃
④ 3,410℃

[06-2]

10 구리(Cu)의 녹는점(용점)은 다음 중 얼마인가?

① 750℃
② 935℃
③ 1,083℃
④ 1,350℃

[08-1]

11 다음은 구리 및 구리 합금의 용접성에 관한 설명이다. 틀린 것은?

① 용접 후 응고 수축 시 변형이 생기기 쉽다.
② 충분한 용입을 얻기 위해서는 예열을 해야 한다.
③ 구리는 연강에 비해 열전도도와 열팽창계수가 낮다.
④ 구리 합금은 과열에 의한 아연 증발로 중독을 일으키기 쉽다.

구리는 연강에 비해 열전도도가 우수하고 열팽창계수도 높다.

[13-1]

12 구리 합금의 용접 시 조건으로 잘못된 것은?

① 구리의 용접 시 간격과 높은 예열온도가 필요하다.
② 비교적 루트 간격과 홈 각도를 크게 취한다.
③ 용가재는 모재와 같은 재료를 사용한다.
④ 용접봉으로는 토빈(torbin) 청동봉, 인 청동봉, 에버듈(ever dur)봉 등이 많이 사용된다.

구리 합금은 구리에 비해 전기전도도 및 열전도도가 낮기 때문에 예열온도가 낮아도 된다.

[11-2,11-4]

13 황동의 가공재를 상온에서 방치하거나 저온 풀림 경화시킨 스프링재가 사용도중 시간의 경과에 따라 경도 등 여러 가지 성질이 약화되는 성질을 무엇이라고 하는가?

① 자연 변화
② 가공 경화
③ 경년 변화
④ 부식 변화

[10-2]

14 황동에 생기는 자연균열의 방지법으로 가장 적합한 것은?

① 도료나 아연도금을 실시한다.
② 황동판에 전기를 흐르게 한다.
③ 황동에 약간의 철을 합금시킨다.
④ 수증기를 제거한다.

자연균열 방지책
• 아연(Zn) 도금을 한다.
• 표면에 도료를 칠한다.
• 180~260℃에서 응력제거 풀림을 한다.

[04-2]

15 다음 중 황동의 자연균열(season cracking) 방지책과 가장 거리가 먼 것은?

① Zn 도금을 한다.
② 표면에 도료를 칠한다.
③ 암모니아, 탄산가스 분위기에 보관한다.
④ 180~260℃에서 응력제거 풀림을 한다.

암모니아, 산소, 이산화탄소, 습기 등의 분위기에서는 자연균열이 발생하기 쉽다.

[07-1]

16 황동에서 탈아연 부식의 방지책이 아닌 것은?

① 아연(Zn) 30% 이하의 α 황동을 사용한다.
② 아연(Zn) 30% 이상의 β 황동을 사용한다.
③ 0.1~0.5%의 안티몬(Sb)을 첨가한다.
④ 1% 정도의 주석(Sn)을 첨가한다.

[11-5]

17 황동의 고온 탈아연(dezincing) 현상에 대한 설명 중 틀린 것은?

① 고온에서 증발에 의하여 황동 표면으로부터 아연이 탈출되는 현상이다.
② 탈아연을 방지하려면 표면에 산화물 피막을 형성시키면 효과가 있다.
③ 아연산화물은 증발을 촉진시키는 효과가 있으며 알루미늄산화물은 더욱 비효과적이다.
④ 고온일수록 표면에 산화물 등이 없어 깨끗할수록 탈아연이 심해진다.

> 아연산화물과 알루미늄산화물은 아연의 증발 방지 효과가 있다.

[09-5]

18 황동이 고온에서 탈아연(Zn)되는 현상을 방지하는 방법으로 황동 표면에 어떤 피막을 형성시키는가?

① 탄화물   ② 산화물
③ 질화물   ④ 염화물

> 고온에서 증발에 의하여 황동 표면으로부터 아연이 탈출되는 현상을 고온 탈아연이라 하며, 아연산화물과 알루미늄산화물은 아연의 증발을 방지하는 효과가 있다.

[09-4]

19 실용 특수 황동으로 6:4 황동에 0.75% 정도의 주석을 첨가한 것으로 용접봉, 선박, 기계부품 등으로 사용되는 것은?

① 애드미럴티 황동   ② 네이벌 황동
③ 함연 황동   ④ 알브랙 황동

[11-2, 05-4]

20 전연성이 좋고, 색깔이 아름다워 모조금이나 판 및 선 등에 쓰이며, 5~20%의 아연을 함유하는 황동은?

① 문쯔메탈   ② 포금
③ 톰백   ④ 7:3 황동

> 톰백은 색깔이 황금색에 가까워 모조금, 판 및 선 등에 사용된다.

[10-4]

21 가공용 황동의 대표적인 것으로 아연을 28~32% 정도 함유한 것으로 상온 가공이 가능한 황동은?

① 7:3 황동   ② 6:4 황동
③ 니켈 황동   ④ 철 황동

[05-1]

22 황동에서 아연(Zn) 성분이 몇 %에서 황동의 연신율은 최대가 되는가?

① 20%   ② 30%
③ 45%   ④ 55%

[06-4]

23 7:3 황동에 주석을 1% 정도 첨가하여 탈아연 부식을 억제하고 내식성 및 내해수성을 증대시킨 특수황동은?

① 쾌삭황동
② 네이벌 황동
③ 애드미럴티 황동
④ 강력황동

[12-2]

24 Cu 합금 중 7:3 황동의 주요 성분 비율을 올바르게 나타낸 것은?

① Cu : 30%, Al : 70%
② Cu : 30%, Zn : 70%
③ Cu : 70%, Al : 30%
④ Cu : 70%, Zn : 30%

[05-2]

25 구리(Cu)에 아연(Zn)이 35~45% 포함되어 있고, 고온가공이 용이한 6:4 황동은?

① 톰백(tombac)
② 길딩 메탈(gilding metal)
③ 포금(gun metal)
④ 문쯔메탈(muntz metal)

[11-1, 08-2]

26 아연을 약 40% 첨가한 황동으로 고온가공 하여 상온에서 완성하며, 열교환기, 열간 단조품, 탄피 등에 사용되고 탈아연 부식을 일으키기 쉬운 것은?

① 알브락
② 니켈황동
③ 문쯔메탈
④ 애드미럴티 황동

chapter **04**

27 6 : 4 황동에 철을 1~2% 첨가한 것으로 일명 철황동이라고 하며 강도가 크고 내식성도 좋아 광산기계, 선박용 기계, 화학기계 등에 사용되는 특수 황동은?

① 애드미럴티 황동(admiralty brass)

② 네이벌 황동(naval brass)

③ 델타 메탈(delta metal)

④ 쾌삭황동(free cutting brass)

[12-4, 10-1]

28 다음 중 고강도 황동으로 델타 메탈(delta metal)의 성분을 올바르게 나타낸 것은?

① 6:4 황동에 철을 1~2% 첨가

② 7:3 황동에 주석을 3%내의 첨가

③ 6:4 황동에 망간을 1~2% 첨가

④ 7:3 황동에 니켈을 9%내의 첨가

[12-1]

29 다음 중 7:3 황동에 2%의 Fe과 소량의 주석과 알루미늄을 넣은 것을 무엇이라 하는가?

① 듀라나 메탈(durana metal)

② 델타 메탈(delta metal)

③ 알브랙(albrac)

④ 라우탈(lautal)

[07-2]

30 백동 또는 양은이라고도 하며 7:3 황동에 10~20%의 Ni을 첨가한 것으로 전기저항체, 밸브, 콕, 광학기계 부품 등에 사용되는 구리 합금은?

① 양백

② 문쯔메탈

③ 톰백

④ 쾌삭황동

[13-2]

31 특수 황동에 대한 설명으로 가장 적합한 것은?

① 주석황동 : 황동에 10% 이상의 Sn을 첨가한 것

② 알루미늄 황동 : 황동에 10~15%의 Al을 첨가한 것

③ 철황동 : 황동에 5% 정도의 Fe을 첨가한 것

④ 니켈황동 : 황동에 7~30%의 Ni을 첨가한 것

---

① 주석황동 : 황동에 약 1%의 주석을 첨가한 것
② 알루미늄 황동 : 황동에 1.5~2.0%의 알루미늄을 첨가한 것
③ 철황동 : 황동에 1~2%의 철을 첨가한 것

[12-4]

32 다음 중 황동의 종류가 아닌 것은?

① 톰백(tombac)

② 문쯔메탈(muntz metal)

③ 포금(gun metal)

④ 델타메탈(delta metal)

포금은 8~12%의 Sn에 1~2%의 Zn을 함유한 청동이다.

[10-5]

33 황동의 조성으로 맞는 것은?

① 구리＋아연　② 구리＋주석

③ 구리＋납　④ 구리＋망간

[10-4, 04-4]

34 황동납의 주성분으로 맞는 것은?

① 구리＋아연　② 은＋구리

③ 알루미늄＋구리　④ 구리＋금납

[06-4]

35 청동에 관한 설명으로 틀린 것은?

① 넓은 의미에서는 황동 이외의 구리 합금을 말한다.

② 부식에 잘 견디므로 밸브, 선박용 판, 동상 등의 재료로 사용된다.

③ 좁은 의미로는 구리-아연 합금이다.

④ 황동보다 내식성과 내마모성이 좋다.

넓은 의미의 청동은 황동 이외의 구리 합금을 말하며, 좁은 의미의 청동은 구리와 주석의 합금을 말한다.

[12-1]

36 다음 중 8~12% Sn에 1~2% Zn을 함유한 구리 합금을 무엇이라 하는가?

① 포금(gun metal)　② 톰백(tombac)

③ 켈밋 합금(kelmet alloy)　④ 델타 메탈(delta metal)

정답 : **27** ③　**28** ①　**29** ①　**30** ①　**31** ④　**32** ③　**33** ①　**34** ①　**35** ③　**36** ①

[09-5, 08-1]

37 Cu-Ni 합금에 소량의 Si를 첨가하여 전기 전도율을 좋게 한 것은?

① 네이벌 황동　　　② 암즈 황동
③ 코르손 합금　　　④ 켈밋

[11-1, 11-2, 11-5]

38 Cu-Ni-Si계 합금으로 강도와 전기 전도율이 좋아 주로 통신선, 전화선 등에 쓰이는 것은?

① 코르손(corson) 합금
② 알드레이(Aldrey) 합금
③ 네이벌(Naval) 합금
④ 두랄루민(Duralumin) 합금

[06-2]

39 청동의 용해 주조 시에 탈산제로 사용하는 P의 첨가량이 많아 합금 중에 0.05~0.5% 정도 남게 하면 용탕의 유동성이 좋아지고 합금의 경도, 강도가 증가하여 내마모성, 탄성이 개선되는 청동은?

① 켈밋　　　　　　② 배빗 메탈
③ 암즈 청동　　　　④ 인청동

[11-2]

40 주석 청동 중에 Pb를 3~28% 정도를 첨가한 것으로 그 조직 중에 Pb가 거의 고용되지 않고 입계에 점재하여 윤활성이 좋으므로 베어링, 패킹 재료 등에 사용되는 것은?

① 압연용 청동　　　② 연청동
③ 미술용 청동　　　④ 베어링용 청동

[13-2, 06-1]

41 주석청동 중에 납(Pb)을 3~26% 첨가한 것으로 베어링 패킹재료 등에 널리 사용되는 것은?

① 인청동　　　　　② 연청동
③ 규소 청동　　　　④ 베릴륨 청동

[11-4]

42 다음 중 강도가 높고 피로한도, 내열성, 내식성이 우수하여 베어링, 고급 스프링의 재료로 이용되는 것은?

① 쿠니얼 브론즈　　② 코르손 합금
③ 베릴륨 청동　　　④ 인청동

[12-5]

43 다음 중 일명 포금(gun metel)이라고 불리는 청동의 주요 성분으로 옳은 것은?

① 8~12% Sn에 1~2% Zn 함유
② 2~5% Sn에 15~20% Zn 함유
③ 5~10% Sn에 10~15% Zn 함유
④ 15~20% Sn에 5~8% Zn 함유

[07-1, 05-1]

44 구리 합금 중에서 가장 높은 강도와 경도를 가진 청동은?

① 규소청동　　　　② 니켈청동
③ 베릴륨청동　　　④ 망간청동

> **베릴륨 청동의 특징**
> • 2~3%의 베릴륨을 함유하고 있다.
> • 피로한도, 내열성 및 내식성이 우수하다.
> • 베릴륨 함유량이 1.82~4%일 때 시효경화성이 크다.
> • 구리 합금 중에서 강도와 경도가 가장 크다.

알루미늄 및 알루미늄 합금

[06-2]

1 다음이 공통적으로 설명하고 있는 원소는?

> • 면심입방격자이다.
> • 백색의 가벼운 금속으로 비중이 약 2.70이다.
> • 염산 중에는 매우 빨리 침식되나 진한 질산에는 잘 견딘다.

① Al　　　　　　② Cu
③ Mg　　　　　　④ Zn

[11-4]

2 알루미늄에 대한 설명으로 틀린 것은?

① 내식성과 가공성이 우수하다.
② 전기와 열의 전도도가 낮다.
③ 비중이 작아 가볍다.
④ 주조가 용이하다.

> 알루미늄은 구리 다음으로 전기 및 열의 전도성이 좋다.

[12-4]

3 다음 중 알루미늄에 관한 설명으로 틀린 것은?

① 경금속에 속한다.
② 전기 및 열전도율이 매우 나쁘다.
③ 비중이 2.7 정도, 용융점은 660℃ 정도이다.
④ 산화피막의 보호작용 때문에 내식성이 좋다.

[09-5]

4 알루미늄에 대한 설명으로 틀린 것은?

① 전기 및 열의 전도율이 매우 떨어진다.
② 경금속에 속한다.
③ 융점이 660℃ 정도이다.
④ 내식성이 좋다.

[08-2]

5 알루미늄의 전기전도율은 구리의 약 몇 % 정도인가?

① 5
② 65
③ 90
④ 135

[12-5]

6 다음 중 알루미늄(Al)에 관한 설명으로 틀린 것은?

① 전·연성이 우수하다.
② 산이나 알칼리에 약하다.
③ 실용금속 중 가장 가볍다.
④ 열과 전기의 전도성이 양호하다.

> 실용금속 중 가장 가벼운 것은 마그네슘이다.

[07-1, 04-4]

7 알루미늄(Al)의 성질에 관한 설명으로 틀린 것은?

① 비중이 가벼운 경금속이다.
② 전기 및 열의 전도율이 구리보다 좋다.
③ 상온 및 고온에서 가공이 용이하다.
④ 공기 중에서 표면에 Al_2O_3의 얇은 막이 생겨 내식성이 좋다.

> 알루미늄의 전기 전도율은 구리의 약 65%이다.

[04-2]

8 다음 중 알루미늄의 용융점은 몇 ℃인가?

① 660.2℃
② 1,112.1℃
③ 1,280℃
④ 1,460℃

[12-2]

9 다음 중 Al의 특징에 관한 설명으로 틀린 것은?

① 가볍고 전연성이 우수하다.
② 전기전도도는 구리보다 낮다.
③ 전기, 열의 양도체이며 내식성이 좋다.
④ 기계적 성질은 순도가 높을수록 강하다.

> 알루미늄은 순도가 높을수록 연하며, 불순물이 증가할수록 강도가 커지고 단단해진다.

[05-4]

10 알루미늄의 성질을 설명한 것이다. 틀린 것은?

① 표면에 산화피막이 생겨 내식성이 우수하다.
② 용융점이 높아 고온강도가 크다.
③ 전기 및 열의 양도체이다.
④ 전연성이 우수하다.

> 알루미늄은 용융점이 낮아 용해하기 쉽고 고온에서는 강도가 급격히 감소한다.

[06-4]

11 알루미늄의 특성을 설명한 것 중 틀린 것은?

① 가볍고 내식성이 좋다.
② 전기 및 열의 전도성이 좋다.
③ 해수에서도 부식되지 않는다.
④ 상온 및 고온 가공이 쉽다.

> 알루미늄은 해수에 부식된다.

[05-2]

12 알루미늄의 특성을 설명한 것으로 틀린 것은?

① 가볍고, 내식성 및 가공성이 좋다.
② 주조성이 용이하고, 다른 금속과 잘 합금된다.
③ 해수에 대한 내식성이 아주 강하다.
④ 구리 다음으로 전기 및 열의 전도성이 좋다.

> 알루미늄은 해수에 부식된다.

[08-1]

13 비중이 2.7, 용융온도가 660℃이며 가볍고 내식성 및 가공성이 좋아 주물, 다이캐스팅, 전선 등에 쓰이는 비철금속 재료는?

① 구리(Cu)
② 니켈(Ni)
③ 마그네슘(Mg)
④ 알루미늄(Al)

정답 3 ② 4 ① 5 ② 6 ③ 7 ② 8 ① 9 ④ 10 ② 11 ③ 12 ③ 13 ④

14 알루미늄 합금, 구리 합금 용접에서 예열 온도로 가장 적합한 것은?

① 200~400℃ ② 100~200℃
③ 60~100℃ ④ 20~50℃

[07-4]

15 알루미늄은 공기 중에서 산화하나 내부로 침투하지 못한다. 그 이유는?

① 내부에 산화알루미늄이 생성되기 때문
② 내부에 산화철이 생성되기 때문
③ 표면에 산화알루미늄이 생성되기 때문
④ 표면에 산화철이 생성되기 때문

[07-2]

16 알루미늄 합금 용접 시 청정작용이 잘되는 것은?

① Ar 가스 사용, DCSP
② He 가스 사용, DCSP
③ Ar 가스 사용, ACHF
④ He 가스 사용, ACHF

> 알루미늄 합금은 아르곤 가스를 사용하여 고주파교류로 용접 시 청정작용이 잘된다.

[11-2]

17 알루미늄이나 그 합금은 대체로 용접성이 불량하다. 그 이유가 아닌 것은?

① 산화알루미늄의 용융온도가 알루미늄의 용융온도보다 매우 높기 때문에 용접성이 나쁘다.
② 용융점이 660℃로서 낮은 편이고, 색체에 따라 가열 온도의 판정이 곤란하여 지나치게 용융이 되기 쉽다.
③ 용접 후의 변형이 적고 균열이 생기지 않는다.
④ 용융응고 시에 수소가스를 흡수하여 시공이 발생되기 쉽다.

> 알루미늄은 변형이나 균열이 생기기 쉽다.

[06-1]

18 알루미늄(Al)은 철강에 비하여 일반 용접법으로 용접이 극히 곤란하다. 그 이유로 가장 적합한 것은?

① 비열 및 열전도도가 적다.
② 용융점이 비교적 높다.
③ 응고균열이 생기지 않는다.
④ 열팽창계수가 매우 크다.

[11-5]

19 알루미늄 표면에 산화물계 피막을 만들어 부식을 방지하는 알루미늄 방식법에 속하지 않는 것은?

① 염산법 ② 수산법
③ 황산법 ④ 크롬산법

[11-4]

20 주조용 알루미늄 합금 중 유동성이 좋아 복잡한 형상의 주조에 사용되는 것은?

① 알루미늄-주철계 합금
② 알루미늄-규소계 합금
③ 알루미늄-니켈계 합금
④ 알루미늄-아연계 합금

[10-1]

21 주조용 알루미늄 합금의 종류가 아닌 것은?

① Al-Cu계 합금 ② Al-Si계 합금
③ 내열용 Al합금 ④ 내식성 Al합금

> 내식성 알루미늄 합금은 가공용 알루미늄 합금에 속한다.

[10-5]

22 내열용 알루미늄 합금이 아닌 것은?

① 하이드로날륨 합금 ② 로엑스(Lo-Ex) 합금
③ 코비탈륨 합금 ④ Y 합금

[09-1]

23 내열성 알루미늄 합금으로 실린더 헤드, 피스톤 등에 사용되는 것은?

① 알민 ② Y합금
③ 하이드로날륨 ④ 알드레이

정답 **14** ① **15** ③ **16** ③ **17** ③ **18** ④ **19** ① **20** ② **21** ④ **22** ① **23** ②

24 주성분은 Al-Si-Cu-Mg-Ni로 열팽창계수 및 비중이 작고 내마멸성이 커 피스톤용으로 사용되는 내열용 알루미늄 합금은?
[08-5]

① 실루민
② Lo-Ex합금
③ 하이드로날륨
④ 라우탈

[07-2, 04-1]
25 Al-Mg계 합금이며 내식성 알루미늄 합금의 대표적인 것으로 강도와 인성이 좋은 재료는?

① Y합금
② 하이드로날륨
③ 두랄루민
④ 실루민

[13-2]
26 알루미늄 합금으로 강도를 높이기 위해 구리, 마그네슘 등을 첨가하여 열처리 후 사용하는 것으로 교량, 항공기 등에 사용하는 것은?

① 주조용 알루미늄 합금
② 내열 알루미늄 합금
③ 내식 알루미늄 합금
④ 고강도 알루미늄 합금

[11-5]
27 내식성 알루미늄 합금의 종류에 속하지 않는 것은?

① 알민(Almin)
② 하이드로날륨(Hydronalium)
③ 코비탈륨(Cobitalium)
④ 알드레이(Aldrey)

[10-5]
28 고강도 알루미늄 합금으로 대표적인 시효경화성 알루미늄 합금명은?

① 두랄루민(duralumin)
② 양은(nickel silver)
③ 델타 메탈(delta metal)
④ 실루민(silumin)

[10-4]
29 구리, 마그네슘, 망간, 알루미늄으로 조성된 고강도 알루미늄 합금은?

① 실루민
② Y합금
③ 두랄루민
④ 포금

[07-1]
30 다음 중 가공용 알루미늄 합금이 아닌 것은?

① 두랄루민(durallumin)
② 알드레이(aldrey)
③ 알민(almin)
④ 라우탈(lautal)

> 라우탈은 주조용 알루미늄 합금으로 구리를 첨가하여 절삭성을 높이고, 규소를 첨가하여 주조성을 개선시킨 합금이다.

[05-2]
31 가공용 Al 합금의 대표적 합금인 Al-Cu-Mg-Mn계의 합금은?

① 와이합금
② 두랄루민
③ Al-Mg계 합금
④ 강력알루미늄 합금

[12-1,10-4, 05-2]
32 알루미늄 합금 중에 Y합금의 조성 원소에 해당되는 것은?

① 구리, 니켈, 마그네슘
② 구리, 아연, 납
③ 구리, 주석, 망간
④ 구리, 납 티탄

> Y합금은 Cu 4%, Ni 2%, Mg 1.5%로 조성되어 있다.

[10-1, 05-1]
33 두랄루민(duralumin)의 성분 재료로 맞는 것은?

① Al, Cu, Mg, Mn
② Al, Cu, Fe, Si
③ Al, Fe, Si, Mg
④ Al, Cu, Mn, Pb

> 두랄루민은 Cu 4%, Mg 0.5%, Mn 0.5%로 구성된 고강도 알루미늄 합금이다.

[12-5]
34 다음 중 알루미늄 합금에 있어 두랄루민의 첨가 성분으로 가장 많이 함유된 원소는?

① Mn
② Cu
③ Mg
④ Zn

[06-1]
35 라우탈은 주조성을 개선하고 피삭성을 좋게 하는 합금으로 이 합금의 표준 성분은 다음 중 어느 것인가?

① Al-Cu-Mg
② Al-Cu-Si
③ Al-Mg-Si
④ Al-Cu-Ni-Mg

[13-1]

36 Ni-Cr계 합금이 아닌 것은?

① 크로멜   ② 니크롬
③ 인코넬   ④ 두랄루민

> ① 크로멜 : 니켈에 크롬을 첨가한 니켈 합금
> ② 니크롬 : 니켈에 크롬과 철을 혼합한 니켈 합금강
> ③ 인코넬 : 니켈에 크롬과 철을 혼합한 니켈 합금강
> ④ 두랄루민 : 고강도 알루미늄 합금

[13-1]

37 다음 중 알루미늄 합금이 아닌 것은?

① 라우탈(lautal)   ② 실루민(silumin)
③ 두랄루민(duralumin)   ④ 켈밋(kelmet)

> 켈밋은 구리(60~70%)와 납(30~40%)의 합금이다.

[10-2]

38 Al-Cu 합금의 G.P 집합체(Guinier Preston Zone)에 의한 경화는?

① 시효 경화   ② 석출 경화
③ 확산 경화   ④ 섬유 경화

[11-1]

39 Al-Mg 합금으로 내해수성, 내식성, 연신율이 우수하여 선박용 부품, 조리용 기구, 화학용 부품에 사용되는 Al 합금은?

① Y합금   ② 두랄루민
③ 라우탈   ④ 하이드로날륨

> 하이드로날륨은 내식용 알루미늄 합금으로 6% 이하의 마그네슘이 함유되어 있으며, 선박용, 조리용, 화학장치용 부품에 사용된다.

[13-1]

40 알루미늄-규소계 합금으로서, 10~14%의 규소가 함유되어 있고, 알펙스(alpeax)라고도 하는 것은?

① 실루민(silumin)
② 두랄루민(duralumin)
③ 하이드로날륨(hydronalium)
④ Y 합금

> 실루민은 Al-Si계 합금으로 전선, 연성이 크고 해수에 잘 침식되지 않는 주조용 알루미늄 합금이다.

[06-2]

41 합금의 주조조직에 나타나는 Si는 육각판상 거친 결정이므로 금속나트륨 등을 접종시켜 조직을 미세화시키고 강도를 개선처리한 주조용 알루미늄 합금으로 Al-Si계의 대표적 합금은?

① 라우탈 (lautal)
② 실루민 (silumin)
③ 하이드로나륨 (hydronalium)
④ 두랄루민 (duralumin)

[05-4]

42 Y합금에 대한 설명으로 틀린 것은?

① 시효경화성이 있어 모래형 및 금형 주물에 사용된다.
② Y합금은 공랭실린더 헤드 및 피스톤 등에 많이 이용된다.
③ 알루미늄에 규소를 첨가하여 주조성과 절삭성을 향상시킨 것이다.
④ Y합금은 내열기관의 고온 부품에 사용된다.

> Y합금은 알루미늄에 구리, 니켈, 마그네슘을 첨가한 내열용 알루미늄 합금이다.

[06-4]

43 내식성 알루미늄 합금에서 부식균열을 방지하는 효과가 있는 원소는?

① 구리   ② 니켈
③ 철   ④ 크롬

[05-4]

44 알루미늄 합금의 인공시효 온도는 다음 중 몇 ℃ 정도에서 행하여 주는가?

① 100℃   ② 120℃
③ 140℃   ④ 160℃

[06-4, 05-1]
45 알루미늄 합금이 아닌 것은?

① 실루민
② Y합금
③ 초두랄루민
④ 모넬메탈

> 모넬메탈은 Ni-Cu계 합금으로 40~50%의 니켈을 함유하고 있으며, 내열성 및 내가공성이 우수하다.

[04-4]
46 실루민(silumin) 또는 알팩스(alpax)라 부르는 Al(알루미늄)의 합금으로 보통 주물용에 많이 사용하는데, 다음 중 그 성분이 적당한 것은?

① Al과 Cu의 합금
② Al과 Mg의 합금
③ Al과 Si의 합금
④ Al, Cu, Ni, Mg의 합금

[04-2]
47 알루미늄 합금(Alloy)의 종류가 아닌 것은?

① 실루민(silumin)
② Y합금
③ 로엑스(Lo-Ex)
④ 인코넬(Inconel)

> 인코넬은 내식용 니켈 합금이다.

[13-2, 09-2, 09-4]
48 다이캐스팅용 알루미늄 합금으로 요구되는 성질이 아닌 것은?

① 유동성이 좋을 것
② 열간취성이 적을 것
③ 금형에 대한 점착성이 좋을 것
④ 응고 수축에 대한 용탕 보급성이 좋을 것

마그네슘 및 마그네슘 합금

[10-5]
1 마그네슘(Mg)의 특성을 설명한 것 중 틀린 것은?

① 비중이 1.74 정도로 실용금속 중 가장 가볍다.
② 비강도가 Al 합금보다 떨어진다.
③ 항공기, 자동차부품, 전기기기, 선박, 광학기계, 인쇄제판 등에 이용된다.
④ 구상흑연 주철의 첨가제로 사용된다.

> 마그네슘은 알루미늄 합금보다 비강도가 우수하여 다른 재료보다 적은 양으로도 필요한 강도를 얻을 수 있다.

[08-5]
2 마그네슘의 성질에 대한 설명 중 잘못된 것은?

① 비중은 1.74이다.
② 비강도가 Al(알루미늄) 합금보다 우수하다.
③ 면심입방격자이며, 냉간가공이 가능하다.
④ 구상흑연 주철의 첨가제로 사용한다.

> 마그네슘은 조밀육방격자이며, 냉간가공이 거의 불가능하다.

[04-4]
3 마그네슘(Mg)의 특성을 기술한 것 중 틀린 것은?

① 비중이 2.69로 실용금속 중 가장 가볍다.
② 열전도율은 구리, 알루미늄보다 낮다.
③ 강도는 작으나 절삭성이 우수하다.
④ 티탄, 지르코늄, 우라늄 제련의 환원제이다.

> 마그네슘의 비중은 1.74로 실용금속 중 가장 가볍다.

[12-5]
4 다음 중 마그네슘에 관한 설명으로 틀린 것은?

① 실용금속 중 가장 가벼우며, 절삭성이 우수하다.
② 조밀육방격자를 가지며, 고온에서 발화하기 쉽다.
③ 냉간가공이 거의 불가능하여 일정 온도에서 가공한다.
④ 내식성이 우수하여 바닷물에 접촉하여도 침식되지 않는다.

> 마그네슘은 해수, 산, 열에 약하다.

5 [13-2]
Mg(마그네슘)의 특성을 나타낸 것이다. 틀린 것은?

① Fe, Ni 및 Cu 등의 함유에 의하여 내식성이 대단히 좋다.
② 비중이 1.74로 실용금속 중에서 매우 가볍다.
③ 알칼리에는 견디나 산이나 열에는 약하다.
④ 바닷물에 대단히 약하다.

> Fe, Ni, Cu는 마그네슘의 내식성을 해친다.

6 [10-1]
마그네슘 합금의 성질 및 특징을 나타낸 것으로 적당하지 않은 것은?

① 비강도가 크고, 냉간가공이 거의 불가능하다.
② 인장강도, 연신율, 충격값이 두랄루민보다 적다.
③ 피절삭성이 좋으며, 부품의 무게 경감에 큰 효과가 있다.
④ 바닷물에 접촉하여도 침식되지 않는다.

7 [11-4]
마그네슘 합금이 구조재료로서 갖는 특성에 해당하지 않는 것은?

① 비강도(강도/중량)가 작아서 항공우주용 재료로서 매우 유리하다.
② 기계가공성이 좋고 아름다운 절삭면이 얻어진다.
③ 소성가공성이 낮아서 상온변형은 곤란하다.
④ 주조 시의 생산성이 좋다.

> 마그네슘은 다른 재료보다 비강도가 우수하여 항공우주용 재료로서 매우 유리하다.

8 [09-1]
마그네슘 합금에 속하지 않는 것은?

① 다우메탈   ② 일렉트론
③ 미시메탈   ④ 화이트메탈

> 화이트메탈은 Pb-Sn-Sb계, Sn-Sb계 합금의 총칭이다.

9 [12-4, 09-2]
Mg-Al-Zn 합금으로 내연기관의 피스톤 등에 사용되는 것은?

① 실루민(silumin)   ② 두랄루민(duralumin)
③ Y합금(Y-alloy)   ④ 일렉트론(elektron)

10 [05-4]
일렉트론(Electron)은 Mg과 무엇의 합금인가?

① Al, Ce   ② Al, Zn
③ Al, Sn   ④ Ce, Sn

11 [13-2]
Mg-Al계 합금에 소량의 Zn, Mn을 첨가한 마그네슘 합금은?

① 다우메탈   ② 일렉트론 합금
③ 하이드로날륨   ④ 라우탈 합금

니켈 및 니켈 합금

1 [05-1]
니켈(Ni)에 관한 설명으로 옳은 것은?

① 내식성이 약하다.
② 순 니켈은 열간 및 냉간가공이 용이하다.
③ 열전도율이 나쁘다.
④ 자기 변태점 이상의 온도에서 강자성체이다.

> 니켈은 내식성 및 내열성이 우수하고 상온에서 강자성체이다.

2 [12-4]
다음 중 60~70% 니켈(Ni) 합금으로 내식성, 내마모성이 우수하여 터빈날개, 펌프 임펠러 등에 사용되는 것은?

① 콘스탄탄(Constantan)
② 모넬메탈(Monel metal)
③ 커프로니켈(Cupro nickel)
④ 문쯔메탈(Muntz metal)

> 모넬메탈은 내식성 및 내마모성이 우수하여 터빈날개, 펌프 임펠러, 화학공업용 재료 등에 사용되는 Ni-Cu계 합금이다.

3 [12-1]
다음 중 니켈(Ni)의 성질에 관한 설명으로 틀린 것은?

① 내식성이 크다.
② 상온에서 강자성체이다.
③ 면심입방(FCC)격자의 구조를 갖는다.
④ 아황산가스를 품은 공기에도 부식이 되지 않는다.

> 니켈은 질산, 황산 가스를 품은 공기에서 심하게 부식된다.

chapter 04

4 니켈-구리 합금이 아닌 것은?
[09-1]

① 큐프로니켈　　　　② 콘스탄탄
③ 모넬메탈　　　　　④ 문쯔메탈

문쯔메탈은 구리 60%-아연 40%의 황동이다.

5 강자성체만으로 구성된 것은?
[08-5, 04-4]

① 철 - 니켈 - 코발트
② 금 - 구리 - 철
③ 철 - 구리 - 망간
④ 백금 - 금 - 알루미늄

6 주로 전자기 재료로 사용되는 Ni-Fe 합금이 아닌 것은?
[10-1]

① 인바　　　　　　　② 슈퍼인바
③ 콘스탄탄　　　　　④ 플래티나이트

콘스탄탄은 Ni-Cu계 합금으로 전열선의 전기저항 재료로 많이 사용된다.

7 주로 전자기 재료로 사용되는 Ni-Fe 합금에 사용하지 않는 것은?
[08-2]

① 슈퍼인바　　　　　② 엘린바
③ 스텔라이트　　　　④ 퍼멀로이

스텔라이트는 Co-Cr-W-C계 합금이다.

8 니켈 65~70% 정도를 함유한 니켈-구리계의 합금이며 내열, 내식성이 좋으므로 화학 공업용 재료에 많이 쓰이는 것은?
[04-4]

① 콘스탄탄　　　　　② 모넬메탈
③ 실루민　　　　　　④ Y합금

9 모넬메탈(Monel metal)의 종류 중 유황(S)을 넣어 강도는 희생시키고 쾌삭성을 개선한 것은?
[08-5]

① KR - Monel　　　② K - Monel
③ R - Monel　　　　④ H - Monel

10 저온 인성을 요구하는 구조물 용접 시 용접봉에 첨가되어 저온 인성을 향상시키는 원소는?
[04-1]

① W　　② Pt　　③ Ni　　④ Si

기타 금속

1 다음 중 비중은 4.5 정도이며 가볍고 강하며 열에 잘 견디고 내식성이 강한 특징을 가지고 있으며 융점이 1,670℃ 정도로 높고 스테인리스강보다도 우수한 내식성 때문에 600℃까지 고온 산화가 거의 없는 비철 금속은?
[12-1]

① 티타늄(Ti)　　　　② 아연(Zn)
③ 크롬(Cr)　　　　　④ 마그네슘(Mg)

2 티탄과 그 합금에 관한 설명으로 틀린 것은?
[05-4]

① 티탄은 비중에 비해서 강도가 크며, 고온에서 내식성이 좋다.
② 티탄에 Mo, V 등을 첨가하면 내식성이 더욱 향상된다.
③ 선팽창계수가 크고, H를 함유하면 고온에서 메짐현상이 있다.
④ 티탄은 가스 터빈 재료로서 사용된다.

티탄은 선팽창계수가 오스테나이트 스테인리스강의 약 1/2로 작은 편이며, 수소는 티탄의 경도 및 인장강도에는 거의 영향이 없고 연성에는 나쁜 영향을 미친다.

3 가볍고 강하며 내식성이 우수하나 600℃ 이상에서는 급격히 산화되어 TIG 용접 시 용접 토치에 특수(shield gas) 장치가 반드시 필요한 금속은?
[13-2]

① Al　　　　　　　② Ti
③ Mg　　　　　　　④ Cu

4 합금강의 원소 효과에 대한 설명에서 규소나 바나듐과 비슷한 작용을 하며 입자 사이의 부식에 대한 저항을 증가시켜 탄화물을 만들기 쉬운 것은?
[05-1]

① 망간　　　　　　　② 티탄
③ 코발트　　　　　　④ 몰리브덴

[10-5]

5 다음 금속재료 중 피복 아크 용접이 가장 어려운 재료는?

① 탄소강　　　　　② 주철
③ 주강　　　　　　④ 티탄

[11-5,10-1]

6 아연과 그 합금에 대한 설명으로 틀린 것은?

① 조밀육방 격자형이며 청백색으로 연한 금속이다.
② 아연 합금에는 Zn-Al계, Zn-Al-Cu 계 및 Zn-Cu 계 등이 있다.
③ 주조성이 나쁘므로 다이캐스팅용에 사용되지 않는다.
④ 주조한 상태의 아연은 인장강도나 연신율이 낮다.

> 아연은 주조성이 우수해 다이캐스팅용으로 사용된다.

[13-1]

7 주석(Sn)에 대한 설명 중 틀린 것은?

① 은백색의 연한 금속으로 용융점은 232℃ 정도이다.
② 독성이 없으므로 의약품, 식품 등의 튜브로 사용된다.
③ 고온에서 강도, 경도, 연신율이 증가된다.
④ 상온에서 연성이 충분하다.

> 주석은 고온에서 강도, 경도, 연신율 모두 감소한다.

[10-1]

8 상온가공을 하여도 동소변태를 일으켜 경화되지 않는 재료는?

① 금(Ag)　　　　　② 주석(Sn)
③ 아연(Zn)　　　　④ 백금(Pt)

[11-1, 06-1]

9 주석(Sn)의 비중과 용융점을 가장 적당하게 나타낸 것은?

① 2.67, 660℃
② 7.26, 232℃
③ 8.96, 1,083℃
④ 7.87, 1,538℃

[05-2]

10 다음 중 용융점이 가장 낮은 것은?

① Fe　　　　　　② Pb
③ Zn　　　　　　④ Sn

용융점(℃)

철	납	아연	주석
1,530	327	420	232

[04-1]

11 회백색 금속으로 윤활성이 좋고 내식성이 우수하며, X선이나 라듐 등의 방사선 차단용으로 쓰이는 것은?

① 니켈(Ni)　　　　② 아연(Zn)
③ 구리(Cu)　　　　④ 납(Pb)

[11-1, 07-1]

12 열팽창 계수가 높으며 케이블의 피복, 활자 합금용, 방사선 물질의 보호재로 사용되는 것은?

① 금　　　　　　② 크롬
③ 구리　　　　　④ 납

[10-4]

13 실용금속 중 밀도가 유연하며, 윤활성이 좋고 내식성이 우수하며, 방사선 투과도가 낮은 것이 특징인 금속은?

① 니켈(Ni)　　　　② 아연(Zn)
③ 구리(Cu)　　　　④ 납(Pb)

[04-1]

14 납에 관한 설명으로 틀린 것은?

① 납은 전성이 크고 연하며, 공기 중에서는 거의 부식되지 않는다.
② 납은 주물을 만들어 축전지 등에 쓰인다.
③ 납은 질산 및 고온의 진한 염산에도 침식되지 않는다.
④ X선 등의 방사선을 차단하는 힘이 크다.

> 납은 묽은 산에는 잘 침식되지 않지만 질산이나 고온의 진한 염산에는 잘 침식된다.

chapter 04

[05-1, 04-1]

15 저용점 합금이란 다음의 어느 금속보다 낮은 융점을 가진 합금의 총칭인가?

① 납(Pb)
② 주석(Sn)
③ 아연(Zn)
④ 비스무트(Bi)

[04-2]

16 주석보다 용융점이 더 낮은 합금의 총칭으로서 납, 주석, 카드뮴 등의 두 가지 이상의 공정합금이라고 보아도 무관한 합금은?

① 저용융점 합금
② 베어링용 합금
③ 납청동 켈밋 합금
④ 땜용 합금 및 경납

[09-4, 05-2]

17 퓨즈, 활자, 정밀모형 등에 사용되는 아연, 주석, 납계의 저용융점 합금이 아닌 것은?

① 비스무트 땜납(bismuth solder)
② 리포위츠 합금(Lipouitz alloy)
③ 다우메탈(dow metal)
④ 우드메탈(Wood's metal)

> 다우메탈은 마그네슘 합금에 속한다.

[11-1]

18 구리가 주성분이며 소량의 은, 인을 포함하여 전기 및 열전도도가 뛰어나므로 구리나 구리 합금의 납땜에 적합한 것은?

① 양은납   ② 인동납
③ 금납   ④ 내열납

[12-4, 09-4, 08-1]

19 은, 구리, 아연이 주성분으로 된 합금이며 인장강도, 전연성 등의 성질이 우수하여 구리, 구리 합금, 철강, 스테인리스강 등에 사용되는 납은?

① 마그네슘납   ② 인동납
③ 은납   ④ 알루미늄납

[11-4]

20 연납의 대표적인 것으로 주석 40%, 납 60%의 합금으로 땜납으로서의 가치가 가장 큰 땜납은?

① 저융점 땜납
② 주석-납
③ 납-카드뮴납
④ 납-은납

21 다음 중 약 250℃ 이하의 융점을 가지는 저 용융점 합금으로 사용되는 것은?

① Sn   ② Cu
③ Fe   ④ Co

> 주석(Sn)의 용융점보다 낮은 합금을 저용융점 합금이라 한다.

[25년]

22 저용융점 합금의 용융점 온도는 약 몇 ℃ 이하인가?

① 250   ② 350
③ 450   ④ 550

> 저용융점 합금은 약 250℃ 이하의 용융점을 갖는 것이며 Pb, Bi, Sn, Cd, In 등이 있다.

23 저융점 합금에 관한 설명으로 틀린 것은?

① 이용합금, 가용합금이라고도 한다.
② 전기 퓨즈, 화재경보기 등에 사용된다.
③ 약 700℃ 이하의 융점을 갖는 합금이다.
④ Sn, Pb, Cd, Bi 등의 2원 또는 다원계의 공정 합금이다.

> 저용점 합금은 250℃ 이하의 융점을 갖는 합금을 말한다.

24 고융점 금속에 관한 설명으로 틀린 것은?

① 증기압이 낮다.
② Mo는 체심입방격자를 갖는다.
③ 융점이 높으므로 고온강도가 크다.
④ Mo는 열팽창계수가 높고, 탄성률이 낮다.

> W, Mo는 열팽창계수가 낮으나, 열전도율과 탄성률이 낮다.

용접재료의 열처리 및 표면경화

Craftsman Welding

출제
포인트
이 섹션은 출제비중이 높은 편은 아니지만 꾸준하게 출제되고 있다. 열처리, 침탄법, 질화법에 대해 확실히 하고 넘어가도록 한다.

01 열처리

1 열처리 방식에 따른 종류

① **계단 열처리** : 담금질, 뜨임, 불림, 풀림

② **항온 열처리** : 오스템퍼링, 마템퍼링, 마퀜칭

③ **표면경화 열처리** : 침탄법, 질화법, 고주파 표면경화법

④ **연속냉각 열처리**

▶ **마템퍼링** : 강을 Ms점과 Mf점 사이에서 항온유지 후 꺼내서 공기 중에서 냉각하여 마텐자이트와 베이나이트의 혼합조직으로 만드는 열처리 방법

2 담금질(Quenching)

① 강을 A_1 변태점 이상으로 가열하여 기름이나 물속에서 급랭시키는 열처리

② **목적** : 강도 및 경도 증가

③ 담금질 효과 증대를 위해 크롬을 첨가한다.

④ **담금질 조직**

· **마텐자이트** : A_1점(오스테나이트) 이상에서 수랭하였을 때 나타나는 조직으로 경도가 가장 높다.

· **트루스타이트** : 마텐자이트보다 냉각 속도를 적게 하였을 때 나타나는 조직

· **솔바이트** : 트루스타이트보다 냉각 속도를 적게 하였을 때 나타나는 조직

3 뜨임(Tempering)

① 담금질한 철강을 A_1 변태점 이하의 일정한 온도로 가열한 후 서서히 냉각시키는 열처리

② **목적** : 인성 증가

4 불림(Normalizing)

① A_3 변태점 이상에서 30~60℃의 온도로 가열한 후 대기 중에서 서서히 냉각(공랭)시켜 표준화하는 열처리

② **목적** : 조직의 미세화 및 내부응력 제거

5 풀림(Annealing)

① A_3, A_1 이상에서 20~50℃의 온도로 가열한 후 노 속에서 서서히 냉각시키는 열처리

② **목적** : 재료의 연화 및 내부응력 제거

③ **종류**

· **저온 풀림** : A_1 변태점 이하, 600~650℃에서 내부응력 제거 및 전연성을 향상시키기 위해 실시

· **재결정 풀림**(완전 풀림) : 냉간 가공한 재료를 가열하였을 때 600℃ 정도에서 응력 및 재결정이 발생하는 것

· **구상화 풀림** : A_1 변태점 부근 온도 650~700℃에서 일정 시간 가열 후 서랭시켜 가공성을 양호하게 하는 방법

· **응력제거 풀림** : 잔류 응력을 제거할 목적으로 보통 500~600℃ 정도에서 가열하여 서랭시키는 열처리

· **연화 풀림** : 냉간가공 경화된 탄소강 재료를 600~650℃에서 중간 풀림하는 방법

· **확산 풀림** : 니켈강에서 석출된 황화물의 적열취성을 방지하기 위해 1,100~1,150℃에서 풀림하는 방법

▶ **풀림 처리 시 결정립 조대화 원인**
· 풀림온도가 너무 높을 경우
· 풀림시간이 너무 긴 경우
· 냉간가공도가 너무 작은 경우

▶ **질량효과**
· 재료의 내외부에 열처리 효과의 차이가 생기는 현상
· 붕소는 담금질성 개선에 효과가 있다.
· 질량효과가 적은 것이 열처리 효과가 잘된 것이다.

02 표면경화법

1 표면경화법의 종류

구분	종류
화학적 방법	침탄법, 질화법, 침유법, 청화법, 금속침투법
물리적 방법	특수표면경화법(고주파 표면경화법, 화염경화법), 방전경화법, 숏 피닝, 하드페이싱

2 침탄법
(1) 침탄법의 종류

종류	특징
고체 침탄법	① 침탄제 : 목탄, 골탄 등 ② 침탄촉진제 : $BaCO_3$, $NaCO_3$, Na_2CO_3, $LiCO_3$, $SrCO_3$ 등 ③ 가열온도 : 900~950℃, 가열시간 : 4~6시간 ④ 값이 싸고 작업이 안전
액체 침탄법	① 침탄제 : 시안화나트륨, 시안화칼륨 ② 침탄촉진제 : 탄산칼륨(K_2CO_3), 탄산나트륨(Na_2CO_3), 염화칼륨(KCl), 염화나트륨($NaCl$) ③ 가열온도 : 800~900℃, 가열시간 : 20~30분 ④ 처리 시간이 짧고 열처리 응력이 적다. ⑤ 정밀 가공한 소형부품에도 가능 ⑥ 침탄층이 얇다.
가스 침탄법	① 침탄제 : 천연가스, 프로판가스, 부탄, 메탄, 에틸렌가스 ② 가열온도 : 900~950℃ ③ 가열시간 : 3~4시간 ④ 침탄온도, 기체혼합비 등의 조절로 균일한 침탄층을 얻을 수 있음 ⑤ 열효율이 좋고 온도를 임의로 조절 가능 ⑥ 대량생산에 적합 ⑦ 침탄층의 확산 조절 용이

(2) 침탄강의 구비조건
① 저탄소강일 것
② 결정립의 고온 성장이 없을 것
③ 강재에 기공, 균열 등의 결함이 없을 것
④ 경도가 높을 것
⑤ 내마모성, 내피로성이 우수할 것

3 질화법
① 강의 표면에 질소를 침투시켜 경화시키는 방법
② 질화처리 후 열처리가 필요 없다.

③ 내마모성, 내식성 및 내열성을 증가시킨다.

4 금속침투법의 종류 및 침투원소

종류	침투원소
세라다이징	Zn(아연)
크로마이징	Cr(크롬)
칼로라이징	Al(알루미늄)
보로나이징	B(붕소)
실리콘나이징	Si(규소)

5 방전 경화법
(1) 화염경화법
① 탄소강 표면에 산소-아세틸렌 화염으로 표면만을 가열하여 오스테나이트로 만든 다음 급랭하여 표면층만을 담금질하는 방법
② 국부적인 담금질이 가능하다.
③ 일반 담금질법에 비해 담금질 변형이 적다.
④ 부품의 크기나 형상에 제한이 없다.
⑤ 가열온도의 조절이 어렵다.

(2) 고주파 경화법
① 강의 표면층을 고주파 유도가열에 의해 변태점 이상으로 급속가열 후 급랭시켜 표면을 경화시키는 방법
② 급열, 급랭으로 인하여 재료가 변형되는 경우가 있다.
③ 마텐자이트 생성에 의한 체적 변화 때문에 내부 응력이 발생한다.
④ 경화층이 이탈되거나 담금질 균열이 생기기 쉽다.
⑤ 가열 시간이 짧아 산화 및 탈탄의 염려가 적다.
⑥ 직접 가열하므로 열효율이 좋고 대량생산이 가능하다.

(3) 하드페이싱
금속의 표면에 스텔라이트나 경합금 등을 용접 또는 압접으로 융착시켜 표면을 경화시키는 방법

▶ 침탄법과 질화법의 비교

기준	침탄법	질화법
열처리	필요함	필요없음
경도	낮음	높음
수정	가능	불가능
고온 가열	고온 가열 시 뜨임이 되고, 경도가 낮아진다.	고온 가열 후 경도가 낮아지지 않는다.
표면경화 시간	짧다	길다

열처리

[11-4, 09-2]

1 철강의 열처리에서 열처리 방식에 따른 종류가 아닌 것은?

① 계단 열처리
② 항온 열처리
③ 표면경화 열처리
④ 내부경화 열처리

> **열처리 방식에 따른 종류**
> 계단 열처리, 항온 열처리, 표면경화 열처리, 연속냉각 열처리

[04-4]

2 열처리의 종류에 해당되지 않는 것은?

① 연속냉각 열처리
② 표면경화 열처리
③ 항온 열처리
④ 전해 열처리

[12-4]

3 다음 중 철강 재료의 기초적인 열처리 4가지에 해당하지 않는 것은?

① annealing
② normalizing
③ tempering
④ creeping

[05-1]

4 열처리를 분류할 때 항온 열처리에 해당되지 않는 것은?

① 오스템퍼링
② 마템퍼링
③ 노멀라이징
④ 마퀜칭

> 노멀라이징은 계단 열처리에 해당한다.

[07-1]

5 탄소강의 일반(기본) 열처리 방법을 나타낸 것이다. 틀린 것은?

① 불림
② 뜨임
③ 담금질
④ 침탄

> 침탄법은 질화법과 더불어 표면경화법의 종류에 속한다.

[08-1]

6 철강재료를 강화 및 경화시킬 목적으로 물 또는 기름 속에 급랭하는 방법은?

① 불림
② 풀림
③ 담금질
④ 뜨임

[11-2]

7 다음 중 담금질과 가장 관계가 깊은 것은?

① 변태점
② 금속간 화합물
③ 열전대
④ 고용체

> 담금질은 강을 A_1 변태점 이상으로 가열하여 기름이나 물속에서 급랭시키는 열처리를 말한다.

[10-5]

8 금속을 가열한 다음 급속히 냉각시켜 재질을 경화시키는 열처리 방법은?

① 불림
② 풀림
③ 담금질
④ 뜨임

[11-5]

9 강의 담금질 조직을 냉각속도에 따라 구분할 때 속하지 않는 것은?

① 시멘타이트
② 마텐자이트
③ 트루스타이트
④ 오스테나이트

[08-5]

10 합금 공구강에 첨가하는 원소로서 담금질 효과를 증대시키는 원소는?

① Pt
② Cr
③ Al
④ Zr

> 강에 크롬을 첨가하면 강도, 경도가 증가하고 내마모성, 내식성, 내열성이 개선되어 담금질 효과를 증대킬 수 있다.

[11-5]

11 열처리 방법 중 강을 오스테나이트 조직의 영역으로 가열한 후 급랭하는 것은?

① 풀림(annealing)
② 담금질(quenching)
③ 불림(normalizing)
④ 뜨임(tempering)

정답 ▶ **[열처리]** 1 ④ 2 ④ 3 ④ 4 ③ 5 ④ 6 ③ 7 ① 8 ③ 9 ① 10 ② 11 ②

chapter 04

[12-1]

12 다음의 담금질 조직 중 경도가 가장 높은 것은?

① 마텐자이트 　　② 오스테나이트
③ 트루스타이트 　④ 솔바이트

> 마텐자이트 조직은 A_1점(오스테나이트) 이상에서 수랭하였을 때 나타나는 조직으로 경도가 가장 높다.

[13-2, 12-2, 09-4]

13 탄소강의 담금질 효과는 냉각액과 밀접한 관계가 있는데 정지상태의 물의 냉각 속도를 1로 했을 때 다음 중 냉각속도가 가장 빠른 것은?

① 소금물 　　② 공기
③ 합성유 　　④ 광물유

냉각제별 급랭도			
냉각제	분수	염수	교반수	정지수
급랭도	8~10	2	2	1
냉각제	분유	교반유	정지유	공기
급랭도	4	0.4	0.3	0.02

[11-4, 06-1]

14 담금질한 철강을 A_1 변태점 이하의 일정한 온도로 가열하여 인성을 증가시킬 목적으로 조작하는 열처리법은?

① 뜨임 　　② 불림
③ 풀림 　　④ 담금질

[10-2]

15 담금질한 강에 뜨임을 하는 가장 주된 목적은?

① 재질에 인성을 갖게 하려고
② 조대화 된 조직을 정상화하려고
③ 재질을 더욱 더 단단하게 하려고
④ 재질의 화학성분을 보충하기 위해서

[10-1]

16 열처리 방법 중 불림의 목적으로 가장 적합한 것은?

① 급랭시켜 재질을 경화시킨다.
② 소재를 일정 온도에 가열 후 공랭시켜 표준화한다.
③ 담금질된 것에 인성을 부여한다.
④ 재질을 강하게 하고 균일하게 한다.

[10-5, 07-4]

17 탄소강의 기본 열처리 방법 중 소재를 일정 온도에서 가열 후 공랭시켜 표준화하는 것은?

① 불림 　　② 뜨임
③ 담금질 　④ 침탄

[05-2]

18 A_3 또는 Acm선 이상 30~50℃ 정도로 가열하여 균일한 오스테나이트 조직으로 한 후에 공랭시키는 열처리작업은?

① 담금질(quenching) 　② 불림(normalizing)
③ 풀림(annealing) 　　④ 뜨임(tempering)

[09-1]

19 풀림 열처리의 목적으로 틀린 것은?

① 내부의 응력 증가 　② 조직의 균일화
③ 가스 및 불순물 방출 ④ 조직의 미세화

> 풀림 열처리는 재료의 연화 및 내부응력 제거를 위해 한다.

[12-2]

20 다음 중 구조용 합금강에 대하여 풀림 처리를 하는 이유와 가장 거리가 먼 것은?

① 가공 후의 잔류응력 제거
② 재질의 경화를 목적으로 할 때
③ 합금 원소 및 불순 원소의 확산에 의한 조직의 균일화
④ 압연, 단조에 의한 가공 경화로 냉간 소성 가공이 곤란한 경우

[11-2]

21 용접이나 단조 후 편석 및 잔류응력을 제거하여 균일화시키거나 연화를 목적으로 하는 열처리 방법은?

① 담금질 　　② 뜨임
③ 풀림 　　④ 불림

[08-2]

22 다음 중 주조, 단조, 압연 및 용접 후에 생긴 잔류 응력을 제거할 목적으로 보통 500~600℃ 정도에서 가열하여 서랭시키는 열처리는?

① 담금질 　　② 질화 불림
③ 저온 뜨임 　④ 응력제거 풀림

정답 ▶ 12 ① 　13 ① 　14 ① 　15 ① 　16 ② 　17 ① 　18 ② 　19 ① 　20 ② 　21 ③ 　22 ④

23 풀림처리 시 조대한 결정립이 형성되는 원인이 아닌 것은?

[10-5]

① 풀림온도가 너무 높을 경우
② 풀림시간이 너무 긴 경우
③ 냉간가공도가 너무 작은 경우
④ 용질원소의 분포가 양호한 경우

> 용질원소의 분포가 양호한 경우 결정립이 균일하게 분포된다.

[12-2]
24 다음 중 용접부품에서 일어나기 쉬운 잔류응력을 감소시키기 위한 열처리법은?

① 완전 풀림(full annealing)
② 연화 풀림(softening annealing)
③ 확산 풀림(diffusion annealing)
④ 응력제거 풀림(stress relief annealing))

[13-1]
25 일반적으로 냉간가공 경화된 탄소강 재료를 600~650℃에서 중간 풀림하는 방법은?

① 확산 풀림   ② 연화 풀림
③ 항온 풀림   ④ 완전 풀림

[10-4]
26 금속조직에서 펄라이트 중의 층상 시멘타이트가 그대로 존재하면 기계 가공성이 나빠지기 때문에 A_1 변태점 부근 온도 650~700℃에서 일정시간 가열 후 서랭시켜 가공성을 양호하게 하는 방법은?

① 마템퍼   ② 저온 뜨임
③ 담금질   ④ 구상화 풀림

[10-1]
27 기본열처리 방법의 목적을 설명한 것으로 틀린 것은?

① 담금질 - 급랭시켜 재질을 경화시킨다.
② 풀림 - 재질을 연하고 균일화하게 한다.
③ 뜨임 - 담금질된 것에 취성을 부여한다.
④ 불림 - 소재를 일정 온도에서 가열 후 공랭시켜 표준화한다.

> 뜨임은 재료에 인성을 증가시킬 목적으로 한다.

[04-4]
28 주조, 단조, 압연, 용접 및 열처리에 의하여 생긴 열응력과 기계가공에 의해 생긴 내부응력을 제거하기 위한 풀림 온도는 다음 중 몇 ℃인가?

① 500~600   ② 700~800
③ 900~1,000   ④ 1,100~1,200

[10-2]
29 조성이 같은 탄소강을 담금질함에 있어서 질량의 대소에 따라 담금질효과가 다른 현상을 무엇이라 하는가?

① 질량효과   ② 담금효과
③ 경화효과   ④ 자연효과

[12-1, 09-5]
30 다음 중 재료의 내·외부에 열처리 효과의 차이가 생기는 현상으로 강의 담금질성에 의해 영향을 받는 것은?

① 심랭처리   ② 질량효과
③ 금속간 화합물   ④ 소성변형

[12-5, 05-4]
31 다음 중 질량효과(mass effect)가 가장 큰 것은?

① 탄소강   ② 니켈강
③ 크롬강   ④ 망간강

[11-1]
32 재료의 내외부에 열처리 효과의 차이가 생기는 현상을 질량효과라고 한다. 이것은 강의 담금질성에 의해 영향을 받는데 이 담금질성을 개선시키는 효과가 있는 원소는?

① Pb   ② Zn
③ C   ④ B

[13-1]
33 강을 동일한 조건에서 담금질할 경우 '질량효과 (mass effect)가 적다'의 가장 적합한 의미는?

① 냉간 처리가 잘된다.
② 담금질 효과가 적다.
③ 열처리 효과가 잘된다.
④ 경화능이 적다.

정답 **23** ④ **24** ④ **25** ② **26** ④ **27** ③ **28** ① **29** ① **30** ② **31** ① **32** ④ **33** ③

chapter 04

[07-1]

34 담금질된 강의 경도를 증가시키고 시효변형을 방지하기 위한 목적으로 0℃ 이하의 온도에서 처리하는 것은?

① 풀림처리　　　　② 심랭처리
③ 불림처리　　　　④ 항온열처리

[12-5]

35 담금질 강의 경도를 증가시키고 시효변형을 방지하기 위한 목적으로 하는 심랭처리(subzero treatment)는 몇 ℃의 온도에서 처리하는 것을 말하는가?

① 0℃ 이하　　　　② 300℃ 이하
③ 600℃ 이하　　　④ 800℃ 이상

표면경화법

[10-5]

1 강제품의 표면경화법에 속하지 않는 것은?

① 초음파 침투법　　② 질화법
③ 침탄법　　　　　④ 방전경화법

표면경화법의 종류	
화학적 방법	침탄법, 질화법, 침유법, 청화법, 금속침투법
물리적 방법	특수표면경화법(고주파 표면경화법, 화염경화법), 방전경화법, 쇼트피닝, 하드페이싱

[13-2, 10-1]

2 침탄법의 종류에 속하지 않는 것은?

① 고체 침탄법　　　② 증기 침탄법
③ 가스 침탄법　　　④ 액체 침탄법

[12-1]

3 다음 중 표면경화법의 종류에 속하지 않는 것은?

① 고주파담금질　　② 침탄법
③ 질화법　　　　　④ 풀림법

[11-4, 06-4]

4 다음 중 화학적인 표면경화법이 아닌 것은?

① 침탄법　　　　　② 화염경화법
③ 금속침투법　　　④ 질화법

> 화염경화법은 물리적 표면경화법인 특수표면경화법에 속한다.

[06-2]

5 침탄법의 종류가 아닌 것은?

① 고체 침탄법　　　② 액체 침탄법
③ 가스 침탄법　　　④ 화염 침탄법

[10-1, 06-1]

6 탄소강 표면에 산소-아세틸렌 화염으로 표면만을 가열하여 오스테나이트로 만든 다음 급랭하여 표면층만을 담금질하는 방법은?

① 기체침탄법　　　② 질화법
③ 고주파 경화법　　④ 화염경화법

[12-4, 10-4]

7 화염경화법의 장점이 아닌 것은?

① 국부적인 담금질이 가능하다.
② 일반 담금질법에 비해 담금질 변형이 적다.
③ 부품의 크기나 형상에 제한이 없다.
④ 가열온도의 조절이 쉽다.

> 화염경화법은 가열온도의 조절이 어려운 단점이 있다.

[11-4]

8 고주파 경화법의 특징에 대한 설명으로 틀린 것은?

① 급열, 급랭으로 인하여 재료가 변형되는 경우가 있다.
② 마텐자이트 생성에 의한 체적 변화 때문에 내부 응력이 발생한다.
③ 가열 시간이 짧으므로 산화 및 탈탄의 염려가 많다.
④ 경화층이 이탈되거나 담금질 균열이 생기기 쉽다.

> 고주파 경화법은 가열 시간이 짧아 산화 및 탈탄의 염려가 적다.

[08-2]

9 다음 중 화학적인 표면경화법이 아닌 것은?

① 고체 침탄법　　　② 가스 침탄법
③ 고주파 경화법　　④ 질화법

[12-4]

10 다음 중 물리적 표면경화법에 속하는 것은?

① 고주파 경화법　　② 가스 침탄법
③ 질화법　　　　　④ 고체 침탄법

11 강의 표면에 질소를 침투시켜 경화시키는 표면경화법은? [11-2]

① 침탄법
② 질화법
③ 고주파 담금질
④ 방전 경화법

12 침탄법을 침탄 처리에 사용되는 침탄제의 종류에 따라 분류할 때 해당되지 않는 것은? [11-1]

① 고체 침탄법
② 액체 침탄법
③ 가스 침탄법
④ 화염 침탄법

13 액체 침탄법에 사용되는 침탄제는? [13-2]

① 탄산바륨
② 가성소다
③ 시안화나트륨
④ 탄산나트륨

14 표면경화 처리에서 침탄법의 설명으로 맞는 것은? [10-2]

① 고체 침탄법, 액체 침탄법, 기체 침탄법이 있다.
② 침탄 후 열처리가 필요하다.
③ 침탄 후 수정이 불가능하다.
④ 표면경화 시간이 길다.

> ① 고체 침탄법, 액체 침탄법, 가스 침탄법이 있다.
> ③ 침탄 후 수정이 가능하다.
> ④ 표면경화 시간이 짧다.

15 침탄강의 구비조건이 아닌 것은? [04-2]

① 저탄소강일 것
② 강재에 결함이 없을 것
③ 결정립의 고온 성장이 없을 것
④ 경화강일 것

16 금속침투법 중 Cr을 침투시키는 것은? [10-2]

① 세라다이징(sheradizing)
② 크로마이징(chromizing)
③ 칼로라이징(calorizing)
④ 실리코나이징(siliconizing)

17 금속침투법 중 표면에 아연을 침투시키는 방법으로 표면에 경화층을 얻어 내식성을 좋게 하는 것은? [12-2]

① 세라다이징(sheradizing)
② 크로마이징(chromizing)
③ 칼로라이징(calorizing)
④ 실리코나이징(siliconizing)

18 금속침투법 중 세라다이징은 무슨 금속을 침투시킨 것을 말하는가? [12-2, 06-4]

① Zn
② Cr
③ Al
④ B

19 금속침투법의 종류와 침투원소의 연결이 틀린 것은? [10-5]

① 세라다이징 - Zn
② 크로마이징 - Cr
③ 칼로라이징 - Ca
④ 보로나이징 - B

20 금속침투법의 종류에 속하지 않는 것은? [11-2]

① 설퍼라이징
② 세라다이징
③ 크로마이징
④ 칼로라이징

21 금속 표면에 내식성과 내산성을 높이기 위해 다른 금속을 침투 확산시키는 방법으로 종류와 침투제가 바르게 연결된 것은? [10-5]

① 세라다이징 - Mn
② 크로마이징 - Cr
③ 칼로라이징 - Fe
④ 실리코나이징 - C

표면경화법의 종류			
종류	침투원소	종류	침투원소
세라다이징	Zn(아연)	보로나이징	B(붕소)
크로마이징	Cr(크롬)	실리코나이징	Si(규소)
칼로라이징	Al(알루미늄)		

22 금속 표면에 알루미늄을 침투시켜 내식성을 증가시키는 것은? [09-5]

① 칼로라이징
② 크로마이징
③ 세라다이징
④ 실리코나이징

[10-4, 08-5]
23 철강 표면에 Al을 침투시키는 금속침투법은?

① 세라다이징
② 칼로라이징
③ 실리코나이징
④ 크로마이징

[11-5]
24 금속 표면에 알루미늄을 침투시켜 내식성을 증가시키는 것은?

① 칼로라이징
② 크로마이징
③ 세라다이징
④ 실리코나이징

[09-2]
25 칼로라이징(calorizing) 금속침투법은 철강 표면에 어떤 금속을 침투시키는가?

① 규소
② 알루미늄
③ 크롬
④ 아연

[09-1]
26 금속 표면에 내식성과 내산성을 높이기 위해 다른 금속을 침투 확산시키는 방법으로 종류와 침투제가 바르게 연결된 것은?

① 세라다이징 - Mn
② 크로마이징 - Cr
③ 칼로라이징 - Fe
④ 실리코나이징 - C

[13-1]
27 금속의 표면에 스텔라이트나 경합금 등을 용접 또는 압접으로 융착시키는 것은?

① 숏 피닝
② 하드페이싱
③ 샌드 블라스트
④ 화염 경화법

[12-5]
28 다음 중 금속 표면에 스텔라이트나 경합금 등의 금속을 용착시켜 표면경화층을 만드는 방법을 무엇이라 하는가?

① 숏 피닝
② 고주파 경화법
③ 화염 경화법
④ 하드페이싱

[07-4]
29 금속의 표면에 스텔라이트나 경합금 등을 용접 또는 압접으로 융착시키는 것은?

① 숏 피닝
② 하드페이싱
③ 샌드 블라스트
④ 화염 경화법

[06-2]
30 소재의 표면에 스텔라이트나 경합금을 용착시켜 표면을 경화시키는 방법은?

① 하드페이싱
② 숏 피닝
③ 고주파 경화법
④ 화염 경화법

[11-1, 04-1]
31 연강재 표면에 스텔라이트(stellite)나 경합금을 용착시켜 표면경화시키는 방법은?

① 브레이징(brazing)
② 숏 피닝(shot peening)
③ 하드페이싱(hard facing)
④ 질화법(nitriding)

[12-5]
32 다음 중 강의 표면경화법에 있어 침탄법과 질화법에 대한 설명으로 틀린 것은?

① 침탄법은 경도가 질화법보다 높다.
② 질화법은 질화처리 후 열처리가 필요 없다.
③ 침탄법은 고온가열 시 뜨임되고, 경도는 낮아진다.
④ 질화법은 침탄법에 비하여 경화에 의한 변형이 적다.

침탄법은 질화법보다 경도가 낮다.

[12-1]
33 다음 중 침탄법이 질화법보다 좋은 점을 설명한 것으로 옳은 것은?

① 경화에 의한 변형이 없다.
② 경화 후 수정이 가능하다.
③ 후처리로 열처리가 필요 없다.
④ 매우 높은 경도를 가질 수 있다.

① 경화에 의한 변형이 있다. ③ 침탄 후 열처리가 필요하다.
④ 침탄법은 경도가 낮다.

[08-1]
34 강의 표면에 질소를 침투하여 확산시키는 질화법에 대한 설명으로 틀린 것은?

① 높은 표면 경도를 얻을 수 있다.
② 처리 시간이 길다.
③ 내식성이 저하된다.
④ 내마멸성이 커진다.

질화법은 내식성이 우수하다.

정답 ▶ **23** ② **24** ① **25** ② **26** ② **27** ② **28** ④ **29** ② **30** ① **31** ③ **32** ① **33** ② **34** ③

Chapter

05

기계제도

기계제도에 관한 일반사항 | KS 도시기호 | 투상법 및 도형의 표시 방법

기계제도에 관한 일반사항

01 도면

1 도면의 크기

A열 사이즈 사용하며, 연장하는 경우 연장 사이즈 사용(아래 표 참조)

[도면 크기의 종류 및 윤곽의 치수]

구분	호칭 방법	치수(a×b)	c (최소)	d(최소) 철하지 않을 때	d(최소) 철 할 때
A열 사이즈	A0	841×1189	20	20	
	A1	594×841	20	20	
	A2	420×594			25
	A3	297×420	10	10	
	A4	210×297	10	10	
연장 사이즈	A0×2	1189×1682	20	20	
	A1×3	841×1783	20	20	
	A2×3	594×1261	20	20	25
	A2×4	594×1682	20	20	
	A3×3	420×891	20	20	
	A3×4	420×1189	20	20	
	A4×3	297×630	10	10	
	A4×4	297×841	10	10	
	A4×5	297×1051	10	10	

2 도면의 방향

① 긴 쪽을 좌우 방향으로 놓고 사용
② A4는 짧은 쪽을 좌우 방향으로 놓고 사용 가능

3 도면에 관한 일반사항

① **도면의 양식 중 반드시 갖추어야 할 사항** : 표제란, 윤곽선, 중심마크
② **표제란**
- 위치 : 도면의 오른쪽 아래 구석
- 기입 내용 : 도면 번호, 도명, 기업(단체)명, 책임자 서명(도장), 도면 작성년 월 일, 척도 및 투상법

③ 부품란 기입 사항 : 부품의 번호, 품명, 재질, 수량, 공정, 무게, 비교

④ **중심마크**
- 복사 또는 마이크로 필름을 촬영할 때 도면의 위치 결정을 편리하게 하기 위해 설치
- 재단된 용지의 수평 및 수직의 2개 대칭축으로 용지 양쪽 끝에서 윤곽선의 안쪽으로 약 5mm까지 긋고, 최소 0.5mm 두께의 실선을 사용한다.
- 위치 허용차 : ±0.5mm

⑤ 방향 마크 : 제도 용지의 방향을 나타내기 위해 제도판에 설치

⑥ 비교눈금 : 도면을 축소 또는 확대했을 때 그 정도를 알기 위해 설정

⑦ 복사한 도면을 접을 때의 크기 : 210 × 297mm(A4 크기)

⑧ 원도는 보통 접지 않으며, 말아서 보관하는 경우의 안지름은 40mm 이상

⑨ 윤곽선 : 재단된 용지의 가장자리와 그림을 그리는 영역을 한정하기 위하여 그리는 선으로 두께 0.5mm 이상의 실선으로 그린다.

4 도면의 종류

(1) 사용 목적에 따른 분류
① 계획도 : 설계의 의도 및 계획을 나타낸 도면
② 제작도 : 건설 또는 제조에 필요한 모든 정보를 전달하기 위한 도면
③ 주문도 : 주문서에 첨부하여 물건의 크기, 형태, 정밀도, 정보 등의 주문 내용을 나타낸 도면
④ 공정도 : 제조 공정의 도중 상태 또는 일련의 공정 전체를 나타낸 제작도

⑤ 승인도 : 주문자 등이 승인한 도면

⑥ 견적도 : 견적서에 첨부하여 의뢰자에게 견적 내용을 나타낸 도면

⑦ 설명도 : 제품의 구조, 기능, 성능 등을 설명하기 위한 도면

(2) 표현 형식에 따른 분류

① 외관도 : 대상물의 외형 및 최소한으로 필요한 치수를 나타낸 도면

② 일반도 : 구조물의 평면도, 입면도, 단면도 등에 의해서 그 형식, 일반 구조를 나타낸 도면

③ 계통도 : 급수, 배수, 전력 등의 계통을 나타낸 도면

④ 전개도 : 대상물을 구성하는 면을 평면으로 전개한 도면

⑤ 계통(선)도 : 급수, 배수, 전력 등의 계통을 나타낸 선도

⑥ 구조선도 : 기계, 교량 등의 골조를 나타내고, 구조 계산에 사용하는 선도

(3) 내용에 따른 분류

① 부품도 : 부품에 대하여 최종 다듬질 상태에서 구비해야 할 사항을 완전히 나타내기 위해 필요한 모든 정보를 나타낸 도면

② 소재도 : 기계 부품 등에서 주조, 단조된 그대로의 기계 가공 전의 상태를 나타낸 도면

③ 조립도 : 2개 이상의 부품, 부분 조립품을 조립한 상태에서 그 상호관계, 조립에 필요한 치수 등을 나타낸 도면

④ 배치도 : 지역 내의 건물 위치나 기계 등의 설치 위치의 상세한 정보를 나타낸 도면

⑤ 장치도 : 장치 공업에서 각 장치의 배치, 제조 공정의 관계 등을 나타낸 도면

⑥ 스케치도 : 사물의 실체를 보고 그린 그림

02 척도와 문자

1 척도 표시 방법

A : B로 표시
└─ 대상물의 실제 길이(물체의 실제 길이)
└─── 그린 도형에서의 대응하는 길이(도면의 크기)

2 척도 값

척도의 종류	란	값
축척	1	$1:2, 1:5, 1:10, 1:20, 1:50, 1:100, 1:200$
	2	$1:\sqrt{2}, 1:2.5, 1:2\sqrt{2}, 1:3, 1:4, 1:5\sqrt{2}, 1:25, 1:250$
현척	–	$1:1$
배척	1	$2:1, 5:1, 10:1, 20:1, 50:1$
	2	$\sqrt{2}:1, 2.5\sqrt{2}:1, 100:1$

※ 1란의 척도를 우선으로 사용한다.

▶용어 정리
• 축척 : 실물보다 작게 그린 것
• 현척 : 실물과 같은 크기로 그린 것
• 배척 : 실물보다 크게 그린 것

3 척도 기입 방법

① 표제란에 기입

② 같은 도면에 다른 척도 사용 시 그림 부근에 기입 가능

③ 도형이 치수에 비례하지 않는 경우 취지를 적당한 곳에 명기할 것

④ 잘못 볼 염려가 없을 경우 기입하지 않아도 됨

4 문자

① 글자는 명백히 쓰고 글자체는 고딕체로 하여 수직 또는 15° 경사로 쓴다.

② 국문 글자의 크기 : 2.24, 3.15, 4.5, 6.3, 9mm

③ 아라비아 숫자의 크기 : 국문 글자의 크기와 동일

④ 문장은 왼쪽에서부터 가로쓰기가 원칙

⑤ 문자의 크기는 문자의 높이를 기준으로 한다.

5 일반사항

① 도형의 크기와 대상물의 크기와의 사이에는 올바른 비례관계를 보유하도록 그린다(잘못 볼 염려가 없는 경우 예외).

② 선의 굵기 방향의 중심은 선의 이론상 그려야 할 위치 위에 있어야 한다.

③ 서로 근접하여 그리는 선의 선 간격(중심거리)은 원칙적으로 평행선의 경우 선의 굵기의 3배 이상으로 하고, 선과 선의 간격은 0.7mm 이상으로 하는 것이 좋다.

④ 밀접한 교차선의 경우 선의 간격을 굵기의 4배 이상으로 한다.

⑤ 다수의 선이 하나의 점에 접할 경우 복잡하지 않은 한, 선 간격이 선 굵기의 약 3배 되는 위치에서 선을 정지하고 점의 주위를 비우는 것이 좋다.

⑥ 투명한 재료로 만들어지는 대상물 또는 부분은 투상도에서는 전부 불투명한 것으로 하고 그린다.

⑦ 길이 치수는 특별한 지시가 없는 한 그 대상물의 측정을 2점 측정에 따라 행한 것으로 하여 지시한다.

⑧ 치수에는 특별한 것(참고치수, 이론적으로 정확한 치수 등)을 제외하고 직접 또는 일괄하여 치수의 허용한계를 지시한다.

03 선(Line)

1 선의 종류 및 용도

용도에 의한 명칭	선의 종류		선의 용도
외형선	굵은 실선	———	대상물의 보이는 부분의 모양 표시 (1.1)*
치수선	가는 실선		치수 기입 (2.1)
치수 보조선			치수 기입을 위해 도형으로부터 끌어내는 데 사용 (2.2)
지시선			기술·기호 등을 표시하기 위하여 끌어내는 데 사용 (2.3)
회전 단면선			도형 내에 그 부분의 끊은 곳을 90° 회전하여 표시 (2.4)
중심선			도형의 중심선 (4.1)을 간략하게 표시 (2.5)
수준면선			수면, 유면 등의 위치 표시 (2.6)
숨은선	가는 파선 또는 굵은 파선	——————	대상물의 보이지 않는 부분의 모양 표시 (3.1)
중심선	가는 1점 쇄선	—·——·—	• 도형의 중심 표시 (4.1) • 중심이 이동한 중심궤적 표시 (4.2)
기준선			특히 위치 결정의 근거가 된다는 것을 명시 (4.3)
피치선			되풀이하는 도형의 피치를 취하는 기준 표시 (4.4)
특수 지정선	굵은 1점 쇄선	—·——·—	특수한 가공을 하는 부분 등 특별한 요구사항을 적용할 수 있는 범위 표시 (5.1)
가상선	가는 2점 쇄선	—··——··—	• 인접부분을 참고로 표시 (6.1) • 공구, 지그 등의 위치를 참고로 표시 (6.2) • 가동부분을 이동 중의 특정한 위치 또는 이동한계의 위치로 표시 (6.3) • 가공 전 또는 가공 후의 모양 표시 (6.4) • 되풀이하는 것을 나타냄 (6.5) • 도시된 단면의 앞쪽에 있는 부분 표시 (6.6)
무게 중심선			• 단면의 무게 중심을 연결한 선을 표시 (6.7)
파단선	불규칙한 파형의 가는 실선 또는 지그재그선	〜〜	• 대상물의 일부를 파단한 경계 또는 일부를 떼어낸 경계 표시 (7.1)
절단선	가는 1점 쇄선으로 끝부분 및 방향이 변하는 부분은 굵게 한 것(4)	A' A-A	• 단면도를 그리는 경우, 그 절단 위치를 대응하는 그림에 표시 (8.1)

용도에 의한 명칭	선의 종류		선의 용도
해칭	가는 실선으로 규칙적으로 줄을 늘어 놓은 것	////////	도형의 한정된 특정 부분을 다른 부분과 구별하는 데 사용한다. 보기를 들면 단면도의 절단된 부분을 나타냄 (9.1)
특수한 용도의 선	가는 실선	———	• 외형선 및 숨은선의 연장 표시 (10.1) • 평면이란 것을 나타내는 데 사용함 (10.2) • 위치 명시 (10.3)
	아주 굵은 실선	——	얇은 부분의 단선 도시 명시 (11.1)

*( ) 안의 숫자는 아래 그림의 조합번호를 말한다.

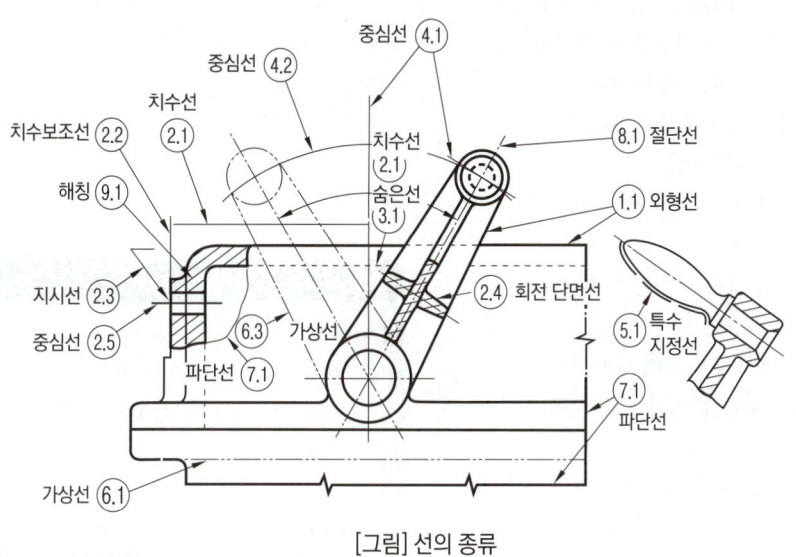

[그림] 선의 종류

2 선의 일반사항

① 선 굵기의 기준 : 0.18, 0.25, 0.35, 0.5, 0.7, 1mm
② 가는 선, 굵은 선, 아주 굵은 선의 굵기의 비율 : 1 : 2 : 4
③ 겹치는 선의 우선순위

외형선 〉 숨은선 〉 절단선 〉 중심선 〉 무게중심선 〉 치수 보조선

04 치수의 표시 방법

1 치수 기입 요소

치수선, 치수 보조선, 지시선, 치수선의 단말기호,
기준점 기호, 치수

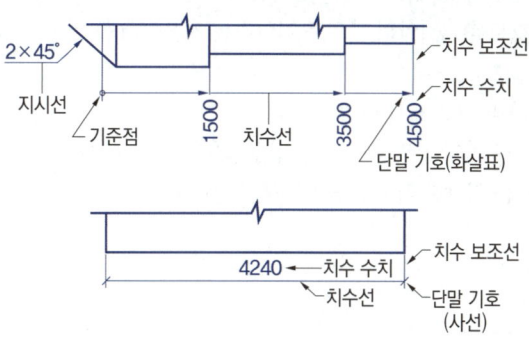

2 치수 기입의 원칙

① 대상물의 기능, 제작, 조립 등을 고려하여, 필요하다고 생각되는 치수를 명료하게 도면에 지시한다.
② 치수는 대상물의 크기, 자세 및 위치를 가장 명확하게 표시하는 데 필요하고 충분한 것을 기입한다.
③ 도면에 나타내는 치수는 특별히 명시하지 않는 한, 그 도면에 도시한 대상물의 다듬질 치수를 표시한다.
④ 치수에는 기능상(호환성을 포함) 필요한 경우, KS A 0108에 따라 치수의 허용한계를 지시한다. 다만 이론적으로 정확한 치수는 제외한다.
⑤ 치수는 되도록 주 투상도에 집중한다.
⑥ 치수는 중복 기입을 피한다.
⑦ 치수는 되도록 계산해서 구할 필요가 없도록 기입한다.
⑧ 치수는 필요에 따라 기준으로 하는 점, 선 또는 면을 기준으로 하여 기입한다.
⑨ 관련되는 치수는 되도록 한곳에 모아서 기입한다.
⑩ 치수는 되도록 공정마다 배열을 분리하여 기입한다.
⑪ 치수 중 참고치수에 대해서는 치수 수치에 괄호를 붙인다.

3 치수 수치의 표시방법

(1) 길이의 치수 수치
길이는 mm 단위로 기입하고, 단위 기호는 붙이지 않는다.

(2) 각도의 치수 수치
① 일반적으로 도의 단위로 기입하고, 필요한 경우 분 및 초 병용 가능
② 표시 방법 : 숫자의 오른쪽 어깨에 각각 °, ′, ″ 기입(예 32° 15′ 20″)
③ 각도를 라디안의 단위로 기입하는 경우 'rad'를 기입(예 0.52 rad)

(3) 세 자리 이상 표시 방법
치수 수치의 자리수가 많은 경우 3자리마다 숫자의 사이를 적당히 띄우고 콤마는 찍지 않는다.

4 치수 보조기호

구분	기호	기입 예
지름	ϕ	$\phi 50$
반지름	R	$R25$
구의 지름	$S\phi$	$S\phi 50$
구의 반지름	SR	$SR25$
정사각형의 변	$\square$	$\square 50$
판의 두께	t	$t30$
원호의 길이	$\frown$	$\overset{\frown}{50}$
45° 모떼기	C	C3
이론적으로 정확한 치수	15	15
참고치수	( )	(15)
비례척이 아닌 치수*	—	<u>15</u>

*도면의 척도와 치수부분 길이가 비례하지 않는 치수

05 치수 기입 방법

1 치수선

① 치수선은 원칙적으로 지시하는 길이 또는 각도를 측정하는 방향에 평행하게 긋고, 선의 양끝에는 끝부분 기호를 붙인다.

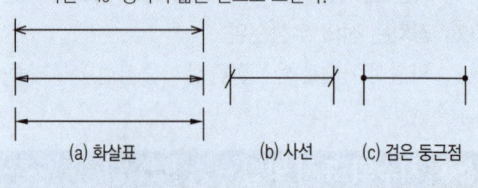

▶끝부분 기호
· 화살표 : 짧은 선을 가지고 화살촉 모양으로 그리는 화살표는 15~90° 사이의 임의의 적당한 사잇각으로 그린다.
· 화살표의 종류 : 끝이 열린 것, 닫힌 것, 빈틈 없이 칠한 것
· 사선 : 45° 경사의 짧은 선으로 그린다.

(a) 화살표   (b) 사선   (c) 검은 둥근점

② 치수선은 원칙적으로 치수보조선을 사용하여 기입하되, 치수보조선을 빼내면 도면을 혼동하기 쉬울 때에는 그렇게 하지 않아도 된다.
③ 치수선은 외형선과 너무 가까우면 치수를 읽기 힘들므로 외형선에서 약 10~15mm 정도 띄어서 긋는다. 또한 많은 치수선을 평행하게 그을 때에는 같은 간격이 되게 한다.
④ 치수선으로 사용할 수 없는 선 : 기준선, 중심선 및 이들을 연장한 선

2 치수보조선

① 치수선을 기입하기 위해 빼낸 선
② 각각의 치수선보다 약간 길게 끌어내어 그린다.
③ 지시하는 치수의 끝에 닿는 도형상의 점 또는 선의 중심을 통과하고 치수선에 직각이 되게 그어서 치수선을 약간 지날 때까지 연장한다. 다만, 치수보조선과 도형 사이를 약간 떼어 놓아도 좋다.
④ 치수를 지시하는 점 또는 선을 명확하게 하기 위하여 특히 필요한 경우에는 치수선에 대하여 적당한 각도를 가진 서로 평행한 치수보조선을 그을 수 있다. 이 각도는 되도록 60°가 좋다.
⑤ 각도를 기입하는 치수선은 각도를 구성하는 2변 또는 그 연장선(치수보조선)의 교점을 중심으로 하여 양변 또는 그 연장선 사이에 그린 원호로 표시한다.
⑥ 한 중심선에서 다른 중심선까지의 거리를 나타낼 때에는 중심선을 치수보조선 대신 사용할 수도 있다.
⑦ 일반적으로 불가피한 경우가 아닌 때에는 치수보조선과 치수선이 다른 선과 교차하지 않게 한다.
⑧ 치수보조선이 다른 선과 교차되어 복잡하게 될 경우, 또는 치수를 도형 안에 기입하는 것이 뚜렷할 경우에는 치수 보조선 대신 외형선을 사용할 수도 있다.

3 현·원호의 길이 표시방법

① 현의 길이 표시 : 원칙적으로 현에 직각으로 치수보조선을 긋고, 현에 평행한 치수선을 사용하여 표시
② 원호의 길이 표시 : 현의 경우와 같은 치수보조선을 긋고 그 원호와 동심의 원호를 치수선으로 하고, 치수 수치의 위에 원호의 길이를 붙인다.

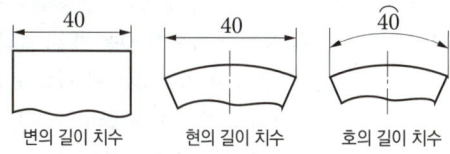

변의 길이 치수　　　현의 길이 치수　　　호의 길이 치수

4 각도 치수 기입 방법

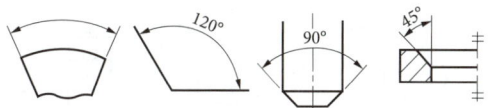

5 지름의 표시 방법

① 대상으로 하는 부분의 단면이 원형인 때, 그 모양을 도면에 표시하지 않고 원형인 것을 나타내는 경우 지름의 기호 φ를 치수 수치의 앞에 치수 숫자와 같은 크기로 기입하여 표시한다(그림 a).
② 원형의 그림에 지름의 치수를 기입할 때는 치수 수치 앞에 지름 기호 φ는 기입하지 않는다(그림 b). 단, 원형의 일부가 그려지지 않아 치수선의 끝부분 기호가 한쪽만 표시될 때에는 반지름의 치수와 혼동되지 않도록 지름의 수치 앞에 φ를 기입한다.

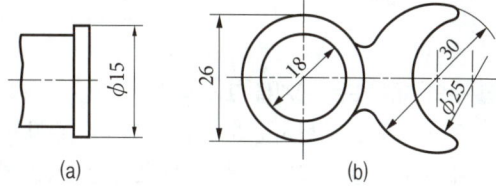

(a)　　　　　　　　(b)

6 반지름의 표시 방법

① 반지름의 치수는 반지름 기호 R을 치수 수치 앞에 치수 숫자와 같은 크기로 기입하여 표시한다. 다만, 반지름을 나타내는 치수선을 원호의 중심까지 긋는 경우에는 기호를 생략해도 좋다.

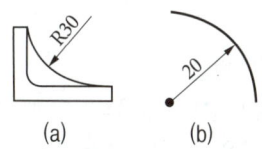

(a)　　　　　　　(b)

② 원호의 반지름을 표시하는 치수선에는 원호쪽에만 화살표를 붙이고 중심쪽에는 붙이지 않는다. 화살표나 치수 수치를 기입할 여지가 없을 때에는 아래 그림처럼 표시한다.

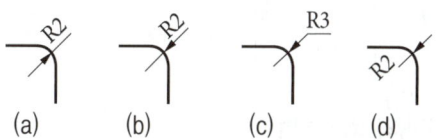

(a)　　　(b)　　　(c)　　　(d)

③ 반지름 치수를 지시하기 위하여 원호의 중심 위치를 표시할 필요가 있을 경우에는 +자 또는 검은 둥근 점으로 위치를 나타낸다.
④ 원호의 반지름이 커서 그 중심 위치를 나타낼 필요가 있을 경우, 지면 등의 제약이 있을 때는 그 반지름의 치수선을 구부려도 좋다. 이 경우 치수선의 화살표가 붙은 부분은 정확한 중심 위치로 향해야 한다.

⑤ 동일 중심을 가진 반지름은 길이 치수와 같이 누진 치수기입법을 사용해서 표시할 수 있다.

⑥ 실형을 나타내지 않는 투상도형에 실제의 반지름 또는 전개한 상태의 반지름을 지시하는 경우에는 치수 수치 앞에 "실 R", "전개 R"의 글자 기호를 기입한다.

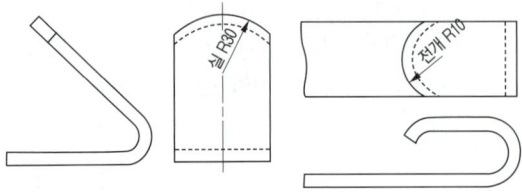

7 구의 지름 또는 반지름 표시 방법

구의 지름 또는 반지름의 치수는 그 치수 수치의 앞에 치수와 같은 크기로 구의 기호 S 또는 SR을 기입하여 표시한다.

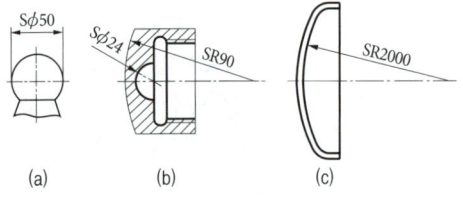

8 정사각형의 변의 표시 방법

대상으로 하는 부분의 단면이 정사각형일 때, 그 모양을 그림에 표시하지 않고 정사각형인 것을 표시하는 경우에는 그 변의 길이를 표시하는 치수 수치 앞에 치수 숫자와 같은 크기로 정사각형의 일변이라는 것을 나타내는 기호 □을 기입한다.

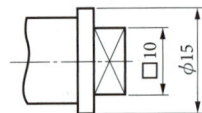

9 두께의 표시 방법

판의 주 투상도에 그 두께의 치수를 표시하는 경우에는 그 도면의 부근 또는 그림 중 보기 쉬운 위치에 두께를 표시하는 치수 수치의 앞에 치수 숫자와 같은 크기로 두께를 나타내는 기호 t를 기입한다.

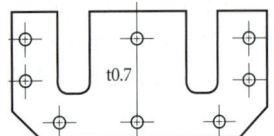

10 모떼기의 표시 방법

① 모떼기 : 모난 곳을 없앤다는 의미로 모서리 부분을 경사지게 하거나 원형으로 가공하는 것

② 일반적인 모떼기는 보통 치수 기입 방법에 따라 표시한다.

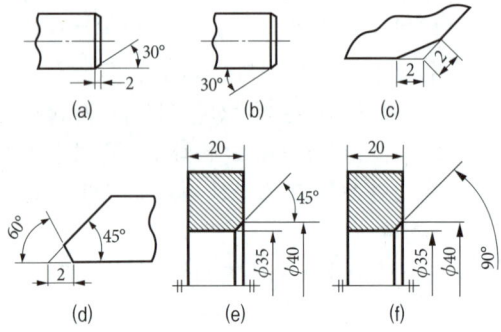

③ 45° 모떼기의 경우에는 모떼기의 치수 수치×45° 또는 기호 C를 치수 수치 앞에 치수 숫자와 같은 크기로 기입하여 표시한다.

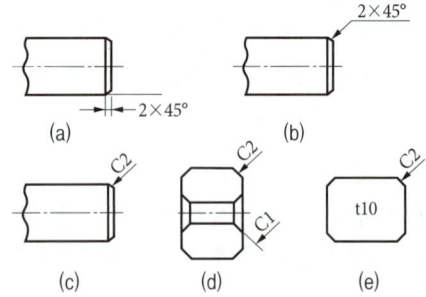

11 구멍의 표시 방법

(1) 가공 방법에 의한 구별 표시

드릴 구멍, 펀치 구멍, 코어 구멍 등 구멍의 가공 방법에 의한 구별을 표시할 필요가 있을 때는 원칙적으로 공구의 호칭 치수 또는 기준 치수를 나타내고, 그 뒤에 한국산업규격에 규정된 가공 방법 용어를 지시한다. 다만, 아래의 표에 표시한 것에 대해서는 이 표의 간략 지시에 따를 수 있다.

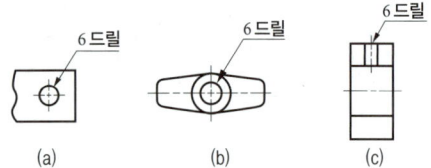

(d)

(e)

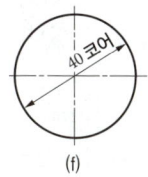
(f)

가공 방법	간략 지시
주조한 대로	코어
프레스펀칭	펀칭
드릴로 구멍 뚫기	드릴
리머 다듬질	리머

(2) 구멍의 총수 및 치수

1군의 동일 치수 볼트 구멍, 작은 나사 구멍, 핀구멍, 리벳 구멍 등의 치수 표시는 구멍으로부터 지시선을 끌어내어 그 총수를 나타내는 숫자 다음에 짧은 선을 끼워서 구멍의 치수를 기입한다. 이 경우 구멍의 총수는 같은 개소의 1군의 구멍 총수를 기입한다.

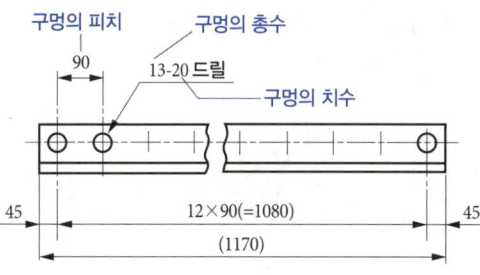

(3) 구멍의 깊이 지시

① 구멍의 지름을 나타내는 치수 다음에 "깊이"라 쓰고 그 치수를 기입한다(그림 a).

② 관통 구멍일 때는 깊이를 기입하지 않는다(그림 b).

③ 구멍의 깊이란 드릴의 앞끝의 원추부, 리머의 양 끝의 모떼기부 등을 포함하지 않는 원통부의 깊이를 말한다(그림 c의 'H').

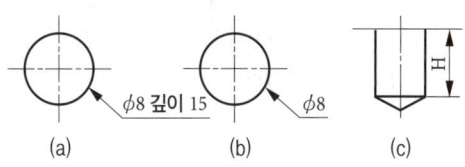

(a) (b) (c)

(4) 자리파기의 표시

① 자리파기의 지름을 나타내는 치수 다음에 "자리파기"라고 쓴다.

② 자리파기를 표시하는 도형은 그리지 않는다.

▶ 용어 정리
- 자리파기 : 볼트, 너트 등의 자리를 좋게 하기 위한 것으로 일반적으로 흑피를 깎는 정도로 하며, 자리파기의 깊이는 지시하지 않는다.

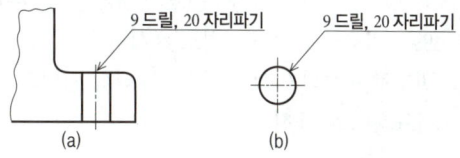

(a) (b)

(5) 깊은 자리파기의 표시

① 볼트 머리를 잠기게 하는 경우에 사용하는 깊은 자리파기의 표시 방법은 깊은 자리파기의 지름을 나타내는 치수 다음에 "깊은 자리파기"라고 쓴다. 다음에 "깊음"이라고 쓰고 그 수치를 기입한다(그림 a, b).

② 깊은 자리파기의 아래 위치를 반대쪽 면으로부터 치수를 지시할 필요가 있을 때는 치수선을 사용한다(그림 c).

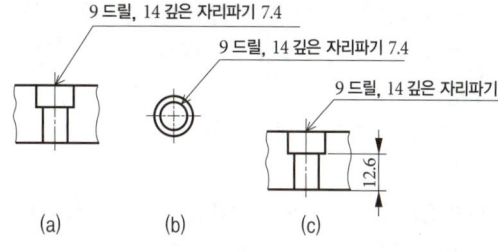

(a) (b) (c)

(6) 긴 원의 구멍 표시

구멍의 기능 또는 가공 방법에 따라 다음 중 하나를 선택하여 지시한다.

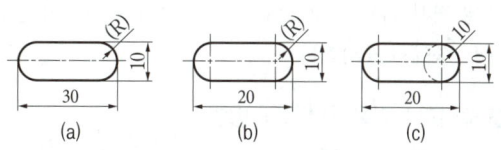

(a) (b) (c)

(7) 경사진 구멍의 깊이 표시

구멍 중심선상의 깊이로 표시하거나(그림 a) 치수선을 사용하여 표시한다(그림 b).

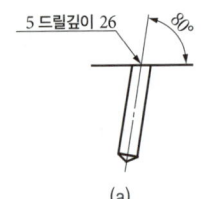

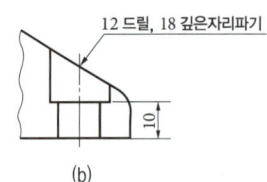

(a)   (b)

12 곡선의 표시 방법

① 원호로 구성되는 곡선 : 원호의 반지름과 그 중심
또는 원호의 접선의 위치로 표시

② 원호로 구성되지 않은 곡선 : 곡선상 임의의 점의
좌표 치수로 표시

13 키홈의 표시 방법

(1) 축의 키홈

① 치수는 키홈의 나비, 깊이, 길이, 위치 및 끝부를
표시하는 치수에 따른다.

② 키홈의 끝부를 밀링커터 등에 의하여 절삭하는 경
우에는 기준 위치에서 공구의 중심까지의 거리와
공구의 지름을 표시한다.

③ 키홈의 깊이는 키홈과 반대쪽의 축지름면으로부
터 키홈의 바닥까지의 치수로 표시한다.

④ 특히 필요한 경우에는 키홈의 중심면 위에서의
축지름면으로부터 키홈의 바닥까지의 치수(절삭깊
이)로 표시하여야 좋다.

(2) 구멍의 키홈

① 치수는 키홈의 나비 및 깊이를 표시하는 치수에
따른다.

② 키홈의 깊이는 키홈과 반대쪽의 구멍 지름면으로
부터 키홈의 바닥까지의 치수로 표시한다.

③ 필요한 경우 키홈의 중심면상에서의 구멍지름면
으로부터 키홈의 바닥까지의 치수로 표시해도 좋
다.

④ 경사 키용의 보스의 키홈의 깊이는 키홈의 깊은
쪽에서 표시한다.

14 테이퍼 · 기울기의 표시 방법

① 원칙적으로 테이퍼는 중심선에 연하여 기입하고,
기울기는 변에 연하여 기입한다(그림 a, b).

② 테이퍼 또는 기울기의 정도와 방향을 특별히 명
확하게 나타낼 필요가 있을 경우에는 별도로 도
시한다(그림 c).

③ 특별한 경우 경사면에서 지시선을 끌어내어 기입
할 수 있다(그림 d).

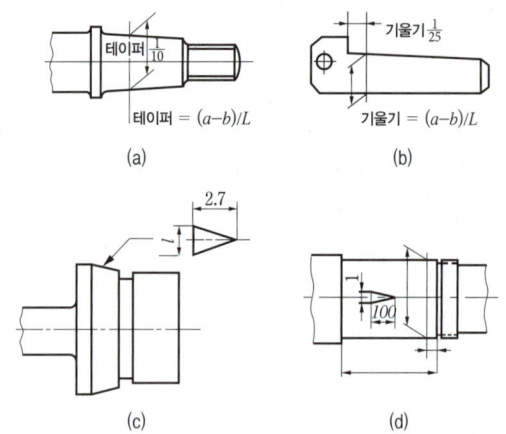

(a)   (b)

(c)   (d)

15 얇은 두께 부분의 표시 방법

① 얇은 두께 부분의 단면을 아주 굵은 선으로 그린
도형에 치수를 기입하는 경우에는 단면을 표시한
극히 굵은 선에 따라서 짧고 가는 실선을 긋고, 여
기에 치수선의 끝부분 기호를 댄다.

② 이 경우 수치는 가는 실선을 그려준 쪽까지의 치
수를 의미한다.

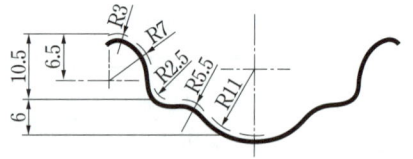

▶ 용기모양의 대상물 도면에 관한 ISO 규정
• 아주 굵은 선에 직접 끝부분 기호를 대었을 경우에는 그
바깥쪽까지의 치수를 말한다.
• 오해할 우려가 있을 경우에는 화살표의 끝을 명확하게
나타낸다.

③ 안쪽을 나타내는 치수에는 치수 수치 앞에 "int"
를 부기한다.

16 강 구조물 등의 치수 표시 방법

① 강 구조물 등의 구조선도에서 절점 사이의 치수
를 표시하는 경우에는 부재를 표시하는 선에 연하
여 직접 기입한다.

▶ 용어 정리
• 절점 : 구조선도에 있어서 부재의 무게 중심선의 교점

② 형강, 강관, 각강 등의 치수는 아래 표의 표시 방법

에 의하여 각각의 도형에 연하여 기입할 수 있다.

③ 길이의 치수는 생략할 수 있다.

④ 부등변 ㄱ형강 등을 지시하는 경우에는 그 변이 어떻게 놓이는가를 명확히 하기 위하여 그림에 나타난 변의 치수를 기입한다.

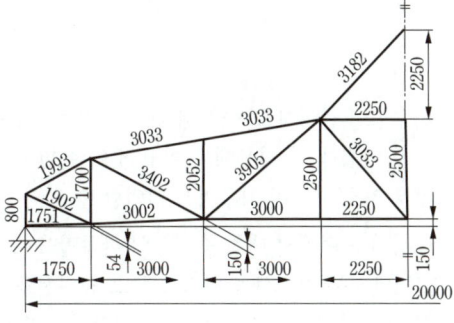

⑤ 형강의 종류

종류	단면 모양	표시 방법
등변 ㄱ형강		LA×B×t−L
부등변 ㄱ형강		LA×B×t−L
부등변부등두께 ㄱ형강		LA×B×t₁×t₂−L
I형강		IH×B×t−L
ㄷ형강		CH×B×t₁×t₂−L
구평형강		JA×t−L
T형강		TH×B×t₁×t₂−L
H형강		HH×A×t₁×t₂−L
경ㄷ형강		CH×A×B×t−L

종류	단면 모양	표시 방법
경Z형강		H×A×B×t−L
립 형강		H×A×C×t−L
립 Z형강		H×A×C×t−L
모자형강		H×A×B×t−L
환강		보통 ϕA−L
강관		ϕA×t−L
각강관		□A×B×t−L
각강		□A−L
평강		A×B−L

※ L은 길이를 나타낸다.

06 기타 일반 주의사항

1 치수 수치 기입 시 고려사항

① 치수 수치를 나타내는 일련의 치수 숫자는 도면에 그린 선에서 분할되지 않는 위치에 쓰는 것이 좋다(그림 a).

② 치수 숫자는 선에 겹쳐서 기입하면 안 된다(그림 c). 어쩔 수 없는 경우에는 치수 숫자와 겹쳐지는 선의 부분을 중단하여 치수 수치를 기입한다(그림 d).

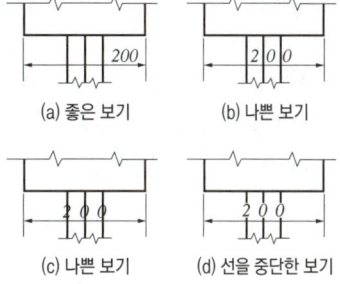

(a) 좋은 보기   (b) 나쁜 보기

(c) 나쁜 보기   (d) 선을 중단한 보기

③ 치수 수치는 치수선과 교차되는 장소에 기입하면 안 된다.

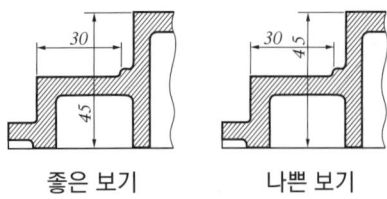

좋은 보기　　　　나쁜 보기

④ 치수선이 인접해서 연속하는 경우에는 치수선은 동일 직선상에 가지런히 기입하는 것이 좋다(그림 a). 관련되는 부분의 치수는 동일 직선상에 기입하는 것이 좋다(그림 b, c).

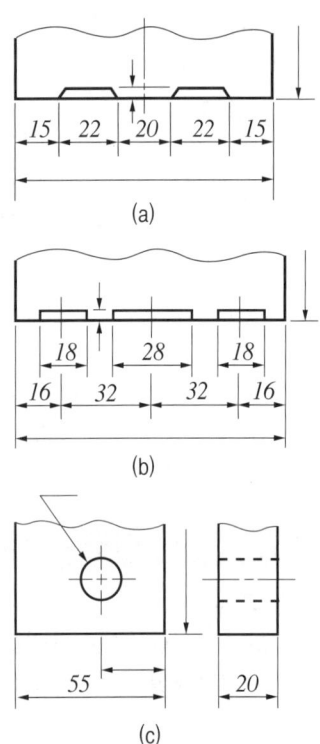

(a)

(b)

(c)

⑤ 치수보조선을 긋고 기입하는 지름의 치수가 대칭 중심선의 방향에 몇 개 늘어선 경우에는 각 치수선은 되도록 같은 간격으로 긋고 작은 치수를 안쪽에, 큰 치수를 바깥쪽으로 치수 수치를 가지런하게 기입한다(그림 a). 다만, 지면의 형편으로 치수선의 간격이 좁은 경우에는 치수 수치를 대칭 중심선의 양쪽에 교대로 써도 좋다(그림 b).

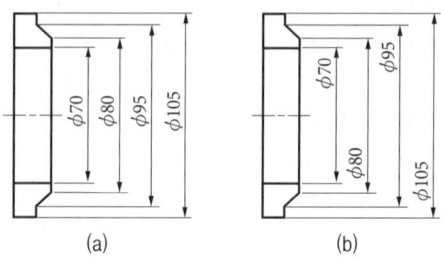

(a)　　　　　　(b)

⑥ 치수선이 길어서 그 중앙에 치수 수치를 기입하면 알기 어렵게 될 경우에는 어느 것이나 한쪽의 끝부분 기호 가까이 치우쳐서 기입할 수 있다.

⑦ 대칭의 도형에서 대칭 중심선의 한쪽만을 표시한 그림에서는 치수선을 원칙으로 그 중심선을 넘어서 적당히 연장한다. 이 경우, 연장한 치수선 끝에는 끝부분 기호를 붙이지 않는다. 다만, 오해할 염려가 없는 경우에는 치수선은 중심선을 넘지 않아도 좋다.

⑧ 대칭의 도형으로 다수의 지름 치수를 기입할 때는 치수선의 길이를 더 짧게 하여 여러 단으로 분리하여 기입할 수 있다.

⑨ 치수 수치 대신 글자 기호를 써도 좋은데, 이때 해당 수치를 별도로 표시한다.

⑩ 서로 경사된 두 개의 면 사이에 둥글기 또는 모떼기가 되어 있을 때, 두 면의 교차되는 위치를 나타낼 때는 둥글기 또는 모떼기를 하기 이전의 모양을 가는 실선으로 표시하고, 그 교점에서 치수보조선을 끌어낸다. 이 경우 교점을 명확하게 나타낼 필요가 있을 때에는 각각의 선을 서로 교차시키든가 교점에 검은 둥근점을 붙인다.

⑪ 원호 부분의 치수
 • 원호가 180° 이하는 원칙적으로 반지름으로 표시하고, 180° 이상일 때는 지름으로 표시한다.
 • 원호가 180° 이하라 하더라도 기능상 또는 가공상 지름의 치수를 필요로 할 경우에는 지름의 치수를 기입한다.

⑫ 반지름의 치수가 다른 곳에 지시한 치수에 따라 자연히 결정될 때에는 반지름의 치수선과 반지름의 기호로 원호인 것을 나타내고, 치수 수치는 기입하지 않는다.

⑬ 가공 또는 조립할 때 기준으로 할 곳이 있는 경우 그곳을 기준으로 치수를 기입한다.

⑭ 공정을 달리하는 부분의 치수는 그 배열을 나누어서 기입하는 것이 좋다.

⑮ 서로 관련되는 치수는 한곳에 모아서 기입한다. 예를 들어, 플랜지의 경우 볼트 구멍의 피치원 지름과 구멍의 치수와 구멍의 배치는 피치원이 그려져 있는 쪽 그림에 모아서 기입하는 것이 좋다.

⑯ T형 관이음, 밸브 몸통, 코크 등의 플랜지와 같이 한 개의 물품에 똑같은 치수 부분이 두 개 이상 있는 경우 그 중 한 개에만 치수를 기입하는 것이 좋다.

⑰ 일부의 도형이 그 치수 수치에 비례하지 않을 때는 치수 숫자의 아래쪽에 굵은 실선을 긋는다. 다만, 일부를 절단 생략한 때 등 치수와 도형이 비례하지 않는 선을 표시할 필요가 없는 경우에는 생략한다.

07 부품번호 및 도면의 변경

1 부품번호의 표시 방법

① 부품번호는 원칙적으로 아라비아 숫자를 사용한다.

② 조립도 속의 부품에 대하여 별도로 제작도가 있는 경우는 부품번호 대신 그 도면번호를 기입하여도 좋다.

③ 부품번호는 다음 중 한 가지를 따른다.
- 조립순서에 따른다.
- 구성 부품의 중요도에 따른다(예 부분 조립품, 주요 부품, 작은 부품, 기타 부품의 순서).
- 기타 근거가 있는 순서에 따른다.

④ **부품번호 기입 방법**
- 부품번호는 명확히 구별되는 글자로 쓰거나 원 속에 글자를 쓴다.
- 부품번호는 대상으로 하는 도형에 지시선으로 연결하여 기입하면 좋다.
- 도면을 보기 쉽게 하기 위하여 부품번호를 세로 또는 가로로 나란히 기입하는 것이 좋다.

2 도면의 변경

출도에 도면의 내용을 변경하였을 때는 변경한 곳에 적당한 기호를 부기하고 변경 전의 도형, 치수 등은 적당히 보존한다. 이 경우 변경 연월일, 이유 등을 명기한다.

08 나사

1 나사의 도시 방법

① 수나사의 바깥지름과 암나사의 안지름을 나타내는 선은 **굵은 실선**으로 그린다.

② 수나사와 암나사의 골을 표시하는 선은 **가는 실선**으로 그린다.

③ 완전 나사부와 불완전 나사부의 경계선은 **굵은 실선**으로 그린다.

④ 불완전 나사부의 골밑을 나타내는 선은 축선에 대하여 **30°의 가는 실선**으로 그린다.

⑤ 암나사 탭 구멍의 드릴 자리는 **120°의 굵은 실선**으로 그린다.

⑥ 보이지 않는 나사부의 산봉우리와 골을 나타내는 선은 **같은 굵기의 파선**으로 그린다.

⑦ 수나사와 암나사의 결합부분은 수나사로 표시한다.

⑧ 수나사와 암나사의 측면 도시에서 각각의 골지름은 **가는 실선으로 약 3/4의 원**으로 그린다.

⑨ 단면 시 나사부의 해칭은 **수나사는 외경, 암나사는 내경**까지 해칭한다.

2 나사의 표시 방법

| 나사산의 감김 방향 | 나사산의 줄의 수 | 나사의 호칭 | — | 나사의 등급 |

3 나사의 호칭 표시 방법

① 피치를 밀리미터로 표시하는 나사의 경우

| 나사의 종류를 표시하는 경우 | 나사의 호칭지름을 표시하는 숫자 | × | 피치 |

② 피치를 산의 수로 표시하는 나사(유나파이 나사 제외)의 경우

| 나사의 종류를 표시하는 경우 | 나사의 지름을 표시하는 숫자 | 산 | 산의 수 |

③ 유니파이 나사의 경우

| 나사의 지름을 표시하는 숫자 또는 번호 | — | 산의 수 | 나사의 종류를 표시하는 기호 |

4 나사의 종류를 표시하는 기호 및 나사의 호칭에 대한 표시 방법의 보기

구분	나사의 종류		표시 기호	표시 예	구분	나사의 종류		표시 기호	표시 예
일반용	ISO 규격에 있음	미터 보통나사	M	M8	특수용	후강전선관나사		CTG	CTG16
		미터 가는나사		M8×1		박강전선관나사		CTC	CTC19
		미니어처나사	S	S0.5		자전거나사	일반용	BC	BC3/4
		유니파이 보통나사	UNC	3/8-16UNC			스포크용		BC2.6
		유니파이 가는나사	UNF	No.8-36UNF		미싱나사		SM	SM1/4 산40
		미터 사다리꼴나사	Tr	Tr10×2		전구나사		E	E10
		관용 테이퍼나사	테이퍼 수나사	R	R3/4	자동차용 타이어 밸브나사		TV	TV8
			테이퍼 암나사	Rc	Rc3/4	자전거용 타이어 밸브나사		CTV	CTV8 산30
			평행 암나사	Rp	Rp3/4				
	ISO 규격에 없음	관용 평행나사	G	G1/2					
		30° 사다리꼴나사	TM	TM18					
		29° 사다리꼴나사	TW	TW20					
		관용 테이퍼나사	테이퍼나사	PT	PT7				
			평행 암나사	PS	PS7				
		관용 평행나사	PF	PF7					

5 나사의 등급

① 나사의 등급은 나사의 등급을 표시하는 숫자와 문자의 조합 또는 문자로 표시한다.
② 나사의 종류에 대한 등급의 구분은 각각 관련 표준의 규정에 따른다.
③ 필요가 없을 때는 등급을 생략해도 좋다.

6 나사산의 감김 방향

왼나사의 경우 "왼" 또는 "L"로 표시하고 오른나사의 경우에는 표시하지 않는다.

7 나사산의 줄의 수

여러줄 나사의 경우 "2줄", "3줄" 등과 같이 표시하고 한줄 나사의 경우 표시하지 않는다.

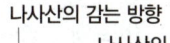

8 나사의 표시 방법 보기

나사산의 감는 방향	나사산의 줄 수	나사의 호칭	나사의 등급	
왼	**2줄**	**M50×2**	**−6H**	: 왼 2줄 미터 가는 나사(M50×2) 암나사 등급 6, 공차 위치 H
왼		M10	−6H/6g	: 왼 미터 보통나사(M10) 암나사 6H와 수나사 6g의 조합
		No.4−40UNC	−2A	: 유니파이 보통나사 2A급
		G1/2		: 관용 평행 수나사 A급
		Rp1/2/R1/2		: 관용 평행 암나사(Rp1/2)와 관용 테이퍼 수나사(R1/2)의 조합

08 리벳(Rivet)

1 리벳의 제품 호칭 방법

① 냉간 성형 리벳

KS B 1101	둥근 머리 리벳 냉간 냄비머리 리벳	6×18 3×18	SWRM10 구리	앞붙이
(규격번호)	(종류)	(호칭지름×길이)	(재료)	(지정사항)

② 열간 성형 리벳

KS B 1102	둥근 머리 리벳 열간 접시머리 리벳 보일러용 둥근머리 리벳	16 × 40 20 × 50 13 × 30	SV330 SV330 SV400
(규격번호)	(종류)	(호칭지름×길이)	(재료)

기출문제 | 이론과 연계된 기출유형을 파악하자!

도면

[13−5]

1 기계 제도의 일반 사항에 관한 설명으로 틀린 것은?

① 잘못 볼 염려가 없다고 생각되는 도면은 도면의 일부 또는 전부에 대하여 비례관계를 지키지 않아도 좋다.

② 선의 굵기 방향의 중심은 이론상 그려야 할 위치 위에 그린다.

③ 선이 근접하여 그리는 선의 간격은 원칙적으로 평행선의 경우 선의 굵기의 3배 이상으로 하고, 선과 선의 간격은 0.7mm 이상으로 하는 것이 좋다.

④ 다수의 선이 1점에 집중할 경우 그 점 주위를 스머징하여 검게 나타낸다.

> 다수의 선이 1점에 집중할 경우 선 간격이 선 굵기의 약 3배가 되는 위치에서 선을 멈춰 점의 주위를 비우는 것이 좋다.

[12−5]

2 도면에서 사용되는 긴 용지에 대해서 그 호칭방법과 치수 크기가 서로 맞지 않는 것은?

① A3×3 : 420mm×630mm

② A3×4 : 420mm×1,189mm

③ A4×3 : 297mm×630mm

④ A4×4 : 297mm×841mm

[10−4]

3 도면용으로 사용하는 A2 용지의 크기로 맞는 것은?
(단, 길이 단위는 mm이다)

① 842×1189 　　② 594×841

③ 420×594 　　④ 270×420

정답▶ 1 ④ 2 ① 3 ③

[07-1, 07-2]
4 제도 용지의 크기는 한국산업규격에 따라 사용하고 있다. 일반적으로 큰 도면을 접을 경우 다음 중 어느 크기로 접어야 하는가?

① A2　　　　　　② A3
③ A4　　　　　　④ A5

[12-2]
5 도면의 양식에서 반드시 마련해야 할 사항이 아닌 것은?

① 윤곽선　　　　② 중심 마크
③ 표제란　　　　④ 비교 눈금

[12-4]
6 기계제도에서 도면 작성 시 반드시 기입해야 할 것은?

① 비교눈금　　　② 윤곽선
③ 구분기호　　　④ 재단마크

[11-2, 09-4]
7 도면의 양식 중 반드시 갖추어야 할 사항은?

① 방향 마크　　　② 도면의 구역
③ 재단 마크　　　④ 중심 마크

[06-2]
8 도면의 마이크로 사진 촬영, 복사 등의 작업을 편리하게 하기 위하여 표시하는 것과 가장 관계가 깊은 것은?

① 윤곽선　　　　② 중심마크
③ 표제란　　　　④ 재단마크

[12-1, 10-2]
9 도면을 축소 또는 확대했을 경우, 그 정도를 알기 위해서 설정하는 것은?

① 중심 마크　　　② 비교눈금
③ 도면의 구역　　④ 재단 마크

[11-1]
10 도면에서 반드시 표제란에 기입해야 하는 항목이 아닌 것은?

① 도명　　　　　② 척도
③ 투상법　　　　④ 재질

[11-1]
11 기계 제작 부품 도면에서 도면의 윤곽선 오른쪽 아래 주석에 위치하는 표제란을 가장 올바르게 설명한 것은?

① 품번, 품명, 재질, 주서 등을 기재한다.
② 제작에 필요한 기술적인 사항을 기재한다.
③ 제조 공정별 처리방법, 사용 공구 등을 기재한다.
④ 도면, 도명, 제도 및 검도 등 관련자 서명, 척도 등을 기재한다.

[10-5]
12 KS A 0106에 규정한 도면의 크기 및 양식에서 용지의 긴 쪽 방향을 가로방향으로 했을 경우 표제란의 위치로 적적한 곳은?

① ㉠
② ㉡
③ ㉢
④ ㉣

[07-4]
13 기계제도에서 표제란과 부품란이 있을 때 표제란에 기입할 사항들로만 묶인 것은?

① 도번, 도명, 척도, 투상법
② 도명, 도번, 재질, 수량
③ 품번, 품명, 척도, 투상법
④ 품번, 품명, 재질, 수량

[11-5]
14 도면에서 도면 번호, 도면 명칭, 기업(소속 단체)명, 책임자 성명 등의 내용이 기입되어 있는 곳은?

① 부품란　　　　　② 표제란
③ 도면의 구역　　　④ 중심 마크

[10-1, 09-5, 09-2, 05-2, 04-4, 04-2]
15 도면의 표제란에 표시된 "NS"의 의미로 적절한 것은?

① 나사를 표시
② 비례척이 아닌 것을 표시
③ 각도를 표시
④ 보통나사를 표시

정답 ▶ 4 ③　5 ④　6 ②　7 ④　8 ②　9 ②　10 ④　11 ④　12 ④　13 ①　14 ②　15 ②

16 도면에서 표제란과 부품란으로 구분할 때, 부품란에 기입할 사항이 아닌 것은?

① 품명   ② 재질
③ 수량   ④ 척도

[05-1]

17 도면의 표제란과 부품란 중 일반적으로 부품란에 기재되는 사항인 것은?

① 도명   ② 척도
③ 무게   ④ 제도일자

[12-2]

18 도면의 긴 쪽 길이를 가로방향으로 한 X형 용지에서 표제란의 위치로 가장 적당한 것은?

① 오른쪽 중앙   ② 왼쪽 위
③ 오른쪽 아래   ④ 왼쪽 아래

[06-1]

19 물, 기름, 가스 등의 배관 접속과 유동상태를 나타내는 도면의 명칭으로 다음 중 가장 적합한 것은?

① 계통도   ② 배선도
③ 주문도   ④ 부품도

[08-5]

20 실물을 보고 프리핸드로 그린 도면으로 필요한 사항을 기입하여 완성한 도면인 것은?

① 스케치도   ② 상세도
③ 부분조립도   ④ 트레이스도

[04-1]

21 부품을 스케치할 때 부품 표면에 광명단을 칠한 후 종이에 찍어 실제 모양을 뜨는 방법을 무엇이라 하는가?

① 사진 촬영법   ② 프리핸드법
③ 프린트법   ④ 모양뜨기법

[05-2]

22 평면이면서 복잡한 윤곽을 갖는 부품면에 광명단을 칠하고 그 위에 종이를 대고 눌러서 그 실제의 형을 찍어 내는 작업은 다음의 어느 경우에 이용하는가?

① 연필 원도를 그릴 때   ② 트레이싱을 할 때
③ 스케치를 할 때   ④ 도면 복사를 할 때

척도

[11-5]

1 기계제도에서의 척도에 대한 설명으로 잘못된 것은?

① 척도란 도면에서의 길이와 대상물의 실제길이의 비이다.
② 척도는 표제란에 기입하는 것이 원칙이다.
③ 축척은 2:1, 5:1, 10:1 등과 같이 나타낸다.
④ 도면을 정해진 척도값으로 그리지 못하거나 비례하지 않을 때에는 척도를 "NS"로 표시할 수 있다.

> 2:1, 5:1, 10:1 등과 같이 나타내는 것은 배척이다.

[10-2]

2 도면의 척도 값 중 실제 형상을 축소하여 그리는 것은?

① 100 : 1   ② $\sqrt{2}$: 1
③ 1 : 1   ④ 1 : 2

[08-5]

3 공작물을 1:5의 척도로 그리려고 하는데 실제길이는 50mm이다. 도면에 공작물의 길이를 얼마의 크기로 그려야 하는가?

① 10mm   ② 25mm
③ 50mm   ④ 100mm

[10-5]

4 도면의 척도란에 5:1로 표시되었을 때 의미로 올바른 설명은?

① 축척으로 도면의 형상 크기는 실물의 1/5배이다.
② 축척으로 도면의 형상 크기는 실물의 5배이다.
③ 배척으로 도면의 형상 크기는 실물의 1/5이다.
④ 배척으로 도면의 형상 크기는 실물의 5배이다.

[04-4]

5 실제길이가 100mm인 제품을 척도 2:1로 도면을 작성했을 때 도면에 길이치수로 기입되는 값은?

① 200   ② 150
③ 100   ④ 50

[10-2]

6 한 변이 10mm인 정사각형을 2:1로 도시하려고 한다. 실제 정사각형 면적을 L이라고 하면 도면 도형의 정사각형 면적은 얼마인가?

① $\frac{1}{2}$L ② L

③ $\frac{1}{4}$L ④ 4L

문자

[13-5]

1 제도에 사용되는 문자 크기의 기준으로 맞는 것은?

① 문자의 폭
② 문자의 대각선의 길이
③ 문자의 높이
④ 문자의 높이와 폭의 비율

선

[11-5]

1 대상물의 보이는 부분의 모양을 표시하는 데 사용하는 선은?

① 치수선 ② 외형선
③ 숨은선 ④ 기준선

[12-5, 09-1]

2 기계제도에서 대상물의 보이는 부분의 겉모양을 표시하는 선의 종류는?

① 가는 파선 ② 굵은 파선
③ 굵은 실선 ④ 가는 실선

[12-5]

3 제도를 하는데 있어서 아주 굵은 선, 굵은 선, 가는 선의 굵기 비율은 어떻게 해야 하는가?

① 3:2:1 ② 4:2:1
③ 9:5:1 ④ 9:3:1

[10-1]

4 기계제도에서 사용하는 선의 용도에 따라 사용하는 선의 종류가 틀린 것은?

① 외형선 : 가는 실선

② 피치선 : 가는 1점 쇄선
③ 중심선 : 가는 1점 쇄선
④ 숨은선 : 가는 파선 또는 굵은 파선

> 외형선은 굵은 실선을 사용한다.

[12-2]

5 기계 제도에서 평면인 것을 나타낼 필요가 있을 경우에는 다음 중 어떤 선의 종류로 대각선을 그려서 나타내는가?

① 굵은 실선 ② 가는 실선
③ 가는 1점 쇄선 ④ 가는 2점 쇄선

> **가는 실선의 용도**
> • 외형선 및 숨은선의 연장을 표시하는 데 사용한다.
> • 평면이란 것을 나타내는 데 사용한다.
> • 위치를 명시하는 데 사용한다.

[11-2]

6 암이나 리브 등을 도형 내에 단면 도시할 때 절단한 곳에 겹쳐서 단면 형상을 그리는 경우 사용하는 선은?

① 가는 실선 ② 파선
③ 굵은 실선 ④ 가상선

> 암이나 리브 등을 도형 내에 단면 도시할 때 절단한 곳에 겹쳐서 단면 형상을 그리는 경우 가는 실선을 사용하여 그린다.

[04-2]

7 다음 선 중 가는 실선으로 표시되는 선은?

① 물체의 보이지 않는 부분의 형상을 나타내는 선
② 물체의 표면 처리부분을 나타내는 선
③ 단면도를 그릴 경우에 그 절단 위치를 나타내는 선
④ 절단된 단면 등을 명시하기 위한 해칭선

> 가는 실선으로 표시되는 선 : 치수선, 치수보조선, 지시선, 회전단면선, 중심선, 수준면선, 해칭선

[08-1]

8 용도에 의한 명칭에서 선의 굵기가 모두 가는 실선인 것은?

① 치수선, 치수보조선, 지시선
② 중심선, 지시선, 숨은선
③ 외형선, 치수보조선, 해칭선
④ 기준선, 피치선, 수준면선

9 기계제도에서 선의 굵기가 가는 실선이 아닌 것은?

① 치수선　　　　　② 수준면선
③ 지시선　　　　　④ 특수지정선

> 특수지정선은 굵은 1점 쇄선이다.

[11-2]

10 치수선, 치수 보조선, 지시선, 회전 단면도선으로 사용되는 선의 종류는?

① 가는 파선　　　　② 가는 1점 쇄선
③ 가는 실선　　　　④ 가는 2점 쇄선

[11-5, 07-2]

11 도면에서 2종류 이상의 선이 같은 장소에 겹치게 될 경우에 다음 중 가장 우선되는 것은?

① 중심선　　　　　② 절단선
③ 외형선　　　　　④ 숨은선

[13-1]

12 도면에서 2종류 이상의 선이 같은 장소에서 중복될 경우 선의 우선순위를 옳게 나열한 것은?

① 외형선 〉 숨은선 〉 절단선 〉 중심선 〉 치수보조선
② 외형선 〉 중심선 〉 절단선 〉 치수보조선 〉 숨은선
③ 외형선 〉 절단선 〉 치수보조선 〉 중심선 〉 숨은선
④ 외형선 〉 치수보조선 〉 절단선 〉 숨은선 〉 중심선

[11-2]

13 도면에 2가지 이상의 선이 같은 장소에 겹치어 나타내게 될 경우 우선순위가 가장 높은 것은?

① 숨은선　　　　　② 외형선
③ 절단선　　　　　④ 중심선

> **선이 겹쳤을 때의 우선순위**
> 외형선 〉 숨은선 〉 절단선 〉 중심선 〉 무게중심선 〉 치수보조선

[10-5]

14 KS 기계제도 선의 종류에서 가는 2점 쇄선으로 표시되는 선의 용도에 해당하는 것은?

① 가상선　　　　　② 치수선
③ 해칭선　　　　　④ 지시선

[13-1]

15 인접부분을 참고로 표시하는데 사용하는 선은?

① 숨은선　　　　　② 가상선
③ 외형선　　　　　④ 피치선

[12-1, 10-2]

16 가는 2점 쇄선을 사용하는 가상선의 용도가 아닌 것은?

① 단면도의 절단된 부분을 나타내는 것
② 가공 전·후의 형상을 나타내는 것
③ 인접부분을 참고로 나타내는 것
④ 가동 부분을 이동 중의 특정한 위치 또는 이동한 계의 위치로 표시하는 것

> 단면도의 절단된 부분을 나타내는 것은 해칭이다.

[12-4, 07-4]

17 기계제도에서 가상선의 용도에 해당하지 않는 것은?

① 인접부분을 참고로 표시하는 데 사용
② 도시된 단면의 앞쪽에 있는 부분을 표시하는 데 사용
③ 가동하는 부분을 이동한계의 위치로 표시하는 데 사용
④ 부분 단면도를 그릴 경우 절단위치를 표시하는 데 사용

> 부분 단면도를 그릴 경우 절단위치를 표시하는 데 사용하는 선은 절단선이다.

[09-4, 06-4]

18 보기의 도면에서 A~D선의 용도에 의한 명칭으로 틀린 것은?

(보기)

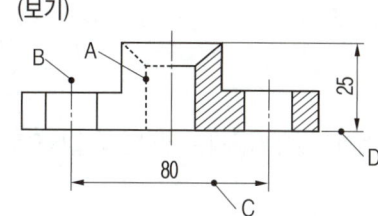

① A : 숨은선　　　　② B : 중심선
③ C : 치수선　　　　④ D : 지시선

> D : 치수보조선

정답 　9 ④　10 ③　11 ③　12 ①　13 ②　14 ①　15 ②　16 ①　17 ④　18 ④

19 [05-1] 기계제도에서 대상물의 일부를 떼어낸 경계를 표시하는 데 사용하는 선의 명칭은?

① 가상선   ② 피치선
③ 파단선   ④ 절단선

20 [12-5, 09-5] 대상물의 일부를 파단한 경계 또는 일부를 떼어낸 경계를 표시하는 데 사용하는 선은?

① 가상선   ② 파단선
③ 절단선   ④ 외형선

21 [06-2] 불규칙한 파형의 가는 실선 또는 지그재그선을 사용하는 것은?

① 파단선   ② 치수보조선
③ 치수선   ④ 지시선

> 파단선은 대상물의 일부를 파단한 경계 또는 일부를 떼어낸 경계를 표시하는데 사용하는 선으로 불규칙한 파형의 가는 실선 또는 지그재그 선을 사용한다.

22 [07-1] 다음 중 물체의 일부분의 생략 또는 단면의 경계를 나타내는 선으로 불규칙한 파형의 가는 실선인 것은?

① 파단선   ② 지시선
③ 가상선   ④ 절단선

23 [13-2] 물체의 일부분을 파단한 경계 또는 일부를 떼어낸 경계를 나타내는 선으로 불규칙한 파형의 가는 실선인 것은?

① 파단선   ② 지시선
③ 가상선   ④ 절단선

24 [08-5] 기계제도에서 사용하는 파단선의 설명으로 올바른 것은?

① 가는 1점 쇄선이다.
② 불규칙한 파형의 가는 실선이다.
③ 굵기는 외형선과 같다.
④ 아주 굵은 실선으로 그린다.

25 [10-2] 지그재그선을 사용하는 경우에 해당하는 것은?

① 특정 부분의 단면을 90° 회전하여 나타내는 경우
② 대상물의 일부를 파단한 경계를 표시하는 경우
③ 인접을 참고로 표시하는 경우
④ 반복을 표시하는 경우

26 [06-1] 가려서 보이지 않는 나사부를 그리는 숨은선의 용도로 사용하는 선의 종류는?

① 파선   ② 굵은 실선
③ 가는 실선   ④ 이점쇄선

> 파선은 대상물의 보이지 않는 부분의 모양을 표시하는 데 사용하며, 가는 파선과 굵은 파선이 있다.

27 [04-1] 도면에서 굵기에 따른 선의 종류가 아닌 것은?

① 아주 굵은 선   ② 굵은 선
③ 가는 선   ④ 파선

28 [09-2] 용도에 따른 선의 종류에서 가는 1점 쇄선의 용도가 아닌 것은?

① 중심선   ② 기준선
③ 피치선   ④ 지시선

> 지시선은 가는 실선으로 표시한다.

29 [12-1, 05-2] 기계제도에서 물체의 보이지 않는 부분의 형상을 나타내는 선은?

① 외형선   ② 가상선
③ 절단선   ④ 숨은선

30 [10-4] 물체에 인접하는 부분을 참고로 도시할 경우에 사용하는 선은?

① 가는 실선   ② 가는 파선
③ 가는 1점 쇄선   ④ 가는 2점 쇄선

> 인접 부분을 참고로 표시하는 데 사용하는 선은 가상선이며, 가는 2점 쇄선을 사용한다.

정답   19 ③   20 ②   21 ①   22 ①   23 ①   24 ②   25 ②   26 ①   27 ④   28 ④   29 ④   30 ④

31 그림과 같이 기계 도면 작성 시 가공에 사용하는 공구 등의 모양을 나타낼 필요가 있을 때 사용하는 선으로 올바른 것은?

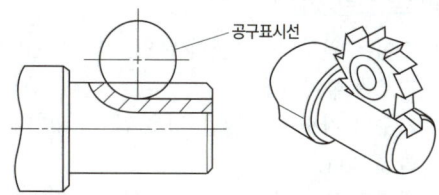

공구표시선

① 가는 실선
② 가는 1점 쇄선
③ 가는 2점 쇄선
④ 가는 파선

> 기계 도면 작성 시 공구, 지그 등의 위치를 참고로 나타낼 때 사용하는 선은 가상선이며, 가는 2점 쇄선을 사용한다.

[12-2, 10-4]

32 선의 종류별 용도가 잘못 짝지어진 것은?

① 가는 실선 – 치수 보조선
② 굵은 1점 쇄선 – 특수 지정선
③ 가는 1점 쇄선 – 피치선
④ 가는 2점 쇄선 – 중심선

> 중심선은 가는 1점 쇄선이다.

[04-4]

33 다음 중 일점쇄선이 사용되지 않는 경우인 것은?

① 특수한 가공을 실시하는 부분을 표시하는 선
② 기어나 스프로킷 등의 이 부분에 기입하는 피치선이나 피치원 표시하는 선
③ 공구 지그 등의 위치를 참고로 표시하는 선
④ 보이지 않는 부분을 나타내기 위하여 쓰는 선

> 대상물의 보이지 않는 부분의 모양을 표시하는 데 사용하는 선은 숨은선으로 가는 파선 또는 굵은 파선을 사용한다.

[11-1]

34 대상물의 보이지 않는 부분의 모양을 표시할 때에 사용하는 선의 종류는?

① 가는 파선
② 가는 2점 쇄선
③ 가는 실선
④ 가는 1점 쇄선

[12-4]

35 패킹, 박판, 형강 등 얇은 물체의 단면 표시를 할 경우 실제 치수와 관계없이 하나의 선으로 표시할 수 있는데, 이때 사용되는 선은 다음 중 무엇인가?

① 극히 굵은 실선
② 가는 파선
③ 가는 실선
④ 극히 굵은 1점 쇄선

> 얇은 부분의 단면 표시를 하는 경우에는 특수한 용도의 선으로 아주 굵은 실선을 사용한다.

[11-1]

36 얇은 두께 부분의 단면도(개스킷, 형강, 박판 등 얇은 것의 단면) 표시로 사용되는 선에 해당하는 것은?

① 실제 치수와 관계없이 극히 굵은 1점 쇄선
② 실제 치수와 관계없이 극히 굵은 2점 쇄선
③ 실제 치수와 관계없이 극히 가는 실선
④ 실제 치수와 관계없이 극히 굵은 실선

> 얇은 두께 부분의 단면도는 절단면을 검게 칠하거나 실제 치수와 관계없이 한 개의 극히 굵은 실선으로 표시한다.

[11-4]

37 선의 종류와 명칭이 바르게 짝지어진 것은?

① 가는 실선 – 중심선
② 굵은 실선 – 외형선
③ 가는 파선 – 지시선
④ 굵은 2점 쇄선 – 수준면선

> ① 중심선 – 가는 1쇄 점선
> ③ 가는 파선 – 숨은선
> ④ 굵은 1점 쇄선 – 특수지정선

[10-5]

38 직면과 곡면, 또는 파면과 평면 등과 같이 두 입체가 만나서 생기는 경계선을 나타내는 용어로 가장 적합한 것은?

① 전개선
② 상관선
③ 현도선
④ 입체선

> 2개 이상의 입체가 교차하여 만드는 입체적인 곡선을 상관선이라 한다.

chapter **05**

[11-4]

39 그림에서 '6.3'선이 나타내는 선의 종류로 옳은 것은?

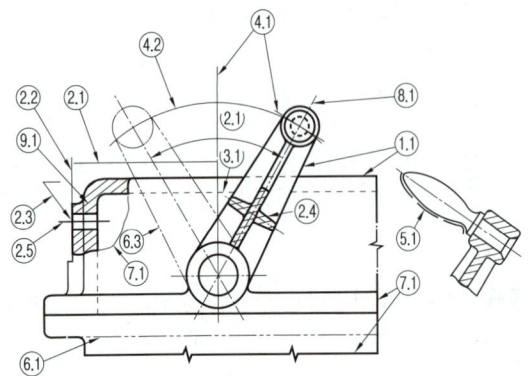

① 가상선　　　　② 절단선
③ 중심선　　　　④ 숨은선

> 윗 그림에 표시된 선에 대한 설명은 235페이지 참조

[05-2]

40 다음 중 상관선의 설명으로 가장 적합한 것은?

① 평면과 곡면이 교차하는 직선
② 두 입체의 표면이 만나는 선
③ 두 곡선이 만나는 선
④ 세면이 만나는 선

[13-2]

41 기계제도에 관한 일반사항의 설명으로 틀린 것은?

① 도형의 크기와 대상물의 크기와의 사이에는 올바른 비례관계를 보유하도록 그린다. 다만 잘못 볼 염려가 없다고 생각되는 도면은 도면의 일부 또는 전부에 대하여 이 비례관계는 지키지 않아도 좋다.
② 선의 굵기 방향의 중심은 선의 이론상 그려야 할 위치 위에 있어야 한다.
③ 서로 근접하여 그리는 선의 선 간격(중심거리)은 원칙적으로 평행선의 경우 선의 굵기의 3배 이상으로 하고 선과 선의 간격은 0.7mm 이상으로 하는 것이 좋다.
④ 투명한 재료로 만들어지는 대상물 또는 부분은 투상도에서 전부 투명한 것(없는 것)으로 하여 나타낸다.

치수의 표시 방법

[09-1]

1 기계제도에서 도면에 치수를 기입하는 방법에 대한 설명으로 틀린 것은?

① 길이는 원칙으로 mm의 단위로 기입하고, 단위 기호는 붙이지 않는다.
② 치수의 자릿수가 많을 경우 세 자리마다 콤마를 붙인다.
③ 관련 치수는 되도록 한 곳에 모아서 기입한다.
④ 치수는 되도록 주 투상도에 집중하여 기입한다.

> 치수 수치의 자리수가 많은 경우 3자리마다 숫자의 사이를 적당히 띄우고 콤마는 찍지 않는다.

[05-4]

2 치수 기입 방법이 틀린 것은?

① 길이는 mm의 단위로 기입하고, 단위 기호는 붙이지 않는다.
② 치수의 자릿수가 많을 경우 세 자리마다 콤마를 붙인다.
③ 관련 치수는 한 곳에 모아서 기입한다.
④ 공정마다 배열을 나누어서 기입한다.

[13-5]

3 치수를 나타내기 위한 치수선의 표시가 잘못된 것은?

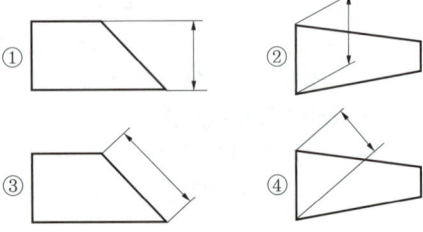

> 치수선은 원칙적으로 지시하는 길이 또는 각도를 측정하는 방향에 평행하게 긋는다.

[13-1, 10-2]

4 치수 보조기호 중 지름을 표시하는 기호는?

① D　　　　② ϕ
③ R　　　　④ SR

정답▶ 39 ① 40 ② 41 ④ [치수의 표시 방법] 1 ② 2 ② 3 ④ 4 ②

[13-2]

5 구의 지름을 나타낼 때 사용되는 치수 보조기호는?

① ϕ ② S

③ Sϕ ④ SR

[08-5]

6 구의 반지름을 나타내는 치수 보조기호는?

① Sϕ ② R

③ SR ④ ϕ

[10-5]

7 기계제도 도면에서 "t20"이라는 치수가 있을 경우 "t"가 의미하는 것은?

① 모떼기 ② 재료의 두께

③ 구의 두께 ④ 정사각형의 변

[13-2, 10-2]

8 판의 두께를 나타내는 치수 보조기호는?

① C ② R

③ □ ④ t

[12-2]

9 다음 중 원호의 길이를 나타내는 치수기호로 올바른 것은?

① R50 ② □50

③ 50 ④ $\overset{\frown}{50}$

[13-2, 10-4]

10 기계제도 치수 기입법에서 참고치수를 의미하는 것은?

① $\overline{50}$ ② $\underline{50}$

③ (50) ④ ≪50≫

[05-2]

11 도형이 비례척이 아닌 경우 치수를 표시하는 방법으로 옳은 것은?

① (125) ② 125

③ SR125 ④ $\underline{125}$

[11-5]

12 다음 도면에서 치수 28에 붙은 "( )"가 의미하는 것은?

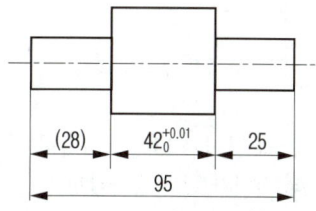

① 참고 치수 ② 허용 치수

③ 기준 치수 ④ 치수 공차

[09-4]

13 도면에서 치수 숫자의 아래쪽에 굵은 실선이 의미하는 것은?

① 일부의 도형이 그 치수 수치에 비례하지 않는 치수

② 진직도가 정확해야 할 치수

③ 가장 기준이 되는 치수

④ 참고 치수

[04-1]

14 도면에서 치수 밑에 밑줄을 친 치수가 의미하는 것은?

① 도면의 척도와 치수부분 길이가 비례하지 않는 치수

② 진직도가 정확해야 할 치수

③ 가장 기준이 되는 치수

④ 참고 치수

[09-1]

15 보기 도면의 "□40"에서 치수 보조기호인 "□"가 뜻하는 것은?

(보기)

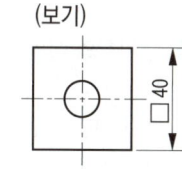

① 정사각형의 변

② 이론적으로 정확한 치수

③ 판의 두께

④ 참고치수

chapter **05**

[11-5]
16 그림에서 □15에 대한 설명으로 맞는 것은?

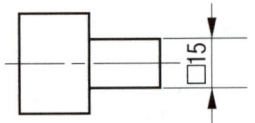

① 어느 한 쪽 길이가 15인 직사각형
② 한 변의 길이가 15인 정사각형
③ ∅15인 원통에 평면이 있음
④ 참고 치수가 15인 평면

[12-1]
17 치수 기호와 그 설명이 잘못 연결된 것은?

① 정사격형의 변 – □ ② 구의 반지름 – R
③ 지름 – ∅ ④ 45° 모떼기 – C

> 구의 반지름 – SR

[10-5]
18 치수 보조기호에 대한 설명으로 틀린 것은?

① ∅ : 참고치수 ② □ : 정사각형의 변
③ R : 반지름 ④ SR : 구의 반지름

> ∅ : 지름 ( ) : 참고치수

[12-5, 06-4]
19 치수 기입법에서 지름, 반지름, 구의 지름 및 반지름, 모떼기, 두께 등을 표시할 때 사용되는 보조기호 표시가 잘못된 것은?

① 두께 : D6 ② 반지름 : R3
③ 모떼기 : C3 ④ 구의 반지름 : SR6

> 두께 : t6

[09-5]
20 기계제도에서 치수에 사용되는 기호의 설명 중 틀린 것은?

① 지름 : ∅ ② 구의 지름 : S∅
③ 반지름 : R ④ 직사각형 : C

> 기계제도에서 기호 'C'는 45° 모떼기를 나타낸다.

[07-4]
21 기계제도 도면에서 치수기입 시 사용되는 기호가 잘못된 것은?

① ∅20 ② R30
③ S∅40 ④ □∅10

[11-2]
22 원호의 반지름이 커서 그 중심 위치를 나타낼 필요가 있을 경우 지면 등의 제약이 있을 때는 그 반지름의 치수선을 구부려서 표시할 수 있다. 이때 치수선의 표시 방법으로 맞는 것은?

① 치수선에 화살표가 붙은 부분은 정확한 중심 위치를 향하도록 한다.
② 중심점에서 연결된 치수선의 방향은 정확히 화살표로 향한다.
③ 치수선의 방향은 중심에 관계없이 보기 좋게 긋는다.
④ 중심점의 위치는 원호의 실제 중심 위치에 있어야 한다.

> **반지름의 표시 방법(KS B 0001)**
> 원호의 반지름이 커서 그 중심 위치를 나타낼 필요가 있을 경우, 지면 등의 제약이 있을 때는 그 반지름의 치수선을 구부려도 좋다. 이 경우 치수선의 화살표가 붙은 부분은 정확한 중심 위치로 향해야 한다.

[04-2]
23 치수와 병기하여 사용되는 다음 치수기호 중 KS 제도통칙으로 올바르게 기입된 것은?

① 25□ ② 25C
③ SR25 ④ 25∅

> 치수기호를 사용할 때는 숫자 앞에 기호를 표시한다.

[11-4]
24 모떼기의 치수가 2mm이고 각도가 45°일 때 올바른 치수 기입 방법은?

① C2 ② 2C
③ 2-45° ④ 45°×2

> 45° 모떼기의 경우 2×45° 또는 C2로 표시한다.

25 기계제도에서 현의 길이 표시방법으로 가장 적합한 것은?

① 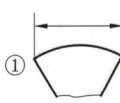 ②

③  ④

[08-1]

26 다음 그림에서 현의 치수기입이 올바르게 된 것은?

① 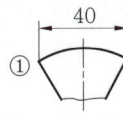 ②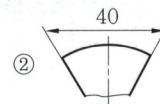

③ 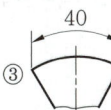 ④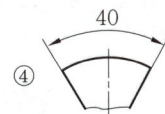

> **현의 치수 기입**
> 원칙적으로 현에 직각으로 치수보조선을 긋고, 현에 평행한 치수선을 사용하여 표시한다.

[13-1, 07-2]

27 호의 길이 치수를 가장 적합하게 나타낸 것은?

① 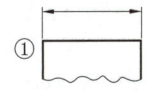 ②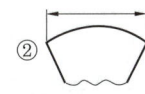

③ 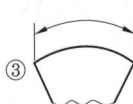 ④

[10-1]

28 일반적으로 치수선을 표시할 때, 치수선 양 끝에 치수가 끝나는 부분임을 나타내는 형상으로 사용하는 것이 아닌 것은?

①  ②

③  ④

> 치수선을 표시할 때는 양 끝에 치수가 끝나는 부분임을 나타내기 위해 화살표, 사선, 또는 검은 둥근 점으로 표시하는데, ④는 화살표의 방향이 잘못되었다.

[10-1, 07-1]

29 원호의 길이 42mm를 나타낸 것으로 옳은 것은?

① 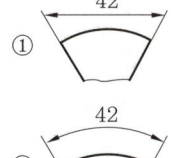 ②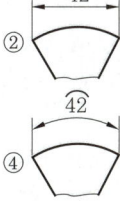

③ 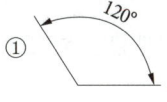 ④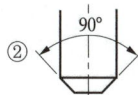

[11-2, 06-1]

30 도면에 표현되는 각도 치수 기입의 예를 나타낸 것이다 틀린 것은?

① 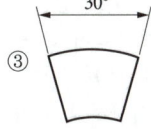 ②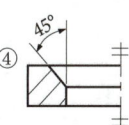

③ 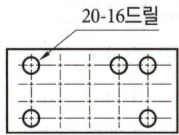 ④ ...

구멍의 표시 방법

[08-1]

1 구멍의 표시방법에서 동일 치수 리벳 구멍 치수 기입이 '13-20드릴'로 표시되었을 때 올바른 해독은?

① 리벳의 피치는 20mm
② 드릴 구멍의 총수는 13개
③ 드릴 구멍의 피치는 20mm
④ 드릴 구멍의 피치 길이의 합은 23×24mm

> • 13 : 드릴 구멍의 총수 • 20 : 드릴 구멍의 치수

[12-2, 06-2]

2 그림과 같이 철판에 구멍이 뚫려있는 도면의 설명으로 올바른 것은?

① 구멍지름 16mm, 구멍수량 20개
② 구멍지름 20mm, 구멍수량 16개
③ 구멍지름 16mm, 구멍수량 5개
④ 구멍지름 20mm, 구멍수량 5개

3 보기 도면의 드릴가공에 대한 설명으로 올바른 것은?

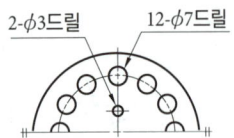

① 지름 7mm 구멍이 12개
② 지름 12mm 구멍이 12개
③ 지름 12mm 깊이는 7mm
④ 지름 2mm의 구멍을 수평 중심점을 대칭으로 하여 3mm의 간격으로 가공

[12–2]

4 다음 도면에서 드릴 구멍의 위치에 관한 설명으로 맞는 것은?

① 90° 간격으로 배열되어 있다.
② 120° 간격으로 배열되어 있다.
③ 150° 간격으로 배열되어 있다.
④ 임의의 위치에 적당하게 배열되어 있다.

> 드릴 구멍이 3개이므로 120° 간격으로 배열되어 있음을 알 수 있다.

[12–4, 09–2]

5 그림과 같은 도면에서 "A"의 길이는 얼마인가?

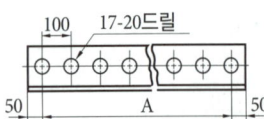

① 1,500mm
② 1,600mm
③ 1,700mm
④ 1,800mm

> 100mm×16개 = 1,600mm

[12–1]

6 그림과 같은 도면에서 A부의 길이는 얼마인가?

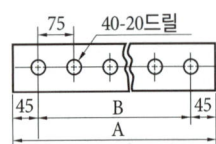

① 3,000mm
② 3,015mm
③ 3,090mm
④ 3,185mm

> 75mm×39개 + 90mm = 3,015mm

[11–2]

7 그림과 같은 도면의 설명으로 가장 올바른 것은?

① 전체 길이는 660mm이다.
② 드릴 가공 구멍의 지름은 12mm이다.
③ 드릴 가공 구멍의 수는 12개이다.
④ 드릴 가공 구멍의 피치는 30mm이다.

> ① 전체 길이는 610mm이다.
> ② 드릴 가공 구멍의 지름은 20mm이다.
> ④ 드릴 가공 구멍의 피치는 50mm이다.

[11–4, 10–5]

8 그림과 같은 도면에 지름 3mm 구멍의 수는 모두 몇 개인가?

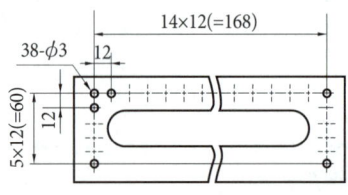

① 24   ② 38   ③ 48   ④ 60

> 38–φ3은 3mm 구멍의 수가 38개임을 의미한다.

[13–2]

9 다음 도면에 관한 설명으로 틀린 것은?(단, 도면의 등변 ㄱ형강 길이는 160mm이다)

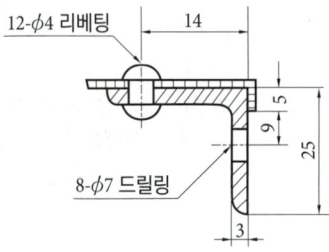

① 등변 ㄱ 형강의 호칭은 L 25×25×3-160이다.
② φ4 리벳의 개수는 알 수 없다.
③ φ7 구멍의 개수는 8개이다.
④ 리벳팅의 위치는 치수가 14mm인 위치에 있다.

> φ4 리벳의 개수는 12개이다.

10 그림의 도면에서 리벳의 개수는?

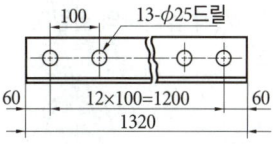

① 12개   ② 13개   ③ 25개   ④ 100개

[10-2]

11 그림과 같은 도면의 해독으로 잘못된 것은?

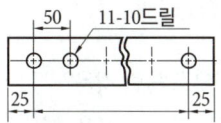

① 구멍 사이의 피치는 50mm
② 구멍의 지름은 10mm
③ 전체 길이는 600mm
④ 구멍의 수는 11개

전체 길이는 550mm

[09-5]

12 보기 도면에서 'A' 부의 길이 치수로 가장 적당한 것은?

(보기)

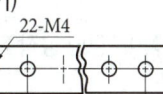

① 185
② 190
③ 195
④ 200

[09-2]

13 다음 그림에서 A 부의 치수는 얼마인가?

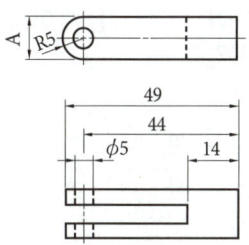

① 5   ② 10   ③ 15   ④ 14

R5는 반지름이 5mm를 의미하므로 A는 10mm이다.

[14-4, 04-2]

14 다음과 같은 도면에서 ⓐ 판의 두께는 얼마인가?

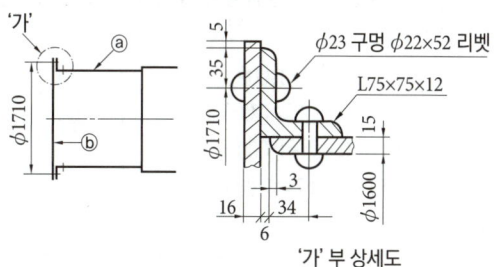

'가' 부 상세도

① 11mm   ② 12mm
③ 15mm   ④ 16mm

[11-4]

15 다음 그림에서 축 끝에 도시된 센터 구멍 기호가 뜻하는 것은?

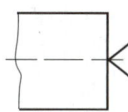

① 센터 구멍이 남아 있어도 좋다.
② 센터 구멍이 남아 있어서는 안된다.
③ 센터 구멍을 반드시 남겨둔다.
④ 센터 구멍의 크기에 관계없이 가공한다.

센터 구멍의 기호	
센터 구멍의 필요 여부	그림 기호
필요한 경우	
필요하나 기본적 요구가 아닌 경우	
필요하지 않은 경우	

[13-2, 12-4, 05-4]

16 그림의 형강을 올바르게 나타낸 치수 표시법은?
(단, 형강 길이는 K이다)

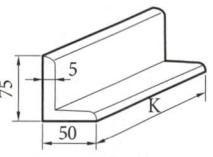

① L 75 × 50 × 5 × K
② L 75 × 50 × 5-K
③ L 50 × 75-5-K
④ L 50 × 75 × 5 × K

[12-4]

17 기계제도에서 폭이 50mm, 두께가 7mm, 길이가 1,000mm 인 등변 ㄱ형강의 표시를 바르게 나타낸 것은?

① L 7×50×50 -1,000
② L×7×50×50 -1,000
③ L 50×50×7 -1,000
④ L -50×50×7 -1,000

[13-1, 11-4]

18 그림과 같은 부등변 ㄱ형강의 치수 표시로 가장 적합한 것은?

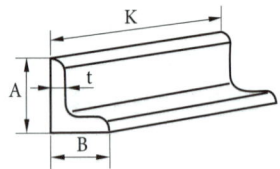

① L A×B×t-K
② H B×t×A-K
③ L K×t×A-B
④ ㄷ K-A×t-B

[10-5]

19 I형강의 치수가 I A×B×C-D로 나타나 있다면 A, B, C, D의 대상이 지칭하는 것으로 올바른 것은?

① A = 형강 높이
② B = 웨브 두께
③ C = 형강 길이
④ D = 형강 폭

A = 형강 높이	B = 형강 폭
C = 웨브 두께	D = 형강 길이

[12-4]

20 그림에서 A부분의 대각선으로 그린 "X" (가는 실선) 부분이 의미하는 것은?

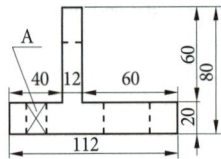

① 사각뿔
② 평면
③ 원통면
④ 대칭면

나사

[09-1]

1 나사의 단면도에서 수나사와 암나사의 골밑(골지름)은 어떤 선으로 도시하는가?

① 굵은 실선
② 가는 1점 쇄선
③ 가는 파선
④ 가는 실선

> 수나사와 암나사의 골지름 : 가는 실선
> 수나사의 바깥지름과 암나사의 안지름 : 굵은 실선

[12-5]

2 나사의 도시법에 대한 설명으로 틀린 것은?

① 불완전 나사부는 기능상 필요한 경우 경사된 굵은 실선으로 그린다.
② 수나사와 암나사의 골을 표시하는 선은 가는 실선으로 그린다.
③ 수나사에서 완전 나사부와 불완전 나사부의 경계선은 굵은 실선으로 그린다.
④ 수나사와 암나사의 측면 도시에서 각각의 골지름은 가는 실선으로 약 3/4의 원으로 그린다.

> 불완전 나사부의 골밑을 나타내는 선은 축선에 대하여 30°의 가는 실선으로 그린다.

[05-4]

3 마찰이 매우 작고 백래시가 작아, 정밀 공작 기계의 이송장치에 사용되는 나사는?

① 톱니 나사
② 볼 나사
③ 사각 나사
④ 사다리꼴 나사

[13-1]

4 나사의 표시가 'M42×3-6H'로 되어 있을 때 이 나사에 대한 설명으로 틀린 것은?

① 암나사 등급이 6H이다.
② 호칭지름(바깥지름)은 42mm이다.
③ 피치는 3mm이다.
④ 왼나사이다.

> **나사산의 감김 방향**
> 왼나사의 경우 "왼" 또는 "L"로 표시하고 오른나사의 경우에는 표시하지 않는다.

[12-2]

5 수나사 기호 "M52×2"에서 수나사의 바깥지름은 몇 mm인가?

① 2　　　　　　　　② 50

③ 104　　　　　　　④ 52

> 수나사의 바깥지름 : 52, 나사의 피치 : 2

[13-5, 10-2]

6 나사 표시기호 "M50×2"에서 "2"는 무엇을 나타내는가?

① 나사 산의 수　　　② 나사 피치

③ 나사의 줄 수　　　④ 나사의 등급

> 수나사의 바깥지름 : 50, 나사의 피치 : 2

[09-4]

7 미터나사 호칭이 M8×1로 표시되어 있다면 "1"이 의미하는 것은?

① 호칭 지름　　　　② 산의 수

③ 피치　　　　　　　④ 나사의 등급

> 수나사의 바깥지름 : 8, 나사의 피치 : 1

[04-1]

8 KS 나사 표시 방법에서 G 1/2 A로 기입된 기호의 올바른 해석은?

① 가스용 암나사로 인치 단위이다.

② 관용 평행 암나사로 등급이 A급이다.

③ 관용 평행 수나사로 등급이 A급이다.

④ 가스용 수나사로 인치 단위이다.

> • 관용 평행 수나사 : G1/2
> • 관용 평행 암나사 : Rp1/2

[06-2]

9 감속기 하우징의 기름 주입구 나사가 PF 1/2 − A로 표시되어 있었다. 올바르게 설명한 것은?

① 관용 평행나사 A급

② 관용 평행나사 호칭경 1″

③ 관용 테이퍼나사 A급

④ 관용 가는나사 호칭경 1″

[10-4]

10 1/2-20UNF로 표시된 나사의 해독으로 올바른 것은?

① 유니파이 보통 나사이다.

② 등급은 1급이다.

③ 호칭지름(수나사 바깥지름, 암나사 골지름)은 1/2인치이다.

④ 나사의 피치가 20mm이다.

> UNF는 유니파이 가는 나사를 의미하며, '1/2'는 나사의 지름, '20'은 산의 수를 의미한다.

[10-1]

11 도면에 나사가 M10×1.5-6g로 표시되어 있을 경우 나사의 해독으로 가장 올바른 것은?

① 한줄 왼나사 호칭경 10mm이고, 피치가 1.5mm이며 등급은 6g이다.

② 한줄 오른나사 호칭경 10mm이고, 피치가 1.5mm이며 등급은 6g이다.

③ 한줄 오른나사 호칭경 10mm이고, 피치가 1.5mm에서 6mm 중 하나면 된다.

④ 줄수와 나사 감김방향은 알 수가 없고 미터나사 10mm짜리로 피치는 1.5mm×6mm이다.

리벳

[14-1, 12-1]

1 리벳의 호칭 방법으로 적합한 것은?

① 규격번호, 종류, 호칭지름×길이, 재료

② 종류, 호칭지름×길이, 재료, 규격번호

③ 재료, 종류, 호칭지름×길이, 규격번호

④ 호칭지름×길이, 종류, 재료, 규격번호

[11-2]

2 도면에 아래와 같이 리벳이 표시되었을 경우 올바른 설명은?

> 둥근 머리 리벳 6×18 SWRM10 앞붙이

① 둥근머리부의 바깥지름은 18mm이다.

② 리벳이음의 피치는 10mm이다.

③ 리벳의 길이는 10mm이다.

④ 호칭지름은 6mm이다.

chapter 05

3 열간 성형 리벳의 호칭법 표시 방법으로 옳은 것은?

① (종류) (호칭지름)×(길이) (재료)
② (종류) (호칭지름) (길이) ×(재료)
③ (종류)×(호칭지름) (길이) - (재료)
④ (종류) (호칭지름) (길이) - (재료)

[11-5]

4 리벳의 호칭이 다음과 같이 표시된 경우 16의 의미는?

> KSB1102 열간 접시 머리 리벳 16×40 SV 330

① 리벳의 수량　　　　② 리벳의 호칭지름
③ 리벳이음의 구멍치수　④ 리벳의 길이

[08-5]

5 도면에 리벳의 호칭이 "KS B 1102 보일러용 둥근 머리 리벳 13×30 SV 400"로 표시된 경우 올바른 해독은?

① 리벳의 수량 13개
② 리벳의 길이 30mm
③ 최대 인장강도 400kPa
④ 리벳의 호칭지름 30mm

> • 리벳의 호칭지름 : 13mm
> • 리벳의 길이 : 30mm

[11-1]

6 그림은 스크류를 도시한 것이다. 이것의 명칭으로 옳은 것은?

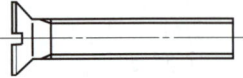

① 홈붙이 치즈머리 스크루
② 홈붙이 둥근 접시머리 스크루
③ 홈붙이 접시머리 스크루
④ 홈붙이 캡스턴 스크루

> ① 홈붙이 치즈머리 스크루 : 치즈머리에 ―자 홈을 파서 드라이브 하는 스크루
> ② 홈붙이 둥근 접시머리 스크루 : 둥근 접시머리(타원형)에 ―자 홈을 가진 스크루
> ③ 홈붙이 접시머리 스크루 : 납작한 접시머리에 ―자 홈을 가진 스크루
> ④ 홈붙이 캡스턴 스크루 : ―자 홈을 가진 캡스턴 스크루

[12-5, 11-5, 10-1]

7 리벳의 호칭 길이를 머리부위까지 포함하여 전체 길이로 나타내는 리벳은?

① 둥근머리 리벳　　② 냄비머리 리벳
③ 접시머리 리벳　　④ 납작머리 리벳

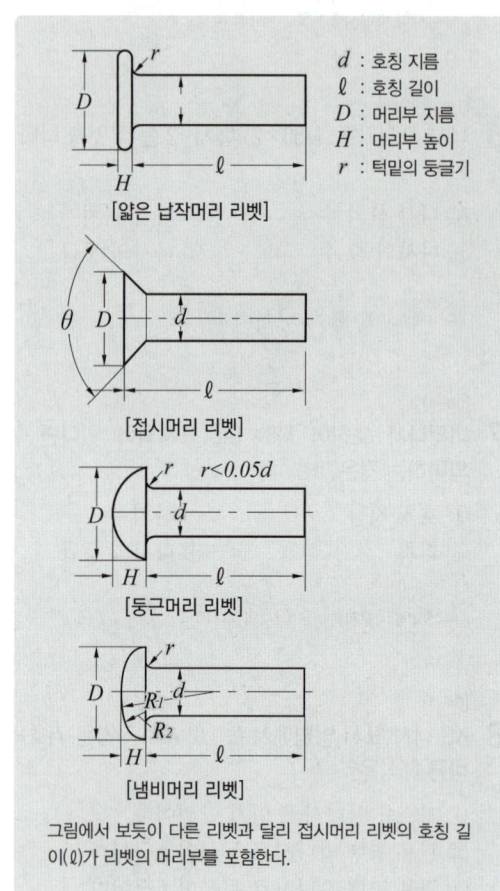

d : 호칭 지름
ℓ : 호칭 길이
D : 머리부 지름
H : 머리부 높이
r : 턱밑의 둥글기

[얇은 납작머리 리벳]

[접시머리 리벳]

$r < 0.05d$

[둥근머리 리벳]

[냄비머리 리벳]

그림에서 보듯이 다른 리벳과 달리 접시머리 리벳의 호칭 길이(ℓ)가 리벳의 머리부를 포함한다.

▶ 보충학습 : 지시선 및 인출선의 끝부분 기호

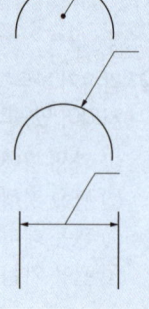

㉠ 투상도의 외형선 안쪽에서 인출할 경우 (인출선)에는 끝에 검은 점을 붙인다.

㉡ 투상도의 외형선에 직접 지시할 경우 (지시선)에는 끝에 화살표를 붙인다.

㉢ 치수선상에서 인출할 경우(인출선)에는 끝에 점이나 화살표를 붙이지 않는다.

KS 도시기호

출제 포인트

용접기호만큼은 반드시 외우도록 한다. 최근 출제경향을 보면 재료기호와 배관 및 기타 기호에서 새로운 문제들이 가끔 등장한다. 기존에 출제되었던 기호만큼은 확실히 마스터할 수 있도록 한다.

01 재료기호

1 KS 부문별 분류기호

구분	분류기호
기본	A
기계	B
전기	C
금속	D

2 주요 KS 재료기호

구분	재료기호
용접구조용 압연강재 (KS D 3515)	SM275A~D, SM355A~D, SM420A~D, SM460B, SM460C
일반구조용 압연강재 (KS D 3503)	SS235, SS275, SS315, SS410, SS450
기계구조용 탄소강재 (KS D 3752)	• SM10C, SM15C, SM35C 등 ※ 여기에서 숫자는 탄소함유량 을 나타낸다.
배관용 아크 용접 탄소 강 강관	SPW 400, SPW 600
기계구조용 탄소강관	STKM
배관용 탄소강관	SPP
고압 배관용 탄소강관	SPPH 250, SPPH 315
압력 배관용 탄소강관	SPPS 250
저온 배관용 탄소강관	SPLT 390, 460, 700
일반 구조용 탄소강관	SGT 275, 355, 410, 450, 550
탄소 공구강 강재 (KS D 3751)	STC
일반구조용 탄소강관	STK

구분	재료기호
열간 압연 연강판 및 강대	SPHC(일반용), SPHD(드로잉 용), SPHE(디프 드로잉용)
냉간 압연 강판 및 강대	SPCC(일반용), SPCD(드로잉 용), SPCE(딥드로잉용), SPCF(비시효성 딥드로잉), SPCG(비시효성 초 딥드로잉)
용접 구조용 고항복점 강판(KS D 3611)	SHY 685, SHY 685N, SHY 685NS
용접 구조용 내후성 열간 압연 강재 (KS D 3529)	SMA 275, SMA 355, SMA460
합금 공구강 강재	STS, STD, STF
보일러 및 열교환기용 탄소강관	STBH 235, 275, 355

02 용접기호

1 용접부의 기본 기호

번호	명칭	도시	기호
1	돌출된 모서리를 가진 평판 사이의 맞대기 용접에서 플랜지형 용접(미국) /돌출된 모서리는 완전 용해		八
2	평행(I형) 맞대기 이음 용접		‖
3	V형 맞대기 용접		∨
4	일면 개선형 맞대기 용접		V

chapter **05**

번호	명칭	도시	기호
5	넓은 루트면이 있는 V형 맞대기 용접		Y
6	넓은 루트면이 있는 한 면 개선형 맞대기 용접		Y
7	U형 맞대기 용접 (평행 또는 경사면)		Y
8	J형 맞대기 용접		Y
9	이면 용접		⌣
10	필릿(fillet) 용접		◺
11	플러그 용접(플러그 또는 슬롯 용접(미국))		⊓
12	점용접(스폿 용접)		○
13	심 용접		⊖
14	개선 각이 급격한 V형 맞대기 용접		⋁
15	개선 각이 급격한 일면 개선형 맞대기 용접		⋁
16	가장자리(edge) 용접		‖‖
17	표면 육성		⌢⌢
18	표면 접합부		═
19	경사 접합부		⫽
20	겹침 접합부		⊇

2 양면 용접부 조합 기호

명칭	도시	기호
양면 V형 맞대기 용접 (X용접)		✕
K형 맞대기 용접		K
넓은 루트면이 있는 양면 V형 용접		⅄

명칭	도시	기호
넓은 루트면이 있는 K형 맞대기 용접		K
양면 U형 맞대기 용접		✕

3 보조 기호

용접부 및 용접부 표면의 형상	기호
평면(동일한 면으로 마감처리)	—
블록(⌢)형	⌒
오목(⌣)형	⌣
토우(끝단부)를 매끄럽게 함	⌄
영구적인 이면 판재 사용	M
제거 가능한 이면 판재 사용	MR

4 보조기호 적용 예

명칭	도시	기호
평면 마감 처리한 V형 맞대기 용접		▽
볼록 양면 V형 용접		✕
오목 필릿 용접		◺
이면 용접이 있으며 표면 모두 평면 마감 처리한 V형 맞대기 용접		▽
넓은 루트면이 있고 이면 용접된 V형 맞대기 용접		Y
평면 마감 처리한 V형 맞대기 용접		▽ ¹⁾
매끄럽게 처리한 필릿 용접		◺

1) ISO 1302에 따른 기호 : 이 기호 대신 √ 를 사용할 수 있음

5 보조표시

구분	기호
현장 용접	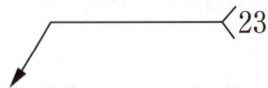
일주(온둘레) 용접	○
일주 현장 용접	

① 용접 방법의 표시가 필요한 경우 기준선의 끝에 2개 선 사이에 숫자로 표시한다.

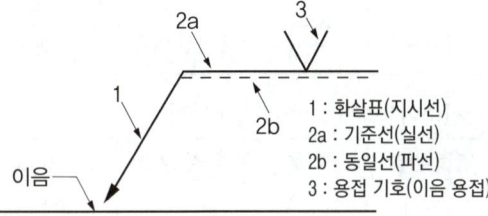

② 참고표시의 끝에 있는 정보의 순서 : 용접방법, 허용수준, 용접자세, 용접재료

6 화살표와 접합부

1 : 화살표(지시선)
2a : 기준선(실선)
2b : 동일선(파선)
3 : 용접 기호(이음 용접)

7 기준선에 따른 기호의 위치

① 용접부가 화살표 쪽에 있을 때에는 기준선(실선) 쪽에 용접기호를 표시한다(그림 a).
② 용접부가 화살표의 반대쪽에 있을 때에는 동일선(파선) 쪽에 용접기호를 표시한다(그림 b).

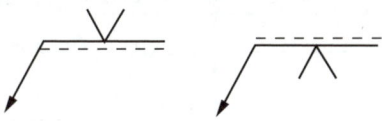

(a) 화살표 쪽의 용접

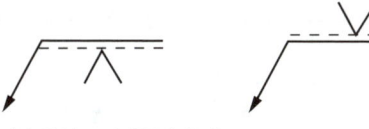

(b) 화살표 반대쪽의 용접

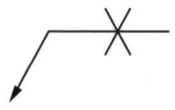

(c) 양면 대칭 용접

8 주요 치수 표시

① 플러그 용접

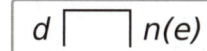

- d : 구멍의 지름
- n : 용접부의 수
- (e) : 용접부의 간격

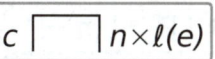

- c : 슬롯의 너비
- n : 용접부의 개수
- ℓ : 용접부의 길이
- (e) : 용접부의 간격

② 스폿 용접

$$d \bigcirc n(e)$$

- d : 점(용접부)의 지름
- n : 용접부의 수
- (e) : 용접부의 간격

③ 심 용접

$$c \ominus n \times \ell(e)$$

- c : 용접부의 너비
- n : 용접부의 개수
- ℓ : 용접부의 길이
- (e) : 용접부의 간격

④ 필릿 용접

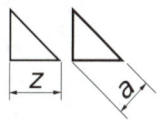

- a : 목높이(목두께)
- z : 목길이
- n : 용접부의 수
- ℓ : 용접 길이(크레이터 제외)
- (e) : 인접한 용접부의 간격

$a \triangleright n \times \ell(e)$
$z \triangleright n \times \ell(e)$
$\overline{a \triangleright n \times \ell \ \ (e)}$
$\overline{a \triangleright n \times \ell \ \ (e)}$
$\overline{z \triangleright n \times \ell \ \ (e)}$
$\overline{z \triangleright n \times \ell \ \ (e)}$

chapter **05**

9 용접기호와 표시법

① 용접 기호 및 치수기입의 표준위치

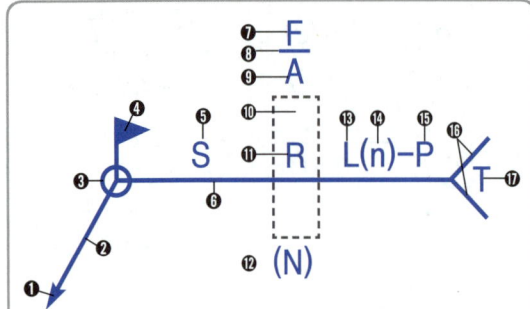

❶ 화살
❷ 지시선
❸ 전 둘레 용접기호
❹ 현장용접기호
❺ 치수 또는 강도
❻ 기선
❼ 다듬질 방법의 기호
❽ 표면 형상 기호
❾ 홈의 각도
❿ 루트 간격 치수
⓫ 용접 종류의 기호

⓬ 점 용접 또는 프로젝션 용접의 수
　(기선 위쪽에 써도 무방)
⓭ 단속 용접의 길이 또는 필요할 경우 용접 외의 길이(저항 용접일 경우
　에는 쓰지 않음)
⓮ 단속필릿용접, 플러그용접, 슬롯용접, 점용접의 수
⓯ 단속용접의 피치, 점용접의 피치 또는 프로젝션 용접의 피치
⓰ 특별히 지시할 사항
⓱ 꼬리(특별한 지시를 하지 않을 경우에는 생략)

10 용접 이음의 종류

(a) 맞대기 이음　(b) 한면덮개판 이음　(c) 양면덮개판 이음

(d) 겹치기 이음　(e) 플러그 이음　(f) T 이음

(g) 모서리 이음　(h) 변두리 이음

〈용접이음의 기본형식〉

1 관 접속상태의 표시 방법

관의 접속상태		도시 방법
접속되어 있지 않을 때		┼ , ┼┼── 또는 ─┤├─
접속되어 있을 때	교차	┼
	분기	┴

※접속되어 있지 않음을 표시하는 선의 끊어진 곳, 접속되어 있음을 표시하
는 둥근 점은 도면을 복사 또는 축소했을 때라도 명확하게 그려야 한다.

2 관의 이음 표시 방법

연결 방법	기호	연결 방법	기호
나사 이음		용접 이음	
플랜지 이음		동관(납땜형) 이음	
턱걸이 이음		유니언 이음	

※ 신축이음(확장 조인트) 표시 방법

연결 방법	기호	연결 방법	기호
루프형	Ω	벨로스형	
슬리브형		스위블형	

3 관의 결합방식 표시 방법

종류	기호	종류	기호
일반	──┼──	납땜형	──╫──
용접식	──●──	플레어 조인트	──))──
플랜지식	──╫──	퀵 조인트식	──◇──
소켓식	──)──		

※ 배관 접합기호

종류	기호	종류	기호
일반적인 접합기호	──	칼라(collar)	──✕──
마개와 소켓 연결	──ᐁ	유니언 연결	──╫──
플랜지 연결	──╫──	블랭크 연결	──╢

4 관의 끝부분의 표시 방법

종류	기호
블라인더 플랜지	─────╢
나사박음식 캡 및 나사박음식 플러그	─────┓
용접식 캡	─────◗
체크 조인트	─────□
핀치오프	─────✕

5 계기의 표시 방법

명칭	기호	명칭		기호
압력계	ⓟ	계기	일반	○
온도계	ⓣ		현장 부착	○
유량계	─Ⓕ─		패널 부착	⊖
액면계	ⓛⓖ			

6 밸브 및 콕 몸체의 표시 방법

종류	기호	종류	기호
밸브(일반)	▷◁	앵글밸브	◁
게이트 밸브	▶◀	3방향 밸브	▷◀
글로브 밸브	▶●◀	안전밸브	▷◁
체크 밸브	▷▶◁		
볼 밸브	▶⊗◀		
버터플라이 밸브	▷◁	유니언 이음	▷○◁

※ 밸브 및 콕이 닫혀 있는 상태 표시

7 유체의 종류와 문자기호

유체의 종류	문자기호	유체의 종류	문자기호
공기	A	물(일반)	W
연료가스	G	온수	H
연료유 또는 냉동기유	O	냉수	C
증기	S	냉매	R

8 용접부의 다듬질 방법

다듬질 종류	문자기호
치핑	C
연삭	G
절삭	M
지정하지 않음	F

9 용접부 비파괴시험 기호

시험 종류	문자기호	유체의 종류	문자기호
방사선 투과 시험	RT	와류 탐상 시험	ET
초음파 탐상 시험	UT	누설 시험	LT
자기분말 탐상 시험	MT	변형 측정 시험	ST
침투 탐상 시험	PT	육안시험	VT

재료기호

[04-1]

1 KS의 부문별 분류 기호에서 기계분야를 표시하는 기호는?

① A   ② B
③ C   ④ D

A	B	C	D
기본	기계	전기	금속

[08-5]

2 기계구조용 탄소 강관의 KS 재료 기호는?

① SPC   ② SPS
③ SWP   ④ STKM

[13-05]

3 배관용 탄소 강관의 KS기호는?

① SPP   ② SPCD
③ STKM   ④ SAPH

> ② SPCD – 냉간 압연 강판 및 강대
> ③ STKM – 기계구조용 탄소강관
> ④ SAPH – 자동차 구조용 열간 압연 강판 및 강대

[13-1]

4 다음 재료 기호 중 용접구조용 압연 강재에 속하는 것은?

① SPPS 380   ② SPCC
③ SCW 450   ④ SM 420C

[06-2]

5 다음 중 용접구조용 압연강재의 KS 재료기호는?

① SS 400   ② SSW 41
③ SBC1   ④ SM 420A

6 다음 KS 재료 기호 중 고압 배관용 탄소강관을 의미하는 것은?

① SPPA   ② SPS
③ SPP   ④ SPPH

> 고압 배관용 탄소강관 : SPPH 250, SPPH 315

7 일반용 냉간 압연 강판 및 강대를 나타내는 KS 재료 기호는?

① STCC   ② STTS
③ SPPC   ④ SPCC

> 냉간 압연 강판 및 강대 : SPCC(일반용), SPCD(드로잉용), SPCE(딥드로잉용), SPCF(비시효성 딥드로잉), SPCG(비시효성 초 딥드로잉)

8 용접 구조용 압연 강재의 KS 기호는?

① SM 275C   ② SCW 450
③ SS 275   ④ SCM 415M

> 용접 구조용 압연 강재 : SM275A~D, SM355A~D, SM420A~D, SM460B, SM460C

9 배관용 아크 용접 탄소강 강관의 KS 재질 기호는?

① SPA   ② SPW
③ SPS   ④ SPP

> 배관용 아크 용접 탄소강 강관(KSD 3583) : SPW 400, SPW 600

10 배관용 탄소 강관의 종류를 나타내는 기호가 아닌 것은?

① SPPH 250   ② SPPS 250
③ SPCD 390   ④ SPLT 390

> • 고압 배관용 탄소강관(KSD 3564) : SPPH 250, SPPH 315
> • 압력 배관용 탄소강관(KSD 3562) : SPPS 250
> • 저온 배관용 탄소강관(KSD 3569) : SPLT 390, 460, 700
> • 일반 구조용 탄소강관(KSD 3566) : SGT 275, 355, 410, 450, 550

11 다음 중 합금 공구강 강재의 KS 기호는?

① SNC 236　　　② SPCF 3
③ STS 31　　　④ SBC 300

> 합금 공구강 강재(KSD 3753) : STS, STD, STF

12 열간 압연 연강판 및 강대에 해당하는 재료 기호는?

① SPCC　　　② SPHC
③ STS　　　④ SPB

> 열간 압연 연강판 및 강대 : SPHC(일반용), SPHD(드로잉용), SPHE(디프 드로잉용)

13 KS 금속재료 기호 중 용접 구조용 압연강재의 기호는?

① SW-B　　　② SM 275B
③ SM 45C　　　④ SPHD

> 용접 구조용 압연 강재 : SM275A~D, SM355A~D, SM420A~D, SM460B, SM460C

14 용접 구조용 고항복점 강판의 기호에 속하는 것은?

① SHY 685N　　　② STKT 540
③ SM 490 A　　　④ SMA 400 AW

> 용접 구조용 고항복점 강판 : SHY 685, SHY 685N, SHY 685NS

15 배관용 아크 용접 탄소강 강관의 KS 재질 기호는?

① SPW
② SPS
③ SPA
④ SPP

> 배관용 아크 용접 탄소강 강관 : SPW 400, SPW 600
> ② SPS : 합금공구강(절삭공구)
> ③ SPA : 배관용 합금강 강관
> ④ SPP : 압력배관용 탄소 강관

16 배관용 아크 용접 탄소강 강관의 KS 재질 기호는?

① SPA　　　② SPW
③ SPS　　　④ SPP

> 배관용 아크 용접 탄소강 강관(KSD 3583) : SPW 400, SPW 600

[13-2]
17 기계 재료의 종류 기호 "SM 420A"가 의미하는 것은?

① 일반 구조용 압연 강재
② 기계 구조용 압연 강재
③ 용접 구조용 압연 강재
④ 자동차 구조용 열간 압연 강판

[06-4]
18 KS 재료기호 중 기계구조용 탄소강재의 기호는?

① SM 35C　　　② SS 490B
③ SF 340A　　　④ STKM 20A

[09-2]
19 재료 기호가 SM 420C로 표시되어 있을 때 이는 무슨 재료인가?

① 일반 구조용 압연 강재
② 용접 구조용 압연 강재
③ 스프링 강재
④ 탄소 공구강 강재

[12-4]
20 기계재료 기호 SM 35C의 설명으로 틀린 것은?

① S는 강을 뜻한다.
② C는 탄소를 뜻한다.
③ 35는 최저 인장강도를 뜻한다.
④ SM은 기계 구조용 탄소강을 뜻한다.

> 35는 탄소함유량을 뜻한다.

[12-5]
21 기계재료 기호 SM 15CK에서 "15"가 의미하는 것은?

① 침탄 깊이　　　② 최저 인장강도
③ 탄소함유량　　　④ 최대 인장강도

[13-2, 10-4]
22 KS 재료기호 SM 10C에서 10C는 무엇을 뜻하는가?

① 제작방법
② 종별 번호
③ 탄소함유량
④ 최저인장강도

[06-1, 05-1]
23 도면 부품란에 SM 45C로 기입되어 있을 때 어떤 재료를 의미하는가?

① 탄소주강품
② 용접용 스텐레스강재
③ 회주철품
④ 기계 구조용 탄소강재

[12-1]
24 기계재료 표시 기호 중 칼줄, 벌줄 등에 쓰이는 탄소 공구강 강재의 KS 재료기호는?

① HBsC1
② SM20C
③ STC 140
④ GC 200

용접기호

[13-1]
1 다음 중 필릿 용접의 기호로 옳은 것은?

①   ②
③   ④ ◯

[10-5]
2 보기와 같은 KS 용접 기호로 도시되는 용접부 명칭은?

① 플러그 용접
② 수직 용접
③ 필릿 용접
④ 스폿 용접

[12-4, 11-2]
3 용접부 표면 또는 용접부 형상에 대한 보조기호 설명으로 틀린 것은?

① ── : 평면
② ⌒ : 볼록형
③ MR : 영구적인 이면판재 사용
④ ⌣ : 토우를 매끄럽게 함

③ 제거 가능한 이면 판재 사용

[12-2]
4 다음 용접 기호 중 플러그 용접에 해당하는 것은?

①   ② ◺
③ ✳ ④ ∨

[11-5]
5 그림과 같은 용접 도시 기호의 명칭은?

① 필릿 용접
② 플러그 용접
③ 스폿 용접
④ 프로젝션 용접

[10-2]
6 그림의 용접 도시기호는 어떤 용접을 나타내는가?

① 점 용접
② 플러그 용접
③ 심 용접
④ 가장자리 용접

[08-5]
7 보기와 같이 도시된 용접기호에서 |MR| 해독으로 올바른 것은?

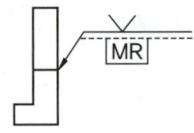

① 화살표 쪽은 방사선 시험이다.
② 화살표 반대쪽은 육안검사이다.
③ 제거 가능한 덮개 판을 사용한다.
④ 영구적인 덮개 판을 사용하여 용접한다.

[12-2, 10-1, 07-2]

8 용접부의 보조기호에서 제거 가능한 덮개판을 사용하는 경우의 표시기호는?

① ‾M‾   ② ‾P‾

③ ‾MR‾   ④ ‾PR‾

[11-5]

9 그림과 같은 용접기호의 뜻은?

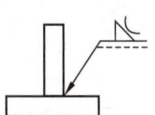

① 볼록형 필릿 용접
② 오목형 필릿 용접
③ 볼록형 심 용접
④ 오목형 심 용접

[12-5]

10 다음 용접기호와 그 설명으로 틀린 것은?

① ◿ : 볼록 필릿 용접

② ⋈ : 볼록 양면 V형 용접

③ ▽ : 평면 마감 처리한 V형 맞대기 용접

④ ▽ : 이면 용접이 있으며 표면 모두 평면 마감 처리한 V형 맞대기 용접

> ① 오목 필릿 용접

[05-4]

11 온 둘레 현장 용접의 보조기호는?

① ◯   ② ●

③ ⊙   ④

[11-4]

12 전체 둘레 현장 용접의 보조기호로 맞는 것은?

① ◯   ② ⊙

③ ⚑   ④

> ① 일주 용접 ③ 현장 용접

[11-4]

13 다음 용접부의 보조기호 중 일주(온둘레) 용접기호는?

① ⚑   ② ◯

③ ◡   ④ ⌐

> ① 현장 용접 ③ 이면 용접 ④ 플러그 용접

[04-1]

14 다음 용접 보조기호는 어떤 용접을 의미하는가?

① 현장 용접
② 온 둘레용접
③ 온 둘레 현장용접
④ 현장 둘레용접

[09-2, 06-2]

15 용접 보조기호에서 현장 용접인 것은?

① ⚑   ②

③ ◯   ④ ——

[11-2, 07-1]

16 보기 용접 기호 중 ⚑가 나타내는 의미 설명으로 올바른 것은?

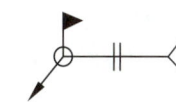

① 전둘레 필릿 용접
② 현장 필릿 용접
③ 전둘레 현장 용접
④ 현장 점 용접

[10-4]

17 그림과 같은 도면에서 KS 용접기호의 해독으로 틀린 것은?

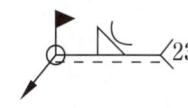

① 필릿 용접이다.
② 용접부 형상은 오목하다.
③ 현장용접이다.
④ 스폿용접(점용접)이다.

> 그림의 기호는 점용접이 아니라 필릿용접이다.

chapter **05**

[07-4]

18 보기와 같은 용접기호 및 보조기호의 설명으로 올바른 것은?

① 필릿 용접으로 凸(블록)형 다듬질
② V 용접으로 凸(블록)형 다듬질
③ 양면 V 용접으로 凸(블록)형 다듬질
④ 필릿 용접으로 凹(오목)형 다듬질

[10-2]

19 그림과 같은 KS 용접기호의 용접 명칭으로 올바른 것은?

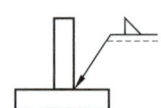

① I형 맞대기 용접
② 플러그 용접
③ 필릿 용접
④ 점 용접

[12-1]

20 도면에서 지시한 용접법으로 바르게 짝지어진 것은?

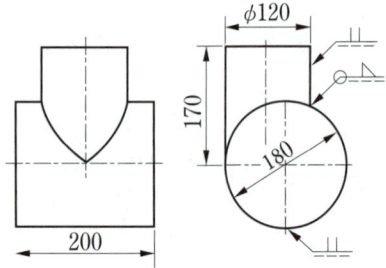

① 평형 맞대기 용접, 필릿 용접
② 겹치기 용접, 플러그 용접
③ 심 용접, 점 용접
④ 이면 용접, V형 맞대기 용접

> • 평행(I형) 맞대기 용접 : ‖   • 필릿용접 : △

[13-2, 10-1]

21 그림과 같은 용접 도시기호를 올바르게 설명한 것은?

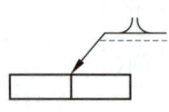

① 돌출된 모서리를 가진 평판 사이의 맞대기 용접이다.
② 평행(I형) 맞대기 용접이다.
③ U형 이음으로 맞대기 용접이다.
④ J형 이음으로 맞대기 용접이다.

[09-1]

22 보기와 같은 KS 용접기호 해독으로 올바른 것은?

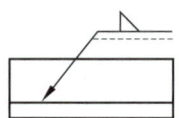

① 화살표 쪽에 용접
② 화살표 반대쪽에 용접
③ V 홈에 단속 용접
④ 작업자 편한 쪽에 용접

[08-2]

23 강판을 다른 그림과 같이 용접할 때의 KS 용접기호는?

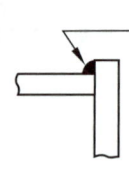
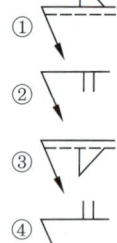

[11-1, 09-4]

24 보기와 같은 KS 용접기호 설명으로 올바른 것은?

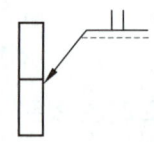

① I형 맞대기 용접으로 화살표 쪽 용접
② I형 맞대기 용접으로 화살표 반대쪽 용접
③ H형 맞대기 용접으로 화살표 쪽 용접
④ H형 맞대기 용접으로 화살표 반대쪽 용접

[10-4]
25 보기와 같이 도시된 용접부 형상을 표시한 KS 용접 기호의 명칭으로 올바른 것은?

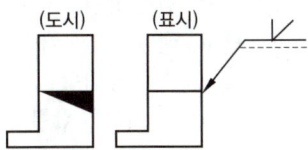

① 일면 개선형 맞대기 용접
② V형 맞대기 용접
③ 플래지형 맞대기 용접
④ J형 이음 맞대기 용접

[13-1]
26 양면 용접부 조합 기호에 대하여 그 명칭이 틀린 것은?

① ╳ : 양면 V형 맞대기 용접
② ╳ : 넓은 루트면이 있는 K형 맞대기 용접
③ K : K형 맞대기 용접
④ ╳ : 양면 U형 맞대기 용접

[12-4]
27 그림과 같이 이면용접에 해당하는 용접기호는?

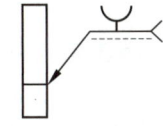

① Y   ② ᑌ
③ ◡   ④ ᑌ

[11-1]
28 그림과 같은 용접기호를 바르게 해독한 것은?

① U형 맞대기용접, 화살표쪽 용접
② V형 맞대기용접, 화살표쪽 용접
③ U형 맞대기용접, 화살표 반대쪽 용접
④ V형 맞대기용접, 화살표 반대쪽 용접

[13-2]
29 다음 용접기호의 설명으로 옳은 것은?

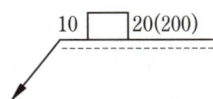

① 플러그 용접을 의미한다.
② 용접부 지름은 20mm 이다.
③ 용접부 간격은 10mm 이다.
④ 용접부 수는 200개 이다.

• 구멍의 지름은 10mm이다.
• 용접부의 수는 20개이다.
• 용접부의 간격은 200mm이다.

[12-5]
30 그림과 같은 용접기호의 의미를 바르게 설명한 것은?

d ⬜ n(e)

① 구멍의 지름이 n이고 e의 간격으로 d개인 플러그 용접
② 구멍의 지름이 d이고 e의 간격으로 n개인 플러그 용접
③ 구멍의 지름이 n이고 e의 간격으로 d개인 심 용접
④ 구멍의 지름이 d이고 e의 간격으로 n개인 심 용접

플러그 용접
d : 구멍의 지름   n : 용접부의 수
(e) : 용접부의 간격

[10-1]
31 그림과 같은 용접 도시기호를 올바르게 해석한 것은?

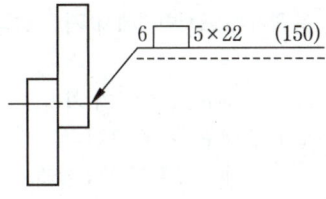

6 ⬜ 5×22 (150)

① 슬롯 용접의 용접 수 22
② 슬롯의 너비 6mm, 용접길이 22mm
③ 슬롯 용접 루트간격 6mm, 폭 150mm
④ 슬롯의 너비 5mm, 피치 22mm

c : 슬롯의 너비(6mm)   n : 용접부의 개수(5개)
ℓ : 용접부의 길이(22mm)   (e) : 용접부의 간격(150mm)

[12-5]
32 플러그 용접에서 용접부 수는 4개, 간격은 70mm, 구멍의 지름은 8mm일 경우 그 용접기호 표시로 올바른 것은?

① 4⌐8-70 ② 8⌐4-70

③ 4⌐8(70) ④ 8⌐4(70)

[12-2]
33 보기와 같은 용접기호 도시방법에서 기호 설명이 잘못된 것은?

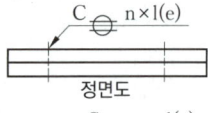

① C : 용접부의 반지름
② ℓ : 용접부의 길이
③ n : 용접부의 개수
④⊖ : 심(seem)용접을 의미

c : 용접부의 너비

[12-1]
34 그림과 같은 심 용접 이음에 대한 용접기호 표시 설명 중 틀린 것은?

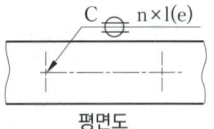

정면도

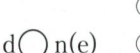

평면도

① C : 용접부의 너비
② n : 용접부의 수
③ l : 용접 길이
④ (e) : 용접부의 깊이

(e) : 용접부의 간격

[04-4]
35 보기와 같은 용접기호 도시방법에서 기호 설명이 잘못된 것은?

d◯n(e)

① d : 끝단까지 거리
② n : 스폿 용접수
③ (e) : 용접부의 간격
④ ↗ : 온둘레 현장용접

d : 점(용접부)의 지름

[10-5]
36 보기와 같은 KS 용접기호 도시방법의 기호 설명이 잘못된 것은?

① ↗ : 현장 용접
② d : 끝단까지의 거리
③ n : 스폿 용접수
④ (e) : 용접부의 간격

[09-5, 05-2]
37 그림과 같은 KS 용접기호의 해석이 잘못된 것은?

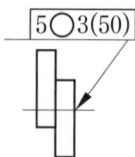

5◯3(50)

① 온둘레 용접이다.
② 점(용접부)의 지름은 5mm이다.
③ 스폿 용접 간격은 50mm이다.
④ 스폿 용접의 수는 3이다.

d◯n(e) 스폿용접
d : 점(용접부)의 지름 n : 용접부의 수 (e) : 용접부의 간격
그림의 ◯는 온둘레 용접을 의미하는 것이 아니라 점 용접을 의미한다.

[07-2]
38 보기와 같은 KS 용접기호의 해독으로 틀린 것은?

d◯n(e)

① 화살표 반대쪽 스폿 용접
② 스폿부의 지름 6mm
③ 용접부의 개수(용접 수) 5개
④ 스폿 용접한 간격은 100mm

화살표 쪽 스폿 용접이다.
d : 점(용접부)의 지름 n : 용접부의 수 (e) : 용접부의 간격

[08-1]
39 보기 용접 도시기호를 올바르게 해독한 것은?

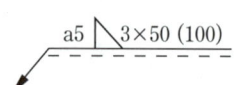

a5 ◺ 3×50 (100)

① V형 용접
② 용접 피치 50mm
③ 용접 목두께 5mm
④ 용접길이 100mm

a◺n×ℓ(e)
a : 목두께 n : 용접부의 수
ℓ : 용접 길이(크레이터 제외) (e) : 인접한 용접부의 간격

40 그림과 같은 양면 필릿 용접기호를 가장 올바르게 해석한 것은?

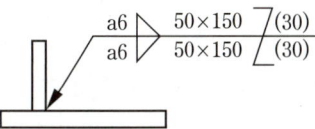

① 목길이 6mm, 용접길이 150mm, 인접한 용접부 간격 50mm
② 목길이 6mm, 용접길이 50mm, 인접한 용접부 간격 30mm
③ 목길이 6mm, 용접길이 150mm, 인접한 용접부 간격 30mm
④ 목길이 6mm, 용접길이 50mm, 인접한 용접부 간격 50mm

[06-1]

41 그림에 표시된 용접 단면에서 H로 표시된 부분을 무엇이라 하는가?

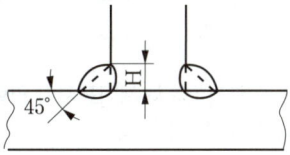

① 목두께
② 용입깊이
③ 이음 루트
④ 목 길이

[05-4]

42 다음 그림은 어떤 용접의 이음인가?

① 겹치기 이음
② 맞대기 이음
③ 기역자 이음
④ 모서리 이음

[10-4]

43 용접 이음의 종류가 아닌 것은?

① 겹치기 이음　② 모서리 이음
③ 라운드 이음　④ T형 필릿 이음

[07-4, 05-4]

44 용접에서 X형 맞대기 이음을 나타내는 것은?

① 　②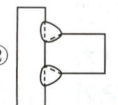

③ 　④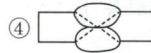

배관도시기호

[11-5]

1 배관 제도 시 유체의 종류에 따른 기호 표기가 틀린 것은?

① 공기 : A
② 연료 가스 : G
③ 온수 : H
④ 증기 : W

공기	연료가스	온수	증기	물
A	G	H	S	W

[13-5]

2 배관에서 유체의 종류 중 공기를 나타내는 기호는?

① A　　　　　② C
③ S　　　　　④ W

냉수	증기	물
C	S	W

[11-2]

3 배관도에서 유체의 종류와 문자 기호를 나타낸 것 중 틀린 것은?

① 공기 : A
② 연료 가스 : G
③ 연료유 또는 냉동기유 : O
④ 증기 : W

증기 : S

[09-5]

4 배관도에서 유체의 종류와 글자 기호를 나타낸 것 중 틀린 것은?

① 공기 : A
② 연류 가스 : G
③ 연료유 또는 냉동기유 : O
④ 증기 : V

[11-4]

5 밸브 표시기호에 대한 밸브 명칭이 틀린 것은?

①  : 슬루스 밸브

② : 3방향 밸브

③ : 버터플라이 밸브

④ : 볼 밸브

①은 앵글 밸브를 나타낸다.

[10-2]

6 배관 도면에서 그림과 같은 기호의 의미로 가장 적합한 것은?

① 콕 일반
② 볼 밸브
③ 체크 밸브
④ 안전 밸브

[12-1, 10-4, 05-4]

7 배관 도면에서 그림과 같은 기호의 의미로 가장 적합한 것은?

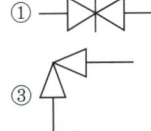

① 콕 일반
② 볼 밸브
③ 체크 밸브
④ 안전 밸브

[10-1]

8 배관 도시기호 중 체크밸브에 해당하는 것은?

① 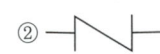　②

③ 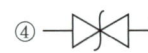　④

[10-5]

9 배관 도시기호에서 안전밸브에 해당하는 것은?

① 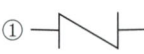　②

③　④

[11-5]

10 다음 중 게이트 밸브의 표시법으로 올바른 것은?

① 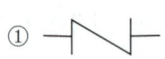　②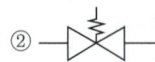

③　④

[13-2]

11 배관 제도 밸브 도시기호에서 일반 밸브가 닫힌 상태를 도시한 것은?

① 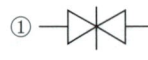　②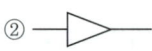

③　④

[12-4, 10-4]

12 그림과 같은 배관 도시기호에서 계기표시가 압력계일 때 원 안에 사용하는 글자 기호는?

① A
② P
③ T
④ F

압력계	온도계	유량계
P(Pressure)	T(Temperature)	F(Flow)

[11-2]

13 배관설비도의 계기표시기호 중에서 유량계를 나타내는 기호는?

① Ⓣ　② Ⓟ

③ 　④ LG

① 온도계, ② 압력계, ④ 액면계

정답 **4** ④ **5** ① **6** ③ **7** ③ **8** ② **9** ② **10** ③ **11** ④ **12** ② **13** ③

[10–5]

14 배관도의 계기 표시방법 중에서 압력계를 나타내는 기호는?

①  Ⓣ

② Ⓟ

③ Ⓕ

④ Ⓥ

[08–1]

15 배관설비도의 계기 표시 기호 중에서 유량계를 나타내는 글자 기호는?

① T

② P

③ F

④ V

[11–1]

16 다음 배관도 중 "P"가 의미하는 것은?

Ⓟ

① 온도계
② 압력계
③ 유량계
④ 핀구멍

[05–1]

17 용접 보조기호 중 용접부의 다듬질 방법을 특별히 지정하지 않는 경우의 기호는?

① C

② F

③ G

④ M

다듬질 종류	기호
치핑	C
연삭	G
절삭	M
지정하지 않음	F

[11–2]

18 가공 방법의 보조 기호 중에서 연삭에 해당하는 것은?

① C

② G

③ F

④ M

[06–1]

19 보기와 같은 용접부 비파괴 검사 기호의 해독으로 올바른 것은?

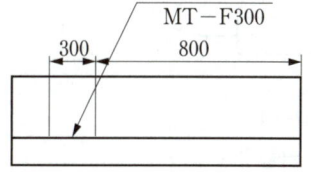

① 방사선 투과시험
② 침투형광 탐상시험
③ 초음파 탐상시험
④ 자분형 탐상시험

[05–4]

20 용접부 투과시험 기호가 RT로 표시된 경우 올바른 해석은?

① 경사각 투과시험
② 형광 투과시험
③ 비형광 투과시험
④ 방사선 투과시험

[09–4]

21 파이프 이음 도시기호 중에서 플랜지 이음에 대한 기호는?

①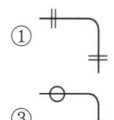

②

③

④

 ② 용접 이음 ③ 동관 이음 ④ 턱걸이 이음

[11–1]

22 파이프 이음의 도시 중 다음 기호가 뜻하는 것은?

—┤├—

① 유니언
② 엘보
③ 부시
④ 플러그

[07-1]

23 배관설비 도면에서 보기와 같은 관 이음의 도시기호가 의미하는 것은?

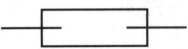

① 신축관 이음
② 하프 커플링
③ 슬루스 밸브
④ 플랙시블 커플링

[08-2]

24 배관의 간략 도시방법에서 파이프의 영구 결합부(용접 또는 다른 공법에 의한다) 상태를 나타내는 것은?

[10-2]

25 파이프의 영구 결합부(용접 등)는 어떤 형태로 표시하는가?

[11-4]

26 다음 배관 도시기호 중에서 확장 조인트를 나타낸 도시기호는?

[15-2, 12-4]

27 다음 배관 도면에 없는 배관 요소는?

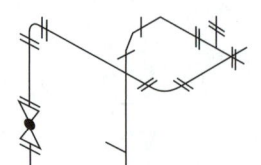

① 티
② 엘보
③ 플랜지 이음
④ 나비 밸브

> 그림의 밸브 기호는 글로브 밸브이다.

[12-5]

28 배관의 끝부분 도시기호가 그림과 같은 경우 ⓐ과 ⓑ의 명칭이 올바르게 연결된 것은?

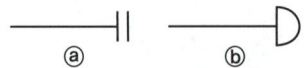

① ⓐ 블라인더 플랜지, ⓑ 나사식 캡
② ⓐ 나사박음식 캡, ⓑ 용접식 캡
③ ⓐ 나사박음식 캡, ⓑ 블라인더 플랜지
④ ⓐ 블라인더 플랜지, ⓑ 용접식 캡

[12-1]

29 관의 끝부분의 표시방법으로 용접식 캡을 나타내는 것은?

[13-1]

30 관 끝의 표시 방법 중 용접식 캡을 나타낸 것은?

[13-1]

31 그림에서 나타난 배관 접합 기호는 어떤 접합을 나타내는가?

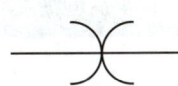

① 블랭크(blank) 연결
② 유니언(union) 연결
③ 플랜지(flange) 연결
④ 칼라(collar) 연결

[12-5]

32 그림과 같은 배관 접합 기호의 설명으로 옳은 것은?

① 블랭크 연결
② 유니언 연결
③ 마개와 소켓 연결
④ 칼라 연결

[13-2]

33 그림과 같은 배관접합(연결)기호의 설명으로 옳은 것은?

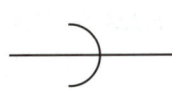

① 마개와 소켓 연결
② 플랜지 연결
③ 칼라 연결
④ 유니언 연결

[12-2]

34 배관의 간략도시방법 중 환기계 및 배수계의 끝장치 도시방법의 평면도에서 그림과 같이 도시된 것의 명칭은?

① 배수구
② 환기관
③ 벽붙이 환기 삿갓
④ 고정식 환기 삿갓

> 배수구 : ◑ , 벽붙이 환기 삿갓 : ▣

[13-2]

35 구멍에 끼워 맞추기 위한 구멍, 볼트, 리벳의 기호 표시에서 양쪽 면에 카운터 싱크가 있고 현장에서 드릴가공 및 끼워 맞춤을 하는 것은?

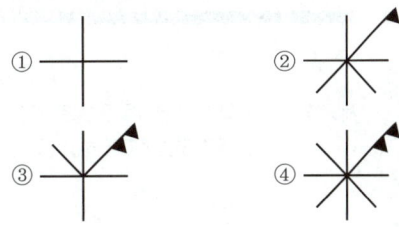

구멍에 끼워 맞추기 위한 구멍, 볼트, 리벳의 기호 표시(KS A 5845-1)			
구멍, 볼트, 리벳	공장에서 드릴가공 및 끼워맞춤	공장에서 드릴가공, 현장에서 끼워맞춤	현장에서 드릴가공 및 끼워맞춤
구멍 / 카운터 싱크 없음	┼	┼↗	┼↗▸
가까운 면에 카운터싱크 있음	⊬	⊬↗	⊬↗▸
먼 면에 카운터 싱크 있음	⊁	⊁↗	⊁↗▸
양쪽 면에 카운터 싱크 있음	⁎	⁎↗	⁎↗▸

※ 구멍, 볼트, 리벳 표시 방법
· 지름 13mm의 구멍 : Ø13
· 지름 12mm, 길이 50mm의 미터나사의 볼트 : M 12×50
· 지름 12mm, 길이 50mm의 리벳 : Ø12×50

chapter **05**

출제 포인트

제3각법과 도형의 표시 방법을 묻는 문제가 자주 출제되고 있다. 투상도와 입체도 고르는 문제가 1~2문제 정도 출제되는데, 기출문제를 통해 연습하도록 하고 장시간을 투자할 필요는 없다.

01 투상법

```
투상법 ─┬─ 평행투상 ─┬─ 직각투상 ─┬─ 정투상 ─┬─ 제3각법
        │            │            │          └─ 제1각법
        │            │            └─ 축측투상 ─┬─ 등각투상
        │            │                         ├─ 2등각투상
        │            │                         └─ 부등각투상
        │            └─ 사투상 ─┬─ 캐비닛도
        │                       └─ 카발리에도
        └─ 투시투상
```

① 투상도 : 일정한 법칙에 의해서 대상물의 형태를 평면상에 그리는 그림
② 투상법은 제3각법에 따르는 것을 원칙으로 하며, 필요한 경우 제1각법을 따를 수도 있다.

1 제3각법과 제1각법

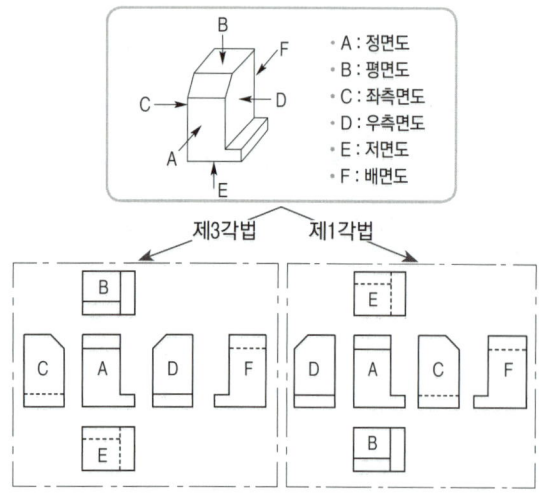

・A : 정면도
・B : 평면도
・C : 좌측면도
・D : 우측면도
・E : 저면도
・F : 배면도

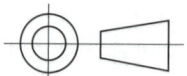
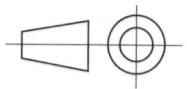

(a) 제3각법의 기호　　　(b) 제1각법의 기호

① **제3각법**
・대상물을 제3 상한에 두고 투상면에 정투상하여 그리는 도형의 표시 방법
・표현할 물체를 관찰자가 보았을 때, 물체가 직각 투사될 좌표면의 뒤에 놓이게 되는 직각 투사법이다(눈→화면→물체).

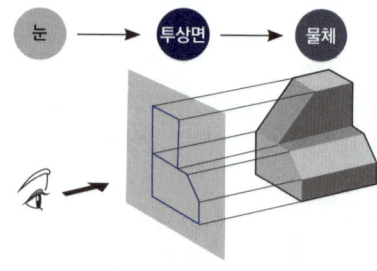

② **제1각법**
・대상물을 제1 상한에 두고 투상면에 정투상하여 그리는 도형의 표시 방법
・표현할 물체가, 관찰자와 물체가 그 위에 직각 투상될 좌표측과의 사이에 놓이게 되는 직각 투상법이다(눈→물체→화면).

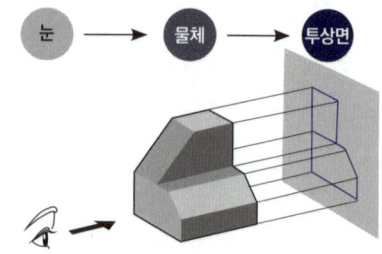

③ 제3각법과 제1각법의 비교

제3각법	제1각법
• 평면도는 정면도의 위에 배열한다. • 좌측면도는 정면도의 왼쪽에 배열한다. • 우측면도는 정면도의 오른쪽에 배열한다. • 저면도는 정면도의 아래에 배열한다. • 배면도는 우측면도의 오른쪽이나 좌측면도의 왼쪽에 편리한 대로 배열할 수 있다.	• 평면도는 정면도 아래에 배열한다. • 좌측면도는 정면도의 오른쪽에 배열한다. • 우측면도는 정면도의 왼쪽에 배열한다. • 저면도는 정면도의 위에 배열한다. • 배면도는 우측면도의 오른쪽이나 우측면도의 왼쪽에 편리한 대로 배열할 수 있다.

• 저면도와 평면도의 위치는 서로 반대이다.
• 측면도의 좌우의 위치는 서로 반대이다.

2 등각 투상법
• 3개의 좌표측의 투상이 서로 120°가 되는 축측 투상으로 평면, 측면, 정면을 하나의 투상면 위에 동시에 볼 수 있도록 그려진 투상도

3 부등각 투상도
• 수평선과 2개의 축선이 이루는 각을 서로 다르게 그린 투상도

02 도형의 표시 방법

1 투상도의 표시 방법
(1) 투상도의 선택 방법
① 주 투상도에는 대상물의 모양 기능을 가장 명확하게 표시하는 면을 그린다.
② 대상물을 도시하는 상태는 도면의 목적에 따라 다음 사항을 따른다.
  • 조립도 등 주로 기능을 표시하는 도면에서는 대상물을 사용하는 상태
  • 부품도 등 가공하기 위한 도면에서는 가공에 있어서 도면을 가장 많이 이용하는 공정에서 대상물을 놓는 상태

(2) 보조 투상도
① 경사면부가 있는 대상물에서 그 경사면의 실형을 나타낼 필요가 있는 경우 그 경사면과 맞서는 위치에 보조 투상도로서 표시한다.
② 필요한 부분만을 부분 투상도 또는 국부 투상도로 그리는 것이 좋다.

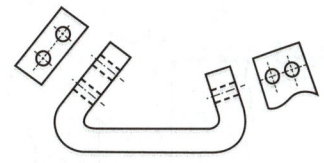

(3) 회전 투상도
투상면이 각도로 인해 실형을 표시하지 못할 때 그 부분을 회전하여 실형을 표시하는 투상도

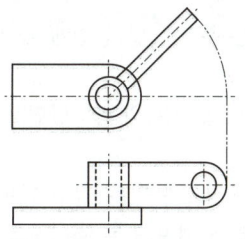

(4) 부분 투상도
① 그림의 일부를 도시하는 것으로 충분한 경우에는 그 필요 부분만을 부분 투상도로서 표시한다.
② 생략한 부분과의 경계는 파단선으로 나타낸다(명확한 경우 생략 가능).

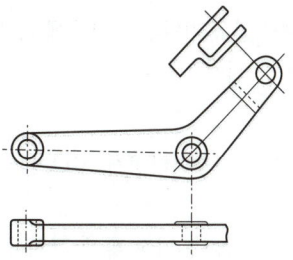

(5) 국부 투상도

물체를 구멍, 홈 등 측정 부분만의 모양을 도시하는 것을 목적으로 하는 투상도

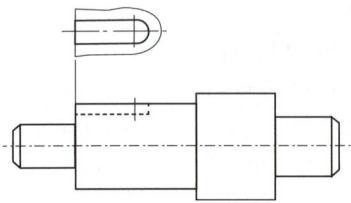

(6) 부분 확대도

특정 부위의 도면이 작아 치수기입 등이 곤란할 경우 그 해당 부분을 확대하여 그린 투상도

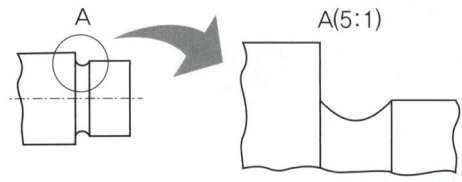

② 단면도의 표시 방법

(1) 일반사항

① 가려져서 보이지 않는 부분을 알기 쉽게 나타내기 위해 사용
② 상하 또는 좌우 대칭인 물체는 외형과 단면을 동시에 나타낼 수 있다.
③ 그림을 알기 쉽게 할 필요가 있는 경우 단면도에 나타나는 절단자리에 해칭 또는 스머징을 할 수 있다.
④ 단면도를 나타낼 시 같은 절단면상에 나타나는 같은 부품의 단면에는 같은 해칭 또는 스머징을 한다.
⑤ 원칙적으로 축, 볼트, 리브 등은 길이 방향으로 절단하지 않는다.
⑥ 절단면은 기본 중심선을 지나고 투상면에 평행한 면을 선택하는 것을 원칙으로 한다.

(2) 온 단면도

① 절단면이 부품 전체를 절단하면서 지나가는 단면도
② 대상물의 기본적인 모양을 가장 좋게 표시할 수 있도록 절단면을 정하여 그린다.

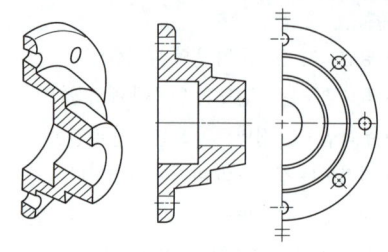

(3) 한쪽 단면도

대칭형의 물체를 중심선을 경계로 하여 외형도의 절반과 단면도의 절반을 조합하여 표시한 단면도

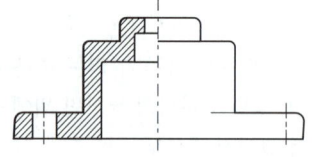

(4) 부분 단면도

파단선을 경계로 필요로 하는 요소의 일부만을 단면으로 표시하는 단면도

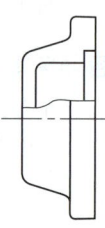

(5) 회전도시 단면도

① 핸들, 바퀴의 암과 림, 리브, 훅, 축 등과 같이 주로 단면의 모양을 90° 회전하여 단면 전후를 끊어서 그 사이에 그리는 단면도
② 절단선의 연장선 위에 그린다.
③ 도형 내의 절단한 곳에 겹쳐서 도시할 경우 가는 실선을 사용하여 그린다.

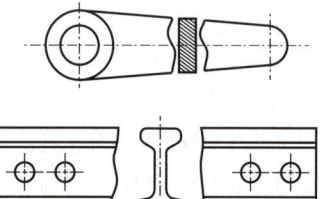

(6) 얇은 두께 부분의 단면도

(개스킷, 박판, 형강 등에서 절단면이 얇은 경우)

① 절단면을 검게 칠하거나 실제 치수와 관계없이 한 개의 극히 굵은 실선으로 표시한다.
② 단면이 인접되어 있을 경우에는 도형 사이에 0.7 mm 이상의 간격을 둔다.

(7) 긴쪽 방향으로 절단하지 않는 것

① 절단으로 인해 방해가 되는 것 : 리브, 바퀴, 암, 기어의 이

② 절단해도 의미가 없는 것 : 축, 핀, 볼트, 너트, 와셔, 작은 나사, 리벳, 키, 강구, 원통 롤러

> ▶ 조립도에서 단면으로 그리지 않는 부품
> • 체결용 부품 : 스크루, 볼트, 멈춤나사, 너트, 와셔, 키, 핀, 리벳 등
> • 구름 베어링의 볼 및 롤러, 기어 치면, 회전축 등
>
> ▶ 해칭 및 스머징
> ① 해칭선은 주된 중심선 또는 주요 외형선에 대하여 45°의 가는 실선으로 2~3mm 정도의 간격으로 표시한다.
> ② 스머징은 단면 주변을 색연필로 엷게 칠하는 단면 표시 방법이다.
> ③ 단면도에 재료 등을 표시하기 위해 특수한 해칭(또는 스머징)을 할 수 있다.
> ④ 단면 면적이 넓을 경우에는 그 외형선에 따라 적절한 범위에 해칭(또는 스머징)을 할 수 있다.
> ⑤ 인접한 단면의 해칭은 선의 방향, 각도 또는 간격을 변경하여 서로 구별한다.

3 특별한 도시 방법

(1) 전개도

입체의 표면을 한 평면 위에 펼쳐서 그리는 도면

① 평행선법 : 위쪽이 경사지게 절단된 원통의 전개 방법으로 각기둥이나 원기둥의 전개에 가장 많이 이용

② 방사선법 : 꼭지점을 도면에서 찾을 수 있는 원뿔의 전개에 이용

③ 삼각형법 : 방사선법으로 전개하기 어려운 경우 편심 원뿔, 각뿔 등을 전개하는 데 이용

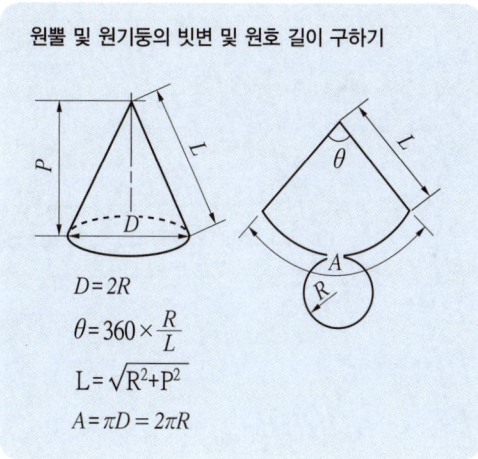

원뿔 및 원기둥의 빗변 및 원호 길이 구하기

$$D = 2R$$
$$\theta = 360 \times \frac{R}{L}$$
$$L = \sqrt{R^2 + P^2}$$
$$A = \pi D = 2\pi R$$

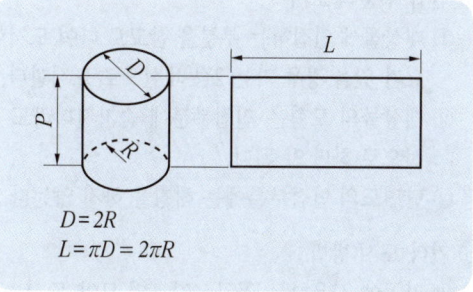

$$D = 2R$$
$$L = \pi D = 2\pi R$$

(2) 긴요한 도시

도시를 필요로 하는 부분을 알기 쉽게 하기 위하여 다음과 같이 하는 것이 좋다.

① 숨은선은 그것이 없어도 이해할 수 있는 경우에는 생략해도 좋다.

② 보충한 투상도에 보이는 부분을 전부 그리면 도리어 알기 어렵게 될 경우에는 부분 투상도 또는 보조 투상도로 그리는 것이 좋다.

③ 절단면의 앞쪽에 보이는 선은 그것이 없어도 이해할 수 있는 경우에는 생략하여도 좋다.

④ 일부분에 특정한 모양을 가진 것은 되도록 그 부분이 그림의 위쪽에 나타나도록 그리는 것이 좋다. 예를 들면 키홈이 있는 보스 구멍, 벽에 구멍 또는 홈이 있는 관이나 실린더, 쪼개져 있는 링 등을 도시한다.

⑤ 피치원 위에 배치하는 구멍 등은 측면의 투상도(단면도 포함)에서는 피치원이 만드는 원통을 표시하는 가는 1점 쇄선과 그 한쪽에만 1개의 구멍을 도시하고 다른 구멍의 도시를 생략할 수 있다.

(3) 평면의 표시

도형 내의 특정한 부분이 평면이란 것을 표시할 필요가 있을 경우에는 가는 실선으로 대각선을 기입한다.

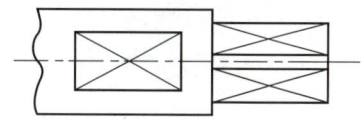

(4) 가공 전 또는 후의 모양의 도시

① 가공 전의 모양을 표시하는 경우 : 가는 2점 쇄선

② 가공 후의 모양(조립 후의 모양)을 표시하는 경우 : 가는 2점 쇄선

chapter 05

(5) 인접 부분의 도시
① 대상물에 인접하는 부분을 참고로 하여 도시할 필요가 있을 경우 가는 2점 쇄선으로 도시한다.
② 대상물의 도형은 인접부분에 숨겨지더라도 숨은선으로 하면 안 된다.
③ 단면도의 인접부분에는 해칭을 하지 않는다.

(6) 기타 도시 방법
① 가공에 사용하는 공구 · 지그의 모양 도시 : 가는 2점 쇄선
② 절단면의 앞쪽에 있는 부분의 도시 : 가는 2점 쇄선
③ 특수한 가공 부분의 표시 : 굵은 1점 쇄선
④ 도형 중 특정 범위 지정 : 굵은 1점 쇄선

4 도형의 생략

(1) 대칭 도형의 생략
① 도형이 대칭 형식인 경우에는 대칭 중심선의 한쪽 도형만을 그리고, 그 대칭 중심선의 양끝 부분에 짧은 2개의 나란한 가는 선(대칭 도시기호)을 그린다.
② 대칭 중심선의 한쪽의 도형을 대칭 중심선을 조금 넘은 부분까지 그리는 경우 대칭 도시기호를 생략할 수 있다.

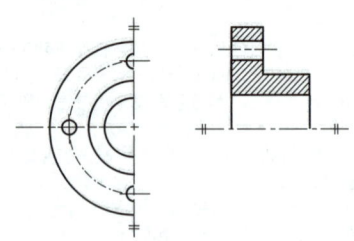

(2) 반복 도형의 생략
같은 종류, 같은 모양이 다수 줄지어 있는 경우에는 그림 기호를 삽입하거나 지시선을 사용하여 생략할 수 있다.

(3) 중간 부분의 생략에 의한 도형의 단축
동일 단면형의 부분, 같은 모양이 규칙적으로 줄지어 있는 부분 또는 긴 테이퍼 등의 부분은 지면을 생략하기 위하여 중간 부분을 잘라내서 그 긴요한 부분만을 가까이 하여 도시할 수 있다.

투상법

[12-2]

1 제3각법에 대하여 설명한 것으로 틀린 것은?

① 평면도는 정면도의 상부에 도시한다.
② 좌측면도는 정면도의 좌측에 도시한다.
③ 우측면도는 평면도의 우측에 도시한다.
④ 저면도는 정면도 밑에 도시한다.

> 우측면도는 정면도의 우측에 도시한다.

[10-2]

2 제3각법에 대한 설명 중 틀린 것은?

① 평면도는 배면도의 위에 배치된다.
② 저면도는 정면도의 아래에 배치된다.
③ 정면도는 위쪽에 평면도가 배치된다.
④ 우측면도는 정면도의 우측에 배치된다.

> 평면도는 정면도의 위에 배치된다.

[12-5]

3 다음 정투상법에 관한 설명으로 올바른 것은?

① 제1각법에서는 정면도의 왼쪽에 평면도를 배치한다.
② 제1각법에서는 정면도의 밑에 평면도를 배치한다.
③ 제3각법에서는 평면도의 왼쪽에 우측면도를 배치한다.
④ 제3각법에서는 평면도의 위쪽에 정면도를 배치한다.

[11-1]

4 제1각법과 3각법의 도면 배치상의 차이점을 올바르게 설명한 것은 ?

① 정면도와 평면도의 위치는 일정하나 측면도의 좌우 위치는 서로 반대이다.
② 정면도의 위치는 일정하나 저면도와 평면도의 위치는 서로 반대이다.
③ 평면도의 위치는 일정하나 측면도의 좌우의 위치는 서로 반대이다.
④ 어느 경우나 도면의 배치는 변함없다.

[11-5]

5 제3각 정투상도에서 저면도의 배치 위치로 옳은 것은?

① 정면도의 아래쪽 ② 정면도의 오른쪽
③ 정면도의 위쪽 ④ 정면도의 왼쪽

[10-5, 07-4]

6 제3각법에 의한 정투상도에서 배면도의 위치는?

① 정면도의 위 ② 좌측면도의 좌측
③ 정면도의 아래 ④ 우측면도의 우측

[13-2]

7 정투상법의 제1각법과 제3각법에서 배열위치가 정면도를 기준으로 동일한 위치에 놓이는 투상도는?

① 좌측면도 ② 평면도
③ 저면도 ④ 배면도

[07-2]

8 다음 투상도법 중 제1각법과 제3각법이 속하는 투상도법은?

① 정투상법 ② 등각 투상법
③ 사투상법 ④ 부등각 투상법

[11-2, 09-2]

9 제1각법에서 좌측면도는 정면도를 기준으로 어느 쪽에 배치되는가?

① 좌측 ② 우측
③ 위 ④ 아래

[12-1, 11-2, 10-1, 08-1]

10 다음 그림은 몇 각법 투상 기호인가?

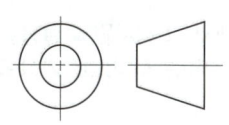

① 제1각법
② 제2각법
③ 제3각법
④ 제4각법

chapter 05

[13-2]

11 다음 투상도 중 표현하는 각법이 다른 하나는?

①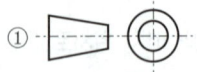

②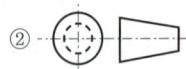

③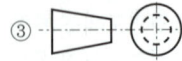

④

투상법의 표시방법

[13-1, 10-1]

1 3개의 좌표측의 투상이 서로 120°가 되는 축측 투상으로 평면, 측면, 정면을 하나의 투상면 위에 동시에 볼 수 있도록 그려진 투상법은?

① 등각 투상법   ② 국부 투상법

③ 정 투상법   ④ 경사 투상법

[09-4]

2 보기와 같은 투상도의 명칭으로 가장 적합한 것은?

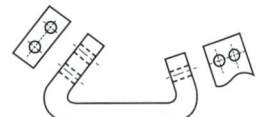

① 보조 투상도
② 국부 투상도
③ 주 투상도
④ 경사 투상도

[13-5]

3 그림의 ㉮ 부분과 같이 경사면부가 있는 대상물에서 그 경사면의 실형을 표시할 필요가 있는 경우 사용하는 투상도는?

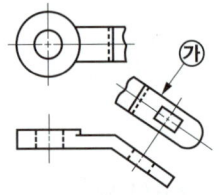

① 국부 투상도
② 전개 투상도
③ 회전 투상도
④ 보조 투상도

[06-4]

4 경사면부가 있는 대상물에서 그 경사면의 실형을 나타낼 필요가 있는 경우에 그리는 투상도로 가장 적합한 것은?

① 보조 투상도   ② 부분 투상도

③ 국부 투상도   ④ 회전 투상도

[04-2]

5 다음 중 보기와 같은 투상도의 종류 명칭으로 가장 적합한 것은?

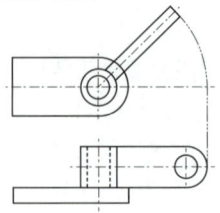

① 보조 투상도
② 회전 투상도
③ 국부 투상도
④ 조합 단면도

[08-2]

6 특수부분의 도형이 작은 까닭으로 그 부분의 상세한 도시나 치수기입을 할 수 없을 때 그 부분을 에워싸고 영문자의 대문자로 표시하고, 그 부분을 확대하여 다른 장소에 그리는 투상도의 명칭은?

① 부분 투상도   ② 보조 투상도

③ 부분 확대도   ④ 국부 투상도

[12-1]

7 그림과 같이 물체를 구멍, 홈 등 측정 부분만의 모양을 도시하는 것을 목적으로 하는 투상도의 명칭은?

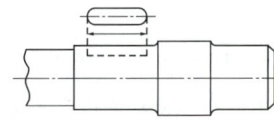

① 회전 투상도
② 보조 투상도
③ 부분 투상도
④ 국부 투상도

[09-5, 05-2]

8 도면과 같은 투상도의 명칭으로 가장 적합한 것은?

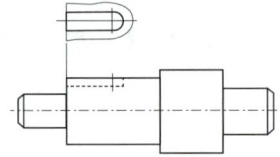

① 회전 투상도
② 보조 투상도
③ 국부 투상도
④ 회전도시 투상도

[10-5, 09-1]

9 물체의 구멍, 홈 등 특정 부분만의 모양을 도시하는 것으로 그림과 같이 그려진 투상도의 명칭은?

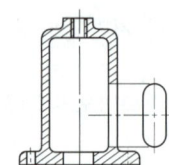

① 회전 투상도
② 보조 투상도
③ 부분 확대도
④ 국부 투상도

---

10 그림과 같은 대상물의 구멍, 홈 등 한 국부만의 모양을 도시하는 것으로 충분한 경우에는 그 필요부분만을 나타내는 투상도는?

[12-1]

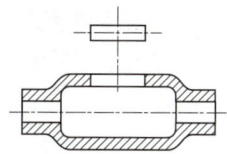

① 국부 투상도
② 부분 투상도
③ 보조 투상도
④ 회전 투상도

단면도의 표시 방법

[12-4]

1 단면도의 표시에 대한 설명으로 틀린 것은?

① 상하 또는 좌우 대칭인 물체는 외형과 단면을 동시에 나타낼 수 있다.
② 기본 중심선이 아닌 곳은 절단면으로 표시할 수는 없다.
③ 단면도를 나타낼 시 같은 절단면상에 나타나는 같은 부품의 단면에는 같은 해칭(또는 스머징)을 한다.
④ 원칙적으로 축, 볼트, 리브 등은 길이 방향으로 절단하지 아니한다.

> 단면도는 기본 중심선에서 적당한 면으로 표시하는 것이 원칙이지만, 필요할 때에는 기본 중심선이 아닌 곳에서 절단한 면으로 나타낼 수 있으며, 이때에는 반드시 절단선에 의해 절단된 위치를 표시해야 한다.

[08-5]

2 한쪽단면(반단면) 표시법에 대한 설명으로 올바른 것은?

① 대칭형의 물체를 중심선을 경계로 하여 외형도의 절반과 단면도의 절반을 조합하여 표시한 것이다.
② 부품도의 중앙 부위 전후를 절단하여, 단면을 90° 회전시켜 표시한 것이다.
③ 도형 전체가 단면으로 표시된 것이다.
④ 물체의 필요한 부분만 단면으로 표시한 것이다.

[10-5]

3 도면에서 단면도의 해칭에 대한 설명으로 틀린 것은?

① 해칭선은 가는 실선으로 규칙적으로 줄을 늘어놓는 것을 말한다.

② 단면도에 재료 등을 표시하기 위해 특수한 해칭(또는 스머징)을 할 수 있다.
③ 해칭선은 반드시 주된 중심선에 45°로만 경사지게 긋는다.
④ 단면 면적이 넓을 경우에는 그 외형선에 따라 적절한 범위에 해칭(또는 스머징)을 할 수 있다.

[04-4]

4 다음 그림은 어떤 단면을 나타내고 있는가?

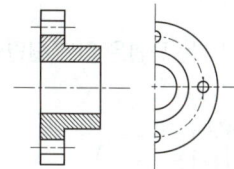

① 한쪽 단면도(반단면)
② 온 단면도(전단면도)
③ 부분 단면도
④ 계단 단면도

[12-5]

5 대칭형의 물체는 그림과 같이 조작하여 그릴 수 있는데, 이러한 단면도를 무슨 단면도라고 하는가?

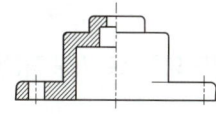

① 온 단면도
② 한쪽 단면도
③ 부분 단면도
④ 회전도시 단면도

[14-4, 11-4]

6 그림과 같은 외형도에 있어서 파단선을 경계로 필요로 하는 요소의 일부만을 단면으로 표시하는 단면도는?

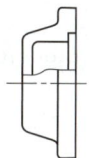

① 온 단면도
② 부분 단면도
③ 한쪽 단면도
④ 회전 도시 단면도

[12-4]

7 핸들, 바퀴의 암과 림, 리브, 훅, 축 등은 주로 단면의 모양을 90° 회전하여 단면 전후를 끊어서 그 사이에 그리거나 하는데 이러한 단면도를 무엇이라고 하는가?

① 부분 단면도
② 온 단면도
③ 한쪽 단면도
④ 회전도시 단면도

8 보기와 같은 단면도의 명칭으로 가장 적합한 것은?

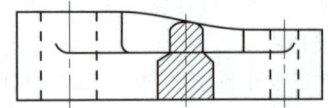

① 가상 단면도　　　　② 회전도시 단면도
③ 보조투상 단면도　　④ 곡면 단면도

[11-5, 07-1]

9 보기와 같은 도면이 나타내는 단면은 어느 단면도에 해당하는가?

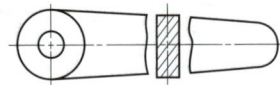

① 한쪽 단면도　　　　② 회전도시 단면도
③ 예각 단면도　　　　④ 온단면도(전단면도)

[10-4, 05-1]

10 보기 도면과 같은 단면도 명칭으로 가장 적합한 것은?

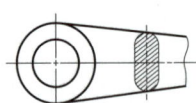

① 부분 단면도
② 직각 도시 단면도
③ 회전 도시 단면도
④ 가상 단면도

[06-1]

11 보기 구조물의 도면에서 (A), (B)의 단면도의 명칭은?

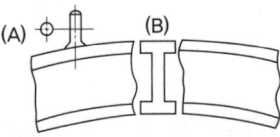

① 온단면도　　　　　② 변환 단면도
③ 회전도시 단면도　④ 부분 단면도

[13-1, 10-1]

12 그림과 같이 구조물의 부재 등에서 절단할 곳의 전후를 끊어서 90° 회전하여 그 사이에 단면 형상을 표시하는 단면도는?

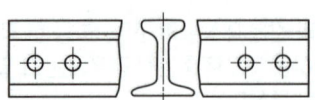

① 부분 단면도　　　　② 한쪽 단면도
③ 회전도시 단면도　　④ 조합 단면도

[12-2]

13 축에 반달 키가 조립되어 있는 단면도에 대해서 가장 올바르게 표현한 것은?

① 　　②
③ 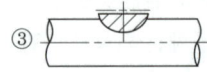　　④

> 스크루, 볼트, 멈춤나사, 너트, 와셔, 키, 핀, 리벳 등의 체결용 부품과 구름 베어링의 볼 및 롤러, 기어 치면, 회전축 등은 단면도로 그리지 않는다.

[11-4]

14 그림과 같은 기계제도 단면도에서 A가 나타내는 것은?

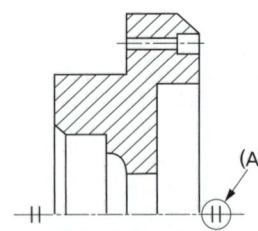

① 단면도 표시 기호
② 바닥 표시 기호
③ 대칭 도시 기호
④ 평면 기호

> 물체의 형상이 대칭을 이루면 대칭 중심선의 한쪽 도형만을 그리고, 그 대칭 중심선의 양끝 부분에 짧은 2개의 나란한 가는 선을 그리는데, 이 선을 대칭 도시기호라고 한다.

[11-4]

15 제시된 물체를 도형 생략법을 적용해서 나타내려고 한다. 적용 방법이 옳은 것은?(단, 물체의 뚫린 구멍의 크기는 같고 간격은 6mm로 일정하다)

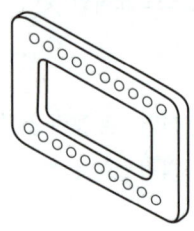　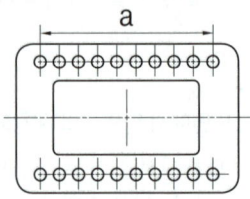

정답 8 ②　9 ②　10 ③　11 ③　12 ③　13 ②　14 ③　15 ②

① 치수 a는 10×6(=60)로 기입할 수 있다.

② 대칭기호를 사용하여 도형을 1/2로 나타낼 수 있다.

③ 구멍은 반복 도형 생략법을 나타낼 수 없다.

④ 구멍의 크기가 동일하더라도 각각의 치수를 모두 나타내어야 한다.

> 물체의 형상이 같은 종류와 같은 모양이 여러 번 줄지어 있는 경우에는 그림 기호를 삽입하거나 지시선을 사용해서 생략할 수 있다. 치수 a는 9×6 (=54)로 기입할 수 있다.

[09-2]

16 기계제도에서 도형의 표시 방법으로 가장 적절하지 않은 것은?

① 투상도는 표준 배치에 의한 6면도를 모두 그린다.

② 물체의 특징이 가장 잘 나타난 면을 주 투상도로 한다.

③ 투상도에는 가급적 숨은선을 쓰지 않고 나타낼 수 있도록 한다.

④ 도형이 대칭인 것은 중심선을 경계로 하여 한쪽만을 도시할 수 있다.

> 투상도는 투상법의 표준 배치에 따라 도면을 그리는 것이 원칙이다. 물체의 형상이 단순하여 정면도만으로 표현이 가능한 경우에는 1면도로 그리며, 정면도, 평면도 또는 측면도가 필요한 경우에는 2면도로 그린다. 그리고 정면도, 평면도, 측면도가 모두 필요한 경우에는 3면도로 그린다.

입체도의 해독 방법

[09-1]

1 보기 입체도의 화살표 방향이 정면일 때 평면도로 적합한 것은?

(보기)

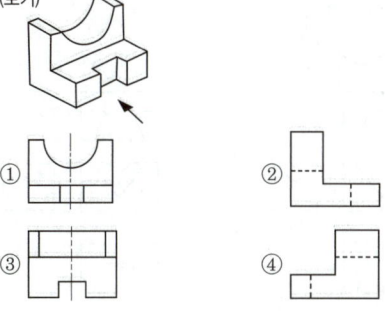

① ② ③ ④

[09-2]

2 보기 입체도를 제3각법으로 올바르게 투상한 것은?

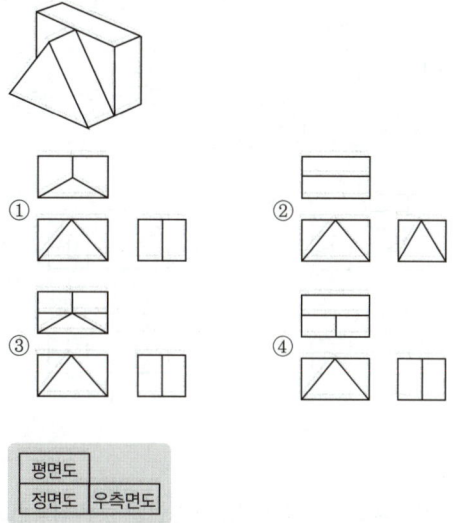

① ② ③ ④

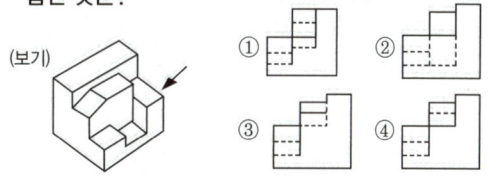

평면도	
정면도	우측면도

[09-2]

3 보기 입체도의 화살표 방향에서 본 투상도로 가장 적합한 것은?

(보기)

① ② ③ ④

[08-5]

4 보기 입체도에서 화살표 방향을 정면으로 제3각법으로 그린 정투상도는?

(보기)

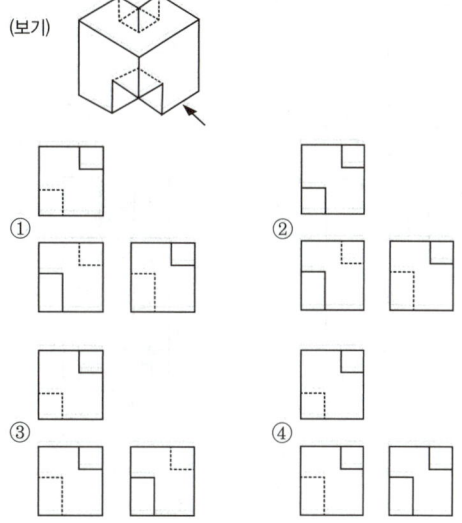

① ② ③ ④

chapter **05**

5 보기와 같은 입체도를 화살표 방향을 정면으로 하는 제3각법으로 제도한 정투상도는?

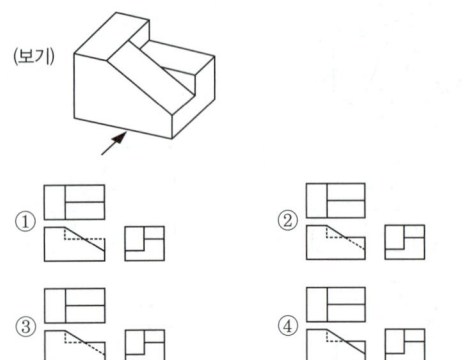

8 보기 입체도의 제3각법 정투상도로 가장 적합한 것은?

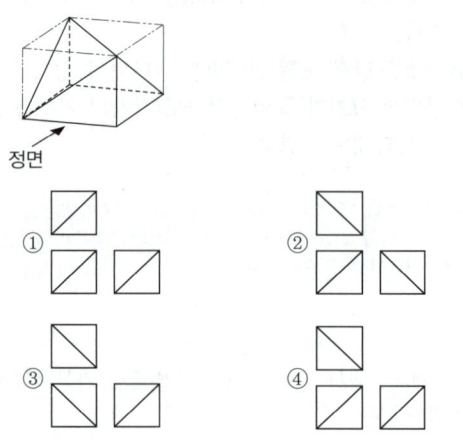

6 보기 입체도의 화살표 방향이 정면일 경우 좌측면도로 가장 적합한 것은?

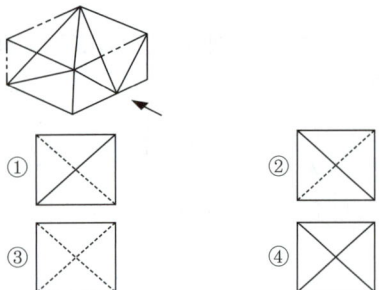

9 보기와 같이 입체도의 화살표 방향이 정면일 때, 우측 면도로 가장 적합한 것은?

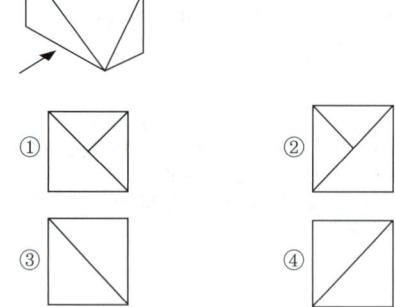

7 보기와 같은 입체도를 화살표 방향에서 본 투상도로 올바르게 도시된 것은?

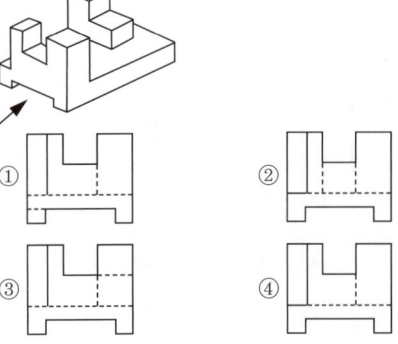

10 보기 입체도를 화살표 방향을 정면으로 보고 제3각 법으로 기본 3도면을 올바르게 정투상한 것은?

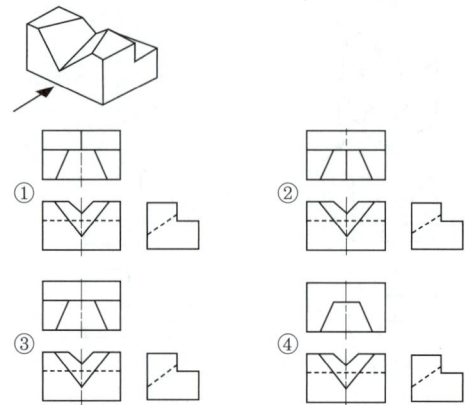

정답 **5** ④ **6** ① **7** ④ **8** ② **9** ④ **10** ②

11 보기와 같이 입체도의 화살표 방향이 정면일 때, 우측면도로 가장 적합한 것은?

(보기)

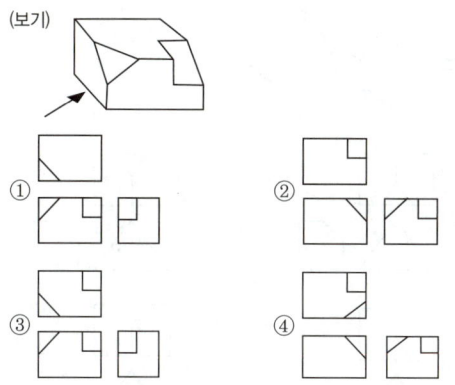

① ② ③ ④

[07-1]

12 보기 입체도에서 화살표가 지시한 면이 정면일 경우 정면도로 가장 적합한 것은?

(보기)

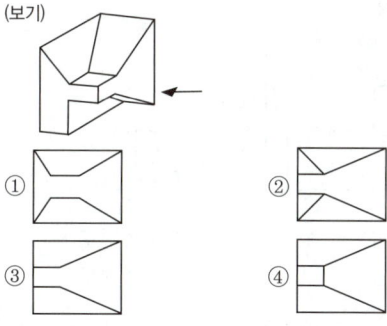

① ② ③ ④

[06-2]

13 보기 입체도에서 화살표 방향을 정면으로 할 때 정면도로 가장 적합한 투상도는?

(보기)

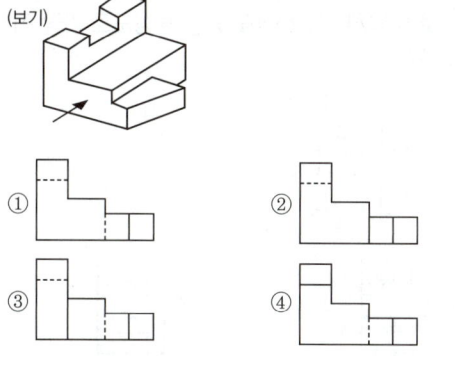

① ② ③ ④

[06-4]

14 다음 보기의 입체도에서 화살표 방향이 정면일 때 평면도로 가장 적합한 것은?(단, 밑면의 홈은 모두 관통하는 홈임)

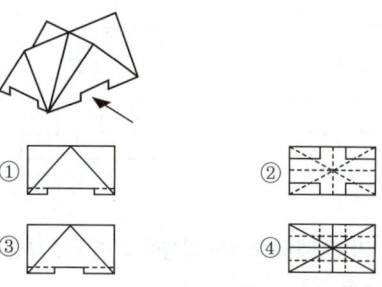

① ② ③ ④

[06-2]

15 보기와 같은 입체도의 제3각 정투상도로 가장 적합한 것은?

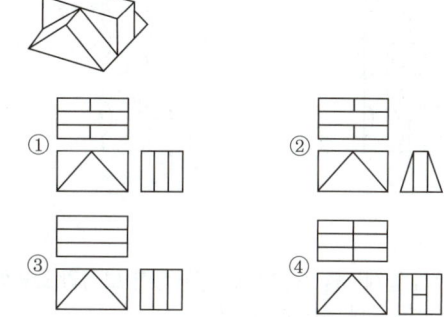

① ② ③ ④

[06-2]

16 보기 등각투상도를 화살표 방향에서 본 투상을 정면으로 할 경우 평면도로 가장 적합한 것은?

(보기)

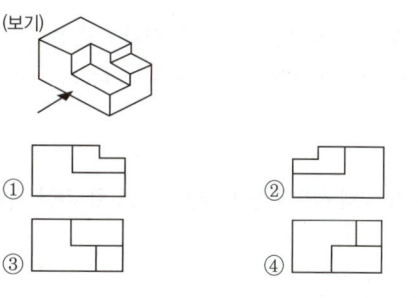

① ② ③ ④

[10-1, 06-1]

17 보기 입체도를 제3각법으로 제도한 것으로 올바른 것은?

(보기)

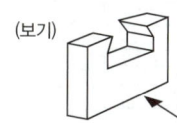

정답 ▶ **11** ④ **12** ③ **13** ① **14** ④ **15** ① **16** ④ **17** ③

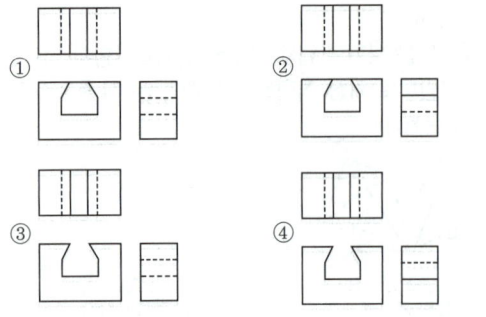

[05-4]

18 보기 입체도에서 화살표 방향을 정면도로 투상했을 때 평면도로 맞는 것은?

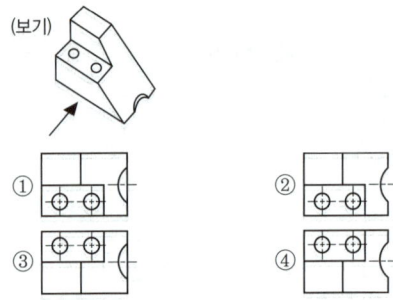

[10-2, 05-2]

19 아래 입체도를 3각법으로 정투상한 보기의 도면에 관한 설명으로 올바른 것은?

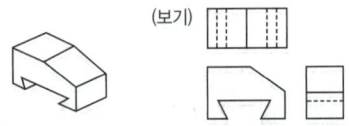

① 정면도만 틀림 ② 평면도만 틀림
③ 우측면도만 틀림 ④ 모두 올바름

[05-2]

20 보기 입체도의 화살표 방향 투상도로 가장 적합한 것은?

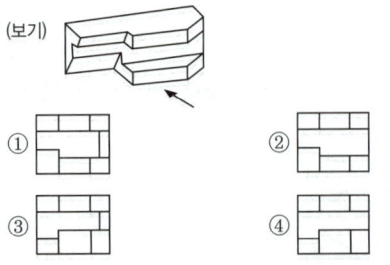

[05-1]

21 보기 입체도의 제3각 정투상도로 가장 적합한 것은?

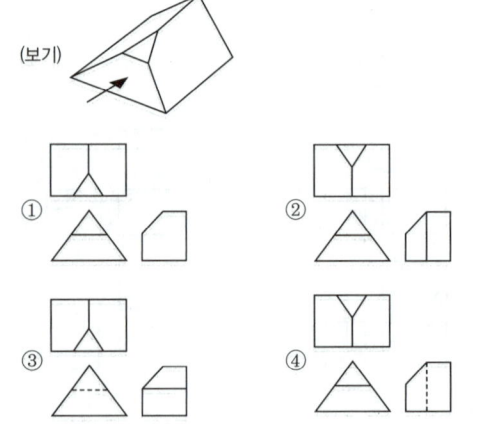

[05-1]

22 보기 입체도를 3각법으로 정투상한 도면 중 잘못된 것은?

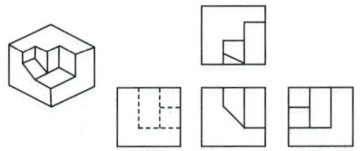

① 정면도 ② 우측면도
③ 평면도 ④ 좌측면도

	평면도		평면도는 옆 그림과 같다.
좌측면도	정면도	우측면도	

[04-4]

23 보기 입체도의 화살표 방향 투상도로 가장 적합한 것은?

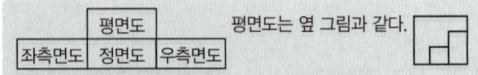
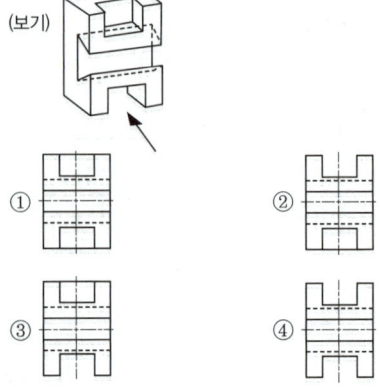

정답 ▶ 18 ② 19 ④ 20 ② 21 ① 22 ③ 23 ③

24 보기 입체도의 정면도로 가장 적합한 투상은?

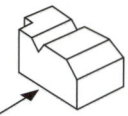

① ② ③ ④

[04-2]

25 보기와 같은 입체도의 제3각 투상도로 적합한 것은?

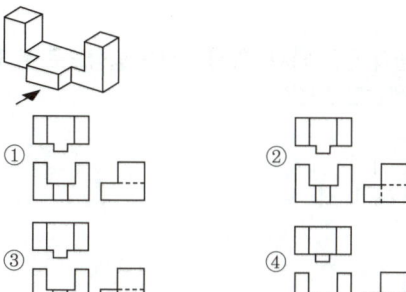

①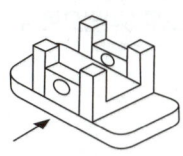

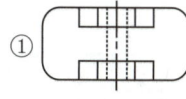 ②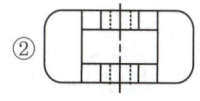

③ 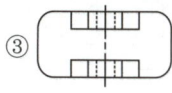 ④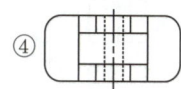

[10-5, 07-2]

26 그림과 같은 입체도에서 화살표 쪽을 정면도로 한다면 평면도를 올바르게 나타낸 것은?(단, 평면도상에서 상하, 좌우 방향의 형상은 대칭이다)

① ② ③ ④

[11-4, 07-2, 04-2]

27 보기 입체도의 화살표 방향을 정면으로 할 때 우측면도로 적합한 투상은?

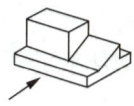

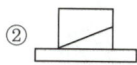
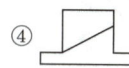

① ② ③ ④

[09-5]

28 그림과 같은 입체도의 화살표 방향을 정면도로 할 때 우측면도로 가장 적합한 투상은?

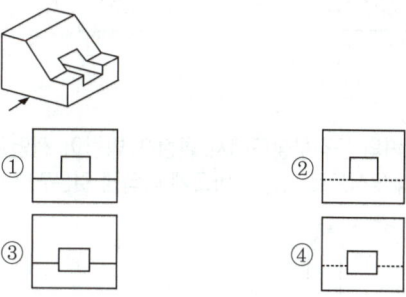

① ② ③ ④

[09-5]

29 보기 입체도를 제3각법으로 올바르게 도시한 것은?

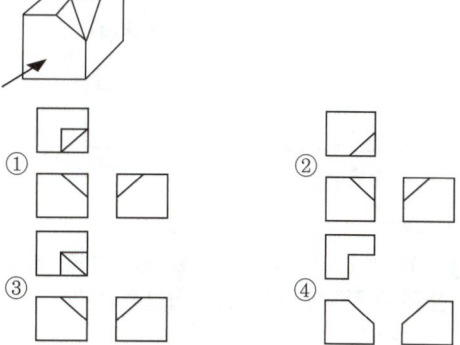

① ② ③ ④

[10-1]

30 그림과 같은 입체도에서 화살표 방향을 정면으로 하여 3각법으로 도시할 때 평면도로 가장 적합한 것은?

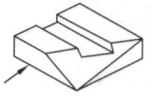

① 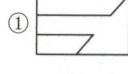 ②

③  ④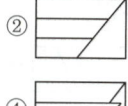

정답 ▶ 24 ③ 25 ③ 26 ② 27 ④ 28 ③ 29 ③ 30 ④

31 그림과 같은 입체도에서 화살표 방향 투상도로 가장 적절한 것은? [10-1]

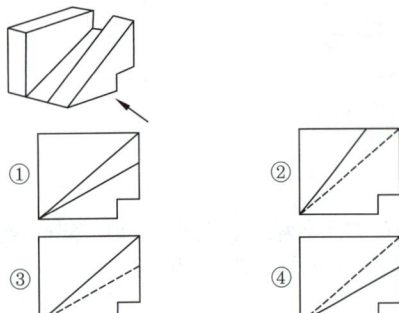

① ② ③ ④

32 그림의 등각투상도에서 화살표 방향이 정면일 때 제3각 투상도로 가장 올바르게 나타낸 것은? [11-2]

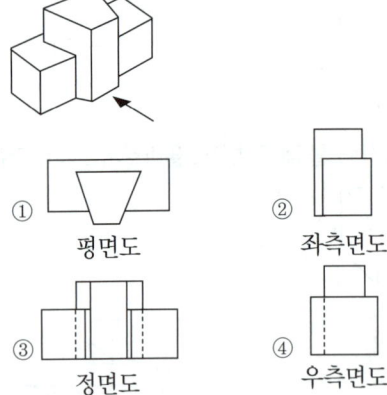

① 평면도 ② 좌측면도 ③ 정면도 ④ 우측면도

33 그림과 같은 입체도에서 화살표 방향을 정면으로 한 제3각 정투상도로 가장 적합한 투상은? [11-5]

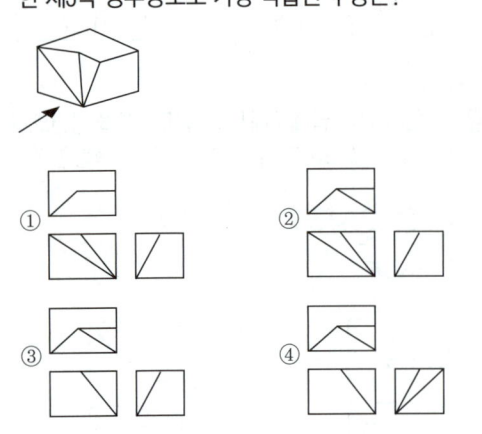

① ② ③ ④

34 보기 입체도를 3각법으로 투상한 것으로 가장 가까운 것은? [10-4]

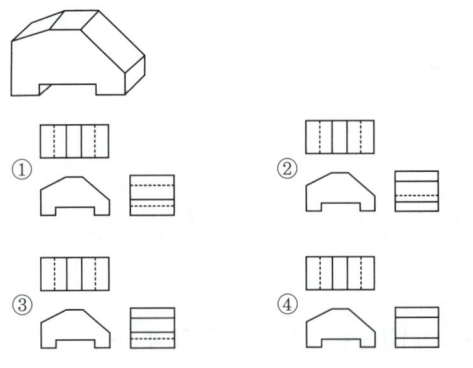

① ② ③ ④

35 그림과 같은 입체도에서 화살표 방향으로 본 투상도로 적합한 것은? [12-4, 10-2]

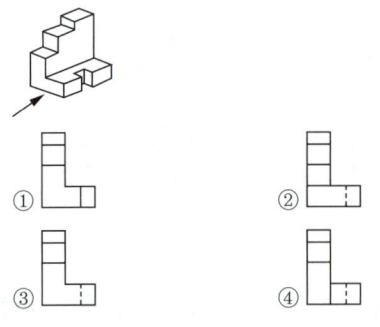

① ② ③ ④

36 화살표 방향이 정면인 입체도를 3각법으로 투상한 도면으로 가장 적합한 것은? [12-5]

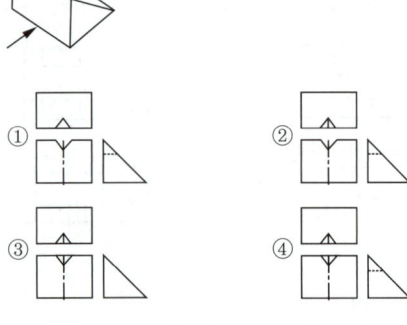

① ② ③ ④

37 다음 그림에서 화살표 방향을 정면도로 선정할 경우 평면도로 가장 올바른 것은?

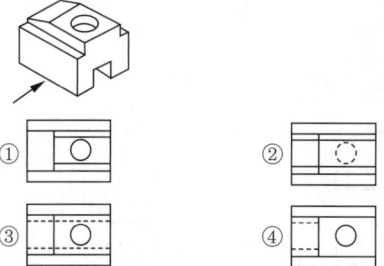

[13-1]

38 그림과 같이 입체도에서 화살표 방향이 정면일 경우 평면도로 가장 적합한 것은?

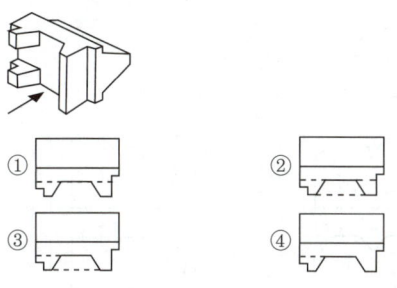

[10-4]

39 그림의 입체도에서 화살표 방향을 정면으로 하여 3각법으로 정투상한 도면으로 가장 적합한 것은?

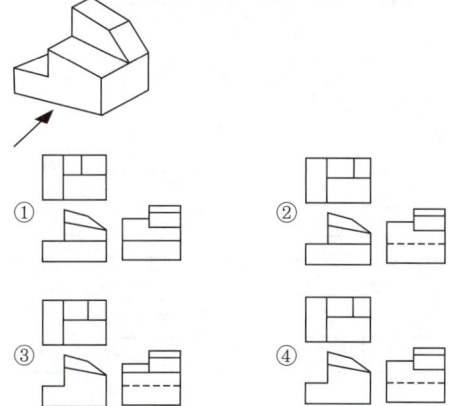

[10-2]

40 그림과 같은 입체도에서 화살표 방향을 정면으로 하여 제3각법 투상도로 가장 적합한 것은?

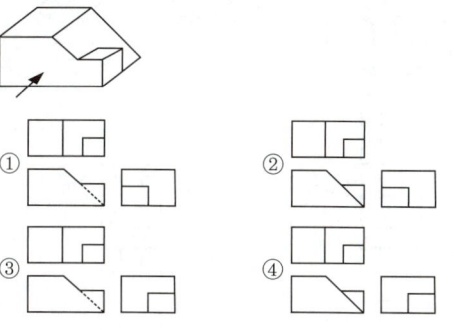

[10-2]

41 보기와 같은 화살표 방향을 정면도로 선택하였을 때 평면도의 모양은?

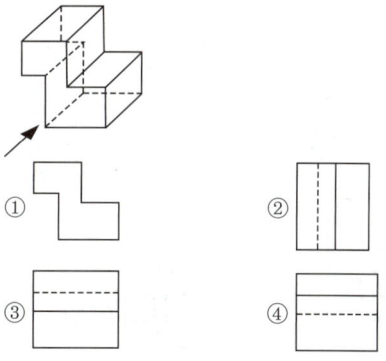

[10-1]

42 보기 입체도에서 화살표 방향 투상도로 적합한 것은?

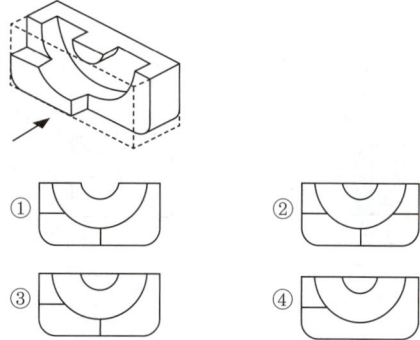

43 그림과 같은 입체도에서 화살표 방향이 정면일 때 3각법으로 올바르게 투상한 것은?

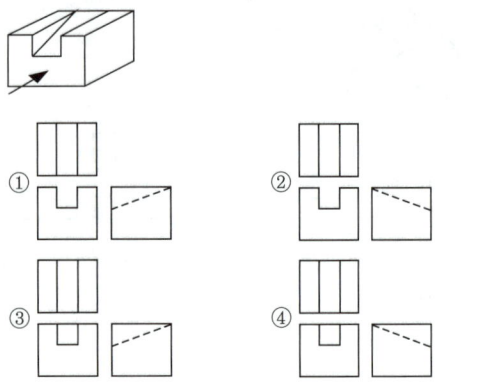

44 그림과 같은 입체도의 화살표 방향 투상도로 가장 적합한 것은?

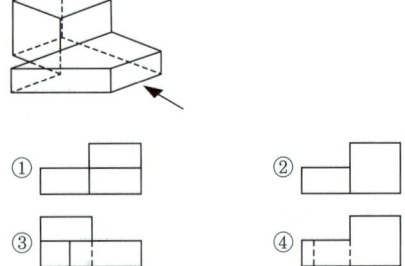

45 그림과 같은 입체도에서 화살표 방향 투상도로 적합한 것은?

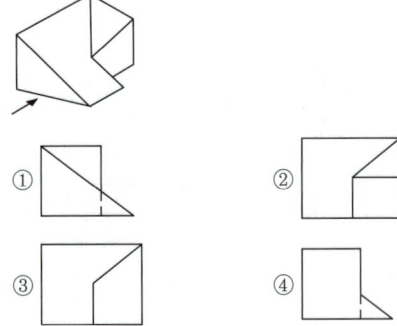

46 그림과 같은 입체의 화살표 방향 투상도로 가장 적합한 것은?

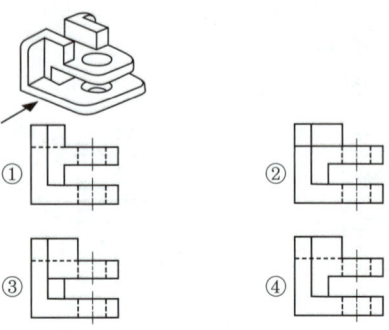

47 보기 입체도의 정면도로 가장 적합한 투상은?

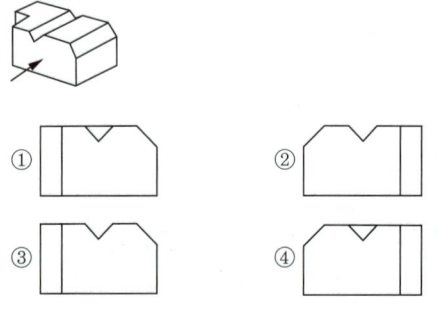

48 그림과 같은 입체도에서 화살표가 정면일 경우 제3각 정투상도로 올바르게 나타낸 것은?

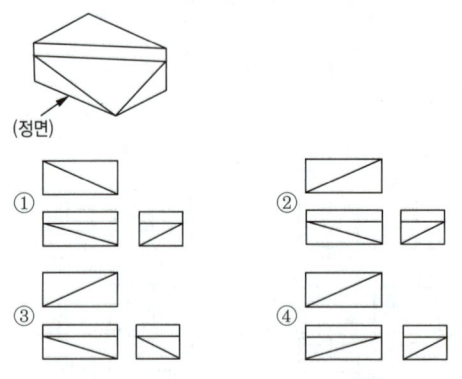

정답 ▶ **43** ③ **44** ① **45** ① **46** ④ **47** ③ **48** ②

투상도를 보고 입체도 찾기

[13-2]

1 그림과 같은 제3각 투상도에 가장 적합한 입체도는?

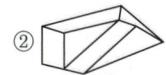

① 　②
③ 　④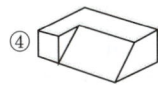

[11-5]

2 다음 제3각 정투상도에 해당하는 입체도는?

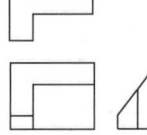

① 　②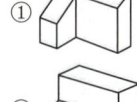
③ 　④

[11-1]

3 그림과 같은 정투상도에 해당하는 입체도는?(단, 화살표 방향이 정면이다)

① 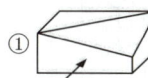　②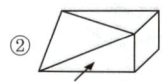
③ 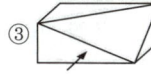　④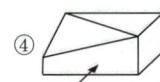

[12-4, 05-2]

4 보기와 같은 제3각 투상도의 입체도로 가장 적합한 것은?

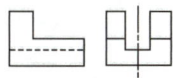

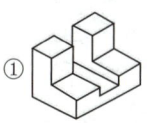

① 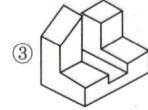　②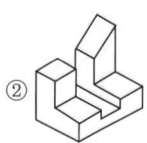
③ 　④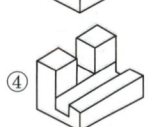

[12-2, 08-1]

5 그림과 같이 제3각법 정투상도에 가장 적합한 입체도는?

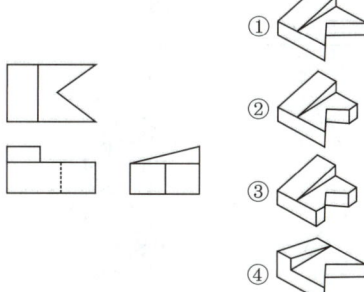

①
②
③
④

[12-1]

6 그림과 같이 제3각법으로 그린 투상도에 적합한 입체도는?

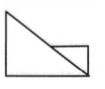

① 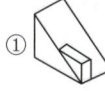　②
③ 　④

chapter **05**

[10-5]

7 그림과 같이 제3각법으로 나타낸 정투상도에 대한 입체도로 적합한 것은?

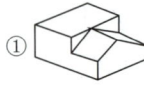

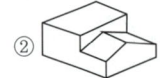

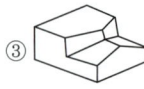

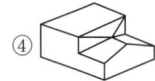

[10-4, 06-4]

8 그림과 같이 제3각법으로 정투상한 도면의 입체도로 가장 적합한 것은?

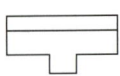

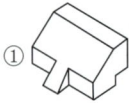

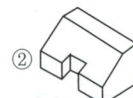

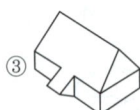

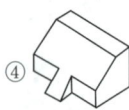

[10-5]

9 제3각법으로 정투상한 보기 표면에 적합한 입체도는?

[09-4]

10 제3각법으로 작성한 보기 투상도의 입체도로 가장 적합한 것은?

①

②

③

④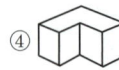

[14-4, 11-1]

11 그림과 같은 제3각법 정투상도의 3면도를 기초로 한 입체도로 가장 적합한 것은?

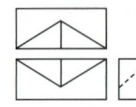

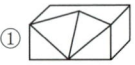

①

②

③ ④

[06-4]

12 보기의 제3각 정투상도에 가장 적합한 입체도는?

①

②

③

④

[04-2]

13 보기와 같은 3각법에 의한 투상도에 가장 적합한 입체도는 어느 것인가?

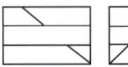

① 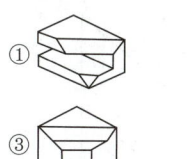　②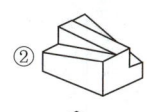

③ 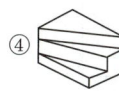　④

[12-5, 11-2]

14 보기와 같이 제3각법으로 정투상도를 작도할 때 누락된 평면도로 적합한 것은?

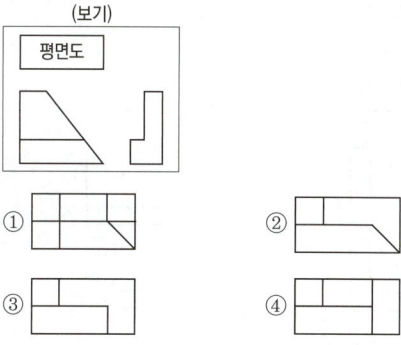

(보기)

평면도

① ② ③ ④

[13-5]

15 제3각법으로 정투상한 그림과 같은 정면도와 우측면도에 가장 적합한 평면도는?

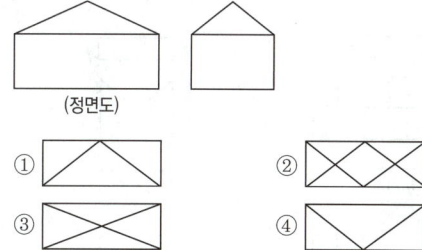

(정면도)

① ② ③ ④

[13-1]

16 그림은 제3각법으로 정투상한 정면도와 우측면도이다. 평면도로 가장 적합한 투상도는?

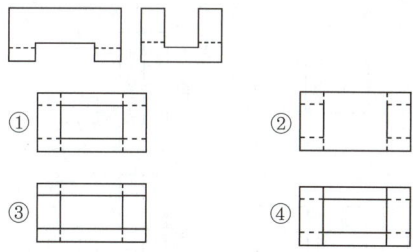

① ② ③ ④

[15-2, 13-2, 11-5]

17 다음은 제3각법의 정투상도로 나타낸 정면도와 우측면도이다. 평면도로 가장 적합한 것은?

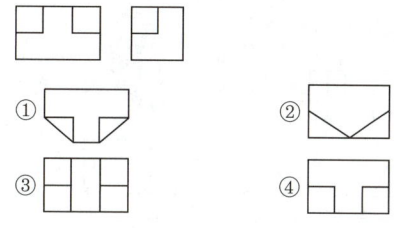

① ② ③ ④

[13-1]

18 다음 도면은 정면도이다. 이 정면도에 가장 적합한 평면도는?

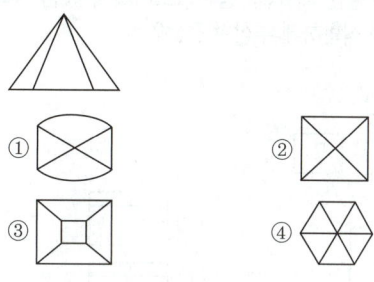

① ② ③ ④

[05-4]

19 보기 도면은 어떤 물체를 제3각법으로 정투상한 정면도와 우측면도이다. 평면도로 가장 적합한 것은?

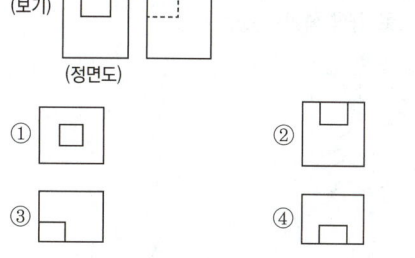

(보기)

(정면도)

① ② ③ ④

[14-5, 08-5, 04-4]

20 보기의 정면도와 우측면도에 가장 적합한 평면도는?

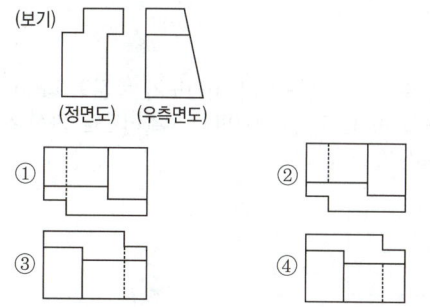

(보기)

(정면도) (우측면도)

① ② ③ ④

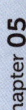

chapter **05**

정답 **14** ③　**15** ③　**16** ③　**17** ④　**18** ④　**19** ④　**20** ③

21 [11-1] 그림과 같은 제3각 투상도에서 누락된 정면도로 적합한 투상도는?

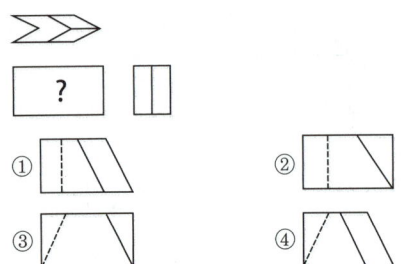

22 [13-1] 그림과 같은 제3각법 정투상도에서 누락된 우측면도를 가장 적합하게 투상한 것은?

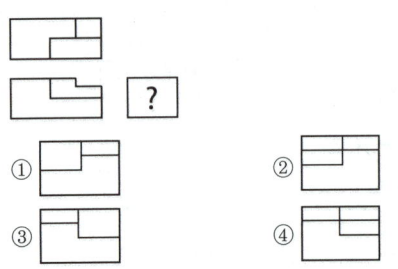

23 [12-4, 05-4] 그림과 같은 입체도에서 화살표 방향이 정면일 때 정면도로 가장 적합한 것은?

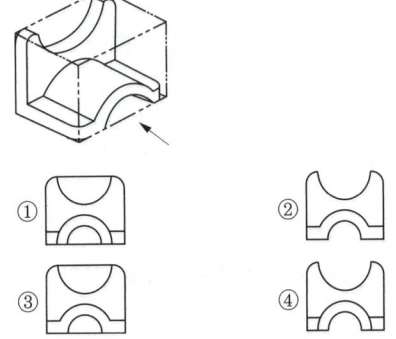

24 [11-5] 우측 그림은 평면도와 정면도가 똑같이 나타나는 물체의 평면도와 정면도이다. 우측면도로 가장 적합한 것은?

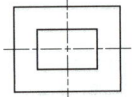

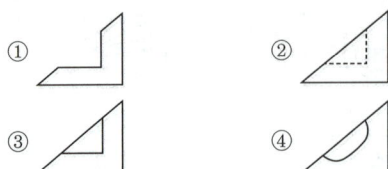

25 [12-2] 그림과 같은 제3각 정투상도의 정면도와 평면도에 가장 적합한 우측면도는?

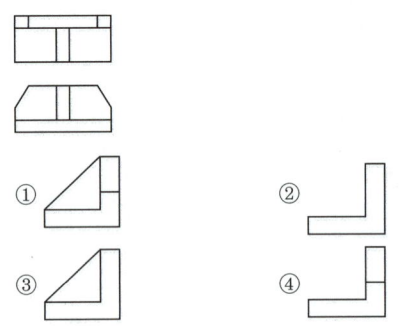

26 [12-5] 제3각법으로 그린 각각 다른 물체의 투상도이다. 정면도, 평면도, 우측면도가 모두 올바르게 그려진 것은?

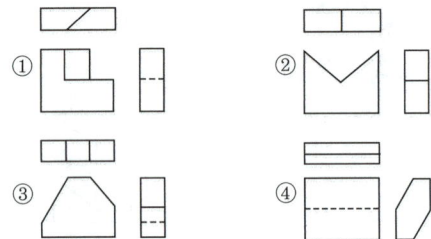

27 [12-1] 동일한 물체를 제3각법으로 정투상한 도면 중 누락이나 틀린 부분이 없는 올바른 투상도는?

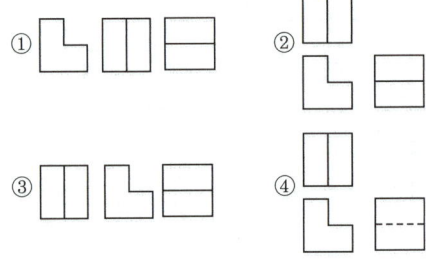

28 3각법으로 투상한 그림과 같은 정면도와 평면도의 좌측면도로 적합한 것은?

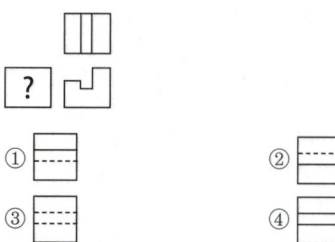

29 그림과 같은 평면도와 정면도에 가장 적합한 우측면도는?

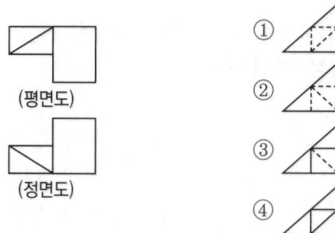

(평면도)

(정면도)

30 그림의 도면은 제3각법으로 정투상한 정면도와 평면도이다. 우측면도로 가장 적합한 것은?

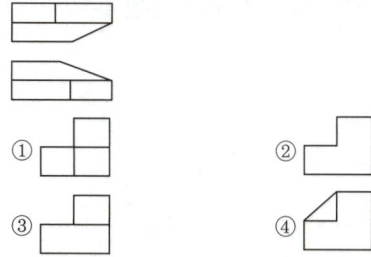

31 3각법으로 투상한 정면도와 평면도가 보기와 같이 도시되어 있을 때 우측면도의 특성으로 적합한 것은?

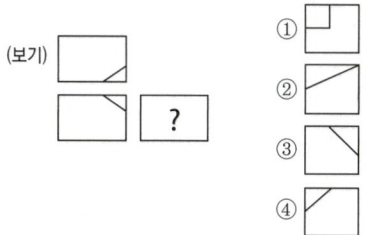

(보기)

32 보기와 같은 제3각 정투상도에서 누락된 우측면도로 가장 적합한 것은?

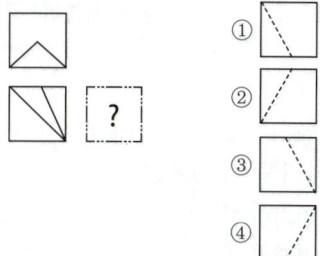

33 보기와 같이 3각법으로 정투상한 정면도와 평면도에 가장 적합한 우측면도는?

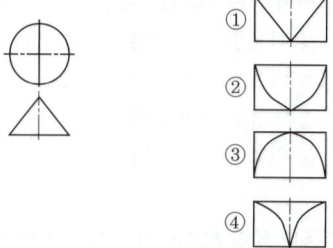

34 각각 다른 물체들을 제3각법으로 그린 투상도 중 틀린 부분이 없는 투상도는?

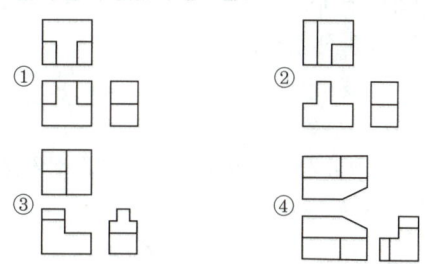

35 판금 제품을 만드는 데 중요한 도면으로 입체의 표면을 한 평면 위에 펼쳐서 그리는 도면은?

① 회전 평면도   ② 전개도
③ 보조 투상도   ④ 사투상도

[11-4]

36 일반적인 판금 작업에서의 전개도를 그리는 방법이 아닌 것은?

① 삼각형 전개법   ② 사각형 전개법
③ 평행선 전개법   ④ 방사선 전개법

[05-1]
37 다음 중 일반적인 전개도법의 종류가 아닌 것은?

① 평행선법　　　② 방사선법
③ 삼각형법　　　④ 반지름법

[10-5]
38 전개도법에서 꼭지점을 도면에서 찾을 수 있는 원뿔의 전개에 가장 적합한 것은?

① 평행선 전개법　　② 방사선 전개법
③ 삼각형 전개법　　④ 사각형 전개법

[11-2, 10-1]
39 전개도법의 종류 중 주로 각기둥이나 원기둥의 전개에 가장 많이 이용되는 방법은?

① 삼각형을 이용한 전개도법
② 방사선을 이용한 전개도법
③ 평행선을 이용한 전개도법
④ 사각형을 이용한 전개도법

[13-2]
40 다음 중 원기둥의 전개에 가장 적합한 전개도법은?

① 평행선 전개도법
② 방사선 전개도법
③ 삼각형 전개도법
④ 역삼각형 전개도법

[12-1]
41 전개도 작성 시 평행선법으로 사용하기에 가장 적합한 형상은?

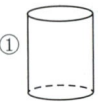 ①　　　 ②

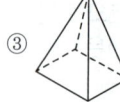 ③　　　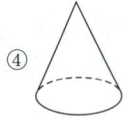 ④

> 평행선법은 위쪽이 경사지게 절단된 원통의 전개 방법으로 각기둥이나 원기둥의 전개에 가장 많이 이용된다.

[12-5]
42 전개도 작성 시 삼각형 전개법으로 사용하기 가장 적합한 형상은?

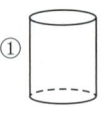 ①　　　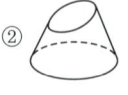 ②

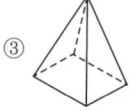 ③　　　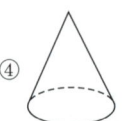 ④

> 삼각형 전개법은 편심 원뿔, 각뿔 등을 전개하는 데 이용된다.

[12-4, 10-4, 08-2]
43 위쪽이 보기와 같이 경사지게 절단된 원통의 전개 방법으로 가장 적당한 것은?

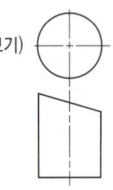 (보기)

① 삼각형 전개법
② 방사선 전개법
③ 평행선 전개법
④ 사변형 전개법

[10-2]
44 그림과 같이 상하면의 절단된 경사각이 서로 다른 원통의 전개도 형상으로 가장 적합한 것은?

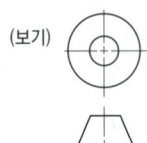 (보기)

 ①
②
③
④

[09-1]
45 절단된 원추를 3각법으로 정투상한 정면도와 평면도가 보기가 같을 때, 가장 적합한 전개도 형상은?

 (보기)

①
②
③
④

[11-1, 06-4]

46 제3각법으로 정투상한 보기와 같은 각뿔의 전개도 형상으로 적합한 것은?

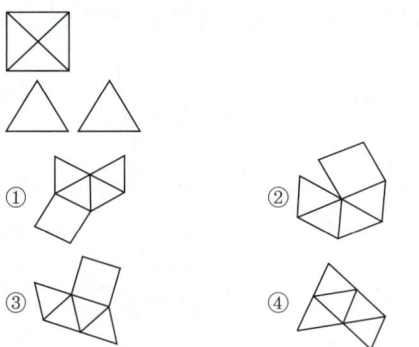

[14-5, 12-2, 12-1]

47 그림과 같이 잘린 원뿔의 전개도가 가장 올바른 것은?

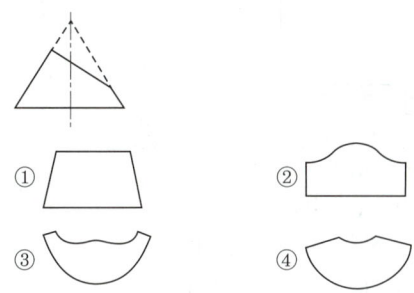

[12-2]

48 다음 판금 가공물의 전개도를 그릴 때 각 부분별 전개도법으로 가장 적당한 것은?

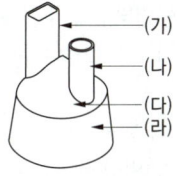

① (가)는 방사선을 이용한 전개도법
② (나)는 삼각형을 이용한 전개도법
③ (다)는 평행선을 이용한 전개도법
④ (라)는 삼각형을 이용한 전개도법

[06-1]

49 보기와 같은 원뿔 전개도에서 원호의 반지름 ℓ 은 얼마인가?

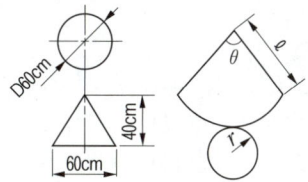

① 50cm   ② 60cm
③ 45cm   ④ 55cm

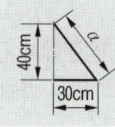

오른쪽 원뿔 정면도에서 α값은 $\sqrt{40^2+30^2}=50$ 이며, 이 값은 전개도의 원뿔 빗면값과 같다.

[11-1, 07-4]

50 그림과 같은 원추를 전개하였을 경우 전개면의 꼭지각이 180°가 되려면 ϕD의 치수는 얼마가 되어야 하는가?

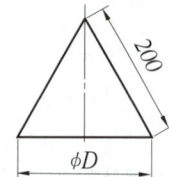

① $\phi 100$
② $\phi 120$
③ $\phi 150$
④ $\phi 200$

$$\theta = 360 \times \frac{R}{L}, \quad 180 = 360 \times \frac{R}{200}$$
$$R = \frac{180 \times 200}{360} = 100 \quad \therefore D = 2R = 200$$

[25년, 10-2]

51 그림과 같은 원뿔을 축선과 평행인 X-X 평면으로 절단했을 때 생기는 원뿔곡선은 무엇인가?

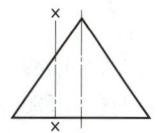

① 타원   ② 진원
③ 쌍곡선   ④ 사이클로이드곡선

52 그림과 같은 원뿔을 전개하였을 경우 나타난 부채꼴의 전개각(전개된 물체의 꼭지각)이 120°가 되려면 ℓ의 치수는 ?

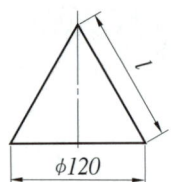

① 90
② 120
③ 180
④ 270

$$\theta = 360 \times \frac{R}{L}, \quad 120 = 360 \times \frac{60}{L}, \quad L = \frac{360 \times 60}{120} = 180$$

53 보기와 같은 판금 제품인 원통을 정면에서 진원인 구멍 1개를 제작하려고 한다. 전개한 현도 판의 진원 구멍부분 형상으로 가장 적합한 것은?

진원

①

②

③

④

54 그림과 같이 외경은 550mm, 두께가 6mm, 높이는 900mm인 원통을 만들려고 할 때, 소요되는 철판의 크기로 다음 중 가장 적합한 것은? (단, 양쪽 마구리는 없는 상태이며 이음매 부위는 고려하지 않음)

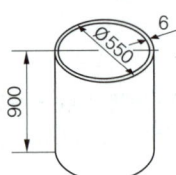

① 900 × 1,709
② 900 × 1,749
③ 900 × 1,765
④ 900 × 1,800

원둘레 = π×D = π×(D'−t) = π×(550−6) ≒ 1,709
∴ 900×1,709

55 그림과 같은 밑면이 정원인 원뿔을 수직선에 경사지게 절단한 단면에 직각으로 시선을 주었을 때, 절단면의 모양으로 다음 중 가장 적합한 형상은?

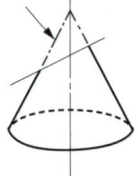

① 3각형
② 동심원
③ 타원
④ 다각형

절단면

56 다음 그림의 치수 기입에 대한 설명으로 틀린 것은?

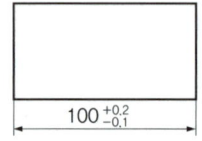

$100 {}^{+0.2}_{-0.1}$

① 기준 치수는 100이다.
② 공차는 0.1이다.
③ 최대 허용치수는 100.2이다.
④ 최소 허용치수는 99.9이다.

공차는 0.30이다.

57 단면임을 나타내기 위하여 단면부분의 주된 중심선에 대해 45°(도) 경사지게 나타내는 선들을 의미하는 것은?

① 호핑
② 해칭
③ 코킹
④ 스머징

58 단면도에서 단면한 부분에 등간격의 경사된 선을 사용하지 아니하고 연필 혹은 색연필로 외형선 안쪽을 색칠한 것을 무엇이라 하는가?

① 해칭
② 스케치
③ 코킹
④ 스머징

[13-1]

59 기계제도에서 도형의 생략에 관한 설명으로 틀린 것은?

① 도형이 대칭 형식인 경우에는 대칭 중심선의 한 쪽 도형만을 그리고 그 대칭 중심선의 양 끝 부분에 대칭 그림 기호를 그려서 대칭임을 나타낸다.

② 대칭 중심선의 한쪽 도형을 대칭 중심선을 조금 넘는 부분까지 그려서 나타낼 수도 있으며, 이 때 중심선 양 끝에 대칭 그림 기호를 반드시 나타내야 한다.

③ 같은 종류, 같은 모양의 것이 다수 줄지어 있는 경우에는 실형 대신 그림 기호를 피치선과 중심선과의 교점에 기입하여 나타낼 수 있다.

④ 축, 막대, 관과 같은 동일 단면형의 부분은 지면을 생략하기 위하여 중간 부분을 파단선으로 잘라내서 그 긴요한 부분만을 가까이 하여 도시할 수 있다.

> 대칭 중심선의 한쪽의 도형을 대칭 중심선을 조금 넘은 부분까지 그리는 경우 대칭 도시기호를 생략할 수 있다.

[13-5]

60 그림과 같은 도면에서 가는 실선으로 대각선을 그려 도시한 면의 설명으로 올바른 것은?

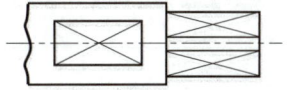

① 대상의 면이 평면임을 도시
② 특수 열처리한 부분을 도시
③ 다이아몬드의 볼록 현상을 도시
④ 사각형으로 관통한 면

용접전기 - 전류, 전압 및 전력

1 전류 (I)

① 전기(전하)의 흐름, 즉 전자의 이동을 의미

② 전위차에 의해 높은 전위에서 낮은 전위로 흐른다.

▶ 전자는 음(−)극에서 양(+)극으로 이동하고, 전류는 양(+)극에서 음(−)극으로 이동

③ 단위 : 암페어[A]

▶ 전류(I) = $\dfrac{전압(V)}{저항(R)}$

▶ 저항 : 전류의 흐름을 방해하는 정도를 말하는데, 저항이 증가하면 전류는 감소한다.

④ 옴의 법칙 : 전류는 전압에 비례하고, 저항에 반비례한다.

2 전압(V 또는 E)

① 전하를 흐르게 하는 전기적인 에너지의 차이, 즉 전위차를 의미

② 전류와의 관계 : 회로에 흐르는 전류의 세기는 전압의 크기에 비례한다.

③ 단위 : 볼트[V]

▶ 전압(V) = 전류(I)×저항(R)

3 전력(P)

① 단위 시간당 전류가 할 수 있는 일의 양

② 1초 동안 변환 또는 전송되는 전기 에너지를 의미

③ 단위 : 와트[W] (1,000W = 1kW)

④ 1W는 1A(암페어)의 전류가 1V(볼트)의 전압이 걸린 곳을 흐를 때 소비되는 전력의 크기이다.

▶ 전력(P) = 전압(V)×전류(I) $\begin{cases} V = IR이므로 \longrightarrow P = I^2 R \\ I = \dfrac{V}{R} \ 이므로 \longrightarrow P = \dfrac{V^2}{R} \end{cases}$

Giboonpa - Craftsman Welding

Chapter

06

실전모의고사

모의고사 3회분

1 용접법의 분류 중 아크 용접에 해당하는 것은?

① 테르밋 용접 ② 산소 수소 용접
③ 스터드 용접 ④ 유도가열 용접

> • 테르밋 용접, 산소 수소 용접 : 특수용접
> • 유도가열 용접 : 압접

2 직류 아크 용접 시에 발생되는 아크 쏠림(Arc Blow)이 일어날 때 볼 수 있는 현상으로 이음의 한쪽 부재만이 녹고 다른 부재가 녹지 않아 용입 불량, 슬래그 혼입 등의 결함이 발생할 때 조치사항으로 가장 적절한 것은?

① 긴 아크를 사용한다.
② 용접 전류를 하강시킨다.
③ 용접봉 끝을 아크 쏠림 방향으로 기울인다.
④ 접지 지점을 바꾸고, 용접 지점과의 거리를 멀리 한다.

3 다음 중 KS상 용접봉 홀더의 종류가 200호일 때 정격 용접전류는 몇 A인가?

① 160 ② 200
③ 250 ④ 300

> 용접봉 홀더의 종류에 따른 정격 용접전류(A)
> 125호 : 125, 160호 : 160, 200호 : 200, 250호 : 250,
> 300호 : 300, 400호 : 400, 500호 : 500

4 다음 중 가스용접에 사용되는 아세틸렌가스에 관한 설명으로 옳은 것은?

① 206~208℃ 정도가 되면 자연발화한다.
② 아세틸렌가스 15%, 산소 85% 부근에서 위험하다.
③ 구리, 은 등과 접촉하면 250℃ 부근에서 폭발성을 갖는다.
④ 아세틸렌가스는 물에 대해 같은 양으로 알코올에 2배 정도 용해된다.

> ① 406~408℃ 정도가 되면 자연발화한다.
> ③ 구리, 은 등과 접촉하면 120℃ 부근에서 폭발성을 갖는다.
> ④ 아세틸렌가스는 물에 대해 같은 양으로, 석유에 2배, 알코올에 6배 정도 용해된다.

5 피복 아크 용접 시 일반적으로 언더컷을 발생시키는 원인으로 가장 거리가 먼 것은?

① 용접 전류가 너무 높을 때
② 아크 길이가 너무 길 때
③ 부적당한 용접봉을 사용했을 때
④ 홈 각도 및 루트 간격이 좁을 때

> 홈 각도 및 루트 간격이 좁을 때는 용입 불량이 발생한다.

6 직류 아크 용접기의 종류가 아닌 것은?

① 엔진 구동형 ② 전동 발전형
③ 정류기형 ④ 가동철심형

> 가동철심형은 교류 아크 용접기로서 변압기의 자기회로 내에 가동철심을 삽입하여 누설자속의 양을 조절함으로써 출력전류를 제어한다.

7 아크 용접과 비교한 가스용접의 단점은?

① 운반이 불편하다.
② 열량의 조절이 어렵다.
③ 설비비가 비싸다.
④ 열의 집중성이 나쁘다.

> 가스용접은 열의 집중성이 나쁜 단점이 있다.

8 고압에서 사용이 가능하고 수중절단 중에 기포의 발생이 적어 예열가스로 가장 많이 사용되는 것은?

① 부탄 ② 수소
③ 천연가스 ④ 프로판

9 산소-아세틸렌 용접법에서 전진법과 비교한 후진법의 설명으로 틀린 것은?

① 열 이용률이 좋다.
② 용접변형이 작다.
③ 용접 속도가 느리다.
④ 홈 각도가 작다.

> 후진법의 용접 속도가 빠르다.

10 다음 중 어느 부분이나 균일하고 불연속이며, 경계된 부분으로 되어 있는 분자와 원자의 집합 상태인 것을 무엇이라 하는가?

① 계(system)
② 상(phase)
③ 상률(phase rule)
④ 농도(concentration)

11 철강에 주로 사용되는 부식액이 아닌 것은?

① 염산 1 : 물 1의 액
② 염산 3.8 : 황린 1.2 : 물 5.0의 액
③ 수소 1 : 물 1.5의 액
④ 초산 1 : 물 3의 액

12 다음 중 비철금속에서 나타나는 시효경화(석출 경화) 현상에 관한 설명으로 옳은 것은?

① 담금질된 재료를 160℃ 정도로 가열하여 시효경화를 촉진시키는 것을 자연시효라 한다.
② 공랭 실린더 헤드 및 피스톤 등에 사용되는 Y합금은 시효경화성이 없는 합금이다.
③ 시효경화의 원인은 고용체의 용해도가 온도의 변화에 따라 심하게 변화하는 것에 기인하다.
④ 석출경화가 일어나지 않는 합금의 대표적인 것은 구리-알루미늄계의 두랄루민이다.

> **시효경화**
> • 열처리 중 시간이 경과함에 따라 성질이 변화하는 현상
> • 담금질된 재료를 160℃ 정도로 가열하여 시효경화를 촉진시키는 것을 인공시효라 한다.
> • 대기 중에서 진행하는 시효를 자연시효라 한다.
> • Y합금과 두랄루민은 시효경화성 합금이다.

13 내용적 40리터, 충전압력이 150kgf/cm^{2}인 산소용기의 압력이 100kgf/cm^{2}까지 내려갔다면 소비한 산소의 양은 몇 ℓ인가?

① 2,000
② 3,000
③ 4,000
④ 5,000

> 총 산소량 = 충전압력×내부용적 = (150−100)×40 = 2,000 ℓ

14 연강의 인장시험에서 하중 100kgf, 시험편의 최초 단면적 20mm^{2}일 때 응력은 몇 kgf/mm^{2}인가?

① 5
② 10
③ 15
④ 20

> 응력 = $\dfrac{하중}{최초 단면적}$ = $\dfrac{100}{20}$ = 5kgf/mm^2

15 용접이음을 리벳이음과 비교하였을 때 용접이음의 장점으로 틀린 것은?

① 자재가 절약되며 중량이 감소한다.
② 작업이 비교적 복잡하고 이음효율이 낮다.
③ 기밀, 수밀성이 우수하다.
④ 합리적 또는 창조적인 구조로 제작이 가능하다.

> 용접이음은 이음 효율이 우수하다.

16 다음 중 경납용 용제로 가장 적절한 것은?

① 염화아연(ZnCl$_2$)
② 염산(HCl)
③ 붕산(H$_3$BO$_3$)
④ 인산(H$_3$PO$_4$)

> • 경납용 용제 : 붕사, 붕산, 붕산염, 알칼리 등
> • 연납용 용제 : 염화아연, 염산, 염화암모늄, 인산, 수지 등

17 서브머지드 아크 용접의 기공 발생 원인으로 맞는 것은?

① 용접속도 과대
② 적정전압 유지
③ 용제의 양호한 건조
④ 용접부 표면, 이면 슬래그 제거

> **기공의 발생 원인**
> • 용제의 건조가 불량할 때
> • 용접속도가 너무 빠를 때
> • 용제 중에 불순물이 혼입되었을 때
> • 용제의 산포량이 너무 많거나 너무 적을 때

18 불활성가스 금속 아크 용접에서 용적이행 형태의 종류에 속하지 않는 것은?

① 단락 이행
② 입상 이행
③ 슬래그 이행
④ 스프레이 이행

19 모재의 두께, 이음형식 등 모든 용접 조건이 같을 때, 일반적으로 가장 많은 전류를 사용하는 용접 자세는?

① 아래보기 자세용접
② 수직 자세용접
③ 수평 자세용접
④ 위보기 자세용접

20 다음 중 용접모재와 전극 사이의 아크열을 이용하는 방법으로 용접 작업에서의 주된 에너지원에 속하는 용접열원은?

① 가스 에너지
② 전기 에너지
③ 기계적 에너지
④ 충격 에너지

21 교류 아크 용접기의 규격은 무엇으로 정하는가?

① 입력 정격 전압
② 입력 소모 전압
③ 정격 사용률
④ 정격 출력 전류

> 교류 아크 용접기는 정격 출력 전류에 따라 AWL-130, AWL-150, AW200, AW-500 등의 규격이 정해져 있다.

22 용접봉의 소요량을 판단하거나 용접 작업 시간을 판단하는데 필요한 용접봉의 용착효율을 구하는 식은?

① $용착효율 = \dfrac{용착금속의\ 중량}{용접봉\ 사용\ 중량} \times 100$

② $용착효율 = \dfrac{용착금속의\ 중량 \times 2}{용접봉\ 사용\ 중량} \times 100$

③ $용착효율 = \dfrac{용접봉\ 사용\ 중량}{용착금속의\ 중량} \times 100$

④ $용착효율 = \dfrac{용접봉\ 사용\ 중량}{용착금속의\ 중량 \times 2} \times 100$

23 용접 용어 중 "중단되지 않은 용접의 시발점 및 크레이터를 제외한 부분의 길이"를 뜻하는 것은?

① 용접선
② 용접 길이
③ 용접축
④ 다리 길이

24 KS에서 규정한 방사선 투과시험 필름 판독에서 제 3종 결함은?

① 둥근 블로홀 및 이와 유사한 결함
② 슬래그 섞임 및 이와 유사한 결함
③ 갈라짐 및 이와 유사한 결함
④ 노치 및 이와 유사한 결함

방사선 투과사진에서의 결함의 분류(KS B 0845)

결함의 종별	결함의 종류
제1종	둥근 블로홀 및 이와 유사한 결함
제2종	가늘고 긴 슬래그 혼입, 파이프, 용입 불량, 융합 불량 및 이와 유사한 결함
제3종	갈라짐 및 이와 유사한 결함
제4종	텅스텐 혼입

25 모재의 열팽창 계수에 따른 용접성에 대한 설명으로 옳은 것은?

① 열팽창 계수가 작을수록 용접하기 쉽다.
② 열팽창 계수가 높을수록 용접하기 쉽다.
③ 열팽창 계수와는 관련이 없다.
④ 열팽창 계수가 높을수록 용접 후 급랭해도 무방하다.

> 열팽창 계수가 높으면 용접에 의한 수축률도 크므로 용접 후 변형이나 잔류응력이 발생하기 쉽다.

26 가스용접에서 충전가스의 용도 색으로 틀린 것은?

① 산소 – 녹색
② 프로판 – 흰색
③ 탄탄가스 – 청색
④ 아세틸렌 – 황색

용기의 도색 구분

가스	도색의 구분	가스	도색의 구분
산소	녹색	프로판, 아르곤	회색
아세틸렌	황색	탄산가스	청색
암모니아	백색	수소	주황색

27 다음 중 연강용 가스 용접봉의 종류인 "GB43"에서 "43"이 의미하는 것은?

① 가스 용접봉
② 용착금속의 연신율 구분
③ 용착금속의 최소 인장강도 수준
④ 용착금속의 최대 인장강도 수준

28 텅스텐 전극과 모재 사이에 아크를 발생시켜 알루미늄, 마그네슘, 구리 및 구리 합금, 스테인리스강 등의 절단에 사용되는 것은?

① TIG 절단
② MIG 절단
③ 탄소 절단
④ 산소 아크 절단

29 용융 슬래그 속에서 전극 와이어를 연속적으로 공급하여 주로 용융 슬래그의 저항열에 의하여 와이어와 모재를 용융시키는 용접은?

① 원자 수소 용접
② 일렉트로 슬래그 용접
③ 테르밋 용접
④ 플라스마 아크 용접

30 용접에 의한 수축 변형의 방지법 중 비틀림 변형 방지법으로 적절하지 않은 것은?

① 지그를 활용하여 집중 용접을 피한다.
② 표면 덧붙이를 필요 이상 주지 않는다.
③ 가공 및 정밀도에 주의하여 조립 및 이음의 맞춤을 정확히 한다.
④ 용접 순서는 구속이 없는 자유단에서부터 구속이 큰 부분으로 진행한다.

수축이 큰 이음은 가능한 한 먼저 용접하고, 수축이 작은 이음은 나중에 한다.

31 용접에서 X형 맞대기 이음을 나타내는 것은?

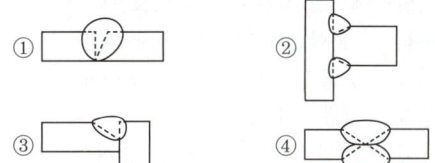

32 용접이음을 설계할 때의 주의사항으로 틀린 것은?

① 용접 구조물의 제특성 문제를 고려한다.
② 강도가 강한 필릿 용접을 많이 하도록 한다.
③ 용접성을 고려한 사용재료의 선정 및 열영향 문제를 고려한다.
④ 구조상의 노치부를 피한다.

강도가 약한 필릿 용접보다 맞대기 용접을 많이 하도록 한다.

33 맞대기용접 이음에서 모재의 인장강도는 40kgf/mm²이며, 용접 시험편의 인장강도가 45kgf/mm²일 때 이음효율은 몇 %인가?

① 104.4　　　　　② 112.5
③ 125.0　　　　　④ 150

$$\text{이음효율} = \frac{\text{용착금속의 인장강도}}{\text{모재의 인장강도}} \times 100 = \frac{45}{40} \times 100 = 112.5\%$$

34 용접 순서를 결정하는 사항으로 틀린 것은?

① 같은 평면 안에 많은 이음이 있을 때에는 수축은 되도록 자유단으로 보낸다.
② 중심선에 대하여 항상 비대칭으로 용접을 진행한다.
③ 수축이 큰 이음을 가능한 한 먼저 용접하고 수축이 작은 이음을 뒤에 용접한다.

④ 용접물의 중립축에 대하여 용접으로 인한 수축력 모멘트의 합이 0이 되도록 한다.

중심선에 대하여 대칭으로 용접을 진행한다.

35 용접할 때 발생하는 변형과 잔류응력을 경감하는데 사용되는 방법 중 틀린 것은?

① 용접 전 변형 방지책으로는 억제법, 역변형법을 쓴다.
② 모재의 열전도를 억제하여 변형을 방지하는 방법으로는 전진법을 쓴다.
③ 용접 금속부의 변형과 응력을 경감하는 방법으로는 피닝법을 쓴다.
④ 용접 시공에 의한 경감법으로는 대칭법, 후진법, 스킵법 등을 쓴다.

모재의 열전도를 억제하여 변형을 방지하는 방법으로 도열법을 쓴다.

36 맞대기 용접 이음에서 최대 인장하중이 8,000kgf이고, 판두께가 9mm, 용접선의 길이가 15cm일 때 용착금속의 인장강도는 약 몇 kgf/mm²인가?

① 5.9　　　　　② 5.5
③ 5.6　　　　　④ 5.2

$$\text{인장강도} = \frac{\text{최대하중}}{\text{단면적}} = \frac{8,000\text{kgf}}{9\text{mm} \times 150\text{mm}} ≒ 5.9\text{kgf/mm}^2$$

37 초음파 탐상법에서 일반적으로 널리 사용되며 초음파의 펄스를 시험체의 한쪽 면으로부터 송신하여 그 결함에서 반사되는 반사파의 형태로 결함을 판정하는 방법은?

① 투과법　　　　　② 공진법
③ 침투법　　　　　④ 펄스 반사법

38 용접작업 시 전격방지를 위한 주의사항으로 틀린 것은?

① 안전 홀더 및 안전한 보호구를 사용한다.
② 협소한 장소에서는 용접공의 몸에 열기로 인하여 땀에 젖어있을 때가 많으므로 신체가 노출되지 않도록 한다.
③ 스위치의 개폐는 지정한 방법으로 하고, 절대로 젖은 손으로 개폐하지 않도록 한다.
④ 장시간 작업을 중지할 경우에는 용접기의 스위치를 끊지 않아도 된다.

39 아크 용접 작업 중 허용전류가 20~50(mA)일 때 인체에 미치는 영향으로 맞는 것은?

① 고통을 느끼고 가까운 근육이 저려서 움직이지 않는다.
② 고통을 느끼고 강한 근육 수축이 일어나며 호흡이 곤란하다.
③ 고통을 수반한 쇼크를 느낀다.
④ 순간적으로 사망할 위험이 있다.

전류가 인체에 미치는 영향	
허용전류(mA)	인체에 미치는 영향
8~15	고통을 수반한 쇼크를 느낀다.
15~20	고통을 느끼고 가까운 근육 경련을 일으킨다.
20~50	고통을 느끼고 강한 근육 수축이 일어나며 호흡이 곤란하다.
50~100	순간적으로 사망할 위험이 있다.

40 다음 중 용융점이 가장 높은 금속은?

① 철(Fe)
② 금(Au)
③ 텅스텐(W)
④ 몰리브덴(Mo)

금속에 열을 가할 때 고체가 액체로 변할 때의 최저온도를 용융점이라 하며, 텅스텐이 가장 높고, 수은이 가장 낮다.

41 다음은 알루미늄 합금의 가스용접에 관한 설명이다. 틀린 것은?

① 불꽃은 약간 아세틸렌 과잉 불꽃을 사용한다.
② 200~400℃의 예열을 한다.
③ 얇은 판의 용접 시에는 변형을 막기 위하여 스킵법과 같은 순서를 채택한다.
④ 용융점이 낮은 관계로 용접을 느린 속도로 진행하는 것이 좋다.

42 주철의 용접이 곤란한 이유 중 틀린 것은?

① 수축이 많고 균열이 일어나기 쉽다.
② 일산화탄소가 발생하여 용착금속에 기공이 생기기 쉽다.
③ 모재와 같은 용접봉이면 급랭시켜도 좋다.
④ 불순물 함유 시 모재와 친화력이 떨어진다.

주철은 용융상태에서 급랭되면 균열이나 크랙이 발생할 위험이 있다.

43 오스테나이트계 스테인리스강의 용접 시 유의해야할 사항으로 맞는 것은?

① 예열을 한다.
② 아크길이를 길게 유지한다.
③ 용접봉은 모재 재질과 다르고, 굵은 것을 사용한다.
④ 낮은 전류값으로 용접하여 용접입열을 억제한다.

① 예열 및 후열처리를 할 필요가 없다.
② 짧은 아크 길이를 유지한다.
③ 용접봉은 가급적 모재의 재질과 동일한 것을 사용한다.

44 다음 중 연납의 특성에 관한 설명으로 틀린 것은?

① 연납땜에 사용하는 용가제를 말한다.
② 주석-납계 합금이 가장 많이 사용된다.
③ 기계적 강도가 낮으므로 강도를 필요로 하는 부분에는 적당하지 않다.
④ 은납, 황동납 등이 이에 속하고 물리적 강도가 크게 요구될 때 사용된다.

경납은 연납에 비해 내식성, 내열성, 내마모성 등의 물리적 강도가 높은 것이 요구될 때 사용되며, 이에는 은납, 황동납, 인동납 등의 종류가 있다.

45 탄소강의 물리적 성질을 설명한 것 중 틀린 것은?

① 탄소 함유량의 증가와 더불어 탄성률, 열전도율이 증가한다.
② 탄소 함유량이 많아지면 시멘타이트가 증가한다.
③ 탄소 함유량의 증가와 더불어 비중, 열팽창계수가 감소한다.
④ 탄소 함유량에 따라 물리적 성질은 직선적으로 변화한다.

탄소 함유량의 증가할수록 탄성률, 열전도율이 감소한다.

46 특수용도용 합금강에서 내열강의 요구 성질에 관한 설명으로 옳은 것은?

① 고온에서 O_2, SO_2 등에 침식되어야 한다.
② 고온에서 우수한 기계적 성질을 가져야 한다.
③ 냉간 및 열간가공이 어려워야 한다.
④ 반복 응력에 대한 피로강도가 적어야 한다.

① 고온에서 O_2, SO_2 등에 침식되지 않아야 한다.
③ 냉간 및 열간가공이 쉬워야 한다.
④ 반복 응력에 대한 피로강도가 커야 한다.

47 구리의 성질을 설명한 것으로 틀린 것은?

① 전기 및 열의 전도성이 우수하다.

② 비중이 철(Fe)보다 작고 아름다운 광택을 갖고 있다.

③ 전연성이 좋아 가공이 용이하다.

④ 화학적 저항력이 커서 부식되지 않는다.

> 구리(8.96)는 철(2.7)보다 비중이 크다.

48 용접금속에 수소가 잔류하면 헤어크랙의 원인이 된다. 용접 시 수소의 흡수가 가장 많은 강은?

① 저탄소길드강

② 세미킬드강

③ 고탄소림드강

④ 림드강

> 헤어크랙은 강괴의 단면에 가느다란 머리카락 모양의 균열로 길드강에서 주로 수소로 인해 발생한다.

49 A_3 또는 A[cm]선 이상 30~50℃ 정도로 가열하여 균일한 오스테나이트 조직으로 한 후에 공랭시키는 열처리작업은?

① 담금질(quenching)

② 불림(normalizing)

③ 풀림(annealing)

④ 뜨임(tempering)

50 다음 중 화학적인 표면경화법이 아닌 것은?

① 고체 침탄법

② 가스 침탄법

③ 고주파 경화법

④ 질화법

> **표면경화법의 종류**
> • 화학적 방법 : 침탄법, 질화법, 침유법, 청화법, 금속침투법
> • 물리적 방법 : 특수표면경화법(고주파 표면경화법, 화염경화법), 방전경화법, 숏 피닝, 하드페이싱

51 가려서 보이지 않는 나사부를 그리는 숨은선의 용도로 사용하는 선의 종류는?

① 파선

② 굵은 실선

③ 가는 실선

④ 이점쇄선

> 파선은 대상물의 보이지 않는 부분의 모양을 표시하는 데 사용하며, 가는 파선과 굵은 파선이 있다.

52 기계제도에서 표제란과 부품란이 있을 때 표제란에 기입할 사항들로만 묶인 것은?

① 도번, 도명, 척도, 투상법

② 도명, 도번 , 재질, 수량

③ 품번 , 품명, 척도, 투상법

④ 품번, 품명, 재질, 수량

> • 표제란에 기입할 내용 : 도면 번호, 도명, 기업(단체)명, 책임자 서명(도장), 도면 작성년 월 일, 척도 및 투상법
> • 부품란 기입 사항 : 부품의 번호, 품명, 재질, 수량, 공정, 무게, 비교

53 파이프의 영구 결합부(용접 등)는 어떤 형태로 표시하는가?

54 보기와 같은 원통을 경사지게 절단한 제품을 제작할 때, 다음 중 어떤 전개법이 가장 적합한가?

(보기)

① 혼합형법

② 평행선법

③ 삼각형법

④ 방사선법

> 평행선법은 위쪽이 경사지게 절단된 원통의 전개 방법으로 각기둥이나 원기둥의 전개에 가장 많이 이용된다.

55 도면에 아래와 같이 리벳이 표시되었을 경우 올바른 설명은?

> **둥근 머리 리벳 6×18 SWRM10 앞붙이**

① 둥근머리부의 바깥지름은 18mm이다.

② 리벳이음의 피치는 10mm이다.

③ 리벳의 길이는 10mm이다.

④ 호칭지름은 6mm이다.

> • 둥근 머리 리벳 : 종류   • 6 : 호칭지름(mm)
> • 18 : 길이(mm)   • SWRM10 : 재료
> • 앞붙이 : 지정사항)

56 그림과 같은 도면의 설명으로 가장 올바른 것은?

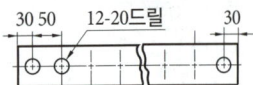

① 전체 길이는 660mm이다.
② 드릴 가공 구멍의 지름은 12mm이다.
③ 드릴 가공 구멍의 수는 12개이다.
④ 드릴 가공 구멍의 피치는 30mm이다.

① 전체 길이는 610mm이다.
② 드릴 가공 구멍의 지름은 20mm이다.
④ 드릴 가공 구멍의 피치는 50mm이다.

57 원호의 길이 42mm를 나타낸 것으로 옳은 것은?

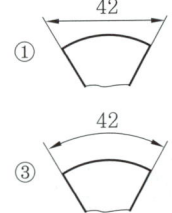 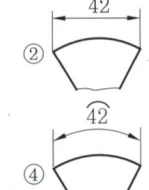

58 기계제도에서 치수에 사용되는 기호의 설명 중 틀린 것은?

① 지름 : ϕ
② 구의 지름 : $S\phi$
③ 반지름 : R
④ 직사각형 : C

기계제도에서 기호 'C'는 45° 모떼기를 나타낸다.

59 그림과 같은 밑면이 정원인 원뿔을 수직선에 경사지게 절단한 단면에 직각으로 시선을 주었을 때, 절단면의 모양으로 다음 중 가장 적합한 형상은?

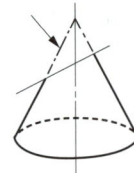

① 3각형
② 동심원
③ 타원
④ 다각형

60 보기와 같이 3각법으로 정투상한 정면도와 평면도에 가장 적합한 우측면도는?

 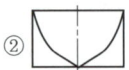

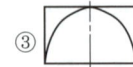

정답				
01 ③	02 ④	03 ②	04 ②	05 ④
06 ④	07 ④	08 ②	09 ③	10 ②
11 ③	12 ③	13 ①	14 ①	15 ②
16 ③	17 ①	18 ③	19 ①	20 ②
21 ④	22 ①	23 ②	24 ③	25 ①
26 ②	27 ③	28 ①	29 ②	30 ④
31 ④	32 ②	33 ②	34 ③	35 ②
36 ①	37 ④	38 ④	39 ②	40 ③
41 ④	42 ③	43 ④	44 ④	45 ①
46 ②	47 ④	48 ①	49 ②	50 ③
51 ①	52 ①	53 ④	54 ②	55 ④
56 ③	57 ④	58 ④	59 ③	60 ②

SECTION 02 실전 모의고사 2회

1 용접법의 일반적인 장점이 아닌 것은?

① 작업공정이 단축된다.
② 완전한 기밀과 수밀성을 얻을 수 있다.
③ 작업의 자동화가 용이하다.
④ 강도가 증가되고 변형이 없다.

> 열에 의한 변형과 수축이 발생할 수 있다.

2 다음 중 기계적 이음과 비교한 용접이음의 장점이 아닌 것은?

① 공정수가 절감된다.
② 재료를 절약할 수 있다.
③ 성능과 수명이 향상된다.
④ 모재의 재질변화에 대한 영향이 적다.

> 용접이음은 모재의 재질변화에 대한 영향을 많이 받는다.

3 피복 아크 용접에서 아크 길이에 대한 설명이다. 옳지 않은 것은?

① 아크 전압은 아크 길이에 비례한다.
② 일반적으로 아크 길이는 보통 심선의 지름의 2배 정도인 6~8mm 정도이다.
③ 아크 길이가 너무 길면 아크가 불안정하고 용입 불량의 원인이 된다.
④ 양호한 용접을 하려면 가능한 한 짧은 아크(short arc)를 사용하여야 한다.

> **아크의 길이**
> • 용접봉 심선의 지름 정도이나 일반적인 아크의 길이는 3mm 정도이다.
> • 지름이 2.6mm 이하의 용접봉에서는 심선의 지름과 같도록 한다.

4 피복 아크 용접에서 용접봉의 용융속도와 관련이 가장 큰 것은?

① 아크 전압
② 용접봉 지름
③ 용접기의 종류
④ 용접봉 쪽 전압강하

> 용융속도는 전류에 비례하며, 아크의 전압과는 관계가 없다.
> 용융속도 = 아크전류 × 용접봉 쪽 전압강하

5 다음 중 용접결함에서 구조상 결함에 속하는 것은?

① 기공
② 인장강도의 부족
③ 변형
④ 화학적 성질 부족

> 인장강도의 부족, 화학적 성질 부족은 성질상 결함에 속하고, 변형은 치수상 결함에 속한다.

6 산소-아세틸렌가스 용접의 장점에 대한 설명으로 틀린 것은?

① 용접기의 운반이 비교적 자유롭다.
② 아크 용접에 비해서 유해 광선의 발생이 적다.
③ 열의 집중성이 좋아서 용접이 효율적이다.
④ 가열할 때 열량 조절이 비교적 자유롭다.

> 산소-아세틸렌가스 용접은 열의 집중성이 좋지 못한 단점이 있다.

7 15℃, 15기압에서 50L 아세틸렌 용기에 아세톤 21L가 포화, 흡수되어 있다. 이 용기에는 약 몇 L 의 아세틸렌을 용해시킬 수 있는가?

① 5,875
② 7,375
③ 7,875
④ 8,385

> 아세틸렌은 1기압 아세톤에 25배가 용해되므로
> (21L×25배)×15기압 = 7,875L

8 가스용접 토치 취급상 주의사항이 아닌 것은?

① 토치를 망치나 갈고리 대용으로 사용하여서는 안 된다.
② 점화되어 있는 토치를 아무 곳에나 함부로 방치하지 않는다.
③ 팁 및 토치를 작업장 바닥이나 흙속에 함부로 방치하지 않는다.
④ 작업 중 역류나 역화가 발생 시 산소의 압력을 높여서 예방한다.

9 불활성가스(inert gas)에 속하지 않는 것은?

① Ar(아르곤)
② CO(일산화탄소)
③ Ne(네온)
④ He(헬륨)

chapter 06

10 연강용 가스 용접봉에 관한 각각의 설명으로 틀린 것은?

① P : 용접 후 열처리를 한 것
② A : 용접한 그대로
③ GA46 : 가스 용접봉의 재질 종류 및 용착금속의 최소인장강도
④ GB43 : 가스 용접봉의 재질 종류 및 용착금속의 최소전단강도

GB 다음의 숫자는 용착금속의 최소 인장강도 수준을 나타낸다.

11 속불꽃과 겉불꽃 사이에 백색의 제3불꽃 즉 아세틸렌 페더(excess acetlene feather)가 있는 불꽃은?

① 중성불꽃   ② 산화불꽃
③ 아세틸렌불꽃   ④ 탄화불꽃

12 다음 중 CO_2 가스 아크 용접에서 복합 와이어에 관한 설명으로 틀린 것은?

① 비드 외관이 깨끗하고 아름답다.
② 양호한 용착금속을 얻을 수 있다.
③ 아크가 안정되어 스패터가 많이 발생한다.
④ 용제에 탈산제, 아크안정제 등 합금 원소가 첨가되어 있다.

복합 와이어는 아크가 안정되고 스패터가 감소한다.

13 플라스마 아크 용접의 아크 종류 중 텅스텐 전극과 구속 노즐 사이에서 아크를 발생시키는 것은?

① 이행형(transferred) 아크
② 비이행형(non transferred) 아크
③ 반이행형(semi transferred) 아크
④ 펄스(pulse) 아크

아크의 종류
• 비이행형 아크 : 텅스텐 전극과 구속 노즐 사이에 방전을 일으키고 노즐을 통해 아크를 발생
• 이행형 아크 : 비소모성 전극봉과 모재 사이의 전기 방전을 용접 열원으로 사용

14 다음 중 용접열원을 외부로부터 가하는 것이 아니라 금속분말의 화학반응에 의한 열을 사용하여 용접하는 방식은?

① 테르밋 용접   ② 전기저항 용접
③ 잠호 용접   ④ 플라스마 용접

15 스터드 용접에서 페룰의 역할이 아닌 것은?

① 용융금속의 탈산 방지
② 용융금속의 유출 방지
③ 용착부의 오염 방지
④ 용접사의 눈을 아크로부터 보호

페룰은 용융금속의 산화를 방지하는 역할을 한다.

16 모재의 열 변형이 거의 없으며 이종 금속의 용접이 가능하고 정밀한 용접을 할 수 있으며 비접촉식 방식으로 모재에 손상을 주지 않는 용접은?

① 레이저 용접
② 테르밋 용접
③ 스터드 용접
④ 플라스마 제트 아크 용접

17 용접용 재료를 인장시험한 결과 그림과 같은 응력-변형선도를 얻었다. 다음 중 D점에 해당하는 내용으로 옳은 것은?

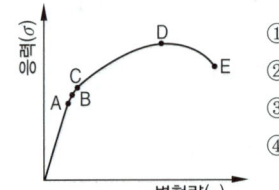

① 비례한도점
② 최대하중점
③ 파단점
④ 항복점

A : 비례한계, B : 탄성한계, C : 항복점, E : 파괴점

18 내연기관의 피스톤 재료로서 필요한 성질이 아닌 것은?

① 열전도도가 클 것
② 비중이 작을 것
③ 열팽창계수와 마찰계수가 클 것
④ 고온에서 강도가 클 것

피스톤은 열팽창계수와 마찰계수가 낮아야 하며, 내마멸성이 좋아야 한다.

19 전연성이 매우 커서 10^{-6}cm 두께의 박판으로 가공할 수 있으며 왕수(王水) 이 외에는 침식, 산화되지 않는 금속은?

① 구리(Cu)   ② 알루미늄(Al)
③ 금(Au)   ④ 코발트(Co)

20 인장강도 70kgf/mm² 이상 용착금속에서는 다층 용접하면 용접한 층이 다음 층에 의하여 뜨임이 된다. 이때 어떤 변화가 생기는가?

① 뜨임 취화 ② 뜨임 연화
③ 뜨임 조밀화 ④ 뜨임 연성

> 뜨임 취화는 니켈-크롬강에 생기기 쉬우며, 소량의 몰리브덴을 첨가함으로써 방지할 수 있다.

21 용접 자세를 나타내는 기호가 틀리게 짝지어진 것은?

① 위보기 자세 : O ② 수직자세 : V
③ 아래보기 자세 : U ④ 수평자세 : H

> 아래보기 자세 : F

22 KS규격의 SM45C에 대한 설명으로 옳은 것은?

① 인장강도가 45kgf/mm²의 용접 구조용 탄소강재
② Cr을 42~48% 함유한 특수 강재
③ 인장강도 40~45kgf/mm²의 압연 강재
④ 화학성분에서 탄소 함유량이 0.42~0.48%인 기계 구조용 탄소 강재

23 불활성가스 텅스텐 아크 용접을 설명한 것 중 틀린 것은?

① 직류 역극성에서는 청정작용이 있다.
② 알루미늄과 마그네슘의 용접에 적합하다.
③ 텅스텐을 소모하지 않아 비용극식이라고 한다.
④ 잠호 용접법이라고도 한다.

> 잠호용접은 서브머지드 아크 용접을 말한다.

24 용접법 중 가스 압접의 특징을 설명한 것으로 맞는 것은?

① 대단위 전력이 필요하다.
② 용접장치가 복잡하고 설비 보수가 비싸다.
③ 이음부에 첨가 금속 또는 용제가 불필요하다.
④ 용접 이음부의 탈탄층이 많아 용접 이음 효율이 나쁘다.

> **가스 압접**
> • 산소-프로판 또는 산소-아세틸렌 가스 불꽃으로 가열하여 압력을 가해 접합하는 방법
> • 막대 모양의 재료를 용접하는 데 사용
> • 장치가 간단하여 작업자의 숙련된 기술이 필요 없다.
> • 이음의 효율이 좋다.

25 다음 중 아크가 발생하는 초기에 용접봉과 모재가 냉각되어 있어 아크가 불안정하기 때문에 아크 발생을 쉽게 하기 위하여 아크 초기에만 용접전류를 특별히 크게 하는 장치는?

① 핫스타트장치 ② 고주파발생장치
③ 원격제어장치 ④ 전격방지장치

26 다음 중 겹치기 저항 용접에 있어서 접합부에 나타나는 용융 응고된 금속부분을 무엇이라 하는가?

① 용융지 ② 너깃
③ 크레이터 ④ 언더컷

27 맞대기 이음에서 판 두께가 6mm, 용접선의 길이가 120mm, 하중 7,000kgf에 대한 인장응력은 약 얼마인가?

① 9.7 kgf/mm² ② 8.5 kgf/mm²
③ 9.1 kgf/kgf/mm² ④ 7.6 kgf/kgf/mm²

> $$인장강도 = \frac{하중(P)}{단면적(A)} = \frac{7,000kgf}{6mm \times 120mm} \fallingdotseq 9.7kgf/mm^2$$

28 용접지그(JIG)를 사용하여 용접할 경우 무슨 자세로 용접하는 것이 가장 유리한가?

① 수직자세 ② 아래보기자세
③ 수평자세 ④ 위보기자세

29 다음 중 용접 결함의 보수 용접에 관한 사항으로 가장 적절하지 않은 것은?

① 재료의 표면에 있는 얕은 결함은 덧붙임 용접으로 보수한다.
② 언더컷이나 오버랩 등은 그대로 보수 용접을 하거나 정으로 따내기 작업을 한다.
③ 결함이 제거된 모재 두께가 필요한 치수보다 얇게 되었을 때에는 덧붙임 용접으로 보수한다.
④ 덧붙임 용접으로 보수할 수 있는 한도를 초과할 때에는 결함부분을 잘라내어 맞대기 용접으로 보수한다.

30 다음 그림과 같은 용접 순서의 용착법을 무엇이라고 하는가?

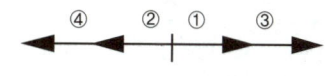

① 전진법 ② 후진법
③ 대칭법 ④ 비석법

31 용접 순서의 결정 시 가능한 변형이나 잔류응력의 누적을 피할 수 있도록 하기 위한 유의사항으로 잘못된 것은?

① 용접물의 중심에 대하여 항상 대칭으로 용접을 해 나간다.
② 수축이 작은 이음을 먼저 용접하고 수축이 큰 이음은 나중에 용접한다.
③ 용접물이 조립되어 감에 따라 용접작업이 불가능한 곳이나 곤란한 경우가 생기지 않도록 한다.
④ 용접물의 중립축을 참작하여 그 중립축에 대한 용접 수축력의 모멘트의 합이 "0"이 되게 하면 용접선 방향에 대한 굽힘이 없어진다.

> 수축이 큰 이음을 가능한 한 먼저 용접하고 수축이 작은 이음을 뒤에 용접한다.

32 다음 그림은 어떤 용접의 이음인가?

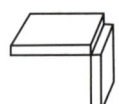

① 겹치기 이음
② 맞대기 이음
③ 기역자 이음
④ 모서리 이음

33 용접부에 생긴 잔류응력을 제거하는 방법에 해당되지 않는 것은?

① 노내 풀림법
② 역변형법
③ 국부 풀림법
④ 기계적 응력 완화법

> 역변형법은 용접 금속 및 모재의 변형 방향과 크기를 미리 예측하여 용접 전에 반대방향으로 굽혀 놓고 작업하는 변형 방지법이다.

34 필릿용접의 경우 루트 간격의 양에 따라 보수 방법이 다른데 간격이 4.5mm 이상일 때 보수하는 방법으로 옳은 것은 무엇인가?

① 각장(목길이) 대로 용접한다.
② 각장(목길이)을 증가시킬 필요가 있다.
③ 루트 간격대로 용접한다.
④ 라이너를 넣는다.

> **필릿용접의 경우 홈의 보수 방법**
> • 루트 간격이 1.5mm 이하인 경우 : 그대로 규정된 다리 길이로 용접한다.
> • 루트 간격이 1.5~4.5mm인 경우 : 넓혀진 만큼 다리 길이를 증가시켜 용접한다.
> • 루트 간격이 4.5mm 이상인 경우 : 라이너를 넣거나 부족한 판을 300mm 이상 잘라내서 대체한다.

35 용접이음부에 예열(Preheating)하는 방법 중 가장 적절하지 않은 것은?

① 연강을 기온이 0℃ 이하에서 용접하면 저온균열이 발생하기 쉬우므로 이음의 양쪽을 약 100mm 폭이 되게 하여 약 50~70℃정도로 예열하는 것이 좋다.
② 다층용접을 할 때는 제2층 이후는 앞 층의 열로 모재가 예열한 것과 동등한 효과를 얻기 때문에 예열을 생략할 수도 있다.
③ 일반적으로 주물, 내열합금 등은 용접균열이 발생하지 않으므로 예열할 필요가 없다.
④ 후판, 구리 또는 구리 합금, 알루미늄합금 등과 같이 열전도가 큰 것은 이음부의 열집중이 부족하여 융합불량이 생기기 쉬우므로 200~400℃정도의 예열이 필요하다.

> 주물, 내열합금은 용접 균열을 방지하기 위해 예열이 필요하다.

36 시험편에 V형 또는 U형 등의 노치(notch)를 만들고 충격적인 하중을 주어서 파단시키는 시험법은?

① 인장시험
② 피로시험
③ 충격시험
④ 경도시험

> 충격시험은 재료의 인성과 취성의 정도를 조사하는 시험으로 시험편에 V형 또는 U형 등의 노치를 만들고 충격적인 하중을 주어서 파단시켜 검사한다. 시험기로는 단순보의 원리를 이용하는 샤르피식, 내다지보의 원리를 이용하는 아이조드식이 있다.

37 연소의 3요소에 해당하지 않는 것은?

① 가연물
② 부촉매
③ 산소 공급원
④ 점화 에너지 열원

38 다음 중 용접 시 용접균열이 발생할 위험성이 가장 높은 재료는?

① 저탄소강
② 중탄소강
③ 고탄소강
④ 순철

> 고탄소강일수록 균열이 발생할 위험이 높고 용접성이 낮다.

39 다음 중 18% W - 4% V 조성으로 된 공구용 강은?

① 고속도강
② 합금 공구강
③ 다이스강
④ 게이지용 강

> 고속도강은 대표적인 절삭 공구강으로 텅스텐(W) 18% - 크롬(Cr) 4% - 바나듐(V) 1%로 조성되어 있다.

40 용접부의 비파괴 시험 방법의 기본기호 중 "PT"에 해당하는 것은?

① 방사선 투과시험
② 초음파 탐상시험
③ 자기분말 탐상시험
④ 침투 탐상시험

> ① 방사선 투과시험 : RT(Radiographic Test)
> ② 초음파 탐상시험 : UT(Ultrasonic Test)
> ③ 자기분말 탐상시험 : MT(Magnetic Particle Test)
> ④ 침투 탐상시험 : PT(Penetrant Detecting Test)

41 용접 작업 시 주의사항을 설명한 것으로 틀린 것은?

① 화재를 진화하기 위하여 방화 설비를 설치할 것
② 용접 작업 부근에 점화원을 두지 않도록 할 것
③ 배관 및 기기에서 가스 누출이 되지 않도록 할 것
④ 가연성 가스는 항상 옆으로 뉘어서 보관할 것

> 가연성 가스는 세워서 보관해야 한다.

42 주철의 성장 원인이 되는 것 중 틀린 것은?

① 펄라이트 조직 중의 Fe_3C 흑연화에 의한 팽창
② 빠른 냉각속도에 의한 시멘타이트의 석출로 인한 팽창
③ 페라이트 조직 중의 고용되어 있는 규소의 산화에 의한 팽창
④ A_1 변태에서 체적변화가 생기면서 미세한 균열이 형성되어 생기는 팽창

> 시멘타이트의 흑연화에 의한 팽창이 성장의 원인이 된다.

43 주철의 일반적인 보수용접 방법이 아닌 것은?

① 덧살올림법   ② 스터드법
③ 비녀장법   ④ 버터링법

44 주강과 주철의 비교 설명으로 잘못된 것은?

① 주강은 주철에 비하여 수축률이 크다.
② 주강은 주철에 비해 용융점이 높다.
③ 주강은 주철에 비해 기계적 성질이 우수하다.
④ 주강은 주철보다 용접에 의한 보수가 어렵다.

> 주강은 주철보다 용접에 의한 보수가 쉽다.

45 Y합금에 대한 설명으로 틀린 것은?

① 시효 경화성이 있어 모래형 및 금형 주물에 사용된다.
② Y합금은 공랭실린더 헤드 및 피스톤 등에 많이 이용된다.
③ 알루미늄에 규소를 첨가하여 주조성과 절삭성을 향상시킨 것이다.
④ Y합금은 내열기관의 고온부품에 사용된다.

> Y합금은 알루미늄에 구리, 니켈, 마그네슘을 첨가한 내열용 알루미늄 합금이다.

46 모넬메탈(Monel metal)의 종류 중 유황(S)을 넣어 강도는 희생시키고 쾌삭성을 개선한 것은?

① KR-Monel   ② K-Monel
③ R-Monel   ④ H-Monel

> • K모넬 : 석출경화성에 의해 경도를 증가시킨 합금
> • R모넬 : 황을 첨가하여 쾌삭성을 개선한 합금
> • H모넬 : 규소를 첨가하여 강도를 증가시킨 합금

47 합금강의 원소 효과에 대한 설명에서 규소나 바나듐과 비슷한 작용을 하며 입자 사이의 부식에 대한 저항을 증가시켜 탄화물을 만들기 쉬운 것은?

① 망간   ② 티탄
③ 코발트   ④ 몰리브덴

합금 원소의 영향	
원소	영향
망간	• 적열취성 방지, 내마멸성 증가, 담금질성 향상
코발트	• 고온강도, 경도 증가
몰리브덴	• 뜨임취성, 저온취성 방지 • 담금질 깊이를 깊게 하고 내식성 향상

48 기본열처리 방법의 목적을 설명한 것으로 틀린 것은?

① 담금질 - 급랭시켜 재질을 경화시킨다.
② 풀림 - 재질을 연하고 균일화하게 한다.
③ 뜨임 - 담금질된 것에 취성을 부여한다.
④ 불림 - 소재를 일정 온도에서 가열 후 공랭시켜 표준화한다.

> 뜨임은 재료에 인성을 증가시킬 목적으로 한다.

49 회백색 금속으로 윤활성이 좋고 내식성이 우수하며, X선이나 라듐 등의 방사선 차단용으로 쓰이는 것은?

① 니켈(Ni) ② 아연(Zn)
③ 구리(Cu) ④ 납(Pb)

> **납의 특성**
> • 회백색 금속으로 비중이 높고 용융점이 낮아 가공하기 쉽다.
> • 윤활성이 좋고 내식성이 우수하다.
> • 전성이 크고 연하며, 공기 중에서는 거의 부식되지 않는다.
> • 묽은 산에는 잘 침식되지 않지만 질산이나 고온의 진한 염산에는 잘 침식된다.
> • 주물을 만들어 축전지 등에 쓰인다.
> • 열팽창 계수가 높으며 케이블의 피복, 활자 합금용, X선이나 라듐 등의 방사선 차단용으로 사용된다.

50 금속 표면에 알루미늄을 침투시켜 내식성을 증가시키는 것은?

① 칼로라이징 ② 크로마이징
③ 세라다이징 ④ 실리코나이징

금속침투법의 종류 및 침투원소

종류	침투원소
세라다이징	Zn(아연)
크로마이징	Cr(크롬)
칼로라이징	Al(알루미늄)
보로나이징	B(붕소)
실리코나이징	Si(규소)

51 기계제도에서 도면 작성 시 반드시 기입해야 할 것은?

① 비교눈금 ② 윤곽선
③ 구분기호 ④ 재단마크

> 도면의 양식 중 반드시 갖추어야 할 사항 : 표제란, 윤곽선, 중심마크

52 도면의 척도란에 5:1로 표시되었을 때 의미로 올바른 설명은?

① 축척으로 도면의 형상 크기는 실물의 1/5배이다.
② 축척으로 도면의 형상 크기는 실물의 5배이다.
③ 배척으로 도면의 형상 크기는 실물의 1/5이다.
④ 배척으로 도면의 형상 크기는 실물의 5배이다.

> • 축척 : 실물보다 작게 그린 것
> • 현척 : 실물과 같은 크기로 그린 것
> • 배척 : 실물보다 크게 그린 것

53 미터나사 호칭이 M8×1로 표시되어 있다면 "1"이 의미하는 것은?

① 호칭 지름 ② 산의 수
③ 피치 ④ 나사의 등급

> 수나사의 바깥지름 : 8
> 나사의 피치 : 1

54 다음 중 머리부를 포함한 리벳의 전체 길이로 리벳 호칭 길이를 나타내는 것은?

① 얇은 납작머리 리벳 ② 접시머리 리벳
③ 둥근머리 리벳 ④ 냄비머리 리벳

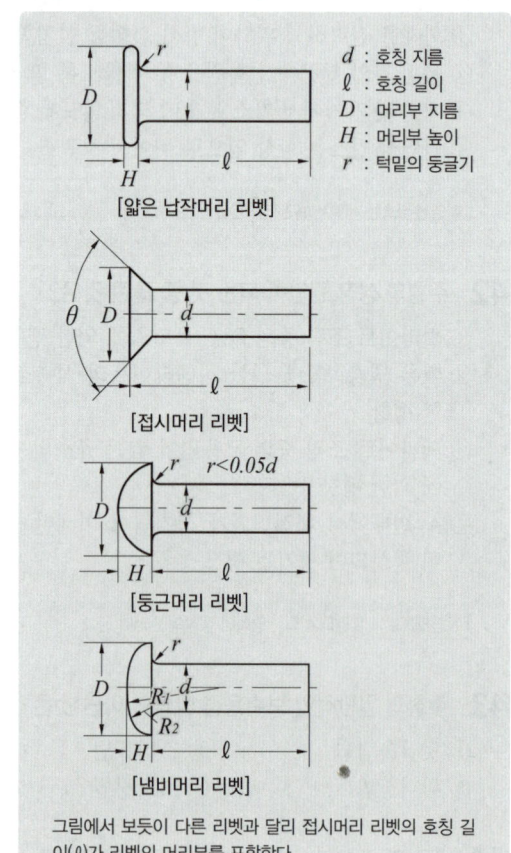

d : 호칭 지름
ℓ : 호칭 길이
D : 머리부 지름
H : 머리부 높이
r : 턱밑의 둥글기

[얇은 납작머리 리벳]

[접시머리 리벳]

[둥근머리 리벳]

[냄비머리 리벳]

그림에서 보듯이 다른 리벳과 달리 접시머리 리벳의 호칭 길이(ℓ)가 리벳의 머리부를 포함한다.

55 나사의 도시법에 대한 설명으로 틀린 것은?

① 불완전 나사부는 기능상 필요한 경우 경사된 굵은 실선으로 그린다.
② 수나사와 암나사의 골을 표시하는 선은 가는 실선으로 그린다.
③ 수나사에서 완전 나사부와 불완전 나사부의 경계선은 굵은 실선으로 그린다.
④ 수나사와 암나사의 측면 도시에서 각각의 골지름은 가는 실선으로 약 3/4의 원으로 그린다.

56 보기와 같은 KS 용접 기호의 해독으로 틀린 것은?

(보기)

$$6 \bigcirc 5 \ (100)$$

① 화살표 반대쪽 스폿 용접
② 스폿부의 지름 6mm
③ 용접부의 개수(용접 수) 5개
④ 스폿 용접한 간격은 100mm

57 다음 중 게이트 밸브의 표시법으로 올바른 것은?

① 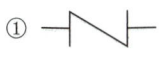   ②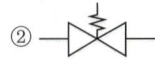

③    ④

58 보기 도면과 같은 단면도 명칭으로 가장 적합한 것은?

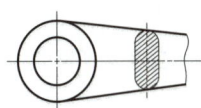

① 부분 단면도
② 직각 도시 단면도
③ 회전 도시 단면도
④ 가상 단면도

59 그림과 같은 입체도의 화살표 방향 투상도로 가장 적합한 것은?

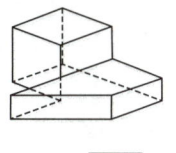

① 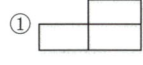   ②

③    ④

60 전개도법의 종류 중 주로 각기둥이나 원기둥의 전개에 가장 많이 이용되는 방법은?

① 삼각형을 이용한 전개도법
② 방사선을 이용한 전개도법
③ 평행선을 이용한 전개도법
④ 사각형을 이용한 전개도법

정답				
01 ④	02 ④	03 ②	04 ④	05 ①
06 ③	07 ③	08 ④	09 ②	10 ④
11 ④	12 ③	13 ②	14 ①	15 ①
16 ①	17 ②	18 ③	19 ③	20 ④
21 ③	22 ④	23 ④	24 ③	25 ①
26 ②	27 ①	28 ②	29 ①	30 ③
31 ②	32 ④	33 ②	34 ①	35 ③
36 ③	37 ②	38 ③	39 ①	40 ④
41 ④	42 ②	43 ①	44 ④	45 ③
46 ③	47 ②	48 ④	49 ④	50 ①
51 ②	52 ④	53 ③	54 ②	55 ①
56 ①	57 ③	58 ③	59 ①	60 ③

1 용접법의 분류에서 압접에 해당하는 것은?

① 유도가열 용접
② 전자빔 용접
③ 일렉트로 슬래그 용접
④ MIG 용접

압접의 종류
단접, 냉간압접, 저항용접, 유도가열용접, 초음파용접, 마찰용접, 테르밋 용접, 가스압접

2 용극식 용접법으로 용접봉과 모재 사이에 발생하는 아크의 열을 이용하여 용접하는 것은?

① 피복 아크 용접
② 플라스마 아크 용접
③ 테르밋 용접
④ 이산화탄소 아크 용접

3 피복 아크 용접, TIG 용접처럼 토치의 조작을 손으로 함에 따라 아크 길이를 일정하게 유지하는 것이 곤란한 용접법에 적용되는 특성은?

① 수하특성
② 정전압특성
③ 상승특성
④ 단락특성

아크 용접기의 특성
• 수하 특성 : 부하전류가 증가함에 따라 단자전압이 낮아지는 특성
• 정전류 특성 : 아크의 길이에 따라 전압이 변하더라도 아크 전류는 거의 변하지 않는 특성
• 정전압 특성 : 전류가 변하더라도 전압이 거의 변하지 않는 특성
• 아크 길이 자기제어 특성 : 아크 전류가 일정할 때 아크 전압이 높아지면 용접봉의 용융속도가 늦어지고, 아크전압이 낮아지면 용융속도는 빨라지는 특성
• 상승 특성 : 전류가 증가함에 따라 전압이 높아지는 특성

4 내용적 40리터, 충전압력이 150kgf/cm² 인 산소용기의 압력이 100kgf/cm² 까지 내려갔다면 소비한 산소의 양은 몇 ℓ 인가?

① 2,000
② 3,000
③ 4,000
④ 5,000

총 산소량 = 충전압력×내부용적 = (150−100)×40 = 2,000 ℓ

5 연강용 피복 아크 용접봉의 종류 중 피복제의 계통은 산화티탄계로, 피복제 중에서 산화티탄(TiO₂)이 약 35% 정도 포함되어 있으며, 일반 경구조물의 용접에 많이 사용되는 용접봉의 기호는?

① E4301
② E4303
③ E4313
④ E4316

E4313 – 고산화 티탄계 용접봉
• 산화티탄 약 35% 포함
• 용접 외관과 작업성이 좋다.
• 용입이 비교적 얕아서 얇은 판의 용접에 적당하다.
• 기계적 성질이 다른 용접봉에 비하여 약하다.
• 용접 중 고온 균열을 일으키기 쉽다.

6 산소 용기의 취급상 주의할 점이 아닌 것은?

① 운반 중에 충격을 주지 말 것
② 그늘진 곳을 피하여 직사광선이 드는 곳에 둘 것
③ 산소 누설시험에는 비눗물을 사용할 것
④ 산소용기의 운반 시 밸브를 닫고 캡을 씌워서 이동할 것

산소 용기는 그늘진 곳을 피하여 직사광선이 들지 않는 곳에 보관한다.

7 가스용접 시 모재의 두께가 3.2mm일 때 용접봉의 지름(mm)으로 가장 적당한 것은?

① 1.2
② 2.6
③ 3.5
④ 4.0

$D = \dfrac{T}{2}+1 = \dfrac{3.2}{2}+1 = 2.6$ (D : 용접봉 지름(mm), T : 판 두께(mm))

8 다음 중 산소-아세틸렌 가스 용접에 있어 전진법에 관한 설명으로 옳은 것은?

① 열이용률은 후진법보다 좋다.
② 용접속도는 후진법보다 느리다.
③ 산화의 정도는 후진법보다 약하다.
④ 용착금속의 조직은 후진법보다 미세하다.

② 열이용율은 후진법보다 나쁘다.
③ 산화의 정도는 후진법보다 심하다.
④ 용착금속의 조직은 후진법보다 미세하지 못하다.

9 U형, H형의 용접 홈을 가공하기 위하여 슬로우 다이버전트로 설계된 팁을 사용하여 깊은 홈을 파내는 가공법은?

① 치핑
② 슬래그 절단
③ 가스 가우징
④ 아크 에어 가우징

10 금속과 금속을 충분히 접근시키면 그들 사이에 원자 간의 인력이 작용하여 서로 결합한다. 다음 중 이러한 결합을 이루기 위해서는 원자들을 몇 cm 정도까지 접근시켜야 하는가?

① 10^{-6}
② 10^{-7}
③ 10^{-8}
④ 10^{-9}

11 다음 중 용해 시 흡수한 산소를 인(P)으로 탈산하여 산소를 0.01% 이하로 한 동(copper)은?

① 전기동
② 정련동
③ 탈산동
④ 무산소동

12 다음 중 고온 경도가 가장 좋은 것은?

① WC-TiC-Co계 초경합금
② 고속도강
③ 탄소 공구강
④ 합금 공구강

13 분말 야금에 의해서 만들어진 것은?

① 초경합금
② 고속도강
③ 두랄루민
④ 가단주철

14 탄소강에서 피트(pit) 결함의 원인이 되는 원소는?

① Cu
② P
③ Pb
④ C

> **피트의 발생 원인**
> • 모재에 탄소, 망간 등의 합금원소가 많을 때
> • 모재 가운데 황 함유량이 않을 때
> • 습기가 많거나 기름, 녹, 페인트 등이 묻었을 때

15 일반구조용 강재의 용접응력 제거를 위해 노내 및 국부 풀림의 유지온도로 적당한 것은?

① 825±25℃
② 625±25℃
③ 525±25℃
④ 325±25℃

> 노내 출입 허용온도는 300℃를 넘어서는 안 되며, 일반적인 유지 온도는 625±25℃이다.

16 다음 중 비중이 가장 높은 금속은?

① 크롬
② 바나듐
③ 망간
④ 구리

> 크롬 : 7.09 바나듐 : 6.0 망간 : 7.44 구리 : 8.96

17 다음 중 작업자가 연강판을 잘라 슬래그 해머를 만들어 담금질을 하였으나, 경도가 높아지지 않았을 때 가장 큰 이유에 해당하는 것은?

① 단조를 하지 않았기 때문이다.
② 탄소 함유량이 적었기 때문이다.
③ 망간의 함유량이 적었기 때문이다.
④ 가열온도가 맞지 않았기 때문이다.

> 연강은 탄소함유량이 적기 때문에 열처리에 의한 경화의 효과는 별로 없으며, 냉간가공을 통해 경도를 높인다.

18 정지구멍(Stop hole)을 뚫어 결함부분을 깎아내고 재용접해야 할 결함은?

① 용입부족
② 언더컷
③ 오버랩
④ 균열

> **균열의 보수방법**
> 결함 끝부분을 드릴로 구멍을 뚫어 정지구멍을 만들고 그 부분을 깎아내어 다시 규정의 홈으로 다듬질하여 보수한다.

19 용제가 들어있는 와이어 이산화탄소법과 관련이 없는 용접법은?

① 미그 아크법
② 아코스 아크법
③ 퓨즈 아크법
④ 유니언 아크법

> **용제가 들어있는 와이어 CO_2법**
> NCG법, 유니언 아크법, 퓨즈 아크법, 아코스 아크법

20 다음 중 아크 용접에서 아크를 중단시켰을 때, 중단된 부분이 납작하게 파여진 모습으로 남는 부분을 무엇이라 하는가?

① 스패터
② 오버랩
③ 슬래그 섞임
④ 크레이터

21 다음 중 표준 홈 용접에 있어 한쪽에서 용접으로 완전 용입을 얻고자 할 때 V형 홈이음의 판 두께로 가장 적합한 것은?

① 1~10mm
② 5~15mm
③ 20~30mm
④ 35~50mm

22 피복 아크 용접작업에 대한 안전사항으로 가장 적합하지 않은 것은?

① 저압전기는 어느 작업이든 안심할 수 있다.
② 퓨즈는 규정된 대로 알맞은 것은 끼운다.
③ 전선이나 코드의 접속부는 절연물로서 완전히 피복하여 둔다.
④ 용접기 내부에 함부로 손을 대지 않는다.

23 전기저항 점 용접법에 대한 설명으로 틀린 것은?

① 인터랙 점 용접이란 용접점의 부분에 직접 2개의 전극을 물리지 않고 용접전류가 피용접물의 일부를 통하여 다른 곳으로 전달하는 방식이다.
② 단극식 점 용접이란 전극이 1쌍으로 1개의 점 용접부를 만드는 것이다.
③ 맥동 점 용접은 사이클 단위를 몇 번이고 전류를 연속하여 통전하며 용접 속도 향상 및 용접 변형 방지에 좋다.
④ 직렬식 점 용접이란 1개의 전류 회로에 2개 이상의 용접점을 만드는 방법으로 전류 손실이 많아 전류를 증가시켜야 한다.

> 맥동 점 용접은 모재의 두께가 다른 경우 전극의 과열을 방지하기 위해 전류를 단속하여 용접하는 방법이다.

24 연강재의 용접 이음부에 대한 충격하중이 작용할 때 안전율은?

① 3
② 5
③ 8
④ 12

하중의 종류에 따른 안전율

하중의 종류	정하중	동하중		충격하중
		반복하중	교번하중	
안전율	3	5	8	12

25 이산화탄소 아크 용접의 시공법에 대한 설명으로 맞는 것은?

① 와이어의 돌출길이가 길수록 비드가 아름답다.
② 와이어의 용융속도는 아크전류에 정비례하여 증가한다.
③ 와이어의 돌출길이가 길수록 늦게 용융된다.
④ 와이어의 돌출길이가 길수록 아크가 안정된다.

> 와이어의 돌출길이가 길수록 용융속도가 증가하며, 용입 및 비드 폭이 감소한다.

26 서브머지드 아크 용접에 대한 설명으로 틀린 것은?

① 용접장치로는 송급장치, 전압제어장치, 접촉팁, 이동대차 등으로 구성되어 있다.
② 용제의 종류에는 용융형 용제, 고온 소결형 용제, 저온 소결형 용제가 있다.
③ 시공을 할 때는 루트 간격을 0.8mm 이상으로 한다.
④ 엔드 탭의 부착은 모재와 홈의 형상이나 두께, 재질 등이 동일한 규격으로 부착하여야 한다.

> 루트 간격은 0.8mm 이하로 하고, 0.8mm 이상이면 누설방지 비드를 쌓거나 받침쇠를 사용한다.

27 TIG 용접법에 대한 설명으로 틀린 것은?

① 금속 심선을 전극으로 사용한다.
② 텅스텐을 전극으로 사용한다.
③ 아르곤 분위기에서 한다.
④ 교류나 직류전원을 사용할 수 있다.

> TIG 용접은 텅스텐을 전극으로 사용한다.

28 다음 중 불활성가스 금속 아크(MIG) 용접에 관한 설명으로 틀린 것은?

① 아크 자기 제어 특성이 있다.
② 직류 역극성 이용 시 청정작용에 의해 알루미늄 등의 용접이 가능하다.
③ 용접 후 슬래그 또는 잔류용제를 제거하기 위한 별도의 처리가 필요하다.
④ 전류밀도가 높아 3mm 이상의 두꺼운 판의 용접에 능률적이다.

> MIG 용접은 용제가 필요 없으며, 용접 후 슬래그 또는 잔류용제를 제거하기 위한 처리가 필요 없다.

29 모재의 홈 가공을 U형으로 했을 경우 엔드 탭(end-tap)은 어떤 조건으로 하는 것이 가장 좋은가?

① I형 홈 가공으로 한다.
② X형 홈 가공으로 한다.
③ U형 홈 가공으로 한다.
④ 홈 가공이 필요 없다.

> 엔드 탭은 모재의 홈과 같은 형상으로 하는 것이 효율적이다.

30 MIG 용접의 와이어 송급방식 중 와이어 릴과 토치 측의 양측에 송급장치를 부착하는 방식을 무엇이라 하는가?

① 푸시 방식　　　　　② 풀 방식
③ 푸시-풀 방식　　　　④ 더블푸시 방식

> **와이어 송급방식**
> • 푸시 방식 : 반자동으로 와이어를 모재로 밀어주는 방식
> • 풀 방식 : 전자동으로 와이어를 모재쪽에서 잡아당기는 방식
> • 푸시 풀 방식 : 와이어 릴과 토치 측의 양측에 송급장치를 부착하는 방식
> • 더블 푸시 방식 : 푸시 방식의 송급장치와 토치의 중간에 보조 푸시 전동기를 부착하는 방식

31 용접 전의 작업준비 사항이 아닌 것은?

① 용접 재료　　　　　② 용접사
③ 용접봉의 선택　　　④ 후열과 풀림

> 후열과 풀림은 용접 후에 행하는 작업에 해당한다.

32 용접 이음의 종류가 아닌 것은?

① 겹치기 이음　　　　② 모서리 이음
③ 라운드 이음　　　　④ T형 필릿 이음

33 용접 작업에서 비드(bead)를 만드는 순서로 다층 쌓기로 작업하는 용착법에 해당되지 않는 것은?

① 스킵법　　　　　　② 빌드업법
③ 점진블록법　　　　④ 캐스케이드법

> 다층 쌓기 용착법으로는 빌드업법, 캐스케이드법, 점진블록법이 있다.

34 다음 중 열영향부의 기계적 성질에 대한 설명으로 틀린 것은?

① 강의 열영향부는 본드로부터 원모재 쪽으로 멀어질수록 최고가열온도가 높게 되고, 냉각속도는 빠르게 된다.
② 본드에 가까운 조립부는 담금질 경화 때문에 강도가 증가한다.
③ 최고경도가 높을수록 열영향부가 취약하게 된다.
④ 담금질 경화성이 없는 오스테나이트계 스테인리스강에서는 최고경도를 나타내지 않고, 오히려 조립부는 연약하게 된다.

> 강의 열영향부는 본드로부터 원모재 쪽으로 가까워질수록 최고가열온도가 높게 되고, 냉각속도는 빨라진다.

35 용접할 때 발생한 변형을 교정하는 방법 중 틀린 것은?

① 형재(形材)에 대한 직선 수축법
② 박판에 대한 점 수축법
③ 박판에 대하여 가열 후 압력을 가하고 공랭하는 방법
④ 롤러에 거는 방법

> **용접변형 교정 방법**
> • 박판에 대한 점 수축법
> • 형재에 대한 직선 수축법
> • 가열 후 해머링 하는 방법
> • 롤러에 거는 방법
> • 후판에 대해 가열 후 압력을 가하고 수랭하는 방법
> • 피닝법

36 모재 및 용접부의 연성과 안전성을 조사하기 위하여 사용되는 시험법으로 맞는 것은?

① 경도시험　　　　　② 압축시험
③ 충격시험　　　　　④ 굽힘시험

> 굽힘시험은 굴곡시험이라고도 하는데, 모재 및 용접부의 연성과 결함의 유무를 조사하기 위한 시험 방법으로 굽힘 각도는 180°이다.

37 화재 및 폭발의 방지 조치로 틀린 것은?

① 대기 중에 가연성 가스를 방출시키지 말 것
② 필요한 곳에 화재 진화를 위한 방화설비를 설치할 것
③ 배관에서 가연성 증기의 누출 여부를 철저히 점검할 것
④ 작업의 능률을 위해 용접작업 부근에 점화원을 둘 것

> 용접 작업 시 주위에는 점화원을 두지 않도록 한다.

38 용융 금속의 유동성을 좋게 하므로 탄소강 중에는 보통 0.2~0.6% 정도 함유되어 있으며, 또한 이것이 함유되면 단접성 및 냉간가공성을 해치고 충격저항을 감소시키는 원소는?

① 망간　　　　　　　② 인
③ 규소　　　　　　　④ 황

> **탄소강에 함유된 규소의 영향**
> • 강의 인장강도, 경도, 탄성한도를 높인다.
> • 연신율, 충격값을 감소시킨다.
> • 용접성을 저하시킨다.
> • 결정립을 조대화시키며, 냉간 가공성을 해친다.

39 금속의 비파괴 검사 방법이 아닌 것은?

① 방사선 투과시험
② 초음파 시험
③ 로크웰 경도시험
④ 음향시험

> 경도시험은 기계적 시험 방법으로 파괴시험에 속한다.

40 KS규격에서 화재안전, 금지표시의 의미를 나타내는 안전색은?

① 노랑
② 빨강
③ 초록
④ 파랑

41 탄소 공구강의 구비조건으로 틀린 것은?

① 경도가 낮고, 낮은 온도에서 경도를 유지하여야 한다.
② 내마멸성이 커야 한다.
③ 가공이 용이하고, 가격이 싸야 한다.
④ 열처리가 쉬워야 한다.

> 상온 및 고온 경도가 커야 한다.

42 온도의 상승에도 강도를 잃지 않는 재료로서 복잡한 모양의 성형가공도 용이하므로 항공기, 미사일 등의 기계부품으로 사용되어지는 PH형 스테인리스강은?

① 페라이트계 스테인리스강
② 마텐자이트계 스테인리스강
③ 오스테나이트계 스테인리스강
④ 석출경화형 스테인리스강

43 주강에 대한 설명으로 틀린 것은?

① 주철에 비해 기계적 성질이 우수하고 용접에 의한 보수가 용이하다.
② 주철에 비해 강도는 적으나 용융점이 낮고 유동성이 커서 주조성이 좋다.
③ 주조조직 개선과 재질 균일화를 위해 풀림처리를 한다.
④ 탄소 함유량에 따라 저탄소 주강, 고탄소 주강, 중탄소 주강으로 분류한다.

> 주강은 주철로써는 강도가 부족할 경우에 사용 사용하며, 용융점이 주철보다 높고 유동성이 나쁘다. 주조 시 주철보다 2배 정도 수축량이 커서 균열 등이 발생하기 쉽다.

44 다음 중 용융상태의 주철에 마그네슘, 세륨, 칼슘 등을 첨가한 것은?

① 칠드 주철
② 가단 주철
③ 구상흑연 주철
④ 고크롬 주철

> 용융상태의 주철 중에 마그네슘을 첨가하여 흑연을 구상화한 주철인 구상흑연 주철은 주조성, 가공성, 내마모성, 강도가 우수하며, 철의 종류 중 인장강도가 539~712MPa로 가장 높다.

45 알루미늄(Al)은 철강에 비하여 일반 용접법으로 용접이 극히 곤란하다. 그 이유로 가장 적합한 것은?

① 비열 및 열전도도가 적다.
② 용융점이 비교적 높다.
③ 응고균열이 생기지 않는다.
④ 열팽창계수가 매우 크다.

> 알루미늄은 철강보다 열팽창률이 크기 때문에 변형이나 잔류응력이 발생하기 쉽고, 고온 균열을 일으키기 쉽다.

46 합금의 주조조직에 나타나는 Si는 육각판상 거친 결정이므로 금속나트륨 등을 접종시켜 조직을 미세화시키고 강도를 개선처리한 주조용 알루미늄 합금으로 Al-Si계의 대표적 합금은?

① 라우탈 (lautal)
② 실루민 (silumin)
③ 하이드로나륨 (hydronalium)
④ 두랄루민 (duralumin)

> ① 라우탈 : Al-Cu-Si계 합금으로 구리를 첨가하여 절삭성을 높이고, 규소를 첨가하여 주조성을 개선시킨 합금
> ③ 하이드로날륨 : 알루미늄에 10%의 마그네슘을 첨가한 합금으로 비중이 적고, 내식성, 강도, 연신율, 절삭성이 우수하여 선박용 부품, 조리용기구, 화학용 부품에 사용된다.
> ④ 두랄루민 : 고강도 알루미늄 합금으로 Cu 4%, Mg 0.5%, Mn 0.5%로 조성되어 있다.

47 마그네슘 합금이 구조재료로서 갖는 특성에 해당하지 않는 것은?

① 비강도(강도/중량)가 작아서 항공우주용 재료로서 매우 유리하다.
② 기계가공성이 좋고 아름다운 절삭면이 얻어진다.
③ 소성가공성이 낮아서 상온변형은 곤란하다.
④ 주조 시의 생산성이 좋다.

> 마그네슘은 다른 재료보다 비강도가 우수하여 항공우주용 재료로서 매우 유리하다.

48 상온가공을 하여도 동소변태를 일으켜 경화되지 않는 재료는?

① 금(Ag)　　　　　② 주석(Sn)
③ 아연(Zn)　　　　④ 백금(Pt)

49 조성이 같은 탄소강을 담금질함에 있어서 질량의 대소에 따라 담금질효과가 다른 현상을 무엇이라 하는가?

① 질량효과
② 담금효과
③ 경화효과
④ 자연효과

50 강의 표면에 질소를 침투하여 확산시키는 질화법에 대한 설명으로 틀린 것은?

① 높은 표면 경도를 얻을 수 있다.
② 처리 시간이 길다.
③ 내식성이 저하된다.
④ 내마멸성이 커진다.

51 용도에 의한 명칭에서 선의 굵기가 모두 가는 실선인 것은?

① 치수선, 치수보조선, 지시선
② 중심선, 지시선, 숨은선
③ 외형선, 치수보조선, 해칭선
④ 기준선, 피치선, 수준면선

52 기계제도에서 폭이 50mm, 두께가 7mm, 길이가 1,000mm인 등변 ㄱ형강의 표시를 바르게 나타낸 것은?

① L 7×50×50 −1,000
② L×7×50×50 −1,000
③ L 50×50×7 −1,000
④ L −50×50×7 −1,000

53 리벳 이음(Rivet Joint) 단면의 표시법으로 가장 올바르게 투상된 것은?

① 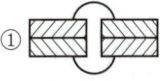　②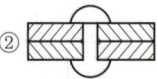

③ 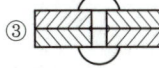　④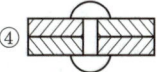

54 그림과 같이 물체를 구멍, 홈 등 특정 부분만의 모양을 도시하는 것을 목적으로 하는 투상도의 명칭은?

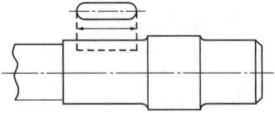

① 회전 투상도
② 보조 투상도
③ 부분 투상도
④ 국부 투상도

55 다음 제3각법으로 그린 정투상도에 가장 적합한 입체도는?

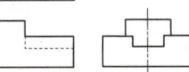

① 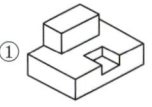　　②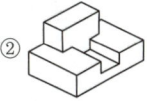

③ 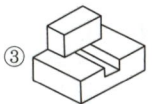　　④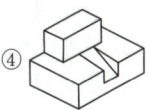

56 제3각법에 대한 설명 중 틀린 것은?

① 평면도는 배면도의 위에 배치된다.
② 저면도는 정면도의 아래에 배치된다.
③ 정면도는 위쪽에 평면도가 배치된다.
④ 우측면도는 정면도의 우측에 배치된다.

57 다음 배관도 중 "P"가 의미하는 것은?

① 온도계
② 압력계
③ 유량계
④ 핀구멍

압력계 : Pressure gauge, 온도계 : Thermometer,
유량계 : Flowmeter

58 일반구조용 압연 강재 재료기호 SS 330에서 330이
나타내는 의미는?

① 재료의 최대 인장강도 330 kgf/mm^2
② 재료의 최저 인장강도 330 N/mm^2
③ 재료의 최저 인장강도 330 kgf/cm^2
④ 재료의 최대 인장강도 330 N/cm^2

59 그림의 용접 도시기호는 어떤 용접을 나타내는가?

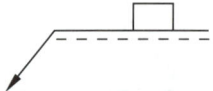

① 점 용접
② 플러그 용접
③ 심용접
④ 가장자리 용접

60 보기와 같은 KS 용접기호 도시방법의 기호 설명
이 잘못된 것은?

① ▶ : 현장 용접
② d : 끝단까지의 거리
③ n : 스폿 용접수
④ (e) : 용접부의 간격

d는 용접부의 지름을 나타낸다.

정답				
01 ①	02 ①	03 ①	04 ①	05 ③
06 ②	07 ②	08 ②	09 ③	10 ③
11 ③	12 ①	13 ①	14 ④	15 ②
16 ④	17 ②	18 ④	19 ①	20 ④
21 ②	22 ①	23 ③	24 ④	25 ②
26 ③	27 ①	28 ③	29 ③	30 ③
31 ④	32 ③	33 ①	34 ①	35 ③
36 ④	37 ④	38 ③	39 ③	40 ②
41 ①	42 ④	43 ②	44 ③	45 ④
46 ②	47 ①	48 ②	49 ①	50 ③
51 ①	52 ③	53 ④	54 ④	55 ②
56 ①	57 ②	58 ②	59 ②	60 ②

Chapter

07

최근기출문제

2014년~2016년 용접기능사, 특수용접기능사

최근기출문제 - 2014년 4회(용접기능사)

1 MIG용접의 용적이행 중 단락 아크용접에 관한 설명으로 맞는 것은?

① 용적이 안정된 스프레이형태로 용접된다.
② 고주파 및 저전류 펄스를 활용한 용접이다.
③ 임계전류이상의 용접 전류에서 많이 적용된다.
④ 저전류, 저전압에서 나타나며 박판용접에 사용된다.

2 용접결함 중 내부에 생기는 결함은?

① 언더컷   ② 오버랩
③ 크레이터 균열   ④ 기공

> 기공은 용접부의 표면이나 내부에 작은 구멍이 산재하는 상태를 말한다.

3 다음 중 불활성 가스 텅스텐 아크 용접에서 중간 형태의 용입과 비드 쪽을 얻을 수 있으며, 청정 효과가 있어 알루미늄이나 마그네슘 등의 용접에 사용되는 전원은?

① 직류 정극성   ② 직류 역극성
③ 고주파 교류   ④ 교류 전원

> 고주파 교류는 모재에 접촉시키지 않아도 아크가 발생하며, 청정효과가 있어 알루미늄이나 마그네슘의 용접에 적합하다.

4 용접용 용제는 성분에 의해 용접 작업성, 용착 금속의 성질이 크게 변화하는데 다음 중 원료와 제조방법에 따른 서브머지드 아크 용접의 용접용 용제에 속하지 않는 것은?

① 고온 소결형 용제   ② 저온 소결형 용제
③ 용융형 용제   ④ 스프레이형 용제

> 서브머지드 아크 용접에서는 소결형 용제와 용융형 용제가 사용된다.

5 용접 시 발생하는 변형을 적게 하기 위하여 구속하고 용접하였다면 잔류응력은 어떻게 되는가?

① 잔류응력이 작게 발생한다.
② 잔류응력이 크게 발생한다.
③ 잔류응력은 변함없다.
④ 잔류응력과 구속용접과는 관계없다.

6 용접결함 중 균열의 보수방법으로 가장 옳은 방법은?

① 작은 지름의 용접봉으로 재용접한다.
② 굵은 지름의 용접봉으로 재용접한다.
③ 전류를 높게 하여 재용접한다.
④ 정지구멍을 뚫어 균열부분은 홈을 판 후 재용접한다.

> **균열의 보수방법**
> 결함 끝부분을 드릴로 구멍을 뚫어 정지구멍을 만들고 그 부분을 깎아내어 다시 규정의 홈으로 다듬질하여 보수한다.

7 안전·보건 표지의 색채, 색도기준 및 용도에서 문자 및 빨간색 또는 노란색에 대한 보조색으로 사용되는 색채는?

① 파란색   ② 녹색
③ 흰색   ④ 검은색

> • 빨간색 또는 노란색에 대한 보조색 : 검은색
> • 파란색 또는 녹색에 대한 보조색 : 흰색

8 감전의 위험으로부터 용접 작업자를 보호하기 위해 교류 용접기에 설치하는 것은?

① 고주파 발생 장치   ② 전격 방지 장치
③ 원격 제어 장치   ④ 시간 제어 장치

9 산화하기 쉬운 알루미늄을 용접할 경우에 가장 적합한 용접법은?

① 서브머지드 아크용접
② 불활성가스 아크용접
③ 아크 용접
④ 피복아크 용접

> 산화하기 쉬운 알루미늄 용접에는 불활성가스 아크용접이 가장 적합하다.

10 용접 홈의 형식 중 두꺼운 판의 양면 용접을 할 수 없는 경우에 가공하는 방법으로 한쪽 용접에 의해 충분한 용입을 얻으려고 할 때 사용되는 홈은?

① I형 홈   ② V형 홈
③ U형 홈   ④ H형 홈

11 다음 용접법 중 저항용접이 아닌 것은?

① 스폿용접 ② 심용접
③ 프로젝션용접 ④ 스터드용접

저항용접 : 점용접, 심용접, 프로젝션용접

12 아크 용접의 재해라 볼 수 없는 것은?

① 아크 광선에 의한 전안염
② 스패터의 비산으로 인한 화상
③ 역화로 인한 화재
④ 전격에 의한 감전

역화 현상은 가스용접 시 발생할 수 있는 현상이다.

13 다음 중 전자빔 용접의 장점과 거리가 먼 것은?

① 고진공 속에서 용접을 하므로 대기와 반응되기 쉬운 활성 재료도 용이하게 용접된다.
② 두꺼운 판의 용접이 불가능하다.
③ 용접을 정밀하고 정확하게 할 수 있다.
④ 에너지 집중이 가능하기 때문에 고속으로 용접이 된다.

전자빔 용접은 고진공 속에서 음극으로부터 방출되는 전자를 고속으로 가속시켜 충돌에너지를 이용하는 용접 방법으로 박판 용접뿐 아니라 후판 용접까지 가능하다.

14 대상물에 감마선(ɣ-선), 엑스선(X-선)을 투과시켜 필름에 나타나는 상으로 결함을 판별하는 비파괴 검사법은?

① 초음파 탐상 검사 ② 침투 탐상 검사
③ 와전류 탐상 검사 ④ 방사선 투과 검사

방사선 투과 검사는 X-선이나 ɣ-선을 재료에 투과시켜 투과된 빛의 정도에 따라 사진 필름에 감광시켜 결함을 검사하는 방법이다.

15 납땜 시 강한 접합을 위한 틈새는 어느 정도가 가장 적당한가?

① 0.02~0.10mm ② 0.20~0.30mm
③ 0.30~0.40mm ④ 0.40~0.50mm

16 다음 중 맞대기 저항 용접의 종류가 아닌 것은?

① 업셋 용접 ② 프로젝션 용접
③ 퍼커션 용접 ④ 플래시 버트 용접

프로젝션 용접은 겹치기 저항 용접에 해당한다.

17 다음 그림 중에서 용접 열량의 냉각 속도가 가장 큰 것은?

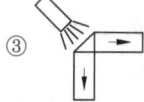
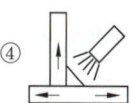

맞대기 이음보다 T형 이음의 냉각속도가 빠르다.
※냉각속도에 영향을 미치는 요인
용접 방법, 모재의 두께, 이음부 형상, 비드 길이, 예열 및 층간온도, 입열 등

18 MIG 용접에서 가장 많이 사용되는 용적 이행 형태는?

① 단락 이행 ② 스프레이 이행
③ 입상 이행 ④ 글로뷸러 이행

스프레이 이행은 용가재가 고속으로 용융, 미입자의 용적으로 분사되어 모재로 옮겨가는 용적이행으로 가장 많이 사용되는 방식이다.

19 아래 [그림]과 같이 각 층마다 전체의 길이를 용접하면서 쌓아 올리는 가장 일반적인 방법으로 주로 사용하는 용착법은?

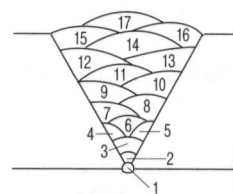

① 교호법
② 덧살 올림법
③ 캐스케이드법
④ 점진 블록법

덧살 올림법은 빌드업법이라고도 하는데, 그림과 같이 각 층마다 전체의 길이를 용접하면서 다층용접을 하는 방법이다.

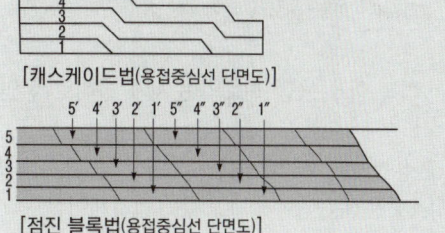

[캐스케이드법(용접중심선 단면도)]

[점진 블록법(용접중심선 단면도)]

20 CO_2 가스 아크 용접에서 솔리드 와이어에 비교한 복합 와이어의 특징을 설명한 것으로 틀린 것은?

① 양호한 용착금속을 얻을 수 있다.
② 스패터가 많다.
③ 아크가 안정된다.
④ 비드 외관이 깨끗하여 아름답다.

복합 와이어 CO_2가스 아크 용접법은 스패터의 발생이 적다.

21 다음 중 용접부의 검사방법에 있어 비파괴 검사법이 아닌 것은?

① X선 투과 시험   ② 형광침투 시험
③ 피로시험   ④ 초음파 시험

피로시험은 파괴시험인 기계적 시험에 해당된다.

22 금속산화물이 알루미늄에 의하여 산소를 빼앗기는 반응에 의해 생성되는 열을 이용하여 금속을 접합시키는 용접법은?

① 스터드 용접
② 테르밋 용접
③ 원자수소 용접
④ 일렉트로슬래그 용접

보기는 테르밋 용접에 관한 내용이며, 용접봉에 전력이 필요없고, 작업장소의 이동이 쉬운 장점이 있다.

23 용접에 의한 이음을 리벳이음과 비교했을 때, 용접이음의 장점이 아닌 것은?

① 이음구조가 간단하다.
② 판 두께에 제한을 거의 받지 않는다.
③ 용접 모재의 재질에 대한 영향이 작다.
④ 기밀성과 수밀성을 얻을 수 있다.

용접에 의한 이음은 모재의 재질에 대한 영향을 많이 받는다.

24 피복 아크 용접 회로의 순서가 올바르게 연결된 것은?

① 용접기→전극케이블→용접봉 홀더→피복 아크 용접봉→아크→모재→접지케이블
② 용접기→용접봉 홀더→전극케이블→모재→아크→피복아크 용접봉→접지케이블
③ 용접기→피복아크용접봉→아크→모재→접지케이블→전극케이블→용접봉 홀더

④ 용접기→전극 케이블→접지케이블→용접봉 홀더→피복아크 용접봉→아크→모재

25 연강용 가스 용접봉의 용착금속의 기계적 성질 중 시험편의 처리에서 「용접한 그대로 응력을 제거하지 않은 것」을 나타내는 기호는?

① NSR   ② SR
③ GA   ④ GB

시험편의 용어
• P : 용접 후 열처리를 한 것
• A : 용접한 그대로
• SR : 625±25℃에서 응력제거 풀림을 한 시편
• NSR : 용접한 그대로의 응력제거를 하지 않은 것

26 용접 중에 아크가 전류의 자기작용에 의해서 한쪽으로 쏠리는 현상을 아크 쏠림(Arc Blow)이라 한다. 다음 중 아크 쏠림의 방지법이 아닌 것은?

① 직류 용접기를 사용한다.
② 아크의 길이를 짧게 한다.
③ 보조판(엔드탭)을 사용한다.
④ 후퇴법을 사용한다.

아크 쏠림을 방지하기 위해서는 직류 대신 교류 전원을 사용해야 한다.

27 연강용 피복금속 아크 용접봉에서 다음 중 피복제의 염기성이 가장 높은 것은?

① 저수소계
② 고산화철계
③ 고셀룰로스계
④ 티탄계

저수소계 용접봉이 피복제의 염기성이 가장 높다.

28 저수소계 용접봉의 특징이 아닌 것은?

① 용착금속 중의 수소량이 다른 용접봉에 비해서 현저하게 적다.
② 용착금속의 취성이 크며 화학적 성질도 좋다.
③ 균열에 대한 감수성이 특히 좋아서 두꺼운 판 용접에 사용된다.
④ 고탄소강 및 황의 함유량이 많은 쾌삭강 등의 용접에 사용되고 있다.

저수소계 용접봉은 연성과 인성이 우수하며, 아크의 길이가 짧고 잘 끊어지기 쉬워 아크가 불안정하다.

29 가스 절단에서 양호한 절단면을 얻기 위한 조건으로 맞지 않는 것은?

① 드래그가 가능한 한 클 것
② 절단면 표면의 각이 예리할 것
③ 슬래그 이탈이 양호할 것
④ 경제적인 절단이 이루어질 것

> 양호한 절단면을 얻기 위해서는 드래그가 일정하고 작아야 한다.

30 용접봉의 용융금속이 표면장력의 작용으로 모재에 옮겨가는 용적이행으로 맞는 것은?

① 스프레이형　　② 핀치효과형
③ 단락형　　　　④ 용적형

> 단락형은 표면장력의 작용으로 용적이 용융지에 접촉하면서 옮겨가는 방식이다.

31 피복 아크 용접봉에서 피복제의 가장 중요한 역할은?

① 변형 방지　　　② 인장력 증대
③ 모재 강도 증가　④ 아크 안정

> 피복제의 가장 중요한 역할은 아크의 안정화이며, 이외에도 전기 절연 작용, 용착효율, 용착금속 보호 등의 역할이 있다.

32 폭발 위험성이 가장 큰 산소와 아세틸렌의 혼합비(%)는?

① 40 : 60　　　② 15 : 85
③ 60 : 40　　　④ 85 : 15

33 35℃에서 150kgf/cm²으로 압축하여 내부용적 45.7 리터의 산소 용기에 충전하였을 때, 용기 속의 산소량은 몇 리터인가?

① 6,855　　　　② 5,250
③ 6,105　　　　④ 7,005

> 산소량 = 내용적×고압게이지의 눈금
> 　　　 = 150×45.7 = 6,855L

34 산소 프로판 가스용접 시 산소 : 프로판 가스의 혼합비로 가장 적당한 것은?

① 1 : 1　　　　② 2 : 1
③ 2.5 : 1　　　④ 4.5 : 1

35 발전(모터, 엔진형)형 직류 아크 용접기와 비교하여 정류기형 직류 아크 용접기를 설명한 것 중 틀린 것은?

① 고장이 적고 유지보수가 용이하다.
② 취급이 간단하고 가격이 싸다.
③ 초소형 경량화 및 안정된 아크를 얻을 수 있다.
④ 완전한 직류를 얻을 수 있다.

> 정류기형 직류 아크 용접기는 교류를 정류하므로 완전한 직류를 얻을 수 없다.

36 교류피복 아크 용접기에서 아크발생 초기에 용접전류를 강하게 흘려보내는 장치를 무엇이라고 하는가?

① 원격 제어장치　　② 핫 스타트 장치
③ 전격 방지기　　　④ 고주파 발생장치

37 아크 절단법의 종류가 아닌 것은?

① 플라즈마 제트 절단　② 탄소 아크 절단
③ 스카핑　　　　　　　④ 티그 절단

> 스카핑은 가스절단에 해당한다.

38 부탄가스의 화학 기호로 맞는 것은?

① C_4H_{10}　　　② C_3H_8
③ C_5H_{12}　　　④ C_2H_6

39 아크 에어 가우징에 가장 적합한 홀더 전원은?

① DCRP
② DCSP
③ DCRP, DCSP 모두 좋다.
④ 대전류의 DCSP가 가장 좋다.

> 아크 에어 가우징의 홀더 전원은 직류 역극성을 사용한다.

40 열간가공이 쉽고 다듬질 표면이 아름다우며 용접성이 우수한 강으로 몰리브덴 첨가로 담금질성이 높아 각종 축, 강력볼트, 아암, 레버 등에 많이 사용되는 강은?

① 크롬 – 몰리브덴강
② 크롬 – 바나듐강
③ 규소 – 망간강
④ 니켈 – 구리-코발트강

41 고장력강(HT)의 용접성을 가급적 좋게 하기 위해 줄여야 할 합금원소는?

① C ② Mn
③ Si ④ Cr

42 내식강 중에서 가장 대표적인 특수 용도용 합금강은?

① 주강 ② 탄소강
③ 스테인리스강 ④ 알루미늄강

43 아공석강의 기계적 성질 중 탄소함유량이 증가함에 따라 감소하는 성질은?

① 연신율 ② 경도
③ 인장강도 ④ 항복강도

44 금속침투법에서 칼로라이징이란 어떤 원소로 사용하는 것인가?

① 니켈 ② 크롬
③ 붕소 ④ 알루미늄

45 주조 시 주형에 냉금을 삽입하여 주물표면을 급랭시키는 방법으로 제조되어 금속 압연용 롤 등으로 사용되는 주철은?

① 가단주철 ② 칠드주철
③ 고급주철 ④ 페라이트주철

46 알루마이트법이라 하여, Al 제품을 2% 수산 용액에서 전류를 흘려 표면에 단단하고 치밀한 산화막을 만드는 방법은?

① 통산법 ② 황산법
③ 수산법 ④ 크롬산법

47 주위의 온도에 의하여 선팽창 계수나 탄성률 등의 특정한 성질이 변하지 않는 불변강이 아닌 것은?

① 인바 ② 엘린바
③ 슈퍼인바 ④ 베빗메탈

48 다음 가공법 중 소성가공법이 아닌 것은?

① 주조 ② 압연
③ 단조 ④ 인발

49 다음 중 담금질에서 나타나는 조직으로 경도와 강도가 가장 높은 조직은?

① 시멘타이트 ② 오스테나이트
③ 소르바이트 ④ 마텐자이트

50 일반적으로 강에 S, Pb, P 등을 첨가하여 절삭성을 향상시킨 강은?

① 구조용강 ② 쾌삭강
③ 스프링강 ④ 탄소공구강

51 KS 재료 기호에서 고압 배관용 탄소강관을 의미하는 것은?

① SPP ② SPS
③ SPPS ④ SPPH

52 도면에서 표제란과 부품란으로 구분할 때 다음 중 일반적으로 표제란에만 기입하는 것은?

① 부품번호 ② 부품기호
③ 수량 ④ 척도

53 용도에 의한 명칭에서 선의 종류가 모두 가는 실선인 것은?

① 치수선, 치수보조선, 지시선
② 중심선, 지시선, 숨은선
③ 외형선, 치수보조선, 해칭선
④ 기준선, 피치선, 수준면선

54 리벳의 호칭 방법으로 옳은 것은?

① 규격 번호, 종류, 호칭지름×길이, 재료
② 명칭, 등급, 호칭지름×길이, 재료
③ 규격번호, 종류, 부품 등급, 호칭, 재료
④ 명칭, 다듬질 정도, 호칭, 등급, 강도

55 그림과 같이 파단선을 경계로 필요로 하는 요소의 일부만을 단면으로 표시하는 단면도는?

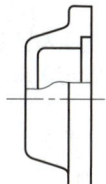

① 온 단면도
② 부분 단면도
③ 한쪽 단면도
④ 회전 도시 단면도

56 그림과 같은 치수 기입 방법은?

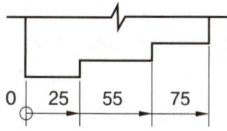

① 직렬 치수 기입법
② 병렬 치수 기입법
③ 조합 치수 기입법
④ 누진 치수 기입법

57 그림과 같은 용접이음 방법의 명칭으로 가장 적합한 것은?

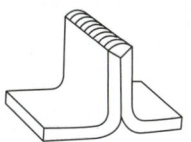

① 연속 필릿 용접
② 플랜지형 겹치기 용접
③ 연속 모서리 용접
④ 플랜지형 맞대기 용접

58 관의 구배를 표시하는 방법 중 틀린 것은?

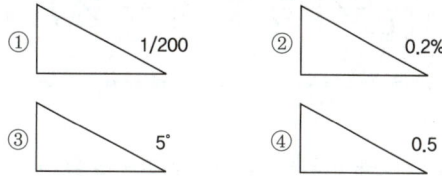

59 그림과 같은 원뿔을 전개하였을 경우 나타난 부채꼴의 전개각(전개된 물체의 꼭지각)이 150°가 되려면 ℓ의 치수는?

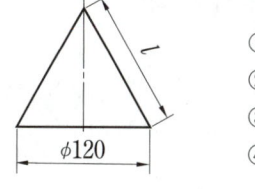

① 100
② 122
③ 144
④ 150

$$\theta = 360 \times \frac{R}{L}, \quad 150 = 360 \times \frac{60}{L}, \quad L = \frac{360 \times 60}{150} = 144$$

60 그림과 같은 제3각 정투상도의 3면도를 기초로 한 입체도로 가장 적합한 것은?

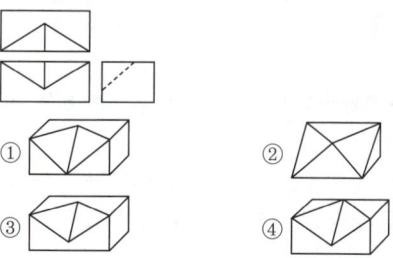

정답	01 ④	02 ④	03 ③	04 ④	05 ②
	06 ④	07 ④	08 ②	09 ②	10 ③
	11 ④	12 ④	13 ②	14 ④	15 ①
	16 ②	17 ④	18 ②	19 ②	20 ②
	21 ③	22 ②	23 ③	24 ①	25 ①
	26 ①	27 ①	28 ②	29 ①	30 ③
	31 ④	32 ③	33 ①	34 ④	35 ④
	36 ②	37 ③	38 ①	39 ①	40 ①
	41 ①	42 ③	43 ①	44 ④	45 ③
	46 ③	47 ③	48 ①	49 ④	50 ②
	51 ④	52 ④	53 ①	54 ①	55 ②
	56 ④	57 ④	58 ④	59 ③	60 ③

chapter 07

최근기출문제 - 2014년 4회(특수용접기능사)

1 금속산화물이 알루미늄에 의하여 산소를 빼앗기는 반응에 의해 생성되는 열을 이용하여 금속을 접합하는 용접방법은?

① 일렉트로 슬래그 용접
② 테르밋 용접
③ 불활성 가스 금속 아크 용접
④ 스폿 용접

> 보기는 테르밋 용접에 관한 내용이며, 테르밋 용접의 특징은 용접봉에 전력이 필요없고, 작업 장소의 이동이 쉬운 장점이 있다.

2 맞대기 용접에서 판 두께가 대략 6mm 이하의 경우에 사용되는 홈의 형상은?

① I형
② X형
③ U형
④ H형

> • I형 : 6mm 이하 • K형 : 12mm 이상
> • X형 : 15~40mm • V형 : 20~30mm

3 TIG 용접에서 청정작용이 가장 잘 발생하는 용접전원은?

① 직류 역극성일 때
② 직류 정극성일 때
③ 교류 정극성일 때
④ 극성에 관계없음

> 직류 역극성일 때 청정작용이 가장 잘 발생하며, 직류 정극성일 때는 청정작용이 필요 없다.

4 다음 중 서브머지드 아크 용접에서 기공의 발생 원인과 거리가 가장 먼 것은?

① 용제의 건조불량
② 용접속도의 과대
③ 용접부의 구속이 심할 때
④ 용제 중에 불순물의 혼입

> **기공의 발생 원인**
> • 용제의 건조가 불량할 때
> • 용접속도가 너무 빠를 때
> • 용제 중에 불순물이 혼입되었을 때
> • 용제의 산포량이 너무 많거나 너무 적을 때

5 안전모의 일반구조에 대한 설명으로 틀린 것은?

① 안전모는 모체, 착장체 및 턱끈을 가질 것
② 착장체의 구조는 착용자의 머리부위에 균등한 힘이 분배되도록 한 것
③ 안전모의 내부수직거리는 25mm 이상 50mm 미만일 것
④ 착장체의 머리 고정대는 착용자의 머리 부위에 고정하도록 조절할 수 없을 것

> 착장체의 머리 고정대는 착용자의 머리 부위에 고정하도록 조절할 수 있어야 한다.

6 아크전류가 일정할 때 아크전압이 높아지면 용접봉의 용융속도가 늦어지고, 아크전압이 낮아지면 용융속도가 빨라지는 특성은?

① 부저항 특성
② 전압회복 특성
③ 절연회복 특성
④ 아크길이 자기제어 특성

7 일반적으로 피복 아크 용접 시 운봉폭은 심선 지름의 몇 배인가?

① 1~2배
② 2~3배
③ 5~6배
④ 7~8배

> 운봉폭은 2~3배, 위빙 피치는 5~6mm로 한다.

8 시중에서 시판되는 구리 제품의 종류가 아닌 것은?

① 전기동
② 산화동
③ 정련동
④ 무산소동

9 암모니아(NH₃) 가스 중에서 500℃ 정도로 장시간 가열하여 강제품의 표면을 경화시키는 열처리는?

① 침탄 처리
② 질화 처리
③ 화염 경화처리
④ 고주파 경화처리

10 냉간가공을 받은 금속의 재결정에 대한 일반적인 설명으로 틀린 것은?

① 가공도가 낮을수록 재결정 온도는 낮아진다.
② 가공시간이 길수록 재결정 온도는 낮아진다.
③ 철의 재결정온도는 330~450℃ 정도이다.
④ 재결정 입자의 크기는 가공도가 낮을수록 커진다.

> 가공도가 클수록 재결정 온도가 낮아진다.

11 황동의 화학적 성질에 해당되지 않는 것은?

① 질량 효과 　　　　② 자연 균열
③ 탈아연 부식 　　　④ 고온 탈아연

> **황동의 화학적 성질**
> 자연균열, 고온 탈아연, 탈아연 부식, 경년변화

12 18%Cr-8%Ni계 스테인리스강의 조직은?

① 페라이트계 　　　② 마텐자이트계
③ 오스테나이트계 　④ 시멘타이트계

> • 13Cr계 : 마텐자이트계
> • 18Cr계 : 페라이트계
> • 16Cr-7Ni-1Al : 석출경화형

13 주강제품에는 기포, 기공 등이 생기기 쉬우므로 제강작업 시에 쓰이는 탈산제는?

① P.S 　　　　　　② Fe-Mn
③ SO_2 　　　　　④ Fe_2O_3

> 주강제품에는 탈산제로 Fe-Mn을 사용한다.

14 Fe-C 상태도에서 아공석강의 탄소함량으로 옳은 것은?

① 0.025~0.8%C 　　② 0.80~2.0%C
③ 2.0~4.3%C 　　　④ 4.3~6.67%C

15 저온 메짐을 일으키는 원소는?

① 인(P) 　　　　　② 황(S)
③ 망간(Mn) 　　　④ 니켈(Ni)

> • 인 : 청열취성, 저온취성의 원인
> • 황 : 적열취성의 원인
> • 망간 : 황에 의한 적열취성을 방지

16 피복 아크 용접 시 용접회로의 구성순서가 바르게 연결된 것은?

① 용접기 → 접지케이블 → 용접봉홀더 → 용접봉 → 아크 → 모재 → 헬멧
② 용접기 → 전극케이블 → 용접봉홀더 → 용접봉 → 아크 → 접지케이블 → 모재
③ 용접기 → → 접지케이블 → 용접봉홀더 → 용접봉 → 아크 → 전극케이블 → 모재
④ 용접기 → 전극케이블 → 용접봉홀더 → 용접봉 → 아크 → 모재 → 접지케이블

17 정류기형 직류 아크 용접기의 특성에 관한 설명으로 틀린 것은?

① 보수와 점검이 어렵다.
② 취급이 간단하고, 가격이 싸다.
③ 고장이 적고, 소음이 나지 않는다.
④ 교류를 정류하므로 완전한 직류를 얻지 못한다.

> 정류기형 직류 아크 용접기는 보수와 점검이 용이하다.

18 동일한 용접조건에서 피복 아크 용접할 경우 용입이 가장 깊게 나타나는 것은?

① 교류(AC) 　　　　② 직류 역극성(DCRP)
③ 직류 정극성(DCSP) ④ 고주파 교류(ACHF)

> **용입의 깊이** : 정극성 〉교류 〉역극성

19 탄소강의 종류 중 탄소 함유량이 0.3~0.5%이고, 탄소량이 증가함에 따라서 용접부에서 저온 균열이 발생될 위험성이 커지기 때문에 150~250℃로 예열을 실시할 필요가 있는 탄소강은?

① 저탄소강 　　　　② 중탄소강
③ 고탄소강 　　　　④ 대탄소강

> • 저탄소강 : 0.3%C 미만
> • 중탄소강 : 0.3~0.5%C
> • 고탄소강 : 0.5~1.7%C

20 저온뜨임의 목적이 아닌 것은?

① 치수의 경년변화 방지
② 담금질 응력 제거
③ 내마모성의 향상
④ 기공의 방지

21 가스 용접봉의 성분 중에서 인(P)이 모재에 미치는 영향을 올바르게 설명한 것은?

① 기공을 막을 수도 있으나 강도가 떨어지게 된다.
② 강의 강도를 증가시키나 연신율, 굽힘성 등이 감소된다.
③ 용접부의 저항력을 감소시키고, 기공 발생의 원인이 된다.
④ 강에 취성을 주며, 가연성을 잃게 하는데 특히 암적색으로 가열한 경우는 대단히 심하다.

인을 많이 함유한 강이 상온 또는 저온에서 강이 여리게 되는 성질을 상온취성이라 한다.

22 오스테나이트계 스테인리스강을 용접 시 냉각과정에서 고온균열이 발생하게 되는 원인으로 틀린 것은?

① 아크의 길이가 너무 길 때
② 모재가 오염되어 있을 때
③ 크레이터 처리를 하였을 때
④ 구속력이 가해진 상태에서 용접할 때

용접 시 고온균열 발생 원인
• 크레이터 처리를 하지 않았을 때
• 아크의 길이가 너무 길거나 모재가 오염되어 있을 때
• 구속력이 가해진 상태에서 용접할 때

23 텅스텐(W)의 용융점은 약 몇 ℃인가?

① 1,538℃
② 2,610℃
③ 3,410℃
④ 4,310℃

24 현미경 시험용 부식제 중 알루미늄 및 그 합금용에 사용되는 것은?

① 초산 알코올 용액
② 피크린산 용액
③ 왕수
④ 수산화나트륨 용액

현미경 조직시험에서 알루미늄 및 그 합금용 부식제로는 수산화나트륨 용액 또는 불화수소용액이 사용된다.

25 아크 용접에서 피복제의 작용을 설명한 것 중 틀린 것은?

① 전기절연 작용을 한다.
② 아크(arc)를 안정하게 한다.
③ 스패터링(spattering)을 많게 한다.
④ 용착금속의 탈산정련 작용을 한다.

피복제는 스패터의 발생을 적게 한다.

26 전기에 감전되었을 때 체내에 흐르는 전류가 몇 mA일 때 근육 수축이 일어나는가?

① 5mA
② 20mA
③ 50mA
④ 100mA

전류가 인체에 미치는 영향	
허용전류(mA)	인체에 미치는 영향
8~15	고통을 수반한 쇼크를 느낀다.
15~20	고통을 느끼고 가까운 근육 경련을 일으킨다.
20~50	고통을 느끼고 강한 근육 수축이 일어나며 호흡이 곤란하다.
50~100	순간적으로 사망할 위험이 있다.

27 강의 인성을 증가시키며, 특히 노치 인성을 증가시켜 강의 고온 가공을 쉽게 할 수 있도록 하는 원소는?

① P
② Si
③ Pb
④ Mn

망간의 특성
• 주조성을 좋게 하여 황의 해를 감소시킨다.
• 강의 강도, 경도, 인성, 점성을 증가시킨다.
• 강의 연성을 감소시킨다.
• 고온에서 결정립 성장을 억제시킨다.

28 플라스마 아크 절단법에 관한 설명이 틀린 것은?

① 알루미늄 등의 경금속에는 작동가스로 아르곤과 수소의 혼합가스가 사용된다.
② 가스절단과 같은 화학반응은 이용하지 않고, 고속의 플라스마를 사용한다.
③ 텅스텐전극과 수냉 노즐 사이에 아크를 발생시키는 것을 비이행형 절단법이라 한다.
④ 기체의 원자가 저온에서 음(-)이온으로 분리된 것을 플라스마라 한다.

플라스마란 기체의 원자가 고온에서 양(+)이온으로 분리된 것을 말한다.

29 AW 220, 무부하 전압 80V, 아크전압이 30V인 용접기의 효율은? (단, 내부손실은 2.5kW이다.)

① 71.5%
② 72.5%
③ 73.5%
④ 74.5%

$$\text{효율} = \frac{\text{아크 전압[V]} \times \text{아크 전류[A]}}{\text{아크 전압[V]} \times \text{아크 전류[A] + 내부손실}} \times 100\%$$

$$= \frac{30[V] \times 220[A]}{30[V] \times 220[A] + 2500[W]} \times 100\% = 72.5\%$$

30 예열용 연소 가스로는 주로 수소가스를 이용하며, 침몰선의 해체, 교량의 교각 개조 등에 사용되는 절단법은?

① 스카핑
② 산소창 절단
③ 분말절단
④ 수중절단

> 침몰선의 해체나 교량의 개조 등에 사용되는 수중절단은 수소를 연료로 사용되며, 아세틸렌, 벤젠, 프로판 등도 사용된다.

31 피복아크 용접봉의 보관과 건조 방법으로 틀린 것은?

① 건조하고 진동이 없는 곳에 보관한다.
② 저수소계는 100~150℃에서 30분 건조한다.
③ 피복제의 계통에 따라 건조 조건이 다르다.
④ 일미나이트계는 70~100℃에서 30~60분 건조한다.

> 저수소계는 300~350℃에서 1~2시간 건조한다.

32 가스절단 작업을 할 때 양호한 절단면을 얻기 위하여 예열 후 절단을 실시하는데 예열불꽃이 강할 경우 미치는 영향 중 잘못 표현된 것은?

① 절단면이 거칠어진다.
② 절단면이 매우 양호하다.
③ 모서리가 용융되어 둥글게 된다.
④ 슬래그 중의 철 성분의 박리가 어려워진다.

> 예열불꽃이 강할 때는 절단면이 거칠어지고 모서리가 용융되어 둥글게 된다.

33 모재의 열 변형이 거의 없으며, 이종 금속의 용접이 가능하고 정밀한 용접을 할 수 있으며, 비접촉식 방식으로 모재에 손상을 주지 않는 용접은?

① 레이저 용접
② 테르밋 용접
③ 스터드 용접
④ 플라스마 제트 아크 용접

> 레이저 용접은 유도방사에 의한 광의 증폭을 이용하여 용융하는 용접방법으로 미세하고 정밀한 용접을 비접촉 용접방식으로 할 수 있으며, 이종 금속의 용접이 가능하다.

34 아크 용접기에 사용하는 변압기는 어느 것이 가장 적합한가?

① 누설 변압기
② 단권 변압기
③ 계기용 변압기
④ 전압 조정용 변압기

> 변압기 자기 회로의 일부에 공극을 두어 자속을 누설시켜 부하가 변해도 일정한 전류를 유지시키는 변압기를 누설 변압기라 하며, 아크 용접기, 네온용 변압기, 방전용 변압기 등에 사용된다.

35 가스용접에서 전진법과 비교한 후진법의 설명으로 맞는 것은?

① 열 이용률이 나쁘다.
② 용접속도가 느리다.
③ 용접변형이 크다.
④ 두꺼운 판의 용접에 적합하다.

> 후진법은 열이용률이 좋고, 용접변형이 작으며, 용접속도가 빠르다.

36 산소에 대한 설명으로 틀린 것은?

① 가연성 가스이다.
② 무색, 무취, 무미이다.
③ 물의 전기분해로도 제조한다.
④ 액체 산소는 보통 연한 청색을 띤다.

> 산소는 조연성 가스에 속한다.

37 납땜에 관한 설명 중 맞는 것은?

① 경납땜은 주로 납과 주석의 합금용제를 많이 사용한다.
② 연납땜은 450℃ 이상에서 하는 작업이다.
③ 납땜은 금속 사이에 용점이 낮은 별개의 금속을 용융 첨가하여 접합한다.
④ 은납의 주성분은 은, 납, 탄소 등의 합금이다.

> ① 납과 주석의 합금용제로 많이 사용되는 것은 연납땜이다.
> ② 연납땜은 450℃ 이하에서 하는 작업이다.
> ④ 은납은 은, 구리, 아연을 주성분으로 한 합금이다.

38 용접부의 비파괴 시험에 속하는 것은?

① 인장시험
② 화학분석시험
③ 침투시험
④ 용접균열시험

> 인장시험, 화학분석시험, 균열시험 모두 파괴시험에 해당한다.

39 용접 시 발생되는 아크 광선에 대한 재해 원인이 아닌 것은?

① 차광도가 낮은 차광 유리를 사용했을 때
② 사이드에 아크 빛이 들어 왔을 때
③ 아크 빛을 직접 눈으로 보았을 때
④ 차광도가 높은 차광 유리를 사용했을 때

> 아크 용접 시 차광도가 높은 차광 유리를 사용해야 아크 광선에 의한 재해를 예방할 수 있다.

40 용접 전의 일반적인 준비 사항이 아닌 것은?

① 용접재료 확인　　② 용접사 선정
③ 용접봉의 선택　　④ 후열과 풀림

> 후열과 풀림은 용접 후처리 작업에 해당한다.

41 TIG 용접에서 보호 가스로 주로 사용하는 가스는?

① Ar, He　　② CO, Ar
③ He, CO_2　　④ CO, He

> TIG 용접은 텅스텐을 전극으로 사용하여 아르곤, 헬륨 등의 불활성 가스를 분사하면서 용접하는 방법으로 텅스텐을 소모하지 않아 비용극식이라고 한다.

42 이산화탄소 아크 용접의 시공법에 대한 설명으로 맞는 것은?

① 와이어의 돌출길이가 길수록 비드가 아름답다.
② 와이어의 용융속도는 아크전류에 정비례하여 증가한다.
③ 와이어의 돌출길이가 길수록 늦게 용융된다.
④ 와이어의 돌출길이가 길수록 아크가 안정된다.

> 와이어의 돌출길이가 길수록 용접전류가 낮아지고, 전기저항열 증가, 용착속도 증가, 용착효율 향상, 보호효과가 나빠진다.

43 MIG 용접 시 와이어 송급 방식의 종류가 아닌 것은?

① 풀 방식
② 푸시 방식
③ 푸시 풀 방식
④ 푸시 언더 방식

> MIG 용접의 와이어 송급 방식에는 풀 방식, 푸시 방식, 푸시 풀 방식이 있다.

44 서브머지드 아크 용접에서 루트 간격이 0.8mm 보다 넓을 때 누설방지 비드를 배치하는 가장 큰 이유로 맞는 것은?

① 기공을 방지하기 위하여
② 크랙을 방지하기 위하여
③ 용접변형을 방지하기 위하여
④ 용락을 방지하기 위하여

> 서브머지드 아크 용접에서 용락 방지를 위해 누설방지 비드를 배치한다.

45 다음 중 심용접의 종류가 아닌 것은?

① 맞대기 심용접　　② 슬롯 심용접
③ 매시 심용접　　④ 포일 심용접

> 심용접은 저항용접의 일종이며, 대표적인 방법으로 겹치기 심용접이 있으며, 이외에도 맞대기 심용접, 매시 심용접, 포일 심용접, 와이어 심용접 등 다양한 종류가 있다.

46 매크로 조직 시험에서 철강재의 부식에 사용되지 않는 것은?

① 염산 1 : 물 1의 액
② 염산 38 : 황산 1.2 : 물 5.0의 액
③ 소금 1 : 물 1.5의 액
④ 초산 1 : 물 3의 액

47 서브머지드 아크 용접의 용제에서 광물성 원료를 고온(1,300℃ 이상)으로 용융한 후 분쇄하여 적합한 입도로 만드는 용제는?

① 용융형 용제　　② 소결형 용제
③ 첨가형 용제　　④ 혼성형 용제

> **용융형 용제의 특징**
> • 화학적 균일성이 양호
> • 고속 용접성이 양호
> • 가는 입자일수록 고전류 사용
> • 가는 입자의 용제를 사용하면 비드 폭이 넓어지고 용입이 얕음

48 용접결함과 그 원인을 조합한 것으로 틀린 것은?

① 선상조직 - 용착금속의 냉각속도가 빠를 때
② 오버랩 - 전류가 너무 낮을 때
③ 용입불량 - 전류가 너무 높을 때
④ 슬래그 섞임 - 전층의 슬래그 제거가 불완전할 때

> 용입불량은 전류가 낮을 때 발생한다.

49 용접작업을 할 때 발생한 변형을 가열하여 소성변형을 시켜서 교정하는 방법으로 틀린 것은?

① 박판에 대한 점수축법
② 형재에 대한 직선수축법
③ 가열 후 해머질 하는 법
④ 피닝법

50 다음 중 CO_2 가스 아크용접에 적용되는 금속으로 맞는 것은?

① 알루미늄　　　② 황동
③ 연강　　　　　④ 마그네슘

이산화탄소가스 아크용접은 연강의 용접에 주로 사용된다.

51 다음 중 기계제도 분야에서 가장 많이 사용되며, 제3각법에 의하여 그리므로 모양을 엄밀, 정확하게 표시할 수 있는 도면은?

① 캐비닛도
② 등각투상도
③ 투시도
④ 정투상도

정투상도는 대상물의 좌표면이 투상면에 평행인 직각 투상을 말하는데, 모양을 정밀하고 정확하게 표시할 수 있으며, 제3각법에 의해 그린다.

52 다음 중 치수 보조 기호를 적용할 수 없는 것은?

① 구의 지름 치수
② 단면이 정사각형인 면
③ 판재의 두께 치수
④ 단면이 정삼각형인 면

① 구의 지름 – SØ
② 정사각형인 면 – □
④ 판재의 두께 – t

53 다음 중 용접구조용 압연강재의 KS 기호는?

① SS 400
② SCW 450
③ SM 400 C
④ SCM 415 M

용접구조용 압연강재
SM 400A, SM 400B, SM 400C, SM 490A, SM 490B, SM 490C, SM490YA, SM 490YB, SM 520B, SM 520C, SM 570

54 다음 중 단독형체로 적용되는 기하공차로만 짝지어진 것은?

① 평면도, 진원도
② 진직도, 직각도
③ 평행도, 경사도
④ 위치도, 대칭도

기하공차의 종류(KS B 0608)		
적용하는 형체		**공차의 종류**
단독 형체	모양 공차	진직도, 평면도, 진원도, 선의 윤곽도, 면의 윤곽도
단독 형체 또는 관련 형체		
관련 형체	자세 공차	평행도, 직각도, 경사도
	위치 공차	위치도, 동축도 또는 동심도, 대칭도
	흔들림 공차	원주 흔들림, 온 흔들림

55 기계제도에서 도면의 크기 및 양식에 대한 설명 중 틀린 것은?

① 도면 용지는 A형 사이즈를 사용할 수 있으며, 연장하는 경우에는 연장 사이즈를 사용한다.
② A4~A0 도면 용지는 반드시 긴 쪽을 좌우 방향으로 놓고서 사용해야 한다.
③ 도면에는 반드시 윤곽선 및 중심마크를 그린다.
④ 복사한 도면을 접을 때 그 크기는 원칙적으로 A4 크기로 한다.

A4는 짧은 쪽을 좌우 방향으로 놓고 사용 가능하다.

56 물체의 정면도를 기준으로 하여 뒤쪽에서 본 투상도는?

① 정면도
② 평면도
③ 저면도
④ 배면도

• 정면도 : 앞쪽에서 본 투상도
• 평면도 : 위쪽에서 본 투상도
• 저면도 : 아래쪽에서 본 투상도
• 배면도 : 뒤쪽에서 본 투상도

57 다음 그림에서 축 끝에 도시된 센터 구멍 기호가 뜻하는 것은?

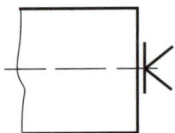

① 센터 구멍이 남아 있어도 좋다.
② 센터 구멍이 필요하지 않다.
③ 센터 구멍을 반드시 남겨둔다.
④ 센터 구멍이 필요하다.

센터 구멍의 기호	
센터 구멍의 필요 여부	그림 기호
필요한 경우	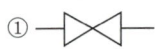
필요하나 기본적 요구가 아닌 경우	
필요하지 않은 경우	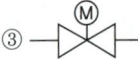

58 그림과 같은 용접 이음을 용접 기호로 옳게 표시한 것은?

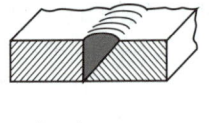

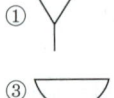 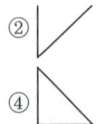

그림은 일면 개선형 맞대기 용접을 나타낸다.

59 배관 도시 기호 중 체크밸브를 나타내는 것은?

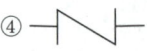

① 일반밸브 ② 글로브 밸브

60 그림과 같은 도면에서 ⓐ 판의 두께는 얼마인가?

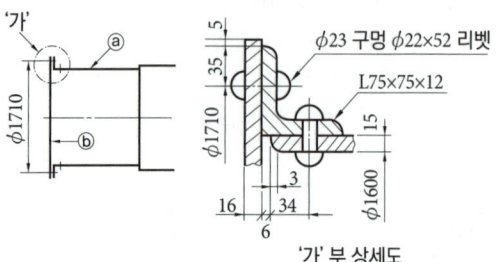

'가' 부 상세도

① 6mm　　② 12mm
③ 15mm　　④ 16mm

최근기출문제 – 2014년 5회(용접기능사)

1 차축, 레일의 접합, 선박의 프레임 등 비교적 큰 단면을 가진 주조나 단조품의 맞대기 용접과 보수용접에 주로 사용되는 용접법은?

① 서브머지드 아크 용접
② 테르밋 용접
③ 원자 수소 아크 용접
④ 오토콘 용접

> 테르밋 용접은 미세한 알루미늄 분말과 산화철 분말을 혼합하여 과산화바륨과 알루미늄(또는 마그네슘) 등 혼합분말로 된 점화제를 넣고 연소시켜 그 반응열로 용접하는 방법으로 철강계통의 레일, 차축, 선박의 프레임 등 비교적 큰 단면을 가진 주조나 단조품의 맞대기 용접과 보수용접에 주로 사용된다.

2 용접부 시험 중 비파괴 시험방법이 아닌 것은?

① 피로시험   ② 누설시험
③ 자기적 시험   ④ 초음파 시험

> **비파괴 시험**
> 초음파 탐상시험, 자분 탐상시험, 방사선 탐상시험, 누설 탐상시험, 맴돌이전류시험, 육안검사

3 불활성가스 금속 아크 용접의 제어장치로서 크레이터 처리 기능에 의해 낮아진 전류가 서서히 줄어들면서 아크가 끊어지는 기능으로 이면용접 부위가 녹아내리는 것을 방지하는 것은?

① 예비가스 유출시간
② 스타트 시간
③ 크레이터 충전시간
④ 번백 시간

> **제어장치의 기능**
> • 예비가스 유출시간 : 아크가 처음 발생되기 전 보호가스를 흐르게 하여 아크를 안정되게 하여 결함 발생을 방지
> • 스타트 시간 : 아크가 발생되는 순간 용접 전류와 전압을 크게 하여 아크의 발생과 모재의 융합을 도움
> • 번 백 시간 : 크레이터 처리 기능에 의해 낮아진 전류가 서서히 줄어들면서 아크가 끊어지는 기능으로 이면 용접부가 녹아내리는 것을 방지
> • 크레이터 충전시간 : 크레이터의 결함을 방지
> • 가스지연 유출시간 : 용접 후 5~25초 동안 가스를 공급하여 크레이터 부위의 산화 방지

4 다음 중 용접 결함의 보수용접에 관한 사항으로 가장 적절하지 않은 것은?

① 재료의 표면에 있는 얇은 결함은 덧붙임 용접으로 보수한다.
② 언더컷이나 오버랩 등은 그대로 보수용접을 하거나 정으로 따내기 작업을 한다.
③ 결함이 제거된 모재 두께가 필요한 치수보다 얇게 되었을 때에는 덧붙임 용접으로 보수한다.
④ 덧붙임 용접으로 보수할 수 있는 한도를 초과할 때에는 결함부분을 잘라내어 맞대기 용접으로 보수한다.

> 덧붙임 용접은 마멸된 부분이나 치수가 부족한 표면을 보충하기 위한 용접 방법이다.

5 불활성가스 금속아크 용접의 용적이행 방식 중 용융이행 상태는 아크기류 중에서 용가재가 고속으로 용융, 미입자의 용적으로 분사되어 모재에 용착되는 용적이행은?

① 용락 이행   ② 단락 이행
③ 스프레이 이행   ④ 글로뷸러 이행

> 스프레이 이행은 용가재가 고속으로 용융, 미입자의 용적으로 분사되어 모재로 옮겨가는 용적이행으로 고전압 고전류에서 아르곤 가스나 헬륨 가스를 사용하는 경합금 용접에서 주로 나타난다.

6 경납용 용가재에 대한 각각의 설명이 틀린 것은?

① 은납 : 구리, 은, 아연이 주성분으로 구성된 합금으로 인장강도, 전연성 등의 성질이 우수하다.
② 황동납 : 구리와 니켈의 합금으로 값이 저렴하여 공업용으로 많이 쓰인다.
③ 인동납 : 구리가 주성분이며 소량의 은, 인을 포함한 합금으로 되어있다. 일반적으로 구리 및 구리합금의 땜납으로 쓰인다.
④ 알루미늄납 : 일반적으로 알루미늄에 규소, 구리를 첨가하여 사용하며 융점은 600℃ 정도이다.

> 황동납의 주성분은 구리와 아연이며, 공구류의 납땜에 주로 사용된다.

7 토륨-텅스텐 전극봉에 대한 설명으로 맞는 것은?

① 전자 방사 능력이 떨어진다.
② 아크 발생이 어렵고 불순물 부착이 많다.
③ 직류 정극성에는 좋으나 교류에는 좋지 않다.
④ 전극의 소모가 많다.

> 토륨-텅스텐은 1~2%의 토륨이 함유되어 있는 전극봉으로 낮은 전류에서 아크 발생이 용이하며, 전자 방사 능력이 뛰어나다.

8 일렉트로 슬래그 용접의 단점에 해당되는 것은?

① 용접 능률과 용접 품질이 우수하므로 후판용접 등에 적당하다.
② 용접 진행 중에 용접부를 직접 관찰할 수 없다.
③ 최소한의 변형과 최단시간의 용접법이다.
④ 다전극을 이용하면 더욱 능률을 높일 수 있다.

> ①, ③, ④는 일렉트로 슬래그 용접의 장점에 해당하며, 용접 진행 중에 용접부를 직접 관찰할 수 없는 단점이 있다.

9 다음 전기저항 용접 중 맞대기 용접이 아닌 것은?

① 업셋 용접   ② 버트 심용접
③ 프로젝션 용접   ④ 퍼커션 용접

> **이음 형상에 따른 저항용접의 분류**
> • 맞대기 용접 : 업셋 용접, 플래시 용접, 퍼커션 용접, 버트 심용접
> • 겹치기 용접 : 점용접, 심용접, 프로젝션 용접

10 CO_2 가스 아크 용접 시 저전류 영역에서 가스유량은 약 몇 l/min정도가 가장 적당한가?

① 1~5   ② 6~10
③ 10~15   ④ 16~20

> **가스유량**
> • 저전류 영역 : 10~15 l/min
> • 고전류 영역 : 20~25 l/min

11 서브머지드 아크 용접에서 다전극 방식에 의한 분류가 아닌 것은?

① 유니언식   ② 횡병렬식
③ 횡직렬식   ④ 탠덤식

> **다전극 방식에 의한 용접기의 분류**
> • 탠덤식 : 용입이 깊고 비드의 폭이 좁다.
> • 횡병렬식 : 용입이 얕고 비드의 폭이 넓다.
>   (2개의 전원을 공동 전원에 연결)
> • 횡직렬식 : 용입이 얕고 비드의 폭이 넓다.
>   (2개의 전원을 독립 전원에 연결)

12 상온에서 강하게 압축함으로써 경계면을 국부적으로 소성변형시켜 접합하는 것은?

① 냉간 압접   ② 플래시 버트 용접
③ 업셋 용접   ④ 가스 압접

> 냉간 압접이란 구리나 알루미늄 등의 금속을 상온에서 서로 압력을 가해 경계면을 국부적으로 소성변형시켜 접합하는 방법을 말한다.

13 용착금속의 극한 강도가 $30kg/mm^2$에 안전율이 6이면 허용응력은?

① $3kg/mm^2$ ② $4kg/mm^2$
③ $5kg/mm^2$ ④ $6kg/mm^2$

> $$허용응력 = \frac{최저\ 인장강도}{안전율} = \frac{30kg/mm^2}{6} = 5kg/mm^2$$

14 하중의 방향에 따른 필릿 용접의 종류가 아닌 것은?

① 전면 필릿   ② 측면 필릿
③ 연속 필릿   ④ 경사 필릿

> 필릿 용접은 하중의 방향에 따라 전면 필릿, 측면 필릿, 경사 필릿으로 구분할 수 있으며, 용접부의 형상에 따라 연속 필릿, 단속 필릿, 지그재그 단속 필릿으로 구분된다.

15 모재 두께 9mm, 용접 길이 150mm인 맞대기 용접의 최대 인장하중(kg)은 얼마인가?(단, 용착금속의 인장강도는 $43kg/mm^2$이다)

① 716kg   ② 4,450kg
③ 40,635kg   ④ 58,050kg

> 인장하중 = 인장강도×단면적
> = 43 × 1,350 = 58,050

16 화재의 폭발 및 방지조치 중 틀린 것은?

① 필요한 곳에 화재를 진화하기 위한 발화 설비를 설치할 것
② 배관 또는 기기에서 가연성 증기가 누출되지 않도록 할 것
③ 대기 중에 가연성 가스를 누설 또는 방출시키지 말 것
④ 용접 작업 부근에 점화원을 두지 않도록 할 것

> 발화란 불이 붙는 것을 의미하므로 발화 설비가 아닌 방화 설비를 필요한 곳에 설치해야 한다.

17 용접 변형에 대한 교정 방법이 아닌 것은?

① 가열법

② 가압법

③ 절단에 의한 정형과 재용접

④ 역변형법

> **용접 변형 교정법**
> 박판에 대한 점 수축법, 형재에 대한 직선 수축법, 가열 후 해머링하는 방법, 롤러에 거는 방법, 후판에 대해 가열 후 압력을 가하고 수랭하는 방법, 피닝법
> ※역변형법은 용접 전 변형 방지법에 해당한다.

18 용접 시 두통이나 뇌빈혈을 일으키는 이산화탄소 가스의 농도는?

① 1~2%

② 3~4%

③ 10~15%

④ 20~30%

> **이산화탄소가 인체에 미치는 영향**
> • 3~4% : 두통 및 뇌빈혈을 일으킨다.
> • 15% 이상 : 위험 상태에 빠진다.
> • 30% : 치사량

19 용접에서 예열에 관한 설명 중 틀린 것은?

① 용접 작업에 의한 수축 변형을 감소시킨다.

② 용접부의 냉각 속도를 느리게 하여 결함을 방지한다.

③ 고급 내열합금도 용접 균열을 방지하기 위하여 예열을 한다.

④ 알루미늄합금, 구리합금은 50~70℃의 예열이 필요하다.

> 알루미늄합금, 구리합금 등과 같이 열전도가 큰 것은 이음부의 열집중이 부족하여 융합불량이 생기기 쉬우므로 200~400℃ 정도의 예열이 필요하다.

20 현미경 조직시험 순서 중 가장 알맞은 것은?

① 시험편 채취 – 마운팅 – 샌드 페이퍼 연마 – 폴리싱 – 부식 – 현미경 검사

② 시험편 채취 – 폴리싱 – 마운팅 – 샌드 페이퍼 연마 – 부식 – 현미경 검사

③ 시험편 채취 – 마운팅 – 폴리싱 – 샌드 페이퍼 연마 – 부식 – 현미경 검사

④ 시험편 채취 – 마운팅 – 부식 – 샌드 페이퍼 연마 – 폴리싱 – 현미경 검사

21 용접부의 연성결함의 유무를 조사하기 위하여 실시하는 시험법은?

① 경도 시험

② 인장 시험

③ 초음파 시험

④ 굽힘 시험

> 굽힘 시험은 모재 및 용접부의 연성과 결함의 유무를 조사하기 위한 시험 방법으로 굽힘 각도는 180°이다.

22 TIG 용접 및 MIG 용접에 사용되는 불활성가스로 가장 적합한 것은?

① 수소가스

② 아르곤가스

③ 산소가스

④ 질소가스

> 불활성가스 아크 용접에서는 고온에서도 금속과 반응하지 않는 아르곤가스를 주로 사용한다.

23 가스용접 시 양호한 용접부를 얻기 위한 조건에 대한 설명 중 틀린 것은?

① 용착금속의 용입 상태가 균일해야 한다.

② 슬래그, 기공 등의 결함이 없어야 한다.

③ 용접부에 첨가된 금속의 성질이 양호하지 않아도 된다.

④ 용접부에는 기름, 먼지, 녹 등을 완전히 제거해야 한다.

> 가스용접 시 양호한 용접부를 얻기 위해서는 용접부에 첨가된 금속의 성질이 양호해야 한다.

24 교류 아크 용접기의 종류 중 AW-500의 정격 부하 전압은 몇 V인가?

① 28V

② 32V

③ 36V

④ 40V

> **AW-500**
> • 정격출력전류 : 500A
> • 정격 사용률 : 60%
> • 정격 부하전압 : 40V

25 연강 피복 아크 용접봉인 E4316의 계열은 어느 계열인가?

① 저수소계

② 고산화티탄계

③ 철분저수소계

④ 일미나이트계

> ② 고산화티탄계 : E4313
> ③ 철분저수소계 : E4326
> ④ 일미나이트계 : E4301

26 용해아세틸렌 가스는 각각 몇 ℃, 몇 kgf/cm²로 충전하는 것이 가장 적합한가?

① 40℃, 160kgf/cm²
② 35℃, 150kgf/cm²
③ 20℃, 30kgf/cm²
④ 15℃, 15kgf/cm²

27 다음 ( ) 안에 알맞은 용어는?

> 용접의 원리는 금속과 금속을 서로 충분히 접근시키면 금속원자 간에 ( )이 작용하여 스스로 결합하게 된다.

① 인력
② 기력
③ 자력
④ 응력

> 용접은 금속과 금속 사이의 인력(引力)이 작용하여 스스로 결합하게 되는 원리를 이용하는 방법이다.

28 산소 아크 절단을 설명한 것 중 틀린 것은?

① 가스절단에 비해 절단면이 거칠다.
② 직류 정극성이나 교류를 사용한다.
③ 중실(속이 찬) 원형봉의 단면을 가진 강(steel) 전극을 사용한다.
④ 절단속도가 빨라 철강 구조물 해체, 수중 해체 작업에 이용된다.

> 산소 아크 절단은 속이 빈 피복 용접봉과 모재 사이에 아크를 발생시키고 중심에서 산소를 분출시키면서 절단하는 방법이다.

29 피복 아크 용접봉의 피복 배합제의 성분 중에서 탈산제에 해당하는 것은?

① 산화티탄(TiO_2)
② 규소철(Fe-Si)
③ 셀룰로오스(Cellulose)
④ 일미나이트($FeO \cdot TiO_2$)

> ① 산화티탄 : 아크 안정제
> ③ 셀룰로오스 : 가스 발생제
> ④ 일미나이트 : 슬래그 생성제

30 다음 가스 중 가연성 가스로만 되어있는 것은?

① 아세틸렌, 헬륨
② 수소, 프로판
③ 아세틸렌, 아르곤
④ 산소, 이산화탄소

31 용접법을 크게 융접, 압접, 납땜으로 분류할 때 압접에 해당되는 것은?

① 전자빔 용접
② 초음파 용접
③ 원자수소 용접
④ 일렉트로 슬래그 용접

> 압접은 접합하고자 하는 두 금속의 접합부를 적당한 온도로 가열 또는 냉각한 상태에서 기계적 압력을 가하여 접합하는 방법으로 단접, 저항용접, 초음파용접, 마찰용접 등이 있다.

32 정격 2차 전류 200A, 정격사용률 40%, 아크용접기로 150A의 용접전류 사용 시 허용사용률은 약 얼마인가?

① 51%
② 61%
③ 71%
④ 81%

> 허용사용률 $= \dfrac{(\text{정격2차전류})^2}{(\text{실제의 용접전류})^2} \times \text{정격사용률}$
>
> $= \dfrac{200^2}{150^2} \times 40\% ≒ 71\%$

33 가스용접에 대한 설명 중 옳은 것은?

① 아크 용접에 비해 불꽃의 온도가 높다.
② 열 집중성이 좋아 효율적인 용접이 가능하다.
③ 전원설비가 있는 곳에서만 설치가 가능하다.
④ 가열할 때 열량 조절이 비교적 자유롭기 때문에 박판 용접에 적합하다.

> 가스용접은 열효율이 낮고 용접속도가 느리며, 열의 집중성이 나쁜 단점이 있다.

34 피복 아크 용접봉은 피복제가 연소한 후 생성된 물질이 용접부를 보호한다. 용접부의 보호방식에 따른 분류가 아닌 것은?

① 가스 발생식
② 스프레이형
③ 반가스 발생식
④ 슬래그 생성식

> **용접부 보호방식에 의한 용접봉의 분류**
> • 가스 발생식 : 일산화탄소, 수소, 탄산가스 등 환원가스나 불활성 가스에 의해 용착 금속을 보호하는 형식
> • 슬래그 생성식 : 액체의 용제 또는 슬래그로 용착 금속을 보호하는 형식
> • 반가스 발생식 : 가스 발생식과 슬래그 발생식을 혼합하여 사용

35 연강용 피복 아크 용접봉의 피복배합제 중 아크 안정제 역할을 하는 종류로 묶어 놓은 것 중 옳은 것은?

① 적철강, 알루미나, 붕산
② 붕산, 구리, 마그네슘
③ 알루미나, 마그네슘, 탄산나트륨
④ 산화티탄, 규산나트륨, 석회석, 탄산나트륨

아크 안정제 : 산화티탄, 석회석, 규산칼륨, 규산나트륨, 탄산나트륨 등

36 가스 가우징용 토치의 본체는 프랑스식 토치와 비슷하나 팁은 비교적 저압으로 대용량의 산소를 방출할 수 있도록 설계되어 있는데, 이는 어떤 설계구조인가?

① 초코
② 인젝트
③ 오리피스
④ 슬로우 다이버전트

가스 가우징의 팁은 슬로우 다이버전트로 설계되어 있다.

37 가스용접 작업에서 후진법의 특징이 아닌 것은?

① 열 이용률이 좋다.
② 용접 속도가 빠르다.
③ 용접 변형이 작다.
④ 얇은 판의 용접에 적당하다.

후진법은 두꺼운 판의 용접에 적당하다.

38 가스절단 시 양호한 절단면을 얻기 위한 품질기준이 아닌 것은?

① 슬래그 이탈이 양호할 것
② 절단면의 표면각이 예리할 것
③ 절단면이 평활하며 노치 등이 없을 것
④ 드래그의 홈이 높고 가능한 한 클 것

양호한 절단면을 얻기 위해서는 드래그의 홈이 깊고 가능한 한 작아야 한다.

39 스테인리스강의 종류에 해당되지 않는 것은?

① 페라이트계 스테인리스강
② 레데뷰라이트계 스테인리스강
③ 석출경화형 스테인리스강
④ 마텐자이트계 스테인리스강

스테인리스강의 종류
• 크롬계 : 마텐자이트계, 페라이트계
• 크롬-니켈계 : 오스테나이트계, 석출경화형

40 직류 아크 용접에서 정극성의 특징에 대한 설명으로 맞는 것은?

① 비드 폭이 넓다.
② 주로 박판 용접에 쓰인다.
③ 모재의 용입이 깊다.
④ 용접봉의 녹음이 빠르다.

① 비드 폭이 좁다.
② 주로 후판 용접에 쓰인다.
④ 용접봉의 녹음이 느리다.

41 금속 침투법 중 칼로라이징은 어떤 금속을 침투시킨 것인가?

① B
② Cr
③ Al
④ Zn

금속침투법의 종류 및 침투원소

종류	침투원소	종류	침투원소
세라다이징	Zn(아연)	보로나이징	B(붕소)
크로마이징	Cr(크롬)	실리코나이징	Si(규소)
칼로라이징	Al(알루미늄)		

42 마그네슘(Mg)의 특성을 설명한 것 중 틀린 것은?

① 비강도가 Al 합금보다 떨어진다.
② 구상흑연 주철의 첨가제로 사용된다.
③ 비중이 약 1.74 정도로 실용금속 중 가볍다.
④ 항공기, 자동차 부품, 전기기기, 선박, 광학기계, 인쇄제판 등에 사용된다.

마그네슘은 알루미늄 합금보다 비강도가 우수하여 다른 재료보다 적은 양으로도 필요한 강도를 얻을 수 있다.

43 구리(Cu)에 대한 설명으로 옳은 것은?

① 구리는 체심입방격자이며, 변태점이 있다.
② 전기 구리는 O_2나 탈산제를 품지 않는 구리이다.
③ 구리의 전기 전도율은 금속 중에서 은(Ag)보다 높다.
④ 구리는 CO_2가 들어있는 공기 중에서 염기성 탄산구리가 생겨 녹청색이 된다.

① 구리는 면심입방격자이다.
② 산소나 인, 아연, 규소, 칼륨 등의 탈산제를 품지 않는 구리를 무산소동이라 하는데, 전기전도도 및 가공성이 우수하고 전연성이 좋아 진공관용 또는 전자기기용으로 많이 사용된다.
③ 구리의 전기 전도율은 은(Ag)보다 낮다.

chapter 07

44 Al-Si계 합금의 조대한 공정조직을 미세화하기 위하여 나트륨(Na), 수산화나트륨(NaOH), 알칼리염류 등을 합금용 탕에 첨가하여 10~15분간 유지하는 처리는?

① 시효 처리
② 폴링 처리
③ 개량 처리
④ 응력제거 풀림처리

> Al-Si계 합금의 주조 조직에 나타나는 Si의 거친 결정을 미세화시키고 강도를 개선하기 위하여 나트륨, 수산화나트륨, 알칼리염류 등을 첨가하여 처리하는 것을 개량처리라고 한다.

45 조성이 2.0~3.0%C, 0.6~1.5%Si 범위의 것으로 백주철을 열처리로에 넣어 가열해서 탈탄 또는 흑연화 방법으로 제조한 주철은?

① 가단주철
② 칠드주철
③ 구상흑연 주철
④ 고력합금 주철

> 가단주철은 백주철을 고온에서 장시간 열처리하여 시멘타이트 조직을 분해 또는 소실시켜서 얻는 주철을 말하는 것으로 주조성, 절삭성, 내식성, 내열성, 내충격성이 우수하다.

46 담금질에 대한 설명 중 옳은 것은?

① 위험구역에서는 급랭한다.
② 임계구역에서는 서랭한다.
③ 강을 경화시킬 목적으로 실시한다.
④ 정지된 물속에서 냉각 시 대류단계에서 냉각속도가 최대가 된다.

> ① 위험구역에서는 서랭한다.
> ② 임계구역에서는 급랭한다.
> ④ 대류단계에서는 대류에 의해서만 냉각이 되므로 강의 온도와 물의 온도 차가 적어지므로 냉각속도는 늦어진다.

47 열간가공과 냉간가공을 구분하는 온도로 옳은 것은?

① 재결정 온도
② 재료가 녹는 온도
③ 물의 어는 온도
④ 고온취성 발생온도

> • 냉간가공 : 재결정 온도보다 낮은 온도에서 소성변형을 하는 가공법
> • 열간가공 : 재결정 온도보다 높은 온도에서 소성변형을 하는 가공법

48 강의 표준조직이 아닌 것은?

① 페라이트(Ferrite)
② 펄라이트(Pearlite)
③ 시멘타이트(Cementite)
④ 솔바이트(Sorbite)

> 강의 표준조직으로는 페라이트, 펄라이트, 오스테나이트, 시멘타이트, 레데뷰라이트 등이 있다.

49 보통 주강에 3% 이하의 Cr을 첨가하여 강도와 내마멸성을 증가시켜 분쇄기계, 석유화학 공업용 기계 부품 등에 사용되는 합금 주강은?

① Ni 주강   ② Cr 주강
③ Mn 주강   ④ Ni-Cr 주강

50 다음 중 탄소량이 가장 적은 강은?

① 연강   ② 반경강
③ 최경강   ④ 탄소공구강

탄소 함유량

연강	반경강	최경강	탄소공구강
0.13~0.20%	0.20~0.30%	0.50~0.70%	0.70~1.50%

51 기계제도에서의 척도에 대한 설명으로 잘못된 것은?

① 척도는 표제란에 기입하는 것이 원칙이다.
② 축척의 표시는 2:1, 5:1, 10:1 등과 같이 나타낸다.
③ 척도란 도면에서의 길이와 대상물의 실제 길이의 비이다.
④ 도면을 정해진 척도값으로 그리지 못하거나 비례하지 않을 때에는 척도를 'NS'로 표시할 수 있다.

> 축척의 표시는 1:2, 1:5, 1:10 등과 같이 나타내며, 2:1, 5:1, 10:1 등과 같이 나타내는 것을 배척이라 한다.

52 리벳 이음(Rivet Joint) 단면의 표시법으로 가장 올바르게 투상된 것은?

① 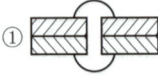   ②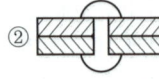

③ 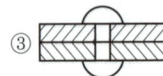   ④

53 다음 배관 도면에 포함되어 있는 요소로 볼 수 없는 것은?

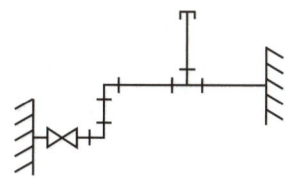

① 엘보　　　　② 티
③ 캡　　　　　④ 체크밸브

> 그림의 밸브는 일반밸브를 나타낸다.

54 리벳 구멍에 카운터 싱크가 없고 공장에서 드릴 가공 및 끼워 맞추기 할 때의 간략 표시 기호는?

구멍에 끼워 맞추기 위한 구멍, 볼트, 리벳의 기호 표시
(KS A ISO 5845-1)

구멍, 볼트, 리벳		공장에서 드릴가공 및 끼워맞춤	공장에서 드릴 가공, 현장에서 끼워맞춤	현장에서 드릴가공 및 끼워맞춤
구멍	카운터 싱크 없음	+	↗	↗
	가까운 면에 카운터싱크 있음	✳	↗	↗
	먼 면에 카운터 싱크 있음	✳	↗	↗
	양쪽 면에 카운터 싱크 있음	✳	↗	↗

※ 구멍, 볼트, 리벳 표시 방법
• 지름 13mm의 구멍 : Ø13
• 지름 12mm, 길이 50mm의 미터나사의 볼트 : M 12×50
• 지름 12mm, 길이 50mm의 리벳 : Ø12×50

55 그림과 같이 지름이 같은 원기둥과 원기둥이 직각으로 만날 때의 상관선은 어떻게 나타나는가?

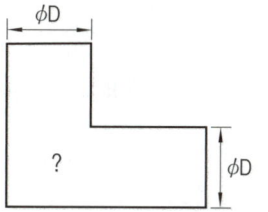

① 점선 형태의 직선
② 실선 형태의 직선
③ 실선 형태의 포물선
④ 실선 형태의 하이포이드 곡선

> 지름이 같은 원기둥과 원기둥이 직각으로 만날 때의 상관선은 실선 형태의 직선으로 나타낸다.

56 KS 재료기호 중 기계 구조용 탄소강재의 기호는?

① SM 35C
② SS 490B
③ SF 340A
④ STKM 20A

> 기계 구조용 탄소강재 : SM 10C, SM 15C, SM 35C 등

57 다음 중 치수기입의 원칙에 대한 설명으로 가장 적절한 것은?

① 중요한 치수는 중복하여 기입한다.
② 치수는 되도록 주 투상도에 집중하여 기입한다.
③ 계산하여 구한 치수는 되도록 식을 같이 기입한다.
④ 치수 중 참고치수에 대하여는 네모 상자 안에 치수 수치를 기입한다.

> ① 치수는 중복 기입을 피한다.
> ③ 치수는 되도록 계산해서 구할 필요가 없도록 기입한다.
> ④ 치수 중 참고치수에 대해서는 치수 수치에 괄호를 붙인다.

58 다음 용접기호에서 "3"의 의미로 올바른 것은?

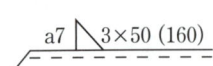

① 용접부 수
② 용접부 간격
③ 용접부 길이
④ 필릿용접 목 두께

a◺ n×ℓ(e)
a : 목두께   n : 용접부의 수
ℓ : 용접 길이(크레이터 제외)   (e) : 인접한 용접부의 간격

59 다음 중 지시선 및 인출선을 잘못 나타낸 것은?

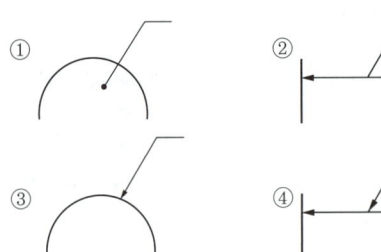

① ② ③ ④

치수선상에서 인출할 경우에는 ②와 같이 끝에 점이나 화살표를 붙이지 않는다.

60 제3각 정투상법으로 투상한 그림과 같은 투상도의 우측면도로 가장 적합한 것은?

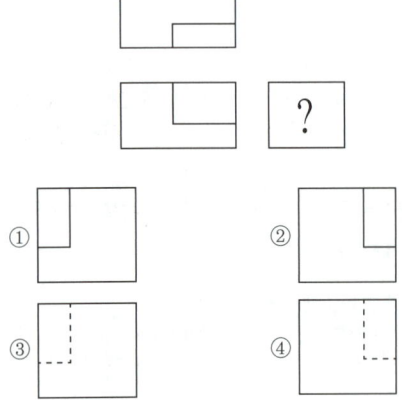

?

① ② ③ ④

최근기출문제 – 2014년 5회(특수용접기능사)

1 아크에어 가우징법으로 절단을 할 때 사용되는 장치가 아닌 것은?

① 가우징 봉　　　　② 컴프레셔
③ 가우징 토치　　　④ 냉각장치

> **아크에어 가우징 장치**
> 가우징 토치, 가우징 봉, 컴프레셔(압축기), 공기조절레버 등

2 가스 실드계의 대표적인 용접봉으로 유기물을 20~30% 정도 포함하고 있는 용접봉은?

① E4303　　　　② E4311
③ E4313　　　　④ E4324

> E4311은 고셀룰로오스계 용접봉으로 20~30%의 셀룰로오스를 포함하고 있으며, 가스 실드에 의한 아크 분위기가 환원성이므로 용착 금속의 기계적 성질이 양호하다.

3 가스절단에서 절단하고자 하는 판의 두께가 25.4mm일 때 표준 드래그의 길이는?

① 2.4mm　　　　② 5.2mm
③ 6.4mm　　　　④ 7.2mm

> **판 두께에 따른 드래그 길이**
>
> | 판 두께[mm] | 12.7 | 25.4 | 51 | 51~152 |
> |---|---|---|---|---|
> | 드래그 길이[mm] | 2.4 | 5.2 | 5.6 | 6.4 |

4 직류 아크 용접의 정극성과 역극성의 특징에 대한 설명으로 옳은 것은?

① 정극성은 용접봉의 용융이 느리고 모재의 용입이 깊다.
② 역극성은 용접봉의 용융이 빠르고 모재의 용입이 깊다.
③ 모재에 음극(-), 용접봉에 양극(+)을 연결하는 것을 정극성이라 한다.
④ 역극성은 일반적으로 비드 폭이 좁고 두꺼운 모재의 용접에 적당하다.

> ② 역극성은 용접봉의 용융이 빠르고 모재의 용입이 얕다.
> ③ 모재에 음극(-), 용접봉에 양극(+)을 연결하는 것을 역극성이라 한다.
> ④ 정극성은 일반적으로 비드 폭이 좁고 두꺼운 모재의 용접에 적당하다.

5 수중절단에 주로 사용되는 가스는?

① 부탄가스　　　　② 아세틸렌가스
③ LPG　　　　　　④ 수소가스

> 수중절단은 침몰선의 해체나 교량의 개조 등에 사용되며, 연료로는 수소가스가 주로 사용된다.

6 산소 용기에 각인되어 있는 TP와 FP는 무엇을 의미하는가?

① TP : 내압시험 압력, FP : 최고충전 압력
② TP : 최고충전 압력, FP : 내압시험 압력
③ TP : 내용적(실측), FP : 용기중량
④ TP : 용기중량, FP : 내용적(실측)

> ・TP : 내압시험 압력　　・FP : 최고충전 압력
> ・V : 충전가스의 내용적　・W : 용기의 중량

7 교류 아크 용접기의 규격 AW-300에서 300이 의미하는 것은?

① 정격 사용률　　　② 정격 2차 전류
③ 무부하 전압　　　④ 정격 부하전압

> AW-300에서 AW는 교류 아크 용접기, 300은 정격 출력 전류를 나타낸다.

8 다음 중 용접 작업에 영향을 주는 요소가 아닌 것은?

① 용접봉 각도　　　② 아크 길이
③ 용접 속도　　　　④ 용접 비드

> 용접 작업 시 용착 부분에 띠 모양으로 볼록하게 생기는 부분을 용접 비드라고 하며, 용접 작업에 영향을 주지 않는다.

9 피복 아크 용접에서 아크 안정제에 속하는 피복 배합제는?

① 산화티탄　　　　② 탄산마그네슘
③ 페로망간　　　　④ 알루미늄

> 아크 안정제 : 산화티탄, 석회석, 규산칼륨, 규산나트륨, 탄산나트륨 등

chapter 07

10 피복 아크 용접봉의 용융금속 이행 형태에 따른 분류가 아닌 것은?

① 스프레이형　　　　② 글로뷸러형
③ 슬래그형　　　　　④ 단락형

> **용적이행의 종류**
> • 글로뷸러형 : 용융금속이 모재로 옮겨가는 상태에서 비교적 큰 용적이 단락되지 않고 옮겨가는 방식
> • 단락형 : 용적이 용융지에 접촉하면서 옮겨가는 방식
> • 스프레이형 : 미세한 용적이 스프레이처럼 날리면서 옮겨가는 방식

11 일반적으로 가스용접봉의 지름이 2.6mm일 때 강판의 두께는 몇 mm 정도가 적당한가?

① 1.6mm　　　　　② 3.2mm
③ 4.5mm　　　　　④ 6.0mm

> $D = \dfrac{T}{2} + 1$ (D : 용접봉 지름, T : 판 두께)
> $2.6 = \dfrac{x}{2} + 1$, $x = 3.2$

12 아세틸렌은 각종 액체에 잘 용해된다. 그러면 1기압 아세톤 2리터에는 몇 리터의 아세틸렌이 용해되는가?

① 2　　　　　　　② 10
③ 25　　　　　　　④ 50

> 아세틸렌은 아세톤에는 25배가 용해되므로 2리터×25배 = 50리터

13 아크 용접에서 부하전류가 증가하면 단자전압이 저하하는 특성을 무슨 특성이라 하는가?

① 상승 특성　　　　② 수하 특성
③ 정전류 특성　　　④ 정전압 특성

> **아크 용접기의 특성**
> • 상승 특성 : 전류가 증가함에 따라 전압이 높아지는 특성
> • 정전류 특성 : 아크의 길이에 따라 전압이 변하더라도 아크 전류는 거의 변하지 않는 특성
> • 정전압 특성 : 부하 전류가 변하더라도 단자 전압이 거의 변하지 않는 특성

14 용접전류에 의한 아크 주위에 발생하는 자장이 용접봉에 대해서 비대칭으로 나타나는 현상을 방지하기 위한 방법 중 옳은 것은?

① 직류용접에서 극성을 바꿔 연결한다.
② 접지점을 될 수 있는 대로 용접부에서 가까이 한다.

③ 용접봉 끝을 아크가 쏠리는 방향으로 기울인다.
④ 피복제가 모재에 접촉할 정도로 짧은 아크를 사용한다.

> **아크쏠림 방지대책**
> • 용접봉 끝을 아크쏠림 반대방향으로 기울인다.
> • 직류 대신 교류 전원을 사용한다.
> • 아크의 길이를 짧게 유지한다.
> • 긴 용접에는 후진법으로 용착한다.
> • 접지점을 용접부에서 멀리 한다.
> • 보조판을 사용한다.

15 아크가 발생하는 초기에 용접봉과 모재가 냉각되어 있어 용접 입열이 부족하여 아크가 불안정하기 때문에 아크 초기에만 용접 전류를 특별히 크게 해주는 장치는?

① 전격방지 장치　　② 원격제어 장치
③ 핫 스타트 장치　　④ 고주파 발생장치

16 산소용기의 내용적이 33.7리터인 용기에 120kgf/cm²이 충전되어 있을 때 대기압 환산용적은 몇 리터인가?

① 2,803　　　　　② 4,044
③ 28,030　　　　　④ 40,440

> 33.7×120 = 4,044리터

17 연강용 피복아크 용접봉 심선의 4가지 화학성분 원소는?

① C, Si, P, S　　　② C, Si, Fe, S
③ C, Si, Ca, P　　　④ Al, Fe, Ca, P

> **연강용 피복아크 용접봉 심선의 화학성분**
> 탄소, 규소, 망간, 인, 황, 구리

18 정련된 용강을 노 내에서 Fe-Mn, Fe-Si, Al 등으로 완전 탈산시킨 강은?

① 킬드강　　　　　② 캡드강
③ 림드강　　　　　④ 세미킬드강

> **탈산 정도에 따른 강괴의 분류**
>
> | 분류 | 특징 |
> |---|---|
> | 킬드강 | 용강을 노 내에서 Fe-Si, Al 등의 강탈산제로 완전 탈산시킨 강 |
> | 림드강 | 약탈산제인 Fe-Mn으로 불완전 탈산시킨 탄소강 |
> | 세미킬드강 | 알루미늄을 탈산제로 사용하여 거의 탈산시킨 저탄소강 |

19 알루미늄 합금 재료가 가공된 후 시간의 경과에 따라 합금이 경화하는 현상은?

① 재결정　　　　② 시효경화

③ 가공경화　　　　④ 인공시효

> 알루미늄 합금 재료를 가공한 후 일정한 시간이 경과된 후 경화하는 현상을 시효경화라 한다.

20 경금속(Light Metal) 중에서 가장 가벼운 금속은?

① 리튬(Li)　　　　② 베릴륨(Be)

③ 마그네슘(Mg)　　　　④ 티타늄(Ti)

금속의 비중			
리튬	마그네슘	베릴륨	티타늄
0.53	1.74	1.86	4.5

21 합금공구강을 나타내는 한국산업표준(KS)의 기호는?

① SKH 2　　　　② SCr 2

③ STS 11　　　　④ SNCM

> • SKH : 고속도 공구강
> • SCr : 구조용 크롬강
> • SNCM : 니켈 크로 몰리브덴강
> • STS, STD, STF : 합금공구강

22 스테인리스강의 금속 조직학상 분류에 해당하지 않는 것은?

① 마텐자이트계

② 페라이트계

③ 시멘타이트계

④ 오스테나이트계

> **스테인리스강의 종류**
> • 크롬계 : 마텐자이트계, 페라이트계
> • 크롬—니켈계 : 오스테나이트계, 석출경화형

23 구리에 40~50% Ni을 첨가한 합금으로서 전기저항이 크고 온도계수가 일정하므로 통신기자재, 저항선, 전열선 등에 사용하는 니켈 합금은?

① 인바　　　　② 엘린바

③ 모넬메탈　　　　④ 콘스탄탄

> 콘스탄탄은 Ni—Cu계 합금으로 40~50%의 니켈을 함유하고 있으며, 내열성 및 가공성이 우수하다.

24 강의 표면에 질소를 침투시켜 경화시키는 표면경화법은?

① 침탄법　　　　② 질화법

③ 세러다이징　　　　④ 고주파담금질

> **질화법**
> • 강의 표면에 질소를 침투시켜 경화시키는 방법
> • 질화처리 후 열처리가 필요 없다.
> • 내마모성, 내식성 및 내열성을 증가시킨다.

25 합금강의 분류에서 특수용도용으로 게이지, 시계추 등에 사용되는 것은?

① 불변강　　　　② 쾌삭강

③ 규소강　　　　④ 스프링강

> **불변강**
> 온도 변화에 따라 열팽창계수, 탄성계수 등이 변하지 않는 강을 말하며 인바, 초인바, 엘린바, 코엘린바, 플래티나이트 등의 종류가 있다.

26 인장강도가 98~196MPa 정도이며, 기계가공성이 좋아 공작기계의 베드, 일반기계 부품, 수도관 등에 사용되는 주철은?

① 백주철　　　　② 회주철

③ 반주철　　　　④ 흑주철

> 주철을 파단면의 색깔에 따라 분류하면 백주철, 회주철, 반주철로 구분할 수 있는데, 회주철은 파단면이 회색을 띠고 있으며, 기계가공성이 좋아 공작기계의 베드, 일반기계 부품, 수도관 등에 사용된다.

27 열처리된 탄소강의 현미경 조직에서 경도가 가장 높은 것은?

① 솔바이트　　　　② 오스테나이트

③ 마텐자이트　　　　④ 트루스타이트

> 마텐자이트는 A_1점(오스테나이트) 이상에서 수랭하였을 때 나타나는 조직으로 경도가 가장 높다.

28 초음파 탐상법의 특징에 대한 설명으로 틀린 것은?

① 초음파의 투과 능력이 작아 얇은 판의 검사에 적합하다.

② 결함의 위치와 크기를 비교적 정확히 알 수 있다.

③ 검사 시험체의 한 면에서도 검사가 가능하다.

④ 감도가 높으므로 미세한 결함을 검출할 수 있다.

> 초음파 탐상법은 초음파의 투과 능력이 커서 수 미터의 두꺼운 판의 검사가 가능하다.

29 용접부품에서 일어나기 쉬운 잔류응력을 감소시키기 위한 열처리 방법은?

① 완전풀림　　　② 연화풀림
③ 확산풀림　　　④ 응력제거 풀림

> 잔류 응력을 제거할 목적으로 보통 500~600℃ 정도에서 가열하여 서랭시키는 열처리 방법을 응력제거 풀림이라고 한다.

30 다음 중 용제와 와이어가 분리되어 공급되고 아크가 용제 속에서 일어나며 잠호용접이라 불리는 용접은?

① MIG 용접
② 심용접
③ 서브머지드 아크 용접
④ 일렉트로 슬래그 용접

> **서브머지드 아크 용접**
> • 모재의 이음 표면에 미세한 입상 모양의 용제를 공급하고 용제 속에 연속적으로 전극 와이어를 송급하여 모재 및 전극 와이어를 용융시켜 용접부를 대기로부터 보호하면서 용접하는 방법
> • 잠호용접, 유니언 멜트 용접, 불가시 아크 용접, 링컨용접이라고도 함

31 용접 후 변형을 교정하는 방법이 아닌 것은?

① 박판에 대한 점 수축법
② 형재에 대한 직선 수축법
③ 가스 가우징법
④ 롤러에 거는 방법

> **용접 변형 교정법**
> 박판에 대한 점 수축법, 형재에 대한 직선 수축법, 가열 후 해머링하는 방법, 롤러에 거는 방법, 후판에 대해 가열 후 압력을 가하고 수랭하는 방법, 피닝법

32 용접전압이 25V, 용접전류가 350A, 용접속도가 40cm/min인 경우 용접 입열량은 몇 J/cm인가?

① 10,500J/cm　　　② 11,500J/cm
③ 12,125J/cm　　　④ 13,125J/cm

> 용접 입열량 $= \dfrac{\text{용접전압} \times \text{용접전류} \times 60}{\text{용접속도}} = \dfrac{25 \times 350 \times 60}{40}$
> $= 13{,}125\text{J/cm}$

33 용접 이음 준비 중 홈 가공에 대한 설명으로 틀린 것은?

① 홈 가공의 정밀 또는 용접 능률과 이음의 성능에 큰 영향을 준다.

② 홈 모양은 용접 방법과 조건에 따라 다르다.
③ 용접 균열은 루트 간격이 넓을수록 적게 발생한다.
④ 피복 아크 용접에서는 54~70° 정도의 홈 각도가 적합하다.

> 용접 균열은 루트 간격이 넓을수록 많이 발생한다.

34 그림과 같이 용접선의 방향과 하중의 방향이 직교한 필릿 용접은?

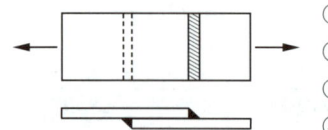

① 측면 필릿 용접
② 경사 필릿 용접
③ 전면 필릿 용접
④ T형 필릿 용접

35 아크 플라스마는 고전류가 되면 방전전류에 의하여 생기는 자장과 전류의 작용으로 아크의 단면이 수축된다. 그 결과 아크 단면이 수축하여 가늘게 되고 전류밀도가 증가한다. 이와 같은 성질을 무엇이라고 하는가?

① 열적 핀치효과
② 자기적 핀치효과
③ 플라스마 핀치효과
④ 동적 핀치효과

> • **자기적 핀치 효과** : 고전류가 되면 방전전류에 의하여 자장과 전류의 작용으로 아크의 단면이 수축하여 가늘게 되고 전류밀도가 증가하는 성질
> • **열적 핀치 효과** : 열손실을 최소화하기 위해 단면이 수축되고 전류밀도가 증가하는 성질

36 안전 보호구의 구비요건 중 틀린 것은?

① 착용이 간편할 것
② 재료의 품질이 양호할 것
③ 구조와 끝마무리가 양호할 것
④ 위험, 유해요소에 대한 방호성능이 나쁠 것

> 안전 보호구는 위험, 유해요소에 대한 방호성능이 우수해야 한다.

37 다음 중 비파괴 시험이 아닌 것은?

① 초음파 시험　　　② 피로 시험
③ 침투 시험　　　④ 누설 시험

> 피로 시험은 기계적 시험으로 파괴 시험에 해당한다.

38 피복 아크 용접기를 설치해도 되는 장소는?

① 먼지가 매우 많고 옥외의 비바람이 치는 곳
② 수증기 또는 습도가 높은 곳
③ 폭발성 가스가 존재하지 않는 곳
④ 진동이나 충격을 받는 곳

> 피복 아크 용접기의 설치 장소는 바람이 적고 습도가 낮으며 충격을 받지 않는 곳이 좋다.

39 CO_2 가스 아크 용접에서 복합와이어의 구조에 해당하지 않는 것은?

① C관상 와이어   ② 아코스 와이어
③ S관상 와이어   ④ NCG 와이어

> **복합와이어의 구조**
> NCG형, 아코스형, S관상형, Y관상형

40 다음 중 화재 및 폭발의 방지조치가 아닌 것은?

① 가연성 가스는 대기 중에 방출시킨다.
② 용접작업 부근에 점화원을 두지 않도록 한다.
③ 가스용접 시에는 가연성 가스가 누설되지 않도록 한다.
④ 배관 또는 기기에서 가연성 가스의 누출 여부를 철저히 점검한다.

> 대기 중에 가연성 가스를 누설하거나 방출시키지 않아야 한다.

41 불활성가스 금속 아크(MIG) 용접의 특징에 대한 설명으로 옳은 것은?

① 바람의 영향을 받지 않아 방풍대책이 필요 없다.
② TIG 용접에 비해 전류밀도가 높아 용융속도가 빠르고 후판용접에 적합하다.
③ 각종 금속용접이 불가능하다.
④ TIG 용접에 비해 전류밀도가 낮아 용접속도가 느리다.

> ① MIG 용접은 바람의 영향을 받기 쉬우므로 방풍대책이 필요하다.
> ③ 대체로 모든 금속의 용접이 가능하다.
> ④ 전류밀도가 TIG 용접의 2배 정도 높아 용융 속도가 빠르다.

42 가스 절단 작업 시 주의사항이 아닌 것은?

① 가스 누설의 점검은 수시로 해야 하며 간단히 라이터로 할 수 있다.
② 가스 호스가 꼬여 있거나 막혀 있는지를 확인한다.

③ 가스 호스가 용융 금속이나 산화물의 비산으로 인해 손상되지 않도록 한다.
④ 절단 진행 중에 시선은 절단면을 떠나서는 안 된다.

> 가스 누설 점검은 비눗물, 가스검지기 등을 이용해서 한다.

43 본 용접의 용착법 중 각 층마다 전체 길이를 용접하면서 쌓아올리는 방법으로 용접하는 것은?

① 점진블록법   ② 캐스케이드법
③ 빌드업법   ④ 스킵법

> • **점진블록법** : 한 개의 용접봉으로 살을 붙일 만한 길이로 구분해서 홈을 한 부분씩 여러 층으로 쌓아 올린 다음 다른 부분으로 진행하는 방법
> • **캐스케이드법** : 한 부분의 몇 층을 용접하다가 이것을 다른 부분의 층으로 연속시켜 전체가 계단 형태의 단계를 이루도록 용착시켜 나가는 방법
> • **스킵법** : 용접 길이를 짧게 나눈 다음 띄엄띄엄 용접하는 방법

44 TIG 용접 시 텅스텐 전극의 수명을 연장시키기 위하여 아크를 끊은 후 전극의 온도가 얼마일 때까지 불활성가스를 흐르게 하는가?

① 100℃   ② 300℃
③ 500℃   ④ 700℃

> TIG 용접에서 텅스텐 전극의 수명 연장을 위해 아크를 끊은 후 전극의 온도가 300℃가 될 때까지 불활성가스를 흐르게 한다.

45 연납과 경납을 구분하는 용융점은 몇 ℃인가?

① 200℃   ② 300℃
③ 450℃   ④ 500℃

> 용융점 450℃를 기준으로 그 이상을 경납, 이하를 연납이라고 한다.

46 TIG 용접에서 전극봉의 마모가 심하지 않으면서 청정작용이 있고 알루미늄이나 마그네슘 용접에 가장 적합한 전원 형태는?

① 직류 정극성(DCSP)
② 직류 역극성(DCRP)
③ 고주파 교류(ACHF)
④ 일반 교류(AC)

> 고주파 교류는 고주파 전원을 사용하므로 모재에 접촉시키지 않아도 아크가 발생하는데, 긴 아크 유지가 용이하고 알루미늄이나 마그네슘 용접에 가장 적합하다.

chapter 07

47 용접부에 은점을 일으키는 주요 원소는?

① 수소
② 인
③ 산소
④ 탄소

물고기 모양의 은백색의 결함을 피시아이 또는 은점이라 하는데, 수소의 영향으로 인해 비금속 개재물 및 기타 불순물이 모인 것을 말한다.

48 교류 아크 용접기의 종류가 아닌 것은?

① 가동철심형
② 가동코일형
③ 가포화 리액터형
④ 정류기형

교류 아크 용접기의 종류
가동철심형, 가동코일형, 탭전환형, 가포화 리액터형

49 일렉트로 슬래그 아크 용접에 대한 설명 중 맞지 않는 것은?

① 일렉트로 슬래그 용접은 단층 수직 상진 용접을 하는 방법이다.
② 일렉트로 슬래그 용접은 아크를 발생시키지 않고 와이어와 용융 슬래그 그리고 모재 내에 흐르는 전기 저항열에 의해 용접한다.
③ 일렉트로 슬래그 용접의 홈 형상은 I형 그대로 사용한다.
④ 일렉트로 슬래그 용접 전원으로는 정전류형의 직류가 적합하고, 용융금속의 용착량은 90% 정도이다.

일렉트로 슬래그 아크 용접의 전원으로는 정전류형의 교류가 적합하고, 용융금속의 용착량이 100%가 되는 용접 방법이다.

50 다음 그림과 같은 양면 용접부 조합기호의 명칭으로 옳은 것은?

① 양면 V형 맞대기 용접
② 넓은 루트면이 있는 양면 V형 용접
③ 넓은 루트면이 있는 K형 맞대기 용접
④ 양면 U형 맞대기 용접

그림은 양면 용접부 조합기호 중 양면 U형 맞대기 용접을 나타낸다.

51 용접 결함의 종류가 아닌 것은?

① 기공
② 언더컷
③ 균열
④ 용착금속

용착금속은 용가재로부터 모재에 용착한 금속을 말하는 것으로 용접 결함의 종류는 아니다.

52 다음 그림은 경유 서비스탱크 지지철물의 정면도와 측면도이다. 모두 동일한 ㄱ형강일 경우 중량은 약 몇 kg인가?(단, ㄱ형강(L−50×50×6)의 단위 m당 중량은 4.43kg/m이고, 정면도와 측면도에서 좌우 대칭이다)

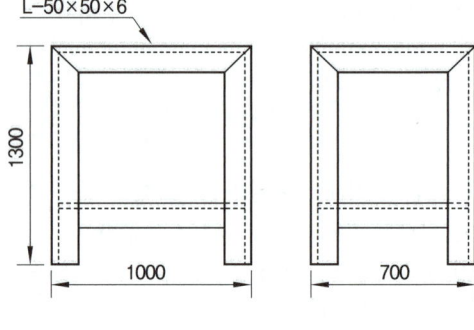

① 44.3
② 53.1
③ 55.4
④ 76.1

$(1.3m×4) + (1m×2) + (0.7m×2) + (0.95m×2) + (0.65m×2)$
$= 5.2+2+1.4+1.9+1.3 = 11.8m×4.43kg ≒ 52.3kg$

53 도면에 그려진 길이가 실제 대상물의 길이보다 큰 경우 사용한 척도의 종류인 것은?

① 현척
② 실척
③ 배척
④ 축척

• **축척** : 실물보다 작게 그린 것
• **현척** : 실물과 같은 크기로 그린 것
• **배척** : 실물보다 크게 그린 것

54 대상물의 보이는 부분의 모양을 표시하는 데 사용하는 선은?

① 치수선
② 외형선
③ 숨은선
④ 기준선

• **치수선** : 치수를 기입할 때 사용하는 선
• **숨은선** : 대상물의 보이지 않는 부분의 모양을 표시하는 데 사용하는 선
• **기준선** : 위치 결정의 근거가 된다는 것을 명시할 때 사용하는 선

55 3각법으로 정투상한 아래 도면에서 정면도와 우측면도에 가장 적합한 평면도는?

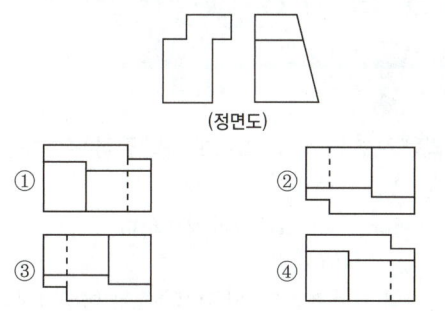

(정면도)

① ② ③ ④

56 기계제도의 치수 보조기호 중에서 SØ는 무엇을 나타내는 기호인가?

① 구의 지름   ② 원통의 지름
③ 관의 두께   ④ 원호의 길이

구의 지름을 나타낼 때는 SØ, 구의 반지름을 나타낼 때는 SR을 사용한다.

57 그림과 같은 관 표시 기호의 종류는?

① 크로스   ② 리듀서
③ 디스트리뷰터   ④ 휨 관 조인트

58 재료 기호가 "SM400C"로 표시되어 있을 때 이는 무슨 재료인가?

① 일반 구조용 압연강재
② 용접 구조용 압연강재
③ 스프링 강재
④ 탄소 공구강 강재

용접 구조용 압연강재
SM400A, SM400B, SM400C, SM490A, SM520B, SM570 등

59 회전도시 단면도에 대한 설명으로 틀린 것은?

① 절단할 곳의 전후를 끊어서 그 사이에 그린다.
② 절단선의 연장선 위에 그린다.
③ 도형 내의 절단한 곳에 겹쳐서 도시할 경우 굵은 실선을 사용하여 그린다.
④ 절단면은 90° 회전하여 표시한다.

도형 내의 절단한 곳에 겹쳐서 도시할 경우 가는 실선을 사용하여 그린다.

60 아래 그림은 원뿔을 경사지게 자른 경우이다. 잘린 원뿔의 전개 형태로 가장 올바른 것은?

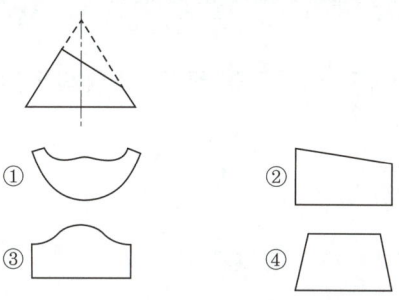

① ② ③ ④

최근기출문제 - 2015년 1회(용접기능사)

1 불활성 가스 텅스텐 아크용접(TIG)의 KS규격이나 미국용접협회(AWS)에서 정하는 텅스텐 전극봉의 식별 색상이 황색이면 어떤 전극봉인가?

① 순텅스텐
② 지르코늄텅스텐
③ 1% 토륨텅스텐
④ 2% 토륨텅스텐

> 1% 토륨텅스텐은 황색, 2% 토륨텅스텐은 적색이다.

2 서브머지드 아크 용접의 다전극 방식에 의한 분류가 아닌 것은?

① 푸시식
② 텐덤식
③ 횡병렬식
④ 횡직렬식

> **다전극 방식에 의한 용접기의 분류**
> • 텐덤식 : 용입이 깊고 비드의 폭이 좁다.
> • 횡병렬식 : 용입이 얕고 비드의 폭이 넓다(2개의 전원을 공동 전원에 연결).
> • 횡직렬식 : 용입이 얕고 비드의 폭이 넓다(2개의 전원을 독립 전원에 연결).

3 다음 중 정지구멍(Stop hole)을 뚫어 결함부분을 깎아내고 재용접해야 하는 결함은?

① 균열
② 언더컷
③ 오버랩
④ 용입부족

> **균열의 보수방법**
> 결함 끝부분을 드릴로 구멍을 뚫어 정지구멍을 만들고 그 부분을 깎아내어 다시 규정의 홈으로 다듬질하여 보수한다.

4 다음 중 비파괴 시험에 해당하는 시험법은?

① 굽힘 시험
② 현미경 조직 시험
③ 파면 시험
④ 초음파 시험

> 굽힘 시험, 현미경 조직 시험, 파면 시험 모두 파괴시험에 해당한다.

5 금속 간의 원자가 접합되는 인력 범위는?

① 10^{-4}cm
② 10^{-6}cm
③ 10^{-8}cm
④ 10^{-10}cm

> 용접이란 금속을 충분히 접근시켜 원자 간의 인력으로 결합시키는 작업인데, 금속 간의 원자 인력 범위는 10^{-8}cm이다.

6 산업용 로봇 중 직각좌표계 로봇의 장점에 속하는 것은?

① 오프라인 프로그래밍이 용이하다.
② 로봇 주위에 접근이 가능하다.
③ 1개의 선형축과 2개의 회전축으로 이루어졌다.
④ 작은 설치공간에 큰 작업영역이다.

> 직각좌표계 로봇은 X, Y, Z로 표시되는 직각 좌표계에서 각 좌표축 방향으로 독립적으로 움직이는 직동관절로 이루어진 산업용 로봇으로 오프라인 프로그래밍이 용이하고 구조가 간단하여 좌표계산이 쉬운 장점이 있다.

7 용접 후 변형 교정 시 가열 온도 500~600℃, 가열 시간 약 30초, 가열 지름 20~30mm로 하여, 가열한 후 즉시 수냉하는 변형교정법을 무엇이라 하는가?

① 박판에 대한 수냉 동판법
② 박판에 대한 살수법
③ 박판에 대한 수냉 석면포법
④ 박판에 대한 점 수축법

> 박판에 대한 점 수축법은 가열할 때 발생되는 열응력을 이용하여 소성 변형을 일으켜 변형을 교정하는 방법으로 가열 온도는 500~600℃이며, 가열 시간은 약 30초이다.

8 용접 전의 일반적인 준비 사항이 아닌 것은?

① 사용 재료를 확인하고 작업내용을 검토한다.
② 용접전류, 용접순서를 미리 정해둔다.
③ 이음부에 대한 불순물을 제거한다.
④ 예열 및 후열처리를 실시한다.

> 예열 및 후열처리는 본용접 전과 후에 하는 작업으로 일반적인 준비사항에 해당되지 않는다.

9 이산화탄소 아크 용접법에서 이산화탄소(CO_2)의 역할을 설명한 것 중 틀린 것은?

① 아크를 안정시킨다.
② 용융금속 주위를 산성 분위기로 만든다.
③ 용융속도를 빠르게 한다.
④ 양호한 용착금속을 얻을 수 있다.

10 불활성 가스 금속아크용접(MIG)에서 크레이터 처리에 의해 전류가 서서히 줄어들면서 아크가 끊어지는 기능으로 용접부가 녹아내리는 것을 방지하는 제어기능은?

① 스타트 시간
② 예비 가스 유출 시간
③ 번 백 시간
④ 크레이터 충전 시간

> **제어장치의 기능**
> • 예비가스 유출시간 : 아크가 처음 발생되기 전 보호가스를 흐르게 하여 아크를 안정하게 하여 결함 발생을 방지
> • 스타트 시간 : 아크가 발생되는 순간 용접 전류와 전압을 크게 하여 아크의 발생과 모재의 융합을 도움
> • 번 백 시간 : 크레이터 처리 기능에 의해 낮아진 전류가 서서히 줄어들면서 아크가 끊어지는 기능으로 이면 용접부가 녹아내리는 것을 방지
> • 크레이터 충전시간 : 크레이터의 결함을 방지
> • 가스지연 유출시간 : 용접 후 5~25초 동안 가스를 공급하여 크레이터 부위의 산화 방지

11 다음 중 용접용 지그 선택의 기준으로 적절하지 않은 것은?

① 물체를 튼튼하게 고정시켜 줄 크기와 힘이 있을 것
② 변형을 막아줄 만큼 견고하게 잡아줄 수 있을 것
③ 물품의 고정과 분해가 어렵고 청소가 편리할 것
④ 용접 위치를 유리한 용접자세로 쉽게 움직일 수 있을 것

> 지그는 물체의 고정과 분해가 용이해야 하며 청소가 편리해야 한다.

12 다음 중 테르밋 용접의 특징에 관한 설명으로 틀린 것은?

① 전기가 필요 없다.
② 용접 작업이 단순하다.
③ 용접 시간이 길고 용접 후 변형이 크다.
④ 용접 기구가 간단하고 작업 장소의 이동이 쉽다.

> 테르밋 용접은 용접 시간이 짧고 용접 후 변형이 작다.

13 다음 중 용접 설계상 주의해야 할 사항으로 틀린 것은?

① 국부적으로 열이 집중되도록 할 것
② 용접에 적합한 구조의 설계를 할 것
③ 결함이 생기기 쉬운 용접 방법은 피할 것
④ 강도가 약한 필릿 용접은 가급적 피할 것

> 국부적으로 열이 집중되면 용접부위의 균열을 초래할 수 있다.

14 서브머지드 아크용접에 대한 설명으로 틀린 것은?

① 가시용접으로 용접 시 용착부를 육안으로 식별이 가능하다.
② 용융속도와 용착속도가 빠르며 용입이 깊다.
③ 용착금속의 기계적 성질이 우수하다.
④ 개선각을 작게 하여 용접 패스 수를 줄일 수 있다.

> 서브머지드 아크 용접은 불가시 용접으로 아크가 용제 속에 잠겨 있어 밖에서는 보이지 않는다.

15 이산화탄소 아크용접에 관한 설명으로 틀린 것은?

① 팁과 모재 간의 거리는 와이어의 돌출길이에 아크길이를 더한 것이다.
② 와이어 돌출길이가 짧아지면 용접와이어의 예열이 많아진다.
③ 와이어의 돌출길이가 짧아지면 스패터가 부착되기 쉽다.
④ 약 200A 미만의 저전류를 사용할 경우 팁과 모재 간의 거리는 10~15mm 정도 유지한다.

> 와이어 돌출길이가 길수록 용접와이어의 예열이 많아진다.

16 강구조물 용접에서 맞대기 이음의 루트 간격의 차이에 따라 보수용접을 하는데 보수방법으로 틀린 것은?

① 맞대기 루트 간격 6mm 이하일 때에는 이음부의 한쪽 또는 양쪽을 덧붙임 용접한 후 절삭하여 규정 간격으로 개선 홈을 만들어 용접한다.
② 맞대기 루트 간격 15mm 이상일 때에는 판을 전부 또는 일부(대략 300mm 이상의 폭)를 바꾼다.
③ 맞대기 루트 간격 6~15mm일 때에는 이음부에 두께 6mm 정도의 뒷댐판을 대고 용접한다.
④ 맞대기 루트 간격 15mm 이상일 때에는 스크랩을 넣어서 용접한다.

> 맞대기 루트 간격이 15mm 이상일 때에는 일부 또는 전부를 교체해야 한다. 용접부에 스크랩이나 철사 등을 넣어서 용접하게 되면 미용착부가 생겨 강도가 부족하거나 응력집중이 생기며, 슬래그 혼입, 기공 등이 발생할 수 있다.

17 용접 시공 시 발생하는 용접 변형이나 잔류응력의 발생을 줄이기 위해 용접시공 순서를 정한다. 다음 중 용접시공 순서에 대한 사항으로 틀린 것은?

① 제품의 중심에 대하여 대칭으로 용접을 진행시킨다.

② 같은 평면 안에 이음이 있을 때에는 수축은 가능한 한 자유단으로 보낸다.

③ 수축이 적은 이음을 가능한 한 먼저 용접하고 수축이 큰 이음을 나중에 용접한다.

④ 리벳작업과 용접을 같이 할 때는 용접을 먼저 실시하여 용접열에 의해서 리벳의 구멍이 늘어남을 방지한다.

> 수축이 큰 이음을 가능한 한 먼저 용접하고 수축이 작은 이음을 나중에 용접한다.

18 용접 작업 시의 전격에 대한 방지대책으로 올바르지 않은 것은?

① TIG 용접 시 텅스텐 전극봉을 교체할 때는 전원 스위치를 차단하지 않고 해야 한다.

② 습한 장갑이나 작업복을 입고 용접하면 감전의 위험이 있으므로 주의한다.

③ 절연홀더의 절연 부분이 균열이나 파손되었으면 곧바로 보수하거나 교체한다.

④ 용접작업이 끝났을 때나 장시간 중지할 때에는 반드시 스위치를 차단시킨다.

> TIG 용접 시 텅스텐 전극봉을 교체할 때는 항상 전원 스위치를 차단하고 교체해야 한다.

19 단면적이 $10cm^2$의 평판을 완전 용입 맞대기 용접한 경우의 하중은 얼마인가? (단, 재료의 허용응력을 $1,600kgf/cm^2$로 한다)

① 160kgf ② 1,600kgf
③ 16,000kgf ④ 16kgf

> 하중 = 단면적×허용응력 = 10×1,600=16,000

20 용접 길이가 짧거나 변형 및 잔류응력의 우려가 적은 재료를 용접할 경우 가장 능률적인 용착법은?

① 전진법 ② 후진법
③ 비석법 ④ 대칭법

> 용접이음이 짧은 경우 잔류응력, 변형 등을 크게 고려하지 않을 때는 전진법을 사용한다.

21 다음 중 아세틸렌(C_2H_2)가스의 폭발성에 해당되지 않는 것은?

① 406~408℃가 되면 자연발화한다.

② 마찰, 진동, 충격 등의 외력이 작용하면 폭발위

험이 있다.

③ 아세틸렌 90%, 산소 10%의 혼합 시 가장 폭발 위험이 크다.

④ 은, 수은 등과 접촉하면 이들과 화합하여 120℃ 부근에서 폭발성이 있는 화합물을 생성한다.

> 아세틸렌 15%, 산소 85%에서 폭발 위험이 가장 크다.

22 스터드 용접의 특징 중 틀린 것은?

① 긴 용접시간으로 용접변형이 크다.

② 용접 후의 냉각속도가 비교적 빠르다.

③ 알루미늄, 스테인리스강 용접이 가능하다.

④ 탄소 0.2%, 망간 0.7% 이하 시 균열 발생이 없다.

> 스터드 용접은 아크열을 이용하여 자동적으로 단시간에 용접부를 가열 용융해서 용접하므로 변형이 극히 적은 용접 방법이다.

23 연강용 피복아크 용접봉 중 저수소계 용접봉을 나타내는 것은?

① E 4301 ② E 4311
③ E 4316 ④ E 4327

> ① E 4301 – 일루미나이트계 ② E 4311 – 고셀룰로오스계
> ④ E 4327 – 철분산화철계

24 산소-아세틸렌가스 용접의 장점이 아닌 것은?

① 용접기의 운반이 비교적 자유롭다.

② 아크용접에 비해서 유해광선의 발생이 적다.

③ 열의 집중성이 높아서 용접이 효율적이다.

④ 가열할 때 열량조절이 비교적 자유롭다.

> 산소-아세틸렌가스 용접은 열효율이 낮고 열의 집중력이 좋지 못하다.

25 가스용접 작업 시 후진법의 설명으로 옳은 것은?

① 용접속도가 빠르다.

② 열 이용률이 나쁘다.

③ 얇은 판의 용접에 적합하다.

④ 용접변형이 크다.

전진법과 후진법의 비교		
구분	전진법	후진법
토치의 이동 방향	오른쪽 → 왼쪽	왼쪽 → 오른쪽
용접 속도	느리다	빠르다
열 이용률	나쁘다	좋다
모재 두께	얇다	두껍다
비드 모양	매끈하지 못하다	보기 좋다
용접 변형	크다	적다

26 직류 피복아크 용접기와 비교한 교류 피복아크 용접기의 설명으로 옳은 것은?

① 무부하 전압이 낮다.
② 아크의 안정성이 우수하다.
③ 아크 쏠림이 거의 없다.
④ 전격의 위험이 적다.

> ① 무부하 전압이 높다.
> ② 아크의 안정성이 약간 불안정하다.
> ④ 전격의 위험이 많다.

27 다음 중 산소 용기의 각인 사항에 포함되지 않는 것은?

① 내용적
② 내압시험 압력
③ 가스충전 일시
④ 용기 중량

> 산소 용기의 각인 내용
> • 용기제작사 명칭 및 기호   • 용기의 중량(W)
> • 용기의 번호   • 내압시험 압력(TP)
> • 충전가스 명칭   • 최고 충전압력(FP)
> • 충전가스의 내용적(V)   • 내압시험 연월

28 정류기형 직류 아크 용접기에서 사용되는 셀렌 정류기는 80℃ 이상이면 파손되므로 주의하여야 하는데 실리콘 정류기는 몇 ℃ 이상에서 파손되는가?

① 120℃
② 150℃
③ 80℃
④ 100℃

> 직류 아크 용접기는 발전형과 정류기형이 있는데, 정류기형은 발전형보다 보수 점검이 간편하고 고장이 적지만 정류기 파손에 주의해야 하는데, 셀렌은 80℃, 실리콘은 150℃ 이상에서 파손된다.

29 절단의 종류 중 아크 절단에 속하지 않는 것은?

① 탄소 아크 절단
② 금속 아크 절단
③ 플라스마 제트 절단
④ 수중 절단

> 수중 절단은 가스 절단에 속한다.

30 탄소 아크 절단에 압축공기를 병용하여 전극홀더의 구멍에서 탄소 전극봉에 나란히 분출하는 고속의 공기를 분출시켜 용융금속을 불어 내어 홈을 파는 방법은?

① 아크에어 가우징
② 금속아크 절단
③ 가스 가우징
④ 가스 스카핑

> 탄소 아크 절단에 압축공기를 병용한 방법은 아크에어 가우징인데, 용접 현장에서 결함부 제거, 용접 홈의 준비 및 가공 등에 이용된다.

31 강재의 표면에 개재물이나 탈탄층 등을 제거하기 위하여 비교적 얇고 넓게 깎아내는 가공법은?

① 스카핑
② 가스 가우징
③ 아크 에어 가우징
④ 워터 제트 절단

> 스카핑은 강재 표면의 홈이나 개재물, 탈탄층 등을 제거하기 위하여 가능한 한 얇고 넓게 깎아내는 가공법이다.

32 다음 중 용접기에서 모재를 (+)극에, 용접봉을 (-)극에 연결하는 아크 극성으로 옳은 것은?

① 직류정극성
② 직류역극성
③ 용극성
④ 비용극성

> 직류정극성은 모재를 (+)극에, 용접봉을 (-)극에 연결하며, 직류역극성은 용접봉을 (+)극에, 모재를 (-)극에 연결한다.

33 야금적 접합법의 종류에 속하는 것은?

① 납땜 이음
② 볼트 이음
③ 코터 이음
④ 리벳 이음

> • 기계적 접합법 : 볼트, 너트, 리벳, 코터, 확관법 등
> • 야금적 접합법 : 용접, 압접, 납땜

34 수중 절단작업에 주로 사용되는 연료 가스는?

① 아세틸렌
② 프로판
③ 벤젠
④ 수소

> 수중 절단은 침몰선의 해체나 교량의 개조 등에 사용되는 방법인데, 아세틸렌, 벤젠, 프로판 등도 사용되지만 수소가 주로 사용된다.

35 판의 두께(t)가 3.2mm인 연강판을 가스용접으로 보수하고자 할 때 사용할 용접봉의 지름(mm)은?

① 1.6mm
② 2.0mm
③ 2.6mm
④ 3.0mm

> $D = \dfrac{T}{2} + 1$ (D : 용접봉 지름, T : 판 두께), $D = \dfrac{3.2}{2} + 1 = 2.6$mm

36 가스절단 시 예열 불꽃의 세기가 강할 때의 설명으로 틀린 것은?

① 절단면이 거칠어진다.
② 드래그가 증가한다.
③ 슬래그 중의 철 성분의 박리가 어려워진다.
④ 모서리가 용융되어 둥글게 된다.

> 예열 불꽃이 약할 때 드래그가 증가한다.

37 가스 용접 시 팁 끝이 순간적으로 막혀 가스분출이 나빠지고 혼합실까지 불꽃이 들어가는 현상을 무엇이라고 하는가?

① 인화
② 역류
③ 점화
④ 역화

> - 역류 : 토치 내부의 청소가 불량할 때 내부 기관이 막혀 고압의 산소가 밖으로 배출되지 못하고 압력이 낮은 아세틸렌 쪽으로 흐르는 현상
> - 역화 : 토치의 팁 끝이 모재에 닿아 순간적으로 팁 끝이 막히거나 팁의 과열 또는 가스의 압력이 적당하지 않을 때 팁 속에서 폭발음이 나면서 불꽃이 꺼졌다가 다시 나타나는 현상
> - 인화 : 팁 끝이 순간적으로 막혔을 경우 가스의 분출이 나빠지고 불꽃이 가스 혼합실까지 도달하면서 토치를 달구는 현상

38 피복배합제의 종류에서 규산나트륨, 규산칼륨 등의 수용액이 주로 사용되며 심선에 피복제를 부착하는 역할을 하는 것은 무엇인가?

① 탈산제
② 고착제
③ 슬래그 생성제
④ 아크 안정제

> - 탈산제 : 규소철, 망간철, 티탄철 등
> - 슬래그 생성제 : 마그네사이트, 일미나이트, 석회석 등
> - 아크 안정제 : 산화티탄, 석회석, 규산칼륨 등

39 황(S)이 적은 선철을 용해하여 구상흑연주철을 제조 시 주로 첨가하는 원소가 아닌 것은?

① Al
② Ca
③ Ce
④ Mg

> 구상흑연주철은 황이 적은 선철을 용해하여 주형에 주입하기 전에 마그네슘, 세슘, 칼슘 등을 첨가하여 흑연을 구상화한 주철이다.

40 하드필드(hadfield)강은 상온에서 오스테나이트 조직을 가지고 있다. Fe 및 C 이외의 주요 성분은?

① Ni
② Mn
③ Cr
④ Mo

> 하드필드강은 오스테나이트계 내마모강의 대표적인 강으로 10~14%의 망간을 함유하고 있으며, 내마멸성이 우수하고 경도가 커 각종 광산기계, 기차 레일의 교차점, 볼도저 등의 재료로 이용된다.

41 조밀육방격자의 경정구조로 옳게 나타낸 것은?

① FCC
② BCC
③ FOB
④ HCP

> **금속의 결정구조**
> - 체심입방격자 – BCC
> - 면심입방격자 – FCC
> - 조밀육방격자 – HCP

42 전극재료의 선택 조건을 설명한 것 중 틀린 것은?

① 비저항이 작아야 한다.
② Al과의 밀착성이 우수해야 한다.
③ 산화 분위기에서 내식성이 커야 한다.
④ 금속 규화물의 용융점이 웨이퍼처리 온도보다 낮아야 한다.

43 7-3 황동에 주석을 1% 첨가한 것으로 전연성이 좋아 관 또는 판을 만들어 증발기, 열교환기 등에 사용되는 것은?

① 문쯔메탈
② 네이벌 황동
③ 카트리지 브라스
④ 애드미럴티 황동

> 애드미럴티 황동은 7:3 황동에 주석을 1% 정도 첨가하여 탈아연 부식을 억제하고 내식성 및 내해수성을 증대시킨 특수 황동으로 증발기, 열교환기 등에 사용된다.

44 탄소강의 표준 조직을 검사하기 위해 A3, Acm 선보다 30~50℃ 높은 온도로 가열한 후 공기 중에 냉각하는 열처리는?

① 노멀라이징
② 어닐링
③ 템퍼링
④ 퀜칭

> A3 변태점 이상에서 30~50℃의 온도로 가열한 후 대기 중에서 서서히 냉각시켜 표준화하는 열처리 방법을 불림 또는 노멀라이징이라고 한다.

45 마우러 조직도에 대한 설명으로 옳은 것은?

① 주철에서 C와 P 량에 따른 주철의 조직관계를 표시한 것이다.
② 주철에서 C와 Mn 량에 따른 주철의 조직관계를 표시한 것이다.
③ 주철에서 C와 Si 량에 따른 주철의 조직관계를 표시한 것이다.
④ 주철에서 C와 S 량에 따른 주철의 조직관계를 표시한 것이다.

> 주철에서 탄소와 규소의 함유량에 의해 분류한 조직의 분포를 나타낸 것을 마우러 조직도라 한다.

46 소성변형이 일어나면 금속이 경화하는 현상을 무엇이라 하는가?

① 탄성경화   ② 가공경화
③ 취성경화   ④ 자연경화

> 금속을 가공 변형시켜 금속의 경도를 증가시키는 방법을 가공경화라한다.

47 납 황동은 황동에 납을 첨가하여 어떤 성질을 개선한 것인가?

① 강도   ② 절삭성
③ 내식성   ④ 전기전도도

> 납 황동은 6:4 황동에 2~3%의 납을 첨가하여 절삭성을 개선한 쾌삭황동으로 대량생산하는 부품 및 시계용 기어 등의 정밀가공 부품에 사용된다.

48 순 구리(Cu)와 철(Fe)의 용융점은 약 몇 ℃인가?

① Cu : 660℃, Fe : 890℃
② Cu : 1,063℃, Fe : 1,050℃
③ Cu : 1,083℃, Fe : 1,539℃
④ Cu : 1,455℃, Fe : 2,200℃

> 순 구리의 용융점은 1,083℃, 철의 용융점은 1,539℃이다.

49 게이지용 강이 갖추어야 할 성질로 틀린 것은?

① 담금질에 의한 변형이 없어야 한다.
② HRC 55 이상의 경도를 가져야 한다.
③ 열팽창 계수가 보통 강보다 커야 한다.
④ 시간에 따른 치수 변화가 없어야 한다.

> 게이지강은 온도 변화에 따라 열팽창 계수가 변하지 않아야 한다.

50 그림에서 마텐자이트 변태가 가장 빠른 것은?

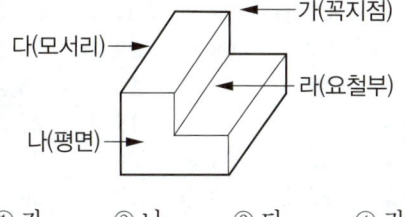

① 가   ② 나   ③ 다   ④ 라

> 마텐자이트 조직은 강을 담금질하였을 때 생기는 조직을 말하는데, 가장 빨리 냉각되는 부분이 마텐자이트 변태가 가장 빠르다. 따라서 꼭지점 부분의 변태가 가장 빠르다.

51 그림과 같은 입체도의 제3각 정투상도로 적합한 것은?

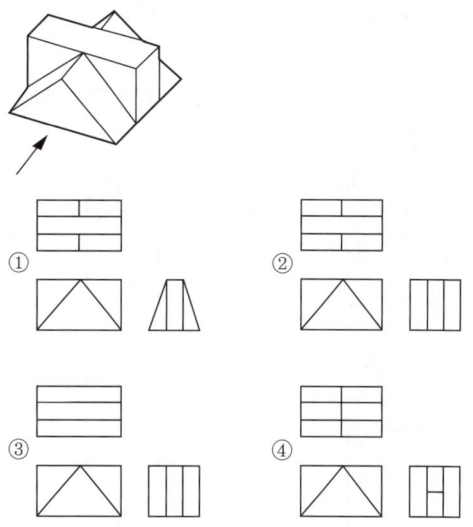

52 다음 중 저온 배관용 탄소 강관 기호는?

① SPPS   ② SPLT
③ SPHT   ④ SPA

> • SPP – 배관용 탄소강 강관
> • SPPH – 고압 배관용 탄소강 강관
> • SPPS – 압력 배관용 탄소강 강관
> • SPHT – 고온 배관용 탄소강 강관
> • SPA – 배관용 합금강 강관

53 다음 중 이면 용접 기호는?

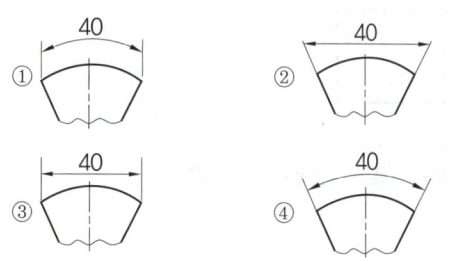

> ① ◯ – 온용접
> ② ⌵ – 일면 개선형 맞대기 용접
> ③ ⌣ – 이면 용접
> ④ ⌶ – 넓은 루트면이 있는 한 면 개선형 맞대기 용접

54 다음 중 현의 치수기입을 올바르게 나타낸 것은?

55 다음 중 대상물을 한쪽 단면도로 올바르게 나타 낸 것은?

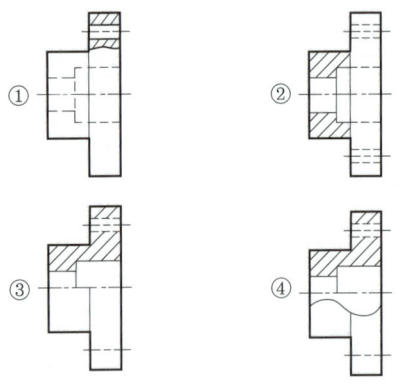

56 다음 중 도면에서 단면도의 해칭에 대한 설명으로 틀린 것은?

① 해칭선은 반드시 주된 중심선에 45°로만 경사지게 긋는다.
② 해칭선은 가는 실선으로 규칙적으로 줄을 늘어놓는 것을 말한다.
③ 단면도에 재료 등을 표시하기 위해 특수한 해칭(또는 스머징)을 할 수 있다.
④ 단면 면적이 넓을 경우에는 그 외형선에 따라 적절한 범위에 해칭(또는 스머징)을 할 수 있다.

57 배관의 간략도시방법 중 환기계 및 배수계의 끝 장치 도시방법의 평면도에서 그림과 같이 도시된 것의 명칭은?

① 배수구
② 환기관
③ 벽붙이 환기 삿갓
④ 고정식 환기 삿갓

58 그림과 같은 입체도에서 화살표 방향에서 본 투상을 정면으로 할 때 평면도로 가장 적합한 것은?

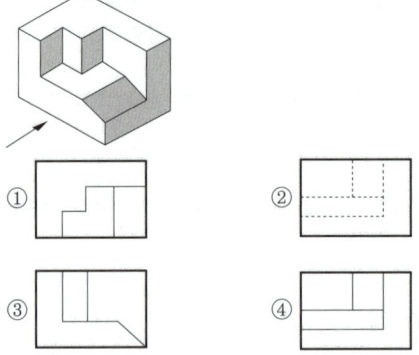

59 나사 표시가 "L 2N M50×2 − 4h"로 나타날 때 이에 대한 설명으로 틀린 것은?

① 왼 나사이다.
② 2줄 나사이다.
③ 미터 가는 나사이다.
④ 암나사 등급이 4h이다.

미터나사의 등급			
구분	1급	2급	3급
수나사	4h	6g	8g
암나사	4H5H	5H6H	7H

60 무게 중심선과 같은 선의 모양을 가진 것은?

① 가상선
② 기준선
③ 중심선
④ 피치선

정답				
01 ③	02 ①	03 ①	04 ④	05 ③
06 ①	07 ④	08 ④	09 ③	10 ③
11 ③	12 ③	13 ①	14 ①	15 ②
16 ④	17 ③	18 ①	19 ③	20 ①
21 ③	22 ①	23 ③	24 ③	25 ①
26 ③	27 ③	28 ②	29 ④	30 ①
31 ①	32 ①	33 ①	34 ④	35 ③
36 ②	37 ①	38 ②	39 ①	40 ②
41 ④	42 ④	43 ④	44 ①	45 ③
46 ②	47 ②	48 ③	49 ③	50 ①
51 ②	52 ③	53 ③	54 ④	55 ①
56 ①	57 ④	58 ①	59 ④	60 ①

1 피복아크 용접 후 실시하는 비파괴 검사방법이 아닌 것은?

① 자분 탐상법

② 피로 시험법

③ 침투 탐상법

④ 방사선 투과 검사법

> 피로시험은 재료에 반복해서 하중을 가했을 때 재료가 파괴에 이르기까지의 반복 회수를 구하는 기계적 시험 방법으로 파괴시험에 해당한다.

2 다음 중 용접이음에 대한 설명으로 틀린 것은?

① 필릿 용접에서는 형상이 일정하고, 미용착부가 없어 응력분포상태가 단순하다.

② 맞대기 용접이음에서 시점과 크레이터 부분에서는 비드가 급랭하여 결함을 일으키기 쉽다.

③ 전면 필릿 용접이란 용접선의 방향이 하중의 방향과 거의 직각인 필릿 용접을 말한다.

④ 겹치기 필릿 용접에서는 루트부에 응력이 집중되기 때문에 보통 맞대기 이음에 비하여 피로강도가 낮다.

> 필릿 용접은 이음부의 형상에 따라 여러 가지로 구분되며 응력 분포가 불균일하다.

3 변형과 잔류응력을 최소로 해야 할 경우 사용되는 용착법으로 가장 적합한 것은?

① 후진법

② 전진법

③ 스킵법

④ 덧살 올림법

> 스킵법은 용접 길이를 짧게 나눈 다음 띄엄띄엄 용접하는 방법으로 변형과 잔류응력을 최소로 해야 할 경우 사용되는 용착법이다.

4 이산화탄소 용접에 사용되는 복합 와이어(flux cored wire)의 구조에 따른 종류가 아닌 것은?

① 아코스 와이어

② T관상 와이어

③ Y관상 와이어

④ S관상 와이어

> **복합와이어의 구조**
> NCG형, 아코스형, S관상형, Y관상형

5 불활성 가스 아크용접에 주로 사용되는 가스는?

① CO_2

② CH_4

③ Ar

④ C_2H_2

> 불활성 가스 아크용접은 고온에서도 금속과 반응하지 않는 아르곤, 헬륨 등의 불활성 가스 속에서 텅스텐 전극봉 또는 와이어와 모재 사이에 아크를 발생시켜 용접하는 방법이다.

6 다음 중 용접 결함에서 구조상 결함에 속하는 것은?

① 기공

② 인장강도의 부족

③ 변형

④ 화학적 성질 부족

> • 성질상 결함 : 기계적 성질 부족, 화학적 성질 부족, 물리적 성질 부족
> • 치수상 결함 : 변형, 치수 불량, 형상 불량

7 다음 TIG 용접에 대한 설명 중 틀린 것은?

① 박판 용접에 적합한 용접법이다.

② 교류나 직류가 사용된다.

③ 비소모식 불활성 가스 아크 용접법이다.

④ 전극봉은 연강봉이다.

> TIG 용접은 텅스텐 전극봉을 사용하여 아크를 발생시키고, 용접봉을 아크로 녹이면서 용접하는 방법이다.

8 아르곤(Ar) 가스는 1기압 하에서 6,500(L) 용기에 몇 기압으로 충전하는가?

① 100기압

② 120기압

③ 140기압

④ 160기압

> 아르곤 가스는 1기압에서 약 6,500L의 양이 약 140기압으로 가스 실린더에 충전된다.

9 피복아크용접봉의 피복배합제 성분 중 가스발생제는?

① 산화티탄

② 규산나트륨

③ 규산칼륨

④ 탄산바륨

> 가스발생제 : 전분, 석회석, 셀룰로오스, 탄산바륨, 톱밥 등

chapter **07**

10 불활성 가스 텅스텐(TIG) 아크 용접에서 용착금속의 용락을 방지하고 용착부 뒷면의 용착금속을 보호하는 것은?

① 포지셔너(positioner)

② 지그(zig)

③ 뒷받침(backing)

④ 엔드탭(end tap)

> **뒷받침의 기능**
> • 용착금속의 용락 방지
> • 용착금속 내에 기공 생성 방지
> • 산화에 의한 외관의 거칠어짐 방지

11 용접 결함 중 치수상의 결함에 대한 방지대책과 가장 거리가 먼 것은?

① 역변형법 적용이나 지그를 사용한다.

② 습기, 이물질 제거 등 용접부를 깨끗이 한다.

③ 용접 전이나 시공 중에 올바른 시공법을 적용한다.

④ 용접조건과 자세, 운봉법을 적정하게 한다.

> ②는 구조상 결함의 방지대책에 해당한다.

12 TIG 용접에 사용되는 전극봉의 조건으로 틀린 것은?

① 고용융점의 금속

② 전자방출이 잘되는 금속

③ 전기 저항률이 많은 금속

④ 열전도성이 좋은 금속

> TIG 용접에서는 전극봉의 전기 저항률이 적어야 한다.

13 철도 레일 이음 용접에 적합한 용접법은?

① 테르밋 용접

② 서브머지드 용접

③ 스터드 용접

④ 그래비티 및 오토콘 용접

> 테르밋 용접은 금속산화물이 알루미늄에 의하여 산소를 빼앗기는 반응에 의해 생성되는 열을 이용하여 금속을 접합하는 용접 방법으로 철강계통의 레일, 차축, 선박의 프레임 등 비교적 큰 단면을 가진 주조나 단조품의 맞대기 용접과 보수용접에 주로 사용된다.

14 통행과 운반관련 안전조치로 가장 거리가 먼 것은?

① 뛰지 말 것이며 한 눈을 팔거나 주머니에 손을 넣고 걷지 말 것

② 기계와 다른 시설물과의 사이의 통행로 폭은 30cm 이상으로 할 것

③ 운반차는 규정 속도를 지키고 운반 시 시야를 가리지 않게 할 것

④ 통행로와 운반차, 기타 시설물에는 안전 표지색을 이용한 안전표지를 할 것

> 기계와 다른 시설물과의 사이의 통행로 폭은 80cm 이상으로 한다.

15 플라스마 아크의 종류 중 모재가 전도성 물질이어야 하며, 열효율이 높은 아크는?

① 이행형 아크

② 비이행형 아크

③ 중간형 아크

④ 피복 아크

> 이행형 아크는 비소모성 전극봉과 모재 사이의 전기 방전을 용접 열원으로 사용하는 방법으로 모재가 전기전도성을 가져야 한다.

16 TIG 용접에서 전극봉은 세라믹 노즐의 끝에서부터 몇 mm 정도 돌출시키는 것이 가장 적당한가?

① 1~2mm

② 3~6mm

③ 7~9mm

④ 10~12mm

> TIG 용접에서 전극봉은 세라믹 노즐의 끝에서부터 3~6mm 정도 노출시키는 것이 좋다.

17 다음 파괴시험 방법 중 충격시험 방법은?

① 전단시험

② 샤르피시험

③ 크리프시험

④ 응력부식 균열시험

> 충격시험은 재료의 인성과 취성의 정도를 조사하는 시험 방법으로 샤르피식 시험기와 아이조드식 시험기를 사용한다.

18 초음파 탐상 검사 방법이 아닌 것은?

① 공진법

② 투과법

③ 극간법

④ 펄스반사법

> 극간법은 자분 탐상시험 방법에 속한다.

19 레이저 빔 용접에 사용되는 레이저의 종류가 아닌 것은?

① 고체 레이저

② 액체 레이저

③ 기체 레이저

④ 분말 레이저

> 레이저 빔 용접에 사용되는 레이저에는 고체 레이저, 액체 레이저, 기체 레이저, 반도체 레이저가 있다.

20 다음 중 저탄소강의 용접에 관한 설명으로 틀린 것은?

① 용접균열의 발생 위험이 크기 때문에 용접이 비교적 어렵고, 용접법의 적용에 제한이 있다.
② 피복 아크 용접의 경우 피복 아크 용접봉은 모재와 강도 수준이 비슷한 것을 선정하는 것이 바람직하다.
③ 판의 두께가 두껍고 구속이 큰 경우에는 저수소계 계통의 용접봉이 사용된다.
④ 두께가 두꺼운 강재일 경우 적절한 예열을 할 필요가 있다.

저탄소강은 고온으로 가열되었다가 급랭해도 경화될 우려가 적어 용접이 쉬운 편에 속한다.

21 15℃, $1kgf/cm^2$ 하에서 사용 전 용해 아세틸렌 병의 무게가 50kgf이고, 사용 후 무게가 47kgf일 때 사용한 아세틸렌의 양은 몇 리터(L)인가?

① 2,915
② 2,815
③ 3,815
④ 2,715

15℃ 1기압에서의 아세틸렌 용적 : 905L
아세틸렌의 양(C) = 905(A−B) = 905×3 = 2,715(L)
(A : 병 전체의 무게, B : 사용 후의 무게)

22 다음 용착법 중 다층 쌓기 방법인 것은?

① 전진법
② 대칭법
③ 스킵법
④ 캐스케이드법

다층 쌓기 용착법 : 빌드업법, 캐스케이드법, 점진블록법

23 다음 중 두께 20mm인 강판을 가스 절단하였을 때 드래그(drag)의 길이가 5mm이었다면 드래그 양은 몇 %인가?

① 5
② 20
③ 25
④ 100

드래그 양(%) = $\dfrac{드래그\ 길이}{판두께}×100 = \dfrac{5}{20}×100 = 25\%$

24 가스용접에 사용되는 용접용 가스 중 불꽃 온도가 가장 높은 가연성 가스는?

① 아세틸렌
② 메탄
③ 부탄
④ 천연가스

아세틸렌의 불꽃온도는 3,430℃로 가장 높다.

25 가스용접에서 전진법과 후진법을 비교하여 설명한 것으로 옳은 것은?

① 용착금속의 냉각도는 후진법이 서랭된다.
② 용접변형은 후진법이 크다.
③ 산화의 정도가 심한 것은 후진법이다.
④ 용접속도는 후진법보다 전진법이 더 빠르다.

② 용접변형은 전진법이 크다.
③ 산화의 정도가 심한 것은 전진법이다.
④ 용접속도는 후진법보다 전진법이 더 느리다.

26 가스 절단 시 절단면에 일정한 간격의 곡선이 진행방향으로 나타나는데 이것을 무엇이라 하는가?

① 슬래그(slag)
② 태핑(tapping)
③ 드래그(drag)
④ 가우징(gouging)

절단면에 나타나는 일정한 간격의 곡선을 드래그 라인이라 한다.

27 피복금속 아크 용접봉의 피복제가 연소한 후 생성된 물질이 용접부를 보호하는 방식이 아닌 것은?

① 가스 발생식
② 슬래그 생성식
③ 스프레이 발생식
④ 반가스 발생식

용접부 보호방식에 의한 용접봉의 분류
• 가스 발생식 : 일산화탄소, 수소, 탄산가스 등 환원가스나 불활성 가스에 의해 용착 금속을 보호하는 형식
• 슬래그 생성식 : 액체의 용제 또는 슬래그로 용착 금속을 보호하는 형식
• 반가스 발생식 : 가스 발생식과 슬래그 발생식을 혼합하여 사용

28 직류아크 용접에서 용접봉을 용접기의 음(−)극에, 모재를 양(+)극에 연결한 경우의 극성은?

① 직류 정극성
② 직류 역극성
③ 용극성
④ 비용극성

• 직류 정극성 : 용접봉을 음(−)극에, 모재를 양(+)극에 연결
• 직류 역극성 : 용접봉을 양(+)극에, 모재를 음(−)극에 연결

29 강재 표면의 흠이나 개재물, 탈탄층 등을 제거하기 위하여 얇게 타원형 모양으로 표면을 깎아내는 가공법은?

① 산소창 절단
② 스카핑
③ 탄소아크 절단
④ 가우징

강재 표면의 흠이나 개재물, 탈탄층 등을 제거하기 위하여 가능한 한 얇게 타원형 모양으로 표면을 깎아내는 가공법을 스카핑이라 한다.

30 용해 아세틸렌 용기 취급 시 주의사항으로 틀린 것은?

① 아세틸렌 충전구가 동결 시는 50℃ 이상의 온수로 녹여야 한다.
② 저장 장소는 통풍이 잘 되어야 한다.
③ 용기는 반드시 캡을 씌워 보관한다.
④ 용기는 진동이나 충격을 가하지 말고 신중히 취급해야 한다.

> 아세틸렌 충전구 동결 시는 35℃ 이하의 온수로 녹여야 한다.

31 AW300, 정격사용률이 40%인 교류아크 용접기를 사용하여 실제 150A의 전류 용접을 한다면 허용 사용률은?

① 80%
② 120%
③ 140%
④ 160%

> 허용사용률 $= \dfrac{(\text{정격2차 전류})^2}{(\text{실제의 용접전류})^2} \times \text{정격사용률} = \dfrac{300^2}{150^2} \times 40 = 160\%$

32 용접 용어와 그 설명이 잘못 연결된 것은?

① 모재 : 용접 또는 절단되는 금속
② 용융풀 : 아크열에 의해 용융된 쇳물 부분
③ 슬래그 : 용접봉이 용융지에 녹아 들어가는 것
④ 용입 : 모재가 녹은 깊이

> 슬래그는 용착부에 나타난 비금속 물질을 말하며, 용접봉이 용융지에 녹아 들어가는 것은 용착이라 한다.

33 가동 철심형 용접기를 설명한 것으로 틀린 것은?

① 교류아크 용접기의 종류에 해당한다.
② 미세한 전류 조정이 가능하다.
③ 용접작업 중 가동 철심의 진동으로 소음이 발생할 수 있다.
④ 코일의 감긴 수에 따라 전류를 조정한다.

> 코일의 감긴 수에 따라 전류를 조정하는 것은 가동 코일형이다.

34 용접 중 전류를 측정할 때 전류계(클램프 미터)의 측정위치로 적합한 것은?

① 1차측 접지선
② 피복 아크 용접봉
③ 1차측 케이블
④ 2차측 케이블

> 용접 중 전류를 측정할 때 2차측 케이블을 클램프 사이에 끼우고 아크를 발생하며 전류를 측정한다.

35 저수소계 용접봉은 용접시점에서 기공이 생기기 쉬운데 해결방법으로 가장 적당한 것은?

① 후진법 사용
② 용접봉 끝에 페인트 도색
③ 아크 길이를 길게 사용
④ 접지점을 용접부에 가깝게 물림

> 저수소계 용접봉은 용접봉의 내균열성이 우수하여 균열을 일으키기 쉬운 강재에 적당한데, 후진법을 사용하면 기공이 생기는 것을 방지할 수 있다.

36 다음 중 가스용접의 특징으로 틀린 것은?

① 전기가 필요 없다.
② 응용범위가 넓다.
③ 박판용접에 적당하다.
④ 폭발의 위험이 없다.

> 가스용접은 폭발의 위험이 있어 주의가 요구된다.

37 다음 중 피복 아크 용접에 있어 용접봉에서 모재로 용융 금속이 옮겨가는 상태를 분류한 것이 아닌 것은?

① 폭발형
② 스프레이형
③ 글로뷸러형
④ 단락형

> **용적이행의 종류**
> • 스프레이형 : 미세한 용적이 스프레이처럼 날리면서 옮겨가는 방식
> • 글로뷸러형 : 용융금속이 모재로 옮겨가는 상태에서 비교적 큰 용적이 단락되지 않고 옮겨가는 형식
> • 단락형 : 용적이 용융지에 접촉하면서 옮겨가는 방식

38 융점이 높은 코발트(Co) 분말과 1~5m 정도의 세라믹, 탄화 텅스텐 등의 입자들을 배합하여 확산과 소결 공정을 거쳐서 분말 야금법으로 입자강화 금속 복합재료를 제조한 것은?

① FRP
② FRS
③ 서멧(cermet)
④ 진공청정구리(OFHC)

> 세라믹, 탄화 텅스텐 등의 입자들을 배합하여 확산과 소결 공정을 거쳐서 분말 야금법으로 입자강화 금속 복합재료를 제조한 것을 서멧이라 하며, 세라믹(Ceramics)과 금속(Metal)의 합성어이다.
> 세라믹스의 경도, 내열성, 내산화성, 내마모성과 금속의 강인성, 가소성, 기계적 강도 등을 동시에 가지고 있다.

39 주철의 용접 시 예열 및 후열 온도는 얼마 정도가 가장 적당한가?

① 100~200℃ ② 300~400℃
③ 500~600℃ ④ 700~800℃

주철은 500~600℃의 고온에서 예열 및 후열을 한다.

40 황동에 납(Pb)을 첨가하여 절삭성을 좋게 한 황동으로 스크류, 시계용 기어 등의 정밀가공에 사용되는 합금은?

① 리드 브라스(lead brass)
② 문쯔메탈(munts metal)
③ 틴 브라스(tin brass)
④ 실루민(silumin)

6:4 황동에 2~3%의 납을 첨가하여 쾌삭황동으로 대량생산하는 부품 및 시계용 기어 등의 정밀가공에 사용되는 합금은 납 황동이다.

41 탄소강에 함유된 원소 중에서 고온 메짐(hot short-ness)의 원인이 되는 것은?

① Si ② Mn
③ P ④ S

탄소강에 황이 함유되면 적열취성(고온메짐)의 원인이 되며, 고온 가공성을 나쁘게 한다.

42 알루미늄의 표면 방식법이 아닌 것은?

① 수산법 ② 염산법
③ 황산법 ④ 크롬산법

전해액의 종류에 따른 알루미늄 부식 방식법에는 수산법, 황산법, 크롬산법이 있다.

43 재료 표면상에 일정한 높이로부터 낙하시킨 추가 반발하여 튀어 오르는 높이로부터 경도값을 구하는 경도기는?

① 쇼어 경도기
② 로크웰 경도기
③ 비커즈 경도기
④ 브리넬 경도기

작은 강구나 다이아몬드를 붙인 소형의 추를 일정 높이에서 시험편 표면에 낙하시켜 튀어 오르는 반발 높이에 의하여 경도를 측정하는 시험 방법을 쇼어 경도시험이라 한다.

44 Fe-C 평형 상태도에서 나타날 수 없는 반응은?

① 포정 반응
② 편정 반응
③ 공석 반응
④ 공정 반응

① 포정 반응 : 탄소량이 0.1% 정도에서 일어나는 반응
③ 공석 반응 : 탄소량이 4.3% 정도에서 일어나는 반응
④ 공정 반응 : 탄소량이 0.86% 정도에서 일어나는 반응

45 강의 담금질 깊이를 깊게 하고 크리프 저항과 내식성을 증가시키며 뜨임 메짐을 방지하는 데 효과가 있는 합금 원소는?

① Mo ② Ni
③ Cr ④ Si

몰리브덴은 강의 담금질 깊이를 깊게 하고 저온 취성과 뜨임 취성을 방지하는 역할을 한다.

46 2~10% Sn, 0.6% P 이하의 합금이 사용되며 탄성률이 높아 스프링 재료로 가장 적합한 청동은?

① 알루미늄 청동
② 망간 청동
③ 니켈 청동
④ 인청동

인청동은 청동에 1% 이하의 인을 첨가한 것으로 스프링의 재료로 가장 적합하다.

47 알루미늄 합금 중 대표적인 단련용 Al합금으로 주요성분이 Al-Cu-Mg-Mn인 것은?

① 알민 ② 알드레리
③ 두랄루민 ④ 하이드로날륨

① 알민 : Al-Mn계 알루미늄 합금 ② 알드레리 : Al-Mg-Si계 알루미늄 합금 ④ 하이드로날륨 : Al-Mg계 알루미늄 합금

48 인장시험에서 표점거리가 50mm의 시험편을 시험 후 절단된 표점거리를 측정하였더니 65mm가 되었다. 이 시험편의 연신율은 얼마인가?

① 20% ② 23%
③ 30% ④ 33%

$$연신율 = \frac{늘어난\ 표점거리 - 처음\ 표점거리}{처음\ 표점거리} \times 100\%$$
$$= \frac{65 - 50}{50} \times 100\% = 30\%$$

49 면심입방격자 구조를 갖는 금속은?

① Cr ② Cu
③ Fe ④ Mo

• 면심입방격자 : Al, Cu, Ni, Pb, Ca 등
• 체심입방격자 : Cr, Mo, K, Na 등
• 조밀육방격자 : Mg, Zn, Ti, Be 등

50 노멀라이징(normalizing) 열처리의 목적으로 옳은 것은?

① 연화를 목적으로 한다.
② 경도 향상을 목적으로 한다.
③ 인성 부여를 목적으로 한다.
④ 재료의 표준화를 목적으로 한다.

노멀라이징은 A₃ 변태점 이상에서 30~60℃의 온도로 가열한 후 대기 중에서 서서히 냉각시켜 표준화하는 열처리 방법이다.

51 물체를 수직단면으로 절단하여 그림과 같이 조합하여 그릴 수 있는데, 이러한 단면도를 무슨 단면도라고 하는가?

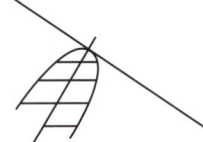

① 온 단면도
② 한쪽 단면도
③ 부분 단면도
④ 회전도시 단면도

핸들, 바퀴의 암과 림, 리브, 훅, 축 등과 같이 주로 단면의 모양을 90도 회전하여 단면 전후를 끊어서 그 사이에 그리는 단면도를 회전도시 단면도라 한다.

52 일면 개선형 맞대기 용접의 기호로 맞는 것은?

① ∨ – V형 맞대기 용접 ③ ⋏ – 플랜지형 용접 ④ ○ – 점용접

53 다음 배관 도면에 없는 배관 요소는?

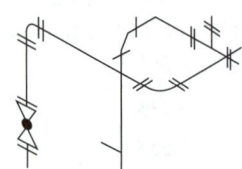

① 티
② 엘보
③ 플랜지 이음
④ 나비 밸브

그림의 밸브 기호는 글로브 밸브이다.

54 치수선상에서 인출선을 표시하는 방법으로 옳은 것은?

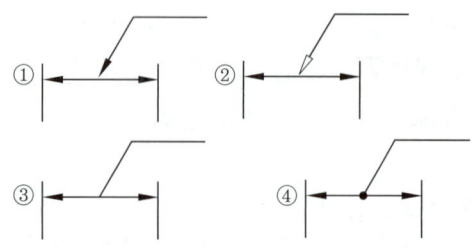

치수선상에서 인출할 때에는 끝에 점이나 화살표를 붙이지 않는다.

55 KS 재료기호 "SM10C"에서 10C는 무엇을 뜻하는가?

① 일련번호 ② 항복점
③ 탄소함유량 ④ 최저인장강도

• SM – 기계구조용 탄소강
• C – 탄소함유량

56 그림과 같이 정투상도의 제3각법으로 나타낸 정면도와 우측면도를 보고 평면도를 올바르게 도시한 것은?

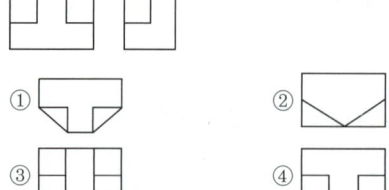

57 도면을 축소 또는 확대했을 때 그 정도를 알기 위해서 설정하는 것은?

① 중심 마크
② 비교 눈금
③ 도면의 구역
④ 재단 마크

도면을 축소 또는 확대했을 경우, 그 정도를 알기 위해서 설정하는 것은 비교 눈금이다.
중심 마크는 복사 또는 마이크로 필름을 촬영할 때 도면의 위치 결정을 편리하게 하기 위해 설치하는 것이다.

58 다음 중 선의 종류와 용도에 의한 명칭 연결이 틀린 것은?

① 가는 1점 쇄선 : 무게 중심선
② 굵은 1점 쇄선 : 특수지정선
③ 가는 실선 : 중심선
④ 아주 굵은 실선 : 특수한 용도의 선

무게 중심선은 가는 2점 쇄선으로 표시한다.

59 다음 중 원기둥의 전개에 가장 적합한 전개도법은?

① 평행선 전개도법　② 방사선 전개도법
③ 삼각형 전개도법　④ 타출 전개도법

평행선법은 위쪽이 경사지게 절단된 원통의 전개 방법으로 각기둥이나 원기둥의 전개에 가장 많이 이용된다.

60 나사의 단면도에서 수나사와 암나사의 골밑(골지름)을 도시하는 데 적합한 선은?

① 가는 실선　　② 굵은 실선
③ 가는 파선　　④ 가는 1점 쇄선

나사의 단면도에서 수나사와 암나사의 골을 표시하는 선은 가는 실선으로 그린다.

정답				
01 ②	02 ①	03 ③	04 ②	05 ③
06 ①	07 ④	08 ③	09 ④	10 ③
11 ②	12 ③	13 ①	14 ②	15 ①
16 ②	17 ②	18 ③	19 ④	20 ①
21 ④	22 ④	23 ③	24 ①	25 ①
26 ③	27 ③	28 ①	29 ②	30 ①
31 ④	32 ③	33 ④	34 ④	35 ①
36 ④	37 ①	38 ③	39 ③	40 ①
41 ④	42 ②	43 ①	44 ②	45 ①
46 ④	47 ③	48 ③	49 ②	50 ④
51 ④	52 ②	53 ④	54 ③	55 ③
56 ④	57 ②	58 ①	59 ①	60 ①

chapter 07

최근기출문제 – 2015년 4회(용접기능사)

1 다음 중 텅스텐과 몰리브덴 재료 등을 용접하기에 가장 적합한 용접은?

① 전자 빔 용접
② 일렉트로 슬래그 용접
③ 탄산가스 아크 용접
④ 서브머지드 아크 용접

> 전자 빔 용접은 고진공 속에서 음극으로부터 방출되는 전자를 고속으로 가속시켜 충돌에너지를 이용하는 용접 방법으로 텅스텐, 몰리브덴 같은 대기에서 반응하기 쉬운 금속도 용이하게 용접할 수 있다.

2 서브머지드 아크 용접 시 받침쇠를 사용하지 않을 경우 루트 간격을 몇 mm 이하로 하여야 하는가?

① 0.2
② 0.4
③ 0.6
④ 0.8

> 서브머지드 아크 용접 시 루트 간격은 받침쇠를 사용하지 않을 경우 0.8mm 이하로 하며, 0.8mm 이상이면 누설방지 비드를 쌓거나 받침쇠를 사용한다.

3 연납땜 중 내열성 땜납으로 주로 구리, 황동용에 사용되는 것은?

① 인동납
② 황동납
③ 납-은납
④ 은납

> 인동납, 황동납, 은납은 모두 경납땜에 속하며, 연납땜에는 주석-납, 납-카드뮴납, 납-은납이 있다.

4 용접부 검사법 중 기계적 시험법이 아닌 것은?

① 굽힘시험
② 경도시험
③ 인장시험
④ 부식시험

> 부식시험은 화학적 시험법에 속한다.

5 일렉트로 가스 아크 용접의 특징에 대한 설명으로 틀린 것은?

① 판두께에 관계없이 단층으로 상진 용접한다.
② 판두께가 얇을수록 경제적이다.
③ 용접속도는 자동으로 조절된다.
④ 정확한 조립이 요구되며, 이동용 냉각 동판에 급

수 장치가 필요하다.

> 일렉트로 가스 아크 용접은 판두께가 두꺼울수록 경제적이다.

6 텅스텐 전극봉 중에서 전자 방사 능력이 현저하게 뛰어난 장점이 있으며 불순물이 부착되어도 전자 방사가 잘되는 전극은?

① 순텅스텐 전극
② 토륨 텅스텐 전극
③ 지르코늄 텅스텐 전극
④ 마그네슘 텅스텐 전극

> 토륨 텅스텐 전극봉은 순텅스텐 전극봉에 토륨을 1~2% 함유한 것으로 전자방사 능력이 우수하고 불순물이 부착되어도 전자방사가 잘된다.

7 다음 중 표면 피복 용접을 올바르게 설명한 것은?

① 연강과 고장력강의 맞대기 용접을 말한다.
② 연강과 스테인리스강의 맞대기 용접을 말한다.
③ 금속 표면에 다른 종류의 금속을 용착시키는 것을 말한다.
④ 스테인리스 강판과 연강판재를 접합 시 스테인리스 강판에 구멍을 뚫어 용접하는 것을 말한다.

> 표면 피복 용접은 금속의 표면에 다른 종류의 금속을 용착시키는 것을 말한다.

8 산업용 용접 로봇의 기능이 아닌 것은?

① 작업 기능
② 제어 기능
③ 계측인식 기능
④ 감정 기능

> 산업용 용접 로봇에 감정 기능은 필요 없다.

9 불활성 가스 금속 아크 용접(MIG)의 용착효율은 얼마 정도인가?

① 58%
② 78%
③ 88%
④ 98%

> MIG 용접은 용착효율이 98%로 아주 높아 피복 금속 아크 용접에 비해 고능률적인 용접 방법이다.

10 다음 중 일렉트로 슬래그 용접의 특징으로 틀린 것은?

① 박판용접에는 적용할 수 없다.
② 장비 설치가 복잡하며 냉각장치가 요구된다.
③ 용접시간이 길고 장비가 저렴하다.
④ 용접 진행 중 용접부를 직접 관찰할 수 없다.

> 일렉트로 슬래그 용접은 용접 시간이 짧고 능률적인 데 비해 가격이 비싼 단점이 있다.

11 용접에 있어 모든 열적요인 중 가장 영향을 많이 주는 요소는?

① 용접입열
② 용접 재료
③ 주위 온도
④ 용접 복사열

> 외부로부터 용접부에 주어지는 열량을 용접입열이라 하는데, 용접에 가장 영향을 많이 미치는 요소이다.

12 사고의 원인 중 인적 사고 원인에서 선천적 원인은?

① 신체의 결함
② 무지
③ 과실
④ 미숙련

> 신체의 결함이 선천적 요인에 해당하며, 무지, 과실, 미숙련 등은 후천적 요인에 해당한다.

13 TIG 용접에서 직류 정극성을 사용하였을 때 용접효율을 올릴 수 있는 재료는?

① 알루미늄
② 마그네슘
③ 마그네슘 주물
④ 스테인리스강

> TIG 용접에서 직류 정극성을 사용하였을 때 모재에서 70%의 열이 발생하므로 용융점이 높은 스테인레스강, 탄소강 등의 재료가 용접효율을 올릴 수 있다.

14 재료의 인장 시험방법으로 알 수 없는 것은?

① 인장강도
② 단면수축률
③ 피로강도
④ 연신율

> 인장시험은 시험편을 인장 파단시켜 항복점, 인장강도, 연신율, 단면수축률, 비례한도, 탄성한도 등을 조사하는 시험 방법이다.

15 용접 변형 방지법의 종류에 속하지 않는 것은?

① 억제법
② 역변형법
③ 도열법
④ 취성 파괴법

> 용접 변형 방지법 : 억제법, 역변형법, 도열법

16 솔리드 와이어와 같이 단단한 와이어를 사용할 경우 적합한 용접 토치 형태로 옳은 것은?

① Y형
② 커브형
③ 직선형
④ 피스톨형

> 단단한 와이어를 사용할 경우 사용하는 토치 형태는 커브형이며, 연한 와이어에 사용하는 토치 형태는 피스톨형이다.

17 안전·보건표지의 색채, 색도기준 및 용도에서 색채에 따른 용도를 올바르게 나타낸 것은?

① 빨간색 : 안내
② 파란색 : 지시
③ 녹색 : 경고
④ 노란색 : 금지

> ① 빨간색 : 금지, 경고 　③ 녹색 : 안내
> ④ 노란색 : 경고

18 용접금속의 구조상의 결함이 아닌 것은?

① 변형
② 기공
③ 언더컷
④ 균열

> 변형, 치수불량, 형상불량은 치수상의 결함에 해당한다.

19 금속재료의 미세조직을 금속현미경을 사용하여 광학적으로 관찰하고 분석하는 현미경시험의 진행순서로 맞는 것은?

① 시료 채취 → 연마 → 세척 및 건조 → 부식 → 현미경 관찰
② 시료 채취 → 연마 → 부식 → 세척 및 건조 → 현미경 관찰
③ 시료 채취 → 세척 및 건조 → 연마 → 부식 → 현미경 관찰
④ 시료 채취 → 세척 및 건조 → 부식 → 연마 → 현미경 관찰

> **현미경시험의 진행순서**
> 시료 채취 → 마운팅 → 연마 → 폴리싱 → 세척 및 건조 → 부식 → 현미경 관찰

chapter 07

20 강판의 두께가 12mm, 폭 100mm인 평판을 V형 홈으로 맞대기 용접 이음할 때, 이음효율 η=0.8로 하면 인장력 P는? (단, 재료의 최저인장강도는 40N/mm²이고, 안전율은 4로 한다)

① 960N
② 9,600N
③ 860N
④ 8,600N

$$12mm \times 100mm \times 0.8 \times \frac{40}{4} = 9,600N$$

21 다음 중 목재, 섬유류, 종이 등에 의한 화재의 급수에 해당하는 것은?

① A급
② B급
③ C급
④ D급

목재, 섬유류, 종이 등은 A급 일반화재로 분류된다.

22 용접부의 시험 중 용접성 시험에 해당하지 않는 시험법은?

① 노치 취성 시험
② 열특성 시험
③ 용접 연성 시험
④ 용접 균열 시험

용접성 시험
• 용접의 난이도를 나타내는 데 필요한 시험
• 종류 : 노치 취성 시험, 용접 연성 시험, 용접 터짐 시험, 용접 균열 시험

23 다음 중 가스용접의 특징으로 옳은 것은?

① 아크 용접에 비해서 불꽃의 온도가 높다.
② 아크 용접에 비해 유해광선의 발생이 많다.
③ 전원 설비가 없는 곳에서는 쉽게 설치할 수 없다.
④ 폭발의 위험이 크고 금속이 탄화 및 산화될 가능성이 많다.

① 아크 용접에 비해서 불꽃의 온도가 낮다.
② 아크 용접에 비해 유해광선의 발생이 적다.
③ 전원 설비가 없는 곳에서는 쉽게 설치할 수 있다.

24 산소-아세틸렌 용접에서 표준불꽃으로 연강판 두께 2mm를 60분간 용접하였더니 200L의 아세틸렌가스가 소비되었다면, 다음 중 가장 적당한 가변압식 팁의 번호는?

① 100번
② 200번
③ 300번
④ 400번

프랑스식(가변압식) 팁
• 팁 번호 100 : 1시간 동안의 가스 소비량이 100L
• 팁 번호 200 : 1시간 동안의 가스 소비량이 200L

25 연강용 가스 용접봉의 시험편 처리 표시 기호 중 NSR의 의미는?

① 625±25℃로써 용착금속의 응력을 제거한 것
② 용착금속의 인장강도를 나타낸 것
③ 용착금속의 응력을 제거하지 않은 것
④ 연신율을 나타낸 것

• SR : 625±25℃에서 응력제거 풀림을 한 시편
• NSR : 용접한 그대로의 응력제거를 하지 않은 것

26 피복 아크 용접에서 사용하는 용접용 기구가 아닌 것은?

① 용접 케이블
② 접지 클램프
③ 용접 홀더
④ 팁 클리너

팁 클리너는 가스용접 등과 같이 팁을 사용하는 용접에서 팁이 막혔을 때 구멍을 뚫는 기구이다.

27 피복아크 용접봉의 피복제의 주된 역할로 옳은 것은?

① 스패터의 발생을 많게 한다.
② 용착 금속에 필요한 합금원소를 제거한다.
③ 모재 표면에 산화물이 생기게 한다.
④ 용착 금속의 냉각속도를 느리게 하여 급랭을 방지한다.

① 스패터의 발생을 적게 한다.
② 용착 금속에 필요한 합금원소를 첨가한다.
③ 모재 표면에 산화물의 발생을 억제한다.

28 용접의 특징에 대한 설명으로 옳은 것은?

① 복잡한 구조물 제작이 어렵다.
② 기밀, 수밀, 유밀성이 나쁘다.
③ 변형의 우려가 없어 시공이 용이하다.
④ 용접사의 기량에 따라 용접부의 품질이 좌우된다.

① 복잡한 구조물 제작이 가능하다.
② 기밀, 수밀, 유밀성이 우수하다.
③ 열에 의한 변형과 수축이 발생할 수 있다.

29 가스절단에서 팁(Tip)의 백심 끝과 강판 사이의 간격으로 가장 적당한 것은?

① 0.1~0.3mm
② 0.4~1.0mm
③ 1.5~2.0mm
④ 4~5mm

- 팁 끝과 강판 사이의 거리 : 백심에서 1.5~2.0mm
- 백심과 모재 사이의 거리 : 1.5~2.5mm

30 스카핑 작업에서 냉간재의 스카핑 속도로 가장 적합한 것은?

① 1~3m/min
② 5~7m/min
③ 10~15m/min
④ 20~25m/min

분류	스카핑 속도
냉간재	5~7m/min
열간재	20m/min

31 AW-300, 무부하 전압 80V, 아크 전압 20V인 교류 용접기를 사용할 때, 다음 중 역률과 효율을 올바르게 계산한 것은? (단, 내부손실을 4kW라 한다)

① 역률 : 80.0%, 효율 : 20.6%
② 역률 : 20.6%, 효율 : 80.0%
③ 역률 : 60.0%, 효율 : 41.7%
④ 역률 : 41.7%, 효율 : 60.0%

- 역률 = $\dfrac{\text{아크 전압[V]×아크 전류[A] + 내부손실}}{\text{무부하전압[V]×아크 전류[A]}}×100\%$

$= \dfrac{20[V]×300[A]+4,000VA}{80[V]×300[A]}×100\% ≒ 41.7\%$

- 효율 = $\dfrac{\text{아크 전압[V]×아크 전류[A]}}{\text{아크 전압[V]×아크 전류[A] + 내부손실}}×100\%$

$= \dfrac{20[V]×300[A]}{20[V]×300[A]+4,000VA}×100\% = 60\%$

32 가스 용접에서 후진법에 대한 설명으로 틀린 것은?

① 전진법에 비해 용접변형이 작고 용접속도가 빠르다.
② 전진법에 비해 두꺼운 판의 용접에 적합하다.
③ 전진법에 비해 열 이용률이 좋다.
④ 전진법에 비해 산화의 정도가 심하고 용착금속 조직이 거칠다.

산화의 정도는 전진법에 비해 후진법이 약하며, 용착금속의 조직은 미세하다.

33 피복 아크 용접에 관한 사항으로 아래 그림의 (   )에 들어가야 할 용어는?

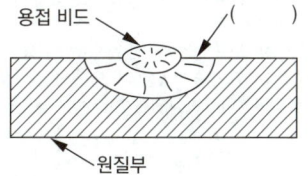

① 용락부
② 용융지
③ 용입부
④ 열영향부

화살표가 가리키는 곳은 열영향부를 말하는데, 열영향부란 용접 또는 절단의 열에 의해 금속의 조직이나 기계적 성질 등에 변화가 생긴 모재의 용융되지 않은 부분을 의미한다.

34 용접봉에서 모재로 용융금속이 옮겨가는 이행 형식이 아닌 것은?

① 단락형
② 글로뷸러형
③ 스프레이형
④ 철심형

철심형은 용융금속 이행 형식이 아니다.

35 직류 아크 용접에서 용접봉의 용융이 늦고, 모재의 용입이 깊어지는 극성은?

① 직류 정극성
② 직류 역극성
③ 용극성
④ 비용극성

직류 정극성은 모재에 (+) 전극, 용접봉에 (−) 전극이 연결되는데, 용입이 깊고 용접봉의 용융속도가 느리며, 후판 용접이 가능한 방식이다.

36 아세틸렌 가스의 성질로 틀린 것은?

① 순수한 아세틸렌 가스는 무색무취이다.
② 금, 백금, 수은 등을 포함한 모든 원소와 화합 시 산화물을 만든다.
③ 각종 액체에 잘 용해되며, 물에는 1배, 알코올에는 6배 용해된다.
④ 산소와 적당히 혼합하여 연소시키면 높은 열을 발생한다.

아세틸렌 가스는 구리, 은 등과 접촉하면 폭발성을 갖는다.

37 아크 용접기에서 부하전류가 증가하여도 단자전압이 거의 일정하게 되는 특성은?

① 절연특성
② 수하특성
③ 정전압특성
④ 보존특성

38 피복제 중에 산화티탄을 약 35% 정도 포함하였고 슬래그 박리성이 좋아 비드의 표면이 고우며 작업성이 우수한 특징을 지닌 연장용 피복 아크 용접봉은?

① E4301   ② E4311
③ E4313   ④ E4316

> E4313은 고산활탄계 용접봉으로 산화티탄이 약 35% 포함되어 있으며, 용접 외관과 작업성이 우수하다.

39 상률(Phase Rule)과 무관한 인자는?

① 자유도   ② 원소 종류
③ 상의 수   ④ 성분 수

> Gibbs의 상률 $F = C - P + 2$
> (F : 자유도, C : 성분 수, P : 상의 수)

40 공석조성을 0.80%C라고 하면, 0.2%C 강의 상온에서의 초석페라이트와 펄라이트의 비는 약 몇 %인가?

① 초석페라이트 75% : 펄라이트 25%
② 초석페라이트 25% : 펄라이트 75%
③ 초석페라이트 80% : 펄라이트 20%
④ 초석페라이트 20% : 펄라이트 80%

> • 초석페라이트 : $\dfrac{0.6}{0.8} \times 100\% = 75\%$
> • 펄라이트 : $\dfrac{0.2}{0.8} \times 100\% = 25\%$

41 금속의 물리적 성질에서 자성에 관한 설명 중 틀린 것은?

① 연철(鍊鐵)은 잔류자기는 작으나 보자력이 크다.
② 영구자석재료는 쉽게 자기를 소실하지 않는 것이 좋다.
③ 금속을 자석에 접근시킬 때 금속에 자석의 극과 반대의 극이 생기는 금속을 상자성체라 한다.
④ 자기장의 강도가 증가하면 자화되는 강도도 증가하나 어느 정도 진행되면 포화점에 이르는 이 점을 퀴리점이라 한다.

> 연철은 전류자기가 크고 보자력이 작다.

42 다음 중 탄소강의 표준 조직이 아닌 것은?

① 페라이트   ② 펄라이트
③ 시멘타이트   ④ 마텐자이트

> **탄소강의 표준조직**
> 페라이트, 펄라이트, 오스테나이트, 시멘타이트, 레데뷰라이트, 델타페라이트

43 주요성분이 Ni-Fe 합금인 불변강의 종류가 아닌 것은?

① 인바   ② 모넬메탈
③ 엘린바   ④ 플래티나이트

> 모넬메탈은 Ni-Cu계 합금으로 내식성 및 내마모성이 우수해 터빈날개, 화학공업용 재료 등에 사용된다.

44 탄소강 중에 함유된 규소의 일반적인 영향 중 틀린 것은?

① 경도의 상승   ② 연신율의 감소
③ 용접성의 지하   ④ 충격값의 증가

> 충격값에 영향을 미치는 것은 탄소함유량이다. 탄소함유량이 증가할수록 충격값이 감소한다.

45 다음 중 이온화 경향이 가장 큰 것은?

① Cr   ② K
③ Sn   ④ H

> 이온화 경향은 이온이 되려고 하는 경향을 말하며 순서는 다음과 같다.
> K 〉 Cr 〉 Sn 〉 H

46 실온까지 온도를 내려 다른 형상으로 변형시켰다가 다시 온도를 상승시키면 어느 일정한 온도 이상에서 원래의 형상으로 변화하는 합금은?

① 제진합금
② 방진합금
③ 비정질합금
④ 형상기억합금

> 외부에서 힘을 가해 변형을 시켜도 곧 본래의 형상으로 복원하는 합금을 형상기억합금이라 한다.

47 금속에 대한 설명으로 틀린 것은?

① 리튬(Li)은 물보다 가볍다.
② 고체 상태에서 결정구조를 가진다.
③ 텅스텐(W)은 이리듐(Ir)보다 비중이 크다.
④ 일반적으로 용융점이 높은 금속은 비중도 큰 편이다.

> 텅스텐의 비중은 19.1로 이리듐의 비중(22)보다 작다.

48 고강도 Al 합금으로 조성이 Al-Cu-Mg-Mn인 합금은?

① 라우탈
② Y-합금
③ 두랄루민
④ 하이드로날륨

> 두랄루민은 Cu 4%, Mg 0.5%, Mn 0.5%의 고강도 알루미늄 합금으로 항공기 등의 재료로 사용된다.

49 7 : 3 황동에 1% 내외의 Sn을 첨가하여 열교환기, 증발기 등에 사용되는 합금은?

① 코슨 황동
② 네이벌 황동
③ 애드미럴티 황동
④ 에버듀어 메탈

> 애드미럴티 황동은 7:3 황동에 주석을 1% 정도 첨가하여 탈아연 부식을 억제하고 내식성 및 내해수성을 증대시킨 특수황동이다.

50 구리에 5~20% Zn을 첨가한 황동으로, 강도는 낮으나 전연성이 좋고 색깔이 금색에 가까워, 모조금이나 판 및 선 등에 사용되는 것은?

① 톰백
② 켈밋
③ 포금
④ 문쯔메탈

> 구리에 5~20% Zn을 첨가한 황동은 톰백인데, 강도는 낮으나 전연성이 좋고 색깔이 아름다워 모조금, 판 및 선 등에 사용된다.

51 열간 성형 리벳의 종류별 호칭길이(L)를 표시한 것 중 잘못 표시된 것은?

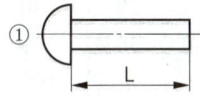
① L

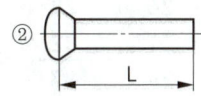
② L

③ L

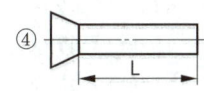
④ L

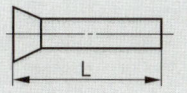

52 다음 중 배관용 탄소 강관의 재질기호는?

① SPA
② STK
③ SPP
④ STS

> ① SPA : 배관용 합금강 강관
> ② STK : 일반 구조용 탄소강관
> ④ STS : 합금공구강(절삭공구)

53 그림과 같은 KS 용접 보조기호의 설명으로 옳은 것은?

① 필릿 용접부 토우를 매끄럽게 함
② 필릿 용접 중앙부를 볼록하게 다듬질
③ 필릿 용접 끝단부에 영구적인 덮개 판을 사용
④ 필릿 용접 중앙부에 제거 가능한 덮개 판을 사용

54 그림과 같은 경 ㄷ 형강의 치수 기입 방법으로 옳은 것은? (단, L은 형강의 길이를 나타낸다)

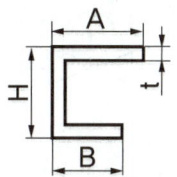

① ㄷ A×B×H×t - L
② ㄷ H×A×B×t - L
③ ㄷ B×A×H×t - L
④ ㄷ H×B×A×L - t

55 도면에서 반드시 표제란에 기입해야 하는 항목으로 틀린 것은?

① 재질
② 척도
③ 투상법
④ 도명

> 재질은 부품란에 기입해야 할 사항이다.

56 선의 종류와 명칭이 잘못된 것은?

① 가는 실선 – 해칭선
② 굵은 실선 – 숨은선
③ 가는 2점 쇄선 – 가상선
④ 가는 1점 쇄선 – 피치선

숨은선은 점선으로 표시한다.

57 그림과 같은 입체도에서 화살표 방향을 정면으로 할 때 평면도로 가장 적합한 것은?

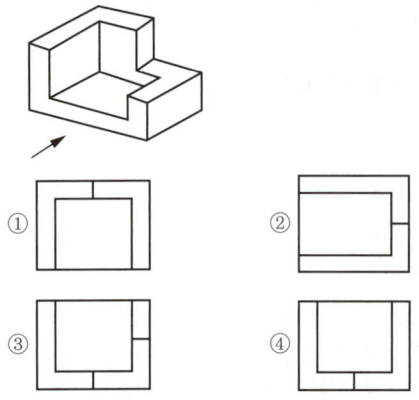

58 도면의 밸브 표시방법에서 안전밸브에 해당하는 것은?

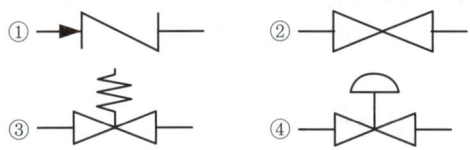

① 체크밸브   ② 밸브일반
③ 안전밸브(스프링식)   ④ 밸브 개폐부의 동력조작

59 제1각법과 제3각법에 대한 설명 중 틀린 것은?

① 제3각법은 평면도를 정면도의 위에 그린다.
② 제1각법은 저면도를 정면도의 아래에 그린다.
③ 제3각법의 원리는 눈 → 투상면 → 물체의 순서가 된다.
④ 제1각법에서 우측면도는 정면도를 기준으로 본 위치와는 반대쪽인 좌측에 그려진다.

제1각법은 저면도를 정면도의 위에 그린다.

60 일반적으로 치수선을 표시할 때, 치수선 양 끝에 치수가 끝나는 부분임을 나타내는 형상으로 사용하는 것이 아닌 것은?

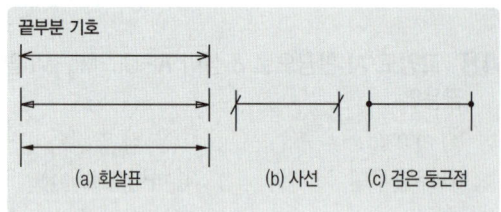

끝부분 기호

(a) 화살표   (b) 사선   (c) 검은 둥근점

최근기출문제 - 2015년 5회(특수용접기능사)

1 아크 용접에서 피닝을 하는 목적으로 가장 알맞은 것은?

① 용접부의 잔류응력을 완화시킨다.
② 모재의 재질을 검사하는 수단이다.
③ 응력을 강하게 하고 변형을 유발시킨다.
④ 모재표면의 이물질을 제거한다.

> 피닝은 특수 해머를 사용하여 모재의 표면에 지속적으로 충격을 가해줌으로써 용접부의 잔류응력을 완화시키면서 표면층에 소성변형을 주는 것을 말한다.

2 다음 중 연납의 특성에 관한 설명으로 틀린 것은?

① 연납땜에 사용하는 용가제를 말한다.
② 주석-납계 합금이 가장 많이 사용된다.
③ 기계적 강도가 낮으므로 강도를 필요로 하는 부분에는 적당하지 않다.
④ 은납, 황동납 등이 이에 속하고 물리적 강도가 크게 요구될 때 사용된다.

> 은납, 황동납은 경납용 용제에 속한다.

3 다음 각종 용접에서 전격방지 대책으로 틀린 것은?

① 홀더나 용접봉은 맨손으로 취급하지 않는다.
② 어두운 곳이나 밀폐된 구조물에서 작업 시 보조자와 함께 작업한다.
③ CO_2 용접이나 MIG 용접 작업 도중에 와이어를 2명이 교대로 교체할 때는 전원은 차단하지 않아도 된다.
④ 용접작업을 하지 않을 때에는 TIG 전극봉은 제거하거나 노즐 뒤쪽에 밀어 넣는다.

> CO_2 용접이나 MIG 용접 작업 도중에 와이어를 2명이 교대로 교체할 때 전원을 차단해야 한다.

4 심(Seam) 용접법에서 용접전류의 통전방법이 아닌 것은?

① 직·병렬 통전법
② 단속 통전법
③ 연속 통전법
④ 맥동 통전법

> **심용접의 종류**
> 단속 통전법, 연속 통전법, 맥동 통전법

5 플라즈마 아크의 종류가 아닌 것은?

① 이행형 아크
② 비이행형 아크
③ 중간형 아크
④ 텐덤형 아크

> **플라즈마 아크의 종류**
> • 이행형 아크 : 전극봉과 모재 사이에서 아크 발생
> • 비이행형 아크 : 텅스텐 전극과 구속노즐 사이에서 아크 발생
> • 중간형 : 이행형과 비이행형 아크의 중간

6 피복 아크 용접 결함 중 용착 금속의 냉각 속도가 빠르거나, 모재의 재질이 불량할 때 일어나기 쉬운 결함으로 가장 적당한 것은?

① 용입 불량
② 언더컷
③ 오버랩
④ 선상조직

> 선상조직은 인을 많이 함유한 강에 나타나는 용착 금속의 냉각 속도가 빠르거나, 모재의 재질이 불량할 때 일어나기 쉬운 결함이다.

7 용접기의 점검 및 보수 시 지켜야 할 사항으로 옳은 것은?

① 정격사용률 이상으로 사용한다.
② 탭전환은 반드시 아크 발생을 하면서 시행한다.
③ 2차측 단자의 한쪽과 용접기 케이스는 반드시 어스(Earth)하지 않는다.
④ 2차측 케이블이 길어지면 전압강하가 일어나므로 가능한 한 지름이 큰 케이블을 사용한다.

> ① 정격 사용률 이상으로 사용하면 과열된다.
> ② 탭 전환은 반드시 아크를 중지시킨 후 시행한다.
> ③ 2차측 단자의 한쪽과 용접기 케이스는 반드시 접지시킨다.

8 용접입열이 일정한 경우에는 열전도율이 큰 것일수록 냉각속도가 빠른데 다음 금속 중 열전도율이 가장 높은 것은?

① 구리
② 납
③ 연강
④ 스테인리스강

9 로봇용접의 분류 중 동작 기구로부터의 분류방식이 아닌 것은?

① PTB 좌표 로봇　　② 직각 좌표 로봇
③ 극좌표 로봇　　　④ 관절 로봇

PTB(Physikalisch-technische Bundesanstalt) 좌표 로봇은 로봇을 이동시킬 때 좌표 측정 방식에 따라 분류한 것이다.

10 CO_2 용접작업 중 가스의 유량은 낮은 전류에서 얼마가 적당한가?

① 10~15 L/min　　② 20~25 L/min
③ 30~35 L/min　　④ 40~45 L/min

CO_2 용접작업 시 전류의 크기에 따른 가스 유량	
전류 영역	가스 유량(L/min)
저전류(250A 이하)	10~15
고전류(250A 이상)	20~25

11 용접부의 균열 중 모재의 재질 결함으로서 강괴일 때 기포가 압연되어 생기는 것으로 설퍼밴드와 같은 층상으로 편재해 있어 강재 내부에 노치를 형성하는 균열은?

① 라미네이션(Lamination) 균열
② 루트(Root) 균열
③ 응력 제거 풀림(Stress Relief) 균열
④ 크레이터(Crater) 균열

• 라미네이션 균열 : 강괴일 때 내부에 있던 기포나 슬래그가 압연에 의해 압착되면서 생기는 결함
• 루트균열 : 용접부의 루트면에 있는 노치에 의해 응력이 집중되어 발생하는 균열
• 크레이터균열 : 크레이터가 급랭으로 응고될 때 발생하는 균열

12 다음 중 용접열원을 외부로부터 가하는 것이 아니라 금속분말의 화학반응에 의한 열을 사용하여 용접하는 방식은?

① 테르밋 용접　　② 전기저항 용접
③ 잠호 용접　　　④ 플라스마 용접

테르밋 용접은 금속산화물이 알루미늄에 의하여 산소를 빼앗기는 반응에 의해 생성되는 열을 이용하여 금속을 결합하는 용접 방법이다.

13 각종 금속의 용접부 예열온도에 대한 설명으로 틀린 것은?

① 고장력강, 저합금강, 주철의 경우 용접 홈을 50~350℃로 예열한다.
② 연강을 0℃ 이하에서 용접할 경우 이음의 양쪽 폭 100mm 정도를 40~75℃로 예열한다.
③ 열전도가 좋은 구리 합금은 200~400℃의 예열이 필요하다.
④ 알루미늄 합금은 500~600℃ 정도의 예열온도가 적당하다.

알루미늄 합금은 200~400℃ 정도의 예열온도가 적당하다.

14 논 가스 아크 용접의 설명으로 틀린 것은?

① 보호 가스나 용제를 필요로 한다.
② 바람이 있는 옥외에서 작업이 가능하다.
③ 용접장치가 간단하며 운반이 편리하다.
④ 용접 비드가 아름답고 슬래그 박리성이 좋다.

논 가스 아크 용접은 보호 가스 없이 공기 중에서 용접하는 방법이다.

15 용접부의 결함이 오버랩일 경우 보수 방법은?

① 가는 용접봉을 사용하여 보수한다.
② 일부분을 깎아내고 재용접한다.
③ 양단에 드릴로 정지 구멍을 뚫고 깎아내고 재용접한다.
④ 그 위에 다시 재용접한다.

오버랩 결함은 용입부의 일부분을 채우지 않고 덮은 불량이므로 일부분을 그라인더로 깎아내고 재용접함으로써 보수가 가능하다.

16 다음 중 초음파 탐상법의 종류에 해당하지 않는 것은?

① 투과법　　　② 펄스반사법
③ 관통법　　　④ 공진법

초음파 탐상법의 종류 : 투과법, 펄스반사법, 공진법

17 피복아크 용접 작업의 안전사항 중 전격방지대책이 아닌 것은?

① 용접기 내부는 수시로 분해 · 수리하고 청소를 하여야 한다.
② 절연 홀더의 절연부분이 노출되거나 파손되면 교체한다.

③ 장시간 작업을 하지 않을 시는 반드시 전기 스위치를 차단한다.

④ 젖은 작업복이나 장갑, 신발 등을 착용하지 않는다.

> 용접기 내부는 함부로 분해하지 않도록 한다.

18 전자렌즈에 의해 에너지를 집중시킬 수 있고, 고용융 재료의 용접이 가능한 용접법은?

① 레이저 용접
② 피복아크 용접
③ 전자 빔 용접
④ 초음파 용접

> 전자빔용접은 고진공 속에서 음극으로부터 방출되는 전자를 고속으로 가속시켜 충돌에너지를 이용하는 용접 방법으로 전자렌즈에 의해 에너지 집중이 가능하여 고속으로 용접할 수 있으며 텅스텐, 몰리브덴 등의 고용융 금속의 용접이 가능하다.

19 일렉트로 슬래그 용접에서 사용되는 수랭식 판의 재료는?

① 연강
② 동
③ 알루미늄
④ 주철

> 일렉트로 슬래그 용접에는 수냉동판을 사용한다.

20 맞대기용접 이음에서 모재의 인장강도는 40kgf/mm²이며, 용접 시험편의 인장강도가 45kgf/mm²일 때 이음효율은 몇 %인가?

① 88.9
② 104.4
③ 112.5
④ 125.0

> 이음효율 $= \dfrac{\text{용착금속의 인장강도}}{\text{모재의 인장강도}} \times 100 = \dfrac{45}{40} \times 100 = 112.5\%$

21 납땜에서 경납용 용제가 아닌 것은?

① 붕사
② 붕산
③ 염산
④ 알칼리

> 염산은 연납용 용제로 사용된다.

22 서브머지드 아크 용접에서 동일한 전류 전압의 조건에서 사용되는 와이어 지름의 영향에 대한 설명 중 옳은 것은?

① 와이어의 지름이 크면 용입이 깊다.
② 와이어의 지름이 작으면 용입이 깊다.
③ 와이어의 지름과 상관이 없이 같다.
④ 와이어의 지름이 커지면 비드 폭이 좁아진다.

> 서브머지드 아크 용접은 전류 밀도가 크기 때문에 와이어 지름이 작으면 용입이 깊다.

23 피복 아크 용접봉에서 피복제의 주된 역할로 틀린 것은?

① 전기 절연 작용을 하고 아크를 안정시킨다.
② 스패터의 발생을 적게 하고 용착금속에 필요한 합금원소를 첨가시킨다.
③ 용착 금속의 탈산 정련 작용을 하며 용융점이 높고, 높은 점성의 무거운 슬래그를 만든다.
④ 모재 표면의 산화물을 제거하고, 양호한 용접부를 만든다.

> 피복 아크 용접용 피복제는 용착 금속의 탈산 정련 작용을 하며 용융점이 낮고, 가벼운 슬래그를 만든다.

24 다음 중 부하전류가 변하여도 단자 전압은 거의 변화하지 않는 용접기의 특성은?

① 수하 특성
② 하향 특성
③ 정전압 특성
④ 정전류 특성

> • 수하특성 : 부하 전류가 증가하면 단자 전압이 낮아진다.
> • 상승특성 : 부하 전류가 증가하면 단자 전압이 높아진다.
> • 정전류특성 : 부하 전류나 전압이 변해도 단자 전류는 거의 변하지 않는다.

25 아크가 보이지 않는 상태에서 용접이 진행된다고 하여 일명 잠호용접이라 부르기도 하는 용접법은?

① 스터드 용접
② 레이져 용접
③ 서브머지드 아크 용접
④ 플라즈마 용접

> 아크가 플럭스 속에서 발생되어 아크가 보이지 않는 상태에서 용접이 진행되는 용접 방법은 서브머지드 아크 용접이다.

26 가스 절단면의 표준 드래그(Drag) 길이는 판 두께의 몇 % 정도가 가장 적당한가?

① 10%
② 20%
③ 30%
④ 40%

> 표준 드래그 길이(mm) = 판두께(mm) $\times \dfrac{1}{5}$ 이므로 판두께의 20% 정도가 적당하다.

27 피복아크용접에서 홀더로 잡을 수 있는 용접봉 지름(mm)이 5.0~8.0일 경우 사용하는 용접봉 홀더의 종류로 옳은 것은?

① 125호   ② 160호
③ 300호   ④ 400호

용접봉 홀더의 종류(KS C 9607)		
종류	정격 용접 전류(A)	용접봉 지름(mm)
125호	125	1.6~3.2
160호	160	3.2~4.0
200호	200	3.2~5.0
250호	250	4.0~6.0
300호	300	4.0~6.0
400호	400	5.0~8.0
500호	500	6.4~10.0

28 다음 중 용접봉의 내균열성이 가장 좋은 것은?

① 셀룰로오스계   ② 티탄계
③ 일미나이트계   ④ 저수소계

> 저수소계는 내균열성이 우수해 고장력강용 용접봉이라고도 한다.

29 아크 길이가 길 때 일어나는 현상이 아닌 것은?

① 아크가 불안정해진다.
② 용융금속의 산화 및 질화가 쉽다.
③ 열 집중력이 양호하다.
④ 전압이 높고 스패터가 많다.

> 아크의 길이가 길면 열 집중력이 떨어진다.

30 직류용접기 사용 시 역극성(DCRP)과 비교한 정극성(DCSP)의 일반적인 특징으로 옳은 것은?

① 용접봉의 용융속도가 빠르다.
② 비드 폭이 넓다.
③ 모재의 용입이 깊다.
④ 박판, 주철, 합금강 비철금속의 접합에 쓰인다.

> ① 용접봉의 용융속도가 느리다.
> ② 비드 폭이 좁다.
> ④ 후판용접에 사용된다.

31 가변압식의 팁 번호가 200일 때 10시간 동안 표준불꽃으로 용접할 경우 아세틸렌가스의 소비량은 몇 리터인가?

① 20   ② 200
③ 2,000   ④ 20,000

> 200L×10시간 = 2,000L

32 정격 2차 전류가 200A, 아크출력 60kW인 교류용접기를 사용할 때 소비전력은 얼마인가? (단, 내부 손실이 4kW이다)

① 64kW   ② 104kW
③ 264kW   ④ 804kW

> 소비전력 = 아크전력+내부손실
> = 60kW + 4kW = 64kW

33 수중절단 작업을 할 때 가장 많이 사용하는 가스로 기포 발생이 적은 연료가스는?

① 아르곤   ② 수소
③ 프로판   ④ 아세틸렌

> 수중절단 작업을 할 때는 수소를 가장 많이 사용한다.

34 용접기의 규격 AW 500의 설명 중 옳은 것은?

① AW은 직류 아크 용접기라는 뜻이다.
② 500은 정격 2차 전류의 값이다.
③ AW은 용접기의 사용률을 말한다.
④ 500은 용접기의 무부하 전압 값이다.

> AW는 교류 아크 용접기를 나타내며, 500은 정격 2차 전류의 값을 의미한다.

35 가스용접에서 토치를 오른손에 용접봉을 왼손에 잡고 오른쪽에서 왼쪽으로 용접을 해나가는 용접법은?

① 전진법   ② 후진법
③ 상진법   ④ 병진법

> 가스용접에서 오른쪽에서 왼쪽으로 용접을 해나가는 방식은 전진법이다.

36 용접기와 멀리 떨어진 곳에서 용접전류 또는 전압을 조절할 수 있는 장치는?

① 원격 제어 장치   ② 핫 스타트 장치
③ 고주파 발생 장치   ④ 수동전류조정장치

> 원격제어장치는 용접기와 멀리 떨어진 곳에서 용접전류 또는 전압을 조절하기 위해 설치하는 원거리 조정장치이다.

37 아크에어 가우징법의 작업능률은 가스 가우징법보다 몇 배 정도 높은가?

① 2~3배　　　　② 4~5배
③ 6~7배　　　　④ 8~9배

아크에어 가우징법은 아크 절단법에 고압의 압축공기를 병용하는 방법으로 가스 가우징법보다 2~3배 정도 작업능률이 높다.

38 가스용접에서 프로판 가스의 성질 중 틀린 것은?

① 증발 잠열이 작고, 연소할 때 필요한 산소의 양은 1 : 1 정도이다.
② 폭발한계가 좁아 다른 가스에 비해 안전도가 높고 관리가 쉽다.
③ 액화가 용이하여 용기에 충전이 쉽고 수송이 편리하다.
④ 상온에서 기체 상태이고 무색, 투명하며 약간의 냄새가 난다.

연소할 때 필요한 산소의 양은 4.5 : 1 정도이다.

39 면심입방격자의 어떤 성질이 가공성을 좋게 하는가?

① 취성　　　　　② 내석성
③ 전연성　　　　④ 전기전도성

면심입방격자 금속은 연한 성질 때문에 전연성이 커서 가공성을 좋게 한다.

40 알루미늄과 알루미늄 가루를 압축 성형하고 약 500~600℃로 소결하여 압출 가공한 분산 강화형 합금의 기호에 해당하는 것은?

① DAP　　　　　② ACD
③ SAP　　　　　④ AMP

알루미늄 분말 소결체(SAP)는 알루미늄에 산화막을 증가시키기 위해 산소 분위기에서 알루미늄과 알루미늄 가루를 압축 성형하여 약 500~600℃로 소결한 후 압출 가공한 분산 강화형 합금이다.

41 스테인리스강 중 내식성이 제일 우수하고 비자성이나 염산, 황산, 염소가스 등에 약하고 결정입계 부식이 발생하기 쉬운 것은?

① 석출경화계 스테인리스강
② 페라이트계 스테인리스강
③ 마텐자이트계 스테인리스강
④ 오스테나이트계 스테인리스강

오스테나이트계 스테인리스강은 스테인리스강 중 내식성이 가장 우수하고 결정입계 부식이 발생하기 쉽다.

42 라우탈은 Al-Cu-Si 합금이다. 이중 3~8% Si를 첨가하여 향상되는 성질은?

① 주조성　　　　② 내열성
③ 피삭성　　　　④ 내식성

규소를 첨가하게 되면 금속의 유동성이 향상되어 주조성이 좋아진다.

43 금속의 조직검사로서 측정이 불가능한 것은?

① 결함　　　　　② 결정입도
③ 내부응력　　　④ 비금속개재물

금속의 조직검사는 현미경을 통해 조직 내부를 관찰하는 것이므로 내부응력은 측정이 불가능하며, 인장시험을 통해 알 수 있다.

44 탄소 함량 3.4%, 규소 함량 2.4% 및 인 함량 0.6%인 주철의 탄소당량(CE)은?

① 4.0　　　　　② 4.2
③ 4.4　　　　　④ 4.6

탄소당량(CE, Carbon Equivalent)
철강은 탄소, 망간, 규소 등 원소의 종류나 양에 따라 기계적 성질이나 용접성이 달라지는데, 탄소의 영향력으로 환산한 것을 말한다.

주철의 탄소당량 $= C + \dfrac{Mn}{6} + \dfrac{Si+P}{3} = 3.4 + \dfrac{2.4+0.6}{3} = 4.4\%$

45 자기변태가 일어나는 점을 자기 변태점이라 하며, 이 온도를 무엇이라고 하는가?

① 상점　　　　　② 이슬점
③ 퀴리점　　　　④ 동소점

철의 자기변태가 일어나는 점을 A_2 변태라 하며, 이 온도를 A_2 변태점 또는 퀴리점(768℃)이라 한다.

46 다음 중 경질 자성 재료가 아닌 것은?

① 센더스트　　　② 알니코 자석
③ 페라이트 자석　④ 네오디뮴 자석

샌더스트는 5%의 Al, 10%의 Si, 85%의 Fe을 합금한 것으로 연질 자성 재료에 해당한다.
경질 자성 재료에는 알니코, 페라이트, 네이디뮴, 희토류 자석 등이 있다.

47 문쯔메탈(Muntz Metal)에 대한 설명으로 옳은 것은?

① 90% Cu-10% Zn 합금으로 톰백의 대표적인 것이다.

② 70% Cu-30% Zn 합금으로 가공용 황동의 대표적인 것이다.

③ 70% Cu-30% Zn 황동에 주석(Sn)을 1% 함유한 것이다.

④ 60% Cu-40% Zn 합금으로 황동 중 아연 함유량이 가장 높은 것이다.

> 문쯔메탈은 60%의 구리와 40%의 아연 합금으로 황동 중 아연 함유량이 가장 높으며, 인장강도가 최대이다.

48 다음의 조직 중 경도값이 가장 낮은 것은?

① 마텐자이트　② 베이나이트
③ 소르바이트　④ 오스테나이트

> 금속조직의 경도 순서
> 시멘타이트 > 마텐자이트 > 트루스타이트 > 베이나이트 > 소르바이트 > 펄라이트 > 오스테나이트 > 페라이트

49 열처리의 종류 중 항온열처리 방법이 아닌 것은?

① 마퀜칭　② 어닐링
③ 마템퍼링　④ 오스템퍼링

> 어닐링(풀림)은 금속의 재질을 연하고 균일하게 하기 위해 실시하는 기본열처리법이다.
> 항온열처리 방법에는 마퀜칭, 마템퍼링, 오스템퍼링, 오스포밍, MS퀜칭 등이 있다.

50 컬러 텔레비전의 전자총에서 나온 광선의 영향을 받아 섀도 마스크가 열팽창하면 엉뚱한 색이 나오게 된다. 이를 방지하기 위해 섀도 마스크의 제작에 사용되는 불변강은?

① 인바　② Ni-Cr강
③ 스테인리스강　④ 플래티나이트

> 철에 35%의 니켈, 0.1~0.3%의 코발트, 0.4%의 망간이 합금된 불변강의 일종인 인바는 섀도 마스크의 제작뿐만 아니라 줄자, 바이메탈 등에 사용된다.

51 다음 단면도에 대한 설명으로 틀린 것은?

① 부분 단면도는 일부분을 잘라내고 필요한 내부 모양을 그리기 위한 방법이다.

② 조합에 의한 단면도는 축, 핀, 볼트, 너트류의 절단면의 이해를 위해 표시한 것이다.

③ 한쪽 단면도는 대칭형 대상물의 외형 절반과 온단면의 절반을 조합하여 표시한 것이다.

④ 회전도시 단면도는 핸들이나 바퀴 등의 암, 림, 훅, 구조물 등의 절단면을 90도 회전시켜서 표시한 것이다.

> 단면으로 표현하지 않는 기계요소
> • 리브, 바퀴의 암, 기어의 이 등 단면으로 그릴 경우 이해하기 어려운 부분
> • 축, 핀, 키, 볼트, 너트, 나사, 와셔 등 절단하여도 의미가 없는 것

52 나사의 감김 방향의 지시 방법 중 틀린 것은?

① 오른나사는 일반적으로 감김 방향을 지시하지 않는다.

② 왼나사는 나사의 호칭 방법에 약호 "LH"를 추가하여 표시한다.

③ 동일 부품에 오른나사와 왼나사가 있을 때는 왼나사에만 약호 "LH"를 추가한다.

④ 오른나사는 필요하면 나사의 호칭 방법에 약호 "RH"를 추가하여 표시할 수 있다.

> 동일 부품에 오른나사와 왼나사가 있을 때 나사의 감김 방향은 오른나사와 왼나사 모두 표시한다.

53 그림과 같은 도면의 해독으로 잘못된 것은?

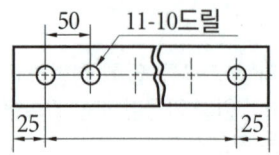

① 구멍 사이의 피치는 50mm
② 구멍의 지름은 10mm
③ 전체 길이는 600mm
④ 구멍의 수는 11개

> 전체 길이는 (50mm×10) + (25mm×2) = 550mm이다.

54 일반적인 판금 전개도의 전개법이 아닌 것은?

① 다각전개법　② 평행선법
③ 방사선법　④ 삼각형법

> 판금 전개도의 전개법에는 평행선법, 방사선법, 삼각형법이 있다.

55 그림과 같이 제3각법으로 정투상한 도면에 적합한 입체도는?

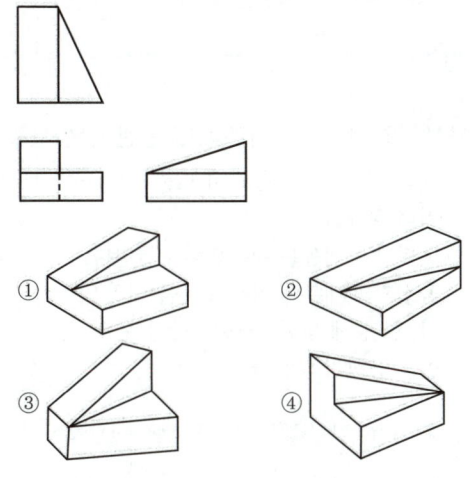

56 동일 장소에서 선이 겹칠 경우 나타내야 할 선의 우선순위를 옳게 나타낸 것은?

① 외형선 > 중심선 > 숨은선 > 치수보조선
② 외형선 > 치수보조선 > 중심선 > 숨은선
③ 외형선 > 숨은선 > 중심선 > 치수보조선
④ 외형선 > 중심선 > 치수보조선 > 숨은선

선의 우선순위
외형선 > 숨은선 > 절단선 > 중심선 > 무게 중심선 > 치수 보조선

57 다음 냉동장치의 배관 도면에서 팽창 밸브는?

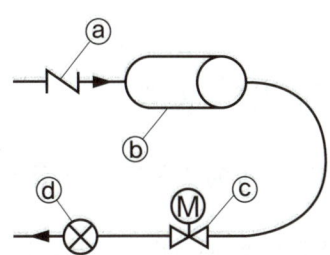

① ⓐ   ② ⓑ
③ ⓒ   ④ ⓓ

ⓐ 체크밸브   ⓑ 건조기
ⓒ 전동밸브   ⓓ 팽창밸브

58 다음 중 치수 보조기호로 사용되지 않는 것은?

① π   ② S∅
③ R   ④ □

② S∅ : 구의 지름   ③ R : 반지름
④ □ : 정사각형

59 3각법으로 그린 투상도 중 잘못된 투상이 있는 것은?

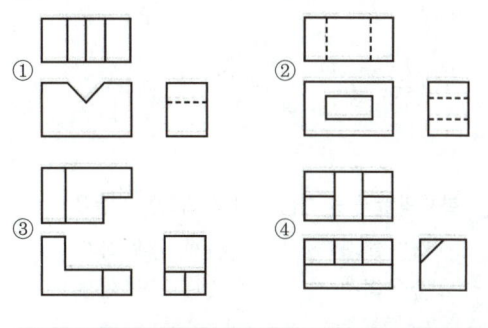

④번의 경우 우측면도와 평면도를 기준으로 보았을 때, 정면도는 오른쪽과 같아야 한다.

60 다음 중 열간 압연 강판 및 강대에 해당하는 재료 기호는?

① SPCC   ② SPHC
③ STS   ④ SPB

① SPCC : 냉간압연 강판 및 강대
② SPHC : 열간압연 강판 및 강대
③ STS : 합금공구강
④ SPB : 주석도금강판

정답

01 ①	02 ④	03 ③	04 ①	05 ④
06 ④	07 ④	08 ①	09 ①	10 ①
11 ①	12 ①	13 ④	14 ①	15 ②
16 ③	17 ①	18 ③	19 ②	20 ①
21 ③	22 ②	23 ③	24 ③	25 ③
26 ②	27 ④	28 ④	29 ③	30 ③
31 ③	32 ①	33 ②	34 ②	35 ①
36 ①	37 ①	38 ①	39 ②	40 ③
41 ④	42 ①	43 ③	44 ③	45 ③
46 ①	47 ④	48 ①	49 ①	50 ①
51 ②	52 ③	53 ③	54 ①	55 ②
56 ③	57 ④	58 ①	59 ④	60 ②

1 지름이 10cm인 단면에 8,000kgf의 힘이 작용할 때 발생하는 응력은 약 몇 kgf/cm²인가?

① 89　　　　　　　② 102

③ 121　　　　　　　④ 158

$$응력 = \frac{힘(P)}{단면적(A)} = \frac{P}{\pi \frac{d^2}{4}} = \frac{4P}{\pi d^2} = \frac{32,000}{314} = 101.9$$

2 화재의 분류 중 C급 화재에 속하는 것은?

① 전기 화재　　　　② 금속 화재

③ 가스 화재　　　　④ 일반 화재

화재의 분류	
A급 화재	일반 화재
B급 화재	유류 화재
C급 화재	전기 화재
D급 화재	금속 화재

3 다음 중 귀마개를 착용하고 작업하면 안 되는 작업자는?

① 조선소의 용접 및 취부작업자

② 자동차 조립공장의 조립작업자

③ 강재 하역장의 크레인 신호자

④ 판금작업장의 타출 판금작업자

강재 하역장에서 작업하는 크레인 신호자는 귀마개를 착용하면 안 된다.

4 용접 열원을 외부로부터 공급받는 것이 아니라, 금속산화물과 알루미늄 간의 분말에 점화제를 넣어 점화제의 화학반응에 의하여 생성되는 열을 이용한 금속 용접법은?

① 일렉트로 슬래그 용접

② 전자 빔 용접

③ 테르밋 용접

④ 저항 용접

테르밋 용접은 미세한 알루미늄 분말과 산화철 분말을 혼합하여 과산화바륨과 알루미늄 등 혼합분말로 된 점화제를 넣고 연소시켜 그 반응열로 용접하는 방법이다.

5 용접 작업 시 전격 방지대책으로 틀린 것은?

① 절연 홀더의 절연부분이 노출, 파손되면 보수하거나 교체한다.

② 홀더나 용접봉은 맨손으로 취급한다.

③ 용접기의 내부에 함부로 손을 대지 않는다.

④ 땀, 물 등에 의한 습기 찬 작업복, 장갑, 구두 등을 착용하지 않는다.

용접 작업 시 홀더나 용접봉을 맨손으로 취급해서는 안 된다.

6 서브머지드 아크 용접봉 와이어 표면에 구리를 도금한 이유는?

① 접촉 팁과의 전기 접촉을 원활히 한다.

② 용접 시간이 짧고 변형을 적게 한다.

③ 슬래그 이탈성을 좋게 한다.

④ 용융 금속의 이행을 촉진시킨다.

서브머지드 아크 용접봉은 팁과의 전기 접촉을 원활히 하고 와이어가 녹스는 것을 방지하기 위해 와이어 표면에 구리를 도금한다.

7 기계적 접합으로 볼 수 없는 것은?

① 볼트 이음　　　　② 리벳 이음

③ 접어 잇기　　　　④ 압접

융접, 압접, 납땜은 야금학적 방법에 해당한다.

8 플래시 용접(flash welding)법의 특징으로 틀린 것은?

① 가열 범위가 좁고 열영향부가 적으며 용접 속도가 빠르다.

② 용접면에 산화물의 개입이 적다.

③ 종류가 다른 재료의 용접이 가능하다.

④ 용접면의 끝맺음 가공이 정확하여야 한다.

플래시 용접의 장점은 용접면의 끝맺음 가공이 정확하지 않아도 된다는 점이다.

9 서브머지드 아크 용접부의 결함으로 가장 거리가 먼 것은?

① 기공   ② 균열

③ 언더컷   ④ 용착

> 서브머지드 아크 용접의 결함에는 기공, 슬래그 섞임, 균열, 용락이 있다. 용착은 용융금속이 모재와 녹아서 접합되는 현상을 말한다.

10 다음이 설명하고 있는 현상은?

> 알루미늄 용접에서는 사용 전류에 한계가 있어 용접 전류가 어느 정도 이상이 되면 청정 작용이 일어나지 않아 산화가 심하게 생기며 아크 길이가 불안정하게 변동되어 비드 표면이 거칠게 주름이 생기는 현상

① 번 백(burn back)

② 퍼커링(puckering)

③ 버터링(buttering)

④ 멜트 백킹(melt backing)

> 아크 길이가 불안정하게 변동되어 비드 표면이 거칠게 주름이 생기는 현상을 퍼커링이라고 한다.

11 CO_2 가스 아크 용접 결함에 있어서 다공성이란 무엇을 의미하는가?

① 질소, 수소, 일산화탄소 등에 의한 기공을 말한다.

② 와이어 선단부에 용적이 붙어 있는 것을 말한다.

③ 스패터가 발생하여 비드의 외관에 붙어 있는 것을 말한다.

④ 노즐과 모재 간 거리가 지나치게 적어서 와이어 송급 불량을 의미한다.

> 다공성이란 질소, 수소, 일산화탄소 등에 의한 기공이 다수 있다는 것을 의미한다.

12 아크 쏠림의 방지대책에 관한 설명으로 틀린 것은?

① 교류용접으로 하지 말고 직류용접으로 한다.

② 용접부가 긴 경우는 후퇴법으로 용접한다.

③ 아크 길이는 짧게 한다.

④ 접지부를 될 수 있는 대로 용접부에서 멀리한다.

> 아크 쏠림을 방지하기 위해서는 교류용접으로 해야 한다.

13 박판의 스테인리스강의 좁은 홈의 용접에서 아크 교란 상태가 발생할 때 적합한 용접 방법은?

① 고주파 펄스 티그 용접

② 고주파 펄스 미그 용접

③ 고주파 펄스 일렉트로 슬래그 용접

④ 고주파 펄스 이산화탄소 아크 용접

> 박판의 스테인리스강의 좁은 홈의 용접에서 아크 교란 상태가 발생할 때는 고주파 펄스 티그 용접이 적합하다.

14 현미경 시험을 하기 위해 사용되는 부식제 중 철강 용에 해당되는 것은?

① 왕수   ② 염화제2철용액

③ 피크린산   ④ 플루오르화 수소액

> 철강용에는 피크린산 알코올용액 또는 질산 알코올용액을 사용한다.

15 용접 자동화의 장점을 설명한 것으로 틀린 것은?

① 생산성 증가 및 품질을 향상시킨다.

② 용접조건에 따른 공정을 늘릴 수 있다.

③ 일정한 전류 값을 유지할 수 있다.

④ 용접 와이어의 손실을 줄일 수 있다.

> 용접 자동화는 공정을 줄이면서 생산성을 증가시키고 능률을 향상시키기 위해 사용한다.

16 용접부의 연성 결함을 조사하기 위하여 사용되는 시험법은?

① 브리넬 시험   ② 비커스 시험

③ 굽힘 시험   ④ 충격 시험

> 모재 및 용접부의 연성과 결함의 유무를 조사하기 위한 시험 방법은 굽힘 시험이다.

17 서브머지드 아크 용접에 관한 설명으로 틀린 것은?

① 아크 발생을 쉽게 하기 위하여 스틸 울(steel wool)을 사용한다.

② 용융속도와 용착속도가 빠르다.

③ 홈의 개선각을 크게 하여 용접효율을 높인다.

④ 유해 광선이나 흄(fume) 등이 적게 발생한다.

> 서브머지드 아크 용접은 개선각을 작게 하여 용접 패스 수를 줄일 수 있는 특징이 있다.

18 가용접에 대한 설명으로 틀린 것은?

① 가용접 시에는 본용접보다도 지름이 큰 용접봉을 사용하는 것이 좋다.

② 가용접은 본용접과 비슷한 기량을 가진 용접사에 의해 실시되어야 한다.

③ 강도상 중요한 것과 용접의 시점 및 종점이 되는 끝 부분은 가용접을 피한다.

④ 가용접은 본 용접을 실시하기 전에 좌우의 홈 또는 이음부분을 고정하기 위한 짧은 용접이다.

> 가용접 시에는 본용접보다 지름이 작은 용접봉을 사용하는 것이 좋다.

19 용접 이음의 종류가 아닌 것은?

① 겹치기 이음　　② 모서리 이음
③ 라운드 이음　　④ T형 필릿 이음

> 용접 이음의 종류에는 겹치기 이음, 모서리 이음, T형 필릿 이음, 맞대기 이음 등이 있다.

20 플라스마 아크 용접의 특징으로 틀린 것은?

① 용접부의 기계적 성질이 좋으며 변형도 적다.

② 용입이 깊고 비드 폭이 좁으며 용접속도가 빠르다.

③ 단층으로 용접할 수 있으므로 능률적이다.

④ 설비비가 적게 들고 무부하 전압이 낮다.

> 플라스마 아크 용접은 설비비가 많이 들고 무부하 전압이 높다.

21 용접 자세를 나타내는 기호가 틀리게 짝지어진 것은?

① 위보기자세 : O　　② 수직자세 : V
③ 아래보기자세 : U　　④ 수평자세 : H

> 아래보기자세 : F

22 이산화탄소 아크 용접의 보호가스 설비에서 저전류 영역의 가스유량은 약 몇 L/min 정도가 가장 적당한가?

① 1~5　　　　② 6~9
③ 10~15　　　④ 20~25

> 이산화탄소 아크 용접에서 저전류 영역의 가스유량은 10~15L/min 정도가 적당하다.

23 가스 용접의 특징으로 틀린 것은?

① 응용 범위가 넓으며 운반이 편리하다.

② 전원 설비가 없는 곳에서도 쉽게 설치할 수 있다.

③ 아크 용접에 비해서 유해 광선의 발생이 적다.

④ 열집중성이 좋아 효율적인 용접이 가능하여 신뢰성이 높다.

> 가스 용접은 열집중성이 나빠 용접의 효율성이 낮다.

24 규격이 AW 300인 교류 아크 용접기의 정격 2차 전류 조정 범위는?

① 0~300A　　　② 20~220A
③ 60~330A　　　④ 120~430A

> 교류 아크 용접기의 정격 2차 전류 조정 범위는 정격 전류의 20~110%이다. AW 300의 정격 전류는 300A이므로 300의 20~110는 60~330A이다.

25 아세틸렌 가스의 성질 중 15℃ 1기압에서의 아세틸렌 1리터의 무게는 약 몇 g인가?

① 0.151　　　② 1.176
③ 3.143　　　④ 5.117

> 아세틸렌 가스의 15℃ 1기압에서 1리터의 무게는 약 1.176g이다.

26 가스 용접에서 모재의 두께가 6mm일 때 사용되는 용접봉의 직경은 얼마인가?

① 1mm　　　② 4mm
③ 7mm　　　④ 9mm

> 가스 용접봉의 지름 = $\frac{t}{2}+1 = \frac{6}{2}+1 = 4mm$

27 피복 아크 용접 시 아크열에 의하여 용접봉과 모재가 녹아서 용착금속이 만들어지는데 이때 모재가 녹은 깊이를 무엇이라 하는가?

① 용융지　　　② 용입
③ 슬래그　　　④ 용적

> 피복 아크 용접 시 모재가 녹은 깊이를 용입이라 한다.

28 직류 아크 용접기로 두께가 15mm이고, 길이가 5m 인 고장력 강판을 용접하는 도중에 아크가 용접봉 방향에서 한쪽으로 쏠리었다. 다음 중 이러한 현상을 방지하는 방법이 아닌 것은?

① 이음의 처음과 끝에 엔드탭을 이용한다.
② 용량이 더 큰 직류용접기로 교체한다.
③ 용접부가 긴 경우에는 후퇴 용접법으로 한다.
④ 용접봉 끝을 아크쏠림 반대 방향으로 기울인다.

> **아크 쏠림 방지대책**
> • 용접봉 끝을 아크쏠림 반대방향으로 기울인다.
> • 직류 대신 교류 전원을 사용한다.
> • 아크의 길이를 짧게 유지한다.
> • 긴 용접에는 후진법(후퇴 용접법)으로 용착한다.
> • 접지점을 용접부에서 멀리한다.
> • 보조판(엔드 탭)을 사용한다.

29 강재 표면의 홈이나 개재물, 탈탄층 등을 제거하기 위해 얇고, 타원형 모양으로 표면을 깎아내는 가공법은?

① 가스 가우징
② 너깃
③ 스카핑
④ 아크 에어 가우징

> 표면의 홈이나 개재물 등을 제거하기 위해 타원형으로 표면을 얇게 깎아내는 것을 스카핑이라 한다.

30 가스용기를 취급할 때의 주의사항으로 틀린 것은?

① 가스용기의 이동시는 밸브를 잠근다.
② 가스용기에 진동이나 충격을 가하지 않는다.
③ 가스용기의 저장은 환기가 잘되는 장소에 한다.
④ 가연성 가스용기는 눕혀서 보관한다.

> 가연성 가스용기를 눕혀서 보관하면 흘러나올 수 있으므로 반드시 세워서 보관한다.

31 피복 아크 용접봉은 금속심선의 겉에 피복제를 발라서 말린 것으로 한쪽 끝은 홀더에 물려 전류를 통할 수 있도록 심선길이의 얼마만큼을 피복하지 않고 남겨두는가?

① 3mm
② 10mm
③ 15mm
④ 25mm

> 피복 아크 용접봉은 한쪽 끝을 홀더에 물려 전류를 통할 수 있도록 심선 길이의 25mm 정도를 피복을 하지 않고 남겨둔다.

32 다음 중 두꺼운 강판, 주철, 강괴 등의 절단에 이용되는 절단법은?

① 산소창 절단
② 수중 절단
③ 분말 절단
④ 포갬 절단

> 두꺼운 강판, 주철, 강괴 주강의 슬래그 덩어리, 암석의 천공 등의 절단에 이용되는 절단법은 산소창 절단이다.

33 피복 배합제의 성분 중 탈산제로 사용되지 않는 것은?

① 규소철
② 망간철
③ 알루미늄
④ 유황

> 유황은 적열취성의 원인이 되며, 탈산제로 사용되지 않는다.

34 고셀룰로오스계 용접봉은 셀룰로오스를 몇 % 정도 포함하고 있는가?

① 0~5
② 6~15
③ 20~30
④ 30~40

> 고셀룰로오스계 용접봉은 20~30%의 셀룰로오스를 포함하고 있다.

35 용접법의 분류 중 압접에 해당하는 것은?

① 테르밋 용접
② 전자 빔 용접
③ 유도가열 용접
④ 탄산가스 아크 용접

> 압접에는 단접, 냉간 압접, 저항 용접, 유도가열 용접, 초음파 용접 마찰 용접 등이 있다.

36 피복 아크 용접에서 일반적으로 가장 많이 사용되는 차광유리의 차광도 번호는?

① 4~5
② 7~8
③ 10~11
④ 14~15

> • 피복 아크 용접 : 10~11
> • MIG 용접 : 12~13
> • 가스용접 : 4~6

37 가스절단에 이용되는 프로판 가스와 아세틸렌 가스를 비교하였을 때 프로판 가스의 특징으로 틀린 것은?

① 절단면이 미세하며 깨끗하다.
② 포갬 절단 속도가 아세틸렌보다 느리다.
③ 절단 상부 기슭이 녹은 것이 적다.
④ 슬래그의 제거가 쉽다.

38 교류아크용접기의 종류에 속하지 않는 것은?

① 가동코일형　　　② 탭전환형
③ 정류기형　　　　④ 가포화 리액터형

교류아크용접기에는 가동철심형, 가동코일형, 탭전환형, 기포화 리액터형이 있다.

39 Mg 및 Mg 합금의 성질에 대한 설명으로 옳은 것은?

① Mg의 열전도율은 Cu와 Al보다 높다.
② Mg의 전기전도율은 Cu와 Al보다 높다.
③ Mg 합금보다 Al 합금의 비강도가 우수하다.
④ Mg는 알칼리에 잘 견디나, 산이나 염수에는 침식된다.

① Mg의 열전도율은 Cu와 Al보다 낮다.
② Mg의 전기전도율은 Cu와 Al보다 낮다.
③ Mg 합금이 Al 합금보다 비강도가 우수하다.

40 금속간 화합물의 특징을 설명한 것 중 옳은 것은?

① 어느 성분 금속보다 용융점이 낮다.
② 어느 성분 금속보다 경도가 낮다.
③ 일반 화합물에 비하여 결합력이 약하다.
④ Fe_3C는 금속간 화합물에 해당되지 않는다.

어떤 성질을 지닌 각각의 금속들을 화합물로 조성하여 새로운 물리적 성질을 얻기 위해 만든 화합물을 말한다. 금속간 화합물의 일반적인 특징은 경도, 융점이 높고, 전기 저항이 크며, 결합력이 약하다.

41 니켈-크롬 합금 중 사용한도가 1,000℃까지 측정할 수 있는 합금은?

① 망가닌
② 우드메탈
③ 배빗메탈
④ 크로멜-알루멜

크로멜-알루멜은 Ni에 Al을 첨가한 합금인 알루멜과 Ni 90%, Cr 10%의 합금인 크로멜을 조합하여 1,200℃ 이하의 온도를 측정하기 위한 열전대로 사용된다.

42 주철에 대한 설명으로 틀린 것은?

① 인장강도에 비해 압축강도가 높다.
② 회주철은 편상 흑연이 있어 감쇠능이 좋다.
③ 주철 절삭 시에는 절삭유를 사용하지 않는다.
④ 액상일 때 유동성이 나쁘며, 충격 저항이 크다.

주철은 액상일 때 유동성이 좋으며, 충격 저항이 작다.

43 철에 Al, Ni, Co를 첨가한 합금으로 잔류자속밀도가 크고 보자력이 우수한 자성 재료는?

① 퍼멀로이　　　　② 센더스트
③ 알니코 자석　　　④ 페라이트 자석

알니코 자석은 철에 Al, Ni, Co를 첨가한 합금으로 높은 온도에서도 사용할 수 있는 자석이다.

44 물과 얼음, 수증기가 평형을 이루는 3 중점상태에서의 자유도는?

① 0　　　　　　　② 1
③ 2　　　　　　　④ 3

$F = C - P + 2$
(F : 계의 자유도, C : 독립성분 수, P : 평형을 이루고 있는 상의 수)
$= 1 - 3 + 2 = 0$

45 황동의 종류 중 순 Cu와 같이 연하고 코이닝하기 쉬우므로 동전이나 메달 등에 사용되는 합금은?

① 95% Cu - 5% Zn 합금
② 70% Cu - 30% Zn 합금
③ 60% Cu - 40% Zn 합금
④ 50% Cu - 50% Zn 합금

구리와 5% 아연의 합금을 길딩 메탈이라 하는데, 동전이나 메달 등에 사용된다.

46 금속재료의 표면에 강이나 주철의 작은 입자(ϕ0.5mm~1.0mm)를 고속으로 분사시켜, 표면의 경도를 높이는 방법은?

① 침탄법　　　　　② 질화법
③ 폴리싱　　　　　④ 쇼트피닝

금속재료의 표면에 강이나 주철의 작은 입자를 고속으로 분사시켜 표면의 경도를 높이는 방법을 쇼트피닝이라 한다.

47 탄소강은 200~300℃에서 연신율과 단면수축률이 상온보다 저하되어 단단하고 깨지기 쉬우며, 강의 표면이 산화되는 현상은?

① 적열메짐 ② 상온메짐
③ 청열메짐 ④ 저온메짐

강은 온도가 높아지면 전연성이 커지나 200~300℃ 부근에서는 단단해지고 여려지는 성질로서 표면에 푸른색의 산화피막이 형성되는데, 이를 청열메짐이라 한다.

48 강에 S, Pb 등의 특수 원소를 첨가하여 절삭할 때 칩을 잘게 하고 피삭성을 좋게 만든 강은 무엇인가?

① 불변강 ② 쾌삭강
③ 베어링강 ④ 스프링강

쾌삭강은 피절삭성이 양호하고 고속절삭에 적합한 강으로 일반 탄소강보다 P, S의 함유량을 많게 하거나 납, 셀레늄, 지르코늄 등을 첨가하여 제조한다.

49 주위의 온도 변화에 따라 선팽창 계수나 탄성률 등의 특정한 성질이 변하지 않는 불변강이 아닌 것은?

① 인바 ② 엘린바
③ 코엘린바 ④ 스텔라이트

불변강의 종류
• 인바 : 줄자나 정밀기계부품에 사용
• 초인바 : Fe-Ni-Co 합금
• 엘린바 : 시계부품 등에 사용
• 코엘린바 : 엘린바에 코발트 첨가
• 플래티나이트 : Fe-Ni-Co 합금
※스텔라이트는 코발트합금의 종류에 해당한다.

50 AI의 비중과 용융점(℃)은 약 얼마인가?

① 2.7, 660℃ ② 4.5, 390℃
③ 8.9, 220℃ ④ 10.5, 450℃

알루미늄의 일반적 특성
• 비중 : 2.7 • 용융온도 : 660℃
• 끓는점 : 2,494℃ • 인장강도 : 4.8~17kgf/mm²

51 기계제도에서 물체의 보이지 않는 부분의 형상을 나타내는 선은?

① 외형선 ② 가상선
③ 절단선 ④ 숨은선

물체의 보이지 않는 부분의 형상을 나타내는 선은 숨은선이다.

52 그림과 같은 입체도의 화살표 방향을 정면도로 표현할 때 실제와 동일한 형상으로 표시되는 면을 모두 고른 것은?

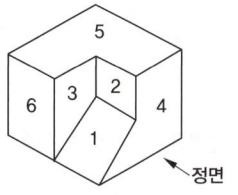

① 3과 4
② 4와 6
③ 2와 6
④ 1과 5

53 다음 중 한쪽 단면도를 올바르게 도시한 것은?

① 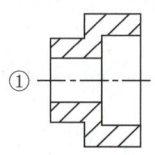 ②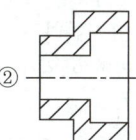

③ 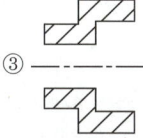 ④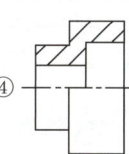

대칭형의 물체를 중심선을 경계로 하여 외형도의 절반과 단면도의 절반을 조합하여 표시한 단면도를 한쪽 단면도라 한다.

54 다음 재료 기호 중 용접구조용 압연 강재에 속하는 것은?

① SPPS 380 ② SPCC
③ SCW 450 ④ SM 400C

① SPPS 380 : 압력배관용 탄소강관
② SPCC : 냉간 압연 강판
③ SCW 450 : 용접 구조용 주강

55 그림의 도면에서 X의 거리는?

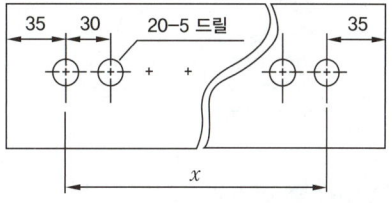

① 510mm ② 570mm
③ 600mm ④ 630mm

30mm×19개 = 570mm

chapter 07

56 다음 치수 중 참고 치수를 나타내는 것은?

① (50)　　　　　② ▭50
③ 50　　　　　④ 50

57 주투상도를 나타내는 방법에 관한 설명으로 옳지 않은 것은?

① 조립도 등 주로 기능을 나타내는 도면에서는 대상물을 사용하는 상태로 표시한다.

② 주투상도를 보충하는 다른 투상도는 되도록 적게 표시한다.

③ 특별한 이유가 없을 경우 대상물을 세로 길이로 놓은 상태로 표시한다.

④ 부품도 등 가공하기 위한 도면에서는 가공에 있어서 도면을 가장 많이 이용하는 공정에서 대상물을 놓은 상태로 표시한다.

58 그림에서 나타난 용접기호의 의미는?

① 플래어 K형 용접　　② 양쪽 필릿 용접
③ 플러그 용접　　　　④ 프로젝션 용접

59 그림과 같은 배관 도면에서 도시기호 S는 어떤 유체를 나타내는 것인가?

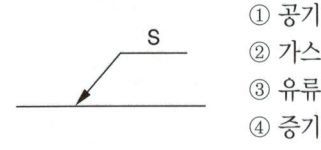

① 공기
② 가스
③ 유류
④ 증기

60 그림의 입체도에서 화살표 방향을 정면으로 하여 제3각법으로 그린 정투상도는?

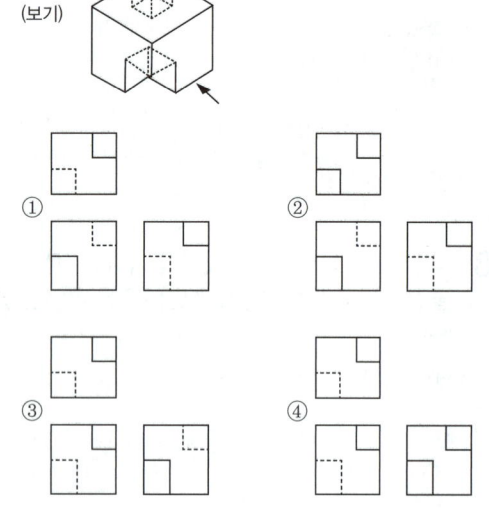

(보기)

①　②

③　④

정답				
01 ②	02 ①	03 ③	04 ③	05 ②
06 ①	07 ④	08 ④	09 ④	10 ②
11 ①	12 ①	13 ①	14 ③	15 ②
16 ③	17 ③	18 ①	19 ③	20 ④
21 ③	22 ③	23 ④	24 ③	25 ②
26 ②	27 ②	28 ②	29 ③	30 ④
31 ④	32 ①	33 ④	34 ③	35 ③
36 ③	37 ②	38 ③	39 ④	40 ③
41 ④	42 ④	43 ③	44 ①	45 ①
46 ④	47 ③	48 ②	49 ①	50 ①
51 ④	52 ①	53 ④	54 ④	55 ②
56 ①	57 ③	58 ②	59 ④	60 ①

최근기출문제 – 2016년 2회(특수용접기능사)

1 가스 용접 시 안전사항으로 적당하지 않는 것은?

① 호스는 길지 않게 하며 용접이 끝났을 때는 용기 밸브를 잠근다.

② 작업자 눈을 보호하기 위해 적당한 차광유리를 사용한다.

③ 산소병은 60℃ 이상 온도에서 보관하고 직사광선을 피하여 보관한다.

④ 호스 접속부는 호스밴드로 조이고 비눗물 등으로 누설 여부를 검사한다.

> 산소병은 40℃ 이상이 넘지 않도록 보관한다.

2 다음 중 일반적으로 모재의 용융선 근처의 열영향부에서 발생되는 균열이며 고탄소강이나 저합금강을 용접할 때 용접열에 의한 열영향부의 경화와 변태응력 및 용착금속 속의 확산성 수소에 의해 발생되는 균열은?

① 루트 균열   ② 설퍼 균열

③ 비드 밑 균열   ④ 크레이터 균열

> **비드 밑 균열**
> • 모재의 용융선 근처의 열영향부에서 발생되는 균열
> • 고탄소강이나 저합금강을 용접할 때 용접열에 의한 열영향부의 경화와 변태응력 및 용착금속 속의 확산성 수소에 의해 발생
> • 아크 분위기 중에서 수소가 너무 많을 때 발생

3 다음 중 지그나 고정구의 설계 시 유의사항으로 틀린 것은?

① 구조가 간단하고 효과적인 결과를 가져와야 한다.

② 부품의 고정과 이완은 신속히 이루어져야 한다.

③ 모든 부품의 조립은 어렵고 눈으로 볼 수 없어야 한다.

④ 한번 부품을 고정시키면 차후 수정 없이 정확하게 고정되어 있어야 한다.

> 모든 부품의 조립은 쉽고 눈으로 볼 수 있어야 한다.

4 플라스마 아크 용접의 특징으로 틀린 것은?

① 비드 폭이 좁고 용접속도가 빠르다.

② 1층으로 용접할 수 있으므로 능률적이다.

③ 용접부의 기계적 성질이 좋으며 용접변형이 적다.

④ 핀치효과에 의해 전류밀도가 작고 용입이 얕다.

> 플라스마 아크 용접은 열적 핀치 효과와 자기적 핀치 효과를 이용하는 용접 방법으로 전류밀도가 크고 용입이 깊다.

5 다음 용접 결함 중 구조상의 결함이 아닌 것은?

① 기공   ② 변형

③ 용입 불량   ④ 슬래그 섞임

> 변형, 치수 불량, 형상 불량은 치수상 결함에 해당한다.

6 다음 금속 중 냉각속도가 가장 빠른 금속은?

① 구리   ② 연강

③ 알루미늄   ④ 스테인리스강

> 구리는 열전도율이 높고 냉각속도가 빠르다.

7 다음 중 인장시험에서 알 수 없는 것은?

① 항복점   ② 연신율

③ 비틀림 강도   ④ 단면수축률

> 인장시험은 시험편을 인장 파단시켜 항복점, 인장강도, 연신율, 단면수축률, 비례한도, 탄성한도 등을 조사하는 시험 방법이다.

8 서브머지드 아크 용접에서 와이어 돌출 길이는 보통 와이어 지름을 기준으로 정한다. 적당한 와이어 돌출 길이는 와이어 지름의 몇 배가 가장 적합한가?

① 2배   ② 4배

③ 6배   ④ 8배

> 서브머지드 아크 용접에서 와이어의 돌출길이를 길게 하면 와이어의 저항열이 많이 발생하게 되는데, 와이어의 돌출길이는 와이어 지름의 8배가 가장 적합하다.

9 용접봉의 습기가 원인이 되어 발생하는 결함으로 가장 적절한 것은?

① 기공
② 변형
③ 용입 불량
④ 슬래그 섞임

> **기공의 발생 원인**
> • 용제의 건조가 불량할 때
> • 용접 속도가 너무 빠를 때
> • 용제 중에 불순물이 혼입되었을 때
> • 용제의 산포량이 너무 많거나 너무 적을 때

10 은납땜이나 황동납땜에 사용되는 용제(Flux)는?

① 붕사
② 송진
③ 염산
④ 염화암모늄

> 은납땜, 황동납땜 등의 경납용 용제로 붕사, 붕산, 알칼리 등을 사용한다.

11 다음 중 불활성 가스인 것은?

① 산소
② 헬륨
③ 탄소
④ 이산화탄소

> 불활성 가스에는 아르곤, 헬륨 등이 있다.

12 저항 용접의 특징으로 틀린 것은?

① 산화 및 변질부분이 적다.
② 용접봉, 용제 등이 불필요하다.
③ 작업속도가 빠르고 대량생산에 적합하다.
④ 열손실이 많고, 용접부에 집중열을 가할 수 없다.

> **저항 용접의 특징**
> • 작업속도가 빠르고, 저비용으로 대량생산이 가능하다.
> • 산화 및 변질부분이 적다.
> • 용접봉, 용제 등이 불필요하다.
> • 자동화가 용이하다.
> • 용접부에 충분히 집중 가열을 하여 양호한 용접부를 만든다.

13 아크 용접기의 사용에 대한 설명으로 틀린 것은?

① 사용률을 초과하여 사용하지 않는다.
② 무부하 전압이 높은 용접기를 사용한다.
③ 전격방지기가 부착된 용접기를 사용한다.
④ 용접기 케이스는 접지(earth)를 확실히 해둔다.

> 아크 용접기를 사용할 때에는 무부하 전압이 필요 이상으로 높지 않아야 한다.

14 용접 순서에 관한 설명으로 틀린 것은?

① 중심선에 대하여 대칭으로 용접한다.
② 수축이 적은 이음을 먼저하고 수축이 큰 이음은 후에 용접한다.
③ 용접선의 직각 단면 중심축에 대하여 용접의 수축력의 합이 0이 되도록 한다.
④ 동일 평면 내에 많은 이음이 있을 때는 수축은 가능한 자유단으로 보낸다.

> 수축이 큰 이음을 먼저하고 수축이 적은 이음은 후에 용접한다.

15 다음 중 TIG 용접 시 주로 사용되는 가스는?

① CO_2
② H_2
③ O_2
④ Ar

> TIG 용접은 텅스텐 전극봉을 사용하여 아크를 발생시키고, 용접봉을 아크로 녹이면서 용접하는 방법으로 아르곤 가스를 사용한다.

16 서브머지드 아크 용접법에서 두 전극 사이의 복사열에 의한 용접은?

① 텐덤식
② 횡직렬식
③ 횡병렬식
④ 종병릴식

> 서브머지드 아크 용접법에는 텐덤식, 횡병렬식, 횡직렬식이 있는데, 횡직렬식은 2개의 전원을 독립 전원에 연결해서 복사열을 이용하는 방법으로 용입이 얕고 비드의 폭이 넓다.

17 다음 중 유도방사에 의한 광의 증폭을 이용하여 용융하는 용접법은?

① 맥동 용접
② 스터드 용접
③ 레이저 용접
④ 피복 아크 용접

> 레이저 용접은 원자와 분자의 유도방사현상을 이용한 빛에너지를 이용하여 용융하는 용접 방법이며, 미세하고 정밀한 용접을 비저촉식 용접방식으로 할 수 있다.

18 심용접의 종류가 아닌 것은?

① 횡심 용접(circular seam welding)
② 매시 심용접(mash seam welding)
③ 포일 심용접(foil seam welding)
④ 맞대기 심용접(butt seam welding)

> 심용접의 종류에는 겹치기 심용접, 매시 심용접, 포일 심용접, 맞대기 심용접, 와이어 심용접 등 다양한 종류가 있다.

19 맞대기 용접이음에서 판 두께가 6mm, 용접선 길이가 120mm, 인장응력이 9.5N/mm²일 때 모재가 받는 하중은 몇 N인가?

① 5,680
② 5,860
③ 6,480
④ 6,840

> $6 \times 120 \times 9.5 = 6,840N$

20 제품을 용접한 후 일부분이 언더컷이 발생하였을 때 보수 방법으로 가장 적당한 것은?

① 홈을 만들어 용접한다.
② 결함부분을 절단하고 재용접한다.
③ 가는 용접봉을 사용하여 재용접한다.
④ 용접부 전체 부분을 가우징으로 따낸 후 재용접한다.

> **언더컷의 보수 방법**
> • 가는 용접봉을 사용하여 용접한다.
> • 지름이 작은 용접봉을 사용하여 용접한다.

21 다음 중 일렉트로 가스 아크 용접의 특징으로 옳은 것은?

① 용접속도는 자동으로 조절된다.
② 판 두께가 얇을수록 경제적이다.
③ 용접장치가 복잡하여, 취급이 어렵고 고도의 숙련을 요한다.
④ 스패터 및 가스의 발생이 적고, 용접 작업 시 바람의 영향을 받지 않는다.

> ② 판 두께가 두꺼울수록 경제적이다.
> ③ 용접장치가 간단하고, 취급이 쉬우며, 고도의 숙련을 요하지 않는다.
> ④ 스패터 및 가스의 발생이 많고, 용접 작업 시 바람의 영향을 많이 받는다.

22 다음 중 연소의 3요소에 해당하지 않는 것은?

① 가연물
② 부촉매
③ 산소공급원
④ 점화원

> 연소의 3요소 : 가연물, 산소공급원, 점화원

23 일미나이트계 용접봉을 비롯하여 대부분의 피복 아크 용접봉을 사용할 때 많이 볼 수 있으며, 미세한 용적이 날려서 옮겨가는 용접이행 방식은??

① 단락형
② 누적형
③ 스프레이형
④ 글로뷸러형

> • 글로불러형 : 용융금속이 모재로 옮겨가는 상태에서 비교적 큰 용적이 단락되지 않고 옮겨가는 형식
> • 단락형 : 용적이 용융지에 접촉하면서 옮겨가는 방식
> • 스프레이형 : 미세한 용적이 스프레이처럼 날리면서 옮겨가는 방식

24 가스 절단작업에서 절단속도에 영향을 주는 요인과 가장 관계가 먼 것은?

① 모재의 온도
② 산소의 압력
③ 산소의 순도
④ 아세틸렌 압력

> **가스 절단에 영향을 미치는 요인**
> • 모재의 온도가 높을수록 빠르다.
> • 산소의 압력이 높을수록, 소비량이 많을수록 빠르다.
> • 산소의 순도가 높을수록 빠르다.

25 산소-아세틸렌가스 용접기로 두께가 3.2mm인 연강판을 V형 맞대기 이음을 하려면 이에 적합한 연강용 가스 용접 봉의 지름(mm)을 계산식에 의해 구하면 얼마인가?

① 2.6
② 3.2
③ 3.6
④ 4.6

> $D = \dfrac{T}{2} + 1 = \dfrac{3.2}{2} + 1 = 2.6$

26 산소 프로판 가스 절단에서 프로판 가스 1에 대하여 일마의 비율로 산소를 필요로 하는가?

① 1.5
② 2.5
③ 4.5
④ 6

> 산소-프로판 가스 절단에서 산소와 프로판 가스의 혼합비율은 4.5 : 1이다.

27 산소 용기를 취급할 때 주의사항으로 가장 적합한 것은?

① 산소 밸브의 개폐는 빨리해야 한다.
② 운반 중에 충격을 주지 말아야 한다.
③ 직사광선이 쬐이는 곳에 두어야 한다.
④ 산소 용기의 누설시험에는 순수한 물을 사용해야 한다.

> ① 산소 밸브의 개폐는 천천히 해야 한다.
> ③ 직사광선이 들지 않는 곳에 보관해야 한다.
> ④ 산소 용기의 누설시험에는 비눗물을 사용해야 한다.

28 용접용 2차측 케이블의 유연성을 확보하기 위하여 주로 사용하는 캡타이어 전선에 대한 설명으로 옳은 것은?

① 가는 구리선을 여러 개로 꼬아 얇은 종이로 싸고 그 위에 니켈 피복을 한 것
② 가는 구리선을 여러 개로 꼬아 튼튼한 종이로 싸고 그 위에 고무 피복을 한 것
③ 가는 알루미늄선을 여러 개로 꼬아 튼튼한 종이로 싸고 그 위에 니켈 피복을 한 것
④ 가는 알루미늄선을 여러 개로 꼬아 얇은 종이로 싸고 그 위에 고무 피복을 한 것

캡타이어 전선은 가는 구리선을 여러 개로 꼬아 튼튼한 종이로 싸고 그 위에 고무 피복을 한 것을 말한다.

29 아크 용접기의 구비조건으로 틀린 것은?

① 효율이 좋아야 한다.
② 아크가 안정되어야 한다.
③ 용접 중 온도상승이 커야 한다.
④ 구조 및 취급이 간단해야 한다.

아크 용접기는 용접 중 온도상승이 작아야 한다.

30 아크가 발생될 때 모재에서 심선까지의 거리를 아크 길이라 한다. 아크 길이가 짧을 때 일어나는 현상은?

① 발열량이 작다.
② 스패터가 많아진다.
③ 기공, 균열이 생긴다.
④ 아크가 불안정해 진다.

②, ③, ④는 아크 길이가 길 때 나타나는 현상이다. 아크 길이가 짧을 때는 용입이 불량해지고 아크의 지속이 어려워 잘 끊어지며, 발열량이 작다.

31 아크 용접에 속하지 않는 것은?

① 스터드 용접
② 프로젝션 용접
③ 불활성가스 아크 용접
④ 서브머지드 아크 용접

프로젝션 용접은 저항 용접에 해당한다.

32 아세틸렌(C_2H_2) 가스의 성질로 틀린 것은?

① 비중이 1.906으로 공기보다 무겁다.
② 순수한 것은 무색, 무취의 기체이다.
③ 구리, 은, 수은과 접촉하면 폭발성 화합물을 만든다.
④ 매우 불안전한 기체이므로 공기 중에서 폭발 위험성이 크다.

아세틸렌 가스는 비중이 0.906으로 공기보다 가볍다.

33 피복 아크 용접에서 아크의 특성 중 정극성에 비교하여 역극성의 특징으로 틀린 것은?

① 용입이 얕다.
② 비드 폭이 좁다.
③ 용접봉의 용융이 빠르다.
④ 박판, 주철 등 비철금속의 용접에 쓰인다.

역극성은 비드의 폭이 넓다.

34 피복 아크 용접 중 용접봉의 용융속도에 관한 설명으로 옳은 것은?

① 아크전압×용접봉쪽 전압강하로 결정된다.
② 단위시간당 소비되는 전류 값으로 결정된다.
③ 동일종류 용접봉인 경우 전압에만 비례하여 결정된다.
④ 용접봉 지름이 달라도 동일종류 용접봉인 경우 용접봉 지름에는 관계가 없다.

① 아크전류×용접봉쪽 전압강하로 결정된다.
② 단위시간당 소비되는 용접봉의 길이 또는 무게로 결정된다.
③ 동일 종류 용접봉인 경우 전류에 비례한다.

35 프로판 가스의 성질에 대한 설명으로 틀린 것은?

① 기화가 어렵고 발열량이 낮다.
② 액화하기 쉽고 용기에 넣어 수송이 편리하다.
③ 온도 변화에 따른 팽창률이 크고 물에 잘 녹지 않는다.
④ 상온에서는 기체 상태이고 무색, 투명하고 약간의 냄새가 난다.

프로판 가스는 쉽게 기화하며 발열량이 높다.

36 가스용접에서 용제(flux)를 사용하는 가장 큰 이유는?

① 모재의 용융온도를 낮게 하여 가스 소비량을 적게 하기 위해
② 산화작용 및 질화작용을 도와 용착금속의 조직을 미세화하기 위해
③ 용접봉의 용융속도를 느리게 하여 용접봉 소모를 적게 하기 위해
④ 용접 중에 생기는 금속의 산화물 또는 비금속 개재물을 용해하여 용착금속의 성질을 양호하게 하기 위해

> 가스용접에서 용제의 사용 목적은 용접 중 금속의 산화물과 비금속 개재물을 용해하여 용착금속의 성질을 양호하게 하기 위해 사용하며, 용융금속의 산화 및 질화를 감소하게 한다.

37 피복 아크 용접봉에서 피복제의 역할로 틀린 것은?

① 용착금속의 급랭을 방지한다.
② 모재 표면의 산화물을 제거한다.
③ 용착금속의 탈산 정련 작용을 방지한다.
④ 중성 또는 환원성 분위기로 용착금속을 보호한다.

> 피복제는 용착금속의 탈산 정련 작용을 한다.

38 가스 용접봉 신택조건으로 틀린 것은?

① 모재와 같은 재질일 것
② 용융 온도가 모재보다 낮을 것
③ 불순물이 포함되어 있지 않을 것
④ 기계적 성질에 나쁜 영향을 주지 않을 것

> 가스 용접봉의 용융 온도는 모재와 동일해야 한다.

39 금속의 공통적 특성으로 틀린 것은?

① 열과 전기의 양도체이다.
② 금속 고유의 광택을 갖는다.
③ 이온화하면 음(−) 이온이 된다.
④ 소성변형성이 있어 가공하기 쉽다.

> 금속이 이온화하여 양 이온이 되려는 성질을 금속의 이온화 경향이라 한다.

40 다음 중 Fe-C 평형상태도에서 가장 낮은 온도에서 일어나는 반응은?

① 공석반응
② 공정반응
③ 포석반응
④ 포정반응

> 공석반응이 가장 낮은 온도에서 일어나며, 포정반응이 가장 높은 온도에서 일어난다.

41 담금질한 강을 뜨임 열처리하는 이유는?

① 강도를 증가시키기 위하여
② 경도를 증가시키기 위하여
③ 취성을 증가시키기 위하여
④ 인성을 증가시키기 위하여

> 뜨임 열처리는 담금질한 철강을 A_1 변태점 이하의 일정한 온도로 가열한 후 서서히 냉각시키는 열처리 방법으로 인성 증가를 목적으로 한다.

42 [그림]과 같은 결정격자는?

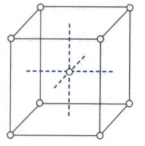 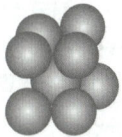

① 면심입방격자
② 조밀육방격자
③ 저심면방격자
④ 체심입방격자

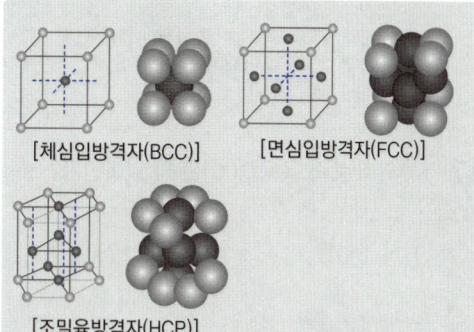

[체심입방격자(BCC)] [면심입방격자(FCC)]

[조밀육방격자(HCP)]

43 인장시험편의 단면적이 50mm²이고, 하중이 500kgf일 때 인장강도는 얼마인가?

① 10kgf/mm²
② 50kgf/mm²
③ 100kgf/mm²
④ 250kgf/mm²

> $$인장강도 = \frac{하중(P)}{단면적(A)} = \frac{500kgf}{50mm^2} = 10kgf/mm^2$$

44 미세한 결정립을 가지고 있으며, 응력 하에서 파단에 이르기까지 수백 % 이상의 연신율을 나타내는 합금은?

① 제진합금   ② 초소성합금
③ 비정질합금   ④ 형상기억합금

> 초소성합금은 살짝 당기기만 해도 쉽게 늘어나고 자유자재로 변형이 가능한 금속을 말한다.

45 합금공구강 중 게이지용 강이 갖추어야 할 조건으로 틀린 깃은?

① 경도는 HRC 45 이하를 가져야 한다.
② 팽창계수가 보통강보다 작아야 한다.
③ 담금질에 의한 변형 및 균열이 없어야 한다.
④ 시간이 지남에 따라 치수의 변화가 없어야 한다.

> 게이지용 강은 HRC 55 이상의 경도를 가져야 한다.

46 상온에서 방치된 황동 가공재나 저온 풀림 경화로 얻은 스프링재가 시간이 지남에 따라 경도 등 여러 가지 성질이 악화되는 현상은?

① 자연 균열   ② 경년 변화
③ 탈아연 부식   ④ 고온 탈아연

> ① 자연 균열 : 아연 함유량이 많은 관이나 봉을 냉간가공 상태에서 사용하였을 때 잔류응력에 의해 생기는 균열
> ③ 탈아연 부식 : 불순물 또는 부식성 물질이 섞여 있을 때 수용액의 작용으로 인해 황동의 표면이나 내부가 탈아연되는 현상
> ④ 고온 탈아연 : 고온에서 증발에 의하여 황동 표면으로부터 아연이 탈출되는 현상

47 Mg의 비중과 용융점(℃)은 약 얼마인가?

① 0.8, 350℃   ② 1.2, 550℃
③ 1.74, 650℃   ④ 2.7, 780℃

> 마그네슘(Mg)의 성질
> • 비중 : 1.74   • 용융온도 : 650℃   • 재결정온도 : 150℃

48 Al-Si계 합금을 개량처리하기 위해 사용되는 접종 처리제가 아닌 것은?

① 금속나트륨   ② 염화나트륨
③ 불화알칼리   ④ 수산화나트륨

> Al-Si 합금에 제3원소를 극소량 첨가하여 강도 및 연성을 헌저히 개량시키게 되는데, 금속나트륨, 불화알칼리, 수산화나트륨 등이 접종처리제로 사용된다.

49 다음 중 소결 탄화물 공구강이 아닌 것은?

① 듀콜(Ducole)강
② 비디아(Midia)
③ 카볼로이(Carboloy)
④ 텅갈로이(Tungalloy)

> 소결 탄화물 공구강은 금속과 탄화물의 소결에 의해 만들어진 것을 말하는데, 미디아, 카볼로이, 터바이드, 큐타니트, 텅갈로이 등이 있다.
> ※듀콜강은 저망간강으로 건축, 토목 등 일반 구조용으로 사용된다.

50 4% Cu, 2% Ni, 1.5% Mg 등을 알루미늄에 첨가한 Al 합금으로 고온에서 기계적 성질이 매우 우수하고, 금형 주물 및 단조용으로 이용될 뿐만 아니라 자동차 피스톤용에 많이 사용되는 합금은?

① Y 합금
② 슈퍼인바
③ 코슨합금
④ 두랄루민

> Y 합금의 특징
> • 조성 : Cu 4%, Ni 2%, Mg 1.5%
> • 고온 강도가 우수
> • 시효 경화성이 있어 모래형 및 금형 주물에 사용
> • 공랭실린더 헤드 및 피스톤 등에 많이 사용

51 판을 접어서 만든 물체를 펼친 모양으로 표시할 필요가 있는 경우 그리는 도면을 무엇이라 하는가?

① 투상도   ② 개략도
③ 입체도   ④ 전개도

> 대상물을 구성하는 면을 평면으로 전개한 도면을 전개도라 한다.

52 재료 기호 중 SPHC의 명칭은?

① 배관용 탄소강
② 열간 압연 연강판 및 강대
③ 용접구조용 압연 강재
④ 냉간 압연 강판 및 강대

> • 열간 압연 연강판 및 강대 : SPHC, SPHD, SPHE
> • 냉간 압연 강판 및 강대 : SPCC, SPCD, SPCE, SPCF, SPCG

53 그림과 같이 기점 기호를 기준으로 하여 연속된 치수선으로 치수를 기입하는 방법은?

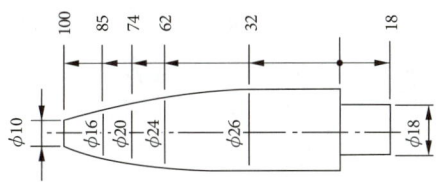

① 직렬 치수 기입법
② 병렬 치수 기입법
③ 좌표 치수 기입법
④ 누진 치수 기입법

> 누진 치수 기입법은 한 곳을 중심으로 한 개의 연속된 치수선으로 간편하게 표시하는 방법을 말한다.

54 나사의 표시방법에 관한 설명으로 옳은 것은?

① 수나사의 골지름은 가는 실선으로 표시한다.
② 수나사의 바깥지름은 가는 실선으로 표시한다.
③ 암나사의 골지름은 아주 굵은 실선으로 표시한다.
④ 완전 나사부와 불완전 나사부의 경계선은 가는 실선으로 표시한다.

> ② 수나사의 바깥지름과 암나사의 안지름을 나타내는 선은 굵은 실선으로 그린다.
> ③ 수나사와 암나사의 골을 표시하는 선은 가는 실선으로 그린다.
> ④ 완전 나사부와 불완전 나사부의 경계선은 굵은 실선으로 그린다.

55 아주 굵은 실선의 용도로 가장 적합한 것은?

① 특수 가공하는 부분의 범위를 나타내는 데 사용
② 얇은 부분의 단면도시를 명시하는 데 사용
③ 도시된 단면의 앞쪽을 표현하는 데 사용
④ 이동한계의 위치를 표시하는 데 사용

화재의 분류	
굵은 1점 쇄선	• 특수한 가공을 하는 부분 등 특별한 요구사항을 적용할 수 있는 범위를 표시하는 데 사용
가는 2점 쇄선	• 도시된 단면의 앞쪽에 있는 부분을 표시하는 데 사용한다. • 가동부분을 이동 중의 특정한 위치 또는 이동한계의 위치로 표시하는 데 사용한다.

56 기계제도에서 사용하는 척도에 대한 설명으로 틀린 것은?

① 척도의 표시방법에는 현척, 배척, 축척이 있다.
② 도면에 사용한 척도는 일반적으로 표제란에 기입한다.
③ 한 장의 도면에 서로 다른 척도를 사용할 필요가 있는 경우에는 해당되는 척도를 모두 표제란에 기입한다.
④ 척도는 대상물과 도면의 크기로 정해진다.

> 한 장의 도면에 서로 다른 척도를 사용할 필요가 있는 경우에는 그림 부분에 기입 가능하다.

57 그림과 같은 입체도의 정면도로 적합한 것은?

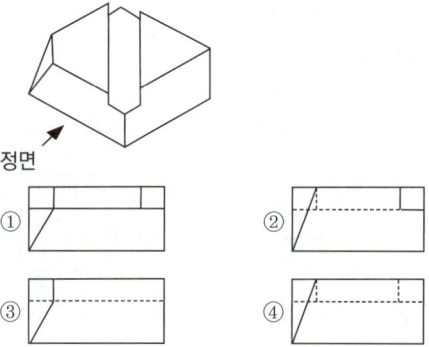

58 용접 보조기호 중 '제거 가능한 이면 판재 사용' 기호는?

용접 보조기호	
평면(동일한 면으로 마감 처리)	─
볼록형	⌒
오목형	⌣
토우를 매끄럽게 함	⌣
영구적인 이면 판재 사용	M
제거 가능한 이면 판재 사용	MR

chapter **07**

59 배관도시기호에서 유량계를 나타내는 기호는?

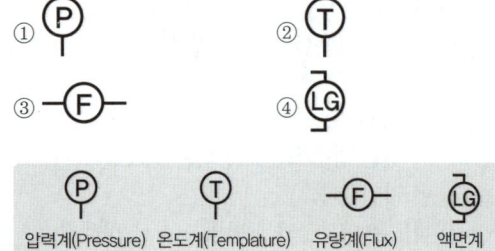

① (P) ② (T) ③ —(F)— ④ (LG)

| (P) 압력계(Pressure) | (T) 온도계(Templature) | —(F)— 유량계(Flux) | (LG) 액면계 |

60 다음 입체도의 화살표 방향을 정면으로 한다면 좌측면도로 적합한 투상도는?

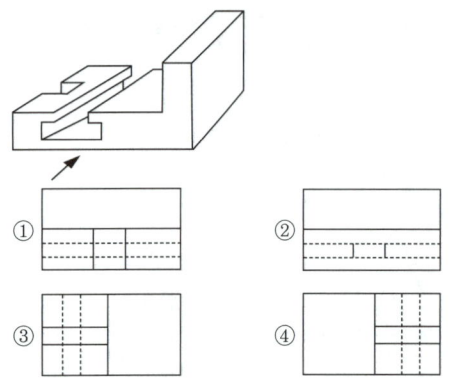

① ② ③ ④

1 가스 중에서 최소의 밀도로 가장 가볍고 확산속도가 빠르며 열전도가 가장 큰 가스는?

① 수소 ② 메탄
③ 프로판 ④ 부탄

> 수소는 0℃ 1기압에서 1리터의 무게가 0.0899g으로 가장 가벼운 물질이며, 열전도가 가장 큰 가스이다.

2 용접에 의한 수축 변형에 영향을 미치는 인자로 가장 거리가 먼 것은?

① 가접
② 용접 입열
③ 판의 예열 온도
④ 판 두께에 따른 이음 형상

> 용접에 의한 수축 변형에 영향을 주는 요소로는 용접 입열, 용접봉의 재질, 판의 예열 온도, 판 두께에 따른 이음 형상 등이 있다.

3 다음 중 용접 시 수소의 영향으로 발생하는 결함과 가장 거리가 먼 것은?

① 기공 ② 균열
③ 은점 ④ 설퍼

> 기공, 균열, 은점 모두 수소가 원인이 되어 발생하는 결함이며, 설퍼는 황이 원인이 되어 나타나는 결함이다.

4 X선이나 γ선을 재료에 투과시켜 투과된 빛의 강도에 따라 사진 필름에 감광시켜 결함을 검사하는 비파괴 시험법은?

① 자분 탐상 검사 ② 침투 탐상 검사
③ 초음파 탐상 검사 ④ 방사선 투과 검사

> 방사선 투과 시험은 비파괴 시험의 하나로 X선이나 γ선을 재료에 투과시켜 투과된 빛의 강도에 따라 사진 필름에 감광시켜 결함을 검사하는 방법이다. γ선의 동위원소로는 코발트 60, 세슘 134, 이리듐 192 등이 있다.

5 용착금속의 인장강도가 55N/m², 안전율이 6이라면 이음의 허용응력은 약 몇 N/m²인가?

① 0.92 ② 9.2
③ 92 ④ 920

$$허용응력 = \frac{최저\ 인장강도}{안전율} = \frac{55}{6} = 9.2$$

6 안전 보건표지의 색채, 색도기준 및 용도에서 지시의 용도 색채는?

① 검은색 ② 노란색
③ 빨간색 ④ 파란색

> • 금지, 경고 : 빨간색 • 노란색 : 경고
> • 파란색 : 지시 • 녹색 : 안내

7 TIG 용접 토치의 분류 중 형태에 따른 종류가 아닌 것은?

① T형 토치 ② Y형 토치
③ 직선형 토치 ④ 플렉시블형 토치

토치의 종류	
분류 기준	종류
형태	T형 토치, 직선형 토치, 플렉시블형 토치
냉각 방법	공랭식, 수랭식
용접 장치	수동식, 자동식, 반자동식

8 다음 중 파괴시험 검사법에 속하는 것은?

① 부식시험 ② 침투시험
③ 음향시험 ④ 와류시험

> 부식시험은 재료의 부식 정도를 검사하는 시험으로 파괴시험 검사법 중 화학적 시험법에 해당한다.

9 다음 중 용접봉의 용융속도를 나타낸 것은?

① 단위시간당 용접 입열의 양
② 단위시간당 소모되는 용접전류
③ 단위시간당 형성되는 비드의 길이
④ 단위시간당 소비되는 용접봉의 길이

> 용접봉의 용융속도는 단위시간당 소비되는 용접봉의 길이 또는 무게를 나타낸다.

10 저항용접의 장점이 아닌 것은?

① 대량 생산에 적합하다.
② 후열 처리가 필요하다.
③ 산화 및 변질 부분이 적다.
④ 용접봉 용재가 불필요하다.

> 저항용접은 가압효과로 조직이 세밀하여 후열처리가 필요한데, 이는
> 저항용접의 단점에 해당한다.

11 수직면 또는 수평면 내에서 선회하는 회전영역이 넓고 팔이 기울어져 상하로 움직일 수 있어 주로 스폿 용접, 중량물 취급 등에 많이 이용되는 로봇은?

① 다관절 로봇
② 극좌표 로봇
③ 원통 좌표 로봇
④ 직각 좌표계 로봇

> 수직면 또는 수평면 내에서 선회하는 회전영역이 넓고 팔이 기울어져
> 상하로 움직일 수 있는 로봇을 극좌표 로봇이라 한다.

12 용접부를 끝이 구면인 해머로 가볍게 때려 용착금속부의 표면에 소성 변형을 주어 인장응력을 완화시키는 잔류 응력 제거법은?

① 피닝법   ② 노내풀림법
③ 저온 응력 완화법   ④ 기계적 응력 완화법

> 피닝법
> • 용접부를 끝이 구면인 해머로 가볍게 때려 용착 금속부의 표면에 소
>   성 변형을 주어 인장응력을 완화시키는 방법
> • 첫층 용접의 균열을 방지하기 위해 700℃ 정도에서 열간 피닝을
>   한다.

13 다음 중 전자 빔 용접에 관한 설명으로 틀린 것은?

① 용입이 낮아 후판 용접에는 적용이 어렵다.
② 성분 변화에 의하여 용접부의 기계적 성질이나 내식성의 저하를 가져올 수 있다.
③ 가공재나 열처리에 대하여 소재의 성질을 저하시키지 않고 용접할 수 있다.
④ $10^{-4} \sim 10^{-6}$mmHg 정도의 높은 진공실 속에서 음극으로부터 방출된 전자를 고전압으로 가속시켜 용접을 한다.

> 전자 빔 용접은 용입이 깊고, 박판 용접뿐 아니라 후판 용접까지 가
> 능하다.

14 팁 끝이 모재에 닿는 순간 순간적으로 팁 끝이 막혀 팁속에서 폭발음이 나면서 불꽃이 꺼졌다가 다시 나타나는 현상은?

① 인화   ② 역화
③ 역류   ④ 선화

> • 역류 : 토치 내부의 청소가 불량할 때 내부 기관이 막혀 고압의 산
>   소가 밖으로 배출되지 못하고 압력이 낮은 아세틸렌 쪽으로 흐르
>   는 현상
> • 역화 : 토치의 팁 끝이 모재에 닿아 순간적으로 팁 끝이 막히거나 팁
>   의 과열 또는 가스의 압력이 적당하지 않을 때 팁 속에서 폭발음이
>   나면서 불꽃이 꺼졌다가 다시 나타나는 현상
> • 인화 : 팁 끝이 순간적으로 막혔을 경우 가스의 분출이 나빠지고 불
>   꽃이 가스 혼합실까지 도달하면서 토치를 달구는 현상

15 용접 변형의 교정법에서 점 수축법의 가열온도와 가열시간으로 가장 적당한 것은?

① 100~200℃, 20초   ② 300~400℃, 20초
③ 500~600℃, 30초   ④ 700~800℃, 30초

> • 가열온도 : 500~600℃
> • 가열시간 : 약 30초
> • 가열점의 지름 : 20~30mm

16 다음 중 탄산가스 아크 용접의 자기쏠림현상을 방지하는 대책으로 틀린 것은?

① 엔드 탭을 부착한다.
② 가스 유량을 조절한다.
③ 어스의 위치를 변경한다.
④ 용접부의 틈을 적게 한다.

> 자기쏠림현상은 용접봉, 아크, 모재를 흐르는 전류에 의해 발생한 자력
> 선의 작용으로 아크가 똑바로 향하지 않고 한쪽으로 치우는 현상을 말
> 하는데, 방지대책은 다음과 같다.
> • 엔드 탭을 부착한다.
> • 어스의 위치를 변경한다.
> • 용접부의 틈을 적게 한다.
> • 용적 이행상태에 따라 와이어를 사용한다.

17 금속산화물이 알루미늄에 의하여 산소를 빼앗기는 반응에 의해 생성되는 열을 이용한 용접법은?

① 마찰 용접
② 테르밋 용접
③ 일렉트로 슬래그 용접
④ 서브머지드 아크 용접

> 금속산화물이 알루미늄에 의하여 산소를 빼앗기는 반응에 의해 생성되
> 는 열을 이용한 용접법을 테르밋 용접이라 한다.

18 물체와의 가벼운 충돌 또는 부딪침으로 인하여 생기는 손상으로 충격 부위가 부어오르고 통증이 발생되며 일반적으로 피부 표면에 창상이 없는 상처를 뜻하는 것은?

① 출혈　　　　　　② 화상
③ 찰과상　　　　　④ 타박상

찰과상은 마찰에 의해 생기는 상처를 말하며, 외부의 압력에 의해 생기는 상처를 말한다.

19 다음 용접법 중 비소모식 아크 용접법은?

① 논 가스 아크 용접
② 피복 금속 아크 용접
③ 서브머지드 아크 용접
④ 불활성 가스 텅스텐 아크 용접

TIG 용접은 텅스텐을 소모하지 않아 비소모식 용접이라 한다.

20 서브머지드 아크 용접 시 발생하는 기공의 원인이 아닌 것은?

① 직류 역극성 사용
② 용제의 건조 불량
③ 용제의 산포량 부족
④ 와이어의 녹, 기름, 페인트

서브머지드 아크 용접 시 기공의 원인
• 용제의 건조가 불량할 때
• 용접 속도가 너무 빠를 때
• 용제 중에 불순물이 혼입되었을 때
• 용제의 산포량이 너무 많거나 너무 적을 때
• 와이어에 녹, 기름, 페인트 등이 있을 때

21 일명 비석법이라고도 하며, 용접 길이를 짧게 나누어 간격을 두면서 용접하는 용착법은?

① 전진법　　　　　② 후진법
③ 대칭법　　　　　④ 스킵법

용접 길이를 짧게 나누어 간격을 두면서 용접하는 용착법은 스킵법이다.

22 전자동 MIG 용접과 반자동 용접을 비교했을 때 전자동 MIG 용접의 장점으로 틀린 것은?

① 용접 속도가 빠르다.
② 생산단가를 최소화할 수 있다.
③ 우수한 품질의 용접이 얻어진다.

④ 용착 효율이 낮아 능률이 매우 좋다.

전자동 MIG 용접은 용착 효율이 높아 능률이 매우 좋다.

23 다음 중 용융금속의 이행 형태가 아닌 것은?

① 단락형　　　　　② 스프레이형
③ 연속형　　　　　④ 글로뷸러형

용융금속의 이행 형태에는 단락형, 스프레이형, 글로뷸러형이 있다.

24 피복 아크 용접봉에서 피복제의 주된 역할이 아닌 것은?

① 용융금속의 용적을 미세화하여 용착효율을 높인다.
② 용착금속의 응고와 냉각속도를 빠르게 한다.
③ 스패터의 발생을 적게 하고 전기 절연작용을 한다.
④ 용착금속에 적당한 합금원소를 첨가한다.

피복제는 용착금속의 냉각속도를 지연시킨다.

25 아크 전류가 일정할 때 아크 전압이 높아지면 용접봉의 용융속도가 늦어지고 아크 전압이 낮아지면 용융속도가 빨라지는 특성을 무엇이라 하는가?

① 부저항 특성
② 절연회복 특성
③ 전압회복 특성
④ 아크 길이 자기제어 특성

아크 전류가 일정할 때 아크 전압이 높아지면 용접봉의 용융속도가 늦어지고 아크 전압이 낮아지면 용융속도가 빨라지는 특성을 아크 길이 자기제어 특성이라 한다.

26 피복아크 용접봉에서 아크 길이와 아크 전압의 설명으로 틀린 것은?

① 아크 길이가 너무 길면 아크가 불안전하다.
② 양호한 용접을 하려면 짧은 아크를 사용한다.
③ 아크 전압은 아크 길이에 반비례한다.
④ 아크 길이가 적당할 때 정상적인 작은 입자의 스패터가 생긴다.

아크 전압은 아크 길이에 비례한다.

27 정격 2차 전류 200A, 정격사용률 40%인 아크 용접기로 실제 아크 전압 30V, 아크 전류 130A로 용접을 수행한다고 가정할 때 허용사용률은 약 얼마인가?

① 70%　　　　　　② 75%

③ 80%　　　　　　④ 95%

$$허용사용률 = \frac{(정격2차전류)^2}{(실제의\ 용접전류)^2} \times 정격사용률$$
$$= \frac{200^2}{130^2} \times 40\% = 94.67\%$$

28 다음 중 연강을 가스 용접할 때 사용하는 용제는?

① 붕사

② 염화나트륨

③ 사용하지 않는다.

④ 중탄산소다 + 탄산소다

용접 중 금속의 산화물과 비금속 개재물을 용해하여 용착금속의 성질을 양호하게 하기 위해 용제를 사용하는데, 연강을 가스 용접할 때는 일반적으로 용제를 사용하지 않는다.

29 교류 아크 용접기에서 안정한 아크를 얻기 위하여 상용주파의 아크 전류에 고전압의 고주파를 중첩시키는 방법으로 아크 발생과 용접 작업을 쉽게 할 수 있도록 하는 부속장치는?

① 전격방지장치

② 고주파 발생장치

③ 원격제어장치

④ 핫 스타트장치

교류 아크 용접기에서 안정한 아크를 얻기 위하여 상용주파의 아크 전류에 고전압의 고주파를 중첩시키는 방법으로 아크 발생과 용접 작업을 쉽게 할 수 있도록 하는 부속장치는 구조파 발생장치이다.

30 용접기의 구비조건이 아닌 것은?

① 구조 및 취급이 간단해야 한다.

② 사용 중에 온도 상승이 작아야 한다.

③ 전류 조정이 용이하고 일정한 전류가 흘러야 한다.

④ 용접 효율과 상관없이 사용 유지비가 적게 들어야 한다.

용접기를 구비할 때는 유지비뿐만 아니라 용접 효율도 고려해야 한다.

31 다음 중 야금적 접합법에 해당되지 않는 것은?

① 융접　　　　　　② 접어 잇기

③ 압접　　　　　　④ 납땜

야금적 접합법에는 융접, 압접, 납땜이 있다. 접어 잇기는 기계적 접합법에 속한다.

32 프로판 가스의 특징으로 틀린 것은?

① 안전도가 높고, 관리가 쉽다.

② 온도 변화에 따른 팽창률이 크다.

③ 액화하기 어렵고, 폭발 한계가 넓다.

④ 상온에서는 기체 상태이고 무색, 투명하다.

프로판 가스는 액화하기 쉽고, 폭발 한계가 좁아 안전도가 높고 관리가 쉽다.

33 피복 아크 용접봉의 피복제 중에서 아크를 안정시켜 주는 성분은?

① 붕사　　　　　　② 페로망간

③ 니켈　　　　　　④ 산화티탄

피복 아크 용접봉의 피복제 중에서 아크 안정제에는 산화티탄, 석회석, 규산칼륨, 탄산나트륨 등이 있다.

34 가스 절단에서 프로판가스와 비교한 아세틸렌가스의 장점에 해당되는 것은?

① 후판 절단의 경우 절단 속도가 빠르다.

② 박판 절단의 경우 절단 속도가 빠르다.

③ 중첩 절단을 할 때에는 절단 속도가 빠르다.

④ 절단면이 거칠지 않다.

① 후판 절단의 경우 프로판 가스의 절단 속도가 빠르다.
③ 중첩 절단을 할 때에는 프로판 가스의 절단 속도가 빠르다.
④ 절단면이 거칠다.

35 강재 표면의 흠이나 개재물, 탈탄층 등을 제거하기 위하여 될 수 있는 대로 얇게 그리고 타원형 모양으로 표면을 깎아내는 가공법은?

① 분말 절단　　　　② 가스 가우징

③ 스카핑　　　　　④ 플라즈마 절단

강재 표면의 흠이나 개재물, 탈탄층 등을 제거하기 위하여 될 수 있는 대로 얇게 그리고 타원형 모양으로 표면을 깎아내는 가공법을 스카핑이라 한다.

36 피복아크 용접봉의 기호 중 고산화티탄계를 표시한 것은?

① E 4301 ② E 4303
③ E 4311 ④ E 4313

① E 4301 : 일루미나이트계
② E 4303 : 라임티타니아계
③ E 4311 : 고셀룰로오스계

37 산소 용기의 취급 시 주의사항으로 틀린 것은?

① 기름이 묻은 손이나 장갑을 착용하고는 취급하지 말아야 한다.
② 통풍이 잘되는 야외에서 직사광선에 노출시켜야 한다.
③ 용기의 밸브가 얼었을 경우에는 따뜻한 물로 녹여야 한다.
④ 사용 전에는 비눗물 등을 이용하여 누설 여부를 확인한다.

산소 용기는 직사광선을 피하여 그늘진 곳에 보관해야 한다.

38 다음 중 불꽃의 구성요소가 아닌 것은?

① 불꽃심 ② 속불꽃
③ 겉불꽃 ④ 환원불꽃

불꽃은 불꽃심(백심), 속불꽃(내염), 겉불꽃(외염)으로 구성된다.

39 금속의 결정구조에서 조밀육방격자(HCP)의 배위수는?

① 6   ② 8
③ 10 ④ 12

배위수는 최 인접 원자 수를 말하는데, 단순입방격자는 6, 체심입방격자는 8, 면심입방격자와 조밀입방격자는 12이다.

40 강자성을 가지는 은백색의 금속으로 화학반응용 촉매, 공구 소결재로 널리 사용되고 바이탈륨의 주성분 금속은?

① Ti ② Co
③ Al ④ Pt

강자성을 가지는 은백색의 금속으로 화학반응용 촉매, 공구 소결재로 널리 사용되는 금속은 코발트이다.

41 재료에 어떤 일정한 하중을 가하고 어떤 온도에서 긴 시간 동안 유지하면 시간이 경과함에 따라 스트레인이 증가하는 것을 측정하는 시험 방법은?

① 피로 시험 ② 충격 시험
③ 비틀림 시험 ④ 크리프 시험

재료에 어떤 일정한 하중을 가하고 어떤 온도에서 긴 시간 동안 유지하면 시간이 경과함에 따라 스트레인이 증가하는 것을 측정하는 시험 방법을 크리프 시험이라 한다.

42 주석 청동의 용해 및 주조에서 1.5~1.7%의 아연을 첨가할 때의 효과로 옳은 것은?

① 수축률이 감소된다. ② 침탄이 촉진된다.
③ 취성이 향상된다. ④ 가스가 혼입된다.

주석 청동의 용해 및 주조에서 1.5~1.7%의 아연을 첨가하면 수축률이 감소한다.

43 비금속 개재물이 강에 미치는 영향이 아닌 것은?

① 고온 메짐의 원인이 된다.
② 인성은 향상시키나 경도를 떨어뜨린다.
③ 열처리 시 개재물로 인한 균열을 발생시킨다.
④ 단조나 압연 작업 중에 균열의 원인이 된다.

비금속 개재물은 강의 연성, 인성, 내식성, 내마모성 등을 떨어뜨린다.

44 해드필드강에 대한 설명으로 옳은 것은?

① Ferrite계 고 Ni강이다.
② Pearlite계 고 Co강이다.
③ Cementite계 고 Cr강이다.
④ Austenite계 고 Mn강이다.

고망간강(하드필드강)의 특징
· 망간 10~14% 함유
· 오스테나이트 조직
· 내마멸성이 우수하고 경도가 크다.
· 열처리 방법 : 수인법

45 탄소강에서 탄소의 함량이 높아지면 낮아지는 값은?

① 경도 ② 항복강도
③ 인장강도 ④ 단면수축률

탄소강의 기계적 성질
· 탄소함유량이 증가할수록 가공변형 및 냉간가공이 어렵다.
· 탄소함유량이 증가할수록 연신율, 단면수축률, 충격값이 감소한다.
· 탄소함유량이 증가할수록 강도 및 경도가 증가한다.

46 3~5%Ni, 1%Si을 첨가한 Cu 합금으로 C 합금이라고도 하며 강력하고 전도율이 좋아 용접봉이나 전극재료로 사용되는 것은?

① 톰백
② 문쯔메탈
③ 길딩메탈
④ 코슨합금

코슨합금은 3~5% Ni, 1% Si을 첨가한 Cu 합금으로 강력하고 전도율이 좋아 용접봉이나 전극재료로 사용된다.

47 Al의 표면을 적당한 전해액 중에서 양극 산화 처리하면 표면에 방식성이 우수한 산화 피막층이 만들어진다. 알루미늄의 방식 방법에 많이 이용되는 것은?

① 규산법
② 수산법
③ 탄화법
④ 질화법

알루미늄 부식 방식법
• 전해액의 종류에 따른 분류 : 수산법, 황산법, 크롬산법
• 피막 두께에 의한 분류 : 연질 양극산화법, 경질 양극산화법

48 강의 표면경화법이 아닌 것은?

① 풀림
② 금속용사법
③ 금속침투법
④ 하드페이싱

풀림은 A_3, A_1 이상에서 20~50℃의 온도로 가열한 후 노 속에서 서서히 냉각시키는 열처리 방법이다.

49 잠수함, 우주선 등 극한 상태에서 파이프의 이음쇠에 사용되는 기능성 합금은?

① 초전도 합금
② 수소 저장 합금
③ 아모퍼스 합금
④ 형상 기억 합금

잠수함, 우주선 등의 파이프의 이음쇠에 사용되는 기능성 합금을 형상 기억 합금이라 한다.

50 금속의 결정구조에 대한 설명으로 틀린 것은?

① 결정입자의 경계를 결정입계라 한다.
② 결정체를 이루고 있는 각 결정을 결정입자라 한다.
③ 체심입방격자는 단위격자 속에 있는 원자수가 3개이다.
④ 물질을 구성하고 있는 원자가 입체적으로 규칙적인 배열을 이루고 있는 것을 결정이라 한다.

체심입방격자는 단위격자 속에 있는 원자수가 2개이다.

51 인접부분을 참고로 표시하는 데 사용하는 선은?

① 숨은선
② 가상선
③ 외형선
④ 피치선

① 숨은선 : 대상물의 보이지 않는 부분의 모양을 표시하는 데 사용
③ 외형선 : 대상물의 보이는 부분의 모양을 표시하는 데 사용
④ 피치선 : 되풀이하는 도형의 피치를 취하는 기준을 표시하는 데 사용

52 3각 기둥, 4각 기둥 등과 같은 각기둥 및 원기둥을 평행하게 펼치는 전개방법의 종류는?

① 삼각형을 이용한 전개도법
② 평행선을 이용한 전개도법
③ 방사선을 이용한 전개도법
④ 사다리꼴을 이용한 전개도법

• 평행선법 : 위쪽이 경사지게 절단된 원통의 전개 방법으로 각기둥이나 원기둥의 전개에 가장 많이 이용
• 방사선법 : 꼭지점을 도면에서 찾을 수 있는 원뿔의 전개에 이용
• 삼각형법 : 방사선법으로 전개하기 어려운 경우 편심 원뿔, 각뿔 등을 전개하는 데 이용

53 치수 기입법에서 지름, 반지름, 구의 지름 및 반지름, 모떼기, 두께 등을 표시할 때 사용되는 보조기호 표시가 잘못된 것은?

① 두께 : D6
② 반지름 : R3
③ 모떼기 : C3
④ 구의 지름 : SØ6

두께 : t6

54 판금작업 시 강판재료를 절단하기 위하여 가장 필요한 도면은?

① 조립도
② 전개도
③ 배관도
④ 공정도

대상물을 구성하는 면을 평면으로 전개한 도면을 전개도라 하는데, 판금작업 시 강판재료를 절단하기 위해 꼭 필요한 도면이다.

55 배관 도면에서 그림과 같은 기호의 의미로 가장 적합한 것은?

① 체크 밸브
② 볼 밸브
③ 콕 일반
④ 안전 밸브

위 그림은 체크 밸브를 의미한다.

56 그림과 같은 제3각법 정투상도에 가장 적합한 입체도는?

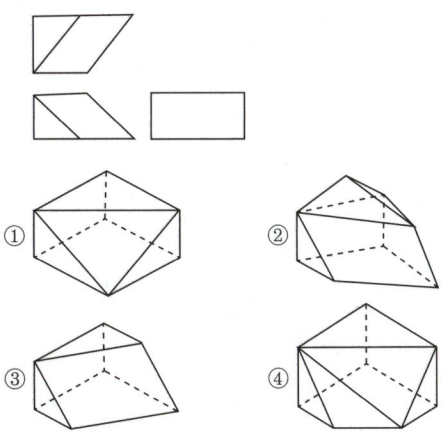

57 좌우, 상하 대칭은 그림과 같은 형상을 도면화하려고 할 때 이에 관한 설명으로 틀린 것은?(단, 물체에 뚫린 구멍의 크기는 같고 간격은 6mm로 일정하다)

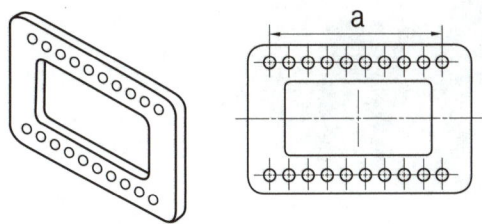

① 치수 a는 9×6(=54)으로 기입할 수 있다.
② 대칭기호를 사용하여 도형을 1/2로 나타낼 수 있다.
③ 구멍은 동일 형상일 경우 대표 형상을 제외한 나머지 구멍은 생략할 수 있다.
④ 구멍은 크기가 동일하더라도 각각의 치수를 모두 나타내어야 한다.

여러 개의 구멍이 같은 치수일 때에는 맨 처음 구멍과 두 번째 구멍 및 맨 끝 구멍만 그리고, 나머지 구멍은 중심선만 그린다.

58 SF 340A는 탄소강 단강품이며 340은 최저인장강도를 나타낸다. 이때 최저인장강도의 단위로 가장 옳은 것은?

① N/m² 　　　　　 ② kgf/m²
③ N/mm² 　　　　 ④ kgf/mm²

최저인장강도의 단위는 N/mm²로 나타낸다.

59 보기와 같은 KS 용접 기호의 해독으로 틀린 것은?

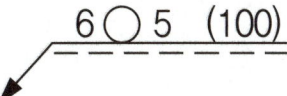

① 화살표 반대쪽 점 용접
② 점 용접부의 지름 6mm
③ 용접부의 개수(용접 수) 5개
④ 점 용접한 간격은 100mm

기호는 화살표 쪽의 점용접을 나타낸다.

60 한쪽 단면도에 대한 설명으로 올바른 것은?

① 대칭형의 물체를 중심선을 경계로 하여 외형도의 절반과 단면도의 절반을 조합하여 표시한 것이다.
② 부품도의 중앙 부위 전후를 절단하여, 단면을 90° 회전시켜 표시한 것이다.
③ 도형 전체가 단면으로 표시된 것이다.
④ 물체의 필요한 부분만 단면으로 표시한 것이다.

한쪽 단면도란 대칭형의 물체를 중심선을 경계로 하여 외형도의 절반과 단면도의 절반을 조합하여 표시한 단면도를 말한다.

정답				
01 ①	02 ①	03 ④	04 ④	05 ②
06 ④	07 ②	08 ①	09 ④	10 ②
11 ②	12 ①	13 ①	14 ②	15 ③
16 ②	17 ②	18 ④	19 ④	20 ①
21 ④	22 ④	23 ③	24 ②	25 ④
26 ③	27 ④	28 ③	29 ②	30 ④
31 ②	32 ③	33 ④	34 ②	35 ③
36 ④	37 ②	38 ④	39 ④	40 ②
41 ④	42 ①	43 ②	44 ④	45 ④
46 ④	47 ②	48 ①	49 ④	50 ③
51 ②	52 ②	53 ①	54 ②	55 ①
56 ③	57 ④	58 ③	59 ①	60 ①

Giboonpa - Craftsman Welding

특별부록

최신경향 빈출문제

– 시험 전 반드시 체크해야 할 최신 빈출문제 –

2023년부터 출제기준이 변경되면서 용접기능사 문제가 더 광범위해지고 깊이 있게 출제되고 있습니다. 용접기능사와 출제기준이 유사한 종목의 기출문제 중에서 출제 가능성이 높은 문제들을 엄선하여 최신 출제경향 문제로 구성하여 새로운 출제경향에 대비할 수 있도록 하였습니다.

001 버니어 캘리퍼스의 사용 전 외관 상태를 확인하는 요소로 잘못 설명한 것은?

① 조(jaw) 부분의 깨짐과 같은 손상 여부를 확인한다.
② 앤빌의 청결도를 확인한다.
③ 측정자의 흔들림을 확인한다.
④ 깊이 바의 휨이나 깨짐 등을 확인한다.

002 버니어 캘리퍼스의 아들자에 해당하는 것은?

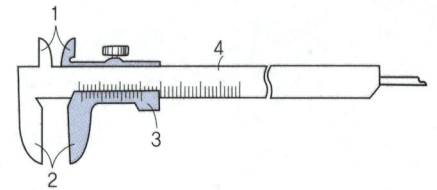

① 1 　　　　　　② 2
③ 3 　　　　　　④ 4

003 다음 마이크로미터의 측정값은?

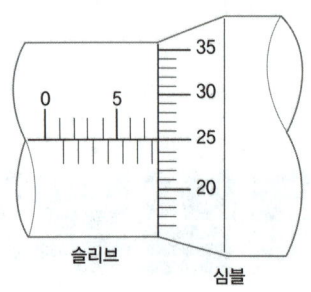

슬리브　　　심블

① 7.25mm
② 7.75mm
③ 5.25mm
④ 9.25mm

004 다음 그림에서 측정 압력을 조정할 수 있는 장치(래칫스톱)는?

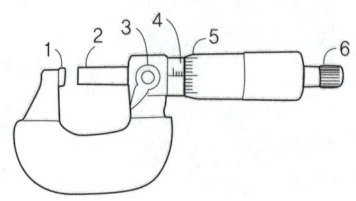

① 4
② 1
③ 6
④ 2

005 측정 시 온도, 조명의 변화, 습도, 소음, 진동 등의 변화로 발생하는 오차를 무엇이라 하는가?

① 환경 오차
② 이론 오차
③ 기기 오차
④ 개인 오차

006 다음 측정의 오차 중 읽음 오차에 해당하는 것은?

① 측정기의 양 측정면 사이에 측정 시편을 넣고 측정하는 구조에서 접촉부의 변형에 의해 발생하는 오차
② 측정기의 눈금이 치수를 정확하게 가리키고 있더라도 측정하는 사람의 부주의에 의해 읽음값에 차이가 발생하는 오차
③ 측정기를 잘못 만들거나 장시간 사용으로 인해 발생하는 오차
④ 기계의 작동 과정 중에 발생하는 진동이나 자연 현상의 변화 등 주위 환경에서 오는 오차

007 다음 중 비교측정기가 아닌 것은?

① 마이크로미터
② 다이얼게이지
③ 미니미터
④ 옵티미터

008 다음 측정기 중 직접 측정기에 해당하지 않는 것은?

① 다이얼 게이지
② 마이크로미터
③ 버니어 캘리퍼스
④ 측장기

009 길이를 측정하는 측정기가 아닌 것은?

① 각도 게이지
② 버니어 캘리퍼스
③ 하이트 게이지
④ 마이크로미터

010 기준 값과 비교하여 오차를 비교 · 측정할 수 있는 측정기기는?

① 마이크로미터
② 게이지 블록
③ 사인 바
④ 버니어 캘리퍼스

011 간접 측정은 나사, 기어와 같이 측정을 한 후 기하학적 계산 등으로 추정값을 구하는 방법으로 다음 중 간접 측정이 아닌 것은?

① 사인 바에 의한 각도 측정
② 삼침에 의한 나사의 유효지름 측정
③ 롤러와 게이지 블록에 의한 테이퍼 측정
④ 버니어 캘리퍼스에 의한 바깥지름 측정

012 일반적인 비교 측정의 특징으로 틀린 것은?

① 기준 치수인 표준게이지가 필요하다.
② 제품의 치수가 고르지 못한 것을 계산하지 않고 알 수 있다.
③ 길이, 면의 각종 모양 측정이나 공작기계의 정도 검사 등 사용 범위가 넓다.
④ 측정 범위가 넓고 직접 제품의 치수를 읽을 수 있다.

013 사인 바에 대한 설명과 거리가 가장 먼 것은?

① 사인 바의 중심거리는 100mm 또는 200mm가 많이 사용된다.
② 게이지 블록으로 양단의 높이를 조절할 수 없다.
③ 게이지 블록과 함께 정반 위에 놓고 사용한다.
④ 삼각함수의 원리를 이용하여 각도를 측정한다.

014 정반 위에 측정품을 올려놓고, 정반 표면을 기준으로 금긋기 작업을 하거나 높이를 측정하는 데 사용하는 측정기는?

① 마이크로미터
② 사인 바
③ 하이트 게이지
④ 다이얼 게이지

015 측정 시 주의사항으로 틀린 것은?

① 손에 장갑을 착용하지 않도록 한다.
② 측정기에 충격을 주지 않도록 주의한다.
③ 불안전한 상태에서는 측정 작업을 피한다.
④ 측정 시 온도, 습도 등에 의한 측정 오차가 없도록 주의한다.

016 전자의 이동을 의미하는 것으로 전기의 흐름을 무엇이라 하는가?

① 전류
② 전압
③ 전하
④ 저항

017 다음 중 전류에 대한 설명 중 틀린 것은?

① 전류는 전위차에 의해 높은 전위에서 낮은 전위로 흐른다.
② 전류는 (−)극에서 (+)극으로 흐른다.
③ 전위의 차이를 전압이라고 한다.
④ 전하의 흐름을 전류라 한다.

018 전력을 나타내는 식으로 옳은 것은?
(P : 전력, R : 저항, I : 전류, V : 전압)

① $P = RI$
② $P = VI$
③ $P = VR^2$
④ $P = IRV$

019 저항이 2Ω이고 전력이 8W인 저항에 흐를 수 있는 최대전류는 몇 A인가?

① 2
② 4
③ 8
④ 16

020 용접전류가 100A, 전압이 30V일 때 전력은 몇 kW 인가?

① 15kW
② 10kW
③ 3kW
④ 4.5kW

021 화상에 의한 응급조치로서 적절하지 않은 것은?

① 물집을 터트리고 수건으로 감싼다.
② 냉찜질을 한다.
③ 붕산수에 찜질한다.
④ 전문의의 치료를 받는다.

022 화재 발생 시 사용하는 소화기에 대한 설명으로 틀린 것은?

① CO_2 가스 소화기는 소규모의 인화성 액체 화재나 전기설비 화재의 초기 진화에 사용한다.
② 보통화재에는 포말, 분말, CO_2 소화기를 사용한다.
③ 전기로 인한 화재에는 포말소화기를 사용한다.
④ 분말소화기는 기름 화재에 적합하다.

023 화재의 폭발 및 방지조치 중 틀린 것은?

① 용접 작업 부근에 점화원을 두지 않도록 할 것
② 대기 중에 가연성 가스를 누설 또는 방출시키지 말 것
③ 필요한 곳에 화재를 진화하기 위한 발화설비를 설치할 것
④ 배관 또는 기기에서 가연성 증기가 누출되지 않도록 할 것

024 다음 중 전기화재 진화에 가장 적합한 소화기는?

① 분말소화기

② CO_2 소화기

③ 포말소화기

④ 일반소화기

025 다음 중 화재의 분류에서 유류화재의 등급으로 가장 적합한 것은?

① C급

② B급

③ D급

④ A급

026 다음 가스 중 가연성 가스는?

① O_2

② CO_2

③ C_2H_2

④ Ar

027 산업안전보건법령상 안전보건표지의 색도기준 및 용도에서 색채에 따른 용도를 바르게 나타낸 것은?

① 노란색 : 안내

② 빨간색 : 금지

③ 녹색 : 지시

④ 파란색 : 경고

028 안전보건 표지의 색도기준 및 용도에서 문자 및 빨간색 또는 노란색에 대한 보조색으로 사용되는 색채는?

① 파란새

② 검은색

③ 흰색

④ 녹색

029 금(Au) 및 그 합금에 대한 설명으로 틀린 것은?

① Au의 순도를 나타내는 단위는 캐럿(carat, K)이며, 순금을 18K라고 한다.

② Au는 면심입방격자를 갖는다.

③ 다른 귀금속에 비하여 전기 전도율과 내식성이 우수하다.

④ Au-Ni-Cu-Zn계 합금을 화이트 골드라 하며 은백색을 나타낸다.

030 귀금속에 해당되는 금(Au)의 순도는 주로 캐럿(carat, K)으로 나타낸다. 20K에 함유된 순금의 순도는 약 몇 %인가?

① 75%

② 53%

③ 83%

④ 92%

031 금속의 결정격자 배위수에 대한 설명으로 옳은 것은?

① 단위 부피 내에서 원자가 차지하는 비율

② 단위격자에 속해 있는 원자의 수

③ 단위격자의 크기를 나타내는 상수

④ 한 원자를 둘러싸는 가장 가까운 원자의 수

032 귀금속 및 고용융점 금속에 관한 설명으로 틀린 것은?

① 몰리브덴의 용융점은 약 2610℃이다.

② 금은 전연성이 좋지 않아 얇은 박 제품으로 만들 수 없다.

③ 백금은 열전대용 재료로 사용된다.

④ 코발트 합금에는 스텔라이트, 비탈륨 등이 있다.

033 체심입방격자와 조밀육방격자의 배위수는 각각 얼마인가?

① 체심입방격자 : 12, 조밀육방격자 : 12
② 체심입방격자 : 8, 조밀육방격자 : 12
③ 체심입방격자 : 8, 조밀육방격자 : 8
④ 체심입방격자 : 12, 조밀육방격자 : 8

034 체심입방격자의 배위수(최근접원자의 수)는 몇 개인가?

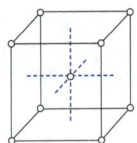

① 4
② 16
③ 12
④ 8

035 면심입장격자의 배위수는 몇 개인가?

① 4
② 8
③ 12
④ 16

036 배위수가 8인 결정격자를 갖는 금속은?

① Cu
② Mg
③ Mo
④ Ti

037 Fe – Fe₃C 상태도에서 포정점 상에서의 자유도는?(단, 압력은 일정하다)

① 0
② 3
③ 2
④ 1

038 순철이 910℃에서 Ac₃ 변태를 할 때 결정격자의 변화로 옳은 것은?

① BCC → FCC
② BCT → FCC
③ FCC → BCC
④ FCC → BCT

039 순철을 상온에서부터 가열하여 온도를 올릴 때 결정구조의 변화로 옳은 것은?

① FCC → BCC → FCC
② BCC → FCC → HCP
③ BCC → FCC → BCC
④ HCP → BCC → FCC

040 주철의 조직을 지배하는 주요한 요소는 C, Si의 양과 냉각속도이다. 이들의 요소와 조직의 관계를 나타낸 것은?

① TTT 곡선
② 마우러 조직도
③ 히스테리시스 곡선
④ Fe–C 평형 상태도

041 합금의 평형 상태도에서 X축과 Y축은 각각 무엇을 뜻하는 것인가?

① 중량과 시간
② 조성과 온도
③ 수축과 중량
④ 부피와 질량

042 다음 그림은 M, N 두 금속이 어느 조성 범위 내에서 고용체를 형성하는 공정형 상태도를 나타낸 것이다. 순금속 M과 N의 합금에 따른 액상선은?

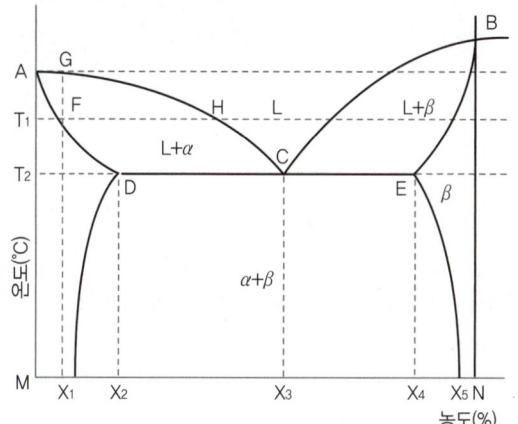

① DCE
② AD
③ ACB
④ ADEB

043 다음 중 편정반응을 나타낸 것은?

① 용액 → 결정 + 결정
② 용액 → 결정 + 용액
③ 용액 → 용액 + 용액
④ 결정 → 결정 + 결정

044 냉간 가공한 재료를 가열했을 때, 가열 온도가 높아짐에 따라 재료의 변화 과정을 순서대로 바르게 나열한 것은?

① 재결정 → 회복 → 결정립 성장
② 회복 → 결정립 성장 → 재결정
③ 재결정 → 결정립 성장 → 회복
④ 회복 → 재결정 → 결정립 성장

045 자분탐상시험 검사의 장점에 속하지 않는 것은?

① 불연속부의 위치가 자속방향에 수직이어야 한다.
② 검사자가 쉽게 검사 방법을 배울 수 있다.
③ 결함 모양이 표면에 직접 나타나 육안으로 관찰할 수 있다.
④ 표면균열 검사에 가장 적합하며 시험편의 크기, 형상 등에 구애를 받지 않는다.

046 시험편이 파괴되기 직전의 단면적 A_1이고, 시험 전 단면적이 A_0일 때 단면수축률을 구하는 식은?

① $\dfrac{A_0 + A_1}{A_0} \times 100\%$

② $\dfrac{A_0}{A_0 + A_1} \times 100\%$

③ $\dfrac{A_0 - A_1}{A_0} \times 100\%$

④ $\dfrac{A_0}{A_0 - A_1} \times 100\%$

047 Fe_3C(시멘타이트)에서 C의 원자비는 몇 % 인가?

① 45
② 15
③ 25
④ 75

048 면심입방격자의 단위격자에 포함되는 원자는 몇 개인가?

① 3개

② 4개

③ 1개

④ 2개

049 금속은 결정격자에 따라 기계적 성질이 달라진다. 전연성이 커서 금속을 가공하는데 있어 가장 용이한 결정격자는?

① 단사정방격자

② 조밀육방격자

③ 면심입방격자

④ 체심입방격자

050 Fe-C 상태도에서 강과 주철을 탄소함유량으로 구분할 때 기준이 되는 탄소함유량은 약 몇 % 인가?

① 6.68%

② 0.5%

③ 4.3%

④ 2.0%

051 아연 합금의 현미경 조직시험에 사용되는 부식제로 옳은 것은?

① 질산아세트산용액

② 질산용액

③ 염산용액

④ 염화제2철용액

052 표준 저항선, 열전쌍용 선으로 사용되는 Ni 합금인 콘스탄탄의 구리 함유량은?

① 50~60%

② 20~30%

③ 30~40%

④ 5~15%

053 공업용 재료에 사용되는 재료 중에서 벽층과 강도비가 크고 내식성 및 내열성도 좋아 항공기, 로켓 재료로 쓰이는 합금으로 비중이 약 4.5인 금속은?

① Ti

② Al

③ Mg

④ Fe

054 다음 중 경도 시험방법이 아닌 것은?

① 설퍼

② 로크웰

③ 쇼어

④ 브리넬

055 금속의 소성변형에서 냉간가공을 할수록 감소하는 기계적 성질은?

① 인장강도

② 경도

③ 연신율

④ 내력

056 경도를 부여하기 위한 재료 중 퀜칭 온도가 가장 높은 것은?

① STD11
② STS3
③ SKH51
④ SM45C

057 노멀라이징(불림) 처리의 주요 목적으로 옳은 것은?

① 기계적 성질을 연하게 하기 위함이다.
② 기계적 성질을 단단하게 하기 위함이다.
③ 금속에 윤활성을 주기 위함이다.
④ 표준 조직을 만들기 위함이다.

058 로크웰 경도 시험기의 다이아몬드 원추 누르기의 각도와 비커스 경도 시험기의 다이아몬드 누르기의 대면각은 각각 몇 도인가?

① 로크웰 경도 : 130°, 비커스 경도 : 126°
② 로크웰 경도 : 126°, 비커스 경도 : 130°
③ 로크웰 경도 : 120°, 비커스 경도 : 136°
④ 로크웰 경도 : 136°, 비커스 경도 : 120°

059 다음 중 꼭지각이 136°인 다이아몬드 압입자를 사용하는 경도시험 방법은?

① 브리넬
② 로크웰
③ 비커스
④ 쇼어

060 금속을 냉간 가공하면 결정입자가 미세화되어 재료가 단단해지는 현상은?

① 탈탄경화
② 전해경화
③ 가공경화
④ 고용강화

061 크리프 현상에서 변형속도가 급격히 증가하면서 파단에 이르는 단계는?

① 2차 크리프
② 초기 크리프
③ 1차 크리프
④ 3차 크리프

062 담금질한 강을 실온 이하로 냉각하여 잔류 오스테나이트를 마텐자이트로 변화시키는 열처리는?

① 항온처리
② 심냉처리
③ 연속냉각처리
④ 질화처리

063 다음 중 소성변형에 대한 설명으로 틀린 것은?

① 금속의 가공에 이용되지 않는 변형이다.
② 결정의 영구변형이다.
③ 쌍정에 의한 변형이다.
④ 미끄럼에 의한 변형이다.

064 다음 중 풀림의 목적이 아닌 것은?

① 내부응력을 제거한다.
② 강을 강하고 경하게 만든다.
③ 강을 연화시킨다.
④ 기계적 성질을 향상시킨다.

065 일반적인 초음파 탐상검사에 많이 사용되는 초음파의 종류가 아닌 것은?

① 종파
② 표면파
③ 내면파
④ 횡파

066 다음 중 방사선투과검사의 특징으로 틀린 것은?

① 마이크로 기공, 마이크로 터짐은 검출되지 않는 경우도 있다.
② 모든 재질에 적용할 수 있다.
③ 라미네이션 및 미세한 표면 균열의 검출이 용이하다.
④ 검사 결과를 필름에 영구적으로 기록할 수 있다.

067 방사선투과검사의 특징으로 틀린 것은?

① 모재가 두꺼워지면 검사가 곤란하다.
② 모든 용접 재질에 적용할 수 있다.
③ 검사의 신뢰성이 높다.
④ 내부 결함 검출에 용이하다.

068 방사선투과검사로 발견하기 곤란한 결함은?

① 용입 부족
② 기공
③ 라미네이션
④ 슬래그 혼입

069 다음 중 내부 결함을 검출할 수 있는 비파괴 검사법으로 가장 적합한 것은?

① 방사선 비파괴 검사
② 누설 검사
③ 침투 비파괴 검사
④ 육안검사

070 재료의 인장시험 방법으로 알 수 없는 것은?

① 인장강도
② 단면수축율
③ 연신율
④ 피로강도

071 용융액에서 두 개의 고체가 동시에 정출하는 반응은?

① 공정반응
② 포정반응
③ 공석반응
④ 포석반응

072 분말상 Cu에 약 10% Sn 분말과 2% 흑연 분말을 혼합하고, 윤활제 또는 휘발성 물질을 가한 후 가압 성형하여 소결한 베어링 합금은?

① 켈밋 메탈
② 오일리스 베어링
③ 배빗 메탈
④ 앤티프릭션

073 철강 재료의 불꽃시험 중 탄소파열을 조장하는 성분으로 옳은 것은?

① Ni
② Mo
③ Si
④ Mn

074 재결정 온도 이하에서 실시하는 가공 방법은?

① 냉간가공
② 열간가공
③ 풀림가공
④ 고온가공

075 동소변태에 대한 설명으로 틀린 것은?

① 일정한 온도에서 급격히 비연속적으로 일어난다.

② 결정구조가 바뀌는 변태이다.

③ A_4 변태를 동소변태라 한다.

④ Fe, Ni, Co과 같이 일정 온도 이상에서 자성이 변화하는 것이다.

076 다음 중 철강재료에 침입형 원소로 고용되기 어려운 것은?

① B

② N

③ Cu

④ H

077 연강의 응력-변형률 곡선에서 응력을 가해 영구변형이 명확하게 나타날 때의 응력에 해당하는 것은?

① 비례한계점

② 항복점

③ 탄성한계점

④ 파단점

078 용융금속이 응고할 때 응고하는 순서로 옳은 것은?

① 핵 생성 → 수지상정 → 결정입계

② 수지상정 → 결정입계 → 핵 생성

③ 핵 생성 → 결정입계 → 수지상정

④ 결정입계 → 수지상정 → 핵 생성

079 다음 금속 중 이온화 경향이 가장 큰 것은?

① Al

② Fe

③ Cu

④ Mo

080 납 황동은 황동에 납을 첨가하여 어떤 성질을 개선한 것인가?

① 내식성

② 피삭성

③ 전기전도도

④ 강도

081 양백(Nickel Silver, 양은)의 주성분으로 맞는 것은?

① Cu – Zn – Ni

② Cu – Ni – Cr

③ Cu – Zn – Cr

④ Cu – Ni – Co

082 고속도 공구강의 표준조성으로 옳은 것은?

① W : 18%, Cr : 4%, V : 1%

② W : 18%, Cr : 1%, V : 4%

③ W : 4%, Cr : 1%, V : 18%

④ W : 4%, Cr : 18%, V : 1%

083 Ni에 관한 설명으로 옳은 것은?

① 용융점은 약 1,089℃이다.

② 상온에서 반자성체이다.

③ 고온에서 내산화성이 없다.

④ 비중은 약 8.9이다.

084 저용융점 합금의 용융 온도는 약 몇 ℃ 이하인가?

① 550℃ 이하

② 650℃ 이하

③ 450℃ 이하

④ 250℃ 이하

085 다음의 강재 중 탄소함량이 가장 많은 것은?

① 최경강

② 탄소 공구강

③ 반경강

④ 표면 경화강

086 탄성한도와 항복점이 높고, 충격이나 반복 응력에 대해 잘 견디어 낼 수 있으며 고탄소강을 목적에 맞게 담금질, 뜨임을 하거나 경강선, 피아노선 등을 냉간 가공하여 탄성한도를 높인 강은?

① 베어링강

② 영구자석강

③ 쾌삭강

④ 스프링강

087 황동 합금 중에서 강도는 낮으나 전연성이 좋고 금색에 가까워 모조금이나 판 및 선에 사용되는 합금은?

① 톰백

② 6-4 황동

③ 주석 황동

④ 7-3 황동

088 온도에 따른 탄성률의 변화가 없는 36% Ni, 12% Cr, 나머지는 Fe로 이루어진 합금은?

① 바이탈륨

② 초경합금

③ 센더스트

④ 엘린바

089 인바나 엘린바는 열팽창계수가 작아 계측기기 등에 널리 사용되는데, 어떤 금속 합금인가?

① Cu-Zn계 합금

② Ni-Fe계 합금

③ Al-Mg계 합금

④ Cu-Sn계 합금

090 다음 중 경질 자성 재료에 해당되는 것은?

① Si 강관

② 퍼밀로이

③ 센더스트

④ Nd 자석

091 금속을 부식시켜 현미경 검사를 하는 이유는?

① 인장강도를 측정하기 위해서

② 합금 성분을 분석하기 위해서

③ 비중을 측정하기 위해서

④ 조직을 관찰하기 위해서

092 강에 특수원소를 첨가하여 절삭할 때, 칩을 잘게 하고 피삭성을 좋게 하는 원소는?

① Cr, Ni

② Pb, S

③ Ag, Ni

④ Na, Mo

093 Al-Si계 합금에 대한 설명으로 틀린 것은?

① 다이캐스팅 시 용탕이 급랭되므로 개량처리 하지 않아도 조직이 미세화된다.

② Si의 함유량이 증가할수록 팽창계수와 비중이 높아진다.

③ 용탕에 금속 Na이나 NaOH 등을 넣고 주입하면 조직이 미세화된다.

④ 10~13%의 Si가 함유된 합금을 실루민이라 한다.

094 금속의 결정격자의 크기를 나타내기에 가장 적합한 길이의 단위는?

① 데시미터 [dm]

② 옹스트롬 [A]°

③ 밀리미터 [mm]

④ 마이크로미터 [μm]

095 탄소강에 포함된 5대 원소가 아닌 것은?

① Mn

② P

③ Zn

④ C

096 게이지용 공구강이 갖추어야 할 조건으로 틀린 것은?

① 담금질에 의한 균열이나 변형이 없어야 한다.

② 시간이 지남에 따라 치수 변화가 없어야 한다.

③ HRC 40 이하의 경도를 가져야 한다.

④ 팽창계수가 보통강보다 작아야 한다.

097 다음 중 반자성체에 해당하는 금속은?

① 코발트(Co)

② 철(Fe)

③ 니켈(Ni)

④ 안티몬(Sb)

098 다음 중 강자성체 금속이 아닌 것은?

① Ni

② Co

③ Au

④ Fe

099 활자금속에 대한 설명으로 틀린 것은?

① 주요 합금조성은 Pb-Sn-Sb이다.

② 응고할 때 부피의 변화가 커야 한다.

③ 비교적 용융점이 낮고, 유동성이 좋아야 한다.

④ 내마멸성 및 상당한 인성이 요구된다.

100 킹크 밴드(Kink band)가 나타나기 쉬운 금속은?

① Zn

② Al

③ Cu

④ Au

101 탄소강에서 결정립의 조대화와 고스트 라인을 형성시키는 원소는?

① Si

② P

③ Cu

④ Mn

102 금속의 용융점이 높은 것에서 낮은 순서로 되어 있는 것은?

① 수은(Hg) > 철(Fe) > 텅스텐(W)

② 철(Fe) > 수은(Hg) > 텅스텐(W)

③ 철(Fe) > 텅스텐(W) > 수은(Hg)

④ 텅스텐(W) > 철(Fe) > 수은(Hg)

103 다음 중 도체와 부도체에 대한 설명으로 틀린 것은?

① 전하가 통하기 어려운 물질을 부도체라 한다.

② 부도체의 종류에는 에보나이트, 유리, 비닐, 인체가 있다.

③ 도체의 종류에는 금속, 염류, 산류, 알칼리류의 수용액이 있다.

④ 전하가 통하기 쉬운 물질을 도체라 한다.

104 다음 KS 재료 기호 중 고압 배관용 탄소강관을 의미하는 것은?

① SPPA

② SPS

③ SPP

④ SPPH

105 일반용 냉간 압연 강판 및 강대를 나타내는 KS 재료 기호는?

① STCC

② STTS

③ SPPC

④ SPCC

106 열간 압연 연강판 및 강대에 해당하는 재료 기호는?

① SPCC

② SPHC

③ STS

④ SPB

107 용접 구조용 압연 강재의 KS 기호는?

① SM 275C

② SCW 450

③ SS 275

④ SCM 415M

108 KS 금속재료 기호 중 용접 구조용 압연강재의 기호는?

① SW−B

② SM 275B

③ SM 45C

④ SPHD

109 용접 구조용 고항복점 강판의 기호에 속하는 것은?

① SHY 685N

② STKT 540

③ SM 490 A

④ SMA 400 AW

110 배관용 탄소 강관의 종류를 나타내는 기호가 아닌 것은?

① SPPH 250

② SPPS 250

③ SPCD 390

④ SPLT 390

111 배관용 아크 용접 탄소강 강관의 KS 재질 기호는?

① SPW
② SPS
③ SPA
④ SPP

112 배관용 아크 용접 탄소강 강관의 KS 재질 기호는?

① SPA
② SPW
③ SPS
④ SPP

113 다음 KS 재료 기호 중 일반구조용 압연강재를 표시하는 것은?

① SM
② SPS
③ SBC
④ SS

114 다음 중 합금 공구강 강재의 KS 기호는?

① SNC 236
② SPCF 3
③ STS 31
④ SBC 300

115 리벳용 원형강의 KS 기호는?

① SV
② SC
③ SB
④ PW

116 KS 재료 중에서 보일러 및 열교환기용 탄소강관을 나타내는 "STBH 235"의 기호 중에서 "235"가 의미하는 것은?

① 최저 항복강도
② 탄소 함유량
③ 제작번호
④ 규격명

117 독일의 표준규격은?

① JIS
② BS
③ DIN
④ ISO

118 나사의 도시방법에 대한 설명으로 옳은 것은?

① 완전 나사부와 불완전 나사부의 경계선은 가는 실선으로 표시한다.
② 수나사의 바깥지름은 가는 실선으로 표시한다.
③ 수나사의 골지름은 가는 실선으로 표시한다.
④ 암나사의 골지름은 아주 굵은 실선으로 표시한다.

119 나사의 도시에서 가는 실선으로 도시되는 부분은?

① 암나사의 안지름
② 수나사의 바깥지름
③ 수나사의 골지름
④ 완전 나사부와 불완전 나사부의 경계선

120 실제 길이가 100mm인 제품을 척도 2 : 1로 도면을 작성했을 때 도면에 길이 치수로 기입되는 값은?

① 150
② 200
③ 50
④ 100

121 그림과 같이 밑원의 반지름을 R 이라 하고 빗변의 실장이 L인 원뿔을 전개할 때 나타나는 부채꼴의 중심각(θ)을 구하는 식은?

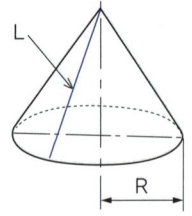

① 180° × R/L
② 360° × L/R
③ 180° × L/R
④ 360° × R/L

122 구멍의 표시방법에서 동일 치수 리벳 구멍 치수 기입이 '13-20드릴'로 표시되었을 때 올바른 해독은?

① 드릴 구멍의 총수는 20개
② 드릴 구멍의 총수는 13개
③ 리벳 구멍의 피치는 13~20mm 사이에 있음
④ 리벳 구멍의 피치는 20mm

123 모양에 따른 선의 종류에 속하지 않는 것은?

① 치수선
② 파선
③ 1점 쇄선
④ 실선

124 단면임을 나타내기 위하여 단면 부분의 주된 중심선에 대해 45° 정도로 경사지게 나타내는 선들을 의미하는 것은?

① 해칭
② 스머징
③ 호핑
④ 코킹

125 그림과 같이 물체의 구멍, 홈 등 특정 부분만의 모양을 도시하는 것을 목적으로 하는 투상도의 명칭은?

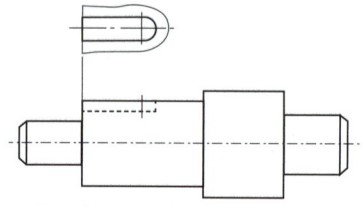

① 부분 투상도
② 회전 투상도
③ 보조 투상도
④ 국부 투상도

126 그림과 같은 투상도는 어떤 단면도를 사용하여 나타내고 있는가?

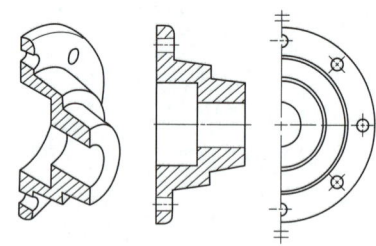

① 온 단면도
② 부분 단면도
③ 한쪽 단면도
④ 계단 단면도

127 물체의 일부분에 특수가공을 하는 경우에는 그 범위를 외형선과 평행하게 약간 떼어서 표시한다. 이때 사용하는 선의 종류는?

① 굵은 1점 쇄선

② 가는 1점 쇄선

③ 굵은 실선

④ 굵은 2점 쇄선

128 서브머지드 아크 용접장치 중 전극 형상에 의한 분류에 속하지 않는 것은?

① 와이어(wire) 전극

② 테이프(tape) 전극

③ 대차(carraiage) 전극

④ 대상(hoop) 전극

129 서브머지드 아크 용접에서 내열성 용제를 모재 뒷면에 공기호스로 가압 밀착시켜 용융금속의 용락을 방지하여 편면 용접을 행하는 방법은?

① 용제 백킹법

② 구리 백킹법

③ 동종 금속 백킹법

④ 구리용제 병용 백킹법

130 여러 사람이 공동으로 용접 작업을 할 때 다른 사람에게 유해광선의 해를 끼치지 않기 위해 설치해야 하는 것은?

① 집진 장치

② 차광막

③ 케이블 러그

④ 환기장치

131 정류기형 직류 아크 용접기에서 사용되는 셀렌 정류기는 80℃ 이상이면 파손되므로 주의하여야 하는데, 실리콘 정류기는 몇 ℃ 이상에서 파손되는가?

① 80℃

② 120℃

③ 100℃

④ 150℃

132 피복 아크 용접기의 아크 발생 시간과 휴식기간의 합이 10분이고, 이때 아크 발생 시간이 3분일 경우 이 용접기의 사용률은?

① 20%

② 30%

③ 10%

④ 40%

133 다음 중 CO_2 아크 용접 시 박판의 아크 전압(V_0) 산출 공식으로 가장 적당한 것은? (단, I는 용접전류값을 의미한다)

① $V_0 = 0.06 \times I + 40 \pm 6.0$

② $V_0 = 0.04 \times I + 15.5 \pm 1.5$

③ $V_0 = 0.05 \times I + 11.5 \pm 3.0$

④ $V_0 = 0.07 \times I + 20 \pm 5.0$

134 점용접법의 종류에 속하지 않는 것은?

① 직렬식 점용접

② 단극식 점용접

③ 인터랙 점용접

④ 퍼커션 점용접

135 피복 아크 용접봉은 사용하기 전에 편심상태를 확인한 후 사용하여야 한다. 이때 편심률은 몇 % 정도이어야 하는가?

① 5% 이상
② 3% 이내
③ 3% 이상
④ 5% 이내

136 아크용접에서 1차 입력이 22kVA, 전원전압을 220V의 전기를 사용할 때 퓨즈용량(A)은?

① 1A
② 100A
③ 10A
④ 1,000A

137 이산화탄소가스 아크용접에서 판 두께 10mm 후판을 용접 전류 200A를 사용하여 용접할 때 아크전압(V) 값으로 가장 적합한 것은?

① 25
② 30
③ 20
④ 35

138 TIG 용접에서 1.6mm의 토륨 텅스텐봉 사용 시 교류 전류의 값으로 가장 적당한 것은?

① 10~60A
② 5~15A
③ 200~275A
④ 70~150A

139 이산화탄소아크용접에서 솔리드와이어 용접봉의 종류 표시가 YGA-50W-1.2-20 형식일 때 Y가 의미하는 것은?

① 내후성 강용
② 와이어 화학 성분
③ 가스 실드 아크 용접
④ 용접 와이어

140 점용접에서 접합면의 일부가 녹아 바둑알 모양의 단면으로 오목하게 들어간 부분을 무엇이라 하는가?

① 피닝
② 너깃
③ 피치
④ 피로

141 직류 아크 용접기 중 발전기형의 특징이 아닌 것은?

① 회전하므로 고장 나기가 쉽고 소음이 난다.
② 완전한 직류를 얻는다.
③ 보수와 점검이 간단하다.
④ 옥외나 교류전원이 없는 장소에서 사용한다.

142 정격사용률 40%, 정격 2차 전류 300A인 용접기로 180A 전류를 사용할 경우 허용사용률은?(단, 소수점 미만은 버린다)

① 109%
② 113%
③ 111%
④ 115%

143 다음 중 가용접 시 주의해야 할 사항으로 틀린 것은?

① 본용접자와 동등한 기량을 갖는 용접자가 가용접을 시행한다.
② 응력이 집중되는 곳에 가용접을 실시한다.
③ 가용접 비드의 길이는 판 두께에 따라 변경한다.
④ 본용접과 같은 온도에서 예열을 한다.

144 다음 점용접 중 모재의 두께가 다른 경우에 전극의 과열을 피하기 위하여 사이클 단위를 몇 번이고 전류를 단속하여 용접하는 것은?

① 포일 점 용접
② 맥동 점 용접
③ 단극식 점 용접
④ 다전극 점 용접

145 다음 중 용접작업에서 화재 및 폭발의 안전에 대한 조치로 적절하지 않은 것은?

① 용접작업 주변에 방화설비를 설치한다.
② 가연성 가스용기는 안전을 위해서 반드시 뉘어서 보관한다.
③ 가스 용접 시 용기 및 호스의 연결 부분은 반드시 누출 여부를 확인한다.
④ 용접작업의 부근에 점화원을 두지 않도록 한다.

146 점 가열법으로 용접 변형을 교정하고자 할 때 일반적으로 가장 적절한 가열온도는?

① 800~900℃
② 300℃ 이하
③ 1,200℃ 이상
④ 500~600℃

147 테르밋 용접에 사용되는 테르밋제의 성분으로 가장 적합한 것은?

① 알루미늄과 인의 분말
② 붕사와 붕산의 분말
③ 탄소와 규소의 분말
④ 알루미늄과 산화철의 분말

148 맞대기 이음에서 판 두께가 6mm, 용접선의 길이가 120mm, 하중 7kN에 대한 인장응력은 약 몇 MPa 인가?

① 97.2
② 85.2
③ 9.72
④ 8.52

149 모재 두께 9mm, 용접 길이 150mm인 맞대기 용접의 최대 인장하중(kN)은 얼마인가?(단, 용착금속의 인장강도는 430MPa이다)

① 406.3
② 445
③ 580.5
④ 71.6

150 플라스마 아크용접에 대한 설명으로 틀린 것은?

① 핀치효과에 의해 전류밀도가 크므로 용입이 크고 비드 폭이 좁다.
② 아크 플라스마의 온도는 10,000~30,000℃ 온도에 달한다.
③ 용접장치 중에 고주파 발생장치가 필요하다.
④ 무부하 전압이 일반 아크 용접기에 비하여 2~5배 정도 낮다.

151 산소아크 절단에 대한 설명으로 가장 적합한 것은?

① 가스절단에 비해 절단속도가 느리다.
② 전원은 직류 역극성이 사용된다.
③ 가스절단에 비해 절단면이 매끄럽다.
④ 철강 구조물 해체나 수중 해체 작업에 이용된다.

152 TIG 용접기의 토치 구성 요소가 아닌 것은?

① 콘택트 팁
② 콜릿 척
③ 롱 캡
④ 세라믹 노즐

153 다음 중 TIG 용접에서 가스이온이 모재에 충돌하여 모재 표면에 산화물을 제거하는 것은?

① 용융효과
② 청정효과
③ 제거효과
④ 고주파효과

154 서브머지드 아크용접에서 본용접의 시점과 끝나는 부분에 용접결함을 효과적으로 방지하기 위하여 사용하는 것은?

① 엔드탭
② 동판받침
③ 실링비드
④ 백킹

155 다음 표에서 직류 용접기의 정극성과 역극성에 관하여 바르게 나타낸 것은?

구분	극성	모재	용접봉
㉠	정극성	+	+
㉡	역극성	+	−
㉢	정극성	−	−
㉣	역극성	−	+

① ㉠
② ㉡
③ ㉢
④ ㉣

156 비커스 경도계 시험하중 유지시간을 특별히 지정하지 않는 경우 약 몇 초 정도가 적당한가?

① 10~15
② 1~3
③ 25~30
④ 50~60

157 압입자국으로부터 경도값을 계산하는 경도계가 아닌 것은?

① 브리넬 경도계
② 쇼어 경도계
③ 로크웰 경도계
④ 비커스 경도계

158 다음 중 인장 시험으로 측정할 수 없는 것은?

① 경도
② 항복점
③ 단면수축률
④ 연신율

159 나사 호칭 표시 "Tr10×2"에서 "Tr"의 의미는?

① 미니추어 나사

② 유니파이 가는 나사

③ 관용 평행 나사

④ 미터 사다리꼴 나사

160 로크웰 경도시험에서 C스케일의 다이아몬드 압입자 꼭지각 각도는?

① 100°

② 150°

③ 120°

④ 115°

161 철강재료의 인장시험결과 시험편이 파괴되기 직전 표점거리가 62mm이고, 시험 전 표점거리가 50mm일 때 연신율은?

① 36%

② 24%

③ 12%

④ 31%

162 비중 7.14, 용융점 419℃, 조밀 육방 격자인 금속으로 주로 도금, 건전지, 인쇄판, 다이캐스팅용 및 합금용으로 사용되는 것은?

① Zn

② Cu

③ Al

④ Ni

163 기체를 수천도의 높은 온도로 가열하면 그 속도의 가스원자가 원자핵과 전자로 분리되어 양(+)과 음(−) 이온상태로 된 것을 무엇이라 하는가?

① 레이저

② 전자빔

③ 테르밋

④ 플라스마

164 다음 중 풀림 열처리의 종류가 아닌 것은?

① 구상화 풀림

② 응력제거 풀림

③ 완전 풀림

④ 탄화 풀림

165 주철의 유동성을 나쁘게 하는 원소는?

① P

② C

③ S

④ Mn

166 철강은 탄소함유량에 따라 순철, 강, 주철로 구별한다. 순철과 강, 강과 주철을 구분하는 탄소량은 약 몇 % 인가?

① 0.025%, 0.8%

② 0.025%, 2.0%

③ 0.80%, 2.0%

④ 2.0%, 4.3%

167 기계제도에서 척도 및 치수 기입법에 대한 설명으로 잘못된 것은?

① 도면에 NS로 표시된 것은 비례척이 아님을 나타낸 것이다.
② 현의 길이를 표시하는 치수선은 동심 원호로 표시한다.
③ 치수는 되도록 주 투상도에 집중하여 기입한다.
④ 치수는 특별한 명기가 없는 한 제품의 완성치수이다.

168 영구적인 이면 판재 사용을 나타내는 용접부 형상의 용접 보조 기호로 옳은 것은?

① RP
② BP
③ MR
④ M

169 두께 3mm의 마그네슘 관을 맞대기 이음하려고 할 때, 가장 적합한 용접은?

① 가스 텅스텐 아크 용접
② 산소–아세틸렌 용접
③ 피복 아크 용접
④ 서브머지드 아크 용접

170 탄소강에 함유되어 있는 원소 중에서 저온메짐을 일으키는 것은?

① Mn
② P
③ Si
④ S

171 대면각이 136°인 피라미드 형태의 다이아몬드 누르개로 얇은 물건이나 표면 경화된 재료의 경도를 측정하는 시험법은 무엇인가?

① 비커스 경도 시험법
② 쇼어 경도 시험법
③ 로크웰 경도 시험법
④ 브리넬 경도 시험법

172 버니어 캘리퍼스로 측정할 때 주의사항이 아닌 것은?

① 측정하는 면에 비스듬히 기울여 틈새를 만들고 측정한다.
② 영점이 정확한지 반드시 확인한다.
③ 필요 이상의 측정력을 가하지 않도록 주의한다.
④ 측정물에 정확하게 접촉시켜야 오차를 줄일 수 있다.

173 금속재료의 조직을 육안으로 관찰하거나 또는 10배 이내의 확대경을 사용하여 조직을 검사하는 방법은?

① 비틀림 시험법
② 에릭센 시험법
③ 설퍼 프린트법
④ 매크로 검사법

174 용접물을 겹쳐서 두 진동 음극 사이에 끼워 놓고 압력을 가하면서 18kHz 이상의 주파수를 주어 마찰열로 압접하는 용접은?

① 금속 아크 용접
② 초음파 용접
③ 테르밋 용접
④ 원자수소 용접

175 피복 아크 용접봉에서 피복 배합제인 아교는 무슨 역할을 하는가?

① 합금제
② 환원가스 발생제
③ 탈산제
④ 아크 안정제

176 황동에서 탈아연 부식이란?

① 황동 중에 탄소가 용해되는 현상
② 황동이 수용액 중에서 아연이 용해하는 현상
③ 황동 제품이 공기 중에 부식되는 현상
④ 황동 중의 구리가 염분에 녹는 현상

177 원단면적이 40mm²인 시험편을 인장시험한 후 단면적이 35mm²로 측정되었을 때, 이 시험편의 단면수축률은?

① 4.5%
② 6.5%
③ 12.5%
④ 21.1%

178 상온에서 910℃까지 존재하는 α-Fe의 원자 배열은?

① 체심입방격자
② 단순입방격자
③ 면심입방격자
④ 조밀육방격자

179 서브머지드 아크 용접에서 다전극 용접에서 2개의 전극을 독립 전원에 연결하여 용접 속도를 빠르게 하는 방법은?

① 횡병렬식
② 텐덤식
③ 종병렬식
④ 횡직렬식

180 "전류는 전압에 비례하고 저항에 반비례한다"는 법칙으로 옳은 것은?

① 옴의 법칙
② 렌츠의 법칙
③ 후크의 법칙
④ 플레밍의 왼손법칙

181 Fe-Fe3C 상태도에서 액상 철과 δ-Fe의 경계선 상에서의 자유도는?(단, 압력은 일정하다)

① 0
② 1
③ 2
④ 3

182 산화성 산, 염류, 알칼리, 함황가스 등에 우수한 내식성을 가진 Ni-Cr 합금은?

① 콘스탄탄
② 엘린바
③ 인코넬
④ 모넬메탈

001 정답 ②

버니어 캘리퍼스는 측정자의 흔들림, 조(jaw) 부분의 깨짐과 같은 손상 여부, 깊이 바의 휨이나 깨짐 등을 확인한다.

002 정답 ③

1 : 내측용 조
2 : 외측용 조
4 : 어미자

003 정답 ②

슬리브가 7.5mm를 가리키고 있고, 심블이 0.25mm를 가리키고 있으므로 마이크로미터의 측정값은 7.75mm이다.

004 정답 ③

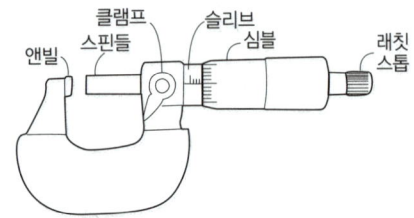

005 정답 ①

측정 시 온도, 조명의 변화, 습도, 소음, 진동 등의 변화로 발생하는 오차를 환경 오차라 한다.

006 정답 ②

측정기의 눈금이 치수를 정확하게 가리키고 있더라도 측정하는 사람의 부주의에 의해 읽음값에 차이가 발생하는 오차를 읽음 오차라고 한다.

007 정답 ①

• 직접측정 : 눈금자, 버니어 캘리퍼스, 마이크로미터, 측장기, 투영기 등
• 비교측정 : 다이얼 게이지, 미니미터, 옵티미터 등

008 정답 ①

다이얼 게이지는 비교 측정기에 해당한다.

009 정답 ①

각도 게이지는 각도를 측정하는 측정기이다.

010 정답 ①

비교 · 측정할 수 있는 측정기기는 마이크로미터이다.

011 정답 ④

버니어 캘리퍼스에 의한 바깥지름 측정은 직접 측정에 해당된다.

012 정답 ④

비교 측정은 측정 범위가 좁고 직접 측정물의 치수를 읽을 수 없는 단점이 있다.

013 정답 ②

블록 게이지로 양단의 높이를 조절하여 삼각 함수에 의해 각도를 구할 수 있다.

014 정답 ③

정반 위에 측정품을 올려놓고, 정반 표면을 기준으로 금긋기 작업을 하거나 높이를 측정하는 데 사용하는 측정기는 하이트 게이지이다.

015 정답 ①

측정 시 측정 체온으로 오차가 발생하지 않도록 면장갑을 착용해야 한다.

016 정답 ①

전기의 흐름을 전류라 한다.

017 정답 ②

전류는 (+)극에서 (−)극으로 흐르며, 전자는 (−)극에서 (+)극으로 흐른다.

018 정답 ②

$$전력(P) = V \times I = V \times \frac{V}{R} = \frac{V^2}{R}$$
$$= IR \times I = I^2 R$$

019 정답 ①

$$전력(P) = I^2 R \rightarrow 8 = I^2 \times 2 \rightarrow I^2 = 8/2$$
$$I = \sqrt{4} = 2$$

020 정답 ③

전력 = 전압×전류 = 30V×100A = 3,000W = 3kW

021 정답 ①

화상 물집을 터트릴 경우 감염의 우려가 있으므로 물집을 깨끗한 수건으로 감싼 후 전문의의 진료를 받아야 한다.

022 정답 ③

포말소화기는 전기화재에 사용하면 안 된다.

023 정답 ③

필요한 곳에 화재를 진화하기 위한 방화설비를 설치해야 한다.

024 정답 ②

전기화재 진화에 가장 적합한 소화기는 이산화탄소 소화기이다.

025 정답 ②

유류화재는 B급에 해당한다.

026 정답 ③

가연성가스에는 수소, 메탄, 에탄, 부탄, 프로판, 아세틸렌(C_2H_2), 에틸렌 등이 있다.

027 정답 ②

① 노란색 : 경고
③ 녹색 : 안내
④ 파란색 : 지시

028 정답 ②

문자 및 빨간색 또는 노란색에 대한 보조색으로 사용되는 색채는 검은색이다.

029 정답 ①

24K를 순금이라 한다.

030 정답 ③

24K가 순금이므로 20/24×100% = 83%

031 정답 ④

한 원자를 둘러싸는 가장 가까운 원자의 수를 배위수라고 한다.

032 정답 ②

금은 금속 중에서 전연성이 가장 좋아 얇은 박 제품을 만들기 용이하다.

033 정답 ②

단순입방격자는 6, 체심입방격자는 8, 면심입방격자와 조밀입방격자는 12이다.

034 정답 ④

체심입방격자의 배위수는 8이다.

035 정답 ③

면심입장격자의 배위수는 12이다.

036 정답 ③

Mo은 체심입방격자로 배위수가 8이다.

037 정답 ①

포정점 상에서의 자유도는 0이다.

038 정답 ①

순철이 910℃에서 Ac_3 변태를 할 때 체심입방격자(BCC)에서 면심입방격자(FCC)로 변한다.

039 정답 ③

순철은 상온에서 BCC 구조이고, 고온으로 가열하면 910℃에서 FCC 구조로 바뀌고, 1,400℃에서 다시 BCC 구조로 바뀐다.

040 정답 ②

주철의 조직을 탄소와 규소의 함유량에 따라 분류한 조직도를 마우러 조직도라고 한다.

041 정답 ②

합금의 평형 상태도에서 X축은 조성, Y축은 온도를 나타낸다.

042 정답 ③

액상선은 ACB이고, 고상선은 ADEB이다.

043 정답 ②

하나의 용액에서 결정과 다른 종류의 용액을 동시에 생성하는 반응을 편정반응이라 한다.

044 정답 ④

냉간 가공한 재료를 가열하면 내부응력이 제거되어 회복되면서 새로운 결정이 생기고 결정립이 성장하게 된다.

045 정답 ①

불연속부의 위치가 자속방향에 수직이어야 하는 점은 자분탐상시험 검사의 단점에 해당한다.

046 정답 ③

단면수축률 = $\dfrac{A_0 - A_1}{A_0}$ ×100% 식으로 구한다.

047 정답 ③

Fe_3C(시멘타이트)에서 Fe와 C의 원자비는 75% : 25%이다.

048 정답 ②

단위격자당 원자 수
- 단순입방구조 : 1개
- 체심입방구조 : 2개
- 면심입방구조 : 4개
- 육방밀집구조 : 6개

049 정답 ③

면심입방격자는 전성·연성이 크고, 가공성이 우수하다.

050 정답 ④

Fe-C 상태도에서 강과 주철은 2.11% C를 기준으로 구분한다. 탄소함유량이 강은 2.11% 이하이며, 주철은 2.11% 이상이다.

051 정답 ③

아연 합금의 현미경 조직시험에 사용되는 부식제는 염산용액이다.

052 정답 ①

콘스탄탄은 구리 50~60%, 니켈 40~50%의 Ni 합금이다.

053 정답 ①

벽층과 강도비가 크고 내식성 및 내열성도 좋아 항공기, 로켓 재료로 쓰이는 합금으로 비중이 약 4.5인 금속은 티타늄이다.

054 정답 ①

금속의 단단한 정도를 조사하는 경도시험에는 브리넬, 로크웰, 비커스, 쇼어 등이 있다.

055 정답 ③

금속을 냉간가공하면 인장강도, 피로강도, 경도 등이 증가하며, 연신율과 단면수축률은 감소한다.

056 정답 ③

SKH51은 고속도공구강으로 퀜칭 온도가 1,220℃로 가장 높다.

057 정답 ④

노멀라이징은 강을 표준상태로 하기 위한 열처리 방법이다.

058 정답 ③

• 로크웰 경도 : 지름이 1.588mm인 강구를 누르는 방법과 꼭지각이 120°, 선단의 반지름 0.2mm인 원뿔형 다이아몬드를 누르는 방법 2 가지가 있다.
• 비커스 경도 : 대면각이 136°인 다이아몬드의 사각뿔을 눌러서 생긴 자국의 표면적으로 나타낸다.

059 정답 ③

꼭지각이 136°인 다이아몬드 압입자를 사용하는 경도시험 방법은 비커스 경도시험이다.

060 정답 ③

금속을 냉간 가공하면 결정입자가 미세화되어 재료가 단단해지는 현상을 가공경화라고 한다.

061 정답 ④

변형속도가 급격히 증가하면서 파단에 이르는 단계는 3단계 크리프이다.

062 정답 ②

담금질 후 경도를 증가시키고, 시효변형 방지를 위해 0℃ 이하의 온도에서 잔류 오스테나이트를 마텐자이트로 변화시키는 열처리 방법을 심냉처리라고 한다.

063 정답 ①

소성변형은 금속의 가공에 이용된다.

064 정답 ②

풀림은 강의 경도가 낮아져 연화된다.

065 정답 ③

초음파 탐상검사에 많이 사용되는 초음파의 종류에는 종파, 횡파, 표면파가 있다.

066 정답 ③

방사선 투과 검사는 X 선이나 γ 선을 재료에 투과시켜 투과된 빛의 정도에 따라 사진 필름에 감광시켜 결함을 검사하는 방법으로 아주 미세한 균열이나 라미네이션 등의 결함을 발견하는 것은 곤란하다.

067 정답 ①

검사 재료의 크기, 두께, 자성의 유무, 표면 상태의 양부, 구조물의 형상 등에 구애받지 않고 검사가 가능하다.

068 정답 ③

방사선투과검사로 아주 미세한 균열이나 라미네이션 등의 결함을 발견하는 것은 곤란하다.

069 정답 ①

내부 결함을 검출할 수 있는 비파괴 검사법에는 방사선 투과시험, 초음파 탐상시험, 적외선 검사 등이 있다.

070 정답 ④

인장시험을 통해 인장강도, 연신율, 단면수축률, 비례한도, 탄성한도 등을 알 수 있다.

071 정답 ①

용융상태에서는 하나의 액체이지만, 응고 시 두 개의 고체가 동시에 정출하는 반응은 공정반응이다.

072 정답 ②

분말상 Cu에 약 10% Sn 분말과 2% 흑연 분말을 혼합하고, 윤활제 또는 휘발성 물질을 가한 후 가압 성형하여 소결한 베어링 합금은 오일리스 베어링이다.

073 정답 ④

• 탄소파열 조장 원소 : Mn, Cr, V
• 탄소파열 저지 원소 : Si, Ni, Mo, W

074 정답 ①

재결정 온도 이하에서는 냉간가공, 재결정 온도 이상에서는 열간가공을 한다.

075 정답 ④

동소변태는 일정 온도 이상에서 원자의 배열이 변하는 변태이다. 자성이 변화하는 변태는 자기변태이다.

076 정답 ③

침입형 고용원소에는 C, H, O, N, B 등이 있다.

077 정답 ②

연강의 응력-변형률 곡선에서 항복점에서 영구변형이 명확하게 나타난다.

078 정답 ①

금속의 응고 과정 : 결정핵 발생 → 결정핵 성장(수지상 결정) → 결정입자 구성

079 정답 ①

Al > Fe > Mo > Cu 순으로 이온화 경향이 크다.

080 정답 ②

납 황동은 황동에 납을 첨가하여 피삭성을 개선한 것이다.

081 정답 ①

양백은 구리에 아연 15~30%, 니켈 10~20%를 넣은 합금이다.

082 정답 ①

고속도 공구강의 표준조성은 W : 18%, Cr : 4%, V : 1%이다.

083 정답 ④

① 용융점은 약 1,453℃이다.
② 상온에서 강자성체이다.
③ 고온에서 내산화성이 있다.

084 정답 ④

저용융점 합금의 용융 온도는 약 250℃ 이하이다.

085 정답 ②

① 최경강 : 0.5~0.8%
② 탄소 공구강 : 0.8~1.5%
③ 반경강 : 0.3~0.4%
④ 표면 경화강 : 0.15~0.18%

086 정답 ④

탄성한도와 항복점이 높고, 충격이나 반복 응력에 대해 잘 견디어 낼 수 있으며 고탄소강을 목적에 맞게 담금질, 뜨임을 하거나 경강선, 피아노선 등을 냉간 가공하여 탄성한도를 높인 강은 스프링강이다.

087 정답 ①

톰백은 5~20%의 아연을 함유한 황동으로 강도는 낮으나 전연성이 좋고, 색깔이 금색에 가까워 모조금이나 판 및 선 등에 사용된다.

088 정답 ④

온도에 따른 탄성률의 변화가 없는 36% Ni, 12% Cr, 나머지는 Fe로 이루어진 합금은 엘린바이다.

089 정답 ②

인바나 엘린바는 Ni-Fe계 합금이다.

090 정답 ④

경질 자성 재료에는 알니코 자석, 페라이트 자석, 네오디뮴 자석이 있다.

091 정답 ④

금속을 부식시켜 현미경 조직검사를 하는 이유는 결정립의 형상 및 분포 상태, 크기 또는 결함 등을 관찰하기 위해서이다.

092 정답 ②

쾌삭강은 강에 S, Pb 등의 특수원소를 첨가하여 절삭할 때 칩을 잘게 하고 피삭성을 좋게 한다.

093 정답 ②

Si의 함유량이 증가할수록 팽창계수와 비중이 저하된다.

094 정답 ②

금속의 결정격자의 크기를 나타내기에 가장 적합한 길이의 단위는 옹스트롬으로, 1옹스트롬은 0.1나노미터이다.

095 정답 ③

탄소강의 5대 원소 : 탄소(C), 황(S), 규소(Si), 망간(Mn), 인(P)

096 정답 ③

게이지용 공구강은 경도가 클수록 좋다.

097 정답 ④

반자성체에는 금, 은, 구리, 아연, 안티몬 등이 있다. 코발트, 철, 니켈은 강자성체이다.

098 정답 ③

금(Au)은 반자성체 금속이다.

099 정답 ②

활자금속은 응고할 때 부피의 변화가 작아야 한다.

100 정답 ①

킹크 밴드(Kink band)는 Zn, Cd 등의 육방정계 금속을 슬립면에 수직으로 압축할 경우 나타나는 변형 부분을 말한다.

101 정답 ②

결정립의 조대화와 고스트 라인을 형성시키는 원소는 인(P)이다.

102 정답 ④

'텅스텐 > 철 > 수은' 순으로 용융점이 높다.

103 정답 ②

• 도체 : 금속, 염류, 산류, 알칼리류의 수용액, 인체 등
• 부도체 : 공기, 에보나이트, 유리, 고무, 비닐 등

104 정답 ④

고압 배관용 탄소강관 : SPPH 250, SPPH 315

105 정답 ④

냉간 압연 강판 및 강대 : SPCC(일반용), SPCD(드로잉용), SPCE(딥드로잉용), SPCF(비시효성 딥드로잉), SPCG(비시효성 초 딥드로잉)

106 정답 ②

열간 압연 연강판 및 강대 : SPHC(일반용), SPHD(드로잉용), SPHE(디프 드로잉용)

107 정답 ①

용접 구조용 압연 강재 : SM275A~D, SM355A~D, SM420A~D, SM460B, SM460C

108 정답 ②

용접 구조용 압연 강재 : SM275A~D, SM355A~D, SM420A~D, SM460B, SM460C

109 정답 ①

용접 구조용 고항복점 강판 : SHY 685, SHY 685N, SHY 685NS

110 정답 ③

- 고압 배관용 탄소강관(KSD 3564) : SPPH 250, SPPH 315
- 압력 배관용 탄소강관(KSD 3562) : SPPS 250
- 저온 배관용 탄소강관(KSD 3569) : SPLT 390, 460, 700
- 일반 구조용 탄소강관(KSD 3566) : SGT 275, 355, 410, 450, 550

111 정답 ①

배관용 아크 용접 탄소강 강관 : SPW 400, SPW 600
② SPS : 합금공구강(절삭공구)
③ SPA : 배관용 합금강 강관
④ SPP : 압력배관용 탄소 강관

112 정답 ②

배관용 아크 용접 탄소강 강관(KSD 3583) : SPW 400, SPW 600

113 정답 ④

일반구조용 압연강재(KSD 3503) : SS235, SS275, SS315, SS410, SS450, SS550

114 정답 ③

합금 공구강 강재(KSD 3753) : STS, STD, STF

115 정답 ①

② SC : 탄소강 주강품
③ SB : 보일러 및 압력용기용 탄소강
④ PW : 합판

116 정답 ①

보일러 및 열교환기용 탄소강관(KSD 3563) : STBH 235, 275, 355
여기에서 숫자는 항복점 또는 항복 강도를 의미한다.

117 정답 ③

독일의 표준규격은 DIN이다.

118 정답 ③

① 완전 나사부와 불완전 나사부의 경계선은 굵은 실선으로 표시한다.
② 수나사의 바깥지름은 굵은 실선으로 표시한다.
④ 암나사의 골지름은 아주 가는 실선으로 표시한다.

119 정답 ③

①, ②, ④ 모두 굵은 실선으로 그린다.

120 정답 ②

척도 2 : 1은 도면상의 크기(2) : 대상물의 실제 크기(1)을 의미한다.
실제 길이가 100mm인 제품은 도면상에 200mm로 기입한다.

121 정답 ④

중심각 $\theta° = 360° \times R/L$

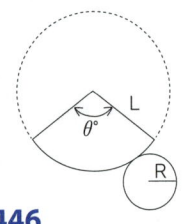

122 정답 ②

- 13 : 드릴 구멍의 총수
- 20 : 드릴 구멍의 치수

123 정답 ①

치수선은 용도에 의한 명칭으로 치수를 기입할 때 사용한다.

124 정답 ①

단면임을 나타내기 위하여 단면 부분의 주된 중심선에 대해 45° 정도로 경사지게 나타내는 선들을 의미하는 것은 해칭이다.

125 정답 ④

국부 투상도는 물체의 구멍, 홈 등 특정 부분만의 모양을 도시하는 것을 목적으로 한다.

126 정답 ①

그림은 온 단면도를 사용하여 나타내는 투상도이다.

127 정답 ①

특수한 가공부분의 표시 범위를 외형선과 평행하게 약간 떼어서 그은 굵은 1점쇄선으로 나타낸다.

128 정답 ③

- 전극형상에 의한 분류 : 와이어 전극, 테이프 전극, 대상 전극
- 주행장치의 종류에 의한 분류 : 대차 주행 방식, 측면 보 주행 방식, 보 방식, 머니퓰레이터

129 정답 ④

구리용제 병용 백킹법은 얇고 플렉시블한 구리판 위에 5mm 정도 두께의 백킹 용제를 살포하고 이것을 모재 뒷면에 공기호스로 가압 밀착시키고 편면 용접을 하는 방법이다.

130 정답 ②

여러 사람이 공동으로 용접 작업을 할 때 다른 사람에게 유해광선의 해를 끼치지 않기 위해 차광막을 설치해야 한다.

131 정답 ④

실리콘 정류기는 150℃까지 안정하게 동작하다가 150℃ 이상에서 파손된다.

132 정답 ②

$$사용률 = \frac{아크\ 발생시간}{아크\ 발생시간\ +\ 정지시간} = \frac{3}{3+7} \times 100\% = 30\%$$

133 정답 ②

- 박판의 아크 전압 : $V_0 = 0.04 \times I + 15.5 \pm 1.5$
- 후판의 아크 전압 : $V_0 = 0.04 \times I + 20 + 2.0$

134 정답 ④

점용접의 종류 : 단극식 점용접, 다전극 점용접, 직렬식 점용접, 맥동 점용접, 인터랙 점용접 등

135 정답 ②

피복 아크 용접봉의 편심률은 3% 이내가 적당하다.

136 정답 ②

$$퓨즈용량 = \frac{1차 입력}{전원 전압} = \frac{22kVA}{220V} = \frac{22,000VA}{220V} = 100A$$

137 정답 ②

후판 아크 전압 산출 공식
$= 0.04 \times I + 20 \pm 2.0 = (0.04 \times 200 + 20) \pm 2.0 = 26 \sim 30$

138 정답 ④

1.6mm의 토륨 텅스텐봉 사용 시 교류 전류의 값은 70~150A이고, 순텅스텐봉 사용시 교류 전류의 값은 50~100A이다.

139 정답 ④

- Y : 용접 와이어
- G : 가스실드 아크용접
- A : 내후성 강용
- 50 : 용착금속의 최소인장강도
- W : 와이어의 화학성분
- 1.2 : 와이어의 지름
- 20 : 무게

140 정답 ②

점용접에서 접합면의 일부가 녹아 바둑알 모양의 단면으로 오목하게 들어간 부분을 너깃이라고 한다.

141 정답 ③

발전기형 직류 아크 용접기는 보수와 점검이 어렵다.

142 정답 ③

$$허용사용률 = \frac{정격2차 전류^2}{실제 용접 전류^2} \times 정격사용률 = \frac{300^2}{180^2} \times 40\% = 111\%$$

143 정답 ②

가용접의 위치는 부품의 끝, 모서리, 각 등과 같이 단면이 급변하여 응력이 집중되는 곳은 가능한 한 피한다.

144 정답 ②

모재의 두께가 다른 경우에 전극의 과열을 피하기 위하여 사이클 단위를 몇 번이고 전류를 단속하여 용접하는 것은 맥동 점 용접이다.

145 정답 ②

가연성 가스용기는 안전을 위해서 반드시 세워서 보관한다.

146 정답 ④

점 가열법(박판에 대한 점 수축법)으로 용접 변형을 교정하고자 할 때 적절한 가열온도는 500~600℃이다.

147 정답 ④

테르밋 용접에 사용되는 테르밋제의 성분은 알루미늄과 산화철의 분말이다.

148 정답 ③

$$인장응력 = \frac{하중(P)}{단면적(A)} = \frac{7kN}{6mm \times 120mm} ≒ 0.00972kN/mm^2$$
$$= 9.72MPa \quad ※ 1 \ kN/mm^2 = 1,000 \ MPa$$

149 정답 ③

$$인장하중 = 인장강도 \times 단면적 = 0.43kN/mm^2 \times 1,350mm^2$$
$$= 580.5kN$$

150 정답 ④

플라스마 아크용접은 무부하 전압이 일반 아크 용접기에 비하여 2~5배 정도 높다.

151 정답 ④

① 가스절단에 비해 절단속도가 빠르다.
② 전원은 직류 정극성이 사용된다.
③ 가스절단에 비해 절단면이 거칠다.

152 정답 ①

TIG 용접기의 토치 구성 요소 : 토치 바디, 노즐, 콜릿 척, 콜릿 바디, 캡, 보호가스 호스, 전원 케이블과 수랭식의 경우 냉각수 공급호스 등

153 정답 ②

가스이온이 모재에 충돌하여 모재 표면에 산화물을 제거하는 것은 청정효과이다.

154 정답 ①

서브머지드 아크용접에서 본용접의 시점과 끝나는 부분에 용접결함을 효과적으로 방지하기 위하여 사용하는 것은 엔드탭이다.

155 정답 ④

- 정극성 : 모재 (+), 용접봉 (-)
- 역극성 : 모재 (-), 용접봉 (+)

156 정답 ①

시험 하중을 규정의 크기로 유지하는 시간은 특별히 지정하지 않는 한 10~15초로 한다.

157 정답 ②

압입 경도 시험 방식을 이용하는 경도계에는 브리넬 경도계, 로크웰 경도계, 비커스 경도계가 있다. 쇼어 경도계는 반발 시험을 이용한 경도계이다.

158 정답 ①

인장시험은 시험편을 인장 파단시켜 항복점(또는 내력), 인장강도, 연신율, 단면수축률, 비례한도, 탄성한도 등을 조사하는 시험 방법이다. 인장시험으로는 경도를 측정할 수 없다.

159 정답 ④

나사의 호칭 표시 방법 중 "Tr"은 미터 사다리꼴 나사를 의미한다.
※ Tr은 Trapezoidal(사다리꼴)을 의미한다.

160 정답 ③

로크웰 경도시험에서 C스케일의 다이아몬드 압입자 꼭지각 각도는 120° 이다.

161 정답 ②

$$연신율 = \frac{늘어난\ 표점거리 - 처음\ 표점거리}{처음\ 표점거리} \times 100\%$$
$$= \frac{62-50}{62} \times 100\% = 24\%$$

162 정답 ①

비중 7.14, 용융점 419℃, 조밀 육방 격자인 금속은 아연이다. 주조성이 좋아 다이캐스팅용 및 주조형 합금으로 사용된다.

163 정답 ④

기체를 수천도의 높은 온도로 가열하면 그 속도의 가스원자가 원자핵과 전자로 분리되어 양(+)과 음(−) 이온상태로 된 것을 플라스마라고 한다.

164 정답 ④

풀림 열처리에는 저온풀림, 완전풀림, 구상화풀림, 응력제거풀림, 연화풀림, 확산풀림 등의 종류가 있다.

165 정답 ③

황은 주철의 유동성을 해쳐 주조를 곤란하게 하고 정밀한 주물을 만들기 어렵게 한다.

166 정답 ②

순철의 탄소함유량은 0.025% 미만, 강은 0.025~2.0%, 주철은 2.0% 이상이다. 따라서 순철과 강을 구분하는 탄소함유량은 0.025%이고, 강과 주철을 구분하는 탄소함유량은 2.0%이다.

167 정답 ②

현의 길이는 현에 직각으로 치수 보조선을 긋고, 현에 평행한 치수선을 사용한다.

168 정답 ④

영구적인 이면 판재 사용을 나타내는 용접부 형상의 용접 보조 기호는 ④ $\boxed{\text{M}}$ 이다.

169 정답 ①

마그네슘 용접에 적합한 용접은 가스 텅스텐 아크 용접이다.

170 정답 ②

탄소강이 낮은 온도에서 취성을 나타내는 현상을 저온메짐이라고 하는데, 저온메짐을 일으키는 원소는 인(P)이다.

171 정답 ①

대면각이 136°인 피라미드 형태의 다이아몬드 누르개로 얇은 물건이나 표면 경화된 재료의 경도를 측정하는 시험법은 비커스 경도 시험법이다.

172 정답 ①

버니어 캘리퍼스로 측정할 때 정확한 값을 얻기 위해서는 비스듬히 기울여 틈새를 만들지 말고 측정 대상과 버니어 캘리퍼스를 수평하게 놓고 직각을 이루어 측정해야 한다.

173 정답 ④

금속재료의 조직을 육안으로 관찰하거나 또는 10배 이내의 확대경을 사용하여 조직을 검사하는 방법은 매크로 검사법이다.

174 정답 ②

용접물을 겹쳐서 두 진동 음극 사이에 끼워 놓고 압력을 가하면서 18kHz 이상의 주파수를 주어 마찰열로 압접하는 용접은 초음파 용접이다.

175 정답 ②

피복 배합제인 아교는 환원가스 발생제의 역할을 한다.

176 정답 ②

황동은 구리와 아연의 합금인데, 특정 환경에서 아연 성분이 선택적으로 용출되어 황동의 표면이나 내부에 구리만 남는 현상을 말한다. 마치 황동에서 아연이 '탈출'하는 것처럼 보이기 때문에 탈아연 부식이라고 부른다.

177 정답 ③

$$\frac{40-35}{40} \times 100\% = 12.5\%$$

178 정답 ①

철은 온도에 따라 결정 구조가 변하는 동소체를 가지고 있는데, α−Fe(체심입방격자), γ−Fe(면심입방격자), δ−Fe(체심입방격자) 등이 있다.

179 정답 ④

서브머지드 아크 용접의 다전극 용접에서 2개의 전극을 독립 전원에 연결하여 용접 속도를 빠르게 하는 방법은 횡직렬식이다.

180 정답 ①

옴의 법칙 : 전류는 전압에 비례하고, 저항에 반비례한다.

181 정답 ②

자유도(f) = C − P + 2
여기서, C : 성분의 수(components) P : 상의 수(phases)
문제에서 압력이 일정하므로 압력의 자유도는 하나가 고정되어
f = C − P + 1을 사용한다.
Fe−Fe₃C 상태도에서
C : 성분의 수는 철(Fe)과 탄소(C) 두 가지이므로 C = 2
P : 상의 수는 액상(L)과 δ−Fe의 두 상이므로 P = 2
f = 2 − 2 + 1 = 1
따라서, 자유도는 1이다.

182 정답 ③

산화성 산, 염류, 알칼리, 함황가스 등에 우수한 내식성을 가진 Ni−Cr 합금은 인코넬이다.

부록 | 주요 용접 용어(KS B 0106)

| 일반 |

01 **노치취성** : 흠이 없을 때는 충분히 연신성을 나타내는 재료가 흠이 있을 때 취약하게 파괴되는 취성

02 **크레이터** : 아크 용접의 비드 끝에서 오목하게 파진 곳

03 **브레이징** : 솔더를 사용하여 모재를 용융시키지 않고 붙이는 방법으로 모재를 적시고 접합될 금속의 용융점보다 낮은 용융점을 가진 용가재를 이용하여 재료를 접합시키는 방법

04 **단조 용접** : 가열한 금속을 때리거나 압력을 가하여 용접하는 방법

05 **압접** : 가열한 접합부에 기계적 압력을 가하여 용접하는 방법

06 **융접** : 용융 상태에 있어서 재료에 기계적 압력 또는 타격을 가하여 용접하는 방법

07 **천이온도** : 금속이 어떤 온도를 경계로 하여 파괴되는 모양이 급격히 변하는 온도

08 **피트** : 기공 또는 용융금속이 튀는 현상이 발생한 결과 용접부 바깥면에서 나타나는 작고 오목한 구멍

09 **사용률** : 단속 부하의 사용 상태에 있어서 전체의 시간에 대한 통전 시간의 비율을 퍼센트로 표시한 것

| 아크 용접 및 가스용접 |

01 **심선** : 피복 아크 용접을 할 때 용가재로서 사용하는 금속선

02 **홀더** : 아크 용접봉을 붙잡고 전류를 통하게 하는 기구

03 **와이어 릴** : 자동, 반자동 아크 용접에 사용되는 와이어의 코일을 붙이고 원활하게 와이어가 끌려 나오도록 한 구조의 릴

04 **용극** : 각종 아크 용접 및 아크 절단에서 아크 중에서 용융하여 소모되는 전극

05 **비용극** : 융점이 높고 아크열에도 잘 소모되지 않는 전극

06 **너깃** : 겹치기 저항 용접에 있어서 접합부에 나타나는 용융 응고된 금속 부분

07 **오목 자국** : 겹치기 저항 용접에 있어서 용접 결과로 전극팁이나 롤러 전극에 의하여 나타난 모재 표면의 오목 들어간 자국

08 **다이번** : 맞대기 저항 용접에 있어서 용접 전류를 통할 때 부적당한 용접 조건 때문에 전극 받침대의 접촉면 또는 그 근방에 나타나는 모재의 표면 흠

09 **드래그** : 가스 절단면에 있어서 절단 기류의 입구점과 출구점 사이의 수평거리

| 용접 설계 |

01 **베벨각** : 부재에 홈을 만들기 위하여 가공한 끝면과 부재 표면에 수직인 평면 사이에 이루는 각

02 **다리 길이** : 이음의 루트로부터 필릿 용접의 직각변 끝까지의 거리

03 **목의 실제 두께** : 필릿 용접부의 단면에서 용접부의 루트로부터 표면까지의 최단거리
맞대기 용접에서는 용착금속의 단면에서 용접부의 루트를 통하는 최소한의 두께

04 **목의 이론 두께** : 필릿 용접부의 치수로 정해지는 3각형인 필릿 용접부의 이음의 루트로부터 측정한 높이
맞대기 용접에서는 접합하는 부재의 두께. 두께가 다를 때는 얇은 쪽 부재의 두께로 한다.

05 **용접부의 루트** : 용접부의 단면에 있어서 용착부의 밑부분과 부재면이 마주치는 선

06 **루트 간격** : 홈 밑부분의 간격

07 **루트 반지름** : J형, U형, H형 홈의 밑부분의 반지름

08 **루트면** : 홈의 밑부분의 곧은 면

| 용접 시공 |

01 **위빙** : 용접봉을 용접 방향에 대하여 옆으로 엇갈리게 움직이면서 용접하는 방법

02 **용접선** : 비드, 필릿 용접 및 맞대기 용접 방향을 표시하는 선

03 **용접축** : 용접선에 직각인 용착부의 단면 중심을 통과하고 그 단면에 수직인 선

04 **용접 길이** : 중단되지 않은 용접의 시발점 및 크레이터를 제외한 부분의 길이

05 **은점** : 용착금속의 파단면에 나타나는 은백색을 한 고기 모양의 결합부

06 **슬래그** : 용착부에 나타난 비금속 물질

07 **슬래그 섞임** : 용착 금속 안에 또는 모재와의 융합부에 슬래그가 남는 것

08 **용입** : 모재의 용융된 부분의 가장 높은 점과 용접하는 면의 표면과의 거리

09 **용착 속도** : 단위 시간에 용착되는 금속의 무게

10 **용착 효율** : 용접봉의 소모 중량에 대한 용착금속의 중량비(쓰고 남은 용접봉 부분은 제외)

11 **용착 비드** : 1회의 패스에 의하여 나타는 용착금속

12 **용융속도** : 단위 시간에 용융되는 용접봉의 무게 또는 길이

13 **용융풀** : 용접할 때 아크열에 의하여 용융된 모재 부분이 오목 들어간 곳

14 **용착부** : 용접부 안에서 용접하는 동안에 용융 응고한 부분

15 **용착금속** : 용접 작업에 의하여 용가재로부터 모재에 용착한 금속

16 **용접부** : 용접금속 및 그 근처를 포함한 부분의 총칭

17 **용접금속** : 용접부의 일부이며 용접하는 동안 용융 응고된 금속(모재+용착금속)

18 **가용접** : 용접을 하기 전에 정한 위치에 용접물의 부재를 유지하기 위한 용접

19 **스킵 용접** : 주로 용접에 의한 변형을 적게 하기 위해 띄엄띄엄 용접을 한 다음 냉각된 용접부 사이를 용접하는 방법

20 **용접 헬멧** : 아크 용접을 할 때 얼굴을 보호하기 위해 쓰이는 앞으로 보기 위한 창이 있는 머리에 쓰는 보호구

21 **보호 유리** : 용접용 필터 유리를 용접할 때의 튐으로부터 보호하기 위한 투명한 유리

22 **보호안경** : 해로운 광선이나 튐으로부터 눈을 보호하는 안경

23 **용락** : 용융 금속이 홈끝의 뒤쪽으로 녹아 떨어지는 것

24 **치핑 해머** : 슬래그 등을 제거하기 위한 앞끝이 가늘게 된 해머

25 **포지셔너** : 용접물을 붙여 자유로이 회전하여 용접부를 항상 용접하기 쉬운 위치로 둘 수 있도록 한 작업대의 일종

26 **아크 스트라이크** : 아크 용접을 할 때 최초로 아크를 발생시키는 것 또는 모재 위에 순간적으로 아크를 튀게 하여 곧 끊는 것

수험교육의 최정상의 길 – 에듀웨이 EDUWAY

(주)에듀웨이는 자격시험 전문출판사입니다.
에듀웨이는 독자 여러분의 자격시험 취득을 위한 교재 발간을 위해 노력하고 있습니다.

기분파
피복아크용접기능사 필기

2026년 02월 20일 13판 1쇄 인쇄
2026년 02월 28일 13판 1쇄 발행

지은이 | 에듀웨이 R&D 연구소(기계부문)
펴낸이 | 송우혁

펴낸곳 | (주)에듀웨이
주 소 | 경기도 부천시 소향로13번길 28–14, 8층 808호(상동, 맘모스타워)
대표전화 | 032) 329–8703
팩 스 | 032) 329–8704
등 록 | 제387–2013–000026호
홈페이지 | www.eduway.net

기획.진행 | 에듀웨이 R&D 연구소
북디자인 | 디자인동감
교정교열 | 정상일
인 쇄 | 미래피앤피

ISBN 979-11-94328-21-6 (13550)

이 도서의 국립중앙도서관 출판시도서목록(CIP)은 서지정보유통지원시스템 홈페이지
(http://seoji.nl.go.kr)와 국가자료공동목록시스템(http://www.nl.go.kr/kolisnet)에서 이
용하실 수 있습니다.

Giboonpa - Craftsman Welding